建筑抗震弹塑性分析（第二版）

Elasto-plastic analysis of buildings against earthquake

陆新征　蒋　庆　缪志伟　潘　鹏　编著

中国建筑工业出版社

图书在版编目（CIP）数据

建筑抗震弹塑性分析/陆新征等编著．—2版．—北京：中国建筑工业出版社，2015.10（2020.10重印）
ISBN 978-7-112-18329-6

Ⅰ．①建… Ⅱ．①陆… Ⅲ．①建筑结构-抗震结构-弹性分析-研究②建筑结构-抗震结构-塑性分析-研究
Ⅳ．①TU352.1

中国版本图书馆CIP数据核字（2015）第175525号

本书系统地介绍了建筑结构抗震弹塑性分析的理论、模型、方法和典型算例。主要内容包括：性能化抗震设计的基本概念；框架结构和剪力墙结构的常用弹塑性分析模型；静力弹塑性分析（Pushover分析、静力推覆分析）、动力弹塑性分析（弹塑性时程分析）；ABAQUS、MSC.Marc、SAP2000、Perform-3D、OpenSees等有限元软件中的地震弹塑性分析模型和算例，以及作者在上述软件中开发的适用于抗震弹塑性分析的数值模型；本书还介绍了结构抗震弹塑性分析的一些最新进展，包括：结构倒塌模拟及基于倒塌的结构体系安全性研究，中美典型高层建筑抗震设计对比等内容。

本书可作为高等院校土建类专业的研究生教材，也可供广大土建设计人员在工程计算分析中参考。

* * *

责任编辑：李天虹
责任设计：张　虹
责任校对：张　颖　刘梦然

建筑抗震弹塑性分析（第二版）
Elasto-plastic analysis of buildings against earthquake
陆新征　蒋　庆　缪志伟　潘　鹏　编著

*

中国建筑工业出版社出版、发行（北京海淀三里河路9号）
各地新华书店、建筑书店经销
霸州市顺浩图文科技发展有限公司制版
北京建筑工业印刷厂印刷

*

开本：787毫米×1092毫米　1/16　印张：26¼　字数：652千字
2015年11月第二版　2020年10月第六次印刷
定价：**66.00**元

ISBN 978-7-112-18329-6
（27591）

第二版前言

自2009年本书第一版出版至今，作者非常欣喜地看到我国建筑抗震弹塑性分析获得了突飞猛进的发展。目前，抗震弹塑性分析已经成为我国复杂建筑工程设计中不可缺少的一环，为保障我国复杂工程抗震安全发挥了非常重要的作用。

工程抗震设计，首先必须保证其在罕遇地震下的抗倒塌安全问题，其次还需要控制其在不同水准地震下的震害损失，实现性能化抗震设计。由于工程结构在设防及罕遇地震下不可避免地会出现非线性行为，因此弹塑性分析是抗倒塌设计和性能化设计所必须的工具。而近年来我国发生的地震灾害表明，我国目前的抗震设计方法，在保障结构安全及减少地震损失方面，还需要进一步完善。特别是以美国为代表的国际抗震先进国家，已经将"基于一致倒塌率的抗震设计（即：50年内地震倒塌率不得高于1%）"作为常规结构的抗震设计的标准写入美国土木工程师学会（ASCE）设计规范，并将地震工程的前沿从性能化设计发展到"可恢复功能的抗震设计"，代表了未来的重要发展方向。无论是通过控制倒塌率实现"基于一致倒塌率的抗震设计"，还是通过控制震害损失实现"可恢复功能的抗震设计"，都离不开弹塑性分析手段。因此，在将我国从"地震灾害大国"建设成"工程抗震强国"的奋斗过程中，弹塑性分析势必还将发挥更加重要的作用。

清华大学抗震防灾课题组近10年来在结构抗震弹塑性计算模型、性能化抗震设计方法、结构震害原因分析和抗倒塌措施等方面开展了系统的科学研究和工程实践。本书以上述工作为基础，对抗震弹塑性分析理论、模型、方法及软件使用加以系统介绍，并给出了一些典型算例。在内容组织上主要面向实践应用，适当照顾其理论性和前沿性。一些更加深入的理论性或前沿性内容，读者可以参阅拙作《混凝土结构有限元分析（第2版）》及《工程地震灾变模拟：从高层建筑到城市区域》。

本书内容可分为四大部分，第一章主要介绍了性能化设计的发展历史及现状，以及基于位移、能量和可恢复功能设计的基本概念。第二章、第三章主要介绍了抗震弹塑性分析的基本原理和常用模型。第四、五、六章结合目前最常用的ABAQUS、MSC. Marc、SAP2000和Perform-3D等通用有限元软件，以及作者课题组的有关研究成果，介绍了抗震弹塑性分析的具体实现步骤和工程算例。第七章介绍了抗震弹塑性分析的一些最新发展。

本书第二版的修订工作分工为：陆新征负责1、3、7章，陆新征、蒋庆负责第2章，潘鹏负责第4章，缪志伟负责第5章，蒋庆负责第6章。全书最后由陆新征统一定稿。

在本书的改版过程中，得到清华大学多位专家的支持和指导，在此深表感谢！

本书中的研究工作得到国家自然科学项目（51222804，91315301，51261120377，51378299），国家科技支撑计划课题（2013BAJ08B02，2015BAK14B02，2015BAK17B00），北京市自然科学基金（8142024）等课题的支持，特此致谢！

由于作者水平有限，结构抗震弹塑性分析的发展又非常迅速，故本书中肯定存在许多不足之处，敬请读者批评指正。

编　者

2015年7月于清华园

第一版前言

我国是一个地震灾害极其严重的国家。随着我国社会和经济的发展，建筑规模越来越大，并不断出现很多新型结构和复杂结构。与此同时，在保障地震下人民生命安全的同时，对建筑在地震作用下的各种功能性要求也不断提高，这使得对结构分析的要求越来越高。近年来，在我国工程实践中，抗震弹塑性分析得到迅速发展。由于抗震弹塑性分析的难度要远大于以往线弹性抗震分析，对结构分析理论、分析方法、数值模型、分析软件、硬件平台都有更高的要求，目前很多工程技术人员可能尚不熟悉，或掌握起来尚有一定难度。本书以常用有限元软件平台为基础，对抗震弹塑性分析理论、模型、方法加以系统介绍，并给出了一些典型算例，供广大工程技术人员、科研人员和研究生参考。

清华大学抗震防灾课题组近年来在建筑结构抗震弹塑性分析模型、性能化抗震设计方法、结构震害分析和抗倒塌措施等方面开展了一系列的研究和工程实践。本书是在上述研究工作基础上，结合结构抗震基本理论和近年来的发展编写的。在本书编写中，力图做到既具有一定的理论性和前沿性，又比较简便易用。故安排了诸如逐步增量时程分析(IDA)、地震倒塌分析、多尺度有限元分析等当前结构抗震分析的最新进展，以及大量详细的有限元软件实践操作案例。

本书内容可分为三大部分：第1、2章主要介绍性能化抗震和抗震弹塑性分析的基本原理、方法和常用模型；第3～5章结合目前最常用的ABAQUS、MSC.MARC和SAP2000通用有限元软件，以及作者课题组的有关研究成果，介绍了抗震弹塑性分析的具体实现步骤和工程算例；第6章介绍了抗震弹塑性分析的一些最新发展。

本书编写分工为：陆新征、马千里、林旭川编写1、2、5、6章，曲哲、陆新征编写第3章，缪志伟、陆新征、林旭川编写第4章。全书最后由陆新征、叶列平统一定稿。

在本书的编写过程中，得到清华大学结构工程研究所、防灾减灾研究所以及斯坦福大学John A Blume地震研究中心多位专家的指导，在此深表感谢！

本书中的研究工作得到“国家自然科学基金重大研究计划重点项目（90815025）”、“国家科技支撑计划课题（2006BAJ03A02）”、“国家科技支撑计划项目（2009BAJ28B01）”的支持，特此致谢！

由于作者水平有限，结构抗震弹塑性分析的发展又非常迅速，故本书中肯定存在许多不足之处，敬请读者批评指正。

编　者

2009年11月于清华园

目　　录

1 绪 论

1.1 地震灾害和抗震工程

1.1.1 我国的地震灾害

地震是对人类危害最大的自然灾害之一。根据不完全统计，近一个世纪以来，共有包括我国唐山市在内的20多座城市毁于地震灾害，造成了很大的人员伤亡和财产损失。我国位于环太平洋地震带西部，西南和西北处于欧亚地震带上，自古就是一个地震灾害严重的国家。大陆地区的地震区域分布较广，频繁且强烈。全国有60%的国土面积其地震基本烈度为6度，约一半的城市位于7度和7度以上地区，百万以上人口的大城市有85.7%位于地震区，因此，我国建筑物抗震工程的研究关系到国计民生，具有极其重大的意义。

2008年5月12日发生的汶川M8.0特大地震，导致约7万人死亡，超过1.5万人失踪，30余万人受伤，500余万人无家可归，并对整个社会、经济造成了巨大冲击。由于这次地震的高效新闻报道，引起了全中国甚至全世界的密切关注，进而也非常有力地促进了抗震减灾知识的普及。关于我国和世界地震灾害的更多细节，本书不再赘述，有兴趣读者可参阅相关资料（江见鲸，2005；李杰，李国强，1992）。

1.1.2 我国抗震工程的发展

我国拥有长达4000余年的连续的地震活动记录历史，这是全世界所罕见的。中华民族漫长的历史进程中，面对地震威胁，曾经有过很多出色的结构抗震实践（陈国兴，2003）。进入20世纪后，随着近代科学的逐步引入，特别是新中国成立后60余年来持续稳定的和平建设，为我国抗震工程的发展提供了重要条件。这60多年来，先后颁布了59、64、74/78、89、2001和2010等6版抗震设计规范，对减少地震损失，保障人民生命财产安全，起到了极大的推动作用。汶川地震以确凿的事实，证明了抗震设计对降低地震风险的重要贡献（图1.1-1）。

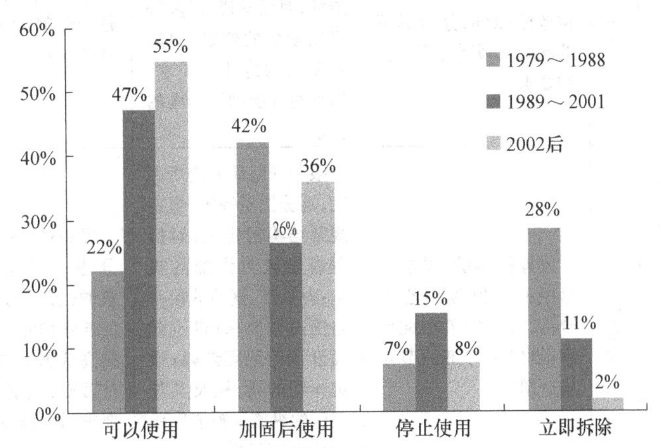

图1.1-1 汶川地震中不同年代建造的建筑震害情况对比（清华大学等，2008）

我国抗震规范的发展不断吸纳国内外相关学科的最新进展，规范内容的简要对比参见表 1.1-1，特别是“89 规范”（GBJ 11—89，1989）明确提出了 3 水准设防（小震不坏，中震可修，大震不倒），“2001 规范”（GB 5001—2001，2001）进一步吸纳了弹塑性静力推覆分析（Pushover），隔震、消能减震等抗震技术，这都体现出了目前国际上得到极大关注的基于性能的抗震设计（Performance Based Earthquake Engineering）思想的部分关键内容。在 2010 年颁布的新版抗震规范中（GB 50011—2010，2010），在附录 M 中进一步细化了对性能化设计的要求。当然，不可否认，由于诸多原因，我国目前抗震工程实践还有着很多不足，这需要全体结构抗震工作者长期和艰苦的努力。

抗震设计规范的内容比较（清华大学等，2008）（罗开海，毋建平，2014）　表 1.1-1

		TJ 11—78 (1979)	GBJ 11—89 (1989)	GB 50011—2001 (2001)	GB 50011—2010 (2010)
概念设计要求		非常简单	简单	较为详细	对扭转位移比、抗震缝设置等规定进一步完善
场地和地基		简单的场地土要求；验算地基土容许承载力；判别是否是液化土	场地和土的类型划分；较为详细的分类地基土承载力验算；判别液化土的液化程度，分别提出对应抗液化措施	增加对断裂带的要求；对桩基的抗震要求；其余同左	完善了对断裂带附近建筑的要求，调整了波速分界等
地震荷载计算		仅考虑水平方向的底部剪力法和振型分解反应谱法	考虑扭转和竖向地震作用；考虑顶部附加地震作用；其余同左	增加对层间地震力的要求；考虑地基与结构的相互作用，其余同左	解决了长周期段反应谱交叉的问题
截面抗震验算		简单的几个参数对强度作要求，无详细规定	较为详细的强度验算，增加了对变形的要求以及薄弱位置处的弹塑性变形计算	同左，但是规定更为详细	增加性能化设计时截面内力验算规定
主要构造要求	砌体结构	限制抗震横墙的间距和建筑总高度；对一定高度的建筑，选择使用构造柱；对部分情况下的混凝土预制楼板做拉结要求	增加高宽比要求；详细的抗剪强度计算公式；对一定高度的建筑，要求正常情况下使用构造柱，对教学楼、医院等横墙较少的建筑，提高对使用构造柱的要求；增加对多层砌块结构的要求	提高对圈梁最小纵筋要求；增加对增设构造柱的纵筋和箍筋要求；其他同左	降低部分结构的适用高度和适用范围。提高楼梯间等处构造柱、芯柱的要求。提高底部框架房屋的设计要求。取消内框架房屋的使用
	框架结构	设置抗震缝；要求质量中心和刚度中心重合；设置柱的最小配筋率；给出了详细的节点构造图	限制规范最大使用高度；划分抗震等级；规定规则结构的定义；对抗震墙做较为详细的规定；对基础、钢筋的接头与锚固作要求；设定截面设计的地震调幅；设定详细的梁、柱及其加密区的纵筋和箍筋间距和最小直径等要求；限制柱的截面和轴压比	提高对抗震等级的划分；提高截面设计的地震调幅；对跨高比较小的连梁和剪跨比较小柱提高抗剪要求；提高对柱截面、纵筋和箍筋的要求；其余同左	限制单跨框架使用范围。完善楼梯间抗震要求，完善了强柱弱梁的设计方法，提高了柱截面尺寸、轴压比、配筋率等要求

注：内容相同的部分，新版规范的详细程度往往高于旧版规范。

1.2 性能化抗震设计

1.2.1 性能化抗震设计的概念

早期抗震工程研究主要侧重于如何减少巨大地震下的建筑物倒塌和人员伤亡。随着人类与地震斗争经验的发展，特别是1994年美国加州北岭地震、1995年日本阪神地震、1997年土耳其地震、1999年台湾地震的几次震害表明，除了防止大震下建筑物倒塌外，中小地震导致结构正常使用功能丧失而造成的经济损失同样值得关注。特别是随着经济的发展，当建筑物内的装修、非结构构件、信息技术装备等的费用往往超过建筑物的结构费用时，这个问题变得尤其突出。这说明，基于承载力和构造保证延性的传统抗震设计方法并不完善，已不能适应现代社会对结构抗震性能的要求。由此引起了各国工程界对现有抗震设计思想和方法进行深刻的反思，迫使工程人员寻求更加完善的设计思想，使工程结构在各种可能遇到的地震作用下的反应和损伤状态控制在设计预期要求的范围内。不仅确保生命安全，而且确保经济损失最小。基于性能的抗震设计（Performance Based Earthquake Engineering）思想就是在这一背景下提出的。

性能化抗震设计的很多主要思想其实在人们长期的抗震实践中早已在不知不觉中加以应用。20世纪60年代后，美国的C. A. Cornell，H. Krawinker，新西兰的T. Paulay和R. Park等人领先的研究工作，以及SEAOC（Structural Engineers Association of California，加州土木工程师协会），ATC（Applied Technology Council，应用技术委员会），FEMA（联邦紧急事务管理局）等组织的一系列研究计划和取得的一系列研究成果，使得人们对基于性能的抗震设计概念逐步清晰，并逐渐趋向实用化。1995年SEAOC发表的Vision 2000报告首次对性能化抗震设计的一系列关键概念进行了系统表述，包括性能目标、性能水准、考察要素、保障措施等方面，建立了性能化设计所需的主要框架。而后，FEMA发布的FEMA 273/274（FEMA，1997a；FEMA，1997b）报告给出了更具体的基于弹塑性静力推覆分析（Pushover）的性能评价方法。差不多相同的时候，ATC发布的ATC-40报告也给出了基于静力弹塑性分析和能力谱法的性能评价方法（ATC，1996）。虽然FEMA 273/274和ATC-40所给出的弹塑性静力推覆分析在原理和流程上稍有差别，但是由于其手段简便易行，结果直观明确，因而迅速得到广泛采纳，并对国际性能化抗震设计产生了重要影响。此后，美国FEMA发布的FEMA356报告（FEMA，2000），进一步明确了不同构件性能水准所对应的变形大小，为性能化设计奠定了关键基础。该报告随后发展为美国土木工程师学会ASCE的标准ASCE-41（ASCE，2006）。至此，美国第一代性能化抗震设计方法已经基本成熟并得到广泛应用。但是，美国第一代性能化设计大多是针对多层建筑的，为了进一步完善高层建筑的性能化设计，美国进一步启动了多个研究计划，陆续发布了TBI（PEER，2010）等研究报告。针对高层建筑的特点，对结构建模、动力弹塑性分析等方面进行了详细规定，其研究成果已经写入美国部分地方标准，如高层建筑结构设计委员会颁布的洛杉矶高层建筑设计规范LATBSDC 2011（LATBSDC，2011）等。与此同时，针对美国之前性能化设计中存在的问题，如性能指标不便于业主理解，缺少非结构构件性能设计等，美国 ATC 委员会启动了 ATC-58 研究计划，历时 10 年，于 2012 年颁布了 FEMA P-58 研究报告（FEMA，2012a；FEMA，2012b），不仅给出了地震下考虑各种随机特性的结构损失（如修复或重置费用），还包括非结构构件损失、人员伤亡、维修时间等，代表了性能化设计的最新发展动向。

世界其他国家也在性能化设计实践上取得了很多进展，如日本已于 2000 年 6 月采用了新的基于性能的结构抗震规范，新西兰等国家也在其规范中加入了相关内容。我国抗震规范 2010 版也写入了性能化设计的有关内容。

对性能化设计的内涵世界各国研究者提出了不同的解释方法，如美国 FEMA 等建议，就是在合理的经济投入下，使得 3D（Death，死亡；Dollaer，经济损失；Downtime，停工损失）最小。又如 H. Krawinkler 等人（Bozorgnia & Bertero，2004）将性能化设计表述为以下方程的最优解：

$$\lambda(DV)=\iiint G(DV|DM)\mathrm{d}G(DM|EDP)\mathrm{d}G(EDP|IM)\mathrm{d}\lambda(IM) \qquad (1.2\text{-}1)$$

其中，IM 为地震烈度（Intensity Measures）；EDP 为工程需求变量（Engineering Demand Parameters），如层间位移，楼面加速度；DM 为损失评价（Damage Measures）；DV 为决策变量（Decision Variables）。积分表示相应的概率方程。

本书作者结合我国当前抗震实践和需求，认为性能化抗震设计的核心思想包括以下三点：

（1）多样化的抗震设防目标及其相应的成本—效益衡量手段

对于不同的建筑物，应该根据其重要性和功能需要，采用不同的抗震设计目标。例如我国对建筑物抗震设防分类标准分为甲乙丙丁四类，就是这种多样化抗震设防的一个例子。性能化抗震设计所最终追求的，是根据业主和建筑物自身的需要，根据场地地震的发生概率、建筑物的破损概率、相关损失预测，最后给出一个建立在最佳成本一效益核算基础上的抗震设防目标。我国目前抗震设计暴露出的一个问题就是结构设防目标局限于规范，工程人员和业主缺乏主动性和能动性，不能根据建筑物的实际需要加以调整。实际上，规范给出的建筑物抗震设防标准一般是对此类建筑物的最低设防要求，业主和工程人员应该根据自己的需求和经验，进一步给出更为合理的设防要求。例如，绵阳市某高层建筑，因为其高度较高且功能重要，设计人员主动将部分抗震设防目标提高，因而在汶川地震中，当绵阳遭受到超出其设防烈度（6 度）的地面运动时，该高层建筑损伤极小，在灾后很好发挥了其功能。这是一个成功的案例。

（2）多阶段抗震设计及相应的分析手段

在明确了建筑物抗震设防的目标后，针对不同发生概率（不同重现期）、不同强度的地震运动，需要进一步明确其在不同地震水平下的性能要求。例如我国规范中现在得到广泛认同的 3 水准设防（小震不坏，中震可修，大震不倒），就是多阶段抗震设计的重要表现。但是，目前我国抗震设计时，除极少数特殊结构外，大部分结构仅进行小震计算设计，缺少对中震和大震的定量化计算设计，使得结构在中震、大震下的性能水准难以准确把握。震后很多中度、轻度灾区，出现大量填充墙体破坏、室内外装修破损，造成重大经济损失和民众心理恐慌，就是多阶段抗震设计不足的一个重要表现（图 1.2-1～图 1.2-3）。

由于结构在进入中震或大震后，势必要部分进入弹塑性。这时传统的线弹性分析（时程分析、振型组合分析等），已经不是很适用。这就需要开发新的弹塑性分析工具和分析

图 1.2-1　墙体局部砌块脱落

手段，能够较好地再现结构在进入弹塑性后的实际性能。这个问题原先一直是性能化抗震设计的一个瓶颈问题，但是随着性能化设计日益推广，目前诸多抗震分析软件都在开始增加弹塑性分析功能，故而分析工具问题有望得到有效解决，本书将着重介绍结构弹塑性分析计算的工具问题。此外，另一个问题是地面运动的定量化和参数化问题，我们说的小震、中震、大震都是一个概念性的描述。到底什么样的地震算小震？什么样的地震算中震或大震？是基于最大加速度？最大速度？最大反应谱？这是另外一个值得深入研究的问题，在本书的第 3 章将专门介绍本书作者有关地面运动指标的部分研究。

图 1.2-2　填充墙倾倒

图 1.2-3　墙体倒塌

(3) 多参数评价和相应判断准则

在明确了设防目标和设计方法后，需要对结构物的性能进一步提出相应的判别物理指标和判断准则。譬如，大震不倒，那什么算倒塌？是以层间位移做判据？还是以震后残余变形做判据？必须将结构物的性能和相关的物理指标相联系，才能使得性能判断客观可靠。传统的结构性能判据是以力作为判据，但是力判据不适用于结构弹塑性阶段的性能表述，而位移既可以描述线弹性阶段又可以描述弹塑性阶段，故而基于位移的抗震设计在很长的一个阶段里面成了性能化抗震设计的一个主要代表，譬如 FEMA 273/274 和 ATC-40 都是以结构的位移作为性能的一个主要标志。随着性能化设计的进一步发展，除位移外，其他物理指标，如能量、楼面加速度、残余变形等，也受到一些研究者的关注，并进行了大量的研究。例如，随着新型消能减震设备（阻尼器等）的大量涌现，从能量角度来控制地震响应成为一个研究热点，而位移显然不能很好表达能量耗散过程。于是基于能量的抗震设计方法也得到了大量研究。又比如，一些存放重要设备的建筑物对楼面加速度很关注，或者是考虑到震后的修复成本，对震后结构物的残余变形很关注，那么这时候楼面加速度、残余变形又成为基于性能抗震设计的一个重要考察指标。

有了结构响应的物理参数后，为了将其和性能要求相关联，就必须要有相应的判断准则。比如基于位移的抗震设计，到底多大的层间位移角可以算“可修”？多大的层间位移角算“不倒”？这个问题也需要进行大量详细研究。事实上，当考虑到随机性时，结构物的性能和物理指标，都是一个连续变化的函数，而非一个离散的阶跃过程。比如在 1/50 层间位移角下，有些结构可能就会发生倒塌，而另一些结构未必会发生倒塌。因此，判别指标的选取有很多工作有待进一步开展。

此外，随着人们对抗震研究的深入，研究人员和工程人员逐渐认识到，性能化设计事实上包含着两个不同层次的内容：一方面是建立在经济活动基础上的，通过地震动概率、结构响应分析、结构损伤评价和经济损失评价，来给出基于最佳成本－效益关系抗震设计方法。这种方法的核心要素是经济问题，但是对倒塌这一特殊情况一般会要求特殊处理。另一方面，一旦结构发生倒塌，就可能会造成人员死亡，这样不仅很难给出相应的损失代价，而且也不符合“大震不倒”这一抗震设计基本的人文关怀道德。所以，近年来国内外对地震下结构的倒塌机制和抗倒塌问题，给予了更多的关注。本书 7.1 和 7.2 节对此问题进行了专门讨论。

1.2.2 美国基于性能抗震设计规范的发展及现状

1.2.2.1 SEAOC Vision 2000

1994 年北岭地震后，美国加州结构工程师协会（SEAOC）于 1995 年发布了第一个基于性能的抗震设计技术指导性文件 Vision 2000 “Performance-Based Seismic Engineering of Buildings”（SEAOC，1995）。Vision 2000 建立了基于性能抗震设计方法的主要框架，对基于性能抗震设计的一系列关键概念进行了系统表述，如地震设防水准、结构性能水准、建筑性能目标、部分性能接受准则等方面。

该文件提出了完全可运行（Fully Operational）、可运行（Operational）、生命安全（Life Safe）和接近倒塌（Near Collapse）四个性能水准，并对每个性能水准的状态进行了描述定义，给出了各性能水准允许的最大位移角和最大残余位移角，如表 1.2-1 所示。SEAOC Vision 2000 还定义了多遇（Frequent）、偶遇（Occasional）、罕遇（Rare）和极罕遇（Very Rare）四级地震设防水准，并采用概率描述方法对各级地震设防水准进行了定量描述，如表 1.2-2 所示。地震设防水准和性能水准组合形成一系列性能目标，并根据建筑物的重要性层次（一般建筑设施（Basic Facilities）、基础和重要建筑设施（Essential/Hazardous Facilities）、生命线及重大工程（Safety Critical Facilities））确定结构最终的性能目标，如图 1.2-4 所示。

Vision 2000 的位移限值 表 1.2-1

性能水准	允许最大位移角(%)	允许残余位移角(%)
完全可运行	0.2	可忽略
可运行	0.5	可忽略
生命安全	1.5	0.5
接近倒塌	2.5	2.5

Vision 2000 的地震设防水准定量描述　　　　表 1.2-2

地震设防水准	重现期(年)	超越概率
频遇	43	30 年超越概率 50%
偶遇	72	50 年超越概率 50%
罕遇	475	50 年超越概率 10%
极罕遇	970	100 年超越概率 10%

Vision 2000 虽提出了基于性能抗震设计中的一些重要概念，但还未形成一个完整的设计方法，尚存在一些局限性。比如，没有给出可用的结构分析评价方法来保障结构性能的可靠性；与性能水准相应的性能可接受准则不够全面和明确，很难应用于实践，并且给出的位移可接受准则是基于共识而非试验或震害调查所得；可运行和生命安全两个性能水准相差较大，可能需要增加一个中间状态。

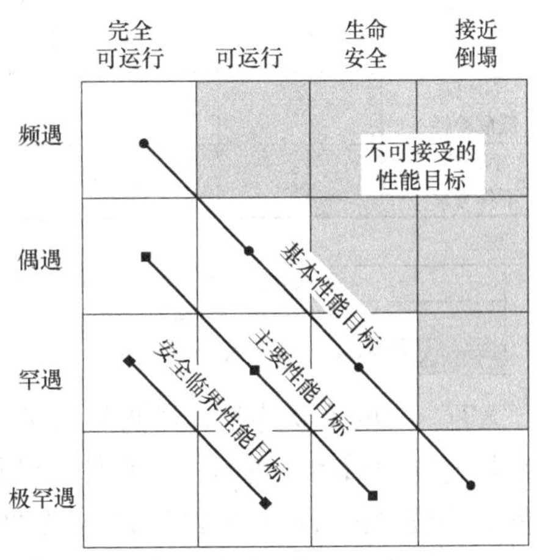

图 1.2-4　Vision 2000 中使用分类、性能水准和地震强度水准的关系图

1.2.2.2　ATC-40

美国应用技术委员会（ATC）于 1996 年发布了既有混凝土结构抗震评估和修复的技术指导性文件 ATC-40 "Seismic Evaluation and Retrofit of Existing Concrete Buildings"，该文件采纳了基于性能抗震设计方法的概念。ATC-40（ATC，1996）首次对非结构构件进行了系统考虑，该文件区分了结构构件和非结构构件的性能水准，结构构件共分六个性能水准：立即使用（SP-1，Immediate Occupancy）、损伤可控（SP-2，Damage Control）、生命安全（SP-3，Life Safety）、有限安全（SP-4，Limited Safety）、结构稳定（SP-5，Structural Stability）和不作考虑（SP-6，Not Considered），其中立即使用、生命安全和结构稳定是离散的损伤状态，可以在评估和修复中直接定义其技术标准，而损伤可控和有限安全是性能水准范围，以实现性能水准的连续性满足业主的需要；非结构构件共分五个性能水准：正常运行（NP-A，Operational）、立即使用（NP-B，Immediate Occupation）、生命安全（NP-C，Life Safety）、低危险性（NP-D，Hazards Reduced）和不作考虑（NP-E，Not Considered）。建筑的性能水准由结构构件的性能水准和非结构构件的性能水准组合确定，如表 1.2-3 所示，常用的建筑性能水准有 1-A 正常运行（Operational）、1-B 立即使用（Immediate Occupation）、3-C 生命安全（Life Safety）、5E 结构稳定（Structural Stability）。ATC-40 中定义了三级地震设防水准：1）正常使用地震（the Serviceability Earthquake，SE），50 年超越概率 50%；2）设计地震（the Design Earthquake，DE），50 年超越概率 10%；3）最大地震（the Maximum Earthquake，ME），50 年超越概率 5%。ATC-40 中建议性能目标可以根据建筑功能、政策或成本等进行选择，从而选定地震设防水准和相应的建筑性能水准。ATC-40 中给出的基本安全目标（Basic Safety Objective，BSO）如表 1.2-4 所示。

ATC-40 结构构件和非结构构件的性能水准组合形成建筑性能水准　　表 1.2-3

建筑性能水准						
非结构构件性能水准	结构构件性能水准					
	SP-1 立即使用	SP-2 损伤可控	SP-3 生命安全	SP-4 有限安全	SP-5 结构稳定	SP-6 不作考虑
NP-A 正常运行	1-A 立即使用	2-A	NR	NR	NR	NR
NP-B 立即使用	1-B 尚可使用	2-B	3-B	NR	NR	NR
NP-C 生命安全	1-C	2-C	3-C 生命安全	4-C	5-C	6-C
NP-D 低危险性	NR	2-D	3-D	4-D	5-D	6-D
NP-E 不作考虑	NR	NR	3-E	4-E	5-E 结构稳定	不可用

注：

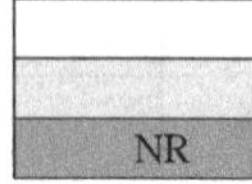

常用的建筑性能水准(SP-NP)

SP-NP 的其他可能组合

不推荐的 SP-NP 组合

ATC-40 的重要特色是强调采用能力谱方法进行结构分析和性能评估。能力谱方法通过结构的能力谱和地震需求谱来估算结构的弹塑性性能。能力谱的建立首先需要采用非线性静力分析（Pushover）得到力-位移曲线，由 Pushover 曲线转换得到等价单自由度体系的谱加速度和谱位移的关系曲线，即能力谱曲线。地震需求谱的建立首先需要按等效单自由度体系将地震反应谱转换成弹性需求谱，再通过考虑等效阻尼比对弹性需求谱进行折减。结构的能力谱和地震需求谱的交点称为性能点，代表建筑物能够承受的最大位移和地震强度。虽然能力谱方法简单易行，但是其理论基础和物理意义仍存在一些问题，比如 Pushover 方法仅适用于以一阶振型为主导的结构，对于受高阶振型影响较大的结构可能无法得到正确结果；且无法考虑强震持时和地震累积损伤对结构造成的影响。

ATC-40 基本安全性能目标　　表 1.2-4

基本安全性能目标				
	结构性能水准			
地震强度水准	正常运行(1-A)	立即使用(1-B)	生命安全(3-C)	结构稳定(5-E)
SE (50%/50 年)				
DE (10%/50 年)			√	
ME (5%/50 年)				√

ATC-40 从整体结构和构件两个层次给出了较详细的性能接受准则。在整体结构层次上，要求在任何性能目标下结构承受竖向荷载的能力保持完好，结构的水平承载力退化不超过峰值承载力的 20%，并给出了建筑在各性能水准下的层间位移角限值，见表 1.2-5。在构件层次上，ATC-40 根据对水平抗侧力体系的重要程度将结构构件分为主要构件（Primary Component）和次要构件（Secondary Component），主要针对主要构件给出相应的性能接受准则。对于力控制（Force-controlled）的主要构件，要求其受力需求小于等于下限强度，下限强度定义为具有 95%保证率的强度。对于位移控制（Deformation-controlled）的主要构件，要求其塑性变形在变形限值范围内，ATC-40 给出了各类构件的塑性变形限值，如框架结构中梁、柱、板的塑性转角的限值和梁柱节点总剪切角的限值，剪

力墙结构中剪力墙塑性转角的限值、墙肢变形的限值和连梁变形的限值。对于非结构构件，虽然 ATC-40 在确定建筑性能水准时考虑了非结构构件的性能水准，但在性能分析时对非结构构件的考虑非常少，且非结构构件的性能接受准则并不明确，仅给出了一些原则性和描述性的性能要求。

ATC-40 中的建筑变形限值 **表 1.2-5**

	性能水准			
层间位移角限值	立即使用(1-A)	尚可使用(1-B)	生命安全(3-C)	结构稳定(5-E)
总层间位移角最大值	0.01	0.01～0.02	0.02	$0.33V_i/P_i$
塑性层间位移角最大值	0.005	0.005～0.015	无限制	无限制

注：V_i为计算所得的第 i 层的总水平力，P_i为第 i 层的总重力荷载。

1.2.2.3 FEMA 273/356 和 ASCE 41-06/13

ASCE 41-06（ASCE，2006）是一套综合的建筑物抗震加固法规性标准，采用基于性能的抗震设计思想，根据不同地震设防水准和建筑物性能水准得到不同的修复目标（Rehabilitation Objectives）。适用于所有类型的现有建筑，包括钢结构、钢筋混凝土结构、砌体结构以及木结构。ASCE 41-06 是在预备性法制规范 FEMA 356（FEMA，2000）的基础上颁布的，FEMA 273（FEMA，1997）是 FEMA 356 的前身，为了推广 FEMA 273 在工程实践中的应用并推进该方法的规范化进程，美国土木工程师学会（American Society of Civil Engineers，ASCE）在美国联邦应急管理署（Federal Emergency Management Agency，FEMA）的资金支持下将 FEMA 273 修订改写成了 FEMA 356，作为预备性法制规范。

与 ATC-40 相似，ASCE 41-06 中将结构构件分为六个性能水准：立即使用（S-1，Immediate Occupancy）、损伤可控（S-2，Damage Control）、生命安全（S-3，Life Safety）、有限安全（S-4，Limited Safety）、防止倒塌（S-5，Collapse Prevention）和不作考虑（S-6，Not Considered）；非结构构件分为五个性能水准：正常运行（N-A，Operational）、立即使用（N-B，Immediate Occupation）、生命安全（N-C，Life Safety）、低危险性（N-D，Hazards Reduced）和不作考虑（N-E，Not Considered）。ASCE 41-06 中也是由结构构件和非结构构件的性能水准组合成建筑性能水准，组合形式与 ATC-40 中的组合（表 1.2-3）基本相同，除表 1.2-3 中的 3-E 性能水准在 ASCE 41-06 中是不推荐使用的。其中四个常用的建筑性能水准为正常运行（1-A，Operational）、立即使用（1-B，Immediate Occupancy）、生命安全（3-C，Life Safety）、防止倒塌（5-E，Collapse Prevention），如图 1.2-5 所示。

Operational
正常运行

Immediate Occupancy
立即使用

Life Safety
生命安全

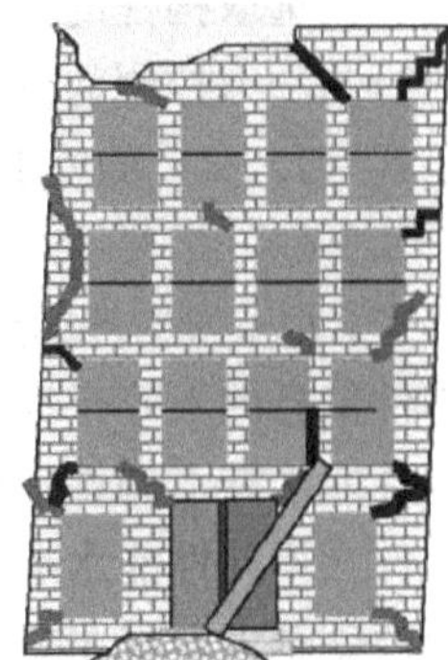
Collapse Prevention
防止倒塌

图 1.2-5 ASCE 41-06 建筑性能水准图示说明

不同于 ATC-40 中三个地震强度水准，ASCE 41-06 中定义了四个地震设防水准，如表 1.2-6 中所示，将其中两个常用的地震设防水准为 50 年超越概率 10%和 2%，分别称为 BSE-1（Basic Safety Earthquake 1）和 BSE-2（Basic Safety Earthquake 2）。各地震动强度的危险性通过 5%阻尼比的加速度反应谱表示。

ASCE 41-06 提出了三类性能目标，即“基本安全目标”、“增强目标”和“有限目标”，如表 1.2-6 所示，由于地震危险水准不同，ASCE 41-06 中的基本安全目标比 ATC-40 的要求要高。

ASCE 41-06 建筑性能目标 **表 1.2-6**

地震设防水准		建筑性能水准			
超越概率	重现期(年)	正常运行 (1-A)	立即使用 (1-B)	生命安全 (3-C)	结构稳定 (5-E)
50%/50 年	72	a	b	c	d
20%/50 年	225	e	f	g	h
BSE-1 (10%/50 年)	474	i	j	k	l
BSE-2 (2%/50 年)	2475	m	n	o	p

注：基本安全目标：k+p

增强目标：k+(m，n，o) 的任一个，p+(i，j) 的任一个，k+p+(a，b，e，f) 的任一个，m，n，o

有限目标：k，p，c，d，g，h，i

ASCE 41-06 中建议了四种建筑抗震分析方法：线性静力分析（Linear Static Procedure，LSP）、线性动力分析（Linear Dynamic Procedure，LDP）、非线性静力分析（Nonlinear Static Procedure，NSP）和非线性动力分析（Nonlinear Dynamic Procedure，NDP），并给出了线性分析和非线性分析相应的建模要求和方法、结构构件的接受准则。所有分析方法均应采用三维结构模型。对于动力时程分析，所选取的地震动数量应大于 1，若地震动数量少于 7 条，采用结构响应的绝对最大值作为分析结果，若地震动数量不小于 7 条，则采用结构响应的平均值作为分析结果。式（1.2-2）或式（1.2-3）所示的重力荷载作用 Q_G 应用于与地震作用进行荷载组合，当重力荷载和地震作用产生的效应相加时，Q_G 取式（1.2-2）；当重力荷载和地震作用产生的效应抵消时，Q_G 取式（1.2-3）。

$$Q_G = 1.1(Q_D + Q_L + Q_S) \tag{1.2-2}$$

$$Q_G = 0.9Q_D \tag{1.2-3}$$

其中，Q_D 为设计恒荷载作用效应；Q_L 为设计活荷载作用效应，取 25%未折减设计活荷载；Q_S 为雪荷载作用效应。

在选取构件的接受准则时，应将构件区分为主要构件和次要构件，并细分成位移控制的行为和力控制的行为。对于线性分析方法，主要构件和次要构件中位移控制的行为应满足式（1.2-4）的要求：

$$mkQ_{CE} \geqslant Q_{UD} \tag{1.2-4}$$

其中，Q_{CE} 为构件的期望强度（expected strength）；k 是认知系数，以考虑对已建成建筑构件信息的不确定性，其值小于等于 1.0；m 为构件需求修正系数，以考虑在所选择的结构性能水准下构件预期的延性；mkQ_{CE} 即为构件的强度能力，ASCE 41-06 通过设定各类构件在不同性能水准下的 m 限值，作为接受准则，性能水准越高、构件延性越大，则 m 限值就越大，且主要构件与次要构件的 m 限值不同；Q_{UD} 为构件在重力和地震下的设计作用，即构件的强度需求。

主要和次要构件中力控制的行为应满足式（1.2-5）的要求：

$$kQ_{\mathrm{CL}} \geqslant Q_{\mathrm{UF}} \tag{1.2-5}$$

其中，Q_{CL}为构件的下限强度，定义为期望强度减一倍标准差；Q_{UF}为构件在重力和地震荷载下的设计作用，即构件的强度需求。

对于非线性分析方法，主要和次要构件中由位移控制的构件其最大变形需求不应大于允许非线性变形限值，主要和次要构件中由力控制的构件其最大设计作用不应大于下限强度。ASCE 41 给出了不同结构构件线性和非线性分析的变形限制，供使用者判断结构的损伤状态。表 1.2-7 和表 1.2-8 所示为 ASCE 41-13 给出的混凝土结构非线性分析方法中的变形限值。

ASCE 41-13 给出的混凝土梁非线性分析方法中的变形限值　　表 1.2-7

情况			建模参数❶			可接受准则❶		
			塑性铰转角弧度		残余强度比	塑性铰转角，弧度		
						性能等级		
			a	b	c	IO	LS	CP
i. 弯曲控制的梁❷								
$\frac{\rho-\rho'}{\rho_{\mathrm{bal}}}$	横向钢筋❸	$\frac{V}{b_w d\sqrt{f'_c}}$ ❹						
≤0.0	C	≤3 (0.25)	0.025	0.05	0.2	0.01	0.025	0.05
≤0.0	C	≥ 6 (0.5)	0.02	0.04	0.2	0.005	0.02	0.04
≥0.5	C	≤3 (0.25)	0.02	0.03	0.2	0.005	0.02	0.03
≥0.5	C	≥6 (0.5)	0.015	0.02	0.2	0.005	0.015	0.02
≤0.0	NC	≤3 (0.25)	0.02	0.03	0.2	0.005	0.02	0.03
≤0.0	NC	≥6 (0.5)	0.01	0.015	0.2	0.0015	0.01	0.015
≥0.5	NC	≤3 (0.25)	0.01	0.015	0.2	0.005	0.01	0.015
≥0.5	NC	≥6 (0.5)	0.005	0.01	0.2	0.0015	0.005	0.01
ii. 剪切控制的梁❷								
箍筋间距≤$d/2$			0.0030	0.02	0.2	0.0015	0.01	0.02
箍筋间距>$d/2$			0.0030	0.01	0.2	0.0015	0.005	0.01
iii. 由跨度内钢筋延伸和拼接长度不足控制的梁❷								
箍筋间距≤$d/2$			0.0030	0.02	0.0	0.0015	0.01	0.02
箍筋间距>$d/2$			0.0030	0.01	0.0	0.0015	0.005	0.01
iv. 由节点区锚固失效控制的梁❷❸								
			0.015	0.03	0.2	0.01	0.02	0.03

注：f'_c单位为 lb/in²；当 f'_c单位为 MPa 时，应取括号中的值。

❶ 表中数值允许线性插值。

❷ 对一个特定构件，当 i，ii，iii，iv 中的多个情况同时发生时，采用表中合理的最小值。

❸“C”和“NC”是标准横向钢筋和非标准横向钢筋的缩写。如果一个构件在其弯曲塑性铰区域，箍筋间距≤$d/3$，或者对于那些需要中等或者高度延性的构件，其箍筋提供的剪力（V_s）至少是设计剪力的 3/4 以上时，称这个构件是标准的。否则，这个构件就是非标准。

❹ V 是非线性静力分析或非线性动力分析中设计剪力大小。

ASCE 41-13 给出的混凝土柱非线性分析方法中的变形限值　　表 1.2-8

情况			建模参数❶			可接受准则❶		
			塑性铰转角弧度		残余强度比	塑性铰转角，弧度		
						性能等级		
			a	b	c	IO	LS	CP
i. 情况 i. ❷								
$\frac{P}{A_g f'_c}$ ❸	$\rho=\frac{A_v}{b_w s}$							
≤0.1	≥0.006		0.035	0.060	0.2	0.005	0.045	0.060
≥0.6	≥0.006		0.010	0.010	0.0	0.003	0.009	0.010
≤0.1	= 0.002		0.027	0.034	0.2	0.005	0.027	0.034
≥0.6	= 0.002		0.005	0.005	0.0	0.002	0.004	0.005

续表

情况			建模参数❶			可接受准则❶		
			塑性铰转角弧度		残余强度比	塑性铰转角，弧度		
						性能等级		
			a	b	c	IO	LS	CP
ii. 情况 ii.❷								
$\frac{P}{A_g f_c'}$ ❸	$\rho=\frac{A_v}{b_w s}$	$\frac{V}{b_w d\sqrt{f_c'}}$ ❹						
≤0.1	≥0.006	≤3 (0.25)	0.032	0.060	0.2	0.005	0.045	0.06
≤0.1	≥0.006	≥6 (0.5)	0.025	0.060	0.2	0.005	0.045	0.06
≥0.6	≥0.006	≤3 (0.25)	0.010	0.010	0.0	0.003	0.009	0.010
≥0.6	≥0.006	≥6 (0.5)	0.008	0.008	0.0	0.003	0.007	0.008
≤0.1	≤0.0005	≤3 (0.25)	0.012	0.012	0.2	0.005	0.010	0.012
≤0.1	≤0.0005	≥6 (0.5)	0.006	0.006	0.2	0.004	0.005	0.006
≥0.6	≤0.0005	≤3 (0.25)	0.004	0.004	0.0	0.002	0.003	0.004
≥0.6	≤0.0005	≥6 (0.5)	0.0	0.0	0.0	0.0	0.0	0.0
iii. 情况 iii.❷								
$\frac{P}{A_g f_c'}$ ❸	$\rho=\frac{A_v}{b_w s}$							
≤0.1	≥0.006		0.0	0.060	0.0	0.0	0.045	0.060
≥0.6	≥0.006		0.0	0.008	0.0	0.0	0.007	0.008
≤0.1	≤0.0005		0.0	0.006	0.0	0.0	0.005	0.006
≥0.6	≤0.0005		0.0	0.0	0.0	0.0	0.0	0.0
iv. 由净高内钢筋延伸和拼接长度不足控制的柱❷								
$\frac{P}{A_g f_c'}$ ❸	$\rho=\frac{A_v}{b_w s}$							
≤0.1	≥0.006		0.0	0.060	0.4	0.0	0.045	0.060
≥0.6	≥0.006		0.0	0.008	0.4	0.0	0.007	0.008
≤0.1	≤0.0005		0.0	0.006	0.2	0.0	0.005	0.006
≥0.6	≤0.0005		0.0	0.0	0.0	0.0	0.0	0.0

注：f_c'单位为 lb/in^2；当 f_c'单位为 MPa 时，应取括号中的值。

❶ 表中数值允许线性插值。

❷ 情况 i，ii，iii 的定义参见 ASCE 41-13 10.4.2.2.2 节。由净高内钢筋延伸和拼接长度不足控制的柱，指钢筋搭接处计算得到的钢筋应力大于公式（10-2）给出的钢筋应力。对一个特定构件，当 i，ii，iii，iv 中的多个情况同时发生时，采用表中合理的最小值。

❸ 当 $P>0.7A_g f_c'$时，对任意性能等级，塑性铰转角均应取为 0.0，除非柱的横向钢筋满足如下条件：箍筋有 135°弯钩，箍筋间距≤$d/3$，且箍筋提供的抗剪承载力（V_s）不应小于设计剪力的 3/4。轴力 P 应为考虑重力和地震荷载后的最大可能轴力。

❹ V 是非线性静力分析或非线性动力分析中设计剪力大小。

此外，ASCE 41-06 对建筑非结构构件、设备和电气元件的抗震修复进行了系统规定，将这些构件分为加速度敏感型（Acceleration-Sensitive）、位移敏感型（Deformation-Sensitive）和加速度-位移敏感型（Acceleration- and Deformation-Sensitive），并针对这些构件给出了较为详细可行的分析方法和性能接受准则。

1.2.2.4 AB-083 2007

随着高层建筑的逐渐发展，结构形式越来越复杂，一些新建高层建筑超出了传统的抗震设计规范所规定的适用范围，比如高度超限或采用新的建筑体系或材料，需要采用非条文性规范进行抗震设计。对于采用非条文性规范进行抗震设计的结构，需要确定适当的抗震性能目标，并据此进行抗震设计、抗震性能评估以及抗震审查。而上述基于性能的抗震设计规范（ATC-40，ASCE 41-06）均是针对既有建筑结构的加固修复，对于新建建筑缺乏有力依据。为了解决这个问题，2007 年北加州结构工程师协会（Structural Engineers Association of Northern California，SEAONC）根据旧金山市建筑监督局（SFDBI）的要求编制了"Recommended Administrative Bulletin on the Seismic Design & Review of Tall Buildings Using Non-Prescriptive Procedures"（SEAONC，2007），该行政公告以下简称 AB-083 2007。

AB-083 2007 是一份地方性行政公告，因此仅适用于旧金山市采用非条文性规范进行抗震设计的新建高层建筑，对其抗震设计、性能评估和抗震审查提出了具体要求和指导。AB-083 2007 中的条文性规范指 2001 年版旧金山建筑规范（SFBC 2001），采用非条文性规范的设计指在高层建筑的抗震设计中有一项或多项抗震设计做法不同于 SFBC 2001 规范的传统设计要求。AB-083 2007 将高层建筑定义为高度大于 160 英尺（48.7 m）的建筑。

由于采用非条文性规范进行抗震设计具有特殊性和复杂性，AB-083 2007 规定每个工程项目均要成立抗震专家审查委员会（Seismic Peer Review Panel，SPRP），根据 AB-083 2007 中的要求和指导准则对建筑结构的设计和抗震性能等方面提供独立客观的技术审查。SPRP 仅负责进行技术审查并提出相关建议，结构设计的质量仍由工程师负责。

对于抗震设计的要求，AB-083 2007 要求在三个地震设防水准下对结构性能目标进行评估，基本要求见表 1.2-9。

AB-083 2007 基本要求 表 1.2-9

评估阶段	地震水准❶	分析类型	数值模型	响应修正系数 R	偶然偏心	材料强度折减系数(ϕ)	材料强度
1	10/50	反应谱分析	—	SFBC 2001	SFBC 2001	SFBC 2001	名义强度
2	50/30	弹性反应谱分析或时程响应分析	—	—	—	—	—
3	2/50	非线性动力时程分析	三维	不考虑	不要求	1.0	平均强度

注：❶超越概率（%）/年数。

（1）规范水平评估

第一阶段需要对结构进行规范水平的评估。规范水平评估的地震水准是旧金山建筑规范（SFBC 2001）中对结构进行抗震设计所用的设计地震，即 50 年超越概率 10%的地震水平。除工程师明确提出的不满足 SFBC 2001 规范要求的设计条件外，结构应该完全按照 SFBC 2001 规范的规定进行抗震设计。规范水平评估的目的是明确不满足 SFBC 2001 规范要求的设计条件，并确定结构抗震所需的最小强度和刚度需求，以使设计的结构达到与规范至少相同的抗震性能。最小强度需求通过 SFBC 2001 中的最小基底剪力公式定义，最小刚度需求通过使设计的结构满足 SFBC 2001 规定的层间位移限值保障。位移验算要求采用规范水准的反应谱分析并满足下列要求：a）计算位移的设计地震作用不受最小基地剪力要求的限制；b）非预应力混凝土构件的等效刚度取值不应超过 0.5 倍弹性截面总刚度；c）应根据岩土工程师的建议考虑基础刚度的影响；d）应考虑 $P\text{-}\Delta$ 效应的影响。

（2）正常使用水平评估

选用 30 年超越概率 50%的地震水准进行第二阶段的正常使用水平评估。由于已进行规范水平的评估，只有部分情况需要进行正常使用水平的评估（即当预期结构的正常使用性能低于按照规范设计结构的正常使用性能水平时），具体包括以下几种情况：a）对于非结构构件的设计不完全符合旧金山建筑规范（SFBC 2001）的情况，工程师应对非结构构件和系统进行正常使用水平下的性能评估。b）在规范水平评估时所采用的构件等效刚度显著低于构件的实际线弹性刚度，工程师应对这些构件在正常使用地震下的性能进行评估。如在规范水平评估时人为将混凝土连梁刚度折减，以降低其设计内力，但在正常使用水准的地震作用下，此类构件很容易破坏。c）对于一些特殊的结构形式，能够满足设计水准的地震作用和位移要求，但在较低水准的地震作用下会经历较大的位移或加速度。对于这类结构需要对其结构和非结构构件在正常使用水准地震作用下的抗震性能进行分析和评估。

（3）MCE 水平评估

选用 50 年超越概率 2%的最大考虑地震（Maximum Considered Earthquake，MCE）水准进行 MCE 水平评估。MCE 水平评估的目的是保证在强震作用下结构保持较低的倒塌概率。MCE 水平评估应采用三维模型进行非线性动力时程分析，分析模型应考虑所有影响结构动力响应的结构构件和非结构构件，所选地震动记录不少于 7 组。除经过工程师的充分证实，非线性分析中的等效阻尼比不应超过 5%。在评估时应采用式（1.2-6）荷载组合：

$$1.0D+L_{\text{exp}}+1.0E \tag{1.2-6}$$

其中，D 为使用恒荷载，L_{exp}为预期使用活荷载，通常取 $L_{\text{exp}}=0.1L$，L 为规范规定的未折减活荷载，E 为 MCE 地震作用。

对于预期在 MCE 地震水准下出现非线性响应的结构，工程师应采用能力设计原则预先对在 MCE 水平下出现非线性的构件或行为进行设计，其他构件和行为则基本保持弹性，使结构在水平侧力下保持较好的延性屈服机制。根据能力设计原则，AB-083 大致给出了 MCE 水平评估时结构性能的接受准则。所有抗侧力体系及竖向承重体系构件的内力和变形需求均应进行检验以保证不超过其承载能力和变形能力，但不要求对非结构构件进行验算。对于构件的需求，AB-083 规定：延性行为的需求应至少取为非线性动力时程分析结果的平均值，低延性行为（如柱的轴力和剪力以及剪力墙的剪力响应）的需求应考虑时程分析结果的离散性，通常取平均值加上一倍标准差。对于允许进入非线性状态的构件，应该对构件及节点的变形需求进行校核，但 AB-083 没有明确说明构件的变形限值。对于基本保持弹性的构件和行为，应进行强度校核，满足式（1.2-7）：

$$F_{\text{u}}\leqslant\phi F_{\text{n,e}} \tag{1.2-7}$$

其中，F_{u}为强度需求，$\phi F_{\text{n,e}}$为设计强度，是强度折减系数 ϕ 与名义强度（nominal strength）$F_{\text{n,e}}$的乘积，名义强度 $F_{\text{n,e}}$采用材料强度平均值计算，强度折减系数按照 SFBC 2001 规定取值。此外，AB-083 还规定时程分析中峰值层间位移角的平均值不应超过 0.03。

AB-083 虽然采用了基于性能的抗震设计思想，但并不是一个完全纯粹的基于性能的抗震设计规范，其抗震设计目标是使按照非条文性规范进行抗震设计所得到结构的抗震性能不低于传统规范设计结构的性能。它没有脱离传统规范，仍需进行规范水平的性能评估。并且规范水平评估的性能水准并不明确，使得结构在该地震水平下的性能仍不明确。

1.2.2.5 TBI 2010

2006 年，美国地震工程主要研究机构——太平洋地震工程研究中心（PEER）提出了 Tall Buildings Initiative（TBI）研究计划，目的是建立和完善一套基于性能抗震设计方法的标准，并推进高层建筑结构基于性能抗震设计方法的实际应用。2010 年，PEER 发布了 TBI 计划的主要成果——“Guidelines for Performance-based Seismic Design of Tall Buildings”（PEER，2010），以下简称 TBI 2010。

TBI 2010 主要包括结构构件（抗侧力构件和竖向承重构件）的抗震设计，但不包括非结构构件的设计。TBI 2010 的基本性能目标是使按照该指南设计的建筑物的抗震性能不低于 ASCE 7 中使用分类为 II 类的建筑物的抗震性能目标，即 MCE 地震作用下保持较低的倒塌概率，设计地震作用下不对人类生命安全产生重要危害，多遇地震下损伤有限。TBI 2010 通过下列要求以实现上述目标：1）采用能力设计的原则进行结构设计和布置；2）验证在重现期为 43 年的正常使用地震水准下，结构是否基本保持弹性和有限的损伤；3）验证结构在 MCE 地震作用下的响应，包括是否丧失竖向承载能力、重要抗侧力构件是否达到使其强度严重退化的塑性变形、是否出现过度的残余变形或整体结构不稳定；4）通过构造措施保障结构中的所有构件适应抗侧力体系在 MCE 地震作用下的预期变形；5）按照建筑规范的要求锚固和支撑所有非结构构件和系统。

TBI 2010 要求在两个地震水准下对结构性能目标进行评估，基本要求见表 1.2-10。正常使用水准的地震强度定义为重现期为 43 年（30 年超越概率 50%）的地震动，用 2.5%阻尼比的弹性加速度反应谱表示。正常使用水准评估的性能目标是建筑物仅遭受有限的破坏，结构和非结构构件在地震中和震后可以基本保持正常功能，若需要维修，应该是轻微的并且不显著影响建筑物的正常使用和功能。MCE 地震强度根据 ASCE 7 中的要求由 5%阻尼比的弹性加速度反应谱表示，MCE 水准评估的目的是保障结构具有一定的安全度以防止发生倒塌。

TBI 2010 基本要求 表 1.2-10

评估阶段	地震水准❶	分析类型	数值模型	偶然偏心	材料强度折减系数(ϕ)	材料强度
1	50/30	弹性反应谱分析或非线性时程分析	三维	不要求	1.0	平均强度
2	2/50	非线性时程分析	三维	不要求	1.0	平均强度

注：❶超越概率（%）/年数。

（1）正常使用水准评估

TBI 2010 推荐了两种分析方法进行正常使用水准的评估，弹性反应谱分析和非线性时程分析。分析模型均应采用三维结构模型，材料强度采用平均强度，不需要考虑偶然偏心。弹性反应谱分析应采用式（1.2-8）和式（1.2-9）所示的荷载组合，要求考虑足够振型数使质量参与系数超过 90%，各模态的响应应该采用完全二次项组合（CQC）方法进行组合。非线性时程分析应采用式（1.2-10）所示的荷载组合，阻尼比推荐采用 2.5%。

地震动记录至少应选取 3 组，若地震动记录少于 7 组，则取一系列时程分析结果中的绝对最大值作为结构需求，若地震动记录多于 7 组，则取分析结果的平均值作为结构需求。地震动选取和调整的方法比较灵活，对地震动记录的峰值进行调幅、根据反应谱形状进行匹配或条件平均谱方法均可行。

$$1.0D+L_{\text{exp}}\pm1.0E_{\text{x}}\pm0.3E_{\text{y}} \tag{1.2-8}$$

$$1.0D+L_{\text{exp}}\pm0.3E_{\text{x}}\pm1.0E_{\text{y}} \tag{1.2-9}$$

$$1.0D+L_{\text{exp}}\pm1.0E \tag{1.2-10}$$

其中，L_{exp}应取为 0.25 倍未折减活荷载。

TBI 2010 分别给出了弹性反应谱分析和非线性时程分析的接受准则。当采用弹性反应谱分析时，各结构构件的能力需求比不应超过 1.5。钢筋混凝土构件的能力定义为设计强度（设计强度为名义强度乘以强度折减系数，按照 ACI 318 中的相应规定进行计算）。当采用非线性时程分析时，应满足以下接受准则：1）非线性变形应仅限于位移控制的行为。力控制的行为不应超过其平均强度，平均强度应根据试验进行取值，也可取为 ACI 318 中的设计强度，但此时设计强度使用材料强度平均值进行计算，并且强度折减系数取为 1.0。2）位移需求应小于会导致维修、强度退化或永久变形的量值，并应经过适当的试验验证。如果需要维修，不应导致混凝土（除保护层混凝土）、钢筋或钢构件的移除或替换。允许采用 ASCE 41-06 中立即使用性能水准（Immediate Occupancy）的接受准则以代替试验数据。对于两种分析方法，结构的层间位移角均不应超过 0.5%。

（2）MCE 水准评估

MCE 水准的评估要求使用三维非线性结构模型，包括所有结构构件（抗侧力构件和竖向承重构件），采用非线性时程分析方法对结构响应进行评估，地震动记录不应少于 7 组。荷载组合仍采用式（1.2-10）所示组合。阻尼比可参考 ATC-72（ATC，2010）进行取值。分析模型应考虑 P-Δ 效应、构件滞回和循环退化特性等的影响。

TBI 2010 在构件层次和整体结构层次均给出了相应的接受准则。在构件层次，对于力控制的行为，根据该行为的破坏是否会对整体结构的稳定导致严重后果，又进一步细分成两类：关键行为和非关键行为。对于关键的力控制的行为，应该满足式（1.2-11）的要求：

$$F_{\text{u}}\leqslant\phi F_{\text{n,e}} \tag{1.2-11}$$

其中，F_{u}是结构的需求，如果该行为没有明确定义的屈服机制，取为 1.5 倍非线性分析响应结果的平均值，如果该行为有明确定义的屈服机制，则取为响应结果平均值加 1.3 倍标准差；$F_{\text{n,e}}$为使用材料强度平均值计算的名义强度；ϕ 为强度折减系数。

对于非关键行为，应该满足式（1.2-12）的要求：

$$F_{\text{u}}\leqslant F_{\text{n,e}} \tag{1.2-12}$$

其中，F_{u}取为非线性分析响应结果的平均值；$F_{\text{n,e}}$为使用材料强度平均值计算的名义强度。

对于位移控制的行为，其变形需求不应超过极限变形能力，可以直接通过设定构件的变形限值来实现，也可以间接通过设定材料的应变来实现，ASCE 41 第 6 章、ATC-72 第 3 章和第 4 章给出了钢筋混凝土构件变形和应变的建议限值。需要说明的是，TBI 2010 中认为当剪力墙的轴力不超过 $0.3f_c'A_g$ 并且按照规范要求配置约束边缘构件时，可以认为其为位移控制的构件。

在结构整体层次，要求非线性分析中各楼层峰值层间位移角平均值不应超过 0.03，最大值不应超过 0.045，残余位移角平均值不应超过 0.01，最大值不应超过 0.015。此外，任意楼层的强度损失均不应超过初始强度的 20%。

TBI 2010 是一套较为完整的基于性能的抗震设计导则，已基本脱离传统规范体系，取消最小基底剪力限值，为高层建筑性能化设计提出了重要建议，对后续基于性能的抗震设计规范和标准产生了重大影响。

1.2.2.6 LATBSDC 2011

LATBSDC 2011（LATBSDC，2011）是洛杉矶的高层建筑结构设计委员会编写的高层建筑基于性能的抗震设计指南，其目的是提供一个基于性能的高层建筑抗震设计和分析方法，使高层建筑具有可预测且安全的抗震性能。LATBSDC 2011 在 2008 版本的基础上进行了一些修订，选择性地包括了 TBI 2010 中的部分条文。

LATBSDC 2011 中的设计和分析方法包括三部分：（1）采用能力设计法进行设计使结构在水平地震作用下具有合理的屈服机制，明确定义非线性行为和构件，并且使其他构件的强度高于非线性构件；（2）在正常使用水准地震（30 年超越概率 50%）下确保建筑物的结构构件和非结构构件保持正常使用；（3）在最大考虑地震 MCE（50 年超越概率 2%）下确保建筑物具有较低的倒塌概率。LATBSDC 2011 中的设计和分析基本要求见表 1.2-11。

LATBSDC 2011 基本要求 **表 1.2-11**

评估阶段	地震水准❶	分析类型	数值模型	偶然偏心	材料强度折减系数(ϕ)	材料强度
1	非线性行为定义/能力设计法					
2	50/30	弹性反应谱分析或非线性时程分析	三维	不需要考虑，需要评估	1.0	平均强度
3	2/50	非线性时程分析	三维	若阶段 2 评估结果要求，则考虑，否则不考虑	1.0	平均强度

注：❶超越概率（%）/年数。

（1）正常使用水准评估

LATBSDC 2011 与 TBI 2010 类似，推荐了两种分析方法进行正常使用水准的评估，弹性反应谱分析和非线性时程分析，分析要求与 TBI 2010 基本相同。不同之处在于 LATBSDC 2011 规定采用 ASCE 7-05（ASCE，2005）中 16.1.3 节的方法进行地震波的选择和调整，并且要求在正常使用水准的评估中按照 ASCE 7-05 中 12.8.4.3 节的方法计算扭转放大率，若任意层的扭转放大率超过 1.5，则需要在 MCE 水准评估过程中考虑偶然偏心的影响。

LATBSDC 2011 正常使用水准评估的接受准则与 TBI 2010 不完全相同。当采用弹性反应谱分析时，对于位移控制的行为，需求能力比不超过 1.5，对于力控制的行为，需求能力比不超过 0.7，计算能力时取 $\phi=1.0$。当采用非线性时程分析时，仅给出了位移控制行为的接受准则，位移需求应小于会导致维修、强度退化或永久变形的量值，并应经过适当试验验证。如果需要维修，不应导致混凝土（除保护层混凝土）、钢筋或钢构件的移除或替换。允许采用 ASCE 41 中立即使用性能水准的接受准则以代替试验数据。对于两种分析方法，结构的层间位移角均不应超过 0.5%。

（2）MCE 水准评估

LATBSDC 2011 中 MCE 水准评估要求采用三维结构模型和非线性时程分析，地震动记录不应小于 7 组，采用 ASCE 7-05（ASCE，2005）中 16.1.3 节的方法进行地震波的选择和调整。荷载组合与 TBI 2010 相同。阻尼比不应超过 2.5%，可参考 ATC-72（ATC，2010）进行取值。分析模型应考虑 P-Δ 效应、构件滞回和循环退化特性等的影响。与 TBI 2010 不同的是，若正常使用水准的评估证明需要在 MCE 水准评估过程中考虑偶然偏心的影响，则应在 MCE 水准评估过程进行偶然偏心情况下的计算。

LATBSDC 2011 在 MCE 水准评估下的接受准则与 TBI 2010 类似，在构件层次和整体结构层次均给出了相应的接受准则。在构件层次，对于关键构件的力控制行为，应该满足式（1.2-13）的要求：

$$F_u \leqslant \phi F_{n,e} \tag{1.2-13}$$

其中，F_u是结构的需求，取为 1.5 倍非线性分析响应结果的平均值；$F_{n,e}$为使用材料强度平均值计算的名义强度；$\phi=1.0$。对于非关键行为的要求与 TBI 2010 完全相同。对于位移控制的行为，其接受准则可以采用 ASCE 41 中防止倒塌性能水准的接受准则。在整体结构层次的接受准则与 TBI 2010 完全相同。

此外，LATBSDC 2011 还特别针对钢筋混凝土结构做了一些规定，要求钢筋混凝土延性框架应符合 ACI 318—08 第 21 章的相关规定，对受弯构件的箍筋配置提出了更高要求，要求柱轴力不超过 $0.4f'_cA_g$，此外还有对高强混凝土质量控制的相关要求。这些内容是 TBI 2010 所没有的。

1.2.2.7 FEMA P-58

虽然美国上述基于性能抗震设计方法已经形成了较为完整的体系，并提供了量化结构抗震性能的具体指标，但在实际应用中仍存在一定的局限性。这些局限性包括：1）目前的结构分析方法预测实际结构响应的准确性和可靠性缺乏充分的评估；2）结构性能可接受准则的保障概率没有体现，这两点导致现行性能化设计方法能够达到目标性能的可靠性并不清楚；3）无法可靠且经济地应用于新建建筑的设计；4）缺少利益相关者易于理解并便于其做决策的性能指标；5）缺少对非结构构件和系统的考虑。

因此，为解决上述局限性，2001 年，美国联邦应急管理署（FEMA）与美国应用技术委员会（ATC）签订了一系列合同，以研究新建建筑及既有建筑下一代基于性能的抗震设计方法，这些项目被称为 ATC-58/ATC-58-1 计划。2006 年，项目的规划阶段完成，并颁布了项目规划文件 Next-Generation Performance-Based Seismic Design Guidelines（FEMA 445）（FEMA，2006），为全面发展完善基于性能的抗震设计方法提供了框架。下一代基于性能的抗震设计方法主要完善以下几个方面：1）修改现行基于性能抗震设计方法中离散的结构性能水准，用更有助于利益相关者决策的性能指标（如修复费用、人员伤亡和使用中断时间等）取而代之，并且这些损失将采用对利益相关者来说更有意义的方式来表达；2）创建一种估算建筑可能产生的修复费用、人员伤亡和使用中断时间等损失的方法，并对新建建筑和既有建筑均适用；3）建立一个可以考虑结构响应预测的准确性和地震危险性的不确定性的性能评估框架。该计划分为两阶段，第一阶段是建立新的建筑抗震性能评估方法，第二阶段是建立新的基于性能抗震设计方法和指南。

整个 ATC-58/ATC-58-1 计划历时 10 年，耗资超过 1200 万美元。终于在 2012 年颁布了 FEMA P-58 Seismic Performance Assessment of Buildings，Methodology and Implementation 系列报告（FEMA，2012a；FEMA，2012b）。FEMA P-58 提出的建筑性能评估方法具有以下特点：1）是一种概率性的评估方法，明确考虑地震强度、结构响应、破坏情况等各种不确定性。评估的目标并不是为求得一个保守的答案，而是希望能够提供更接近实际情况的信息。2）与现行性能化设计中以结构响应及损伤为性能指标的评估方法不同，FEMA P-58 以建筑遭受的地震损失后果作为其性能水准的度量，包括人员伤亡、维修或更换的费用、维修时间和不安全警示，增加了性能评估成果在应用上的方便性。此外，为便于该方法的实际应用，该项目还收集了大多数常规结构体系和建筑业态的损伤及修复数据，并编制了性能评估计算软件（Performance Assessment Calculation Tool，PACT）来辅助相关概率计算和累计损失。

由于 FEMA P-58 是性能化抗震设计上一个具有里程碑意义的重要成果，而国内很多读者还不熟悉，因此本书将对 FEMA-P58 的地震损失评估理论做一下详细的介绍。

（1）性能指标

性能指标（Performance Measures）被用来衡量建筑结构在地震作用下所经受损失的程度，它反映了建筑结构抵抗地震作用的能力，对于决策者具有重要的指导意义。现行性能化设计方法使用离散的性能水准来描述建筑的抗震性能，如正常运行（Operational）、立即使用（Immediate Occupation）、生命安全（Life Safety）和防止倒塌（Collapse Prevention），这些性能水准通过结构和非结构构件可接受的强度及变形需求范围来定义。而 FEMA P-58 方法采用人员伤亡、维修或更换的费用、维修时间和不安全标志等性能指标来表征建筑结构遭受的地震损失，从而指导结构的抗震设计，相比于以往的性能指标，这些新提出的性能指标对于业主、决策者以及设计人员来说更加直观。

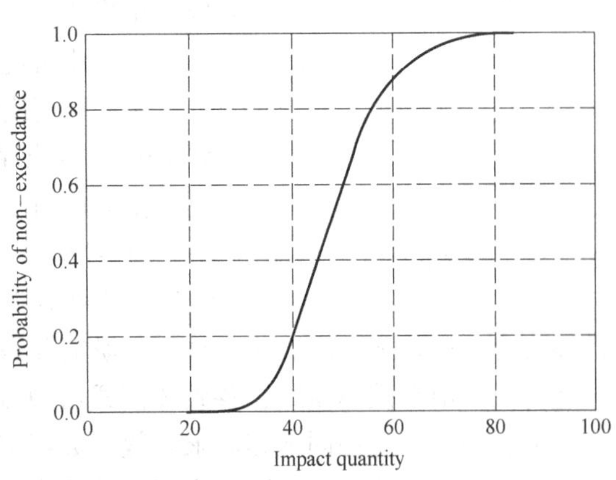

图 1.2-6 建筑性能概率曲线

由于很多因素的不确定性，如地震强度、结构响应、构件易损性、人员数量及位置等，准确预测地震下结构的损伤和造成的损失是不切实际的，因此 FEMA P-58 方法考虑多种不确定性，采用概率方法表示建筑的性能，建筑性能采用连续的性能概率分布曲线来描述，如图 1.2-6 所示，横轴是性能指标的大小，包括人员伤亡、维修或更换的费用和维修时间等，纵轴是建筑的实际性能不超过相应性能的概率。因此，在地震作用下，建筑的性能指标超过某一给定值的概率可以从图 1.2-6 中直接获得，建筑能否达到目标性能的可靠性比较明确。

（2）评估类型

FEMA P-58 的评估方法可用来进行三种不同类型的抗震性能评估：基于地震强度的性能评估（intensity-based assessment）、基于地震情境的性能评估（scenario-based assessment）和基于时间的性能评估（time-based assessment）。

基于地震强度的性能评估是评估建筑在特定的地震强度下的性能，评估结果的表现形式是某性能指标的累积概率分布，如图 1.2-6 所示。基于地震强度的性能评估可以用来评估建筑在设计地震强度或其他任何强度水准地震作用下结构的抗震性能。比如，某办公楼遭遇其设计地震强度的地震后，其平均修缮费用是多少？平均需经历多久能够复原投入使用？

基于地震情境的性能评估是指评估建筑结构在某一特定地震情境发生的情况下的抗震性能。地震情境需要指定地震的震级以及建筑物距断层的距离等信息。与基于地震强度的性能评估不同的是，此类评估考虑了特定地震情境发生情况下地震强度的不确定性，其评估结果曲线与图 1.2-6 类似。基于地震情境的性能评估可以用来评估建筑在历史上已发生的地震或预计未来可能发生的地震情境下的性能。比如，若龙门山断层发生 8 级地震，位于汶川县城的某栋办公楼中死亡人数超过 5 人的概率是多少？该办公楼的平均修复费用和修复时间是多少？

基于时间的性能评估是在一个特定的时间段内（如 1 年，30 年或 50 年），考虑该场地所有可能发生的地震，包括地震发生的概率、位置以及地震强度的不确定性，对建筑结构抗震性能进行评估。这类评估方法可以用来评估建筑抗震性能的年超越概率，或在某一段时间内抗震性能指标超过某值的可能性。其评估结果曲线与图 1.2-6 类似，但纵坐标不再表示建筑性能指标在某一地震强度或某一地震情境下的超越概率，而是表示在某特定时间段内的超越概率。基于时间的性能评估可以帮助利益相关者进行决策，比如保险公司可以据此计算某建筑平均每年潜在的受地震破坏所导致的修缮费用，某发电厂房在未来 50 年内因地震破坏造成停用时间超过一个月的概率是多少。

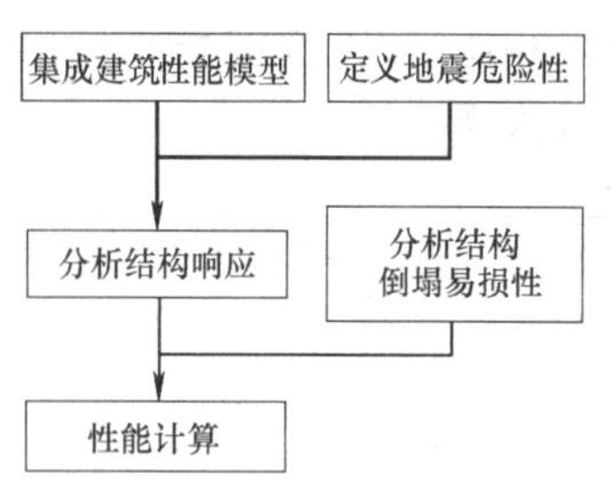

图 1.2-7　性能评估方法流程图

（3）性能评估方法流程

FEMA P-58 性能评估方法的流程如图 1.2-7 所示，各步骤在第 7.3 节进行详细讨论。

（4）建筑性能模型

建筑性能模型（Building Performance Model）是 FEMA P-58 性能评估方法的核心。建筑性能模型是一个对易受地震影响而造成损伤的结构构件、非结构构件以及建筑的使用情况进行分类整合、定量描述的过程。这些易损的建筑构件被分类整理成不同的易损集合（Fragility Group）和性能集合（Performance Group）。易损集合是一些相似构件的集合，这些构件具有相似的建造特征、潜在破坏模式、各破坏模式出现概率以及破坏后果。性能集合是易损集合的子集，易损集合中受相同地震需求参数（如特定楼层在特定方向上的层间位移角、楼面加速度和速度等）影响的构件被分为同一性能集合。例如一个三层办公楼，其剪力墙同属于同一个易损集合，但是它们将至少被划分为 6 个不同的性能集合，因为每一层的层间位移角不相同，且同一层两个主轴方向的层间位移角也不相同。

各易损集合都有相应的一系列可能出现的损伤状态，每个损伤状态导致一些潜在的损失结果，包括人员伤亡、修复费用和时间等。在特定地震作用下，性能集合中的构件处于哪种损伤状态是通过易损性函数确定的。易损性函数是一个对数正态分布函数，将构件处于某个特定损伤状态的概率作为特定地震需求指标的函数，地震需求指标通常是层间位移角或楼面加速度等。损伤状态的易损性函数由两个参数确定，中位值 θ，表示在该地震需求指标数值下此损伤状态出现的概率为 50%；方差 β，表示此损伤状态实际出现与地震需求指标之间关系的不确定性。易损性函数可以通过试验、收集震害经验数据、专家意见或计算等方式确定。

每个性能集合的损伤状态最终导致的潜在损失结果是由结果函数确定的。结果函数将构件的损伤状态与最终的地震损失联系起来，把各类构件的损伤转化为潜在的修复时间和费用、伤亡情况、不安全标志以及其他地震造成的影响。根据所选性能指标的不同，结果函数也将有所不同，比如，以人员伤亡作为评估性能指标时，结果函数表征构件在特定损伤状态下会引起人员伤亡的影响面积、影响面积内受伤和死亡人数所占比例的概率分布情况；而以修复费用、时间作为评估性能指标时，结果函数则表征构件在特定损伤状态下修复费用、时间的概率分布情况。

FEMA P-58 的数据库提供了 700 多种常见的结构和非结构构件及建筑内容物的易损集合，称为“易损性规格”（Fragility Specification），包括结构响应需求参数、潜在破坏模式、易损性函数以及结果函数。

（5）地震危险性

FEMA P-58 方法仅考虑地震直接造成的建筑损失，由土体液化、滑坡和海啸等地震次生灾害造成的建筑破坏暂未考虑。针对不同的性能评估类型，地震危险性的定义方式不同。对于基于地震强度的性能评估，地震强度可以通过任何用户指定的 5%阻尼比弹性加速度反应谱来表示。对于基于地震情境的性能评估，地震强度可以通过由地面运动预测方程（也称为衰减关系）对指定地震情境所估算的 5%阻尼比弹性加速度反应谱表示。对于基于时间的性能评估，地震强度采用地震危险性曲线表示，并由地震危险性曲线导出一系列不同年超越概率的加速度反应谱。若采用非线性动力时程分析，地震作用通过两正交方向的水平地震动分量同时作用进行评估，地震动记录根据所需地震强度的目标反应谱进行调幅。若采用简化分析方法，地震作用通过结构在两方向的一阶周期对应的加速度反应谱值进行评估。

（6）分析结构响应

结构分析是用来预测建筑在地震作用下的响应，以得到与结构构件及非结构构件损伤相关的结构需求参数。结构需求参数通常包括两正交方向的层间位移角峰值、楼面速度峰值、楼面加速度峰值以及残余位移。FEMA P-58 介绍了两种结构响应预测方法：①非线性时程分析；②基于等效侧向力方法的简化分析。非线性时程分析可以用于任何结构形式，并且可以得到任何建筑性能模型需要的需求参数。简化分析仅适用于规则的中低层结构，仅能提供峰值楼面加速度、速度和层间位移角数值。结构分析的响应结果将用来形成这些需求参数的联合对数正态分布。若采用非线性动力时程分析，由一系列分析结果得到感兴趣的需求参数的平均值和标准差，并推算出不同楼层之间需求参数的相关性，从而确定该正态分布。如采用简化分析方法，仅能估算出各需求参数向量的平均值，不同楼层之间的需求参数假设为完全相关，并采用默认的标准差。

（7）结构倒塌易损性

在地震发生时，大多数伤亡是由于建筑物部分或全部倒塌所致。因此，为评估潜在的人员伤亡，有必要建立结构倒塌发生概率与地震强度之间的函数关系，称为倒塌易损性函数。倒塌易损性函数是一个对数正态分布函数，表示建筑倒塌概率与地震强度之间的关系，通过倒塌地震强度的中位值 θ 和标准差 β 来定义。FEMA P-58 介绍了三种进行建筑倒塌概率评估的方法：①逐步增量的动力时程分析方法（IDA）；②简化的非线性分析方法；③基于工程经验判断的倒塌易损性方法。

评估人员伤亡情况除需确定建筑倒塌发生的可能性外，还需要确定：①结构可能的倒塌模式，以及各倒塌模式发生的概率；②每种倒塌模式导致的各楼层塌陷面积的比率；③在塌陷区域的人员出现死亡或受伤的概率。

（8）性能计算

为考虑众多不确定性因素对建筑抗震评估的影响，FEMA P-58 采用蒙特卡洛方法（Monte Carlo procedure）进行损失计算。损失计算的主要过程包括随机生成需求参数、倒塌评估、确定损伤状态和损伤结果，继而计算损失。使用蒙特卡洛方法模拟计算出的一个性能结果称为一个“实现”（Realization），一个实现代表考虑众多不确定性因素后一个可能的建筑性能结果。重复这一过程生成大量的实现结果，从而形成建筑性能指标的分布函数，如图 1.2-8 所示。这种方法明确考虑了损失计算过程各个环节的不确定性和变异性，并且便于计算机编程实现，有利于工程抗震设计中的推广应用。

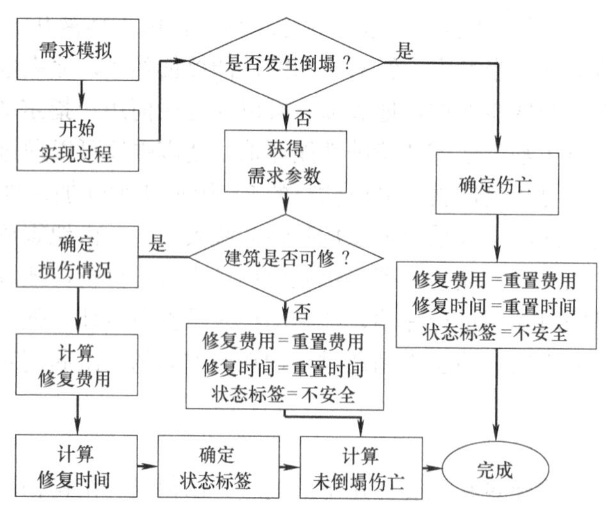

图 1.2-8　一个实现过程中的建筑性能评估流程图

图 1.2-8 说明了在每一个实现过程中的性能计算流程。在每一次实现开始计算前，首先根据结构响应分析所得需求参数的概率分布规律，采用蒙特卡洛方法随机模拟确定结构的需求，并确定该实现发生的时间、建筑中的人员数量和分布情况。根据地震强度及结构倒塌易损性函数，判断结构是否发生倒塌。若倒塌发生，确定倒塌模式并计算伤亡人数，结构的修复费用和修复时间即为重置所需的费用和时间。若不发生倒塌，根据结构的残余位移和可修易损性函数判断结构是否可修。若不可修，结构的修复费用和修复时间即为重置所需的费用和时间，结构的状态情况为不安全，并计算结构未发生倒塌的伤亡情况。若结构可修，根据需求参数和各性能集合的易损性函数，确定性能集合中各构件的损伤状态，继而由各损伤状态的结果函数确定损伤导致的后果，计算整个建筑的修复费用、修复时间、危险状态以及伤亡情况。

从以上分析可以看出，FEMA P-58 的性能化设计，在原有的性能化设计方法基础上又取得了重大进步。它最重要的价值在于给出了业主最关心的地震下经济损失和修复时间的结果，而且给出了切实可行的计算方法。FEMA P-58 将抗震性能化设计，从只有专业人员能力理解的范畴扩大到了可以广泛应用的范畴，具有非常重要而深远的意义。

1.2.3 我国基于性能抗震设计规范的发展及现状

我国在 2004 年颁布的《建筑工程抗震性态设计通则（试用）》CECS 160：2004（以下简称《设计通则》）规范了性能设计方法在我国工程中的应用，新修订的《建筑抗震设计规范》GB 50011—2010（以下简称《抗震规范》）和《高层建筑混凝土结构技术规程》JGJ 3—2010（以下简称《高规》）也增加了性能化设计条文，不仅规定了地震设防水准，对结构性能水平、结构性能目标和结构抗震分析方法都做了规定。

1.2.3.1 地震设防水准

地震设防水准是指建筑物在全寿命期间可能遭遇的地震作用的大小及其概率。我国《抗震规范》、《设计通则》和《高规》将地震设防水准分为三个，即多遇地震（小震）、设防烈度地震（中震）及预估的罕遇地震（大震），它们均采用超越概率或地震重现期来表示，如表 1.2-12 所示。另外，《抗震规范》要求对处于发震断裂两侧 10km 以内的结构，地震动参数应计入近场影响。

我国规范采用的地震设防水准 **表 1.2-12**

设防水准	《建筑工程抗震性态设计通则(试用)》CECS 160:2004		《建筑抗震设计规范》GB 50011		《高层建筑混凝土结构技术规程》JGJ 3—2010	
	50 年内超越概率	重现期(年)	50 年内超越概率	重现期(年)	50 年内超越概率	重现期(年)
多遇地震	63.2%	50	63.2%	50	63.2%	50
设防地震	10%	475	10%	475	10%	475
罕遇地震	5%	975	2%～3%	1600～2400	2%～3%	1600～2400

1.2.3.2 结构性能水准

结构性能水准是指建筑物在某一特定设防地震作用下预期的损伤程度，主要包括结构构件和非结构构件的破坏，同时考虑室内物品及设施对结构性能水平的影响。

我国《设计通则》、《抗震规范》和《高规》均将性能水准划分为 5 级，并对不同性能水平进行了描述，如表 1.2-13～表 1.2-15 所示。

《设计通则》各性能水准结构预期的震后性能状况 **表 1.2-13**

名称	结构性能水平的描述
充分运行	指建筑和设备的功能在地震时或震后能继续保持，结构构件与非结构构件可能有轻微的破坏，但建筑结构完好
运行	指建筑基本功能可继续保持，一些次要的构件可能轻微破坏，但建筑结构基本完好
基本运行	指建筑的基本功能不受影响，结构的关键和重要部件以及室内物品未遭破坏，结构可能损坏，但经一般修理或不需修理仍可使用
生命安全	指建筑的基本功能受到影响，主体结构有较重破坏但不影响承重，非结构部件可能坠落，但不致伤人，生命安全能得到保障
接近倒塌	指建筑的基本功能不复存在，主体结构有严重破坏，但不致倒塌

《抗震规范》建筑结构的性能水准及变形参考值　　表 1.2-14

名称	破坏描述	继续使用的可能性	变形参考值
基本完好（含完好）	承重构件完好；个别非承重构件轻微损坏；附属构件有不同程度破坏	一般不需要修理即可继续使用	<[Δu_e]
轻微损坏	个别承重构件轻微裂缝（对钢结构构件指残余变形），个别非承重构件明显破坏；附属构件有不同程度破坏	不需要修理或需稍加修理，仍可继续使用	(1.5～2)[Δu_e]
中等破坏	多数承重构件轻微裂缝（或残余变形），部分明显裂缝（或残余变形）；个别非承重构件严重破坏	需一般修理，采用安全措施后可适当使用	(3～4)[Δu_e]
严重破坏	多数承重构件严重破坏或部分倒塌	应排除大修，局部拆除	<0.9[Δu_p]
倒塌	多数承重构件倒塌	需拆除	>[Δu_p]

注：1. [Δu_e] 弹性位移角限值，[Δu_p] 弹塑性位移角限值；
2. 个别指 5%以下，部分指 30%以下，多数指 50%以上；
3. 中等破坏的变形参考值，大致取规范弹性和弹塑性位移角限值的平均值，轻微损坏取 1/2 平均值。

《高规》各性能水准结构预期的震后性能状况　　表 1.2-15

结构性能水准	宏观损坏程度	损坏部位			继续使用的可能性
		关键构件	普通竖向构件	耗能构件	
1	完好、无损伤	无损伤	无损伤	无损伤	不需要修理可继续使用
2	基本完好、轻微损坏	无损伤	无损伤	轻微损伤	稍加修理即可继续使用
3	轻度损伤	轻微损伤	轻微损伤	轻微损伤、部分中度损伤	一般修理后可继续使用
4	中度损伤	轻度损伤	部分构件中度损伤	中度损伤、部分构件严重损伤	修复或加固后可继续使用
5	比较严重损伤	中度损伤	部分构件比较严重损伤	比较严重损伤	需排险大修

注："关键构件"是指该构件的失效可能引起结构的连续破坏或危及生命安全的严重破坏；"普通竖向构件"是指"关键构件"之外的竖向构件；"耗能构件"包括框架梁、剪力墙连梁及耗能支撑等。

1.2.3.3 结构性能目标

结构性能目标是指建筑物在不同地震设防作用水平下所要求达到的性能水平的总和。合理的性能目标的选择应综合考虑建筑的功能和重要性、投资与效益、震后的经济损伤和人员伤亡、潜在的历史文化价值等诸多因素。《设计通则》按照抗震建筑使用功能不同分为Ⅰ类、Ⅱ类、Ⅲ类和Ⅳ类四个类别，并给出了不同类别的建筑在各级地震动水平下的最低抗震性态要求，如表 1.2-16 所示。

《设计通则》的性能目标　　表 1.2-16

地震动水平	抗震建筑使用功能			
	Ⅰ	Ⅱ	Ⅲ	Ⅳ
多遇地震	基本运行	充分运行	充分运行	充分运行
设防地震	生命安全	基本运行	运行	充分运行
罕遇地震	接近倒塌	生命安全	基本运行	运行

《抗震规范》对于非性能设计的抗震设防目标，可简单概括为"小震不坏，中震可修，大震不倒"，针对性能设计提出了性能 1、2、3、4 四个等级的性能目标，如表 1.2-17 所示。《高规》提出了的性能目标 A、B、C、D 与《抗震规范》性能 1、2、3、4 是一致的，如表 1.2-18 所示。

《高规》的性能目标　　表 1.2-17

性能目标 / 性能水准 / 地震水准	A	B	C	D
多遇地震	1	1	1	1
设防地震	1	2	3	4
罕遇地震	2	3	4	5

注：1，2，3，4，5 分别表示性能水准。

《抗震规范》的性能目标　　表 1.2-18

地震水准	性能 1	性能 2	性能 3	性能 4
多遇地震	完好	完好	完好	完好
设防地震	完好，正常使用	基本完好，检修后继续使用	轻微破坏，简单修理后继续使用	轻微至接近中等损坏，变形<3[Δu_e]
罕遇地震	基本完好，检修后继续使用	轻微至中等破坏，修复后继续使用	其破坏需加固后继续使用	接近严重破坏，大修后继续使用

1.2.3.4 结构抗震分析方法

结构抗震分析方法是基于性能的抗震设计理论的核心内容，对结构基于性能抗震评估的实现具有重要意义。结构性能分析方法分为：线性静力分析法、线性动力分析法、非线性静力分析法和非线性动力分析法，详见本书第 3 章。

1.2.4 中美性能化设计方法的比较讨论

从 1.2.2 节和 1.2.3 节中美性能化设计对比可以看出，虽然我国 2010 版系列规范在性能化设计方面已经取得了很大的进步，但是和美国先进性能化设计规范相比，仍然有很大的差距。主要包括：

(1) 对延性行为和非延性行为均采用抗震承载力验算的性能评估标准，没有在构件层次具体规定延性构件的塑性变形能力，仅对构造方面有一定要求；

(2) 不同性能水准层间位移角限值的取值比较模糊；

(3) 结构建模和分析方法不明确，缺乏具体指导；

(4) 性能化设计只关注结构性能，并未和经济损失等发生关联。

另外，对按照中美规范设计的结构的抗震性能，本书 7.3 节进行了专门的案例对比研究。

1.2.5 结构弹塑性分析与性能化设计的关系

准确预测结构在中震和大震作用下的弹塑性响应是实现性能化设计的关键。从线弹性分析到弹塑性分析，是结构抗震计算的一个重要进步，同时也对结构分析计算手段提出了非常很高的要求。

早期的研究者，在计算手段有限的情况下，采用单自由度模型，或者剪切层模型或者弯曲层模型来研究结构的非线性地震行为（图 1.2-9，图 1.2-10）。虽然这些模型距离实际结构的非线性行为可能存在很大差距，但是由于其参数简单明确，故而基于这些模型还是取得了很多重要的结构地震非线性响应结论。这些结论对于目前结构抗震设计发挥了重要作用。

图 1.2-9　单自由度模型

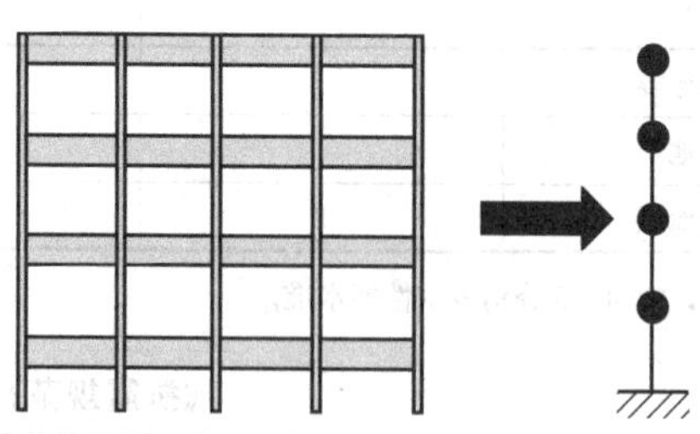

图 1.2-10　剪切层模型

随着计算机性能的不断提高，以及计算力学的发展，非线性分析的软硬件工具已经变得日益成熟。特别是纤维模型、分层壳模型等微观精细化模型实用化以后，可以说，以目前的计算工具和手段，对于一般结构的弹塑性分析，已经完全可以满足工程的有关需求。但是由于各方面原因，工程人员还不熟悉，或者不愿意采用弹塑性计算。尽管如此，结构的弹塑性分析是大势所趋，近年来发生过强地震的国家和地区，如美国、日本和台湾，结构弹塑性地震响应分析已经得到普遍应用。而我国在汶川地震后，性能化抗震设计的需求得到极大推动，因此对结构抗震弹塑性分析的要求势必会越来越高。

1.3　基于位移、能量的抗震设计方法

量化结构性能的指标通常有三种常用的物理指标，即：力、位移、能量。Priestley 指出，结构的损伤状态总是与截面的变形和极限应变密切相关。截面的变形可以转化为位移，从而可以通过位移来控制结构的损伤程度。从结构抗震角度而言，结构在地震作用下的整体或局部的位移响应量是反映结构受损程度，实现结构性能控制的重要途径，因而基于位移的抗震设计方法是实现基于性能设计思想的重要途径，也是目前应用得最为广泛、也最为成熟的性能化设计手段。根据设计流程不同，基于位移的抗震设计又可以分为间接设计法和直接设计法两类（如图 1.3-1 所示）。

间接设计法先通过传统设计流程，得到结构的配筋等基本信息，而后用弹塑性分析手段（一般都采用弹塑性静力推覆分析，因为它比较简便易行），得到推覆曲线（结构能力曲线），然后再用能力谱法或者其他方法，分析结构位移对应的性能指标，如不满足则修正结构设计，重新进行推覆分析直至达到性能要求为止。这种方法由于不改变传统结构设计流程，故而易于为工程师所接受，成为目前使用最为广泛的基于位移抗震设计方法。

而直接设计法则首先直接确定结构的位移指标，例如最大顶点位移。然后进行结构的位移解构，即假定结构的位移模式和运动机构，将目标位移指标落实到各个构件上。再进行构件的承载力和变形设计，使得构件能够满足设定的运动机构模式和位移指标。显然，这个方法虽然避免了迭代，但是和传统设计流程差异很大，且位移解构工作难度甚大，所以应用得还很少（徐福江，2006）。

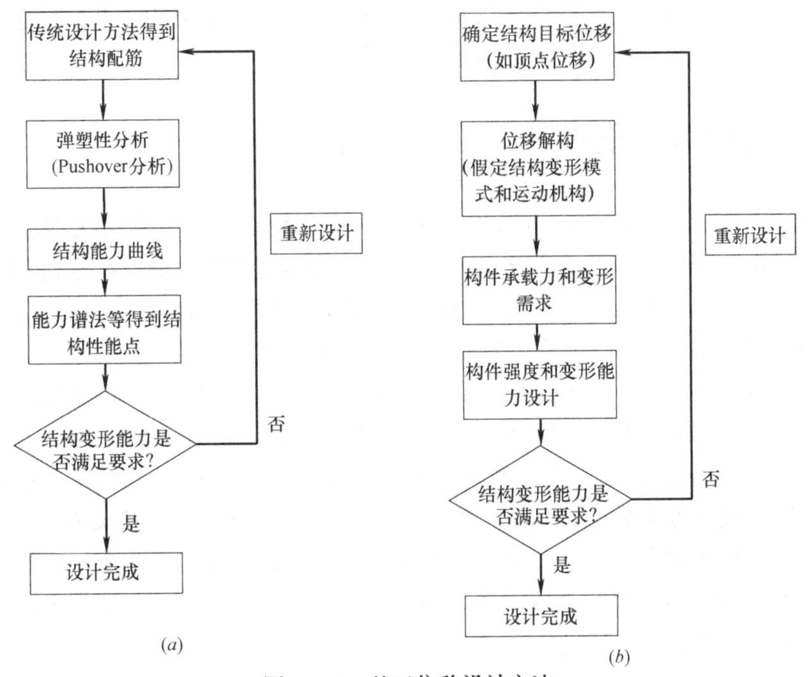

图 1.3-1 基于位移设计方法

(a) 间接设计法；(b) 直接设计法

地震对于结构而言实际是一种能量输入，如果结构可以耗散掉地震输入能量而不发生倒塌，则该结构的抗震即满足要求。由此引入了基于能量的设计概念：地震输入的总能量将通过结构的阻尼和弹塑性变形逐步消耗，在明确了总能量输入的情况下，可以通过增大结构的阻尼耗能，或者保证结构的弹塑性变形耗能能力来实现结构的抗震目标。为此，基于能量的抗震设计主要内容包括：

(1) 研究结构的总地震能量输入；

(2) 研究总阻尼耗能和总弹塑性耗能在总输入能量中的比例；

(3) 将总阻尼耗能和总弹塑性耗能分配到各个阻尼元件和结构构件上；

(4) 设计阻尼元件使得可以完成其阻尼耗能需求；

(5) 设计结构构件使其可以满足其弹塑性变形耗能需求。

基于能量的抗震设计的一个核心要素是能量的分配问题。与直接位移设计法一样，可能因结构在弹塑性阶段的损伤集中效应而难以控制能量的分配。为此需对结构的能量分配模式进行控制。基于损伤控制思想，叶列平等（叶列平等，2014）建议了基于能量的设计方法的流程，如图 1.3-2 所示。基于该流程，叶列平等

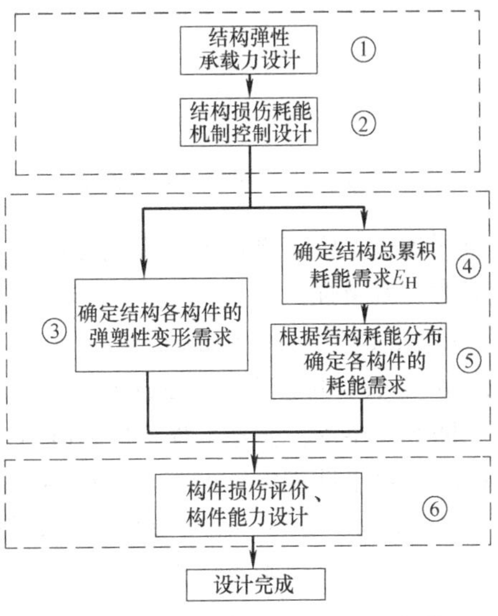

图 1.3-2 叶列平等提出的基于损伤控制的基于能量设计方法流程

对钢框架-支撑结构、混凝土框架结构和混凝土框架一剪力墙结构的基于能量设计展开了深入的研究。具体内容可以参阅文献（叶列平等，2014）。

1.4 基于可恢复功能的抗震设计方法

2011 年在新西兰 Christchurch 市发生了一次 6.3 级地震。虽然这次地震震中就位于市中心，但是由于新西兰执行了严格的抗震设计，使得这次地震造成的建筑物倒塌和人员伤亡（仅死亡 185 人）都很小。但是，这次地震后，人们吃惊地发现，Christchurch 市中心超过 70%的建筑物都因为破坏过大而不得不拆除重建。其中，Christchurch 市最高的 51 栋高层建筑，虽然没有一栋在地震下发生倒塌，但是其中的 37 栋却不得不拆除（Wikipedia 2012）。由此造成的经济损失极其惊人，预计达到 150 亿美元（Ponserre et al.，2011）。Chirstchurch 地震的沉痛教训极大地震动了世界地震工程界。它表明，即便是按照现行抗震设计方法做得再到位，仍然不能避免震后整个城市需要拆除重建的风险。如果类似的灾难再次发生在东京、旧金山等经济发达的大城市，那整个城市拆除重建导致的后果将是难以想象的。因此，基于可恢复功能（Resilience）的抗震设计，成为近年来国际地震工程界非常关注的话题。

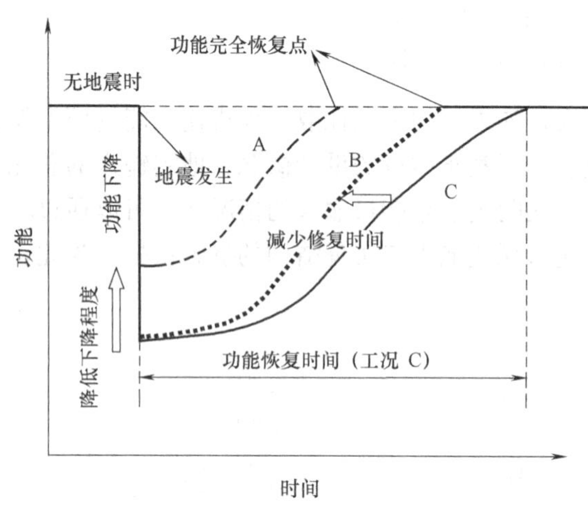

图 1.4-1 可恢复功能的基本概念

可恢复功能的城市抗震减灾概念最早在 2003 年由 Bruneau 等提出（Bruneau et al. 2003），它要求一个城市、或社区、或建筑物，在灾害发生时其损失要尽可能小，在灾害发生后其恢复正常功能的时间要尽可能短。以图 1.4-1 为例，一个城市、社区或建筑物，在没有地震时，其处于一个稳定的状态，灾难一旦发生，则其功能会有一个迅速的下降，而后通过灾后重建恢复，其功能又逐渐得到回升。显然，如果这个城市、社区或建筑物在灾害下功能下降得越少，灾后恢复的时间越短，则灾害造成的影响也越小，也就是说，这个城市、社区或建筑物的可恢复功能能力也就越强。

Bruneau 等（Bruneau et al. 2003）提出了 4 个“R”来评价可恢复功能的能力，即“Robustness，Rapidity，Reposefulness 和 Redundancy”，其含义为：

Robustness：就是工程结构或社区应该有抵抗灾害的能力，在灾害作用下损失应该尽可能小。对于地震灾害而言，工程结构的抗震能力是 Robustness 的核心环节。

Rapidity：就是一旦灾害发生后，能够迅速有效地采取减灾救灾措施。包括灾前的各种预案、演习等等都是确保 Rapidity 的关键。

Reposefulness：就是灾害发生后，要有足够的资源来满足灾后应急和重建的需要。包括灾前的各种物资储备以及灾害发生后及时的物资调度等等。

Redundancy：就是灾害的发生导致社区或城市部分功能失效后，要有备用的手段。例如灾害导致某条交通路线中断后，要有其他备用路线来完成人员和物资的运输。

显然，相比起传统的性能化抗震设计，基于可恢复功能的抗震设计考虑的因素更加全面，也更符合工程抗震防灾的实际需求。因此，这一思想提出后，得到学术界和工程界广泛的重视。2011 年美国科学院发表研究报告，指出可恢复功能的抗震设计是美国地震工程领域未来的研究方向（National Research Council，2011）。

基于可恢复功能的抗震设计和基于性能抗震设计之间的关系可以用图 1.4-2 来简要概括。图 1.4-2 中黑色线框为常规基于性能抗震设计已经考虑的内容。而虚线框中则是基于可恢复功能的抗震设计增加的内容。可见基于可恢复功能的抗震设计是以往性能化抗震设计的合理发展和延伸。我国抗震规范，从 89 版开始就提出了“小震不坏、中震可修、大震不倒”的目标，这是非常先进的。但是对于如何判断是否“中震可修”，如何评价达到“大震不倒”的要求，其具体措施还不完备。而性能化设计的发展，通过地震危险性分析、结构弹塑性分析和结构损失分析，给出了“中震可修”、“大震不倒”的具体量化评价方法。例如可以通过地震危险性分析，选择合理的地震动输入；进而通过弹塑性计算，获得结构构件的变形大小；最后把计算得到构件的变形与损伤阈值进行对比，判定构件当前的损伤状态，进而给出结构整体的损伤程度或者抗倒塌能力评价，这是非常重要的进步。但是传统的性能化设计，并不能回答结构“值不值得修”，“需要花多大的代价、多长的时间去维修”这样的问题。最后也就出现了前文所述的 Christchurch 地震的后果：结构没有倒塌，但是维修代价太大，或者维修时间太长，虽然“可修”，但是根本不值得修，只好拆除重建。而基于可恢复功能的抗震设计，就是要进一步回答：修复到底需要多大的代价、多长的时间，地震带来的功能停滞会造成多大的经济损失；另外，如果希望工程结构在地

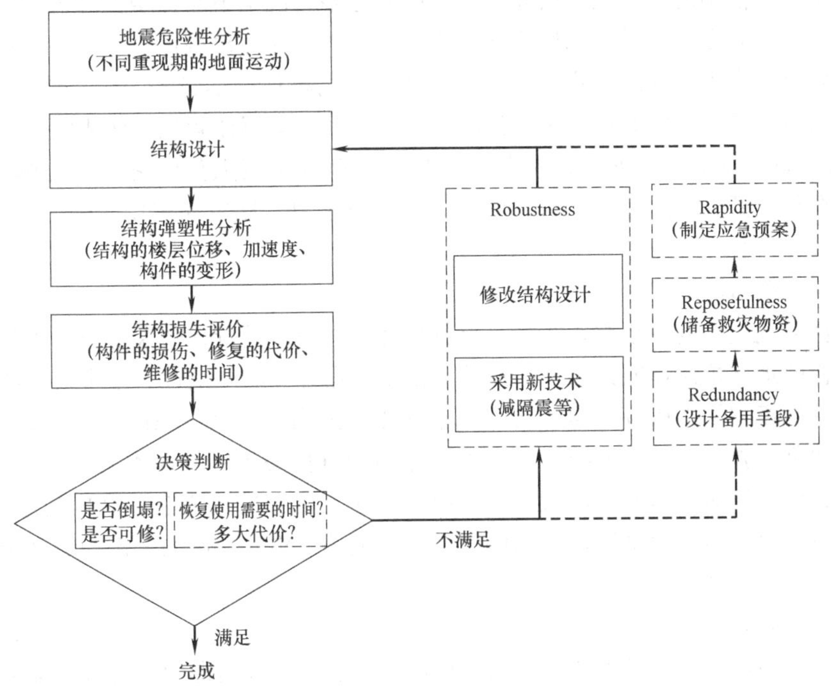

图 1.4-2　基于可恢复功能抗震设计的基本框架

震后功能恢复时间以及经济损失都控制在预期标准内，需要在应急预案、物资储备、备用手段方面做哪些准备，等等。因此，基于可恢复功能的抗震设计可以进一步指导工程结构的利益相关者采取更加合适的措施，去改进或提高其可恢复功能能力，或者采取其他的防灾备灾预案，从而达到更加有效的减灾目标。

目前国际上很多单位已经着手开展相关领域的研究。一些研究机构（如斯坦福大学、加州伯克利大学）（Eatherton et al. 2014）、企业（如 Arup 公司）（Arup，2013）、非政府结构（如 US Resilience Council）（US Resilience Council，2015），以及政府机构（如旧金山等城市）（SPUR，2009）都在广泛开展建筑和城市可恢复功能能力的研究，希望从结构、非结构、修复时间、经济损失等多角度，综合评价一个建筑物或一个城市的地震可恢复功能能力，提出更加科学合理的抗震减灾对策。国内相关领域的研究也已经起步，可以相信，基于可恢复功能的抗震防灾研究将是未来地震工程的一个主要发展方向。

1.5 结构弹塑性分析的未来发展

现代的弹塑性分析虽然取得了很大进展，但是还有很多关键问题尚未得到很好解决，这也是今后结构弹塑性科学研究和工程实践的发展方向，具体包括：

（1）建模平台问题

弹塑性分析与线弹性分析不同，需要知道结构的详细构造和配筋信息，而人工完成有关信息的录入，工作量极大且效率不高。故而如何从现有的结构设计中高效简便得到弹塑性分析所需模型，并实现集成化、简单化操作，是当前**最为重要的问题**。

（2）计算结果准确性和可靠性问题

目前工程中使用的弹塑性分析软件已经越来越多，但是不同弹塑性分析软件所得到的计算结果可能会有很大差异。到底应该选用什么软件、什么模型计算，目前工程人员存在困惑。特别是现在大量的结构弹塑性分析软件是商用软件，本身是一个“黑盒子”。工程人员使用的时候往往只知其然而不知其所以然。因此，本书作者近 3 年来结合开源有限元软件 OpenSees，做了一系列开发和分析工作。希望为工程人员学习、使用弹塑性分析，提供一个源代码开放、透明的工具，便于工程人员学习、比较和应用。关于 OpenSees 软件的开发和应用具体介绍参见本书 7.4 节。

（3）倒塌模拟问题

结构性能化设计的一个重要指标是抗倒塌性能。很多进行弹塑性分析的工程也就是希望知道结构的地震抗倒塌能力如何。然而，由于倒塌计算的复杂性，很多现有的分析工具并不能很好地模拟倒塌破坏。进而导致工程人员在应用弹塑性分析结果时遇到很大的困惑，即无法判断弹塑性结果和结构安全程度之间的直接关系。故而本书第 7.1、7.2 节专门讨论了结构的倒塌模拟问题，通过倒塌模拟，让工程人员知道在什么样的地震作用下，结构将不再安全，会发生倒塌，会如何倒塌，哪里是结构安全性的关键控制部位，这对工程实践具有重要参考意义。

（4）微观破坏问题

弹塑性分析由于需要了解整个结构在地震下的表现，故而即便是计算机能力得到迅猛发展的今天，也只能用比较宏观的方法去模拟结构行为。对结构关键部位的微观破坏模拟，例如钢筋-混凝土的粘结-滑移破坏，钢构件的局部失稳破坏，节点区的剪切破坏等，尚未给出很好的模拟手段。而事实上，很多工程的弹塑性分析，其实最关注的就是某些受力复杂的局部破坏问题。对此，本书作者提出了一个结构多尺度计算的思想，试图实现结构整体和微观模型的协同分析，以解决上述问题，具体介绍参见第 2.5 节。

(5) 随机性与概率问题

结构进入非线性阶段后，其概率分布将变得极其复杂。现行的很多结构可靠度评价方法，在非线性阶段都不再适用。而实际结构，无论是地震作用还是结构参数，都是一个复杂的随机问题，如何在弹塑性分析中合理考虑此类随机问题，并给出结构客观合理的破坏概率，是弹塑性分析、也是进入非线性阶段后结构的性能化抗震设计，所必须加以解决的问题。这里举两个最常遇到的问题的例子：①结构弹塑性分析材料强度取值的问题，是用设计值？标准值？还是平均值？这个还有很大争议。②地面运动输入问题，时程分析到底应该采用什么样的地震波？如何判断不同地震波计算结果的差异？这些基础问题还有待进一步研究。美国 FEMA P-58 给出了一套完整的随机分析的方法，对工程抗震性能化设计做出了重要推动，详细案例介绍参见 7.3 节。

2 弹塑性分析的计算模型

2.1 概述

建筑结构地震弹塑性分析包括两个基本要素：

（1）建筑结构的弹塑性模型

（2）地震荷载的输入和计算

一般说来，结构的弹塑性模型越接近结构的真实非线性行为，输入的地震荷载越接近结构可能遭受的真实地震作用，则弹塑性分析的结果就越可靠。

由于建筑结构的多样性、地震破坏的复杂性和结构（特别是钢筋混凝土结构）自身非线性行为的特殊性，使得建筑结构地震下的弹塑性模型多种多样。

在早年，受到计算机分析能力等诸方面因素的限制，剪切层模型（也称“糖葫芦串模型”，多用于框架结构），弯曲层模型（也称“悬臂梁模型”，多用于剪力墙结构）最先得到应用。而后，随着计算分析能力的提高，基于构件的集中塑性铰模型和墙体宏模型（三垂直杆、多垂直杆模型等）也得到了大量应用。目前，这类模型也是工程中应用得最为广泛的分析模型之一。而后，随着工程计算进一步追求精细化，基于材料本构的纤维模型和分层壳模型（也被称为非线性壳元模型，弹塑性壳元模型等），成为近年来工程非线性计算的一个热点方向。

一般说来，随着模型精细化程度的提高，从宏观构件行为向微观材料行为发展，模型的适应性、精确性都会有所提高。例如，纤维梁模型可以比集中塑性铰模型能够更好地考虑构件的轴力-弯曲耦合滞回行为，分层壳单元可以更好地模拟轴压-平面内弯曲-平面内剪切-平面外弯曲的耦合滞回行为等。但是，随着模型越发精细化，其计算量和建模工作量往往也越大。而且，由于钢筋混凝土结构自身行为的复杂性，有时更多基于构件试验拟合的宏观构件模型反而能更好地反映一些特殊复杂受力行为。例如根据试验拟合的集中塑性铰模型可能会比纤维模型更好的模拟剪切捏拢和钢筋粘结-滑移影响。故工程分析人员应根据实际工程具体情况，选择最合适的计算模型，以达到精度和效率的统一。

本章 2.2 节将介绍框架结构的有关弹塑性计算模型的基本原理，2.3 节将介绍剪力墙结构有关弹塑性计算模型的基本原理。这些模型原理在有限元软件中的具体技术实现，将在第 4～6 章加以详细介绍。

2.2 框架结构的弹塑性有限元模型

2.2.1 恢复力模型概述

框架结构以柱-梁-板构成主要受力体系。一般而言，在整体结构受力分析中，仅考虑梁-柱构件，不考虑，或者近似考虑楼板对整体结构受力的影响。楼板的近似考虑方法主要包括以下两方面：

（1）增加梁的抗弯惯性矩，或将梁等效为一 T 形梁，来近似考虑楼板对梁的增强作用；

（2）对同一楼层内构件相对位移增加附加约束，如“刚性楼板假定”等，来近似考虑楼板在平面内对周边构件的约束作用。

工程经验表明，对于结构的弹性计算，采取上述近似方法，经过多年的工程实践检验，是比较可行的。但是对于结构的非线性受力分析，特别是在罕遇地震下的非线性计算而言，上述楼板简化方法会带来较大的问题。在 2008 年“5.12 ”汶川大地震中，大量框架结构出现柱铰而非梁铰，未能实现抗震设计所追求的“强柱弱梁”破坏机制，计算模型选取不当是导致该问题的重要原因之一。这个问题比较复杂，作者另有专门论文加以讨论（马千里等，2008）。作者建议，在框架结构非线性计算时，如果条件允许，建议尽量采用更加精细的方法来模拟楼板的作用。

对于一个框架构件，从结构矩阵分析的角度上说（匡文起等，1993），可视为两个节点 1、2 之间的一个宏观元件：

$$\begin{Bmatrix} F_i^1 \\ M_i^1 \\ F_i^2 \\ M_i^2 \end{Bmatrix} = [K] \begin{Bmatrix} \Delta_i^1 \\ \theta_i^1 \\ \Delta_i^2 \\ \theta_i^2 \end{Bmatrix} \tag{2.2-1}$$

式中，F 为力，M 为弯矩，Δ 为平动位移，θ 为转角。i 根据问题的维数可以等于1～3。结构矩阵分析的实质就是设法得到联系荷载（力、力矩）和变形（位移、转角）之间的刚度矩阵 $[K]$（这个 $[K]$ 根据问题的特性还要能考虑几何非线性、材料非线性、往复受力等诸多因素）。在结构抗震分析中，一般称这种杆端力-位移关系为恢复力模型。对于一些简单情况，可以根据工程经验直接给出构件端部荷载和变形之间的对应关系（最常见的就是各种弹簧元件或阻尼元件），直接给出 $[K]$ 的表达式，不需再进一步分析构件内部受力的情况。我们称这种模型为基于构件的模型。实际上，早年的基于层模型的糖葫芦串模型，就是基于构件模型的一个特例。

对于比较复杂的构件，一般难以直接给出准确的构件恢复力模型，需要通过构造构件变形的形函数，建立有限单元，进而得到在各种受力情况下的 $[K]$ 和杆端力-位移关系。对于框架结构的主要受力构件：柱、梁，一般多采用一维杆系单元，可采用只考虑弯曲的欧拉梁单元或可以同时考虑弯曲和剪切变形的铁木辛柯梁单元。由于钢筋混凝土梁剪切非线性建模难度较大，故目前在工程中应用得最多的还是欧拉梁单元。以三维欧拉梁单元为例，此时，在单元坐标系下，刚度矩阵可以写作（匡文起等，1993）：

$$[K^e]=\begin{bmatrix}\frac{EA}{l} & 0 & 0 & 0 & 0 & 0 & -\frac{EA}{l} & 0 & 0 & 0 & 0 & 0\\ & \frac{12EI_z}{l^3} & 0 & 0 & 0 & \frac{6EI_z}{l^2} & 0 & -\frac{12EI_z}{l^3} & 0 & 0 & 0 & \frac{6EI_z}{l^2}\\ & & \frac{12EI_y}{l^3} & 0 & -\frac{6EI_y}{l^2} & 0 & 0 & 0 & -\frac{12EI_y}{l^3} & 0 & -\frac{6EI_y}{l^2} & 0\\ & & & \frac{GI_p}{l} & 0 & 0 & 0 & 0 & 0 & -\frac{GI_p}{l} & 0 & 0\\ & & & & \frac{4EI_y}{l} & 0 & 0 & 0 & \frac{6EI_y}{l^2} & 0 & \frac{2EI_y}{l} & 0\\ & & & & & \frac{4EI_z}{l} & 0 & -\frac{6EI_z}{l^2} & 0 & 0 & 0 & \frac{2EI_z}{l}\\ & & & & & & \frac{EA}{l} & 0 & 0 & 0 & 0 & 0\\ & & & & & & & \frac{12EI_z}{l^3} & 0 & 0 & 0 & -\frac{6EI_z}{l^2}\\ & & \text{sym} & & & & & & \frac{12EI_y}{l^3} & 0 & \frac{6EI_y}{l^2} & 0\\ & & & & & & & & & \frac{GI_p}{l} & 0 & 0\\ & & & & & & & & & & \frac{4EI_y}{l} & 0\\ & & & & & & & & & & & \frac{4EI_z}{l}\end{bmatrix} \tag{2.2-2}$$

式中，EA，EI_x，EI_y，GI_p分别是梁的轴向刚度、弯曲刚度和扭转刚度。我们讨论最基本的情况，一个等截面梁。此时，对于弹性分析，所有的刚度都和内力无关，所以单元刚度矩阵［K^e］可以直接写出。但是，对于非线性分析，则构件每个截面的刚度都和它当前的内力相关。以图 2.2-1 所示为例，对于右侧立柱，其底部弯矩很大，而顶部弯矩为零，因而对于同一个单元，可能底部截面已经屈服（此时切线 $EI=0$）。而顶部截面还是弹性（此时切线 $EI=EI_e$）。这时，取哪个截面的 EI 作为整个单元的代表刚度，就会有多种取值方法。归纳来说，一般可以分为特征截面法和数值积分法两大类。

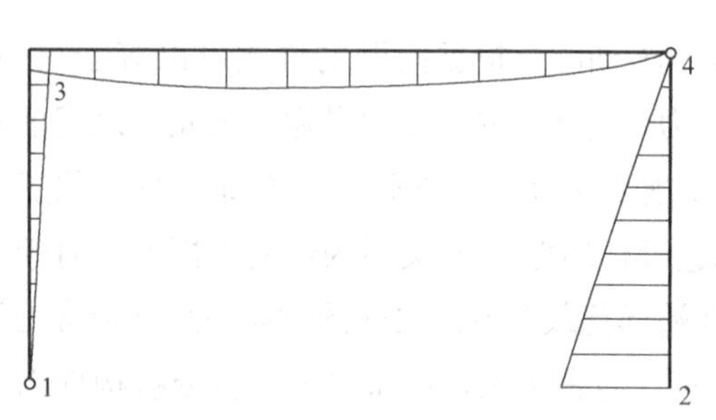

图 2.2-1　构件内部各截面弯矩不同

（1）特征截面法

特征截面法就是根据工程经验，选取单元内部比较有代表性的截面，分析其截面刚度，进而得到整个单元的刚度。例如，钢筋混凝土规范中计算受弯构件变形时，就是采用最大弯矩对应的截面的抗弯刚度作为整个构件的抗弯刚度，偏于保守地计算整个构件的变形（江见鲸等，2006）。这种方法在工程近似计算中应用得非常广泛。在结构有限元分析中，也常常采用构件中心截面的刚度，作为整个构件的代表刚度（即单点高斯积分）。如果构件不同截面内力变化较大，则通过细分单元的方法（例如把一个梁分成 5 个或者更多的梁单元）来实现对整个构件非线性行为模拟的近似。

由于在抗震计算中，塑性铰一般多出现在构件端部（图 2.2-2），针对结构这一受力特点，另一种特征截面计算方法，即端部集中塑性铰模型，也得到大量应用。其基本特点就是将构件分为两端塑性区和中间弹性区（图 2.2-3），分别计算两端塑性区（EI_1和EI_2）和中间弹性区（EI_0）特征截面的抗弯刚度，再积分得到整个构件的抗弯刚度，如式(2.2-1）所示。端部塑性区的刚度计算多采用本书 2.2.3 节所介绍的“基于截面的恢复力模型”，但也有采用 2.2.2 节“基于材料的恢复力模型”（Lai et al. 1984）。具体恢复力模型介绍参见本书后续章节。这种特征截面法，在基于截面的集中塑性铰模型中应用得最为广泛，也是目前计算框架构件地震非线性行为的一个主要分析方法（顾祥林，孙飞飞，2002）。

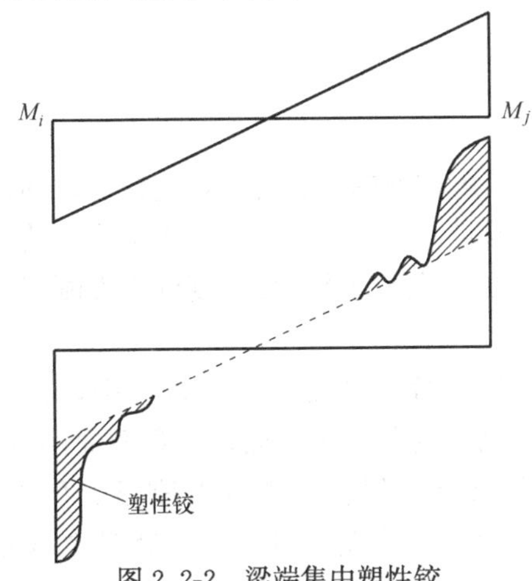

图 2.2-2 梁端集中塑性铰

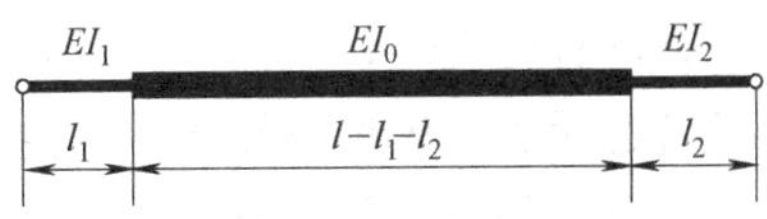

图 2.2-3 三段式变刚度梁单元

$$[\overline{K}^{e}]=\begin{bmatrix} k_{11} & 0 & 0 & k_{14} & 0 & 0 \\ & k_{22} & k_{23} & 0 & k_{25} & k_{26} \\ & & k_{33} & 0 & k_{35} & k_{36} \\ & & & k_{44} & 0 & 0 \\ & \text{sym} & & & k_{55} & k_{56} \\ & & & & & k_{66} \end{bmatrix} \tag{2.2-3}$$

式中，

$$k_{11}=k_{44}=-k_{14}=EA/l \tag{2.2-3a}$$

$$k_{22}=k_{55}=-k_{25}=\frac{2(a_1+a_2+b_1)b_2}{l^2} \tag{2.2-3b}$$

$$k_{23}=-k_{35}=\frac{(2a_2+b_1)b_2}{l} \tag{2.2-3c}$$

$$k_{26}=-k_{56}=\frac{(2a_1+b_1)b_2}{l} \tag{2.2-3d}$$

$$k_{33}=2a_2b_2 \tag{2.2-3e}$$

$$k_{36}=b_1b_2 \tag{2.2-3f}$$

$$k_{66}=2a_1b_2 \tag{2.2-3g}$$

其中，

$$a_1=p_2q_2^3-p_1(1-q_1)^3+p_1+1 \tag{2.2-3h}$$

$$a_2=p_1q_1^3-p_2(1-q_2)^3+p_2+1 \tag{2.2-3i}$$

$$b_1=p_2q_2^2(3-2q_2)+p_1q_1^2(3-2q_1)+1 \tag{2.2-3j}$$

$$b_2=\frac{6EI_0}{4a_1a_2l-b_1^2l} \tag{2.2-3k}$$

$$p_1=\frac{EI_0}{EI_1}-1 \tag{2.2-3l}$$

$$p_2=\frac{EI_0}{EI_2}-1 \tag{2.2-3m}$$

$$q_1=\frac{l_1}{l} \tag{2.2-3n}$$

$$q_2=\frac{l_2}{l} \tag{2.2-3o}$$

（2）数值积分法

特征截面法概念简单，实现容易。但是需要事先了解构件的受力特点，这样选取的特征截面才能具有代表性，从而保证计算结果的精度。但是，在实际工程中，大量构件的内部受力特点是无法事先准确知道的，这时就需要一种更加灵活的从截面刚度到构件刚度的计算方法，也就是数值积分方法。

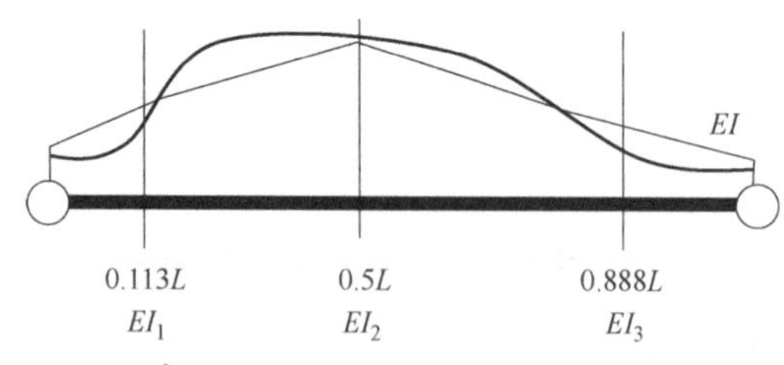

图 2.2-4　数值积分法计算构件刚度

数值积分法就是在一个构件中，根据积分法则，选取若干截面，计算截面刚度，然后再积分得到整个构件的刚度。例如，最常用的三点高斯积分计算，就是选取距离构件一端 0.113，0.5，0.888 相对长度的三个代表性截面，计算其截面刚度，然后各截面刚度乘以相应的积分权系数，得到整个构件的刚度（图 2.2-4）。更具体过程可参考相关数值积分的文献。当构件内部截面刚度变化连续平滑时，数值积分方法能保证较高的精度。一般通用有限元程序，如 MSC. Marc 中的 52 号梁单元等（MSC. Software Corporation，2005），均采用的是数值积分方法获得单元刚度。

与构件刚度计算存在的问题类似，如何得到构件的截面刚度也存在不同的手段。构件的截面刚度可以简单写作：

$$\begin{Bmatrix}N\\M\end{Bmatrix}=[K^{\text{sect}}]\begin{Bmatrix}\varepsilon_N\\\phi\end{Bmatrix} \tag{2.2-4}$$

中，N、M 分别为构件截面上的轴力和弯矩；ε_N、ϕ 分别为截面的轴向应变和曲率。可以根据事先得到的截面弯曲-曲率关系，或者轴力-轴向应变关系，直接给出截面刚度 $[K^{\text{sect}}]$ 的表达式，这种杆系构件恢复力模型，本书称为“基于截面的模型”。与前文基于构件的模型相比不难看出，基于截面的模型，首先根据试验结果建立截面的受力规律，然后通过有限单元构造位移函数，得到截面行为和杆端力-杆端位移之间的关系。而基于构件的模型则直接根据试验结果，构造杆端力和杆端位移之间的关系。

实际上，结构构件的截面行为是非常复杂的。例如钢筋混凝土构件，就存在复杂的轴力-弯矩相关关系。再加上往复受力等因素的影响，构造出精确的基于截面的，并可以考虑轴力-弯矩耦合滞回关系是非常困难的。因此，很多情况下需要将截面行为再细分成很多小区域（习惯称之为纤维）（图 2.2-5），根据轴向变形、弯曲变形以及在构件截面上的位置，按平截面假定，计算出每个纤维的应变，然后再由材料单轴应力-应变滞回关系，计算出纤维的应力和弹性模量，积分得到整个截面的内力和刚度（式 2.2-5）（陈适才，2007；汪训流，2007）。

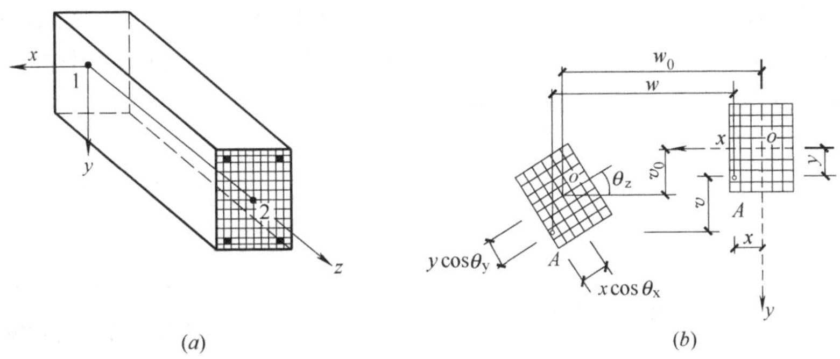

图 2.2-5

(*a*) 纤维梁单元；(*b*) 单元截面划分

$$\varepsilon_{ic}=\varepsilon^{\text{sect}}+\phi_{\text{x}}^{\text{sect}}y_{ic}-\phi_{\text{y}}^{\text{sect}}x_{ic} \tag{2.2-5a}$$

$$\varepsilon_{is}=\varepsilon^{\text{sect}}+\phi_{\text{x}}^{\text{sect}}y_{is}-\phi_{\text{y}}^{\text{sect}}x_{is} \tag{2.2-5b}$$

$$N=\sum_{ic=1}^{nc}\sigma_{ic}A_{ic}+\sum_{is=1}^{ns}\sigma_{is}A_{is} \tag{2.2-5c}$$

$$M_{\text{x}}=\sum_{ic=1}^{nc}\sigma_{ic}A_{ic}y_{ic}+\sum_{is=1}^{ns}\sigma_{is}A_{is}y_{is} \tag{2.2-5d}$$

$$M_{\text{y}}=\sum_{ic=1}^{nc}\sigma_{ic}A_{ic}(-x_{is})+\sum_{is=1}^{ns}\sigma_{is}A_{is}(-x_{is}) \tag{2.2-5e}$$

式中，$\varepsilon^{\text{sect}}$、$\phi_{\text{x}}^{\text{sect}}$、$\phi_{\text{y}}^{\text{sect}}$ 分别为截面轴向应变及绕 x 轴、y 轴曲率，N 为截面的轴向力，M_{x}、M_{y}分别为截面绕 x、y 轴（见图 2.2-5*b*）的弯矩，n 为截面纤维总数，其他符号意义见表 2.2-1。截面刚度 $[K^{\text{sect}}]$ 为式（2.2-6）。

符号意义 **表 2.2-1**

纤维类型	纤维编号，数量	纤维在截面上的坐标	面积	应变	应力	切线模量
混凝土	ic，nc	x_{ic}，y_{ic}	A_{ic}	ε_{ic}	σ_{ic}	E_{ic}^{t}
钢筋	is，ns	x_{is}，y_{is}	A_{is}	ε_{is}	σ_{is}	E_{is}^{t}

$$[K^{\text{sect}}]=\begin{bmatrix}\sum_{ic=1}^{nc}E_{ic}^{\text{t}}A_{ic}+\sum_{is=1}^{ns}E_{is}^{\text{t}}A_{is} & \sum_{ic=1}^{nc}E_{ic}^{\text{t}}A_{ic}y_{ic}+\sum_{is=1}^{ns}E_{is}^{\text{t}}A_{is}y_{is} & -\sum_{ic=1}^{nc}E_{ic}^{\text{t}}A_{ic}x_{ic}-\sum_{is=1}^{ns}E_{is}^{\text{t}}A_{is}x_{is} \\ \sum_{ic=1}^{nc}E_{ic}^{\text{t}}A_{ic}y_{ic}+\sum_{is=1}^{ns}E_{is}^{\text{t}}A_{is}y_{is} & \sum_{ic=1}^{nc}E_{ic}^{\text{t}}A_{ic}y_{ic}^2+\sum_{is=1}^{ns}E_{is}^{\text{t}}A_{is}y_{is}^2 & -\sum_{ic=1}^{nc}E_{ic}^{\text{t}}A_{ic}x_{ic}y_{ic}-\sum_{is=1}^{ns}E_{is}^{\text{t}}A_{is}x_{is}y_{is} \\ -\sum_{ic=1}^{nc}E_{ic}^{\text{t}}A_{ic}x_{ic}-\sum_{is=1}^{ns}E_{is}^{\text{t}}A_{is}x_{is} & -\sum_{ic=1}^{nc}E_{ic}^{\text{t}}A_{ic}x_{ic}y_{ic}-\sum_{is=1}^{ns}E_{is}^{\text{t}}A_{is}x_{is}y_{is} & \sum_{ic=1}^{nc}E_{ic}^{\text{t}}A_{ic}x_{ic}^2+\sum_{is=1}^{ns}E_{is}^{\text{t}}A_{is}x_{is}^2\end{bmatrix} \tag{2.2-6}$$

这种恢复力模型，本文称之为基于材料的模型。与前文基于截面的模型相比不难看出，此时轴力-轴向应变，弯矩-曲率之间的关系，不再是通过试验直接给出，而是通过每根纤维的材料行为，按平截面假定积分得到。

综上所述，基于构件模型、基于截面模型和基于材料模型，其最终目的都是为了得到构件的杆端力-杆端位移的相互关系，其差别为：

（a）基于构件模型直接给出杆端力-杆端位移关系；

（b）基于截面模型通过有限元形函数，将杆端力-位移和截面力-位移关系联系起来；

（c）而基于材料的模型，在基于截面模型的基础上，进一步引入了平截面假定，将截面力、位移关系和材料的应力、应变关系联系起来。

上述三种模型的关系和比较如图 2.2-6 所示。

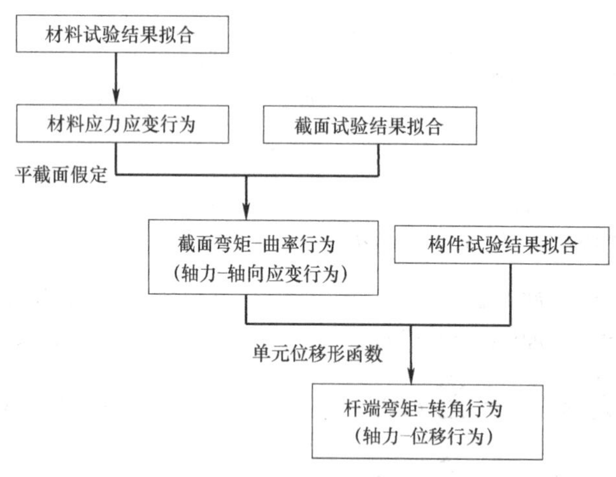

图 2.2-6　不同建模方式对比

从构件，到截面，再到材料，建模越发精细化，故而一般适应性也更广一些。但是，这里要特别强调，**凡事都有其两面性。从构件到截面到材料的精细化过程，是有一定代价或者说是有先决条件的，一旦这个先决条件不满足，则精细化建模未必一定能得到最精确的结果。**例如，从构件到截面的建模过程，引入了有限元位移形函数。但是，如果实际构件的变形不满足事先假定的形函数规律，例如构件出现了整体或者局部失稳，则从截面积分得到的构件行为与真实构件行为就会有很大差异。同理，从截面到材料的建模过程，引入了平截面假定，但是如果构件的剪切变形很大、或者钢筋和混凝土之间的相对滑移很大，那么基于材料的模型也是很难准确模拟的。请读者在模型选取时一定要特别留意。

下面分别介绍比较常见的基于材料、基于截面和基于构件的恢复力模型。

2.2.2　基于材料的模型

2.2.2.1　概述

确立截面恢复力模型时，最直接的方法就是对截面按材料组成和位置进行分割，划分成一系列的层或纤维，如图 2.2-7 所示。层与层之间、或纤维与纤维之间，服从平截面假定的位移协调关系。即截面变形关系为：

$$\varepsilon_k = \varepsilon_N + \phi d_k \tag{2.2-7}$$

设每个层或纤维的合力为 F_k，到中性轴的距离为 d_k，则可建立以下截面受力平衡关系：

$$\sum F_k = N \tag{2.2-8}$$

$$\sum F_k d_k = M \tag{2.2-9}$$

根据所选择的材料单轴滞回关系模型，由截面曲率和纤维与中性轴的相对位置关系得到纤维应变，由纤维应变和滞回关系模型得到纤维的轴力，积分得到截面的合内力$\sum F_k$及弯矩$\sum F_k d_k$。将$\sum F_k$和$\sum F_k d_k$与截面外力N及M比较，对分析结果进行修正。由于钢筋混凝土构件混凝土受拉后会开裂，截面的实际中性轴会发生偏移（例如，对于纯弯工况一般会从截面形心移向受压区），这时可以采取两种方法来处理。第一种方法是直接移动中性轴位置，使之和真实的中性轴位置一致，但是这种方法一般多用于简单构件分析，在整体结构分析中不常用。另外一种方法是保持截面的中心位置不变，通过修改轴向应变和曲率来反映中性轴位置的变化。第二种方法在整体结构有限元分析中常用，如图 2.2-8 所示。但是，这种方法存在一个问题，就是一般欧拉梁单元轴向位移采用的是一次插值函数，故整个梁单元只有一个轴向应变，而横向位移采用的是 3 次插值函数，不同截面的曲率是不同的。因而轴向变形和弯曲变形之间难以做到完全协调。当一个钢筋混凝土构件内部弯矩变化比较剧烈时，应通过适当细分单元来减少这种不协调带来的误差。

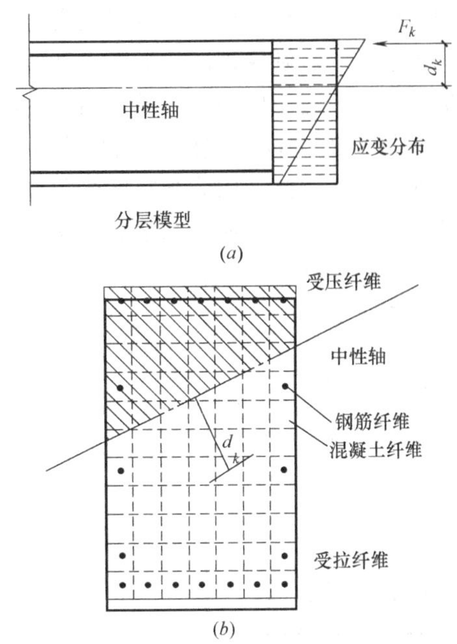

图 2.2-7 基于材料的分层模型或纤维模型
(a) 分层模型；(b) 纤维模型

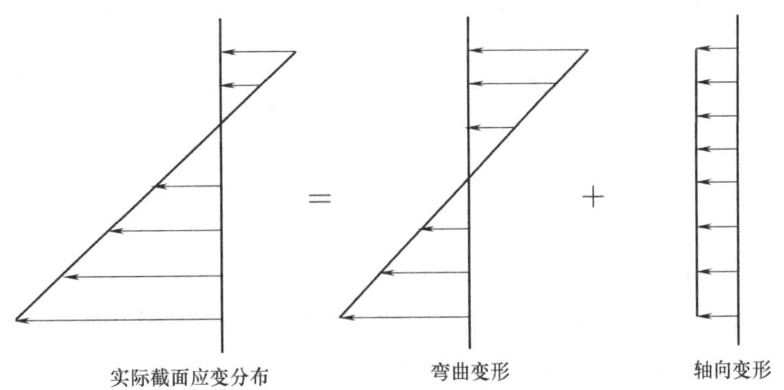

图 2.2-8 由弯曲应变和轴向应变叠加模拟真实截面应变分布

纤维模型由材性和截面配筋布置出发，可以同时考虑轴力和弯矩对截面滞回关系的影响，因而理论上精度较高，适应性较广，特别适用于轴力变化较大的情况。但是，由于每次计算都要对截面的各个纤维受力进行分别运算并积分迭代，因而工作量大，编程难度高。而且，实际钢筋混凝土的截面行为也远比平截面假定得到的截面滞回行为复杂，因此，对实际截面的分析结果未必一定比基于截面或构件的模型精度高。

2.2.2.2 截面分区

无论是划分纤维还是划分层，首先需要根据截面不同部分的材料受力性能差别按一定规则进行分区。对于杆件，混凝土受力特性的差别主要与混凝土受到的侧向约束有关。比如，对于柱子，则保护层的混凝土和核心约束区混凝土的应力应变关系有所不同，需要分别加以模拟。对于剪力墙，端部暗柱的混凝土和其他部位混凝土的应力应变关系也有所不同，如图 2.2-9 所示。钢筋的分区主要根据钢筋的位置，由于杆件构件中纵向钢筋一般都分布在四周，因此，用分布在四个角点的 4 纤维模型或均匀分布的 9 纤维模型一般可以较好地模拟钢筋作用，如图 2.2-10 所示。

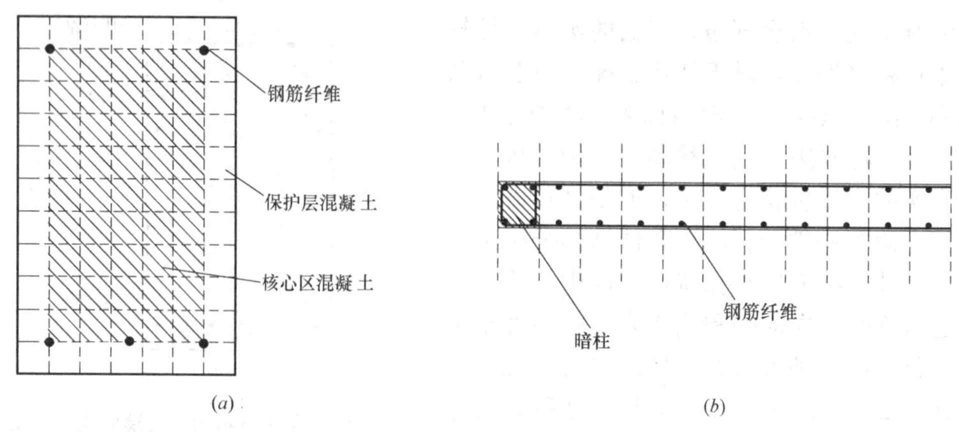

图 2.2-9　混凝土纤维分区
(a) 杆件截面；(b) 剪力墙截面

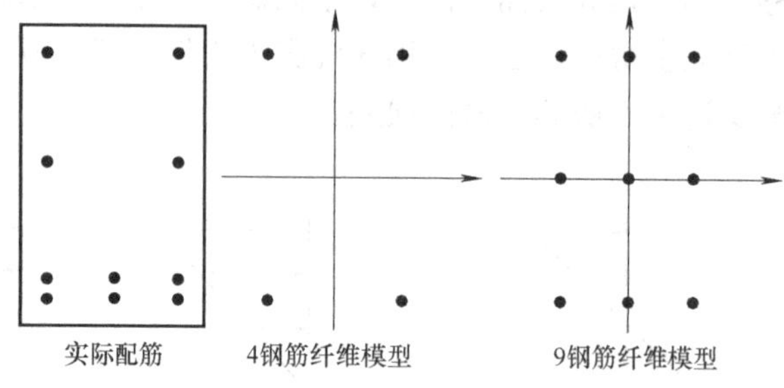

图 2.2-10　4 纤维或 9 纤维钢筋模型

2.2.2.3　钢筋滞回模型

钢筋材料一般可采用简单的双线性弹塑性模型来模拟，如图 2.2-11 所示，可以采用随动强化来模拟包辛格效应。更复杂的钢筋模型可以参考本书第 4、第 5 章相关内容。

2.2.2.4　混凝土滞回模型

混凝土的滞回模型也很多，Lai 等（Lai et al. 1984）建议了一个最简单的混凝土滞回模型，可以简单描述混凝土的受压屈服、刚度退化、受拉断裂等行为（图 2.2-12），更精细的混凝土模型将在本书第 4、第 5 章中加以介绍。

箍筋约束可以有效提高混凝土的强度和延性，由于纤维模型中输入的混凝土为单向应力应变曲线，因此需要根据实际配箍情况调整混凝土应力应变曲线骨架线的形状。研究者们对箍筋约束混凝土进行了大量的试验和理论研究，从而提出了适用于钢筋混凝土构件的箍筋约束钢筋混凝土模型。本书中对应用较广的几种适用于普通混凝土矩形构件的约束本构进行了比较，见表 2.2-2，各个模型的应力—应变全曲线公式如表 2.2-3 所示。

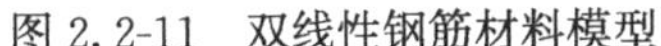

图 2.2-11 双线性钢筋材料模型

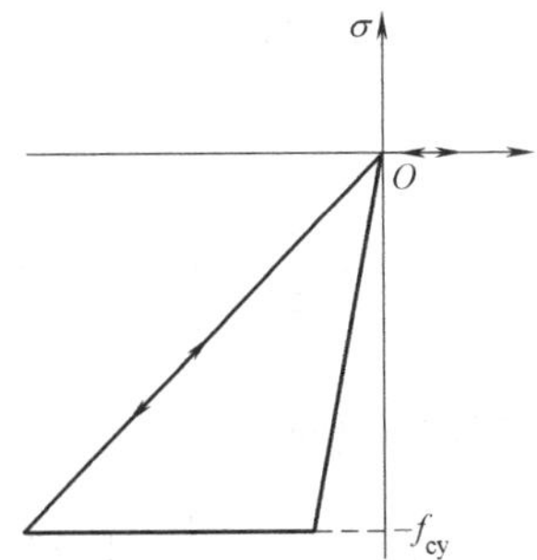

图 2.2-12 Lai 等建议的简单混凝土滞回模型

常用箍筋约束混凝土本构模型汇总 **表 2.2-2**

模型	提出者	适用截面	考虑的参数		
			箍筋形式	配箍率	纵筋参数
SR	Saatcioglu & Razvi，1992	矩形、圆形	√	√	
HKNT	Hoshikuma et al. ，1997	矩形、圆形	√	√	
UC	Legeron & Paultre，2003	矩形、圆形	√	√	√
MPP	Mander et al. ，1988	矩形、圆形	√	√	√
BC	Bousalem & Chikh，2007	矩形	√	√	√
Park	Kent & Park，1971	矩形、圆形	√	√	
Qian	钱稼茹等，2002	矩形	√	√	

箍筋约束混凝土单轴模型 **表 2.2-3**

缩写	上升段	下降段	参数取值
SR	$y=(2x-x^2)^{1/(1+2K)}$ $a=2.4-0.01f_{cu}$ $\alpha=0.132f_{cu}^{0.785}-0.905$	$f_c=f_{cc}-Z(\varepsilon_c-\varepsilon_{cc})\geqslant 0.2f_{cc}$	$K=\frac{k_1 f_{le}}{f'_{co}}$，$Z=\frac{0.15f_{cc}}{\varepsilon_{85}-\varepsilon_{cc}}$
HKNT	$f_c=E_c\varepsilon_c\left(1-\frac{1}{n}x^{n-1}\right)$	$f_c=f_{cc}-E_{des}(\varepsilon_c-\varepsilon_{cc})\geqslant 0.5f_{cc}$	$E_{des}=\frac{11.2f_{co}^2}{\rho_{sh}f_{yh}}$
UC	$y=\frac{kx}{k-1+x^k}$	$y=\exp[k_1(\varepsilon_c-\varepsilon_{cc})^{k_2}]$	$k=\frac{E_{ct}}{E_{ct}-f_{cc}/\varepsilon_{cc}}$， $k_1=\frac{\ln 0.5}{(\varepsilon_{50}-\varepsilon_{cc})^{k_2}}$，$k_2=1+25(I_{e50})^2$
MPP	$y=\frac{rx}{r-1+x^n}$		$r=\frac{E_c}{E_c-f_{cc}/\varepsilon_{cc}}$
BC	$y=\frac{nx}{n-1+x^n}$	$f_c=f_{cc}-E_{soft}(\varepsilon_c-\varepsilon_{cc})\geqslant 0.3$	$E_{soft}=4f_{co}^2/k_e\rho_{sh}f_{yh}$
Park	$y=2x-x^2$	$y=1-Z_m(\varepsilon_c-\varepsilon_{cc})\geqslant 0.2$	$Z_m=\frac{0.5}{\left(\frac{3+0.29f'_c}{145f'_c-1000}\right)+\frac{3}{4}\rho_{sh}\sqrt{\frac{bc}{s}}-\varepsilon_{cc}}$
Qian	$y=ax+(3-2a)x^2+(a-2)x^3$	$y=\frac{x}{(1-0.87\lambda_V^{0.2})\alpha(x-1)^2+x}$	$a=2.4-0.01f_{cu}$ $\alpha=0.132f_{cu}^{0.785}-0.905$

注：1. $y=f_c/f_{cc}$，f_c 和 f_{cc} 为箍筋约束混凝土的纵向应力和单轴峰值应力；

2. f'_c 为混凝土圆柱体抗压强度，f_{c0} 为未约束混凝土的单轴峰值应力，f_{yh} 为箍筋屈服强度，ρ_{sh} 为体积配箍率，b，c 为箍筋约束混凝土核心区的长宽，s 为箍筋间距；

3. Z，k_1，k_2，E_{des}，E_{soft}，a，α，r，Z_m 等为各个模型的系数，其值根据各模型具体参数确定。

下面以 MPP 模型为例（图 2.2-13），介绍典型的约束混凝土模型：

MPP 模型的表达式如下：

$$y=\frac{rx}{r-1+x^{r}} \tag{2.2-10}$$

其中，$y=\dfrac{f_c}{f'_{cc}}$，$x=\dfrac{\varepsilon_c}{\varepsilon_{cc}}$，$r=\dfrac{E_c}{E_c-\dfrac{f'_{cc}}{\varepsilon_{cc}}}$，$f'_{co}$ 为未约束混凝土的单轴峰值应力，ε_0 为未约束混凝土的单轴峰值应变，

$$f'_{cc}=f'_{co}\left(-1.254+2.254\sqrt{1+\frac{7.94f'_l}{f'_{co}}}-2\frac{7.94f'_l}{f'_{co}}\right) \tag{2.2-11a}$$

$$\varepsilon_{cc}=\varepsilon_0\left(1+5\left(\frac{f'_{cc}}{f'_{co}}-1\right)\right) \tag{2.2-11b}$$

$$E_c=5000\sqrt{f'_{co}} \tag{2.2-11c}$$

$$f'_l=f_lk_e=\frac{1}{2}k_e\rho_s f_{yh} \tag{2.2-11d}$$

$$k_e=\frac{1-\dfrac{s'}{2d_s}}{1-\rho_{cc}} \tag{2.2-11e}$$

其中，f_{yh} 为箍筋屈服强度，ρ_s 为体积配箍率，ρ_{cc} 为纵筋面积比上混凝土核心区面积，d_s 为核心区直径，s' 为箍筋净间距。

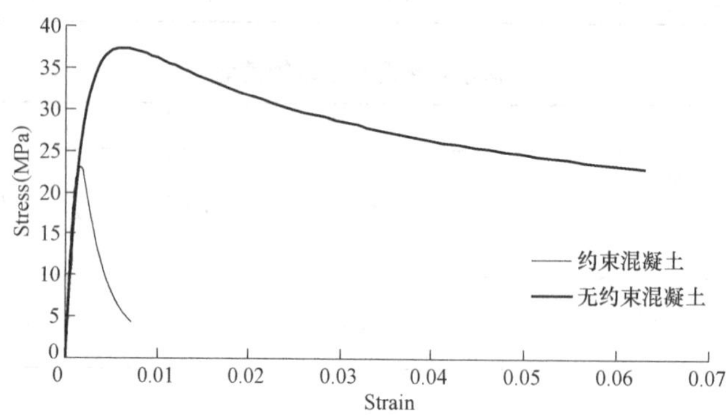

图 2.2-13　MPP 约束混凝土本构与无约束混凝土本构对比

2.2.3　基于截面的模型

基于材料的恢复力模型虽然可以较好地考虑轴力和弯矩的共同影响，但是计算过程比较复杂。因此，对于以弯曲破坏为主，轴力变化不大或者轴力影响可以预测的问题时，可以采用基于截面的恢复力模型。这类模型一般是根据试验的弯矩曲率关系加以简化得到。由于截面模型一般隐含考虑了钢筋滑移、塑性内力重分布等影响，且计算过程也比较简单，因而得到了比较广泛的应用。

2.2.3.1　单向弯曲的弯矩曲率关系

早期的钢筋混凝土杆件的弯矩-曲率关系多是从金属恢复力模型中推广得到的，如 Ramberg-Osgood 模型（图 2.2-14）（顾祥林，孙飞飞，2002；Chen & Lui，2005）中设

定骨架曲线为

$$\frac{\phi}{\phi_y}=\frac{M}{M_y}\left(1+\left|\frac{M}{M_y}\right|^{\alpha_r-1}\right) \tag{2.2-12}$$

从 M_0/M_y，ϕ_0/ϕ_y 开始的 A-B 曲线为：

$$\frac{\phi-\phi_0}{2\phi_y}=\frac{M-M_0}{2M_y}\left(1+\left|\frac{M}{M_y}\right|^{\alpha_r-1}\right) \tag{2.2-13}$$

式中，(M_y，ϕ_y) 为屈服弯矩及其相应曲率。α_r为确定骨架线的经验系数，模拟钢材时可取 5～10，模拟钢筋混凝土时可取 3～7。

双线形或退化双线形模型早期也被用来模拟钢筋混凝土的弯矩-曲率关系（顾祥林，孙飞飞，2002；Chen & Lui，2005）。双线形模型认为卸载刚度和初始加载刚度相同，退化双线形模型认为钢筋混凝土由于损伤，其卸载刚度要低于初始加载刚度，如图 2.2-15 所示，这时可定义卸载刚度为：

$$K_r=K_y\left|\frac{\phi_m}{\phi_y}\right|^{-\alpha_k} \tag{2.2-14}$$

式中，α_k为卸载刚度降低系数，对钢筋混凝土构件一般可取为 0.4。

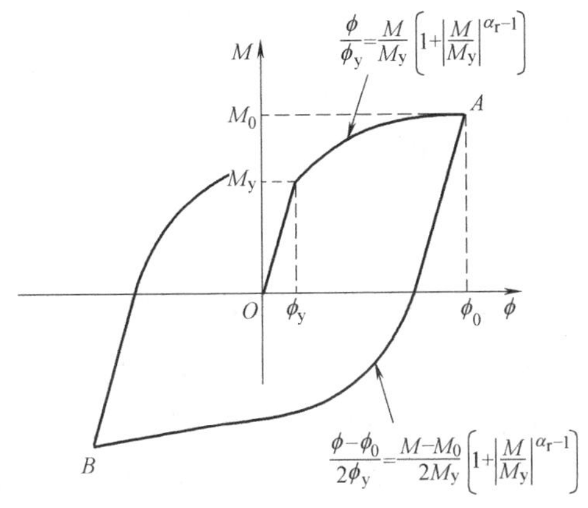

图 2.2-14 Ramberg-Osgood 模型

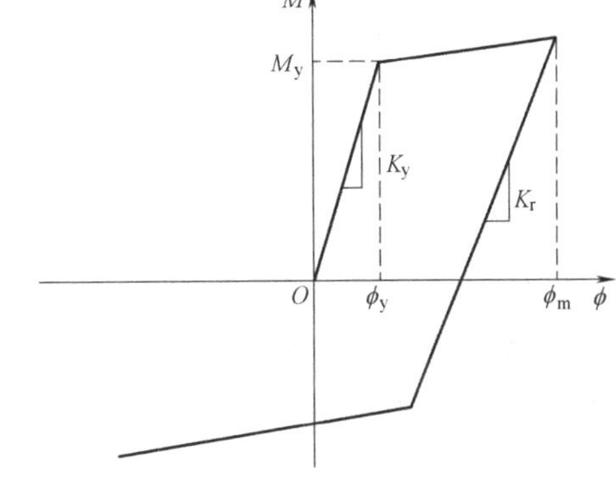

图 2.2-15 双线形弯矩曲率模型

双线形模型中，反向加载刚度和初始刚度相同，不能反映混凝土反向加载时，损伤累积的影响，这与实际钢筋混凝土的弯矩曲率关系有较大差别，为此，Clough 建议了一个模型 (Clough，1966)，在这个模型中，反向加载曲线指向历史最大变形点，如图 2.2-16 所示。同时，也可以考虑卸载刚度的退化。由于 Clough 模型概念简单，且抓住了钢筋混凝土结构截面滞回关系的关键特征，因此得到了非常广泛的应用。

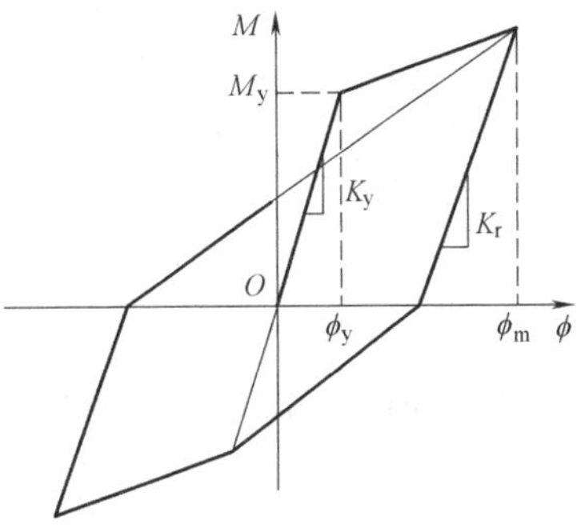

图 2.2-16 Clough 弯矩曲率模型

由于钢筋混凝土构件在受弯过程中一般要经历开裂、屈服、破坏三个关键阶段，因此，用由开裂点、屈服点为折点的三线形模型更接近混凝土的真实荷载弯矩关系，如图2.2-17

所示（Takeda et al. 1970），此时卸载刚度为

$$K_r = \frac{M_c + M_y}{\phi_c + \phi_y} \left| \frac{\phi_m}{\phi_y} \right|^{-\alpha_k} \tag{2.2-15}$$

为了考虑混凝土破坏后的软化现象，一些学者还提出了具有软化段的四线形模型，如图 2.2-18 所示。但是，需要注意的是，四线形模型进入软化段后，截面刚度为负值，此时会出现变形和损伤集中的现象。比如，如果一个杆件被分为 4 个单元，则如果其中某一个单元进入软化段，则所有的变形都会集中到这个单元上，而其他单元则可能进入卸载状态，变形恢复，进而使得软化构件的变形更加集中。这样截面的行为，不仅与截面的荷载和变形有关，还与单元尺寸大小，即截面所代表的积分区域大小有关。因此，在模拟软化行为时，需要考虑这些问题。

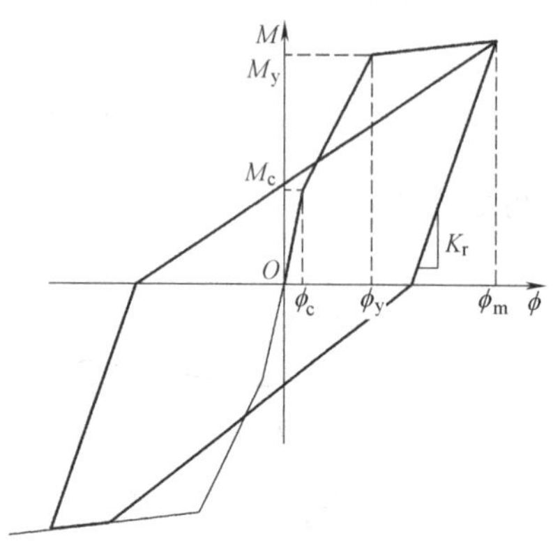

图 2.2-17　三线形弯矩曲率模型

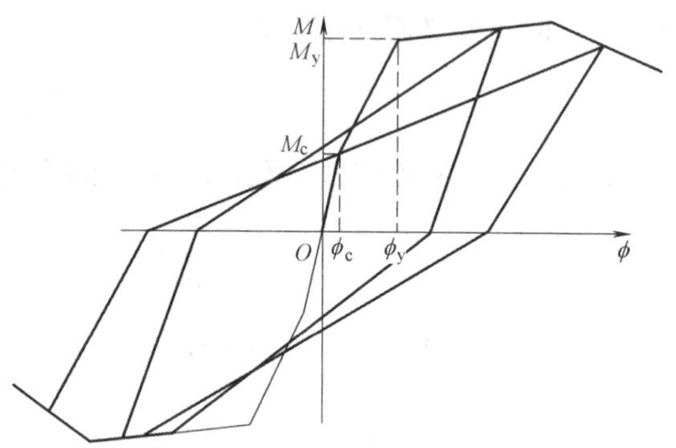

图 2.2-18　四线形弯矩曲率模型

对于钢筋混凝土构件而言，如果出现了剪切破坏，或者节点处出现了锚固破坏等，在滞回过程中都存在明显的“滑移捏拢”现象。即在反向加载过程中，存在一段刚度很小的“滑移段”。滑移段产生的原因，或者由于是斜裂缝处于闭合过程中，或者由于是钢筋处于反向加载滑移过程中。“滑移捏拢”现象会显著降低结构的滞回耗能能力，故而有必要在分析中加以考虑。目前国内外都提出了很多不同的可以模拟捏拢的滞回模型，如 Park 等（Park et al. 1987）提出的滞回模型，如图 2.2-19 所示。当变形小于裂缝闭合位移（ϕ_{close}，可取前次卸载到零时对应的残余变形）时，再加载曲线指向前次卸载曲线上对应于 γM_y 的点 P，其中 γ 是预先给定的参数，Park 等建议对于捏拢现象严重的构件取 0.25，对一般捏拢的构件取 0.4，对没有捏拢的构件取 1.0。当变形超过 ϕ_{close} 时，和 Clough 模型一样指向历史最大点。在 Park 等模型的基础上，很多不同学者又提出不同的捏拢模型。

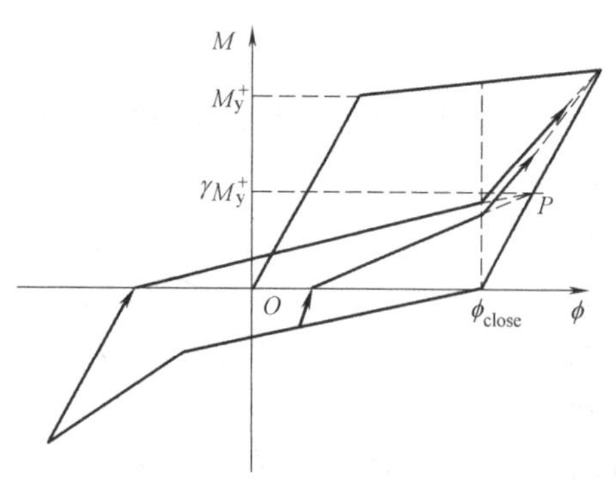

图 2.2-19　Park 等提出的考虑捏拢的弯矩曲率模型

无论是钢筋混凝土构件还是钢构件，在往复加载过程中，除了再加载的刚度会退化（如 Clough 模型那样出现再加载刚度指向历史最大点，或出现 Park 模型那样的捏拢现象）外，其强度也会退化。也就是说，保持一个最大位移，反复加载，结构的强度会不断降低。为了反映构件这一特性，很多研究者又提出了考虑损伤累计导致强度退化的滞回模型。损伤累计的参量，可以是位移，也可以是能量。一般用总滞回耗能作为损伤累计指标的较多。清华大学曲哲等（曲哲、叶列平，2011）基于 Takemura 等（Takemura & Kawashima，1997）的试验数据，在 Clough 模型的基础上，建议了以下累计滞回能量与屈服强度之间的关系：

$$M_y = M_{y0}\left(1.0 - \frac{E_{h,eff}}{3.0 \times CM_{y0}\phi_{y0}}\right) \geqslant 0.3M_{y0} \tag{2.2-16}$$

式中，M_y为当前考虑损伤累计后的屈服弯矩；M_{y0}为初始屈服弯矩；ϕ_{y0}为初始屈服曲率；$E_{h,eff}$为累计滞回耗能；C为系数，表示构件屈服强度降低和累计损伤之间的关系。曲哲模型中一共有四个基本参数：初始刚度K_0，屈服强度M_y，强化模量h和损伤累计耗能参数C。图 2.2-20 所示为曲哲模型计算得到的弯矩曲率滞回关系。

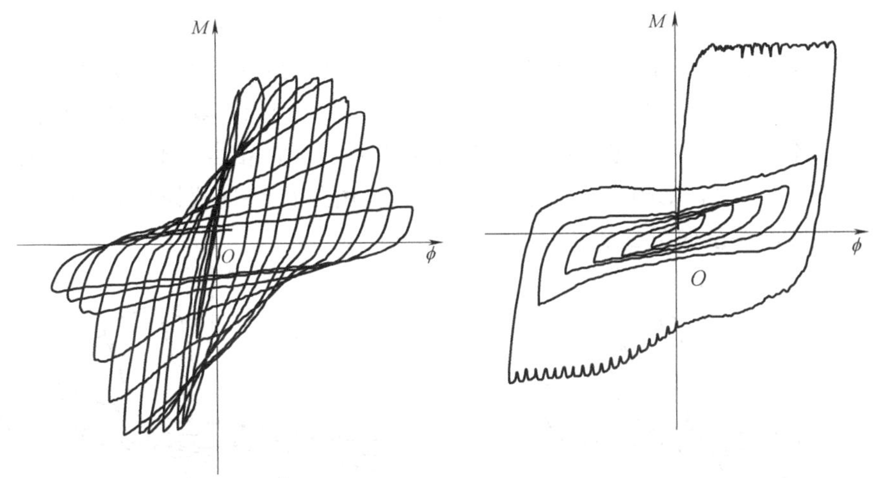

图 2.2-20 考虑损伤累计的弯矩曲率模型（曲哲、叶列平，2011）

而后，清华大学陆新征等在曲哲模型的基础上，参考 Park 等人的工作，提出了陆新征-曲哲模型如图 2.2-21 所示。陆新征-曲哲模型在曲哲模型的基础上，又补充了 6 个新的系数：

1）γ：与 Park 模型定义相同，在反向加载过程中，如荷载小于γM_y，表示结构在滑移捏拢阶段；

2）η_{soft}：结构超过极限强度后的软化刚度和初始刚度比值；

3）α：结构极限强度和屈服强度的比值；

4）β：结构负向屈服弯矩和正向屈服弯矩之比；

5）卸载刚度参数α_k；

6）滑移段终点参数ω；

提出了陆新征-曲哲 10 参数滞回模型，该模型可以在 http://www.luxinzheng.net/download.htm 网址下载。

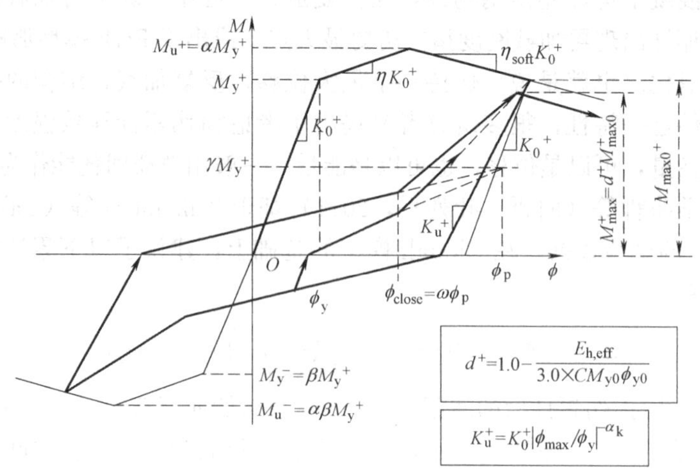

图 2.2-21 陆新征-曲哲 10 参数滞回模型中的参数含义

通过调整陆新征-曲哲模型中 8 个系数（强化参数 η，损伤累计耗能参数 C，滑移捏拢参数 γ，软化参数 η_{soft}，极限强度参数 α，正负向强度比参数 β，卸载刚度参数 α_k，滑移段终点参数 ω）的取值，就可以模拟多种不同的滞回模型。例如，取损伤累计耗能参数 $C=\infty$，则相当于不考虑累计耗能损伤；滑移捏拢参数 $\gamma=1.0$，相当于不考虑滑移捏拢效应；取极限强度参数 $\alpha=\infty$，则相当于不考虑软化行为。由陆新征-曲哲模型取不同参数计算得到的部分典型滞回关系如图 2.2-22 所示。

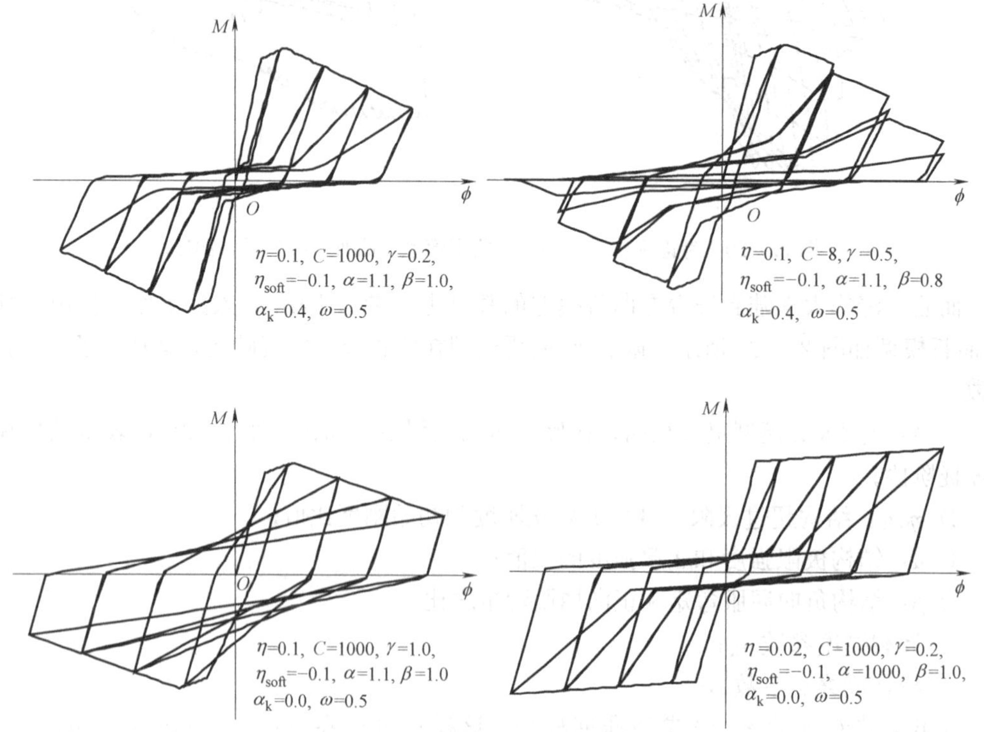

图 2.2-22 陆新征-曲哲模型不同参数得到的滞回曲线形状

图 2. 2-23 所示为采用陆新征-曲哲模型模拟钢结构滞回行为，选择了 3 个代表性试验结果，JD-1 是捏拢型滞回、JD-3 是饱满型滞回、JD-6 是损伤累计型滞回。可见通过选择合适参数，陆新征-曲哲模型都和试验结果吻合良好。

图 2. 2-24 所示为采用陆新征-曲哲模型模拟钢筋混凝土结构滞回行为，选择了 3 个代表性试验结果，分别是弯曲破坏、弯剪破坏和剪切破坏。可见通过选择合适参数，陆新征-曲哲模型都和试验结果吻合良好。

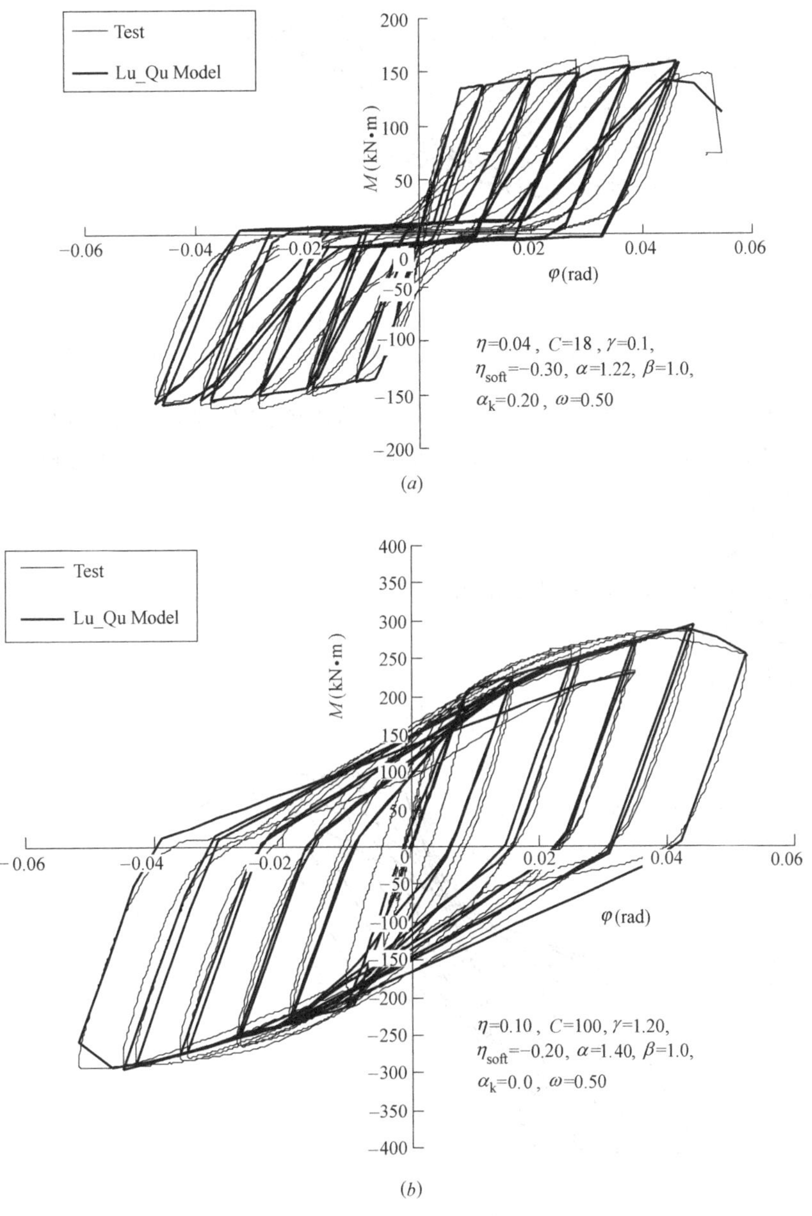

图 2. 2-23 陆新征-曲哲模型模拟钢结构滞回行为

(*a*) JD-1 平齐式半刚性端板节点，试验数据来源：(施刚等，2005)；

(*b*) JD-3 外伸式半刚性端板节点，试验数据来源：(施刚等，2005)

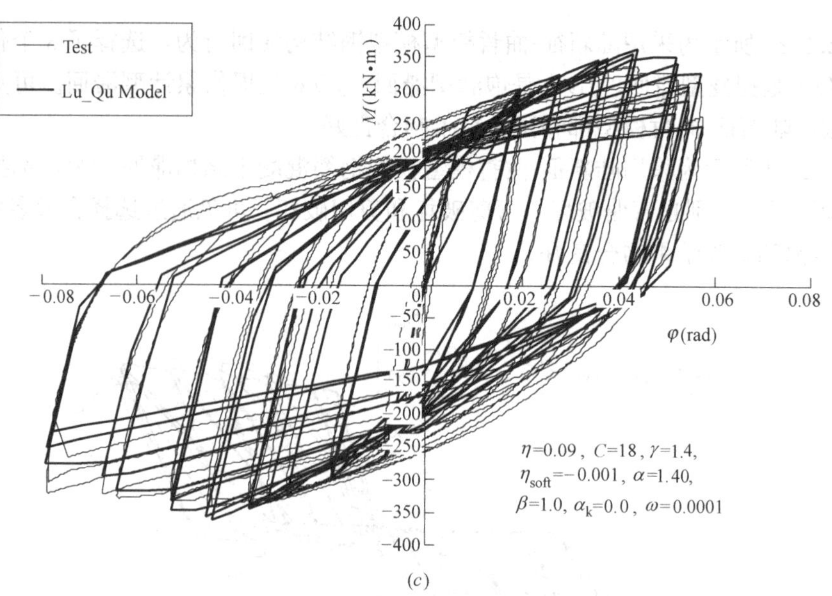

图 2.2-23　陆新征-曲哲模型模拟钢结构滞回行为（续）

（c）JD-6 外伸式半刚性端板节点，试验数据来源：（施刚等，2005）

Ibarra 和 Krawinkler 等建议了一个更为复杂的塑性铰模型，近年来得到了广泛重视，如图 2.2-25 所示（Ibarra & Krawinkler，2006）。该模型需要以下一些参数：

1）初始刚度 K_e

2）硬化刚度 K_s

3）峰值位移（Capping displacement）δ_c

4）软化刚度 K_c

5）残余强度 F_r

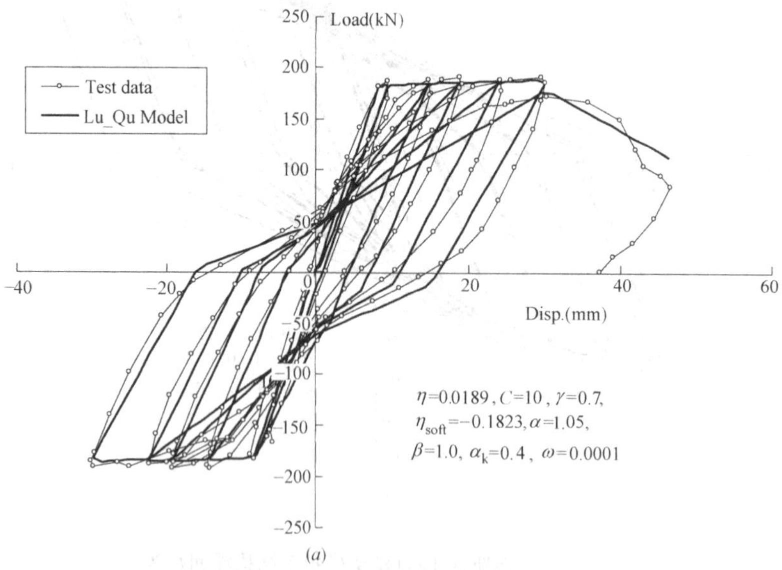

图 2.2-24　陆新征-曲哲模型模拟钢筋结构滞回行为

（a）陆新征-曲哲模型与弯曲破坏剪力墙试验比较（陈勒，2002）

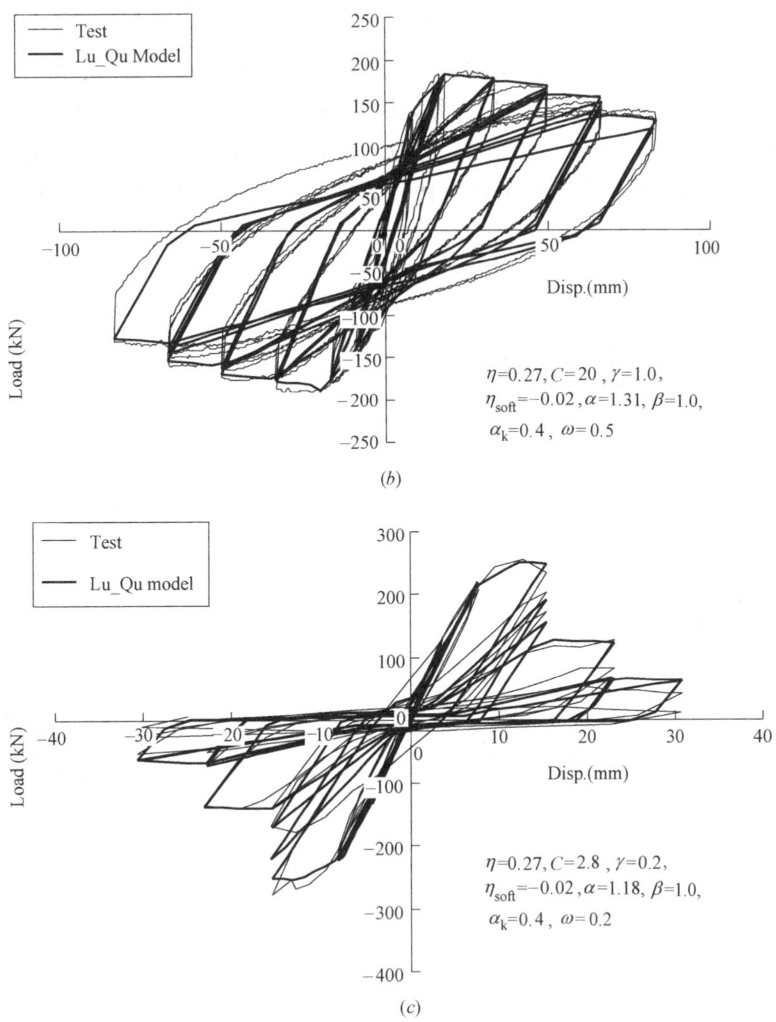

图 2.2-24 陆新征-曲哲模型模拟钢筋结构滞回行为（续）

（b）陆新征-曲哲模型与弯剪破坏钢筋混凝土试验柱压弯比较（Saatcioglu & Grira，1999）；

（c）陆新征-曲哲模型与剪切破坏钢筋混凝土压弯柱试验比较（Lynn et al，1996）

随着荷载的往复作用，其卸载刚度、峰值强度等都将随着应变能的累积而退化，其退化规律如式（2.2-17）所示。

$$\beta_i=\left(\frac{E_i}{E_{\mathrm{t}}-\sum_{j=1}^{i}E_j}\right)^C \tag{2.2-17a}$$

$$F_{\mathrm{y},i}^{\pm}=(1-\beta_{\mathrm{s},i})F_{\mathrm{y},i-1}^{\pm} \tag{2.2-17b}$$

$$K_{\mathrm{s},i}^{\pm}=(1-\beta_{\mathrm{s},i})K_{\mathrm{s},i-1}^{\pm} \tag{2.2-17c}$$

$$F_{\mathrm{ref},i}^{\pm}=(1-\beta_{\mathrm{c},i})F_{\mathrm{ref},i-1}^{\pm} \tag{2.2-17d}$$

$$K_{\mathrm{u},i}=(1-\beta_{\mathrm{u},i})K_{\mathrm{u},i-1} \tag{2.2-17e}$$

式中，β为退化系数；E_i为第i圈耗能；$\sum_{j=1}^{i}E_j$为前面所有滞回圈总耗能；E_t为滞回耗能能力，$E_t=\gamma E_y\delta_y$，F_y和δ_y为屈服荷载和屈服位移，γ为系数；C为试验给出的系数，一般在1到2之间；F_i、$K_{s,i}$、$F_{ref,i}$、$K_{u,i}$等为第i圈对应的结构屈服强度、硬化刚度、骨架线峰值强度和及软化刚度；β_i、$\beta_{s,i}$，$\beta_{c,i}$，$\beta_{u,i}$等为第i圈各参数对应的退化系数β值。

Ibarra和Krawinkler等经过大量对比，表明通过选择合适参数，该模型可以和很多试验结果吻合良好。

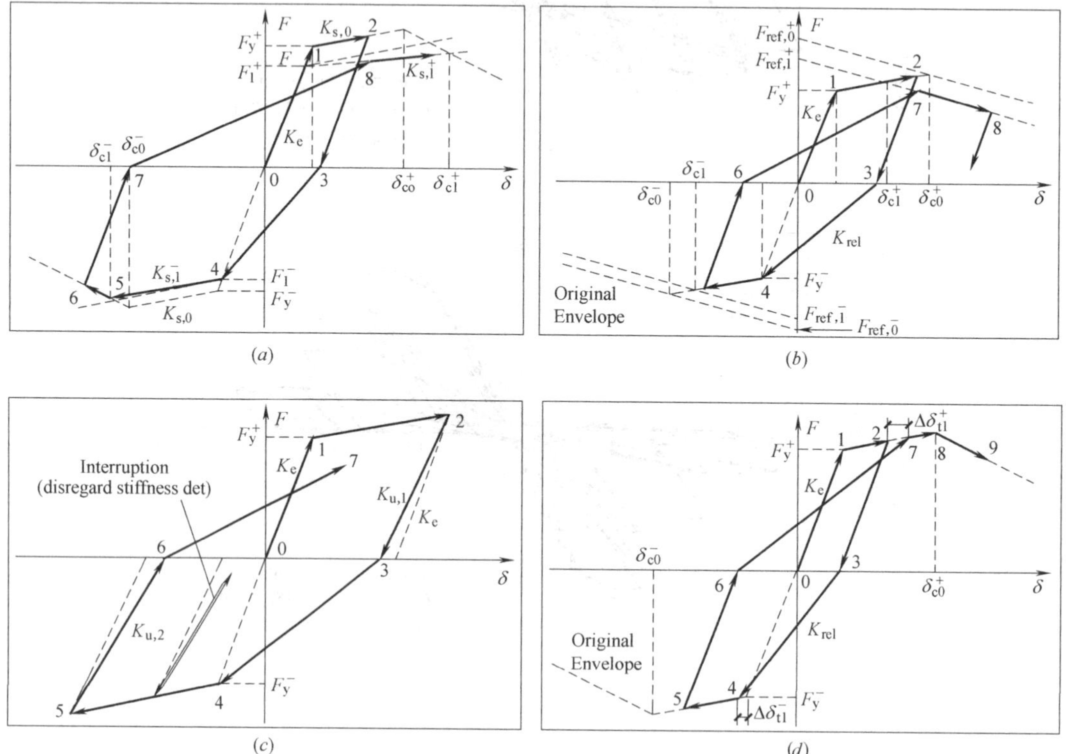

图 2.2-25　Ibarra和Krawinkler建议的塑性铰模型

（a）基本强度退化；（b）软化段强度退化；（c）卸载刚度退化；（d）再加载加速刚度退化

通用有限元软件SAP2000建议的塑性铰模型如图2.2-26、图2.2-27所示（CSI，2007），其控制点A、B、C、D、E取值可根据FEMA-273/274等美国有关性能化设计规范中建议的参数取值，详细介绍参见本书第6章，其卸载可采用原点指向型模型。图2.2-27中IO、LS、CP分别代表“Immediate Occupancy”，“Life Safe”和“Collapse Prevention”。更详细介绍参见本书第6章。

由于单向构件试验数据非常丰富，建模和程序开发难度也相对较低，所以单向弯曲的弯矩曲率关系种类还有很多，这里不再一一介绍。使用者应该根据自己分析的目的以及构件的特性，灵活选用最合适的模型。譬如：如果要进行倒塌分析，则模型应该有软化段，以模拟构件破坏过程特点；如果构件有明显的滞回刚度退化或强度退化，则不应使用理想双线性模型等过于饱满的滞回模型。

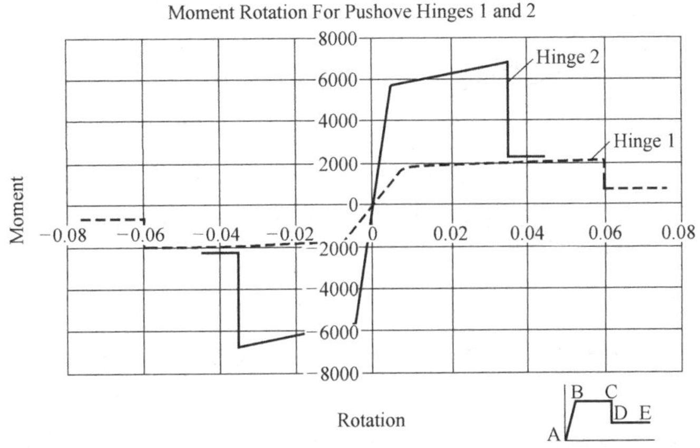

图 2.2-26　SAP2000 程序建议的典型弯矩-转角塑性铰模型

2.2.3.2　双向弯曲的弯矩曲率关系

当构件受到双向弯曲作用时，两个方向的弯矩相互影响，形成的屈服曲面和破坏曲面有着空间相关性，如图 2.2-28 所示。

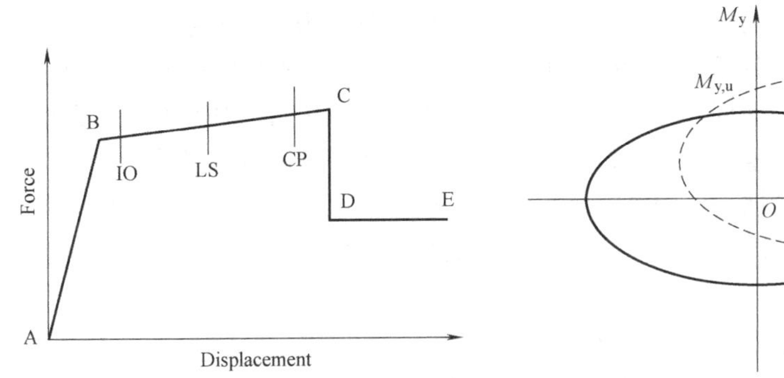

图 2.2-27　SAP2000 有限元软件建议的塑性铰骨架线模型物理含义

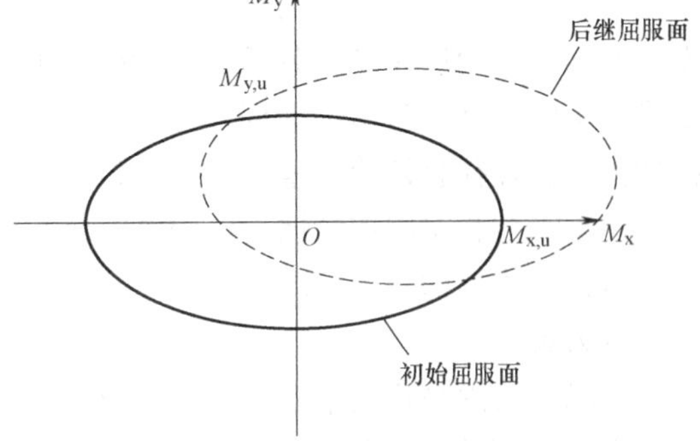

图 2.2-28　双向弯曲空间相互影响

这时，考虑双向弯曲耦合的方程为：

$$\left(\frac{M_x}{M_{x,u}}\right)^{\alpha_n}+\left(\frac{M_y}{M_{y,u}}\right)^{\alpha_n}=1 \tag{2.2-18}$$

其中，α_n 为轴力水平系数，当轴力为零时，可以取为 2，轴力水平较高时，α_n 在 1 和 2 之间。

构件屈服后，屈服面可以在空间移动或扩大，类似于塑性理论中的等强硬化和随动硬化行为。

2.2.3.3　考虑变轴力影响的弯矩曲率关系

如图 2.2-29 所示为常见的轴力弯曲相关关系（邹积麟，2001），可见轴力的变化对构件的弯曲性能影响明显。

当前变轴力作用下截面的弯矩曲率关系的模型一般都比较简单，多采用类似于弹塑性

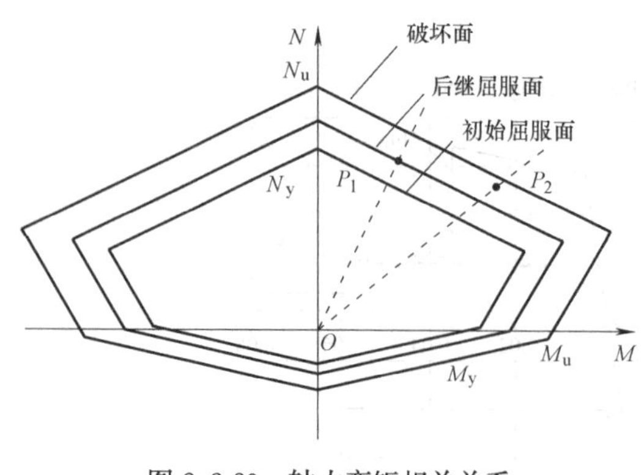

图 2.2-29　轴力弯矩相关关系

力学的模型加以模拟。如图 2.2-29 所示，首先根据截面形式和配筋情况得到截面的开裂、屈服和极限受力组合，确定开裂面、屈服面和破坏面。然后，根据截面当前的内力情况和变形增量，判断截面是属于加载、卸载，还是再加载状态。如图中 P_1点为当前截面内力组合，考虑截面变形增量后得到的内力组合点为 P_2点。如果 P_2点在当前屈服面以外，则认为是屈服后骨架线加载，如果在屈服面以内，则为卸载。分别使用相应的截面抗弯刚度系数，得到相应的截面弯矩曲率关系。考虑变轴力的影响一直是基于截面模型的一个重要难题，目前仍未得到较好解决。因此，如果轴力变化较大且对弯矩影响比较显著时，一般认为基于材料的纤维模型效果要优于基于截面的模型。

2.2.4　基于构件的模型

2.2.4.1　概述

对于一些受力比较明确的杆件，可以直接给出杆件的杆端力一杆端变形关系，即F-Δ关系。例如，使用层模型来分析剪切型框架的弹塑性反应，可以把层间杆件等效为一个剪切变形为主的杆件，直接给出杆件的剪力和横向变形的关系。又如，对考虑受压失稳的钢支撑构件，也往往直接给出整个构件受拉或受压关系。另外，分析剪力墙时，常将剪力墙简化为由一系列弹簧组成的墙元。弹簧或承担轴向荷载，或承担剪切荷载，或承担弯曲荷载，是考虑剪力墙的受力情况、材料组合、几何形状的一个综合参数。这也是一种基于构件的恢复力关系。

2.2.4.2　考虑失稳的钢支撑恢复力模型

对于框架间的钢支撑，由于长细比一般较大，因此在受压情况下会失稳，受压受拉行为不同，因此，可以建立支撑的杆端力-位移关系，例如，如图 2.2-30 中所示。图中，N_y为支撑受拉屈服轴力，N_b为支撑受压屈曲轴力。

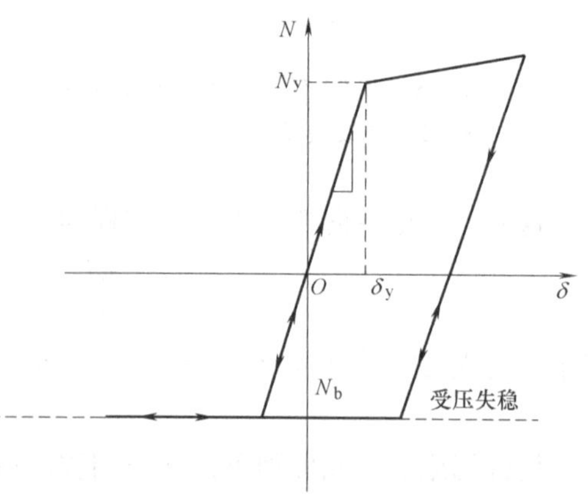

图 2.2-30　考虑失稳的支撑恢复力模型

本书作者开发了能较全面地模拟钢支撑复杂滞回行为的 18 参数支撑模型，如图 2.2-31 所示。该模型的主要特点包括：可以考虑支撑的屈服、强化、软化特性；可以考虑支撑的捏拢特性；可以考虑支撑在往复加载下的累积损伤特性；可以考虑支撑的正、反向屈服强度不同的特性；可以考虑支撑卸载刚度退化的特性；可以考虑支撑受压失稳引起刚度、强度退化等特性。

在该模型中，一共需定义 18 个参数，见表 2.2-4。通过调整这些参数的取值，就可以

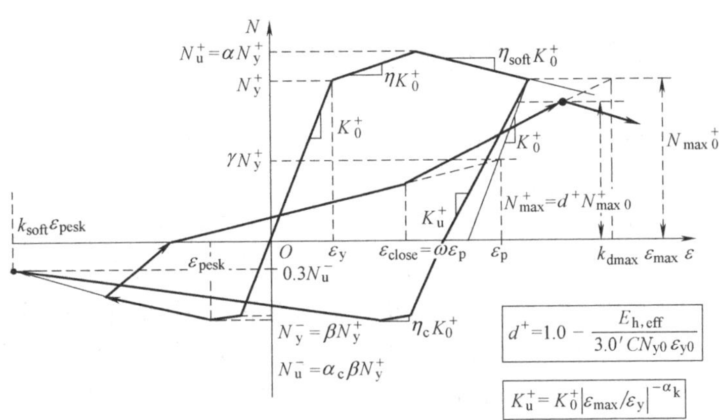

图 2.2-31　18 参数支撑滞回模型

模拟多种不同的滞回模型。以 Goggins 等（Goggins et al. 2005）的支撑试验为例，计算得到的滞回关系和试验滞回关系比较如图 2.2-32 所示。可见模型和试验结果吻合很好，准确模拟了支撑的屈服、屈曲、刚度退化、强度退化、捏拢等复杂受力特征。

支撑模型输入参数列表　　**表 2.2-4**

(1)初始刚度 K_0	(10)受拉滑移结束位置 ω
(2)初始屈服轴力 N_y	(11)最大位移增大系数 K_{dmax}
(3)强化参数 η	(12)受压强化参数 η_c
(4)损伤累计耗能参数 C	(13)受压滑移捏拢参数 γ_c
(5)滑移捏拢参数 γ	(14)受压软化比例 K_{soft}
(6)软化参数 η_{soft}	(15)受压极限荷载和屈服荷载的比例 α_c
(7)极限荷载和屈服荷载的比例 α	(16)受压卸载刚度系数 α_{kc}
(8)正向与反向屈服强度比 β	(17)受压滑移结束位置 ω_c
(9)卸载刚度系数 α_k	(18)受压损伤累积速度比受拉 D_c

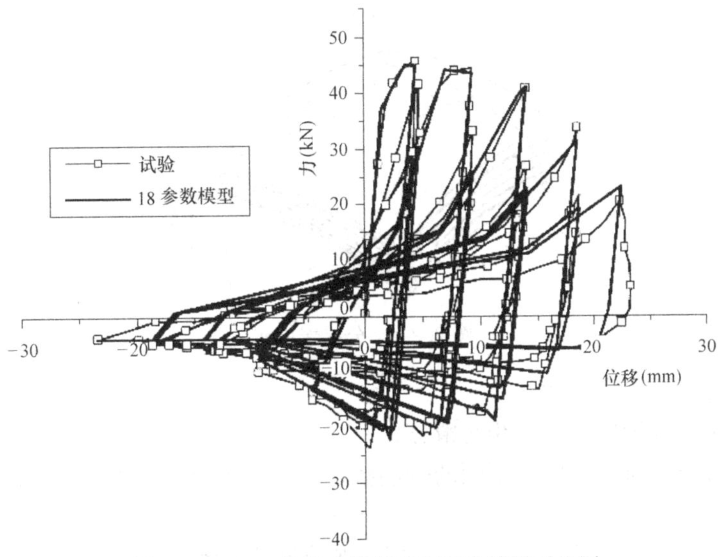

图 2.2-32　18 参数支撑模型与实验结果对比图

2.3 剪力墙结构的弹塑性有限元模型

剪力墙和楼板等平面构件是结构非线性计算中另一类重要结构构件。与框架等构件不同，剪力墙等平面构件的特点是其长度和宽度往往是在一个数量级上，而厚度则比长度和宽度要明显小很多。故而对于剪力墙，最适宜的有限单元是空间板壳单元。目前一些结构线弹性分析软件，如 SAP2000、SATWE 等，已经都采用空间壳单元来分析剪力墙。

但是对于弹塑性分析，特别是时程分析，采用壳单元会导致计算量很大，故而在过去计算机分析能力不足的情况下，提出了很多针对剪力墙受力特点的宏观非线性模型（简称“宏模型”），如桁架模型、多弹簧模型、三垂直杆元模型、多垂直杆元模型等。这些模型在剪力墙结构非线性分析的发展过程中发挥了非常重要的作用，但是由于其简化较多，也存在很多的问题。故而，近年来随着计算机分析能力的提高，剪力墙结构的非线性计算，已经逐渐集中到采用分层壳元模型（或称非线性壳元、弹塑性壳元模型）上来。本节重点介绍分层壳元在剪力墙计算中的应用，对于传统的宏模型，此后再简单加以介绍。

2.3.1 微观模型（分层壳模型）

2.3.1.1 分层壳单元的基本原理

分层壳剪力墙单元是基于复合材料力学原理，可以用来描述钢筋混凝土剪力墙面内弯剪共同作用效应和面外弯曲效应（林旭川等，2009，叶列平等，2006）。如图 2.3-1 所示，一个分层壳单元可以划分成很多层，各层可以根据需要设置不同的厚度和材料性质（混凝土、钢筋）。在有限元计算过程中，首先得到壳单元中心层的应变和壳单元的曲率，然后根据各层材料之间满足平截面假定，就可以由中心层应变和壳单元的曲率得到各钢筋和混凝土层的应变，进而由各层的材料本构方程可以得到各层相应的应力，并积分得到整个壳单元的内力。由此可见，壳单元可以直接将混凝土、钢筋的本构行为和剪力墙的非线性行为联系起来，因而在描述实际剪力墙复杂非线性行为方面有着明显的优势。

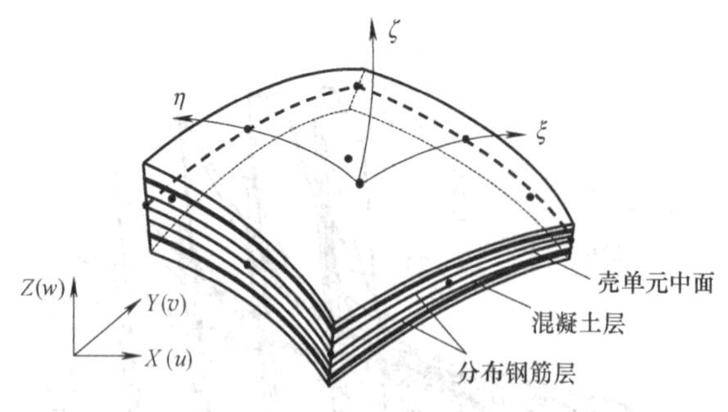

图 2.3-1 分层壳单元

分层壳元的主要假设包括：

(1) 混凝土层和钢层之间无相对滑移；

(2) 每个分层壳单元可以有不同的分层数，并且每个分层可以厚度不同，但同一个分层厚度均匀。

如图 2.3-2 所示，将壳单元分层若干层，各分层依次编号，从分层壳单元的下表面开始，每一层中面上有高斯积分点，每层的应力分量就在这些高斯应力点上计算。那么壳单元的应力分布可以由分段的常应力值来近似表示。

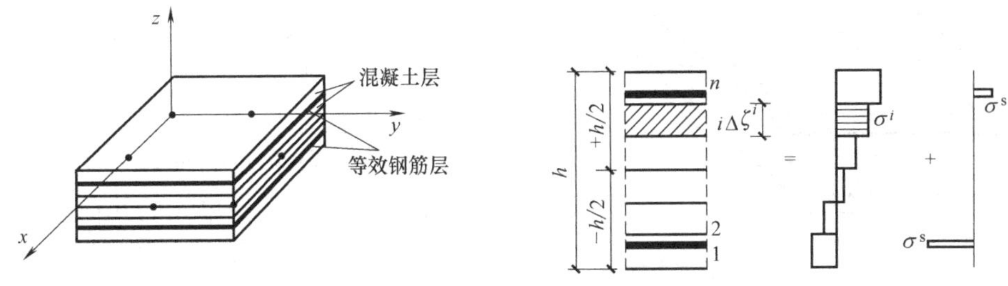

图 2.3-2 分层壳单元模型和应力表示

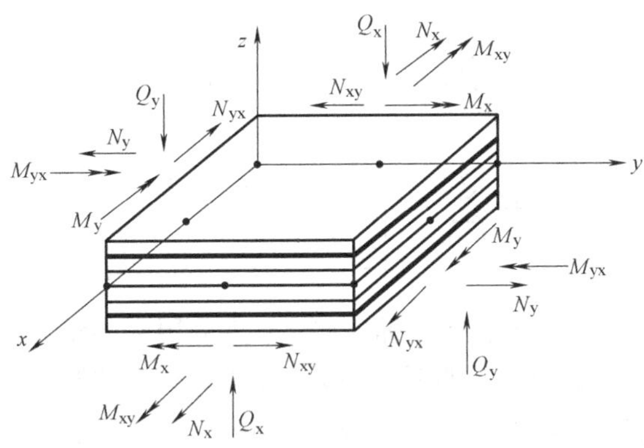

图 2.3-3 单元内力的符号规定

规定单元内力的正方向之后（见图 2.3-3），分层壳单元的单元内力可以由每层上的应力分量沿厚度方向的坐标进行积分而得到：

$$N_{x(y)}=\int_{-h/2}^{h/2}\sigma_{x(y)}\,dz=\frac{h}{2}\sum_{1}^{n}\sigma_{x(y)}^{i}\Delta\zeta^{i} \tag{2.3-1a}$$

$$M_{x,(y),(xy)}=-\int_{-h/2}^{h/2}\sigma_{x,(y),(xy)}\,dz=-\frac{h^2}{4}\sum_{1}^{n}\sigma_{x,(y),(xy)}^{i}\zeta^{i}\Delta\zeta^{i} \tag{2.3-1b}$$

$$M_{x,(y),(xy)}=-\int_{-h/2}^{h/2}\sigma_{x,(y),(xy)}\,dz=-\frac{h^2}{4}\sum_{1}^{n}\sigma_{x,(y),(xy)}^{i}\zeta^{i}\Delta\zeta^{i} \tag{2.3-1c}$$

以应用广泛的四边形退化壳单元来介绍分层壳单元的基本公式。引入分层模型时，通过建立分层壳的总体坐标系、分层壳单元结点坐标系以及壳单元各层的曲线坐标系和各高斯点的局部坐标系来确定单元的几何特性以及应力、应变、位移的计算。

1）总体坐标系（x，y，z）：是整个模型建立的参考坐标系，可以在建立模型时任意选取，结构的空间几何关系、结点的坐标和位移、结构总体刚度矩阵和外力矢量都在此坐标系下确定。

2）壳单元结点坐标系（v_{1k}，v_{2k}，v_{3k}）：是定义在壳单元结点上的坐标系（见图 2.3-4），原点在分层壳单元的中面上，矢量 v_{3k} 由此点壳单元上下表面的厚度方向

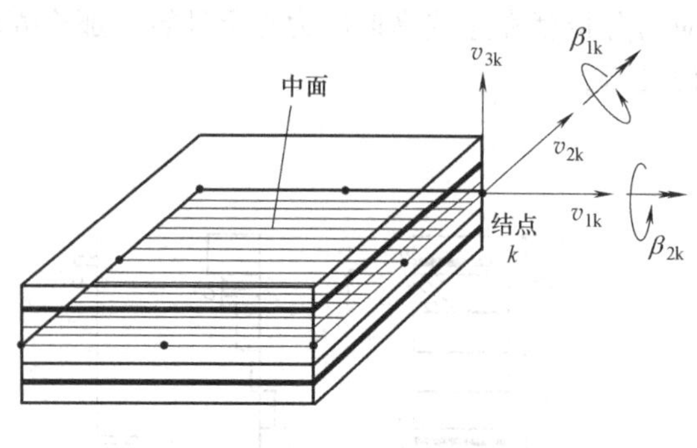

图 2.3-4 壳单元结点坐标系

确定。矢量 v_{1k} 垂直于 v_{3k} 并且平行于总体坐标系下的 x-z 平面，矢量 v_{2k} 的方向通过右手规则由 v_{1k} 和 v_{3k} 确定。由此可知，矢量 v_{3k} 定义了结点的法线方向，矢量 v_{1k} 和 v_{3k} 对应于法线的转角位移 β_{2k} 和 β_{1k}。

3）壳单元的曲线坐标系（ξ，η，ζ）：由于分层壳单元的几何特性需要通过壳中面的位置来确定，所以需要在各分层上建立一坐标系。此坐标系中，ζ 是壳单元厚度方向坐标与 v_{3k} 相同，并且在［-1，1］之间变化（见图 2.3-5），$\zeta=-1$ 时表示分层壳下表面的第一层，$\zeta=1$ 时表示分层壳的最上层。曲线坐标系与整体坐标系的转换关系如下：

$$x_i=\sum_{k=1}^{n}N_i x_{ik}^{\text{中面}}+\sum_{k=1}^{n}N_k\frac{h}{2}\zeta\bar{v}_{3k} \qquad (2.3\text{-}2)$$

即：

$$\begin{bmatrix}x\\y\\z\end{bmatrix}=\sum_{k=1}^{n}N_i\begin{bmatrix}x_k\\y_k\\z_k\end{bmatrix}+\sum_{k=1}^{n}N_k\frac{h}{2}\zeta\begin{bmatrix}\bar{v}_{3k}^{x}\\\bar{v}_{3k}^{y}\\\bar{v}_{3k}^{z}\end{bmatrix}$$

式中，$i=1$，2，3，对应于三个总体坐标方向；n 为分层壳的结点数；$N_k=N_k(\xi,\ \eta)$，$k=1\cdots n$，是对应于 ζ 分层上壳单元的形状函数；h 为壳单元的厚度。

4）高斯点的局部坐标系（x'_1，x'_2，x'_3）：由于分层壳单元在每个分层上采用高斯点积分方式，所以在每个积分点上需要建立一坐标系来计算高斯点上的应力应变。x'_3 方向仍然与分层壳单元的厚度方向一致，原点选在高斯点上，x'_1 平行于 ξ 方向，x'_2 平等于 η 方向（见图 2.3-6）。

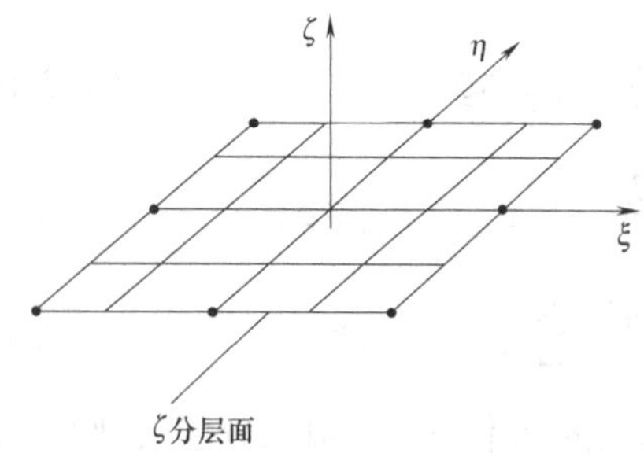

图 2.3-5 壳单元的曲线坐标系

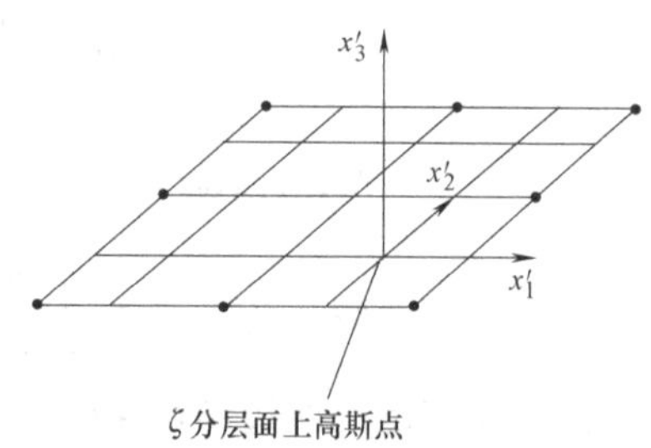

图 2.3-6 高斯点的局部坐标系

分层壳单元位移场由结点上法线的五个自由度来表示，包括中面结点的三个位移（$u_{ik}^{\text{中面}}$）和两个转角位移（β_{1k}，β_{2k}）。由图 2.3-4 可以知道，由两个转角引起的法线上点的位移为：

$$\delta_{1k}=h\beta_{1k} \qquad (2.3\text{-}3)$$

$$\delta_{2k}=h\beta_{2k} \tag{2.3-4}$$

式中，δ_{1k}是v_{1k}方向上的位移；δ_{2k}是v_{2k}负方向上的位移。相应的位移分量可表示为：

$$(u_i)_{\beta_{1k}}=\delta_{1k}\overline{v}_{1k}^i \tag{2.3-5}$$

$$(u_i)_{\beta_{2k}}=\delta_{2k}\overline{v}_{2k}^i \tag{2.3-6}$$

最后的壳单元位移场可表示为：

$$u_i=\sum_{k=1}^{n}N_k u_{ik}^{中面}+\sum_{k=1}^{n}N_k\frac{h}{2}\zeta[\overline{v}_{1k},-\overline{v}_{2k}]\begin{bmatrix}\beta_{1k}\\ \beta_{2k}\end{bmatrix} \tag{2.3-7}$$

即：

$$\begin{bmatrix}u\\ v\\ w\end{bmatrix}=\sum_{k=1}^{n}N_k\begin{bmatrix}u_k\\ v_k\\ w_k\end{bmatrix}+\sum_{k=1}^{n}N_k\frac{h}{2}\zeta\begin{bmatrix}\overline{v}_{1k}^{x} & -\overline{v}_{2k}^{x}\\ \overline{v}_{1k}^{y} & -\overline{v}_{2k}^{y}\\ \overline{v}_{1k}^{z} & -\overline{v}_{2k}^{z}\end{bmatrix}\begin{bmatrix}\beta_{1k}\\ \beta_{2k}\end{bmatrix} \tag{2.3-8}$$

则 k 节点引起的总体位移为：

$$\begin{bmatrix}u\\ v\\ w\end{bmatrix}=\begin{bmatrix}N_k^e & 0 & 0 & N_k^e\zeta\frac{h}{2}v_{1k}^{x} & -N_k^e\zeta\frac{h}{2}v_{2k}^{x}\\ 0 & N_k^e & 0 & N_k^e\zeta\frac{h}{2}v_{1k}^{y} & -N_k^e\zeta\frac{h}{2}v_{2k}^{y}\\ 0 & 0 & N_k^e & N_k^e\zeta\frac{h}{2}v_{1k}^{z} & -N_k^e\zeta\frac{h}{2}v_{2k}^{z}\end{bmatrix}\begin{bmatrix}u_k\\ v_k\\ w_k\\ \beta_{1k}\\ \beta_{2k}\end{bmatrix} \tag{2.3-9}$$

即：

$$u_k=N_k\delta_k \tag{2.3-10}$$

对整个分层壳单元

$$u=N\delta \tag{2.3-11}$$

式中，δ 为单元结点位移变量矢量；N 为壳单元的形状函数矩阵，对于单元的角结点按以下式（2.3-12a）确定，如果是 8 节点壳单元，对于单元边上的中结点按以下式(2.3-12b)确定。

$$N_i^e=\frac{1}{4}(1+\xi\xi_i)(1+\eta\eta_i)(\xi\xi_i+\eta\eta_i-1) \tag{2.3-12a}$$

$$N_i^e=\frac{\xi_i^2}{2}(1+\xi\xi_i)(1-\eta^2)+\frac{\eta_i^2}{2}(1+\eta\eta_i)(1-\xi^2) \tag{2.3-12b}$$

2.3.1.2 基于广义协调元理论的新型分层壳模型

本书作者与清华大学岑松教授、研究生王丽莎、解琳琳等，联合开发了一个基于广义协调元理论新型分层壳模型，它计算精度高、抗畸变能力强，且可以用于各类几何非线性引起的大变形行为（王丽莎等，2015）。该单元的具体理论如下：

图 2.3-7 所示为局部坐标系下高性能四边形平板壳单元（DKGQ），其节点位移向量定义如下：

$$q=(q_1,q_2,q_3,q_4) \tag{2.3-13}$$

$$q_i^{m}=(u_i,v_i,w_i,\theta_{xi},\theta_{yi},\theta_{zi})^{T}\ (i=1,2,3,4) \tag{2.3-14}$$

其中，与平面膜元相关的节点位移 q_i^{m} 和与板弯曲元相关的节点位移 q_i^{b} 分别为：

$$q_i^{m}=(u_i,v_i,\theta_{zi})^{T} \tag{2.3-15}$$

$$q_i^{\mathrm{b}}=(w_i,\theta_{\mathrm{x}i},\theta_{\mathrm{y}i})^{\mathrm{T}},\left(\theta_{\mathrm{x}}=\frac{\partial w}{\partial y}\quad \theta_{\mathrm{y}}=-\frac{\partial w}{\partial x}\right) \tag{2.3-16}$$

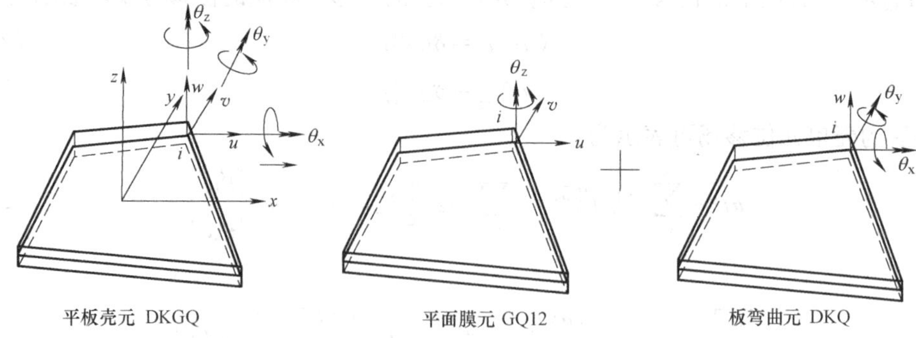

图 2.3-7　局部坐标系下四边形平板壳元组合示意图

平面膜元 GQ12 单元位移场可通过插值函数 N_i^0，$N_i^{u\theta}$和 $N_i^{v\theta}$（须寅，龙驭球，1993）获得，对位移场求导可得到其应变场：

$$\varepsilon_{\mathrm{m}}=\begin{pmatrix}\partial u/\partial x\\ \partial v/\partial y\\ \partial u/\partial y+\partial v/\partial x\end{pmatrix}=B_{\mathrm{m}}q^{\mathrm{m}} \tag{2.3-17}$$

其中：

$$B_{\mathrm{m}}=[B_{\mathrm{m1}}\quad B_{\mathrm{m2}}\quad B_{\mathrm{m3}}\quad B_{\mathrm{m4}}] \tag{2.3-18}$$

$$[B_{\mathrm{m}i}]=\begin{bmatrix}\dfrac{\partial N_i^0}{\partial x} & 0 & \dfrac{\partial N_i^{\mathrm{u}\theta}}{\partial x}\\ 0 & \dfrac{\partial N_i^0}{\partial y} & \dfrac{\partial N_i^{\mathrm{v}\theta}}{\partial y}\\ \dfrac{\partial N_i^0}{\partial y} & \dfrac{\partial N_i^0}{\partial x} & \dfrac{\partial N_i^{\mathrm{u}\theta}}{\partial y}+\dfrac{\partial N_i^{\mathrm{v}\theta}}{\partial x}\end{bmatrix} \tag{2.3-19}$$

则平面膜元的单元刚度矩阵为：

$$K_{\mathrm{m}}=\iint_{A^{\mathrm{e}}}B_{\mathrm{m}}^{T}D_{\mathrm{mm}}B_{\mathrm{m}}\mathrm{d}A \tag{2.3-20}$$

其中，D_{mm}为平面膜元材料矩阵，对于线弹性材料，D_{mm}如式（2.3-21）所示（h 为单元厚度，E 和 v 分别为材料的弹性模量和泊松比）：

$$D_{\mathrm{mm}}=\frac{Eh}{1-v^2}\begin{bmatrix}1 & v & 0\\ v & 1 & 0\\ 0 & 0 & \dfrac{1-v}{2}\end{bmatrix} \tag{2.3-21}$$

板弯曲元 DKQ 的转角自由度定义（Batoz & Tahar，1982）如公式（2.3-22）所示，其转角应变场与单元节点位移的关系为：

$$\chi_{\mathrm{b}}=\begin{bmatrix}-\partial^2 w/\partial x^2\\ -\partial^2 w/\partial y^2\\ -2\partial^2 w/\partial x\partial y\end{bmatrix}=B_{\mathrm{b}}q^{\mathrm{b}} \tag{2.3-22}$$

B_{b}详细公式参见文献（Batoz & Tahar，1982），其单元刚度矩阵为：

$$K_b = \iint_{A^e} B_b^T D_{bb} B_b \mathrm{d}A \tag{2.3-23}$$

其中，D_{bb}为板弯曲元材料矩阵，对于线弹性材料，其形式为：

$$D_{bb} = \frac{Eh^3}{12(1-v^2)}\begin{bmatrix} 1 & v & 0 \\ v & 1 & 0 \\ 0 & 0 & \dfrac{1-v}{2} \end{bmatrix} \tag{2.3-24}$$

小变形状态下，将膜元刚度矩阵K_m和板弯曲元刚度矩阵K_b按照式（2.3－14）的自由度顺序进行组合，即可获得局部坐标系下的DKGQ壳单元刚度；再转换到整体坐标系下，即可获得整体坐标系的刚度阵用于壳体结构计算。

为考虑几何非线性的影响，采用更新的Lagrangian方法，以当前时刻位形为参考位形，应变和应力以增量形式进行更新。根据Kirchhoff假设和von Karman大变形假设，壳单元应变增量（$\Delta\varepsilon$）可分为线性增量（$\Delta\varepsilon^L$）和非线性增量（$\Delta\varepsilon^{NL}$）两部分，其中线性增量可由膜元应变增量（$\Delta\varepsilon_m$）和板弯曲元应变增量（$\Delta\chi_b$）组合获得，如式（2.3-25）～(2.3-27)所示：

$$\Delta\varepsilon = \Delta\varepsilon^L + \Delta\varepsilon^{NL} \tag{2.3-25}$$

$$\Delta\varepsilon^L = \Delta\varepsilon_m + z\Delta\chi_b \tag{2.3-26}$$

$$\Delta\varepsilon^{NL} = \begin{pmatrix} (\partial \Delta w/\partial x)^2/2 \\ (\partial \Delta w/\partial y)^2/2 \\ \partial \Delta w/\partial x \cdot \partial \Delta w/\partial y \end{pmatrix} \tag{2.3-27}$$

从当前时刻t到下一时刻$t+\mathrm{d}t$，壳单元应力更新方式为：

$$^{t+\mathrm{d}t}\sigma = {}^t\sigma + \Delta\sigma \qquad \Delta\sigma = D_{tan}\Delta\varepsilon \tag{2.3-28}$$

其中，D_{tan}为材料在t时刻的切线本构矩阵。

在更新的Lagrangian列式下，局部坐标系中壳单元的有限元求解方程为：

$$(K_l + K_{nl})\begin{pmatrix} \Delta q^m \\ \Delta q^b \end{pmatrix} = {}_{t+\mathrm{d}t}F - {}_tR \tag{2.3-29}$$

右端两项依次为$t+\mathrm{d}t$时刻单元所受外力和t时刻的单元内力，单元切线刚度矩阵分为线性项K_l和几何非线性项K_{nl}，依次为：

$$K_l = \iint_{{}_tA^e} \begin{bmatrix} B_m^T D_{mm} B_m & B_m^T D_{mb} B_b \\ B_b^T D_{bm} B_m & B_b^T D_{bb} B_b \end{bmatrix} \mathrm{d}A \tag{2.3-30}$$

$$K_{nl} = \begin{bmatrix} 0 & 0 \\ 0 & K_\sigma \end{bmatrix} \qquad K_\sigma = \iint_{{}_tA^e} G^T {}_t\bar{N} G \mathrm{d}A \tag{2.3-31}$$

其中D_{mm}，D_{mb}，D_{bm}，D_{bb}均可由材料切线本构矩阵D_{tan}在单元厚度方向积分得到：

$$D_{mm} = \int_{-h/2}^{h/2} D_{tan} \mathrm{d}z$$

$$D_{mb} = D_{bm} = \int_{-h/2}^{h/2} z D_{tan} \mathrm{d}z \tag{2.3-32}$$

$$D_{bb} = \int_{-h/2}^{h/2} z^2 D_{tan} \mathrm{d}z$$

矩阵 G 可根据定义由板弯曲元的插值函数求得（Batoz & Tahar，1982）：

$$\begin{pmatrix} \dfrac{\partial \Delta w}{\partial x} \\ \dfrac{\partial \Delta w}{\partial y} \end{pmatrix} = G\Delta q^{\mathrm{b}} \tag{2.3-33}$$

矩阵 ${}_t\overline{N}$ 由当前时刻对应于膜元内力的变量组成：

$${}_t\overline{N} = \begin{bmatrix} {}_tN_{\mathrm{x}} & {}_tN_{\mathrm{xy}} \\ {}_tN_{\mathrm{yx}} & {}_tN_{\mathrm{y}} \end{bmatrix} \tag{2.3-34}$$

其中：

$$\begin{pmatrix} {}_tN \\ {}_tM \end{pmatrix} = ({}_tN_{\mathrm{x}} \quad {}_tN_{\mathrm{y}} \quad {}_tN_{\mathrm{xy}} \quad {}_tM_{\mathrm{x}} \quad {}_tM_{\mathrm{y}} \quad {}_tM_{\mathrm{xy}})^{\mathrm{T}} \tag{2.3-35}$$

$$\begin{aligned} N_{\mathrm{x}} &= \int_{-h/2}^{h/2} \sigma_{\mathrm{x}} \mathrm{d}z N_{\mathrm{y}} = \int_{-h/2}^{h/2} \sigma_{\mathrm{y}} \mathrm{d}z \\ N_{\mathrm{xy}} &= \int_{-h/2}^{h/2} \sigma_{\mathrm{xy}} \mathrm{d}z M_{\mathrm{x}} = \int_{-h/2}^{h/2} z\sigma_{\mathrm{x}} \mathrm{d}z \\ M_{\mathrm{y}} &= \int_{-h/2}^{h/2} z\sigma_{\mathrm{y}} \mathrm{d}z M_{\mathrm{xy}} = \int_{-h/2}^{h/2} z\sigma_{\mathrm{xy}} \mathrm{d}z \end{aligned} \tag{2.3-36}$$

对于式（2.3-29）中的单元内力矢量${}_tR$，其计算公式为：

$${}_tR = \iint\limits_{{}_tA^{\mathrm{e}}} \begin{pmatrix} B_{\mathrm{m}}^{\mathrm{T}} \cdot {}_tN \\ B_{\mathrm{b}}^{\mathrm{T}} \cdot {}_tM \end{pmatrix} \mathrm{d}A \tag{2.3-37}$$

将有限元求解方程（2.3-37）按照式（2.3-14）的自由度顺序进行组合，再转换到整体坐标系下即可进行几何非线性分析。

理论上说，任何平面应力混凝土本构模型都可以用于分层壳单元。因此，分层壳单元在混凝土本构模型的选取多种多样。由于高层建筑地震灾变分析中混凝土受力非常复杂，合适的二维混凝土本构模型仍然是当前土木工程领域研究的热点问题。本书作者提出了一个基于损伤力学和弥散裂缝模型的平面应力混凝土本构模型，具有形式简单、计算稳定性好等优点，适合作为基本模型集成在开源程序中供研究人员进一步发展和完善（Lu et al. 2015b）。

该混凝土的二维本构模型的基本方程可以表示为：

$$\boldsymbol{\sigma}_{\mathrm{c}}' = \begin{bmatrix} 1-D_1 & \\ & 1-D_2 \end{bmatrix} \boldsymbol{D}_{\mathrm{e}} \, \boldsymbol{\varepsilon}_{\mathrm{c}}' \tag{2.3-38}$$

式中，$\boldsymbol{\sigma}_{\mathrm{c}}'$、$\boldsymbol{\varepsilon}_{\mathrm{c}}'$ 分别为主应力坐标系下混凝土的应力和应变，D_1、D_2为混凝土在主应力坐标系下的损伤标量，受拉与受压损伤分开考虑。其中受压损伤参考 Løland 建议的受压损伤演化曲线，受拉损伤参考 Mazars 建议的受拉损伤演化曲线。

混凝土开裂后，开裂混凝土在裂缝坐标系下的剪应力 τ 和剪应变 γ 的关系可以表示为

$$\tau = \beta G \gamma \tag{2.3-39}$$

式中，G 是弹性剪切模量；β 是剪力传递系数，表示开裂后混凝土抗剪刚度的退化。

以上公式（2.3-38）和（2.3-39）都是在裂缝坐标系下建立的。它还要通过公式（2.3-40）还原到整体坐标系。

$$\begin{cases} \boldsymbol{D} = \boldsymbol{R}^{\mathrm{T}}\boldsymbol{D}'\boldsymbol{R} \\ \boldsymbol{R} = \begin{bmatrix} \cos^2\theta & \sin^2\theta & \cos\theta\sin\theta \\ \sin^2\theta & \cos^2\theta & -\cos\theta\sin\theta \\ -2\cos\theta\sin\theta & 2\cos\theta\sin\theta & \cos^2\theta-\sin^2\theta \end{bmatrix} \end{cases} \tag{2.3-40}$$

$\boldsymbol{D}$ 和 $\boldsymbol{D}'$ 分别是整体坐标系和裂缝局部坐标系下的本构矩阵，$\boldsymbol{R}$ 是坐标转换矩阵。θ 是局部坐标系和整体坐标系的夹角。

该壳单元已经集成到开源有限元程序 OpenSees 中，有兴趣的读者可以从网址 http：//opensees. berkeley. edu下载并学习使用。

2.3.1.3 离散钢筋模型与分布式钢筋模型

如上所述，在分层壳单元中，钢筋材料被弥散到某一层或某几层中。对于纵横配筋率相同的墙体，钢筋层可以设为各向同性，来同时模拟纵向钢筋与横向钢筋；对于纵横配筋率不同的墙体，可分别设置不同材料主轴方向的正交各向异性钢筋层，材料的主方向对应于钢筋的主方向，不同方向材料的参数可以不同，来分别模拟纵向钢筋和横向钢筋。

由于剪力墙内部钢筋数量众多，类型又有多样，如分布筋、暗柱集中配筋、连梁中的受弯纵筋和箍筋及其 X 形钢筋骨架等。一般建议通过在分层壳单元中输入适当的钢筋层（图 2.3-8），用“弥散”钢筋模型来模拟分布筋，可极大地简化分布筋的建模。但是，对于连梁、暗柱等特殊部位，由于钢筋分布很不均匀，钢筋走向也很多样，这时可将这些关键配筋用专门的杆件单元建模，则较为准确。但由此引发的问题是，如何实现这些不同钢筋单元和混凝土单元之间位移协调共同工作。利用目前通用有限元软件提供的内嵌钢筋功能，如 MSC. Marc 的“INSERTS”功能，可保证钢筋与壳体之间变形协调，如图 2.3-9。例如对于图 2.3-10、图 2.3-11 所示的核心筒结构，可以建好“钢筋网”单元后（图 2.3-10），用“INSERTS”功能直接嵌入混凝土单元（图 2.3-11），程序自动考虑钢筋与混凝土之间的位移协调，具体操作参见第 5 章示例。离散钢筋-分层壳剪力墙模型的计算量大，但随着计算机性能的不断提高，计算机分析能力已不再是限制因素。

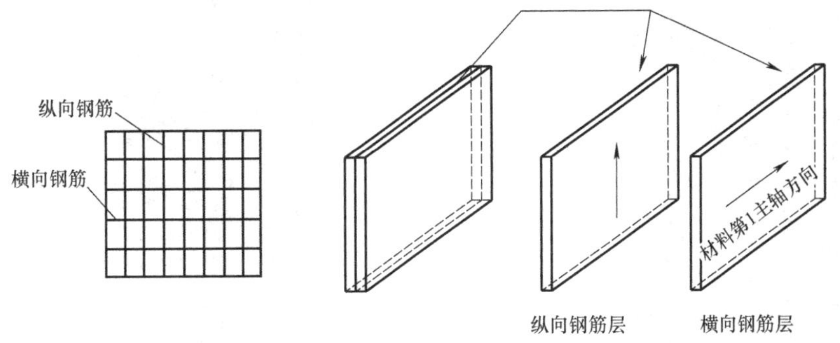

图 2.3-8 分层壳模型中钢筋层设置示意图

2.3.2 等效梁模型

当剪力墙的宽度较小，高宽比较大，整体弯曲效果显著时，可以把剪力墙等效为一根

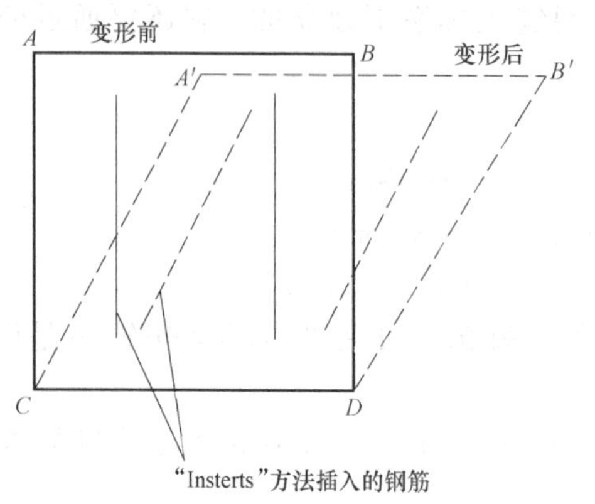

图 2.3-9　采用“Inserts”方法保证钢筋与壳体变形协调

钢筋混凝土梁单元。这时，可以采用前面介绍的两端有集中塑性铰的梁单元模型加以模拟，也可以采用纤维梁模型来模拟，而节点区则用刚域模拟。等效梁方法在弹性分析中使用得较多，当考虑剪力墙的非线性反应，包括塑性、开裂等行为时，集中的塑性铰模型很难真实模拟出剪力墙中的曲率分布和中性轴位置的变化，因此等效梁模型使用受到较大限制。

2.3.3　等效桁架模型（宏模型 1）

等效桁架模型是用一个等效的桁架系统来模拟剪力墙，如图 2.3-12 所示，其特点是可以计算由对角开裂引起的应力重分布。根据刚度和强度等效原理（王大庆，1991），使用了一个折算的支撑面积公式。桁架的厚度为墙体实际厚度 t_w，桁架的宽度为：

$$w=Ad(\lambda h)^{-0.4} \tag{2.3-41}$$

$$\lambda=\sqrt[4]{\frac{E_w t_w \sin 2\theta}{4E_f I_f h}} \tag{2.3-42}$$

式中，d 为墙体净对角线长度；h 为结构层高；E_w为墙体弹模；h_w为墙体净高度；E_f为框架柱弹性模量；I_f为框架柱的截面惯性矩；θ 为等效支撑和水平线夹角；A 为系数，取为 0.22。

桁架模型在进入非线性后，如何确定斜向桁架的刚度和恢复力模型比较困难，因此这个模型的使用范围也比较有限。

图 2.3-10　钢筋单元空间分布

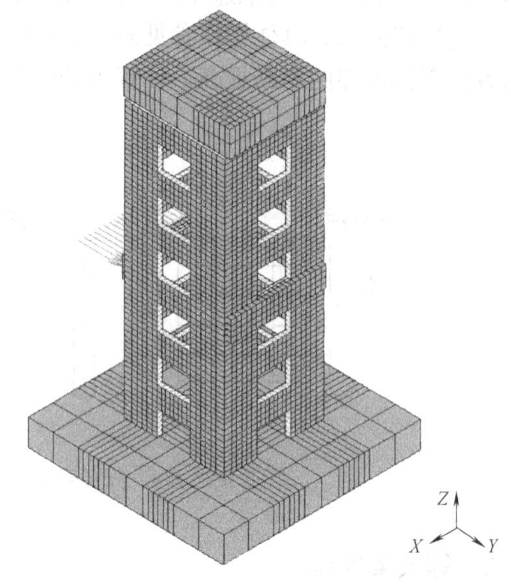

图 2.3-11　混凝土单元划分

2.3.4 三垂直杆元模型（TVLEM）（宏模型 2）

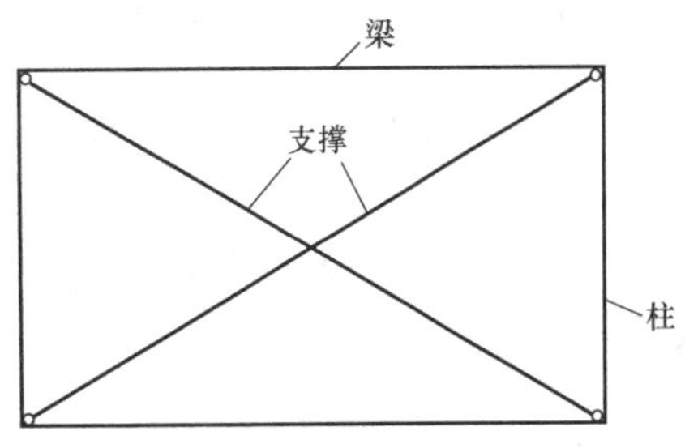

图 2.3-12 等效桁架模型

为了分析 1984 年美日合作研究的 7 层足尺框剪结构试验结果，Kabeyasawa 等提出了一个宏观的三垂直杆元模型（Kabeyasawa et al.，1982），如图 2.3-13 所示，三垂直杆元模型中三个垂直杆元通过代表上、下楼板的两个刚性梁联结，两个外侧杆元代表墙两边柱的轴向刚度，中心杆元由垂直、水平和弯曲弹簧组成，在中心杆元和下部刚梁之间加入一高度为 ch 的刚性元素，ch 即为底部和顶部刚性梁相对转动中心的高度。通过参数 c（$0\leqslant c\leqslant 1$）的不同取值可以模拟不同的曲率分布。这一模型可以模拟进入非线性后剪力墙中性轴的移动，而且物理概念清晰。但是，后来的研究发现，弯曲弹簧的刚度取值存在一定的困难，弯曲弹簧的变形和边柱变形协调困难，且刚性杆长度参数 c 也比较难以确定。

2.3.5 多垂直杆元模型（MVLEM）（宏模型 3）

为了解决垂直杆件中弯曲弹簧和其他弹簧变形协调困难的问题，一些研究者（李国强等，2000）又提出了多垂直弹簧模型（MVLEM）。在多垂直弹簧模型中，用几个垂直杆件来代替弯曲弹簧，剪力墙的弯曲刚度和轴向刚度由这些弹簧代表。而剪切刚度由一个水平弹簧代表（图 2.3-14）。这样，只需给出单根杆件的拉压或剪切滞回关系，避免了弯曲弹簧弯曲滞回关系确定困难的缺点，也可以考虑中性轴的移动，这与前文介绍的基于材料的纤维模型基本原理相似。多垂直杆元模型是目前使用较广的非线性剪力墙模型。

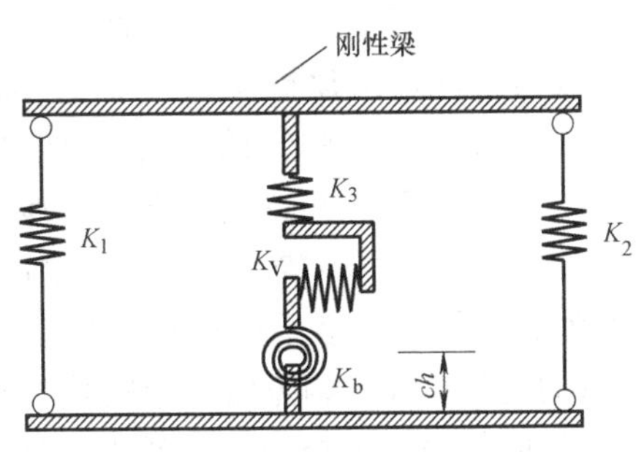

图 2.3-13 三垂直杆元模型

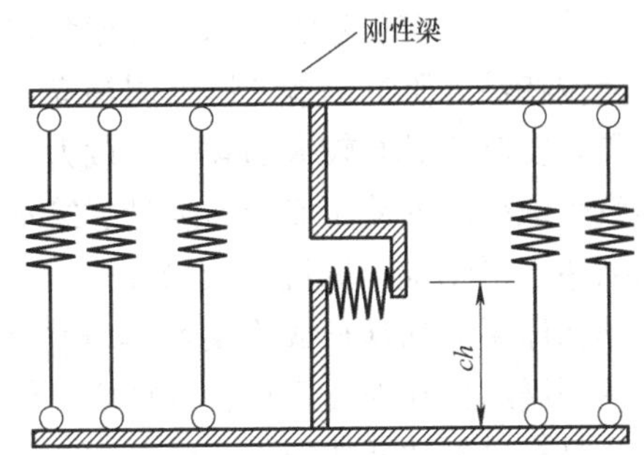

图 2.3-14 多垂直杆元模型

无论是单弹簧模型还是多弹簧模型，都需要知道剪切弹簧距离底部刚性梁的距离 ch。理论上，c 值代表了相对弯曲中心的位置，应该根据层间的曲率分布加以确定。但是实际应用中存在很多困难。不同学者给出了不同的 c 取值，一般在 0.33～0.5 之间。

蒋欢军等（蒋欢军、吕西林，1998）推导了多垂直杆件墙元的刚度矩阵为：

$$\{F\}=[K^{e}]\{\Delta^{e}\} \tag{2.3-43}$$

$$[K^e]=\begin{bmatrix} k_V & 0 & k_V\cdot ch & -k_V & 0 & k_V\cdot(1-c)h \\ & \sum_{i=1}^{n}k_i & -\sum_{i=1}^{n}k_il_i & 0 & -\sum_{i=1}^{n}k_i & \sum_{i=1}^{n}k_il_i \\ & & k_V\cdot(ch)^2+\sum_{i=1}^{n}k_il_i^2 & -k_V\cdot ch & \sum_{i=1}^{n}k_il_i & k_V\cdot(1-c)ch^2-\sum_{i=1}^{n}k_il_i^2 \\ & & & k_V & 0 & -k_V\cdot(1-c)h \\ & & & & \sum_{i=1}^{n}k_i & -\sum_{i=1}^{n}k_il_i \\ & & & & & k_V\cdot(1-c)ch^2+\sum_{i=1}^{n}k_il_i^2 \end{bmatrix} \tag{2.3-44}$$

$$\{\Delta^e\}=\{x_i^e \quad y_i^e \quad \theta_i^e \quad x_j^e \quad y_j^e \quad \theta_j^e\}^T \tag{2.3-45}$$

式中，k_V为剪切弹簧刚度；k_i为第 i 个垂直弹簧刚度；l_i为第 i 个垂直弹簧到形心的水平距离。

2.4 减震、隔震元件的弹塑性有限元模型

近年来，随着建筑工程减震、隔震技术研究不断深入，我国部分地区也开展了工程应用工作。一些应用了减震、隔震技术的工程经受了地震的实际考验，保障了人民的生命财产安全，产生了良好的社会效益。目前很多有限元软件也都已经增加了减震、隔震元件的数值模型，本节将对部分常用减震、隔震元件的计算模型进行介绍。

2.4.1 隔震支座

隔震支座是实现隔震技术的关键装置，通常具有以下基本特性：承载力特性、隔震特性、复位特性、阻尼消能特性（周福霖，1997）。承载力特性是指建筑物在正常使用状态下，隔震支座应具有较大的竖向承载力，可以安全地支承上部结构的恒载，确保建筑结构在不发生地震时的使用安全和满足建筑本身的功能需求。隔震特性是指隔震支座应具有足够的初始水平刚度，抵抗风或微小地震的影响；在中、大地震中，隔震支座水平刚度变小，结构体系周期延长成为柔性隔震体系。复位特性是指隔震支座需要有水平弹性恢复力，使隔震结构在地震后具有自复位功能，满足震后的使用功能。阻尼特性指的是减隔震装置应具有足够的耗能能力，可以把因周期延长而导致的位移增大控制在合理范围内（苏键，2012）。常用的隔震支座有天然橡胶支座、铅芯橡胶支座、高阻尼橡胶支座和金属摩擦摆支座等。

2.4.1.1 天然橡胶支座

天然橡胶支座是由薄橡胶片和加强板相互交错硫化粘结而成。支座横截面主要有圆形和方形（或矩形）。内部加强板一般采用钢材，也可用碳纤维、玻璃纤维等柔性材料。图 2.4-1 所示为圆形天然橡胶支座的示意图。支座轴向受力时，橡胶层的横向变形受内部加强板的约束，为支座提供竖向承载力。内部加强板破坏后橡胶层失去约束，从而导致支座

完全破坏。因此支座的极限承载力取决于内部加强板的强度。支座受到剪力作用时，由于内部钢板不约束橡胶层的剪切变形，橡胶层在水平方向提供支座足够大的水平变形。支座发生较大水平变形时，也具有承载能力。正是这种承载机构使得支座能承受较大竖向荷载的同时，也可以承受较大的水平变形。图 2.4-2 为天然橡胶叠层橡胶支座的典型剪力-剪切位移曲线。

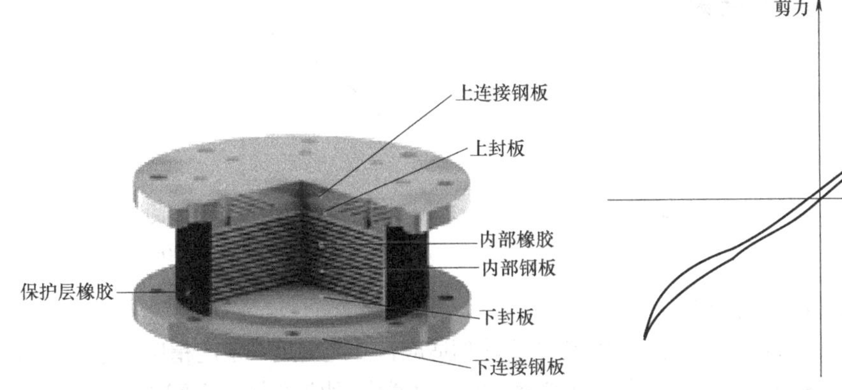

图 2.4-1　天然橡胶支座示意图

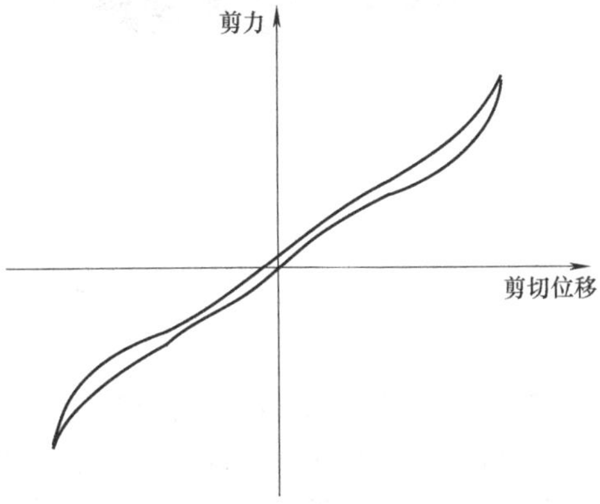

图 2.4-2　天然橡胶支座的滞回曲线（GB/T 20688.1—2007）

2.4.1.2　铅芯橡胶支座

铅芯橡胶隔震支座是在天然橡胶支座中开孔注铅而成，可以提高铅芯支座的初始刚度和阻尼，用以提供抵御微小震动的初始刚度和耗散地震能量。图 2.4-3 所示为圆形铅芯橡胶支座的构造示意图。图 2.4-4 为铅芯橡胶支座的典型剪力-剪切位移曲线。

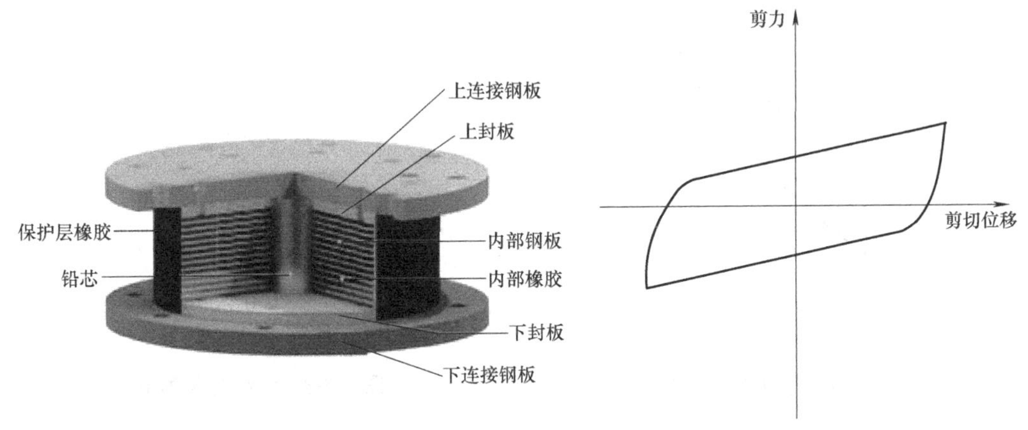

图 2.4-3　铅芯橡胶支座示意图

图 2.4-4　铅芯橡胶支座的滞回曲线（GB/T 20688.1—2007）

2.4.1.3　高阻尼橡胶支座

高阻尼橡胶支座如图 2.4-5 所示，构造与天然橡胶支座相似。不同之处在于，在天然橡胶和合成橡胶的橡胶聚合物中，加入填充剂、补强剂、可塑剂、硫化剂等配合剂，制成高阻尼橡胶。高阻尼橡胶支座不仅具备天然橡胶支座的水平和竖向性能，还具有较强的阻尼性能。图 2.4-6 为高阻尼橡胶支座的典型剪力-剪切位移曲线。

图 2.4-5　高阻尼橡胶支座示意图

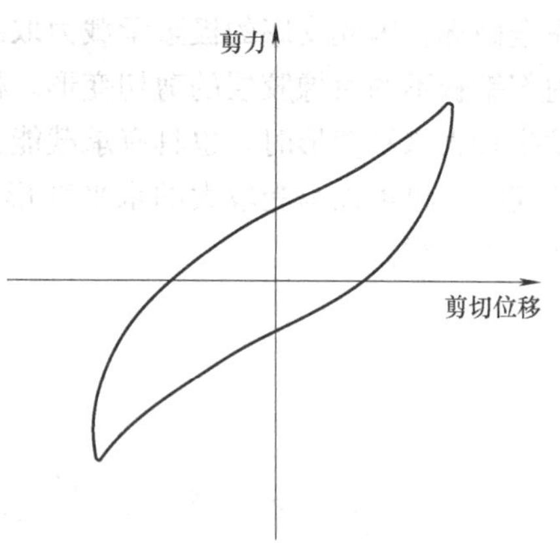

图 2.4-6　高阻尼橡胶支座的滞回曲线（GB 20688.3—2006）

2.4.1.4　隔震支座力学模型

隔震支座力学模型的选用应该与结构分析的要求相适应，并能满足一定的精度要求。一般说来，由于支座均具有较大的阻尼或者说滞回耗能性能，力学模型应该合理考虑这些特性。

下面介绍几种常用的隔震支座力学模型。

(1) 等效线性模型

用一个线性刚度和一个阻尼来等效支座的力学性能是最简单的模型，也是隔震建筑结构分析时最常用的模型（Skinner et al. 1996；曾德民，2007），如图 2.4-7 所示。在数值模拟时可采用并联的弹簧单元和阻尼单元模拟，如图 2.4-8 所示。

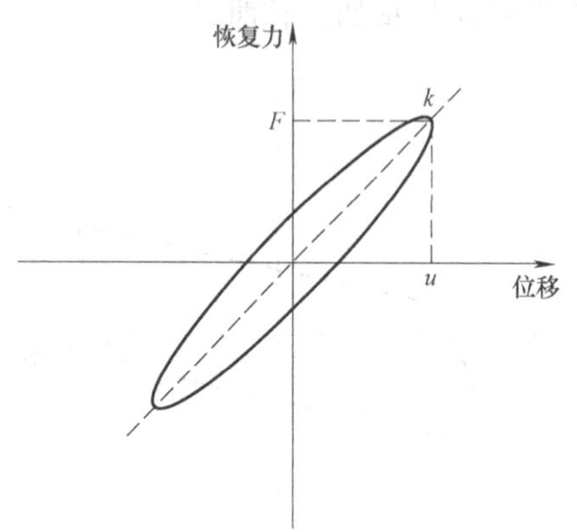

图 2.4-7　等效线性模型

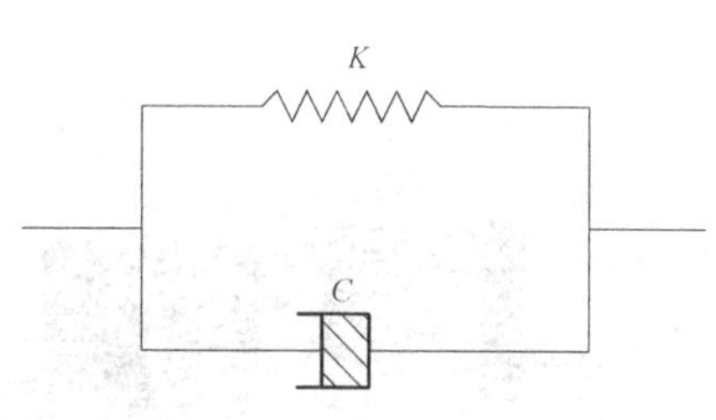

图 2.4-8　弹簧-阻尼器单元

采用等效线性模型进行结构分析计算时，相应力学模型的参数被称为等效刚度 k 和等效黏滞阻尼系数 c。在确定等效线性模型的力学参数时，等效刚度 k 一般采用切线刚度或割线刚度，单方向的线性恢复力 F 和位移 u 关系为：

$$F=k\cdot u \tag{2.4-1a}$$

当把隔震支座的阻尼力单独分析时，单方向的抗力可表示为：

$$F=k\cdot u+c\cdot\dot{u} \tag{2.4-1b}$$

式中，c 是等效黏滞阻尼系数，一般由试验测定，对于承受竖向荷载的黏滞阻尼：

$$c=4\pi P\xi/T_g \tag{2.4-2}$$

式中，ξ是等效黏滞阻尼比；P是支座竖向荷载；T_g是隔震结构第一自振周期。

等效黏滞阻尼比为：

$$\xi=\frac{W_d}{4\pi W_e}=\frac{W_d}{2\pi Ku^2} \tag{2.4-3}$$

式中，W_d是等效阻尼耗能面积；W_e是弹性恢复力做功；K是等效线性刚度。

铅芯橡胶支座、具有非线性特性的高阻尼橡胶支座、各种非线性黏滞型阻尼器、滞变型阻尼器可以用等效线性模型，特别是采用等效线性化方法进行结构分析时，也采用该模型来模拟其他各种类型支座的力-位移关系。对于天然橡胶支座可简化为线弹性模型，即等效阻尼系数取为0。

（2）双线性模型（Skinner et al. 1996；曾德民，2007）

双线型模型是结构分析中最常用的一种非线性模型。双线型模型主要分为三种：理想弹塑性模型、线性强化弹塑性模型和具有负刚度特性的弹塑性模型。前两种模型在隔震支座的力学分析中应用比较多，如图2.4-9所示。可以用线性强化弹塑性模型，来统一分析这两种情况下模型的一些力学特点，当屈服后刚度取为0时，即为理想弹塑性模型。

双线型模型的力-位移关系（单方向）为：

$$\begin{aligned} &F_b=K_e\cdot u_b && \text{当 } u_b\leqslant u_y \\ &F_b=\alpha\cdot K_e\cdot u_b+(1-\alpha)\cdot F_y && \text{当 } u_b>u_y \end{aligned} \tag{2.4-4}$$

式中，α是屈服后与屈服前剪切刚度的比值，$\alpha=K_p/K_e$；F_y是屈服强度；Q_y是力位移曲线与纵轴的截距，$Q_y=(1-\alpha)\cdot F_y$；u_y是屈服位移；K_e是屈服前刚度；K_p是屈服后刚度；F_b、u_b是支座恢复力和位移；K_{b1}是（F_{b1}，u_{b1}）的等效刚度；K_{b2}是（F_{b2}，u_{b2}）的等效刚度。

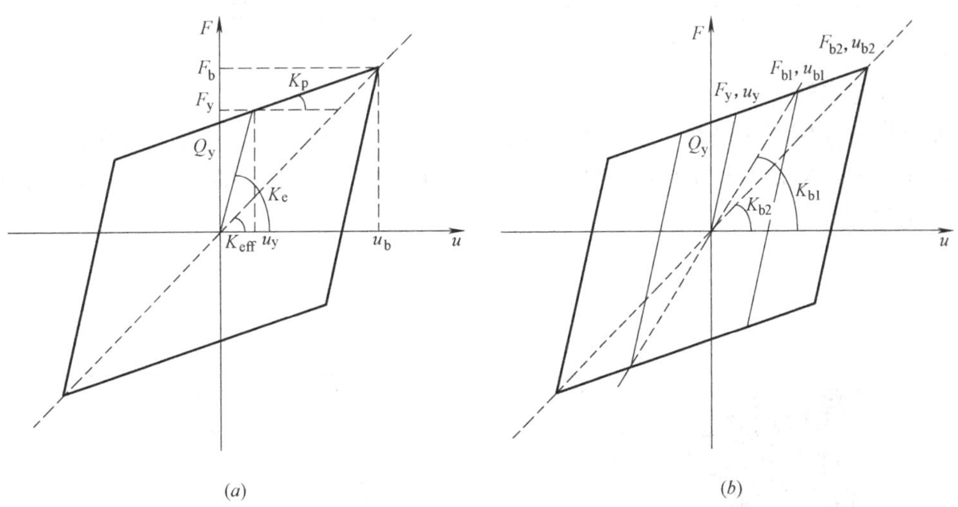

图2.4-9 双线性模型示意

低阻尼的橡胶支座、铅芯橡胶支座、钢阻尼器以及未达到刚度硬化时的高阻尼橡胶支座等都可以采用双线性模型进行结构分析。在实际应用中，这些支座的力学参数也往往以双线型力学模型给出。当采用双线型模型进行结构动力分析，需要考虑支座各个方向反应的相互影响时，不能分别用各个方向的独立关系来分别处理，对于理想弹塑性模型，其屈服模型可采用圆形屈服曲线的塑性理论来考虑，也可以采用其他类型的曲面。

一些隔震支座在变形较大时具有明显的刚度硬化或退化现象，此时可以采用三线型模型，也可采用Bone-Wen滞回模型。

2.4.2 阻尼器

阻尼器是消能减震技术的主体，FEMA274（FEMA，2007b）将其分为位移相关型阻尼器、速度相关型阻尼器和其他类型，我国《建筑抗震设计规范》（GB 50011—2010）也采用了此种分类方法。位移相关型阻尼器的耗能与其自身的变形和相对滑动位移有关，当位移达到预定的起动位移时即可发挥消能作用，常用的有金属阻尼器和摩擦阻尼器；速度相关型阻尼器的阻尼特性与加载频率有关，其恢复力特性不仅与阻尼器两端相对变形有关，还与速度和加速度有关，常用的有黏滞阻尼器和黏弹性阻尼器。

2.4.2.1 金属阻尼器

金属阻尼器主要是利用金属材料在进入塑性范围后具有良好的滞回性能这一特点，在结构发生变形前先行屈服，耗散大部分地面运动传递给结构的能量，从而达到减震的目的，如图2.4-10所示。金属阻尼器具有滞回特性稳定、耗能能力良好、构造简单、造价低廉、对环境和温度的适应性强以及维护方便等优点，引起了国内外学者的广泛关注，研究并开发出了包括软钢、铅和形状记忆合金等多种形式的金属阻尼器，其中以软钢阻尼器的应用最为广泛。

为了能够有效地对安装金属阻尼器的结构进行计算分析，必须建立能够表征阻尼器在任意循环荷载作用下的滞回性能计算模型。恢复力模型可大致概括为两类：一类是折线型，因形式简单而得到广泛的应用；一类是曲线型，用复杂的数学公式描述刚度的连续变化，与工程实际比较接近，但是计算繁复并且在刚度的确定和计算上仍有不足之处。

常用的恢复力模型主要有以下几种：

（1）理想弹塑性模型

理想弹塑性模型是最简单的一种形式，如图2.4-11所示。当装置的位移 d 小于屈服位移 d_y 时，$P=K_0d$；当装置的位移大于 d_y 时，$P=P_y$。其中，K_0 是阻尼器初始弹性刚度；P_y 为屈服力。

图2.4-10　剪切型位移阻尼器

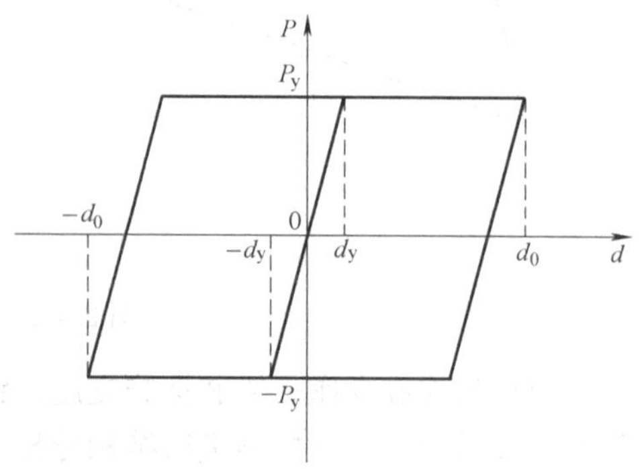

图2.4-11　理想弹塑性模型（曲激婷，2008）

（2）双线性模型

双线性模型考虑了应变硬化，如图 2.4-12 所示。K_d为弹塑性阶段考虑硬化的刚度；K_e为有效刚度，是连接原点和滞回曲线峰值点直线的斜率。

（3）Ramberg-Osgood 模型

1943 年，学者 Ramberg 和 Osgood 提出了钢材的三参数应力-应变关系曲线，即著名的 Ramberg-Osgood 曲线（Kasai et al. 1993）。该模型常用来描述刚度退化模型，由骨架曲线和滞回曲线组成，骨架曲线的表达式为：

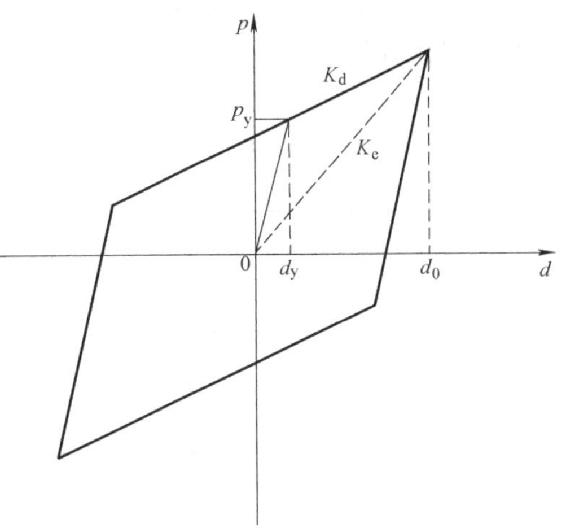

图 2.4-12　双线性模型（曲激婷，2008）

$$\frac{\varepsilon}{\bar{\varepsilon}_0}=\frac{\sigma}{\bar{\sigma}_0}\left(1+\alpha\left|\frac{\sigma}{\bar{\sigma}_0}\right|^{\eta-1}\right) \quad (2.4\text{-}5)$$

式中，σ、$\bar{\sigma}_0$、ε 和 $\bar{\varepsilon}_0$ 分别是应力、屈服应力、应变和屈服应变；α 和 η 是曲线形状系数。

滞回曲线的表达式为：

$$\frac{\varepsilon-\varepsilon_0}{2\bar{\varepsilon}_0}=\frac{\sigma-\sigma_0}{2\bar{\sigma}_0}\left(1+\alpha\left|\frac{\sigma-\sigma_0}{2\bar{\sigma}_0}\right|^{\eta-1}\right) \quad (2.4\text{-}6)$$

力与位移的关系可以表示为

$$\frac{d}{d_y}=\frac{P}{P_y}+\alpha\left(\frac{P}{P_y}\right)^{\gamma} \quad (2.4\text{-}7)$$

式中，d_y和 P_y分别为特征点的位移和荷载；α 是正值常系数；γ 是大于 1 的正奇数。

阻尼器一周内的耗能为：

$$W_d=4d_yP_y[(\gamma-1)/(\gamma+1)](P/P_y)^{\gamma+1} \quad (2.4\text{-}8)$$

2.4.2.2　摩擦阻尼器

摩擦阻尼器作为一种耗能装置，因其耗能能力强，荷载大小、频率对其性能影响不大，且构造简单，取材容易，造价低廉，因而具有良好的应用前景。摩擦阻尼器对结构进行振动控制的机理是：阻尼器在主要结构构件屈服前的预定荷载下产生滑移或变形，依靠摩擦或阻尼耗散地震能量，同时，由于结构变形后自振周期加长，减小了地震输入，从而达到降低结构地震反应的目的。

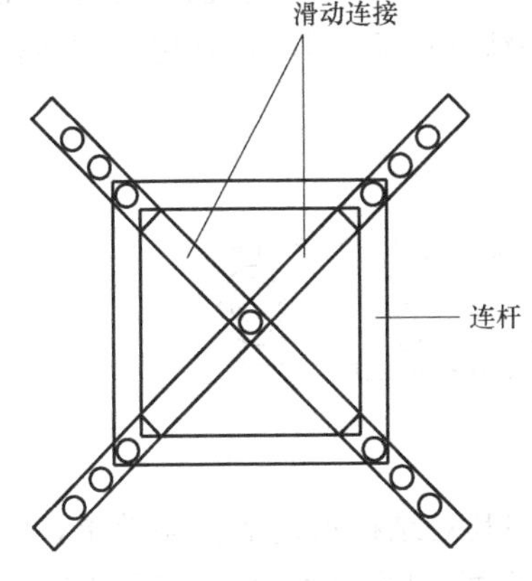

图 2.4-13　Pall 摩擦阻尼器（Pall & Marsh，1982）

摩擦阻尼器主要有：普通摩擦阻尼器、Pall 摩擦阻尼器（图 2.4-13）、Sumitomo 摩擦阻尼器、摩擦剪切铰阻尼器、滑移型长孔螺栓节点阻尼器、T 形芯板摩擦阻尼器、拟粘滞摩擦阻尼器、多级摩擦阻尼器以及一些摩擦复合耗能器（史春芳等，2007）。

对于摩擦阻尼器，大多数的宏观滞回模型都是通过试验数据获得的，先由试验获得滞回曲线中的相关系数，再通过理想化拟合出符合实际的力-位移关系。对于普通摩擦阻尼器，常用的恢复力模型主要有以下几种：

（1）理想弹塑性模型

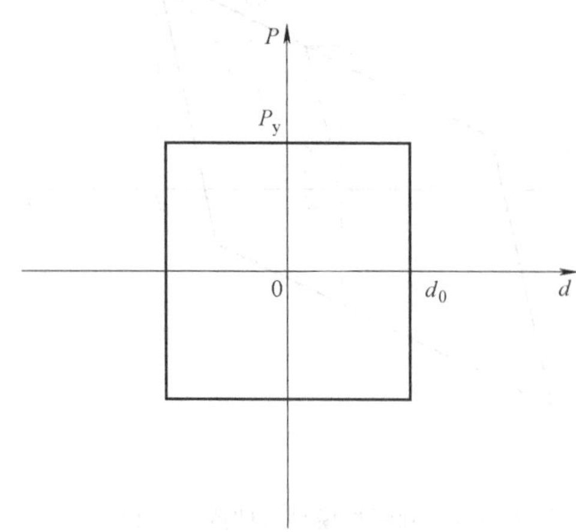

图 2.4-14　摩擦阻尼器理想弹塑性模型

通常也称为库仑摩擦型，如图 2.4-14 所示，其恢复力可表示为：

$$P_y = P\mathrm{sgn}(\dot{d}(t)) \tag{2.4-9}$$

式中，P_y是起滑摩擦力；P 为摩擦力；d（t）为起滑位移。

一周所耗散的能量为：

$$W_d = 4P_y d_0 \tag{2.4-10}$$

式中，d_0为最大滑动摩擦位移。

（2）Bouc-Wen 模型

Bouc-Wen 模型最早是由 Bouc 在 1967 年提出来的（Bouc，1967），其后，Wen 对模型进行了改进（Wen，1976）。该模型的恢复力和变形与一个具有不确定参数的非线性微分方程联系起来，通过合理地选择非线性微分方程中的参数，可以得到大量不同形状的滞回曲线，用来模拟不同条件和不同类型阻尼器的非线性特性。采用 Bouc－Wen 模型来模拟摩擦阻尼器的力-位移关系时，该模型由三部分组成：线性递增部分、粘滞阻尼部分和库仑摩擦部分。恢复力的表达式为：

$$F = k_j U + c_j \dot{U} + \mu_j N \tag{2.4-11}$$

式中，k_j、c_j和μ_j分别为第 j 阶段的刚度、等效阻尼和摩擦系数；N 为螺栓紧固力；U 为滑移位移。j 取值为 1、2 和 3；第一阶段是附着阶段，第二阶段为过渡阶段，第三阶段为滑移阶段。

2.4.2.3　黏弹性阻尼器

黏弹性阻尼器（VED）主要是利用黏弹性材料的变形产生阻尼来增加结构阻尼，以耗散振动能量，如图 2.4-15 所示。黏弹性材料是一种同时具备弹性固体和黏性液体特性的材料，它既可以像弹性材料一样存储能量，又具有黏性液体耗散能量的本领，因而在受到交变应力作用产生变形时，一部分能量如位能一样被储存，另一部分能量被转化为热能而耗散。黏弹性材料的应力-应变关系为一椭圆形的滞回曲线（图 2.4-16），其包围的面积反映出了黏弹性阻尼材料在结构振动时耗散的能量。

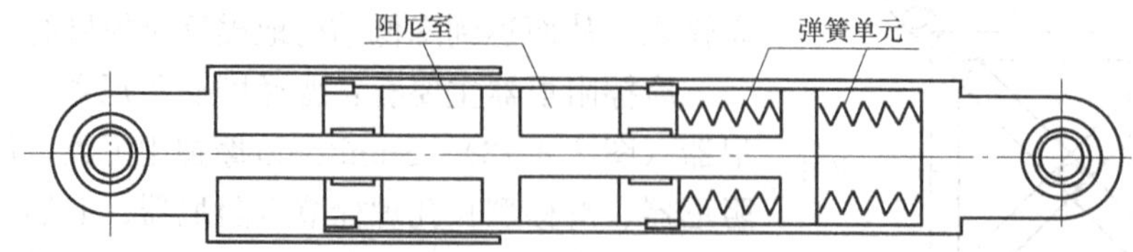

图 2.4-15　黏弹性液压阻尼器

黏弹性材料的性能在很大程度上决定了 VED 的性能和其对结构振动的控制效果，因此，如何准确、简单地描述 VED 的应力-应变关系是一个重要问题，学者们提出了不同的恢复力模型，主要有以下几种：

(1) Maxwell 模型（曲激婷，2008；Inaudi & Makris，1996）

该模型可以等效为弹簧单元和阻尼单元相串联的形式，如图 2.4-17 所示。

弹簧单元的力为：

$$f_s(t) = k_0 \Delta_s(t) \tag{2.4-12}$$

阻尼单元的力为：

$$f_d(t) = S_n H[\dot{\Delta}_d(t)] \tag{2.4-13}$$

也可以表示为：

$$f_d(t) = f(t) - jH[f(t)] \tag{2.4-14}$$

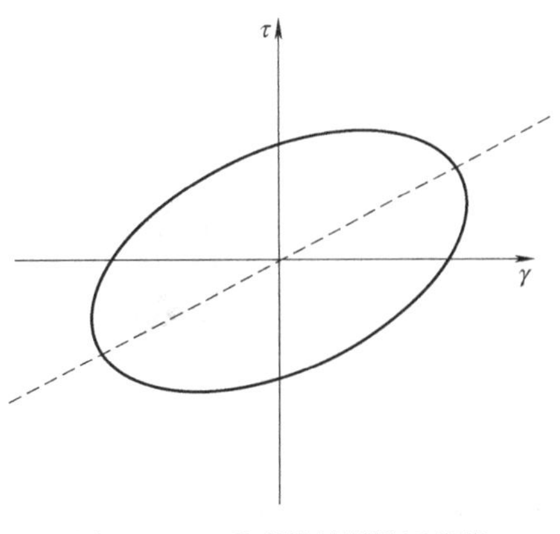

图 2.4-16　黏弹性材料滞回曲线

式中，$\dot{\Delta}_d(t) = \Delta(t) - jH[\dot{\Delta}(t)]$

阻尼器总变形为：

$$\Delta(t) = \Delta_s(t) + \Delta_d(t) \tag{2.4-15}$$

式中，k_0 和 S_n 为单刚度常数；Δ 和 $\dot{\Delta}$ 分别表示变形和变形率；下标 s 表示弹簧，d 表示阻尼单元，H [] 为希尔伯特变换函数。

此模型可以很好地反映 VED 的松弛现象以及储能剪切模量随频率的变化趋向，但是不能反映 VED 轻微的蠕变特性和损耗因子随频率的变化特性，更不能体现温度对 VED 各参数的影响。

(2) Kelvin 模型（曲激婷，2008；Inaudi & Makris，1996）

该模型由一个线性弹簧单元和一个线性阻尼单元并联组成，如图 2.4-18 所示。

模型的输出力为：

$$f(t) = K\Delta(t) - S_n H[\Delta(t)] \tag{2.4-16}$$

Kelvin 线性模型的表达式可以通过数学变换得到：

$$f_a(t) = (K + jS_n)\Delta_a(t) \tag{2.4-17}$$

式中：

$$f_a(t) = f(t) - jH[f(t)];\Delta_a(t) = \Delta(t) - jH[\Delta(t)] \tag{2.4-18}$$

此模型能很好地反映 VED 的蠕变和松弛现象，但是不能反映 VED 的储能剪切模量和损耗因子随频率的变化特性。

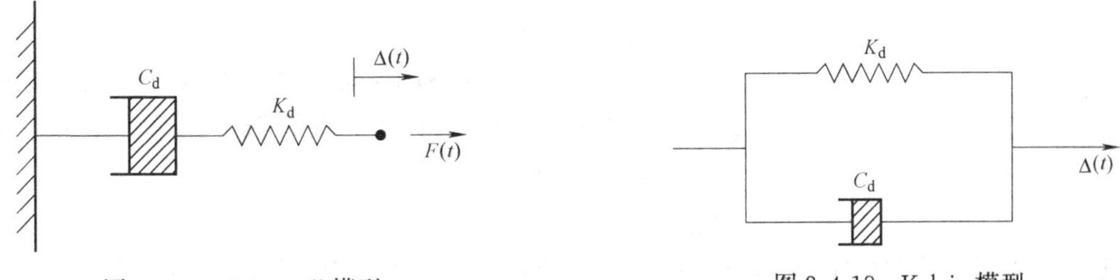

图 2.4-17　Maxwell 模型　　图 2.4-18　Kelvin 模型

2.4.2.4　黏滞阻尼器

黏滞阻尼器是根据流体运动，特别是当流体通过节流孔时会产生黏滞阻力的原理而制成的，是一种与刚度、速度相关型阻尼器。广泛应用于高层建筑、桥梁、建筑结构抗震改造、工业管道设备振动控制、军工等领域，如图 2.4-19 所示。

研究结果表明，当黏滞阻尼器变化较慢，即振动频率较小时，黏滞流体阻尼器只表现

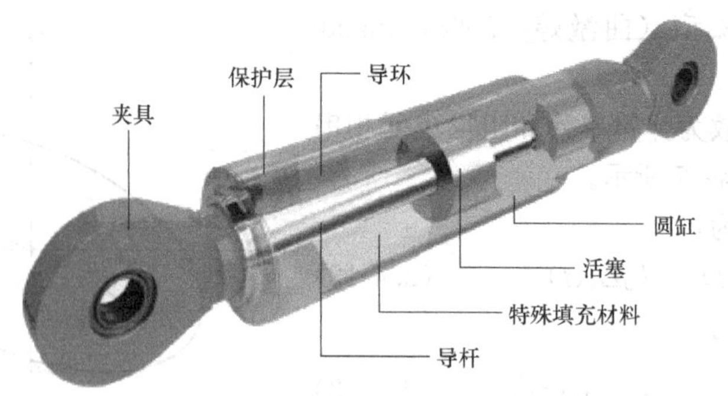

图 2.4-19 黏滞阻尼器

纯黏滞性质；而当振动频率较大时，黏滞阻尼器还具有一定的刚度，其力学特性与频率有关。国内外的研究人员建立了描述黏滞阻尼器力学特性的不同模型，常用的恢复力模型主要有以下几种：

(1) 线性模型

此模型中，阻尼器的出力取决于速度，阻尼力可表示为：

$$f_{\mathrm{d}}(t)=C\dot{u}(t) \tag{2.4-19}$$

式中，$\dot{u}(t)$ 为运动速度

当阻尼器受到正弦简谐波作用时，$u(t)=u_0\sin(\omega t)$，此时阻尼力表示为

$$F_{\mathrm{d}}(t)=Cu_0\omega\cos(\omega t) \tag{2.4-20}$$

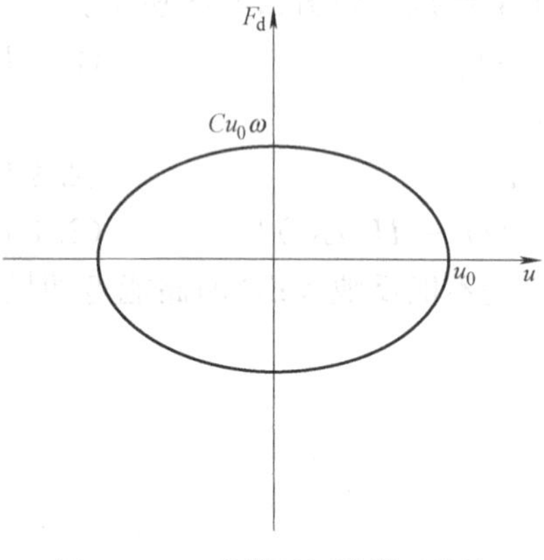

进而可以得到阻尼器力与位移的关系为

$$\left(\frac{F_{\mathrm{d}}}{Cu_0\omega}\right)^2+\left(\frac{u}{u_0}\right)^2=1 \tag{2.4-21}$$

由上式可知，阻尼器的力与位移关系符合椭圆关系，模型如图 2.4-20 所示。该模型因计算简单得到了广泛的应用，安装了这种阻尼器的结构分析也大大地简化了。

F_{d} $Cu_0\omega$ u_0 u

图 2.4-20 黏滞阻尼器滞回曲线

(2) Kelvin 模型（曲激婷，2008；Inaudi & Makris，1996）

如果线性黏滞阻尼器的性质取决于刚度，则称为 Kelvin 模型。在正弦简谐波作用下，阻尼装置的输出力为：

$$F_{\mathrm{d}}(t)=Ku(t)+C\dot{u}(t)=F_0\sin(\omega t+\phi) \tag{2.4-22}$$

式中，K 为阻尼器的存储刚度；F_0 为阻尼力的幅值，ϕ 为阻尼力与位移的相位差。

将简谐波的表达式带入上式，可得

$$\left(\frac{F_{\mathrm{d}}-Ku}{Cu_0\omega}\right)^2+\left(\frac{u}{u_0}\right)^2=1 \tag{2.4-23}$$

阻尼系数为：

$$C=\frac{W_{\mathrm{d}}}{\pi\omega u_0^2} \tag{2.4-24}$$

储能刚度为：

$$K=\frac{F_{\mathrm{d}}}{u_0}\left[1-\left(\frac{Cu_0\omega}{F_0}\right)^2\right]^{1/2} \tag{2.4-25}$$

相位差为：
$$\phi = \arcsin\left(\frac{Cu_0\omega}{F_0}\right) \tag{2.4-26}$$
式中，W_d为阻尼器循环一周所消耗的能量。

（3）Maxwell 模型（曲激婷，2008）

此模型适用于黏滞阻尼器表现出强烈的频率依赖性时，是一种“阻尼器-刚度连续化模型”，可以表示为阻尼单元与弹簧单元串联的形式。

阻尼器的输出力可以表示为：
$$F_d(t) = C_0\dot{u}_1(t) = Ku_2(t) \tag{2-4-27}$$
式中，$u_1(t)$ 和 $u_2(t)$ 分别为阻尼单元和弹簧单元的位移；C_0是零频率时的线性阻尼常数；K 为“无限大”频域内的刚度系数。

2.5 结构多尺度有限元计算方法

2.5.1 引论

随着有限元技术的迅速普及，工程非线性计算已经得到了迅猛发展。目前常用的工程非线性计算可以分为以下两大类：

（1）基于杆模型、壳模型和宏模型等宏观模型的整体结构非线性计算；

（2）基于实体单元的复杂构件、节点等局部结构非线性计算。

本书前面几小节介绍了基于宏观结构单元（梁单元或者壳单元）的建筑弹塑性分析的原理和应用。有关基于微观结构单元（实体单元等）的构件弹塑性分析，可以参阅（江见鲸，陆新征，2013）等文献，里面有详细原理和算例的介绍。

随着技术的不断发展，上述两类分析都日渐难以满足工程计算更高精细化的要求，因为虽然宏观模型具有计算量小的优势，但却难以反映结构破坏的微观机理，对以下一些微观行为，如①构件的局部失稳破坏；②节点破坏；③接触问题（接触分析往往需要准确了解构件的形状，而宏观单元由于把实际三维结构简化为一维杆件或二维壳体，在接触分析方面也存在困难）；④温度场等多物理场分析（如火灾导致结构破坏分析中，构件截面不同部位存在温度差异和热量传导）等，存在较大困难。

而基于实体单元的微观分析，虽然可以较好把握结构的微观破坏过程，但由于计算机能力和建模工作量的限制，实际复杂结构的分析完全依赖微观模型模拟是不现实的。而从整体结构中取出局部构件进行微观分析，又难以准确确定其边界条件。特别是对于地震等复杂往复灾害荷载，构件边界条件就变得更加复杂，事先难以准确预知，进而构件计算得到的滞回性能、耗能能力、变形能力和实际情况也可能有显著不同。故目前工程计算迫切需要提出一个可以同时模拟结构局部微观破坏和整体宏观行为的计算模型。而多尺度计算就是解决该问题的有效途径。

多尺度计算近年来已经在多个领域得到广泛应用，它可在精度和计算代价之间寻求一个较好的平衡点。多尺度分析一般指整个分析模型由不同尺度（如不同的原理、算法等）的模型构成的建模或分析过程。在结构有限元分析领域，国内外的研究人员对多尺度计算进行了初步的研究探索和实践（胥建龙，唐志平，2004；孙正华等，2007；李兆霞等，

2007；Khandelwal，2008）。在不同研究领域中，多尺度计算模型的构造方法大致可分为尺度分离和尺度间耦合两种（杨建宏，2008；Rudd & Broughton 2000；Broughton et al. 1999），前者着眼于在分析对象的不同部分采用不同尺度，后者着眼于寻找宏观与微观之间的联系。对于工程结构而言，目前需求最为迫切的是基于尺度分离思想的多尺度计算模型，即根据结构构件或节点的复杂程度和破坏过程中的非线性程度，选择适当尺度的分析模型，并实现不同尺度模型之间的协同计算。例如：对于受力复杂、破坏严重的关键构件、关键节点，基于空间实体单元的微观尺度有限元模型可以较好地反映其材料开裂、屈服、失稳等局部非线性行为特征；而对于常规的梁、柱、墙、板构件，杆系模型或壳单元等相对宏观尺度模型，已经可以较好地反映其受力行为，且可以有效降低计算量。通过选择合适的连接方式，实现宏观尺度模型与微观尺度的协同计算，则可更好把握结构的整体受力特征和微观破坏过程，从而能更好理解、把握结构的性能。

本书作者通过开发不同尺度单元间的协同工作界面技术，实现了框架复杂节点微观模型和整体框架模型的多尺度弹塑性时程计算（陆新征等，2008b），在混合结构框架（林旭川等，2010）和钢框架中进行了结构多尺度计算的尝试。计算结果表明，多尺度模型不仅可以更加准确的模拟节点实际的受力情况，而且可以更合理地把握整个结构的抗震性能。

2.5.2 多尺度模型界面连接方法与实现

多尺度计算的难点是如何保证不同尺度模型之间界面连接的科学合理。一般情况下，不同单元构成的模型由微观到宏观排序如下：实体单元模型、壳单元模型、梁单元模型。工程结构多尺度计算中，常见不同尺度单元的连接情况有三种：

（1）梁单元构件与壳单元构件的连接；

（2）梁单元构件与实体单元构件的连接；

（3）壳单元构件与实体单元构件的连接。

上述三种界面连接本质上都是一样的，宏观模型在界面处的节点少，而精细模型在界面上的节点多，连接的关键在于寻找方法实现界面处节点数量不对应情况下的变形协调。由于不同单元类型节点的自由度和精度不同，因此很难实现没有任何“瑕疵”的连接。界面处的连接应在不损失宏观模型自由度的同时，尽可能不增加微观模型的额外约束。三种连接中，比较复杂的是宏观梁单元的一个节点与实体单元或壳单元构成的精细模型的多个节点的连接，因为这涉及如何传递梁单元的弯矩，如何在精细模型界面处分配剪力的问题，下面以这类连接为例说明界面连接的原理与实现方法。

2.5.2.1 不同尺度模型轴向位移与转角的协调

界面处梁单元轴力和弯矩、扭矩的传递是通过轴向位移和转角的变形协调实现。由于梁单元已遵循平截面假定，因此对界面进行平截面假定是完全合理的。

如图 2.5-1 为梁单元模型与实体单元模型或壳单元的连接，其中 B 点为梁单元在界面上的节点，A_i（A_j）为微观模型在界面上的任意节点，为了表达简洁和有限元建模方便，引入局部坐标系，各个点的局部坐标轴 X'轴和 Y'轴均在界面内，Z'轴通过右手螺旋法则确定，微观模型界面上任意节点 A_i的 X'轴指向 B 点（当界面不考虑扭转自由度耦合时，这点不需要满足），B 点的 X'轴可设为指向面内任意方向，如图 2.5-2。

按照平截面假定，当微观模型界面上有 n 个节点时，截面轴向变形和弯曲变形需要满足如下 n 个方程

$$Z'_{Ai}(B)=0 \qquad i=1,2,3,\cdots(n-1),n \tag{2.5-1}$$

其中，$Z'_{Ai}(B)$ 为 B 在 A_i 点局部坐标系下的 Z' 值。

同理，为了实现界面上的扭转变形协调，应满足以下 n 个方程

$$Y'_{Ai}(B)=0 \qquad i=1,2,3,\cdots(n-1),n \tag{2.5-2}$$

其中，$Y'_{Ai}(B)$ 为 B 在 A_i 点局部坐标系下的 Y' 值。

实际上，式（2.5-1）和式（2.5-2）可以通过通用有限元软件 MSC. Marc 中的 RBE2 的 1 对 N 连接功能实现。

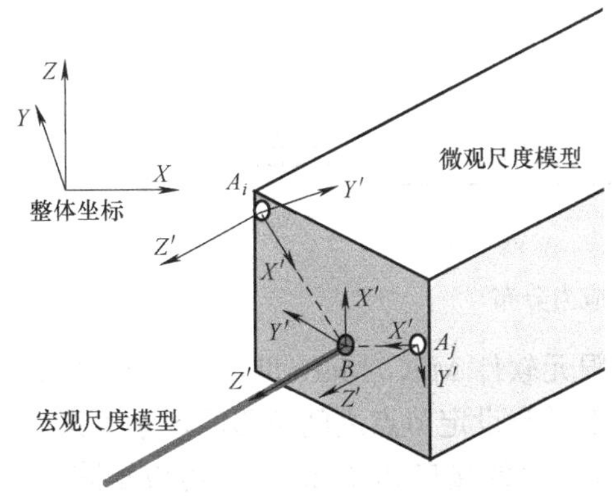

图 2.5-1　多尺度模型及其坐标系统

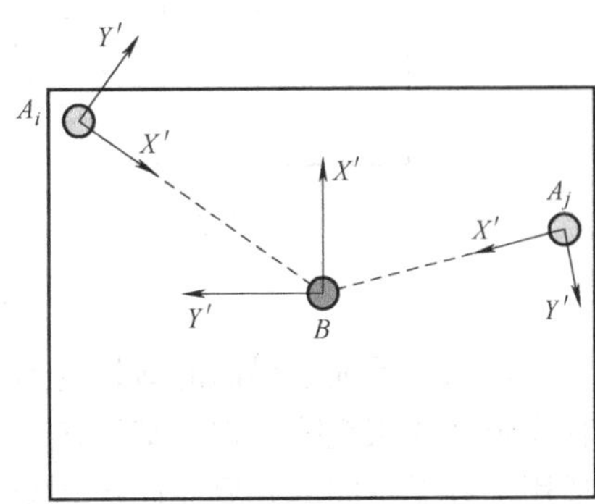

图 2.5-2　界面上的局部坐标

2.5.2.2　不同尺度模型剪切位移协调

为了使梁单元与体单元或壳单元组成的模型沿梁横向的剪切位移协调，需要将界面上的剪力按照一定的权重分配到精细模型界面节点上，界面两侧模型的节点局部坐标需满足以下关系：

$$u'_{\mathrm{B}}(B)=\sum_{i=1}^{n}[\beta_{xi}\cos\theta_i \cdot u'_{\mathrm{A}i}(\mathrm{A}_i)+\beta_{xi}\sin\theta_i \cdot v'_{\mathrm{A}i}(\mathrm{A}_i)]$$
$$i=1,2,3,\cdots(n-1),n \tag{2.5-3}$$

$$v'_{\mathrm{B}}(B)=\sum_{i=1}^{n}[-\beta_{yi}\sin\theta_i \cdot u'_{\mathrm{A}i}(\mathrm{A}_i)+\beta_{yi}\cos\theta_i \cdot v'_{\mathrm{A}i}(\mathrm{A}_i)]$$
$$i=1,2,3,\cdots(n-1),n \tag{2.5-4}$$

其中，u'_{B}（B）表示 B 节点沿着 B 节点局部坐标系的 X' 轴方向的位移；v'_{B}（B）表示 B 节点沿着 B 节点局部坐标系的 Y' 轴方向的位移；$u'_{\mathrm{A}i}$（A_i）表示 A_i 节点沿着 A_i 节点局部坐标系的 X' 轴方向的位移；$v'_{\mathrm{A}i}$（A_i）表示 A_i 节点沿着 A_i 节点局部坐标系 Y' 轴方向的位移；θ_{yi} 为 B 点局部坐标系到 A_i 点局部坐标系的夹角；β_{xi} 为在 B 点局部坐标系 X' 方向上，A_i 点位移对 B 点位移的影响权重系数；β_{yi} 为在 B 点局部坐标系 Y' 方向上；A_i 点位移对 B 点位移的影响权重系数。

需要指出的是，β_{xi}，β_{yi} 的物理意义表示在一定方向上，节点分担到的剪力占整个截面剪力的比值，数值上等于截面上该节点代表区域的剪力与截面总剪力的比值，因此，满

足 $\sum_{i=1}^{n}\beta_{xi}=1$、$\sum_{i=1}^{n}\beta_{yi}=1$。该权重系数与剪应力分布以及节点分布有关，对于弹性问题，截面剪应力分布可直接通过理论公式获得，如图 2.5-3。对于弹塑性问题，则截面剪应力分布就格外复杂。考虑到界面在宏观模型（如梁单元模型）一侧，剪应力一般处理得比较简单，所以为建模方便，可以近似认为弹塑性界面剪应力分布与弹性剪应力分布相同。

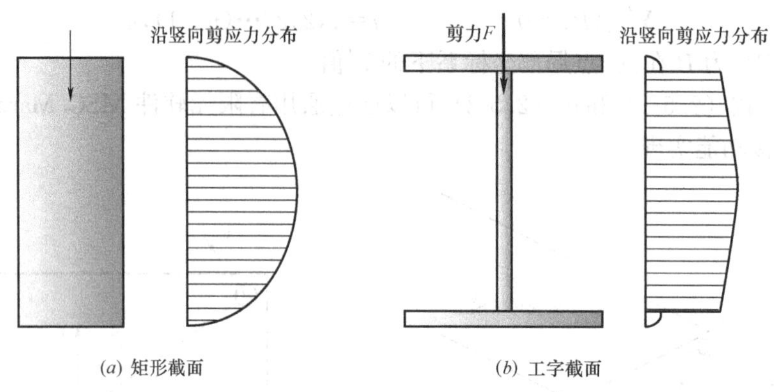

图 2.5-3　截面剪应力分布

上述原理保证了界面的剪切变形协调。在有限元软件 MSC. Marc 里可通过 UFORMS 子程序定义约束矩阵实现，基于该子程序用户可以任意设定节点之间位移的数学关系，因而适用于各类不同单元界面连接问题。UFORMS 程序的接口如图 2.5-4。约束矩阵［S］如下式：

$$\{U_{\mathrm{B}}\}=[\mathrm{S}]\begin{Bmatrix}U_{\mathrm{A1}}\\U_{\mathrm{A2}}\\\cdots\\U_{\mathrm{A}n}\end{Bmatrix}\tag{2.5-5}$$

其中，U_{B}为 B 点的位移向量；$U_{\mathrm{A}i}$为 A_i 点的位移向量，各点位移向量均相对各自所在的局部坐标系。［S］为 $ndeg\times(ndeg\times n)$ 矩阵，$ndeg$ 为界面上节点的自由度数。

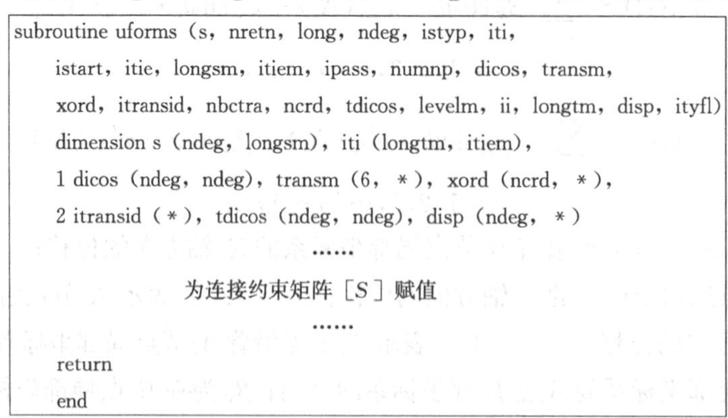

```
subroutine uforms (s, nretn, long, ndeg, istyp, iti,
    istart, itie, longsm, itiem, ipass, numnp, dicos, transm,
    xord, itransid, nbctra, ncrd, tdicos, levelm, ii, longtm, disp, ityfl)
    dimension s (ndeg, longsm), iti (longtm, itiem),
    1 dicos (ndeg, ndeg), transm (6, *), xord (ncrd, *),
    2 itransid (*), tdicos (ndeg, ndeg), disp (ndeg, *)
                    ......
            为连接约束矩阵 [S] 赋值
                    ......
    return
    end
```

图 2.5-4　UFORMS 子程序接口

2.5.3　界面连接方法的验证

根据上述原理，利用通用有限元软件 MSC. Marc 提供的节点局部坐标系、一对多节点连接功能和用户自定义子程序功能，可实现不同尺度单元界面的连接。具体操作包括：①对界面处的节点定义局部坐标系；②采用 link 模块下的 RBE2 连接功能实现界面处的轴向位移和转角协调；③开发用户自定义的子程序 UFORMS 实现梁横向剪切位移的协调。

以一个外径 30mm，壁厚 3mm，长 180mm，一边固端，另一边自由的正八边形筒压弯加载算例来验证建议连接方法的准确性。材料应力应变关系采用双折线模型，初始模量为 200GPa，屈服强度 300MPa，屈服后硬化模量为 3GPa。建立 3 个有限元模型（如图 2.5-5）：A 模型全部采用自定义截面梁单元；另两个（B1 和 B2）均采用多尺度模型，只有多尺度界面位置不同，多尺度模型一段采用壳单元，另一段采用纤维梁单元，并采用本书建议的多尺度模型间的界面连接方法。需要说明的是，由于算例主要用于验证界面连接方法的有效性，因此应将不同模型中除界面连接以外的差异减小，由于梁单元采用一维材料本构，不能考虑一个方向的力对其他方向变形的影响，故而将壳单元的材料泊松比设为 0，以保证三个模型材料行为尽量一致。加载过程如下：在筒顶沿轴向施加恒定轴压力 1000N，在垂直于筒轴线方向施加强制位移。筒体顶端横向荷载-位移曲线见图 2.5-6，两种分析模型的计算结果基本吻合，三条曲线屈服前后刚度均吻合良好。细微差别主要是单元网格密度差异所致，对于工程分析可以忽略。计算得到壳单元上的应力分布见图2.5-7，在固端两侧分别出现最大拉和压应力；等效塑性应变分布见图 2.5-8，在固端出现较大的塑性应变，形成塑性铰。如图 2.5-7、图 2.5-8 所示，不同模型的构件轴线变形非常接近，界面连接实现了变形协调。模型 B1 在筒体中段界面附近的云图与 B2 中部完全壳单元的云图吻合良好，可见，界面区域未出现不当的应力集中等问题。

算例表明，所建议的界面连接方法可以实现杆单元宏观模型与壳单元、实体等细观模型的不同尺度间的过渡，从而可以将精细模型植入整个宏观杆单元模型结构中，进行多尺度结构计算。

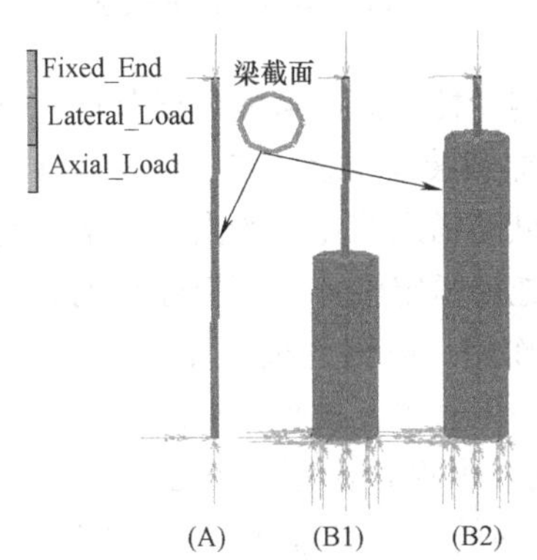

图 2.5-5　多尺度模型与梁单元模型

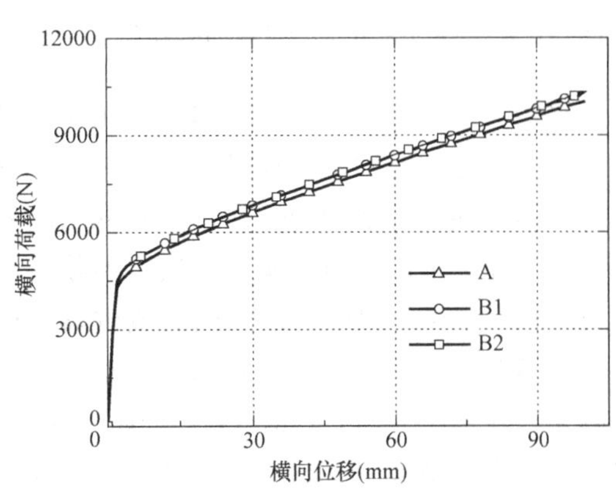

图 2.5-6　梁端横向荷载-位移关系曲线

2.5.4　钢-混凝土混合结构多尺度分析算例

混合框架指由两种或两种以上构件（如钢筋混凝土构件、钢构件和型钢混凝土构件等）组成的框架。混合结构中混凝土结构和钢结构各自的受力性能已经研究得比较透彻，而混凝土与钢结构连接部位的受力和破坏非常复杂，需要加以专门的试验或数值分析。试验是研究构件抗震性能的重要手段，但是试验很难完全模拟构件在结构中的边界条件，如很难模拟地震中边柱的轴力变化情况、无法直接施加弯矩作用等，因而不能用构件的试验结果完全代替其在整个结构中表现出的性能。因此，本节在对混合结构节点进行试验研究和精细节点有限元模型模拟的基础上，通过多尺度计算方法对节点在整体结构中的表现进行了考察。

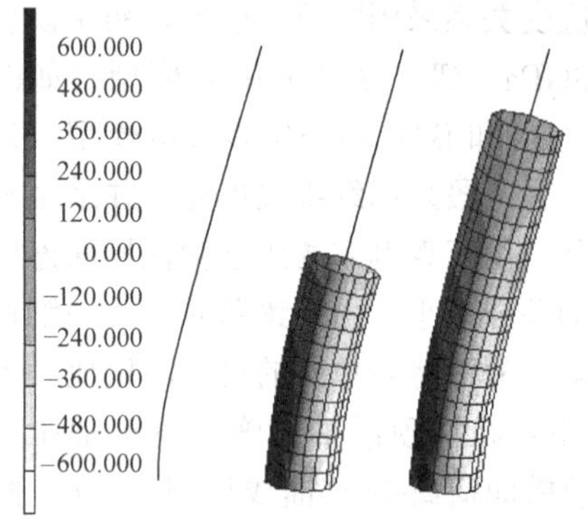

图 2.5-7　应力分布

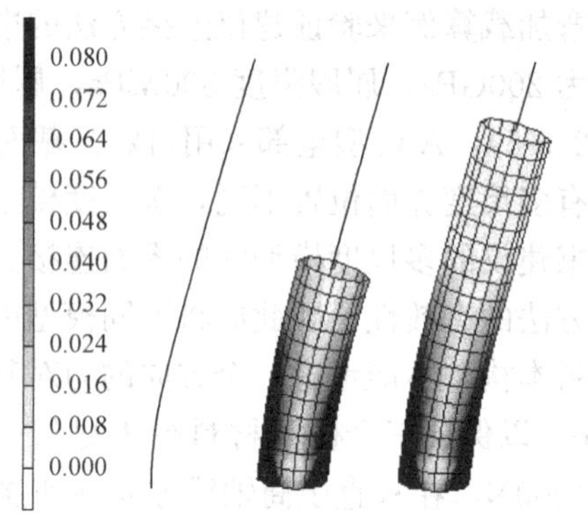

图 2.5-8　等效塑性分布

图 2.5-9　环梁节点试验构件及加载装置

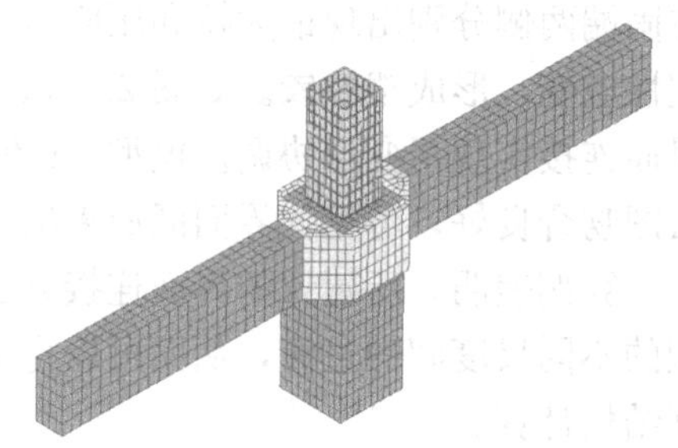

图 2.5-10　环梁节点有限元模型

清华大学林旭川等（林旭川等，2010）对处在钢柱与钢骨柱过渡区域的环梁节点进行了 1∶2.57 的缩尺构件试验研究及其有限元分析。试件及加载装置见图 2.5-9，该节点上部为方钢管柱，下部为钢骨柱，两侧钢筋混凝土框架梁的纵筋锚入节点环梁内，框架梁通过节点的环梁传递弯矩和剪力。试验加载中，首先在柱顶施加恒定轴力，模拟柱受到的轴压力，然后在两个梁端施加竖向力或位移，模拟反复地震作用。有限元模型见图 2.5-10，有限元模型中的纵筋、箍筋采用纤维模型进行模拟；钢骨采用壳单元模拟；混凝土采用实体单元，并采用 MSC. Marc 自带的弹塑性＋断裂材料本构，可模拟混凝土开裂、压溃等现象。整个模型采用 MSC. Marc 提供的 INSERTS 功能将钢筋和钢骨埋入混凝土实体单元中，INSERTS 功能可实现钢筋等插入的单元与混凝土单元共同作用。材料强度均采用试验测得的强度。试验测到的梁端加载点的荷载-位移曲线如图 2.5-11，有限元分析得到的梁端加载点的荷载-位移曲线如图 2.5-12，有限元加载位移历程与试验历程一致。由于有限元模型未考虑钢筋在混凝土中的滑移效应，滞回曲线稍偏饱满，曲线屈服后刚度略微偏大，但在变形、开裂和屈服承载力方面的模拟较好，模型的精度对研究该节点的破坏机理、开裂情况、屈服承载力等内容已经足够。

在精细局部模型模拟的基础上，运用 2.5.2 节建议的不同尺度界面连接技术，将精细节点有限元模型嵌入由梁单元构成的框架结构宏模型中，对整体结构进行弹塑性时程分析。在图 2.5-10 中的精细有限元节点模型基础上，将该节点模型上下的两个柱端和两侧的两个梁端通过 2.5.2 节建议的界面连接技术与框架的梁单元连接。框架首层为钢骨混凝土柱、钢筋混凝土梁，以上各层为方钢管柱、工字钢梁，框架的多尺度模型见图 2.5-13，多尺度有限元模型采用的地震动记录见图 2.5-14。

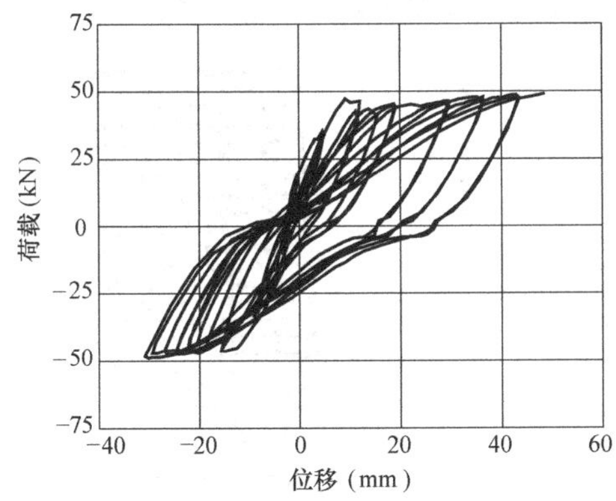

图 2.5-11　梁端荷载-位移关系曲线（试验）

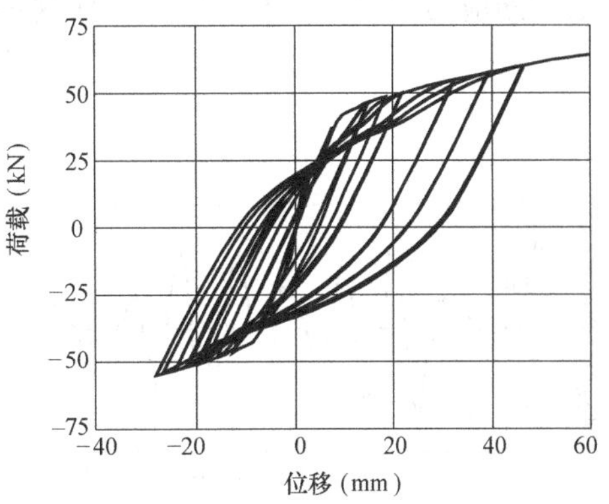

图 2.5-12　梁端荷载-位移关系曲线（FEA）

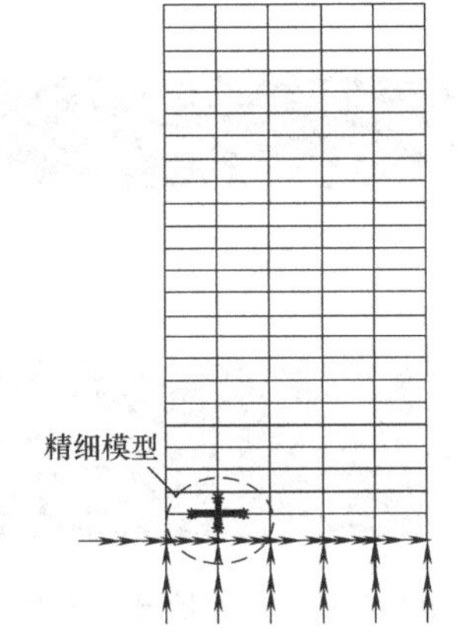

图 2.5-13　混合框架多尺度有限元模型

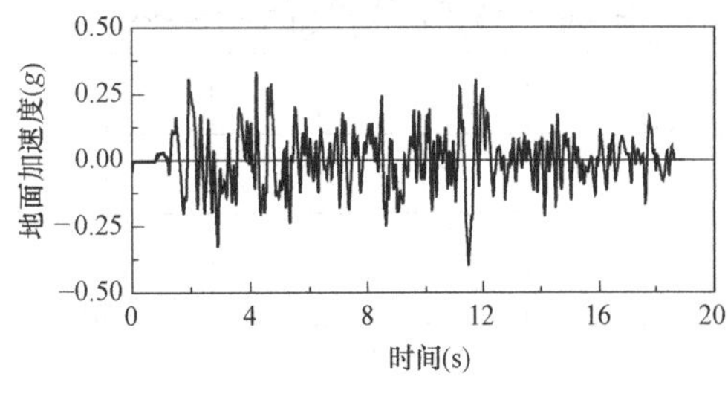

图 2.5-14　El Centro 地震加速度（1940）

框架顶点的位移时程分析结果见图 2.5-15，位移响应最大值对应时刻的框架结构整体变形见图 2.5-16。多尺度计算结果与节点试验假定边界条件的差异如下：

① 试验中柱顶轴力恒定，而整体结构在地震作用下，柱顶轴力随着结构的水平运动不断变化（精细的环梁节点模型上部钢柱的轴力时程见图 2.5-17），这一点在多尺度模型中得到了很好的模拟。

② 由于加载装置的局限性，试验中采用在梁端施加竖向力模拟节点在地震下受到的作用，这不符合环梁节点实际的边界受力情况（梁的反弯点未必在跨中，梁内可能还存在轴力和扭矩等），而在多尺度模型中通过界面连接将梁单元的全部作用传给节点，与真实情况更为接近。

③ 试验假定反弯点在梁跨中，在半跨梁的远端施加集中力，因而加载端因为没有弯矩故不会开裂（如图 2.5-18）。而实际上，在竖向荷载和地震作用的共同作用下，框架梁的反弯点不断变化，且在跨中会出现正弯矩。多尺度模型可以较好地模拟这些真实边界条件，多尺度分析计算结果表明，梁上均布的重力作用下，裂缝相对集中于梁端，并在跨中（模型中为界面附近）出现开裂，如图 2.5-19。

④ 在结构整体分析中，可以通过多尺度模型观察节点的钢筋应力、应变和混凝土的受压及开裂的微观特性，图 2.5-20 和图 2.5-21 给出了节点在框架最大位移响应时的环梁上层钢筋应力和混凝土开裂应变，而这些数据很难通过试验和宏观结构模型获得。

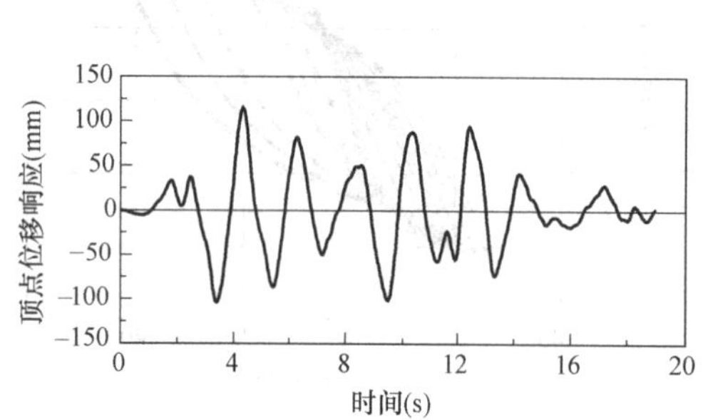

图 2.5-15　框架顶点位移

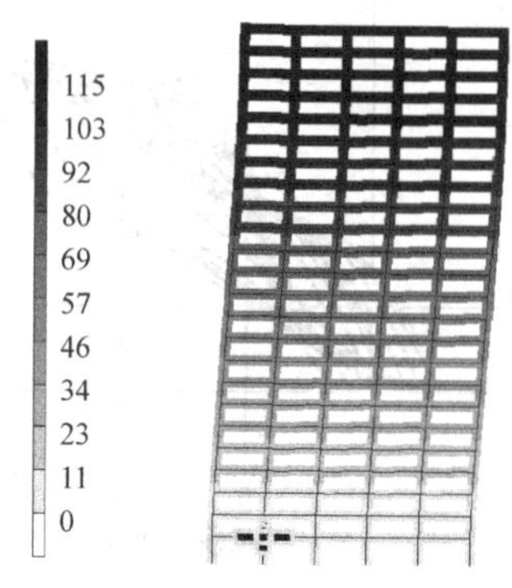

图 2.5-16　框架最大位移响应时整体变形

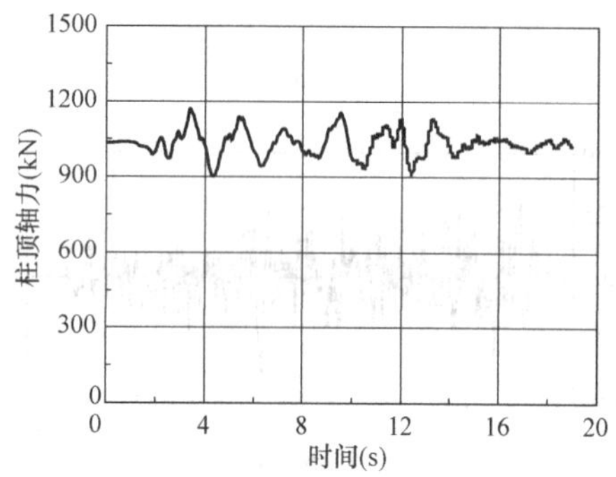

图 2.5-17　环梁节点柱顶轴力

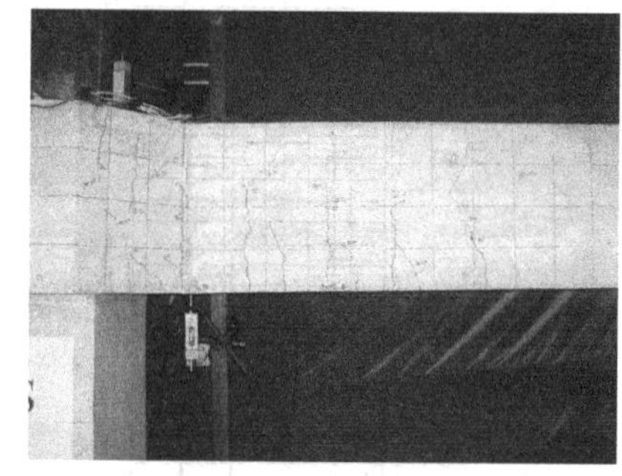

图 2.5-18　开裂情况（试验）

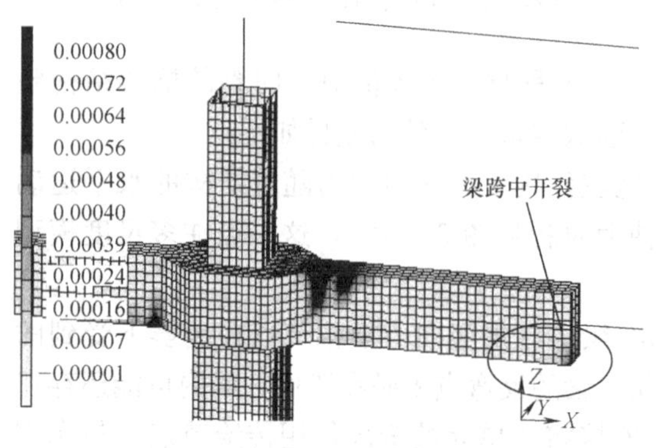

图 2.5-19　梁跨中开裂（FEA）

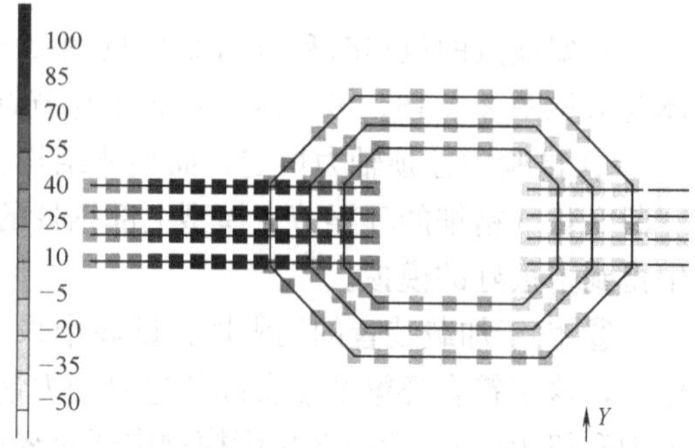

图 2.5-20　框架最大顶点位移时刻节点上层钢筋应力

由此可见，多尺度模型既可以在目前和接受的计算代价下，实现整体结构受力行为的模拟，又可以比纯杆系模型更好模拟关键部位受力变化，比局部构件模型/试验更好模拟复杂边界条件，因而是准确研究复杂结构和复杂受力构件真实行为的有力工具。

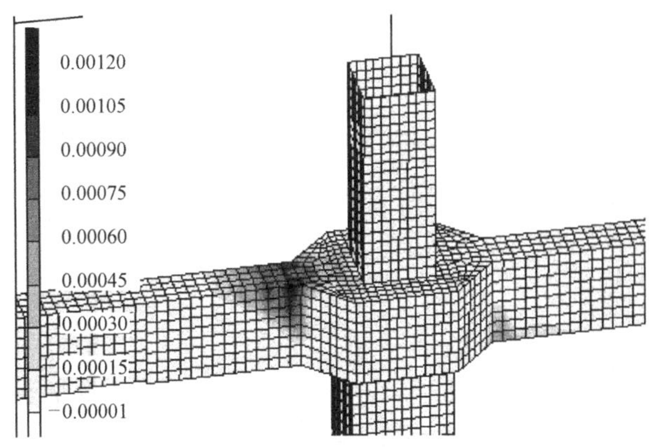

图 2.5-21 框架最大位移响应时的混凝土开裂应变

2.5.5 钢框架多尺度分析算例

钢结构节点区焊缝较多，板件复杂，其连接与构造往往成为结构的最薄弱环节，一般的整体结构模型往往很难模拟节点的刚度和节点的微观破坏过程，而多尺度计算可兼顾模拟结构整体行为与关键局部的破坏。以下对两跨六层的钢框架结构进行多尺度弹塑性时程分析。多尺度模型的所有梁柱节点采用壳单元进行精细建模，杆件采用相对宏观的梁单元建模，整体多尺度框架模型见图 2.5-22，典型的精细节点模型如图 2.5-23，同时建立全部由梁单元构成的结构模型进行对比。

钢框架节点并不是理想的刚接，一般全部用梁单元构成的框架模型将节点处自由度直接耦合，按理想刚接计算，结构的刚度偏大。多尺度模型通过在节点进行精细建模，考虑了非理想刚性连接的特性，因此，结构的前 3 阶周期比全梁单元模型大，其中 1 阶周期差别最大，如表 2.5-1。多尺度框架模型得到的在地震下的顶点位移比梁单元框架模型的大，如图 2.5-24。图 2.5-25 为最大位移时刻（$t=7.22$s）中部节点的主应力分布图，图中可以获得节点区具体的应力分布情况。可见，在有限计算条件下，多尺度分析是提高结构计算精度并反映更多局部细节的有效途径之一。

多尺度模型与梁单元模型的周期比较 **表 2.5-1**

模型 周期	多尺度结构模型	梁单元结构模型
第 1 阶周期(s)	1.67	1.48
第 2 阶周期(s)	0.43	0.39
第 3 阶周期(s)	0.18	0.17

2.5.6 小结

(1) 多尺度计算有着广泛的应用，多尺度有限元计算方法可在有限的计算资源和时间下，有针对性地获得结构宏观和微观的力学性能信息，提高了计算的效率。

(2) 提出了针对框架杆系结构不同尺度有限元模型之间的界面连接方法，并基于通用有限元软件进行了算例验证，结果表明此方法可有效实现不同尺度模型之间的变形协调。

(3) 在混合结构多尺度算例中，在节点试验的基础上建立精细的节点有限元模型，通过多尺度界面连接方法，将精细节点有限元模型嵌入由梁单元构成的宏观框架结构模型中，实现在整体结构分析中同时详细考察节点的受力性能。

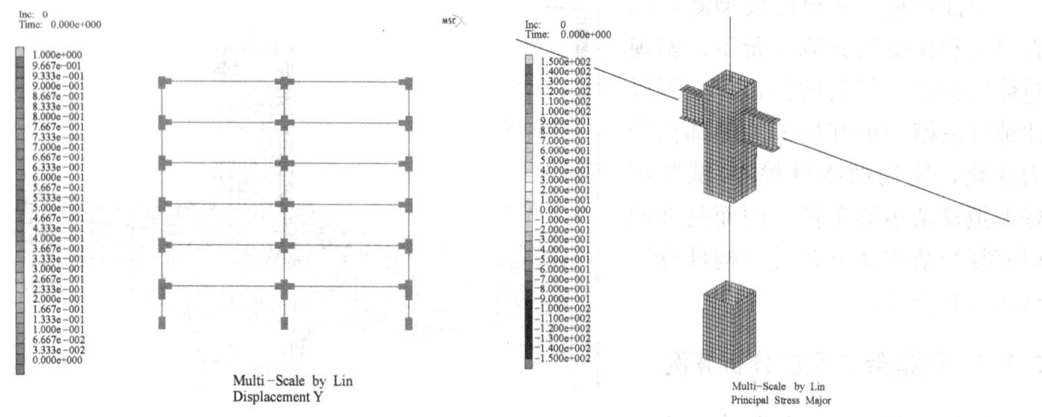

图 2.5-22　结构多尺度模型　　　　图 2.5-23　局部节点模型

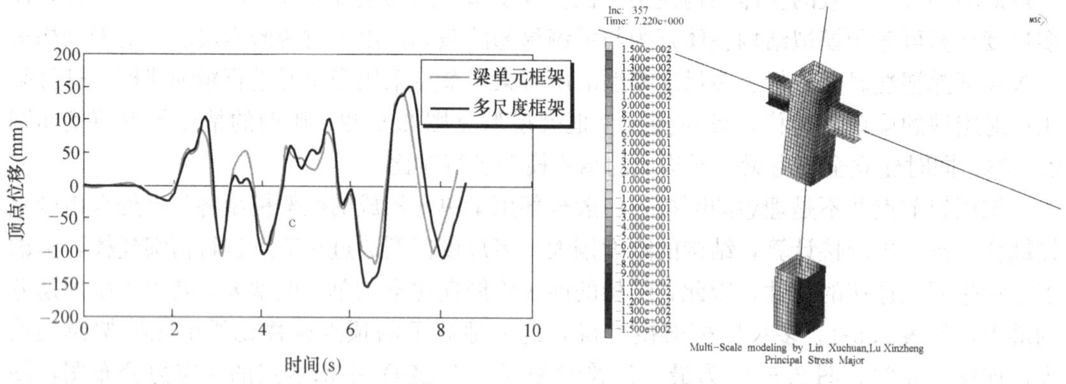

图 2.5-24　两种模型位移时程的比较　　　　图 2.5-25　最大位移时刻节点主应力分布（MPa）

（4）在钢框架多尺度算例中，框架节点按照其实际构造建立精细有限元模型，其他部位采用宏观的梁单元模型，通过建议的界面连接方法建立多尺度模型。该模型可考虑节点刚度对结构动力响应的影响。

（5）在现有的计算条件下，多尺度有限元计算既可更加逼真的模拟复杂受力构件的边界状况及其局部受力细节，又可更准确的模拟结构的整体性能，是一种具有较好工程应用前景的计算手段。

2.6　地震下结构整体弹塑性分析的方法和注意事项

前面介绍了弹塑性分析所常用的单元和相应的材料模型。但是，在实际结构分析中，除了要选择适当的单元和材料模型外，还需要适当的分析方法。本节就一些主要的注意事项介绍如下：

一般说来，对于框架构件，可采用梁单元来建模。竖向构件及轴力影响不可忽略的水平构件应优先选用基于材料的模型（纤维模型）。其他单元可采用基于截面或基于构件的模型。

在整体结构弹塑性分析中，特别是对于地震分析，由于经常出现梁、柱构件两端弯矩符号不同的情况，因此，在建模时应该充分考虑构件这一受力特性。根据作者经验，如果采用两端集中塑性铰模型，则一般可以只划分一个单元。如果采用的是一般通用有限元程序中的单一积分点或者三积分点梁单元，则应保证每个梁柱构件中积分点的数量不应少于5～6个（即采用单一积分点时，每个梁柱构件应划分成不少于5～6个单元，采用三积分点梁单元时，每个梁柱构件应划分成不少于2个单元），应保证在塑性铰区在梁的长度方向至少有一个积分点。

剪力墙单元应优先选用分层壳单元。根据作者经验，根据采用的单元类型不同，剪力墙尺寸不同，单元网格密度也有所不同，但是一般单元边长不宜超过2～3m。在关键受力部位，网格密度应适当增加以保证计算精度的可靠。在剪力墙的端部或转角部位，建议采用梁单元或者桁架单元来模拟边缘约束构件的集中配筋。

连梁建议采用分层壳单元模拟，在连梁高度方向网格划分不少于2个单元。

混凝土本构模型应考虑受拉和受压刚度退化和负刚度，钢材的本构模型应考虑屈服和包辛格效应。单轴本构模型可参阅《混凝土结构设计规范》等有关规范中的规定。对于配筋构造三级以上的框架柱，应考虑约束混凝土的影响，建议可采用MPP约束模型。

计算建议采用三维计算模型。计算模型应符合结构的实际受力状态。构件的材料、截面尺寸、配筋等应反映结构的实际情况。必要时，计算模型应包括结构的地下部分、基础和地基。宜考虑楼板变形的影响，必要时采用弹塑性楼板模型。预期不屈服的结构构件可采线弹性模型（但应该检查计算结果是否满足预期假定）。计算应考虑几何非线性影响（包括大变形和P-Δ效应）。荷载按《工程结构可靠度设计统一标准》GB 50153地震工况组合。

弹塑性计算阻尼比选择应符合抗震规范的规定，可采用Rayleigh阻尼，采用其他阻尼形式时，应对其可靠性进行验证。

3 弹塑性分析的分析方法

地震荷载的输入和计算是建筑抗震弹塑性分析另一关键问题。由于地震的复杂性和随机性，实际上地震输入对计算结果的影响，甚至往往会大于弹塑性模型对计算结果的影响。例如，地震作用到底是采用静力输入还是动力输入？静力输入推覆侧力模型该如何确定？动力输入该输入什么样的地面运动？这个地面运动的强度应当如何衡量？计算中输入的地震作用和设防地震烈度之间又是怎样对应？等等，这些都对计算结果和计算结果的判读有着重要的影响。本章 3.1 节将介绍目前最为常用的静力弹塑性分析的有关原理和基本步骤。3.2 节将介绍动力弹塑性分析的有关原理和基本步骤，以及本书作者开展的有关的地震动选择、地面运动强度指标等问题的讨论。3.3 节将简要介绍一下近年来得到广泛应用的逐步增量时程分析方法。

3.1 静力弹塑性分析

3.1.1 静力弹塑性分析方法的提出与发展

在结构抗震设计和抗震性能评估中，设计和研究人员需要一种简便易行而又具有一定精度，能反映结构弹塑性性能的方法，静力弹塑性分析方法能很好地符合这一要求，它能够同时对结构的宏观（结构承载力和变形）和微观（构件内力和变形）弹塑性性能加以评价。

静力弹塑性分析方法是指借助结构推覆分析结果确定结构弹塑性抗震性能（结构抗震性能评价）或结构弹塑性地震响应的方法，也被称为 Pushover 分析、静力推覆分析等。

静力弹塑性分析方法早期源于 1975 年 Freeman 等人提出的能力谱方法（Capacity Spectrum Method，简称 CSM）（Freeman et al.，1975），它将结构的静力弹塑性分析与结构的反应谱结合，用于结构抗震性能的快速评定。1981 年，Saiidi 等提出通过逐级增加水平荷载得到的结构水平方向的力-变形关系曲线，将多自由度体系转化为等效的单自由度体系进行弹塑性地震反应分析，该等效单自由度体系被称为 Q 模型，这一简化方法为后来的静力弹塑性分析方法的发展起了很重要的推动作用（Saiidi & Sozen，1981）。后来，Peter Fajfar 提出了著名的基于静力弹塑性地震反应分析的 N2 方法，并不断地加以完善（Fajfar & Gaspersic，1996）。同时，大量学者对静力弹塑性分析的可行性及其对实际地震作用下结构反应预测的准确性进行了研究，为静力弹塑性分析的工程化应用奠定了基础（Chopra & Goel，2002；Chopra et al.，2004；Chopra & Goel，2004；Kilar & Fajfar，1997；Gupta & Krawinkler，2000；Gupta & Kunnath，2000）。

在 20 世纪 90 年代中期，随着基于性能抗震设计思想的提出，迫切需要有一种可供工程使用的结构弹塑性性能定量评价算法。由于静力弹塑性方法简单易行且相对成熟，得到世界各国工程和研究人员更广泛关注和研究应用。1998年，Helmut Krawinkler对静力弹塑性分析方法作了全面的阐述，论述了静力弹塑性分析方法的优点、适用范围，并指出了其局限性所在，对该方法在过去近20年的发展作了概括，并对其理论价值和应用价值作出了中肯的评价（Krawinkler & Seneviratna，1998）。美国的国家标准技术研究院NIST、应用技术委员会的ATC-40（ATC，1996）以及联邦应急委员会的FEMA-273、274（FEMA，1997a；FEMA，1997b）等文件中也引入静力弹塑性分析方法，用来作为既有建筑的抗震性能评估方法，日本在新的《建筑基准法》（BSL，2000）也正式采用了基于性能设计概念的能力谱法。此后，静力弹塑性分析方法作为对结构抗震能力进行简便快速评估的一种有力工具得到了进一步的推广应用，而完善静力弹塑性分析方法及其适用范围则成为研究人员关注的热点之一。

我国对于静力弹塑性分析方法的研究起步稍晚，始于20世纪90年代，但发展十分迅速。2000年，钱稼茹、罗文斌等（钱稼茹，罗文斌，2000）介绍了静力弹塑性分析方法在基于性能/位移结构抗震设计中的应用，并讨论了需要进一步研究的问题；2001年，欧进萍等（欧进萍等，2001）结合我国的抗震设计规范和地震作用统计参数，提出了结构抗震分析的概率静力弹塑性分析方法，根据结构体系可靠度的特点，提出了基于概率静力弹塑性分析的结构体系可靠度评估方法，并用重要抽样法检验了所建议方法的计算精度；2002年，魏巍、冯启民等（魏巍，冯启民，2002）通过分析计算对静力弹塑性分析方法中有代表性的能力谱法、位移影响系数法和适应谱静力弹塑性分析进行了详细的对比研究，提出了其中存在的问题并给出了建议。2003年，朱杰江、吕西林、容柏生等（朱杰江等，2003）对钢筋混凝土高层结构进行了推覆分析研究；汪梦甫、周锡元等（汪梦甫，周锡元，2003）以反应谱理论为依据，建立了循环侧推的多振型高层建筑结构静力弹塑性分析方法，在此基础上，归纳、总结得到结构等效恢复力模型的骨架曲线及滞回特性，发展了较简单且较为精确的计算地震作用下高层建筑结构顶层位移反应的方法，探讨了应用静力、动力弹塑性分析结果进行抗震性能评估的基本原则，并用算例进行了论证；2004年，侯爽和欧进萍（侯爽，欧进萍，2004）对结构静力弹塑性分析以及高阶振型的影响作了研究，着重讨论了不同高阶振型影响下的侧向力选取问题。目前，我国对于静力弹塑性分析方法的研究已经达到了较高水平，我国《建筑抗震设计规范》（GB 50011—2001）也明确规定可以采用静力弹塑性分析对不规则且具有明显薄弱部位的建筑结构进行验算。

3.1.2 静力弹塑性分析的基本原理

3.1.2.1 结构静力弹塑性分析方法的基本假定

静力弹塑性分析方法是通过对结构逐步施加某种形式的水平荷载，用静力推覆分析计算得到结构的内力和变形，并借助地震需求谱或直接估算的目标性能需求点，近似得到结构在预期地震作用下的抗震性能状态，由此实现对结构的抗震性能进行评估。

结构静力弹塑性分析方法是基于以下两个假设：

(1) 实际结构的地震反应与某一等效单自由度体系的反应相关。该假定表明结构的地震反应由某一振型起主要控制作用（一般认为是结构第一振型），其他振型的影响可以忽略。

(2) 在地震过程中，不论结构变形大小，分析所假定的结构沿高度方向的形状向量都保持不变。

对于结构抗震性能分析而言，以上两个假设严格来说在理论上是不严密的，但是很多学者包括 Saiidi、Fajfar、钱稼茹、Gupta 等人的研究表明，对由第一阶振型控制的结构，用结构静力弹塑性分析法预测地震弹塑性响应是较好的，但它对结构的动力响应、阻尼、地震动特性以及结构刚度退化等方面则无法深入详细分析。对于高阶振型参与成分较多的复杂结构，静力弹塑性分析则需要进一步改进，比如引入多模态推覆方法（MPA）等。

3.1.2.2 等效单自由度体系

静力弹塑性分析的理论基础，可以由以下等效单自由度体系分析得到。

弹性结构在地震作用下的结构响应可以用以下的动力学方程表示：

$$m\ddot{u}(t)+c\dot{u}(t)+ku(t)=-m\iota\ddot{u}_g(t) \tag{3.1-1}$$

其中，u 是多自由度结构各楼层的侧向位移向量；m，c，k 分别是结构的质量、阻尼和刚度矩阵；ι 是各元素全部为 1 的单位向量；$\ddot{u}_g(t)$ 是地震动加速度时程。

式（3.1-1）一般可采用振型分解法进行求解，即侧向位移向量可以分解成：

$$u(t)=\sum_n u_n(t)=\sum_n \phi_n q_n(t) \tag{3.1-2}$$

式中，ϕ_n为第 n 阶结构振型，q_n为ϕ_n对应的振型坐标。

此时式（3.1-1）可以表示为：

$$m\sum_n \phi_n\ddot{q}_n(t)+c\sum_n \phi_n\dot{q}_n(t)+k\sum_n \phi_n q_n(t)=-m\iota\ddot{u}_g(t) \tag{3.1-3}$$

利用弹性结构各阶振型的正交性，对式（3.1-3）等号两侧同时左乘 ϕ_n^{T}，可以得到：

$$\phi_n^{\mathrm{T}}m\phi_n\ddot{q}_n(t)+\phi_n^{\mathrm{T}}c\phi_n\dot{q}_n(t)+\phi_n^{\mathrm{T}}k\phi_n q_n(t)=-\phi_n^{\mathrm{T}}m\iota\ddot{u}_g(t) \tag{3.1-4}$$

记 $M_n=\phi_n^{\mathrm{T}}m\phi_n$，$C_n=\phi_n^{\mathrm{T}}c\phi_n$，$K_n=\phi_n^{\mathrm{T}}k\phi_n$，$L_n=\phi_n^{\mathrm{T}}m\iota$ 代入（3.1-4）式，并两边同除以 M_n，可得：

$$\ddot{q}_n(t)+\frac{C_n}{M_n}\dot{q}_n(t)+\frac{K_n}{M_n}q_n(t)=-\frac{L_n}{M_n}\ddot{u}_g(t) \tag{3.1-5}$$

如弹性结构的阻尼矩阵 C 采用经典阻尼，式（3.1-5）就可以写成：

$$\ddot{q}_n(t)+2\zeta_n\omega_n\dot{q}_n(t)+\omega_n^2 q_n(t)=-\Gamma_n\ddot{u}_g(t) \tag{3.1-6}$$

式中，ω_n和ζ_n 分别为结构第 n 阶振型的圆频率和振型阻尼比；Γ_n 是结构第 n 阶振型的参与系数。记 $D_n(t)=q_n(t)/\Gamma_n$，式（3.1-6）即可写成：

$$\ddot{D}_n(t)+2\zeta_n\omega_n\dot{D}_n(t)+\omega_n^2 D_n(t)=-\ddot{u}_g(t) \tag{3.1-7}$$

式（3.1-7）中的 $D_n(t)$ 即表示一个对应于原结构第 n 阶振型的单自由度体系在地震作用 $\ddot{u}_g(t)$ 下的位移响应，该单自由度结构的圆频率和振型阻尼比分别为 ω_n和 ζ_n。因此，原结构的位移响应即可以写成：

$$u(t)=\sum_n u_n(t)=\sum_n \Gamma_n\phi_n D_n(t) \tag{3.1-8}$$

而结构内力、层间位移等地震响应则可以表示为：

$$r(t)=\sum_n r_n(t)=\sum_n r_n^{\mathrm{static}}\omega_n^2 D_n(t) \tag{3.1-9}$$

式中，r_n^{static}是在外力 $s_n=\Gamma_n m\phi_n$ 作用下的原结构静态响应量。因此，对于弹性结构而言，结构的第 n 阶最大响应量 $r_{n,\max}$可以表示成：

$$r_{n,\max}=r_n^{\text{static}}A_n \tag{3.1-10}$$

其中，A_n 即为对应于原结构第 n 阶周期（$T_n=2\pi/\omega_n$）的单自由度体系的弹性拟加速度谱值。

若采用式（3.1-10）对前 N 阶周期都采用上述方法求算其最大响应量，并采用某种方法进行组合（如 SRSS 法或 CQC 法），那么就可以对原结构的最大地震响应量进行估计，这就是在结构设计时采用的振型分解反应谱法。

对于弹塑性结构而言，结构的恢复力随着结构变形不断变化，因此对弹塑性结构的动力方程表达需采用如下形式：

$$m\ddot{u}(t)+c\dot{u}(t)+f_s(u,\text{sign}\dot{u})=-m\iota\ddot{u}_g(t) \tag{3.1-11}$$

其中，u 是结构各楼层在地震作用下的水平侧移向量；m 和 c 分别是结构的质量和阻尼矩阵；ι 是单位 1 矩阵；f_s 是结构的弹塑性恢复力矩阵，是楼层水平侧移的函数，与楼层侧向运动速度同号。

对式（3.1-11）进行直接积分计算就是多自由度结构的弹塑性时程分析，而进行静力弹塑性分析分析时，假定结构的地震响应由某一振型控制的假定，记该振型向量为 ϕ_{ass}。ϕ_{ass}可以与弹性结构振型相同，也可以不同，一般采用结构一阶振型或与一阶相近的振型，这是静力弹塑性分析的第一个关键性问题。在静力弹塑性分析时，认为在整个地震过程中结构位移向量形状保持 ϕ_{ass}不变，即式（3.1-11）中的结构弹塑性位移响应量可用下式表示：

$$u(t)=\phi_{\text{ass}}q(t) \tag{3.1-12}$$

将式（3.1-12）代入式（3.1-11）后，等式两边同时左乘 $\phi_{\text{ass}}^{\text{T}}$可以得到：

$$\phi_{\text{ass}}^{\text{T}}m\phi_{\text{ass}}\ddot{q}(t)+\phi_{\text{ass}}^{\text{T}}c\phi_{\text{ass}}\dot{q}(t)+\phi_{\text{ass}}^{\text{T}}f_s(u,\text{sign}\dot{u})=-\phi_{\text{ass}}^{\text{T}}m\iota\ddot{u}_g(t) \tag{3.1-13}$$

与前文的针对弹性结构的公式（3.1-6）推导相类似，可以得到：

$$\ddot{q}(t)+2\zeta_{\text{ass}}\omega_{\text{ass}}\dot{q}(t)+\frac{\phi_{\text{ass}}^{\text{T}}f_s(q,\text{sign}\dot{q})}{M_{\text{ass}}}=-\Gamma_{\text{ass}}\ddot{u}_g(t) \tag{3.1-14}$$

其中，q(t) 为与假定的振型向量 ϕ_{ass}相对应的振型坐标；$M_{\text{ass}}=\phi_{\text{ass}}^{\text{T}}m\phi_{\text{ass}}$（并非振型质量）；$\Gamma_{\text{ass}}=\dfrac{\phi_{\text{ass}}^{\text{T}}m\iota}{\phi_{\text{ass}}^{\text{T}}m\phi_{\text{ass}}}$是与 ϕ_{ass}对应的振型参与系数；ζ_{ass}，ω_{ass}分别是与 ϕ_{ass}对应的振型阻尼比与圆频率。

同样的，式（3.1-14）最终可以转化为：

$$\ddot{D}(t)+2\zeta_{\text{ass}}\omega_{\text{ass}}\dot{D}(t)+F_{\text{ass}}=-\ddot{u}_g(t) \tag{3.1-15}$$

其中，$D(t)$ 即表示一个对应于假定的振型 ϕ_{ass}的单自由度结构在地震作用$\ddot{u}_g(t)$ 下的位移响应；$F_{\text{ass}}=\dfrac{\phi_{\text{ass}}^{\text{T}}f_s\ (D,\ \text{sign}\,\dot{D})}{\phi_{\text{ass}}^{\text{T}}m\iota}$；$\omega_{\text{ass}}$和 ζ_{ass}为该单自由度结构的圆频率和振型阻尼比。式（3.1-15）即为原多自由度结构的等效单自由度体系。这里需特别注意，此时式（3.1-15）的频率 ω_{ass}和阻尼比 ζ_{ass}已经与原来的弹性结构有所不同。

对比式（3.1-15）和式（3.1-7），对于地震响应由结构振型向量 ϕ_{ass}控制的弹塑性结构，仍采用和振型向量 ϕ_{ass}成正比的荷载进行推覆，即：

$$s_{\text{ass}}=m\phi_{\text{ass}} \tag{3.1-16}$$

可以得到相应的 F_{ass} 与 D 的表达式为：

$$F_{\text{ass}}=\frac{V_{\text{b}}}{M_{\text{ass}}},D=\frac{u^{\text{roof}}}{\Gamma_{\text{ass}}\phi_{\text{ass}}^{\text{roof}}} \tag{3.1-17}$$

式中，V_{b} 为基底剪力，u^{roof}为顶点位移。

由此可见，在静力弹塑性分析中，最常用的计算结果是结构基底剪力 V_{b} 与结构顶点位移 u^{roof}之间的关系曲线，即 V_{b}-u^{roof}关系。该曲线的任一点代表结构在相应顶点位移时结构的抗震能力（用基底剪力表示），因此称为“结构的能力曲线”或“推覆曲线”。在得到 V_{b}-u^{roof}关系后，为了便于评价结构抗震性能是否达到要求，还可以按照单阶振型反应谱法将推覆曲线上各点的承载力和位移转化为谱加速度与谱位移的关系曲线，得到结构的能力谱曲线，即 S_{a}-S_{d} 格式（简称 ADRS（Acceleration-Dispalcement Response Spectra）或 AD 格式）能力谱曲线。对于振型向量 ϕ 控制的等效单自由度体系（无论是弹性还是弹塑性。对于弹塑性问题而言，由于结构的自振振型随着非线性变形的增加而不断变化，故而此时采用的结构振型向量 ϕ_{ass} 为结构的近似振型），从基底剪力 V_{b} 和结构顶点位移 u^{roof} 关系到 S_{a}-S_{d} 关系的转化公式为：

$$S_{\text{a}}=\frac{V_{\text{b}}}{M} \tag{3.1-18}$$

$$S_{\text{d}}=\frac{u^{\text{roof}}}{\Gamma\phi^{\text{roof}}} \tag{3.1-19}$$

式中，M 和 Γ 的定义同前，$M=\phi^{\text{T}}m\phi$，$\Gamma=\dfrac{\phi^{\text{T}}m\iota}{\phi^{\text{T}}m\phi}$。如果结构的等效单自由度谱位移 S_{d} 超过相应的单自由度结构的地震位移响应需求，则结构的弹塑性抗震性能满足要求，否则抗震性能不够。

当然实际结构在推覆分析的过程中，结构的侧向变形向量 ϕ 会随着结构塑性发展不断变化，因此，在结构进入塑性之后，对式（3.1-18）与式（3.1-19）仍采用固定的 ϕ 进行计算只是一种近似方法。故 ATC-40 建议了如下 V_{b}-u^{roof}曲线与 S_{a}-S_{d} 曲线转化关系：

$$S_{\text{a}}=\frac{V_{\text{b}}}{aW} \tag{3.1-20}$$

$$S_{\text{d}}=\frac{u^{\text{roof}}}{\Gamma\phi^{\text{roof}}} \tag{3.1-21}$$

$$\alpha=\frac{\left(\sum\limits_{i=1}^{N}m_i\phi_i\right)^2}{\left(\sum\limits_{i=1}^{N}m_i\right)\left(\sum\limits_{i=1}^{N}m_i\phi_i^2\right)} \tag{3.1-22}$$

$$\Gamma=\frac{\sum\limits_{i=1}^{N}m_i\phi_i}{\sum\limits_{i=1}^{N}m_i\phi_i^2} \tag{3.1-23}$$

式中，$W=\sum\limits_{i=1}^{N}m_ig$ 为结构总重量；m_i、ϕ_i 分别为第 i 层的重量和位移；α 为模态质量系数（Modal Mass Coefficient）；Γ 是振型参与系数。对某个推覆点（u^{roof}，V_{b}），提取当前

结构的变形向量 ϕ 作为计算用的振型向量代入式（3.1-20）～（3.1-23），最终得到结构的能力谱，这种方法对结构进入塑性后的能力曲线的转化更加贴近真实情况。

ATC-40 对于常见结构位移模式，建议了 α 和 $\Gamma\phi^{\mathrm{roof}}$ 取值如图 3.1-1 所示。如结构当前位移模式为线性，则 $\alpha \approx 0.8$，$\Gamma\phi^{\mathrm{roof}} \approx 1.4$。

由上述分析可以看出，从弹性的静力推覆分析（和常用的振型组合法本质上是一致，即式（3.1-10）），到弹塑性静力推覆分析，其中有两个关键性差异：

（1）结构进入弹塑性后，其振型已不再和弹性振型一致，即 ϕ_{ass} 已经不再是弹性振型 ϕ，因而，推覆的侧向力模式的选择也就变得极为关键。典型的推覆侧向力模式将在 3.1.2.3 节加以介绍。

（2）结构进入弹塑性后，对应的单自由度结构位移响应 $D(t)$ 也随之而变化。一方面结构由弹性变成弹塑性，刚度下降，周期延长，位移地震响应会有所增加。另一方面结构由于弹塑性耗能，使得等效阻尼比增大，结构的位移又会有所减小。因而如何估计弹塑性结构的单自由度位移响应，成为另一个重要问题，将在 3.1.2.4 节加以介绍。

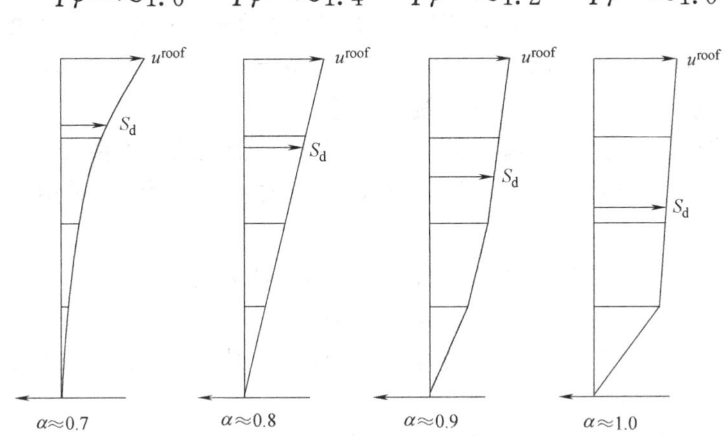

图 3.1-1 ATC-40 建议的典型振型参与系数和模态质量系数取值

3.1.2.3 水平侧力加载模式

静力弹塑性分析时所采用的水平侧力加载模式代表结构上地震惯性力分布，简称"侧力模式"。由以上分析可知，静力弹塑性分析的侧力模式与结构的侧移变形模式相关，因此不同的侧力模式对分析结果有直接影响。如果结构的反应是线弹性的，那么侧力分布规律就是地震动的周期、频谱、幅值和结构的周期、振型的函数；如果结构的反应是非线性的，那么侧力分布规律还要受到结构局部和整体的弹塑性性能的影响，从而变得更加复杂。已有很多学者对此进行过深入研究，建议了多种侧力模式。需特别注意的是，式（3.1-16）不仅是静力弹塑性分析侧力模式理论依据，同时也是结构静力弹塑性分析所应满足的假定，也即意味着在静力弹塑性分析过程中，结构从弹性状态逐渐发展到弹塑性状态，弹塑性侧移模式与弹性位移模式相差不能过大，否则就不符合静力弹塑性分析侧移模式基本变化不大的假定。为满足这一假定，结构体系必须具备一定的整体受力性能，也即结构在侧向地震作用下具有整体型的变形模式，不会因局部的弹塑性变形集中而使得结构的侧移模式在静力弹塑性分析加载过程中发生显著的变化。其实，这也是保证结构整体抗震性能的一个重要概念。叶列平等提出的体系能力设计法，就是基于这一假定对结构抗震设计提出要求（叶列平，2014）。同时，由于这一假定，静力弹塑性分析应用于复杂结构时受到一定的限制，因为复杂结构进入弹塑性阶段，其侧移模式通常与弹性阶段的侧移模式相差较大。

基于上述分析可知，当结构满足一定要求时，即对于规则结构，静力弹塑性分析一般假定侧移模式近似结构一阶振型或与一阶相近的振型。美国 FEMA-356（FEMA，2000）对此进行了较好的总结，得到较广泛的接受。FEMA-356 建议至少从下面两组侧力模式中分别选取一种对结构进行推覆计算。

第一组是振型相关的侧力模式，包括：

（1）考虑楼层高度影响的侧力模式（简称“考虑高度影响侧力模式”）

$$\Delta F_i=\frac{w_i h_i^k}{\sum_{j=1}^{n} w_j h_j^k}\Delta V_{\mathrm{b}} \tag{3.1-24}$$

式中，ΔF_i为结构第 i 层的侧力增量；ΔV_{b} 为结构基底剪力增量；w_i、w_j分别为第 i 层和第 j 层的重量；h_i、h_j分别为第 i 层和第 j 层距基底的高度；n 为结构总层数；k 为楼层高度修正指数，T 为第一振型周期；$T\leqslant 0.5\mathrm{s}$ 时，$k=1.0$，$T\geqslant 2.5\mathrm{s}$ 时，$k=2.0$，T 在 0.5～2.5s 之间时，k 在 1.0～2.0 之间线性插值。

该侧力模式可以考虑层高影响，当 $k=1.0$ 时即为倒三角侧力模式。FEMA-356 建议在第一振型质量超过总质量的 75％时采用该侧力模式，并且同时要采用均布侧力模式进行分析。

（2）第一振型比例型侧力分布（简称“第一振型侧力模式”）

$$\Delta F_i=\phi_{1i}\Delta V_{\mathrm{b}} \tag{3.1-25}$$

式中，ϕ_{1i}为第一振型在第 i 层的相对位移。FEMA-356 建议采用该分布时第一振型参与质量应超过总质量的 75％。

（3）振型组合侧力分布（简称“SRSS 侧力模式”）

首先根据振型分析方法求得各阶振型的反应谱值，再通过 SRSS 振型组合方法计算结构各层层间剪力：

$$V_i=\sqrt{\sum_{s}^{m}\left(\sum_{j=i}^{n}\Gamma_s w_j \phi_{sj} A_s\right)^2} \tag{3.1-26}$$

式中，V_i为结构第 i 层的层间剪力；s 为结构振型阶号；m 为考虑参与组合的结构振型数；Γ_s 为第 s 振型的振型参与系数；w_j为结构第 j 层的重量；ϕ_{sj}为第 s 振型在第 j 层的相对位移；A_s 为第 s 振型的结构弹性加速度反应谱值。根据计算出的层间剪力可以求得各层所加侧力。FEMA-356 建议所考虑振型数的参与质量需达到总质量的 90％，并选用合适的地震动反应谱，同时结构第一振型周期应该大于 1.0s。

第二组侧力模式包括：

（1）质量比例型侧力模式（简称“均布侧力模式”）

$$\Delta F_i=\frac{w_i}{\sum_{j=1}^{n} w_j}\Delta V_{\mathrm{b}} \tag{3.1-27}$$

该侧力模式在结构各层侧力大小与该层质量成正比。如果结构各层质量相等，则该侧力模式为均匀分布。

(2) 自适应侧力模式

一般在静力弹塑性分析中，水平侧力荷载单调增加，而各楼层水平力的比例关系通常保持不变，即采用的是不变的定侧力模式，无法体现结构进入塑性后振动特性的改变对结构地震力变化的影响。于是，有研究者提出了根据结构在加载过程中随结构动力特征的改变对侧力模式进行调整的自适应侧力模式，但具体调整方法又有很多不同（FEMA，1997a；FEMA，1997b；Gupta & Kunnath，2000；FEMA，2004），如根据前一步骤确定的结构振型模态、结构的变形形式或结构层抗剪强度分配各层惯性力；杨溥等（杨溥等，2002）则提出根据结构前一步骤的结构特征确定的结构振型模态，再通过 SRSS 振型组合方法计算各层的层间剪力，进而得到下一步的各楼层惯性力。虽然自适应侧力模式在理论上比定侧力模式更为合理，但是这会使得原来较为简化的静力弹塑性分析重新复杂化，而由于静力弹塑性分析方法本身存在的理论上不足所引起误差，自适应侧力模式与定侧力静力弹塑性分析相比仍然属于同一水平的近似分析方法。

此外，在我国抗震规范规定的底部剪力法中，水平地震作用可采用倒三角分布加顶部附加水平地震作用的分布模式，通过引入依赖于结构周期和场地类别的顶点附加集中地震力予以调整，减小结构在周期较长时结构顶部地震力的误差。这种水平力分布也可以看做一种侧力模式（本书简称“规范侧力模式”），即

$$\Delta F_i=\frac{G_iH_i}{\sum\limits_{j=1}^{n}G_jH_j}(1-\delta_n)\Delta V_{\mathrm{b}}\text{并且}\ \delta F_n=\delta_n\Delta V_{\mathrm{b}} \tag{3.1-28}$$

式中，δF_n为顶部附加侧向力；δ_n为顶部附加侧力系数，可按规范取值；G_i、G_j分别为结构第 i 和 j 层的重力荷载代表值；H_i、H_j分别为结构第 i 和 j 层的高度。

上述几种侧力模式是最基本的且较常用的水平侧力加载模式，还有很多学者在此基础上提出了很多修正的水平侧力模式，以考虑结构刚度、振型、阻尼或高阶振型参与的影响。然而，虽然对静力弹塑性分析选取的侧力模式进行了大量研究，但是由于静力弹塑性分析的理论基础存在先天局限性，使得该方法只能近似反映结构在地震作用下的弹塑性抗震能力，且主要适用于规则结构。单纯改变静力推覆模式也难以从本质上提高静力弹塑性分析的精度。因此，一般建议，选择静力弹塑性分析水平侧力加载模式的基本原则就是在结果具有足够精度的前提下，尽可能地保持静力弹塑性分析方法的简便性。

3.1.2.4 结构位移性能需求

由于结构进入弹塑性后，其非线性行为非常复杂，故而如何确定其结构位移性能需求也非常复杂，不同学者提出了大量不同方法。目前，FEMA-273/274 建议的直接估算目标性能点法和 ATC-40 建议的需求谱法是当前确定结构位移性能需求接受度较高的两种方法，现介绍如下。

1. 直接估算结构目标性能点

FEMA-273/274 通过多个系数调整等效弹性单自由度 SDOF 体系在地震作用下的弹性位移，得到相应的多自由度 MDOF 弹塑性体系的顶点目标位移，给出的公式如下：

$$\delta_{\mathrm{t}}=C_0C_1C_2C_3S_{\mathrm{a}}\frac{T_{\mathrm{e}}^2}{4\pi^2}g \tag{3.1-29}$$

式中，δ_t 为 MDOF 体系的顶点目标位移；T_e 为等效弹性 SDOF 体系的自振周期；S_a 为等效弹性 SDOF 体系在相应等效周期和等效阻尼比下的谱加速度；g 为重力加速度；$S_a\frac{T_e^2}{4\pi^2}g$为等效弹性 SDOF 体系的弹性位移；C_0～C_3 为修正系数，即由等效弹性 SDOF 体系的弹性位移 δ_e转化为 MDOF 体系顶点弹塑性位移的修正系数，以下逐一介绍。

C_0 为等效弹性 SDOF 体系弹性位移 δ_e转化为 MDOF 体系顶点弹性位移的修正系数，受结构自振特性和推覆侧力影响。对于一般常见结构，可以通过查表 3.1-1 得到。

修正系数 $C_0$❶取值 **表 3.1-1**

层数	剪切型建筑❷		其他建筑
	倒三角侧力模式	均布侧力模式	任意侧力模式
1	1.0	1.0	1.0
2	1.2	1.15	1.2
3	1.2	1.2	1.3
5	1.3	1.2	1.4
10+	1.3	1.2	1.5

注：❶当结构层数位于表格所给参数区间之内时，采用线性插值方法计算相应的修正系数。

❷剪切型建筑结构是指结构的层间位移模式为自下向上逐渐减小。

C_1 为 SDOF 体系弹塑性最大位移修正系数，即将等效弹性 SDOF 体系最大弹性位移修正为弹塑性最大位移的系数，在抗震分析中，也常称作 R-μ 折减关系，按下式确定：

$$C_1=\begin{cases}1.0 & \text{若 } T_e\geqslant T_s\\ 1.0+\dfrac{(R-1)T_s}{T_e} & \text{若 } T_e<T_s\end{cases} \tag{3.1-30}$$

式中，T_e 为结构弹性周期；T_s 为场地特征周期；R 为承载力折减系数。

C_2 为考虑往复加载滞回环捏拢、承载力下降和刚度退化的修正系数，即对于滞回耗能性能不好的结构，其位移需求要适当提高，一般可以查表 3.1-2 得到。

修正系数 C_2取值 **表 3.1-2**

结构性能水准	$T\leqslant0.1$s❸		$T\geqslant T_s$❸	
	第一类结构形式❶	第二类结构形式❷	第一类结构形式❶	第二类结构形式❷
立即使用	1.0	1.0	1.0	1.0
生命安全	1.3	1.0	1.1	1.0
防止倒塌	1.5	1.0	1.2	1.0

注：❶ 第一类结构形式是指整体结构中超过 30%的层剪力由以下任意一部分子结构或其组合承担：普通抗弯框架、中心支撑框架、部分刚接框架、受拉支撑框架、未加筋砌体墙、剪切破坏框架等。

❷ 所有不属于第一类结构形式的结构。

❸ 当结构周期位于表格所给参数区间之内时，采用线性插值方法计算相应的修正系数。

C_3 为考虑动力响应的二阶效应的修正系数，对于理想弹塑性或者强化型推覆曲线，$C_3=1.0$；对于软化型推覆曲线按下式确定：

$$C_3=1.0+\frac{|\alpha|(R-1)^{3/2}}{T_e} \tag{3.1-31}$$

其中，α 为等效双线型后屈服段的软化系数（图 3.1-2）。

直接估算结构目标性能点方法的最大优点就是对结构完成静力弹塑性分析之后，可以直接采用式（3.1-29）估算相应地震水平下的结构位移需求，从而在静力弹塑性推覆能力曲线上找到对应的结构抗震性能特征反应点，简便易用；但是多个修正系数的取值对目标位移的影响较大。由于不同修正系数的取值直接决定最终结果的准确性，需进行大量研究以确定各个参数的取值方法，上述 FEMA-273/274 中建议的参数取值方法，部分文献对此有不同意见。

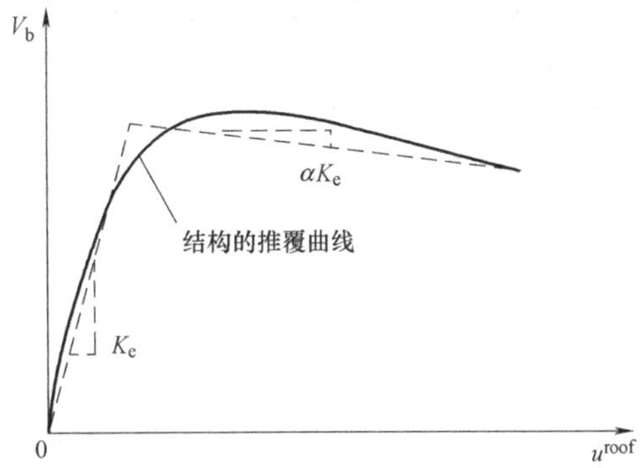

图 3.1-2　等效双线型后屈服段的软化系数 α

2. 能力-需求谱方法

结构抗震性能需求谱是在给定地震作用下，不同周期结构的承载力和位移响应的需求值。对于弹性结构，由式（3.1-18）知，承载力需求可用加速度表示。为此，由式（3.1-18）和式（3.1-19），将结构的能力曲线转化为 A-D 坐标系下的能力谱曲线（见图 3.1-3）。同时，将不同周期结构的加速度响应需求 S_a 和位移响应需求 S_d 也在 A-D 坐标系下给出（见图 3.1-3），由此得到的 S_a-S_d 关系曲线即为需求谱。对于弹性系统，弹性谱加速度需求 S_a 可以采用地震弹性反应谱或设计用弹性反应谱得到，弹性谱位移 S_d 与弹性谱加速度 S_a 可以采用下式互相转换：

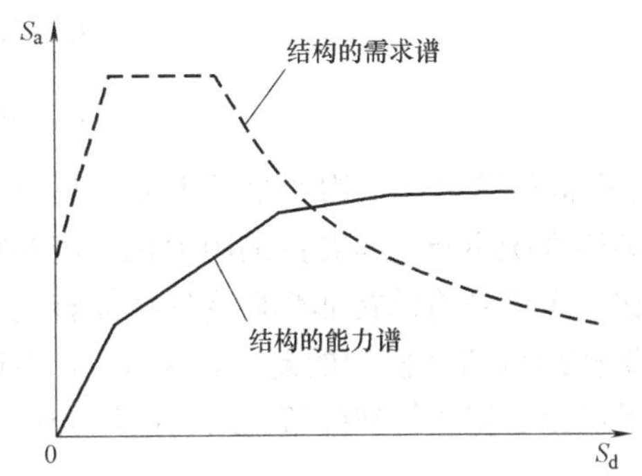

图 3.1-3　A-D 坐标系下能力谱曲线和需求谱曲线

$$S_d = \frac{T^2}{4\pi^2} S_a \qquad (3.1\text{-}32)$$

但结构进入塑性后的抗震性能评价需要能够反映结构弹塑性地震响应特征的弹塑性需求谱。

目前获得结构弹塑性抗震性能需求谱的途径主要有：

（1）通过对某一场地的地震动记录直接计算等效单自由度结构的弹塑性谱加速度和谱位移值。该方法需要某一场地的大量地震动记录，并需要能反映结构弹塑性特征的滞回模型，故而使用不多。

（2）通过将结构的弹塑性耗能等效为阻尼耗能后，采用等效阻尼折减线弹性反应谱。

现在抗震设计中，大多采用第二种方法，如图 3.1-4 所示。将其推覆曲线（能力谱曲线）按照能量相等的原理，近似为一个双线型曲线，并假

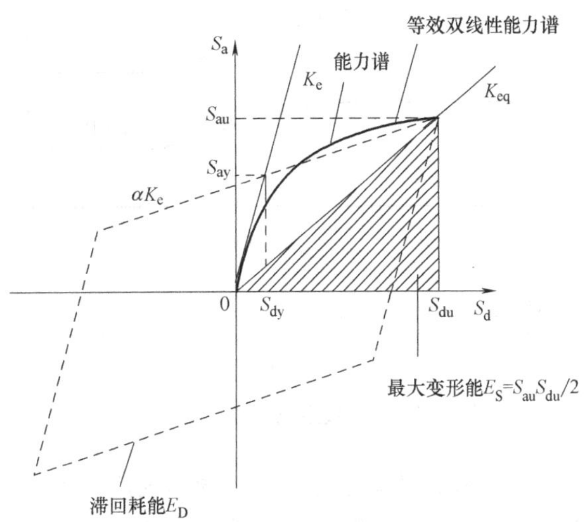

图 3.1-4　等效双线性能力谱线

设这个双线型弹塑性结构在往复受力滞回过程中保持稳定（即图 3.1-4 中不发生捏拢的平行四边形滞回环），那么它在一个往复周期里的弹塑性耗能（平行四边形内的面积）即为 E_D。如果有一个弹性单自由度体系，它的刚度和弹塑性结构的割线刚度 K_{eq} 相同，它一个周期振动的阻尼耗能和弹塑性体系一个往复阻尼耗能 E_D 相同，那么由图 3.1-4 不难得到其等效自振周期 T_{eq} 和等效阻尼比 ζ_{eq} 为：

$$T_{eq}=T_e\sqrt{\frac{\mu}{1+\alpha\mu-\alpha}} \tag{3.1-33}$$

$$\zeta_{eq}=\frac{1}{4\pi}\frac{E_D}{E_s}=\frac{1}{4\pi}\frac{E_D}{\frac{1}{2}K_{eq}S_{du}^2}=\frac{2}{\pi}\frac{(\mu-1)(1-\alpha)}{\mu(1+\alpha\mu-\alpha)} \tag{3.1-34}$$

其中，α 为屈服后切线刚度与初始刚度的比值，即屈服后刚度系数；μ 为延性系数；E_D 为弹塑性滞回耗能；E_s 为最大应变能；S_{du} 是二折线能力谱的终点。

如果等效双线型能力谱线为理想弹塑性滞回模型，即 $\alpha=0$；则等效自振周期 T_e 和等效阻尼比 ζ_{eq} 可简化为：

$$T_{eq}=T_e\sqrt{\mu} \tag{3.1-35}$$

$$\zeta_{eq}=\frac{2}{\pi}\frac{\mu-1}{\mu} \tag{3.1-36}$$

计算上述双线型能力谱线时，等效阻尼比 ζ_{eq} 并非是弹塑性结构的全部阻尼，只是根据结构自身弹塑性滞回耗能等效出来的阻尼比，结构系统本身还有初始的阻尼比，需要将这两部分的阻尼比叠加得到结构的综合等效阻尼比。考虑到将结构非弹性变形性能转化为与速度有关的等效阻尼可能带来的误差，以及弹塑性结构滞回模型的差异，ATC-40 中通过等效阻尼调整系数 κ 进行修正后与结构的初始阻尼比 ζ 相加得到弹塑性结构的综合等效阻尼比：

$$\zeta_{eq}^{total}=\zeta+\kappa\zeta_{eq} \tag{3.1-37}$$

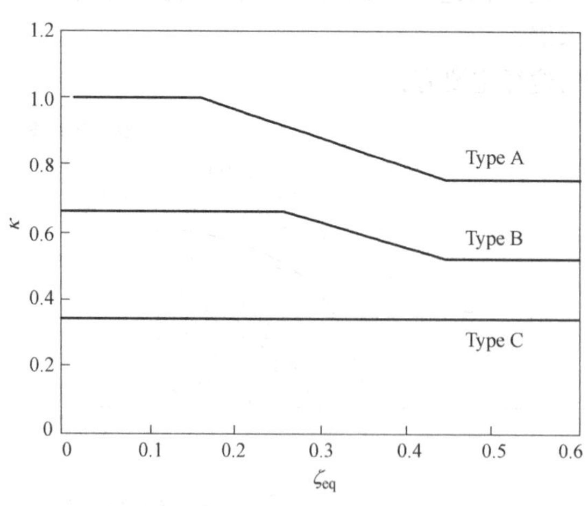

图 3.1-5　等效阻尼调整系数取值

等效阻尼调整系数 κ 的取值如图 3.1-5 所示。其中，Type A 为完全理想弹塑性滞回模型；Type C 为刚度和强度退化现象明显且具有捏拢现象的弹塑性滞回模型；Type B 为介于两者之间的弹塑性滞回模型。

由上述分析可以看出，能力谱法的计算基本步骤为：

（1）将结构推覆能力曲线转化为二折线的能力谱曲线，并确定能力谱曲线上相应的初始尝试点（S_{di}，S_{ai}）。

（2）计算等效高阻尼弹性单自由度体系的周期 T_{eq} 和阻尼比 ζ_{eq}。

（3）根据地面运动记录或者根据规范反应谱，计算对应于等效阻尼比 ζ_{eq} 的等效单自由度结构弹性反应谱。得到对应于周期 T_{eq} 的单自由度体系谱加速度和谱位移需求

$(S_{d,eq}, S_{a,eq})$。

(4) 如果初始尝试点 (S_{di}, S_{ai}) 和 $(S_{d,eq}, S_{a,eq})$ 相同，则说明等效弹性单自由度体系参数合适。否则，需要调整 (S_{di}, S_{ai})，重复 (2)、(3) 步直至 (S_{di}, S_{ai}) 和 $(S_{d,eq}, S_{a,eq})$ 相同，此时该点即为结构抗震性能的特征反应点，可以分析对应于该点结构的损伤和破坏情况。

因此，能力谱法一般需要进行若干步迭代分析，具体实施步骤参见 3.1.3 节。

3.1.3 几种常见的静力弹塑性分析方法

静力弹塑性分析方法提出以来，各国学者在上述基本步骤的基础上，提出了各种不同的具体实施办法，本书以 ATC-40 建议的能力谱法、FEMA-273/274 建议的多参数修正位移法、Chopra 建议的多模态推覆分析（MPA）等三个代表性方法为例，介绍如下：

3.1.3.1 ATC-40 建议的能力谱法

美国应用技术委员会在 1996 年发表了文件《混凝土结构的抗震性能评估和加固》，也就是 ATC-40[51]，其中所列的静力弹塑性分析方法就是能力谱方法（Capacity Spectrum Method），采用了等效阻尼折减的线弹性需求谱。

该方法的实施步骤大致为：

(1) 建立结构构件的弹塑性模型。

(2) 对结构施加某种形式的沿竖向分布的水平荷载，在结构的每个主要受力方向至少用两种不同分布模式的水平荷载进行分析（推覆力模式详见 3.1.2.3 节）。

(3) 逐步增大水平荷载，在每一步加载过程中，计算所有结构构件的内力以及弹性和弹塑性变形。水平荷载或位移的分布方式保持不变。

(4) 当结构成为机构（可变体系）或位移超限时，停止施加荷载。

(5) 得到基底剪力 V_b 和控制点处位移（一般为结构顶点位移 u^{roof}）的关系曲线作为结构的静力推覆能力曲线。

(6) 将静力推覆能力 V_b-u^{roof} 曲线转化为能力谱 S_a-S_d 曲线。

(7) 将等效单自由度体系的弹性反应谱由传统的 S_a-T 形式转化为 AD 格式，将其作为需求谱（Demand Spectrum），其中谱位移可用式（3.1-32）计算。

(8) 将能力谱与需求谱的图形进行叠加，得到两条曲线的交点。如果等效单自由度所选取的能力曲线终点与上述交点重合，该点即为结构抗震性能特征点，即结构目标位移点。在这一步中可能需要迭代计算，迭代过程下文将详细介绍。

(9) 将上一步所得到的目标位移转化成原结构和构件的变形要求，并与性能目标所要求达到的变形相比较。

ATC-40 中给出了三种计算目标位移的迭代计算方法，下面列举常用的两种：

1. 目标位移的计算方法一

(1) 假设 $D_i = D(T_e, \zeta = 0.05)$，其中，$T_e$ 是结构的基本自振周期；ζ 是阻尼比；

(2) 计算结构的延性系数 $\mu = D_i / D_y$，其中 D_y 是能力谱曲线中屈服点的位移值；

(3) 根据延性系数 μ，计算等效阻尼比 ζ_{eq}，式（3.1-33）～(3.1-37)；

(4) 根据等效阻尼比折算弹性反应谱，并将其转化为 AD 格式作为需求谱，将其与静力推覆能力谱曲线叠加得到交点处的位移值 D_j；

（5）如果 $(D_j-D_i)/D_j\leqslant$误差允许值，则目标位移等于 D_i，否则，令 $D_i=D_j$，并重复（3）～（6）步。

2. 目标位移的计算方法二

（1）同方法一；

（2）计算结构的等效自振周期 T_{eq}和等效阻尼比 ζ_{eq}；

（3）由等效自振周期 T_{eq}和等效阻尼比 ζ_{eq}计算相应的谱位移 D_j和谱加速度 A_j；

（4）在能力谱图形坐标系中给出坐标为 $(D_j,\ A_j)$ 的点；

（5）检验由第（4）步求得的坐标点是否落在能力曲线上，若坐标点落在能力曲线上，则目标位移等于 D_i（此时，判断标准亦为 $(D_j-D_i)/D_j\leqslant$允许值）；否则，令 $D_i=D_j$，重复（2）～（5）步。

3.1.3.2 FEMA-273/274 建议的多参数修正位移法

美国 FEMA-273/274 中所列举的静力弹塑性分析方法就是多参数修正位移法。在多参数修正位移法中，决定位移需求的弹塑性位移谱是通过一系列修正系数由弹性位移谱得到的。

多参数修正位移法的实施步骤为：

（1）～（5）同上述 ATC-40 的能力谱方法。

（6）用式（3.1-29）来估算结构的目标位移。

（7）当目标位移确定之后，由能力曲线得到结构构件在该位移水平时的总内力和变形，就可以用来估计结构构件的性能：

a. 对由变形控制的行为（如梁的弯曲），变形要求就和变形允许值相比较；

b. 对由内力控制的行为（如梁所承受的剪力），受力要求就和强度能力允许值相比较。

（8）如果强度和变形要求超过了允许值，则认为结构构件或单元达不到规定的性能要求。

3.1.3.3 多模态推覆分析（MPA）

Chopra 等（Chopra & Goel，2002）提出了多模态推覆分析法（Modal Pushover Analysis），即 MPA 方法，是基于弹性 MDOF 系统振型分解组合法的原理发展而来，与前述推覆分析方法相比，既保持了传统推覆分析方法的简便性，又能考虑高阶振型影响。MPA 方法的主要步骤是：

（1）计算结构线弹性条件下的各阶振动频率 ω_n 和振型 ϕ_n；

（2）绘出在荷载 $s^*=m\phi_n$ 作用下的基底剪力与顶点位移关系曲线（$V_b-u_n^{roof}$），其中 m 为质量矩阵；

（3）将 $V_b-u_n^{roof}$曲线简化为双线型曲线；

（4）利用第 n 阶振型多自由度体系与等效非线性单自由度体系的相互转换关系，将理想双线型 $V_b-u_n^{roof}$曲线转换成第 n 阶弹塑性 SDOF 体系的荷载位移关系（$F_{sn}-D_n$），确定弹性振动初始周期 T_n 和屈服位移 D_{ny}；

（5）计算第 n 阶弹塑性 SDOF 体系的地震位移响应 D_n；

（6）根据第 n 阶弹塑性 SDOF 体系的地震位移响应 D_n 和结构第 n 阶振型特性计算多自由度体系对应的顶层位移 $u_{n,0}^{roof}=\Gamma_n\phi_n^{roof}D_n$，$\Gamma_n$为 n 阶振型参与系数；

（7）根据顶层位移 $u_{n,0}^{roof}$和推覆曲线得到结构各自由度对应的反应值 $r_{n,0}$；

(8) 对各阶振型重复步骤 (3)～(7)，一般来说，考虑的振型越多，则精度越高，通常，前 2 阶或者前 3 阶振型就足够了；

(9) 运用合适的模态组合规则（如 SRSS 方法）组合各阶模态反应峰值，确定总的反应值 r_{MPA}。

3.1.4 静力弹塑性分析方法的优缺点

3.1.4.1 静力弹塑性分析方法的优点

虽然静力弹塑性分析方法在理论上有着诸多缺陷，但静力弹塑性分析可以通过比较简单的分析过程，了解结构在侧向力作用下从构件到结构多层面的弹塑性性能，且基本不影响传统结构设计流程（弹性设计、弹塑性验算），因而在应用上有着很好的优势，其主要优点包括：

(1) 可以对结构的弹塑性全过程进行分析，了解构件破坏的过程，传力途径的变化，结构破坏机构的形成，以及设计中的薄弱部位等；

(2) 可以较为简便地确定结构在不同地震强度下目标位移和变形需求，以及相应的构件和结构能力水平。

3.1.4.2 静力弹塑性分析方法的不足

静力弹塑性分析方法的不足之处主要体现在以下几方面：

(1) 理论基础不严密。

(2) 该方法是一种静力分析方法，无法考虑如地震作用持续时间、能量耗散、结构阻尼、材料的动态性能、承载力衰减等影响因素，也难以反映实际结构在地震作用下的大量不确定性因素，如外部环境、地震输入、构件本身及结构整体分析的不确定性等。分析得到荷载传递路径一般是固定的，对具有多种可能破坏形式的结构往往只能够得到其中的一种破坏形式（Gupta & Krawinkler，2000）。

(3) 水平荷载分布模式的选择将直接影响静力弹塑性分析方法对结构抗震性能的评估结果。目前已有不少学者针对此问题做了研究，但如何选择合理的水平荷载分布模式进行分析仍需明确评价标准并进一步深入研究（侯爽，欧进萍，2004；熊向阳，戚震华，2001；马千里等，2008b；马千里等，2008c；缪志伟等，2008a）。

(4) 该方法主要适用于一阶振型占地震响应主导地位的中低层结构的近似分析。对于高振型的参与影响，也有很多学者作了相应研究，提出了很多改进的静力弹塑性分析方法，如 Chopra 的 MPA 法（Chopra & Goel，2002），但其在复杂结构中的准确性和适用性目前研究仍较少，需进一步深入研究。对于反映结构失效模式的关键性因素——弹塑性层间位移，现有的静力弹塑性分析方法难以进行准确评估，特别是对于结构中上部楼层，静力弹塑性分析可能低估了其层间变形需求，因此还需要做进一步研究。

(5) 基于静力弹塑性分析方法的基本假定，目前将该方法应用于平面规则结构的分析已没有什么困难，但应用于二维不规则结构分析则还有不小的难度。此外，对三维结构，特别是平面、立面等不规则的结构如何采用静力弹塑性分析得到合理的近似结果，以及如何考虑两个方向的扭转效应等都还需进一步研究。

(6) 下降阶段负刚度的处理。在计算结构基底剪力-顶点位移、层剪力-层位移关系时，都会遇到力达到最大后下降的负刚度问题，尤其是当考虑 P-Δ 效应时，这种现象更加明显。目前计算时处理下降段负刚度问题的难度很大，这也对静力弹塑性分析方法应用于结构极限状态的分析产生了阻碍。2009 年加州伯克利大学和清华大学共同提出了基于多点位移控制的推覆方法，可以较好地对软化问题进行分析，详见本书 3.1.5 节。

3.1.5 基于多点位移控制的推覆分析算法

3.1.5.1 问题的提出

为了得到整体结构的完整性能曲线，往往需要将结构推覆到下降段（软化段），而当前静力推覆分析遇到的最大的数值困难是：当结构进入软化阶段，需要等比例地降低荷载。如果下降段是整体结构的软化，例如结构的整体屈曲，采用弧长法（Arc-Length Method）进行求解就能够快速有效地得到计算结果。但如果下降段是由于结构的局部失效引起的，例如混凝土的开裂、压碎，或者钢筋拉断，那么平衡路径就可能会有“跳跃”或者“突变”，不再光滑连续变化。此时弧长法在求解上就会遇到很大困难。而与控制荷载相比，控制位移可以提高求解的稳定性。但是在静力推覆分析中，由于结构中不同部位非线性程度的差异，使满足荷载比例关系所对应的多点位移并不能在分析前预先知道，所以不能简单地采用位移控制的方式进行加载。这给静力推覆方法在结构强非线性阶段和结构倒塌问题中的应用带来了很多困难。针对该问题，本书作者和加州伯克利大学黄羽立博士共同提出了一种基于多点位移控制的推覆分析方法，该方法在原有结构模型中引入一个能够使荷载分布保持恒定比例关系的位移约束，通过位移控制的方式进行恒定推覆侧力分布的推覆分析，从而大幅度提高了分析的数值稳定性。下面将首先介绍多点位移控制推覆分析方法的理论，而后以通用有限元程序 MSC. Marc 为例，介绍该方法的具体实现，并通过典型算例的推覆分析结果，以及与弧长法分析结果的对比，说明该方法的优势。

3.1.5.2 基本理论

黄羽立等人研究发现（Huang，2009），如果一个结构上一共有 N 个自由度（d_1，$d_2 \cdots d_N$）需要施加比例为 $p_1 : p_2 : \cdots : p_N$ 的荷载（F_1，$F_2 \cdots F_N$），则对该结构增加以下位移约束方程：

$$\sum(p_i d_i)-(\sum p_i)d_0=0 \tag{3.1-38}$$

就可以保证荷载（F_1，$F_2 \cdots F_N$）始终满足比例关系 $F_1 : F_2 : \cdots : F_N = p_1 : p_2 : \cdots : p_N$。其中，$p_i$是第 i 个自由度上施加荷载的比例系数；d_i是第 i 个自由度的位移；d_0 是新增约束方程引入自由度的位移，可以看作加载自由度位移的加权平均值，即由（3.1-38）式可变换得：

$$d_0=\frac{\sum(p_i d_i)}{\sum p_i} \tag{3.1-39}$$

对上述结论现证明如下：对这 N 个自由度位移 d_1，$d_2 \cdots d_N$ 及新引入自由度位移 d_0 分别引入虚位移 δd_i 及 δd_0，则由虚功原理可以可得：

$$F_0 \delta d_0+\sum(-F_i \delta d_i)=0 \tag{3.1-40}$$

其中，F_i是约束施加在原有结构上的荷载，（$-F_i$）和 F_0 分别是 d_i和 d_0 上约束所受的外力。因为约束是刚性的，所以（3.1-40）式右端内力所做的虚功为零。

虚位移 δd_i和 δd_0 应该满足约束方程（3.1-38），因此有：

$$\sum(p_i \delta d_i)-(\sum p_i)\delta d_0=0 \tag{3.1-41}$$

由（3.1-40）式和（3.1-41）式消去 δd_0 可得：

$$\sum\{[p_iF_0-(\sum p_i)F_i]\delta d_i\}=0 \tag{3.1-42}$$

注意到 d_i 是加载自由度位移，要使（3.1-42）式对任意大小的虚位移 δd_i 恒成立，则 δd_i 对应的系数必须全部为零，即：

$$p_iF_0-(\sum p_i)F_i=0 \quad \forall i \tag{3.1-43}$$

如果 $\sum p_i\neq 0$，则可以进一步推出约束作用 F_i 的比例关系如下：

$$F_1:\cdots:F_N=p_1:\cdots:p_N \tag{3.1-44}$$

所以，如果位移约束方程式（3.1-39）成立，则荷载（$F_1:\cdots:F_N$）就始终满足（$p_1:\cdots:p_N$）的比例，也即保持恒定的荷载分布。

以上分析表明，只要在原有结构上增加位移约束方程（3.1-39），就能保证推覆分析中保持恒定侧力分布。特别有用的是，d_0 自由度上不但能直接施加荷载，也能通过控制位移的方式进行加载，从而有效地提高了加载的灵活性和数值稳定性。以上分析理论的前提是虚功原理和刚性位移约束，这两个前提与原结构的特性无关，所以本方法对弹性和弹塑性结构均适用。下面通过一个简单线弹性算例和一个简单弹塑性算例来介绍该方法的具体计算步骤，以便于读者理解。

算例一

首先用一个简单的弹性结构使本文的证明过程形象化。该结构由两个刚度分别为 1 和 2 的独立弹簧组成（如图 3.1-6 所示），为了评价该结构的性能，对其施加比例为 2：1 的荷载 $\{F_1, F_2\}^T=\{4, 2\}^T$，通过计算可得位移为 $d_1=4$ 和 $d_2=1$。

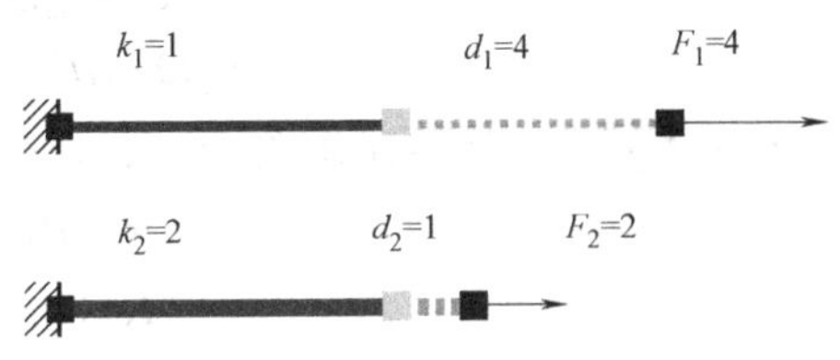

图 3.1-6 线弹性结构

作为比较，下面应用本文提出的引入刚性位移约束法求解同一结构。为了保持荷载比例为 2：1，基于（3.1-38）式，对原结构增加位移约束方程：

$$2d_1+1d_2-3d_0=0 \tag{3.1-45}$$

与（3.1-38）式类似，d_0 是由约束引入的附加位移。对位移约束引入虚位移，由虚功原理可得：

$$F_0\delta d_0-F_1\delta d_1-F_2\delta d_2=0 \tag{3.1-46}$$

上式中的虚位移 δd_1、δd_2 和 δd_0 也应满足式（3.1-45）的约束，即：

$$2\delta d_1+1\delta d_2-3\delta d_0=0 \tag{3.1-47}$$

由（3.1-46）式和（3.1-47）式消去 d_0 可得：

$$(2F_0-3F_1)\delta d_1+(F_0-3F_2)\delta d_2=0 \tag{3.1-48}$$

注意到 d_1、d_2 是加载自由度的位移，要使（3.1-48）式对任意虚位移 δd_1、δd_2 恒成立，则 δd_1、δd_2 对应的系数必须全部为零，即：

$$2F_0-3F_1=F_0-3F_2=0 \tag{3.1-49}$$

$$\text{也就是 } F_1:F_2=2:1$$

所以通过引入本文建议的刚性约束方程，可以保证荷载 F 始终按比例施加。在位移控制加载计算过程中，通过逐步增大 d_0，直至当 $d_0=3$ 时，内力 R 与外力 F 平衡，此时

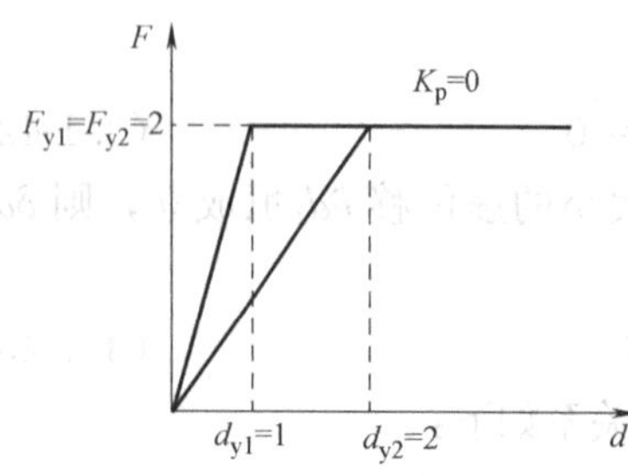

图 3.1-7　理想弹塑性弹簧模型力-位移关系

$\{R_1, R_2\}^T=\{F_1, F_2\}^T=\{4, 2\}^T$，$\{d_1, d_2\}^T=\{4, 1\}^T$，结果正确。

算例二

下面再通过一个理想弹塑性结构介绍本文方法的计算步骤。结构仍由两个弹性刚度分别为 $K_{e1}=1$ 和 $K_{e2}=2$ 的独立弹簧组成，屈服荷载均为 $F_{y1}=F_{y2}=2$，屈服变形分别为 $d_{y1}=2$ 和 $d_{y2}=1$，屈服后刚度为 $K_p=0$，即理想弹塑性弹簧（如图 3.1-7 所示）。求解在加权平均位移 $d_0=3$ 时，结构的内力和变形分布。

结构的力平衡方程为

$$\{R\}-\{F\}=\{0\},\{R\}=\begin{Bmatrix}R_1(d_1)\\R_2(d_2)\end{Bmatrix},\{F\}=\begin{Bmatrix}F_1\\F_2\end{Bmatrix} \tag{3.1-50}$$

将位移约束方程式（3.1-38）用矩阵形式表达：

$$\{g\}\{d\}=[Q]\{d\}-\{d_g\}=\{0\} \tag{3.1-51}$$

其中，$[Q]=\{2, 1\}$，$\{d\}=\{d_1, d_2\}^T$，$\{d_g\}=3d_0$。不妨用拉格朗日乘子求解带约束（3.1-51）的原结构方程组 $\{R\}-\{F\}=\{0\}$，那么新的结构方程组变化为：

$$\begin{cases}\{R\}+[Q]^T\{\lambda\}-\{F\}=\{0\}\\ [Q]\{d\}-\{d_g\}=\{0\}\end{cases} \tag{3.1-52}$$

对于本算例，需要求解关于 $\{d_1, d_2, \lambda\}^T$ 的非线性方程组：

$$\begin{Bmatrix}R_1(d_1)+2\lambda\\R_2(d_2)+1\lambda\\2d_1+1d_2-3d_0\end{Bmatrix}=\begin{Bmatrix}0\\0\\0\end{Bmatrix} \tag{3.1-53}$$

式（3.1-53）中反力 R_1 和 R_2 分别是位移 d_1 和 d_2 的非线性函数，可用牛顿法迭代求解该非线性方程组：

$$\begin{Bmatrix}d_1^{(i+1)}\\d_2^{(i+1)}\\\lambda^{(i+1)}\end{Bmatrix}=\begin{Bmatrix}d_1^{(i)}\\d_2^{(i)}\\\lambda^{(i)}\end{Bmatrix}-\begin{bmatrix}K_{t1}(d_1^{(i)}) & 0 & 2\\0 & K_{t2}(d_2^{(i)}) & 1\\2 & 1 & 0\end{bmatrix}^{-1}\begin{Bmatrix}R_1(d_1^{(i)})+2\lambda^{(i)}\\R_2(d_2^{(i)})+1\lambda^{(i)}\\2d_1^{(i)}+1d_2^{(i)}-3d_0\end{Bmatrix} \tag{3.1-54}$$

式中，上标（i）为迭代次数，K_{t1} 和 K_{t2} 分别为两弹簧的切线刚度。以弹性解开始迭代，可得：

$$\begin{Bmatrix}d_1^{(0)}\\d_2^{(0)}\\\lambda^{(0)}\end{Bmatrix}=\begin{Bmatrix}4\\1\\-2\end{Bmatrix}\Rightarrow\begin{cases}R_1(d_1^{(0)})=2,K_{t1}(d_1^{(0)})=K_p=0\\R_2(d_2^{(0)})=2,K_{t2}(d_2^{(0)})=K_{e2}=2\end{cases}$$

$$\begin{Bmatrix}d_1^{(1)}\\d_2^{(1)}\\\lambda^{(1)}\end{Bmatrix}=\begin{Bmatrix}4\\1\\-2\end{Bmatrix}-\begin{bmatrix}0 & 0 & 2\\0 & 2 & 1\\2 & 1 & 0\end{bmatrix}^{-1}\begin{Bmatrix}2-4\\2-2\\8+1-9\end{Bmatrix}=\begin{Bmatrix}4.25\\0.5\\-1\end{Bmatrix} \tag{3.1-55}$$

$$R_1(d_1^{(1)})=2,R_2(d_2^{(1)})=1$$

最后的解为 $\{R_1, R_2\}^T=\{F_1, F_2\}^T=\{2, 1\}^T$，$\{d_1, d_2\}^T=\{4.25, 0.5\}^T$，$d_0=$

$(2d_1+d_2)/3$，结果正确。

3.1.5.3 在有限元程序中的实现

本节将以通用有限元程序 MSC. Marc 为例介绍多点位移控制推覆分析方法在有限元分析中的具体实现，其他有限元程序可以根据方程（3.1-38）或（3.1-39）定义类似位移约束。MSC. Marc 程序提供了一系列用户二次开发子程序功能，其中通过编写用户子程序 UFORMS 定义约束矩阵［S］，可以将某一节点（称为被约束节点）的任意一个自由度的位移，与其他若干个节点（称为约束节点）的任意位移建立线性组合关系，即（MSC. Software Corporation，2005b）：

$$\{u^{\mathrm{C}}\}=[S]\{u^{\mathrm{R}}\} \tag{3.1-56}$$

式中，$\{u^{\mathrm{C}}\}=\{u_1^{\mathrm{C}},\cdots,u_{\mathrm{M}}^{\mathrm{C}}\}^{\mathrm{T}}$，$\{u^{\mathrm{R}}\}=\{u_1^{\mathrm{R1}},\cdots,u_{\mathrm{M}}^{\mathrm{R1}};\cdots;u_1^{\mathrm{RN}},\cdots,u_M^{\mathrm{RN}}\}^T$，$u_j^{\mathrm{C}}$为被约束节点的第$j$个自由度的位移，$u_j^{\mathrm{R}i}$为第$i$个约束节点第$j$个自由度的位移，每个节点有$M$个自由度，约束矩阵［$S$］为节点位移之间的关系，共$M$行$M\times N$列。如果每个节点只有一个自由度，则（3.1-38）或（3.1-39）式对应于以下［S］约束矩阵：

$$u_1^{\mathrm{C}}=\frac{\sum(p_i u_1^{\mathrm{R}i})}{\sum p_i}\Leftrightarrow[S]=\frac{1}{\sum p_i}[p_1,\cdots,p_{\mathrm{N}}] \tag{3.1-57}$$

在 UFORMS 子程序中，只需给［S］矩阵中相应元素赋值为各个推覆分析加载节点的归一化荷载比例 $p_i/(\sum p_i)$，即可在 MSC. Marc 中实现式（3.1-38）的约束关系。然后在计算分析中对被约束节点$\{u^{\mathrm{C}}\}$施加适当的位移荷载，就能实现基于位移控制的推覆分析，直至整体结构完全破坏，从而获得整体结构从开始加载到完全破坏的全过程，为研究整体结构在各个受力阶段的性能，特别是倒塌阶段的性能提供依据。

3.1.5.4 钢筋混凝土平面框架的推覆分析

根据上述分析理论和实现方法，结合清华大学开发的基于 MSC. Marc 的 THUFIBER 程序（参见本书第 5 章），对两个钢筋混凝土平面框架进行了位移控制的推覆分析。THUFIBER 采用纤维梁单元模型，并开发了混凝土和钢筋非线性特征的本构模型，可以比较全面地模拟钢筋混凝土杆系构件的单向及滞回受力行为，详细介绍参见本书第 5 章。

图 3.1-8（*a*）为一按我国规范 7 度设防的 6 层 3 跨钢筋混凝土框架，横向柱距 4m，纵向柱距 6m，层高 3.6m，场地类别为Ⅱ类，设计地震分组为第二组，建筑类别为丙类。按照 PKPM 的 SATWE 模块给出的结果和三级框架构造措施进行配筋，梁截面 300mm×550mm，柱截面 550mm×550mm，梁、柱的混凝土强度等级均为 C30，梁、柱的纵向受力钢筋均为 HRB335 级，箍筋为 HPB235 级。楼面、屋面恒载均取为 $7\mathrm{kN/m^2}$（含楼板自重），活载为 $2\mathrm{kN/m^2}$。取中间一榀横向框架建模进行推覆分析，采用倒三角形荷载模式（图 3.1-8*a*）。分别利用 MSC. Marc 程序提供的弧长法和本文建议的多点位移控制法进行推覆计算，得到推覆曲线如图 3.1-8（*b*）所示，可见采用本文建议方法的推覆计算，可以稳定地追踪结构的整个软化过程（误差限值为不平衡力$<0.1\%$）。当结构推覆到图 3.1-8（*b*）的 A 点时，中柱混凝土开始压碎，结构侧向承载力急剧下降。此时弧长法已经不能收敛，计算中止。而此时结构的倒塌过程才刚刚开始，竖向倒塌模式不明显，故而难以基于弧长法结果来分析研究结构的倒塌机理。而本文建议的基于多点位移控制推覆分析方法，可以完整追踪结构的整个破坏过程，结构最终为中柱柱脚在水平推覆侧力和 P-Δ 效

应下的压弯破坏，见图 3.1-8（*c*），此时对应于图 3.1-8（*b*）推覆曲线上的 B 点，可见本文方法可以清晰反应结构的倒塌过程和机理。图 3.1-8（*d*）给出了本文推覆分析得到的各层推覆力-顶点位移关系，可见它们严格符合预设的侧向荷载模式比例。

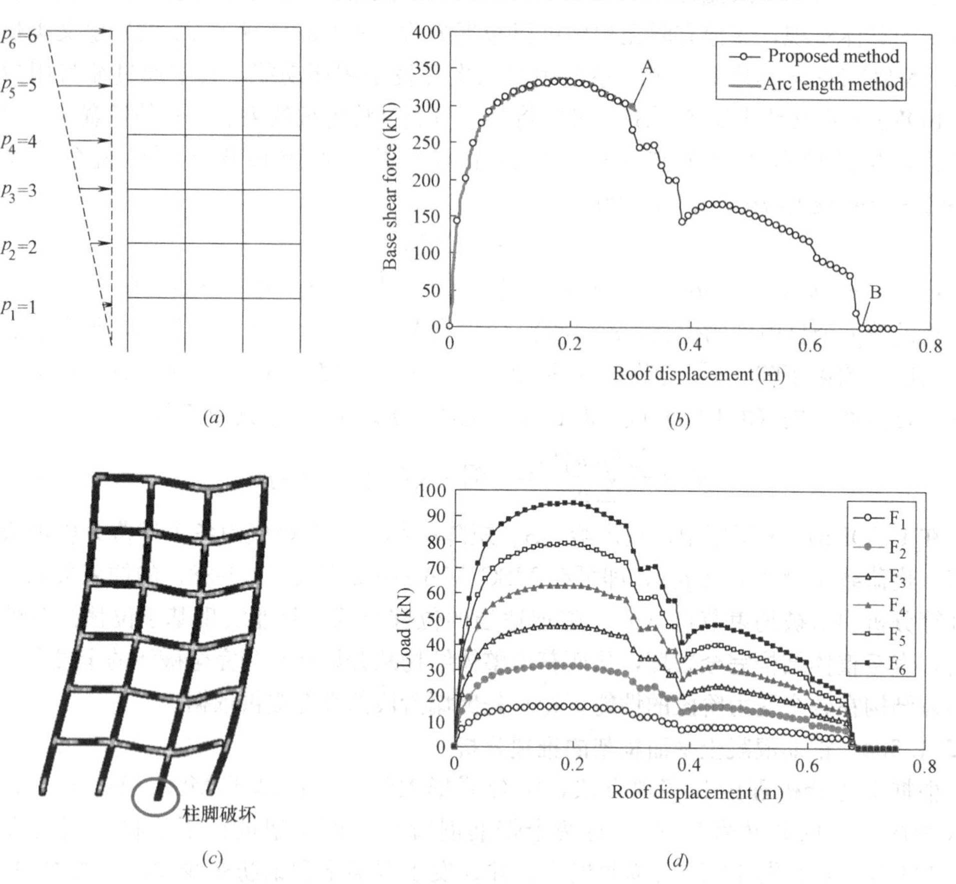

图 3.1-8　倒三角荷载单向推覆

（*a*）推覆荷载比例；（*b*）推覆结果；（*c*）最终倒塌模式（变形放大 5 倍）；（*d*）各层推覆荷载

近年来，随着多模态推覆方法（Modal Pushover Analysis）日益受到重视，结构高阶模态推覆问题也日益受到关注。与一阶推覆分析相比，高阶推覆的数值计算难度更大。特别是如果想通过结构在进入严重破坏阶段的往复推覆曲线评价结构的滞回耗能能力，则目前的非线性计算方法大多无法满足要求。图 3.1-9 所示为前文所示框架按照二阶振型（图 3.1-9*a*）进行反复推覆分析，得到的滞回曲线如图 3.1-9（*b*）所示，图中横坐标为结构顶点位移，纵坐标 Modal load 为所有楼层推覆力之和。从图 3.1-9（*b*）中可以看出，本文建议方法计算过程稳定（收敛标准设为不平衡力 1%的误差），计算结果良好。这里需要指出的是：当推覆位移超过荷载峰值点 A 点以后，无论是加载（位移增加，结构软化侧向抗力降低），还是卸载（位移减小，结构卸载侧向抗力降低），结构的侧向推覆荷载都要减小。这时传统的基于力的推覆方法根本无法按照预设条件控制加载或卸载，也就无法进行进入软化段后结构的往复推覆分析。

此外，多点位移控制推覆分析方法也可用于自适应推覆分析（Adaptive Pushover Analysis），即在每个增量推覆分析步内，根据相应的推覆侧力分布模式应用本方法。

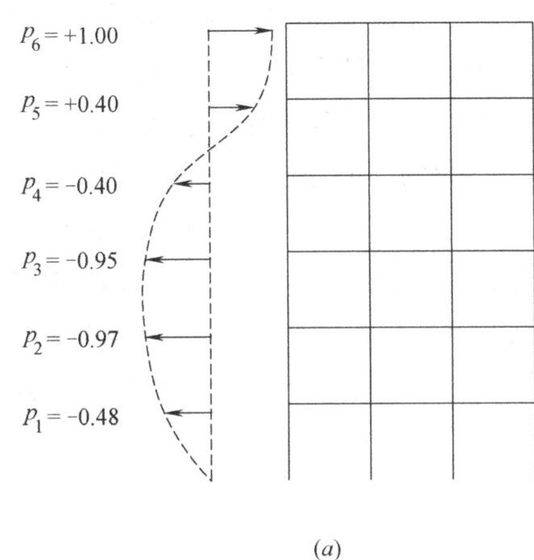

(a)

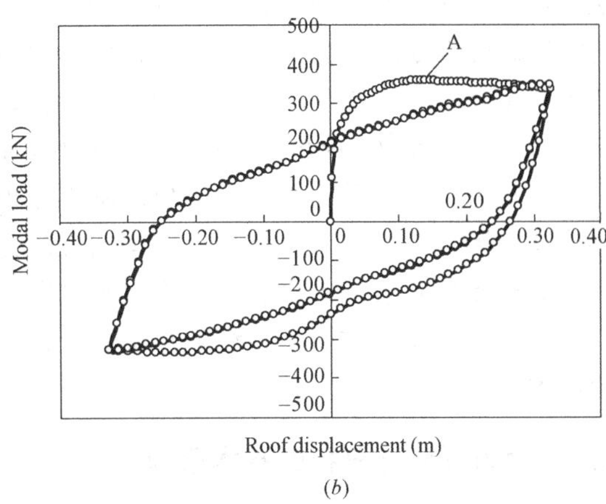

(b)

图 3.1-9 二阶模态荷载往复推覆

(a) 推覆荷载比例；(b) 推覆结果

3.1.5.5 小结

以上介绍了通过在原结构中引入刚性位移约束方程保持恒定推覆侧力分布，实现位移控制的推覆分析，并运用虚功原理阐述了利用位移约束保持恒定推覆侧力分布的理论。以通用有限元程序 MSC. Marc 为例，介绍了如何实现基于多点位移控制的推覆分析。最后通过实际算例，说明本书建议方法在计算结构复杂非线性特别是软化过程中的突出优势，能够获取结构从弹性阶段到完全失去水平承载力全过程的平衡路径，为全面认识结构在水平侧力作用下各个阶段的力学性能，特别是为结构的倒塌分析，提供了有力工具。

3.2 动力弹塑性时程分析

动力弹塑性时程分析最早始于 20 世纪 50 年代。近年来，随着强震记录的增多和计算机技术的广泛应用，动力弹塑性时程分析方法已经越来越受重视，很多国家将该方法列入了国家规范，作为传统规范设计方法的必要补充。

弹塑性时程分析方法是一种直接基于结构动力方程的数值方法，可以得到结构在地震作用下各时刻各个质点的位移、速度、加速度和构件的内力，给出结构开裂和屈服的顺序，发现应力和变形集中的部位，获得结构的弹塑性变形和延性要求，进而判明结构的屈服机制、薄弱环节及可能的破坏类型，还可以反映地面运动的方向、特性及持续作用的影响，也可以考虑地基和结构的相互作用、结构的各种复杂非线性因素（包括几何、材料、边界连接条件非线性）以及分块阻尼等问题。尽管由于未来实际地震地面运动可能与时程分析中选用的地震动不一致，导致该方法的评价结果也存在一定的不确定性。但是，这不是该方法本身的问题，而是如何准确预测未来地震动强度和如何正确选择设计地震输入的问题，这是地震工程另外一个专门研究课题。本书 3.2.2 节介绍了一些国内外研究者推荐使用的地震动数据库，供读者参考，更详细的讨论请读者参阅文献（Bozorgnia & Bertero，2004；Chen & Scawthorn，2002）。因此，相比于其他方法，弹塑性时程分析方法仍然是最为先进的方法。该方法主要问题是计算量大，但随着计算机能力的不断增强，该方法也已成为一个结构抗震性能分析中经常使用的方法。目前，大多数国家对重要、复杂、大跨结构的抗震分析都建议采用时程分析法。在我国的现行抗震规范中也建议对某些特殊建筑作为补充方法进行分析。在实际工程中，越来越多地开始采用弹塑性时程分析方法来校核结构是否存在承载力、刚度等方面的薄弱部位，以避免大震作用下的结构倒塌等严重破坏。

本节将首先介绍动力弹塑性分析的基本原理。由于动力弹塑性分析结果与地震动选取关系密切，因此 3.2.2 节介绍了一些国内外研究推荐的弹塑性分析地震动。同样，如何衡量一个地震动所代表的地面运动强度水平（即地震动强度指标）也非常复杂，本书 3.2.3 节对地震动强度指标进行了系统的总结和分析。最后在 3.2.4 节，介绍了动力弹塑性分析结果的评价。

3.2.1 动力弹塑性分析的基本原理

动力弹塑性分析从选定合适的地震动输入（如地震加速度时程）出发，采用结构有限元动力计算模型建立地震动方程，然后采用数值方法对方程进行求解，计算地震过程中每一时刻结构的位移、速度和加速度响应，从而可以分析出结构在地震作用下弹性和非弹性阶段的内力变化以及构件逐步损坏的过程。

求解弹塑性动力方程的数值方法目前主要采用直接积分法（刘晶波，杜修力，2004）。直接积分法的分析思路是：对于在地震动这样不规则动力作用下的结构动力反应分析，可将时间 t 划分为许多微小的时间段 Δt，由动力方程的数值积分获得其数值解。如图 3.2-1 所示，当已知结构在 t_n时刻（和 t_n时刻前）的反应值 $\{u\}_n$，$\{\dot{u}\}_n$，$\{\ddot{u}\}_n$，可采用数值方法由动力方程确定时间段 Δt 后 $t_{n+1}=t_n+\Delta t$ 时刻的反应值 $\{u\}_{n+1}$，$\{\dot{u}\}_{n+1}$，$\{\ddot{u}\}_{n+1}$，如此逐步进行下去，即可获得结构动力反应的全过程。因为结构的恢复力特性随结构反应的大小而在不断地变化，因此在每步的分析中必须根据结构反应状态确定当前的结构恢复力特性，进行下一步计算。

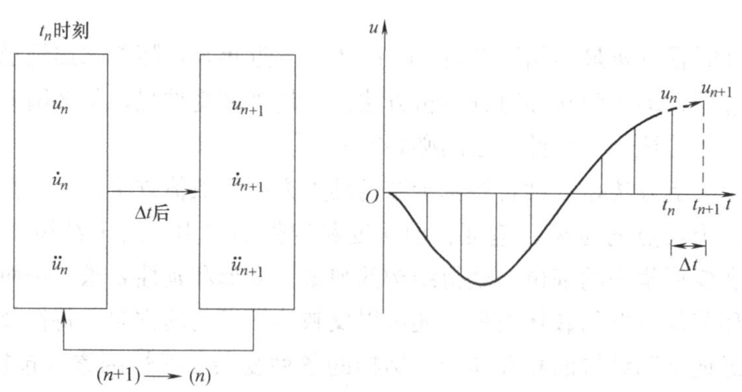

图 3.2-1 数值积分法基本原理

直接积分法针对离散时间点上的值进行计算，十分符合计算机存储的特点，体系的运动微分方程也不一定要求在全部时间上都满足，而仅要求在离散的时间点上满足即可。根据在 t_n时刻（和 t_n时刻前）的反应值确定 t_{n+1}时刻反应值方法的不同，直接积分计算方法可分为：

• 分段解析法

- 中心差分法
- 平均加速度法
- 线性加速度法
- Newmark-β 法
- Wilson-θ 法等

判断一种直接积分方法的优劣，其标准是多方面的：

(1) 收敛性。当计算的时间步长趋于无穷小时，所得的数值解是否收敛于精确解。

(2) 计算精度。如果计算截断误差是相对于时间步长 N 次方的小量（$\text{Error}\propto O(\Delta t^N)$），那么就称该方法具有 N 阶精度。

(3) 稳定性。随计算时间步数的增大，如果数值解没有远离精确解，则该方法是稳定的。

(4) 计算效率。计算耗时的多少可直接反映出一种计算方法的计算效率。

直接积分法按照是否需要联立求解耦联方程组，又可分为两大类：

(1) 隐式方法。该方法需迭代求解耦联的方程组，计算工作量大，增加的工作量至少与自由度的平方成正比，如 Newmark-β 法、Wilson-θ 法，但是积分步长可以取得较大。

(2) 显式方法。该方法直接求解耦联的方程组，计算工作量较小，工作量至少与自由度数成正比，如中心差分法，但是要求步长很小。

3.2.1.1 中心差分法

中心差分法是用有限差分代替位移对时间的求导（即速度和加速度）。如果采用等时间步长，$\Delta t_n=\Delta t$，则由中心差分得到速度和加速度的近似为：

$$\dot{u}_n=\frac{u_{n+1}-u_{n-1}}{2\Delta t},\ \ddot{u}_n=\frac{u_{n+1}-2u_n+u_{n-1}}{\Delta t^2} \tag{3.2-1}$$

而离散时间点的运动为：

$$u_n=u(t_n),\ \dot{u}_n=\dot{u}(t_n),\ \ddot{u}_n=\ddot{u}(t_n)\quad (n=0,1,2\cdots) \tag{3.2-2}$$

体系的运动方程为：

$$m\ddot{u}(t)+c\dot{u}(t)+ku(t)=P(t) \tag{3.2-3}$$

将式（3.2-1）代入式（3.2-3），得到 t_n时刻的运动方程为：

$$m\frac{u_{n+1}-2u_n+u_{n-1}}{\Delta t^2}+c\frac{u_{n+1}-u_{n-1}}{2\Delta t}+ku_n=P_n \tag{3.2-4}$$

上式中，假设 u_n和 u_{n-1}是已知的，即 t_n及 t_n以前时刻的运动已知，则可以把已知项移到方程的右边，整理得：

$$\left(\frac{m}{\Delta t^2}+\frac{c}{2\Delta t}\right)u_{n+1}=P_n-\left(k-\frac{2m}{\Delta t^2}\right)u_n-\left(\frac{m}{\Delta t^2}-\frac{c}{2\Delta t}\right)u_{n-1} \tag{3.2-5}$$

由此，利用上式即可求得 t_{n+1}时刻的运动响应量。

对于多自由度体系，中心差分法逐步计算公式可将上式中的单自由度的 m、c、k 替换成多自由度的 $[M]$、$[C]$ 和 $[K]$ 矩阵即可。

中心差分法在计算 t_{n+1}时刻的运动时，需要已知 t_n和 t_{n-1}两个时刻的运动。对于地震作用下结构的反应问题和一般的零初始条件下的动力问题，可以假设初始的两个时间点位移等于零。

3.2.1.2 线性加速度法

先考虑单自由度情况，地震作用下的振动方程为：

$$m\ddot{u}+c\dot{u}+ku=-m\ddot{u}_0 \tag{3.2-6}$$

设 t_n 时刻的状态 $\{u\}_n$，$\{\dot{u}\}_n$，$\{\ddot{u}\}_n$ 已知，$t_{n+1}(=t_n+\Delta t)$ 时刻的反应 $\{u\}_{n+1}$，$\{\dot{u}\}_{n+1}$，$\{\ddot{u}\}_{n+1}$未知，在 t_n 时刻和 t_{n+1}时刻的地面运动输入加速度$\ddot{u}_{0n}$和 $\ddot{u}_{0n+1}$已知。若假定在微时间段 Δt 内加速度反应按线性变化，则在 $t_n\leqslant t\leqslant t_{n+1}$时段内加速度反应可近似表示为：

$$\ddot{u}(t)=\ddot{u}_n+\frac{\ddot{u}_{n+1}-\ddot{u}_n}{\Delta t}(t-t_n) \tag{3.2-7}$$

由此可得速度和位移反应为：

$$\dot{u}(t)=\dot{u}_n+\int_{t_n}^{t}\ddot{u}(t)dt=\dot{u}_n+\ddot{u}_n(t-t_n)+\frac{1}{2}\frac{\ddot{u}_{n+1}-\ddot{u}_n}{\Delta t}(t-t_n)^2 \tag{3.2-8}$$

$$u(t)=u_n+\int_{t_n}^{t}\dot{u}(t)dt=u_n+\dot{u}_n(t-t_n)+\frac{1}{2}\ddot{u}_n(t-t_n)^2+\frac{1}{6}\frac{\ddot{u}_{n+1}-\ddot{u}_n}{\Delta t}(t-t_n)^3 \tag{3.2-9}$$

由以上公式可见，加速度为 t 的 1 次函数，速度为 t 的 2 次函数，位移为 t 的 3 次函数，见图 3.2-2。

取 $t=t_{n+1}$，且有 $\Delta t=(t_{n+1}-t_n)$，则由式（3.2-8）和式（3.2-9）可得 t_{n+1}时刻的速

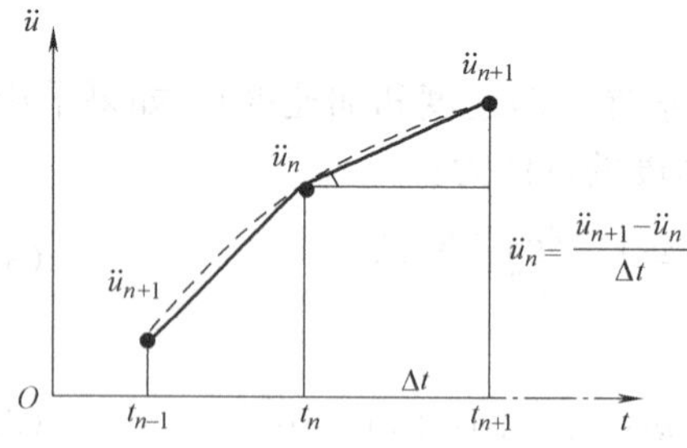

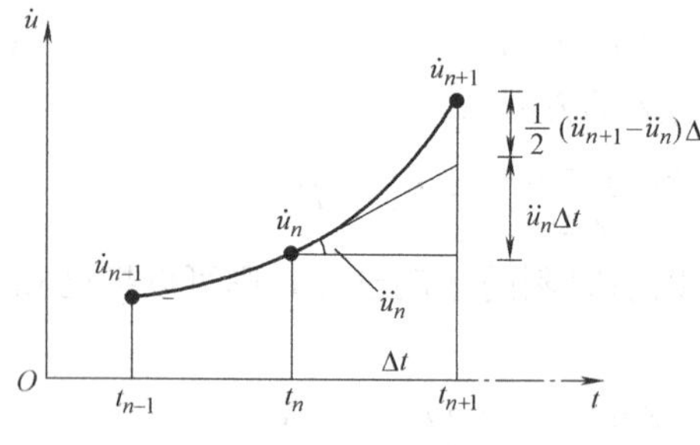

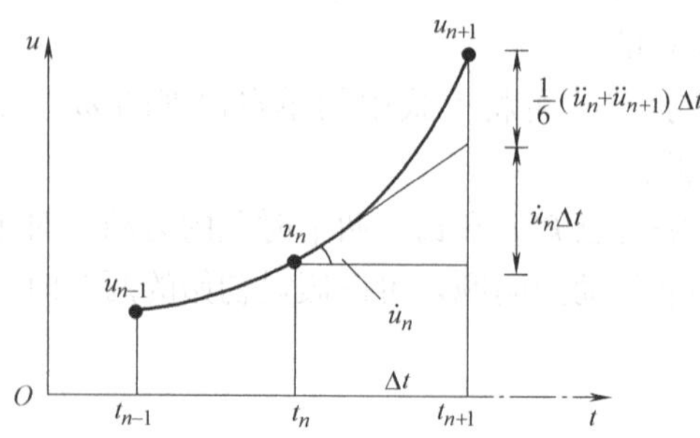

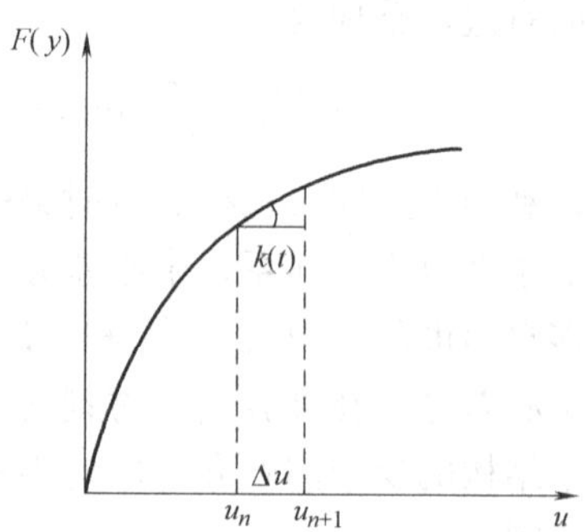

图 3.2-2　线性加速度法

度和位移：

$$\dot{u}_{n+1}=\dot{u}_n+\frac{1}{2}(\ddot{u}_n+\ddot{u}_{n+1})\Delta t \tag{3.2-10}$$

$$u_{n+1}=u_n+\dot{u}_n\Delta t+\frac{1}{6}(2\ddot{u}_n+\ddot{u}_{n+1})\Delta t^2 \tag{3.2-11}$$

同时，在 t_{n+1}时刻应满足动力方程式（3.2-6），即有：

$$\ddot{u}_{n+1}=-\frac{c}{m}\dot{u}_{n+1}-\frac{k}{m}u_{n+1}-\ddot{u}_{0n+1} \tag{3.2-12}$$

将式（3.2-10）和式（3.2-11）代入式（3.2-12），可求解得 t_{n+1}时刻的加速度 $\ddot{u}_{n+1}$：

$$\ddot{u}_{n+1}=-\frac{\ddot{u}_{0n+1}+\frac{c}{m}\left(\dot{u}_n+\frac{1}{2}\ddot{u}_n\Delta t\right)+\frac{k}{m}\left(u_n+\dot{u}_n\Delta t+\frac{1}{3}\ddot{u}_n\Delta t^2\right)}{1+\frac{1}{2}\frac{c}{m}\Delta t+\frac{1}{6}\frac{k}{m}\Delta t^2} \tag{3.2-13}$$

将上式求得的加速度 $\ddot{u}_{n+1}$再代入式（3.2-10）和式（3.2-11），可得到 t_{n+1}时刻的速度 $\dot{u}_{n+1}$和位移 u_{n+1}。由此即可根据 t_n 时刻的已知状态 $\{u\}_n$，$\{\dot{u}\}_n$，$\{\ddot{u}\}_n$ 及 t_{n+1}时刻的地震加速度 $\ddot{u}_{0n+1}$求得 t_{n+1}时刻的位移、速度和加速度反应，按此步骤重复下去即可获得地震反应的全过程。因为该方法假定加速度在微时间段 Δt 内为线性变化，故称为线性加速度法。

对于弹塑性结构，由于结构特性随结构状态而变化，常采用增量法进行时程分析。为此，首先将振动方程（3.2-6）式改写成以下增量形式：

$$m\Delta\ddot{u}+c(t)\Delta\dot{u}+k(t)\Delta u=-m\Delta\ddot{u}_0 \tag{3.2-14}$$

式中，$\Delta u=u_{n+1}-u_n$，$\Delta\dot{u}=\dot{u}_{n+1}-\dot{u}_n$，$\Delta u=\ddot{u}_{n+1}-\ddot{u}_n$分别为微时间段 Δt 内位移、速度和加速度反应的增量；$\Delta\ddot{u}_0=\ddot{u}_{0n+1}-\ddot{u}_{0n}$为微时间段 Δt 内地震加速度的增量；$c(t)$，$k(t)$ 分别为时间 t 时刻的瞬时阻尼和瞬时刚度（图 3.2-2）。将（3.2-10）式、（3.2-11）式和（3.2-12）写成增量形式，则可得以下反应增量的线性加速度法的基本公式：

$$\Delta\dot{u}=\ddot{u}_n\Delta t+\frac{1}{2}\Delta\ddot{u}\,\Delta t \tag{3.2-15}$$

$$\Delta u=\dot{u}_n\Delta t+\frac{1}{2}\ddot{u}_n\Delta t^2+\frac{1}{6}\Delta\ddot{u}\,\Delta t^2 \tag{3.2-16}$$

$$\Delta u=-\frac{c(t)}{m}\Delta\dot{u}-\frac{k(t)}{m}\Delta u-\Delta\ddot{u}_0 \tag{3.2-17}$$

由式（3.2-15）和式（3.2-16），可将 $\Delta\dot{u}$，$\Delta\ddot{u}$ 用 Δu 表示：

$$\Delta\dot{u}=\frac{3}{\Delta t}\Delta u-3\dot{u}_n-\frac{\Delta t}{2}\ddot{u}_n \tag{3.2-18}$$

$$\Delta\ddot{u}=\frac{6}{\Delta t^2}\Delta u-\frac{6}{\Delta t}\dot{u}_n-3\ddot{u}_n \tag{3.2-19}$$

将以上式（3.2-18）和式（3.2-19）代入式（3.2-17），可得位移增量解 Δu：

$$\Delta u=\frac{m\left(-\Delta\ddot{u}_0+\frac{6}{\Delta t}\dot{u}_n+3\ddot{u}_n\right)+c(t)\left(3\dot{u}_n+\frac{\Delta t}{2}\ddot{u}_n\right)}{k(t)+\frac{3}{\Delta t}c(t)+\frac{6}{\Delta t^2}m}=\frac{\Delta\overline{P}(t)}{\overline{k}(t)} \tag{3.2-20}$$

上式分母 $\Delta\overline{P}(t)$ 可作为力增量，分子 $\overline{k}(t)$ 可视为刚度，则上式类似于静力方程。由上

式确定 Δu 后，再代入式（3.2-18）和式（3.2-19），可得 $\Delta\dot{u}$，$\Delta\ddot{u}$，由此可得到 t_{n+1} 时刻的各项反应值。

瞬时刚度 $k(t)$ 需由恢复力特性，根据以往位移历程以及各步所达到的位移和速度状态确定。有关结构弹塑性恢复力特性已在本书第 2 章介绍。

3.2.1.3　平均加速度法

如图 3.2-3 所示，取 t_n 时刻和 t_{n+1} 时刻加速度的平均值作为 Δt 时间内的加速度，即：

$$\ddot{u}(t)=\frac{\ddot{u}_n+\ddot{u}_{n+1}}{2} \tag{3.2-21}$$

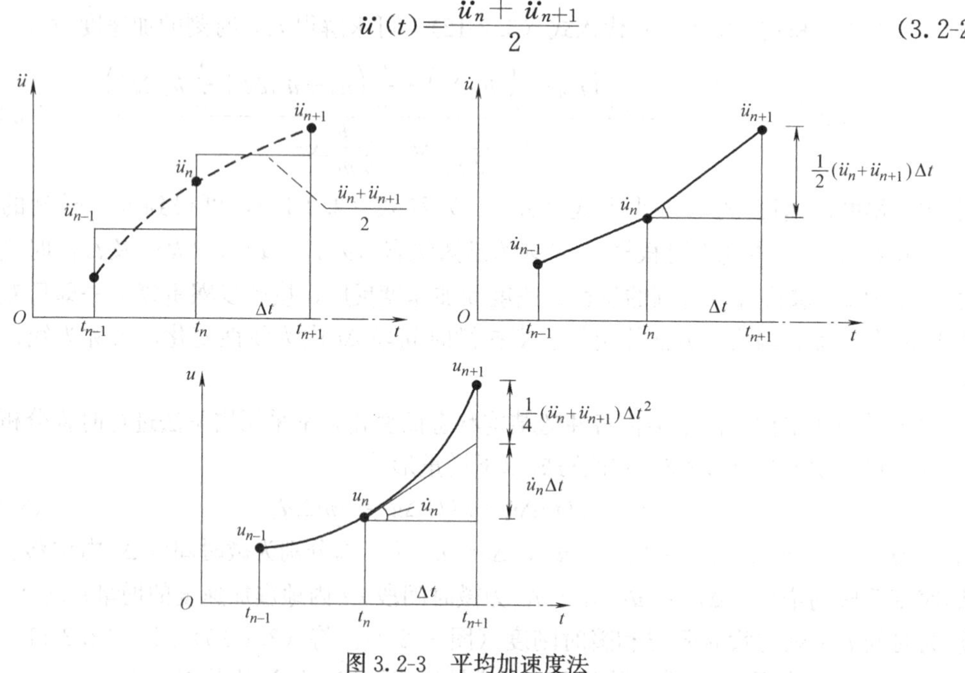

图 3.2-3　平均加速度法

因此，在 Δt 时间内的速度为 t 的 1 次函数，位移为 t 的 2 次函数。与线性加速度处理方法相同，可得到下列关系：

$$\dot{u}_{n+1}=\dot{u}_n+\frac{1}{2}(\ddot{u}_n+\ddot{u}_{n+1})\Delta t \tag{3.2-22}$$

$$u_{n+1}=u_n+\dot{u}_n\Delta t+\frac{1}{4}(2\ddot{u}_n+\ddot{u}_{n+1})\Delta t^2 \tag{3.2-23}$$

$$\ddot{u}_{n+1}=-\frac{c}{m}\dot{u}_{n+1}-\frac{k}{m}u_{n+1}-\ddot{u}_{0n+1} \tag{3.2-24}$$

上述方法称为平均加速度法。由以上公式可见，除有关系数有所不同外，其他处理方法与线性加速度法完全一样。因此与式（3.2-13）对应的 t_{n+1} 时刻加速度 $\ddot{u}_{n+1}$ 的解为：

$$\ddot{u}_{n+1}=-\frac{\ddot{u}_{0n+1}+\frac{c}{m}\left(\dot{u}_n+\frac{1}{2}\ddot{u}_n\Delta t\right)+\frac{k}{m}\left(u_n+\dot{u}_n\Delta t+\frac{1}{4}\ddot{u}_n\Delta t^2\right)}{1+\frac{1}{2}\frac{c}{m}\Delta t+\frac{1}{4}\frac{k}{m}\Delta t^2} \tag{3.2-25}$$

再由式（3.2-22）和式（3.2-23）确定 t_{n+1} 时刻的速度 $\dot{u}_{n+1}$ 和位移 u_{n+1}。

对应式（3.2-20）的位移增量解 Δu 为：

$$\Delta u=\frac{\Delta \overline{P}(t)}{\overline{k}(t)}=\frac{m\left(-\Delta \ddot{u}_0+\frac{4}{\Delta t}\dot{u}_n+2\ddot{u}_n\right)+2c(t)\dot{u}_n}{k(t)+\frac{2}{\Delta t}c(t)+\frac{4}{\Delta t^2}m} \tag{3.2-26}$$

相应速度、加速度增量为：

$$\Delta\dot{u}=\frac{2}{\Delta t}\Delta u-2\dot{u}_n \tag{3.2-27}$$

$$\Delta\ddot{u}=\frac{4}{\Delta t^2}\Delta u-\frac{4}{\Delta t}\dot{u}_n-2\ddot{u}_n \tag{3.2-28}$$

平均加速度法的优点是无条件稳定，与时间段 Δt 的大小无关。因此该方法适用于多自由度计算量大的情况。

3.2.1.4 Newmark-β 法

Newmark 将各种加速度法统一表示为以下形式：

$$\dot{u}_{n+1}=\dot{u}_n+\frac{1}{2}(\ddot{u}_n+\ddot{u}_{n+1})\Delta t \tag{3.2-29}$$

$$u_{n+1}=u_n+\dot{u}_n\Delta t+\left(\frac{1}{2}-\beta\right)\ddot{u}_n\Delta t^2+\beta\ddot{u}_{n+1}\Delta t^2 \tag{3.2-30}$$

相应的 t_{n+1} 时刻加速度 u_{n+1} 的解为：

$$\ddot{u}_{n+1}=-\frac{\ddot{u}_{0n+1}+\frac{c}{m}\left(\dot{u}_n+\frac{1}{2}\ddot{u}_n\Delta t\right)+\frac{k}{m}\left[u_n+\dot{u}_n\Delta t+\left(\frac{1}{2}-\beta\right)\ddot{u}_n\Delta t^2\right]}{1+\frac{1}{2}\frac{c}{m}\Delta t+\beta\frac{k}{m}\Delta t^2} \tag{3.2-31}$$

上述方法称为 Newmark-β 法。与前述方法对比可见，当 $\beta=1/6$ 时为线性加速度法，当 $\beta=1/4$ 时为平均加速度法。

Newmark-β 法的增量公式如下：

$$\Delta u=\frac{m\left(-\Delta\ddot{u}_0+\frac{1}{\beta\Delta t}\dot{u}_n+\frac{1}{2\beta}\ddot{u}_n\right)+2c(t)\left(\frac{1}{2\beta}\dot{u}_n+\left(\frac{1}{4\beta}-1\right)\ddot{u}_n\Delta t\right)}{k(t)+\frac{1}{2\beta\Delta t}c(t)+\frac{1}{\beta\Delta t^2}m}=\frac{\Delta\overline{P}(t)}{\overline{k}(t)} \tag{3.2-32}$$

$$\Delta\dot{u}=\frac{1}{2\beta\Delta t}\Delta u-\frac{1}{2\beta}\dot{u}_n-\left(\frac{1}{4\beta}-1\right)\ddot{u}_n\Delta t \tag{3.2-33}$$

$$\Delta\ddot{u}=\frac{1}{\beta\Delta t^2}\Delta u-\frac{1}{\beta\Delta t}\dot{u}_n-\frac{1}{2\beta}\ddot{u}_n \tag{3.2-34}$$

3.2.1.5 常用直接积分方法的稳定条件

(1) Newmark-β 法的稳定条件

按前述各种数值积分方法逐步计算地震反应时，如微时间段 Δt 大于结构自振周期 T 的某一比值时，则会随逐步积分的进行引起误差不断累积，导致计算结果发散。对于 Newmark-β 法

$$\begin{cases}\text{当 }\beta\geqslant\frac{1}{4}\text{ 时} & \text{无条件稳定}\\ \text{当 }0\leqslant\beta\leqslant\frac{1}{4}\text{ 时} & \text{在 }\frac{\Delta t}{T}\leqslant\frac{1}{\pi\sqrt{1-4\beta}}\text{ 时稳定}\end{cases} \tag{3.2-35}$$

由此可见，平均加速度法（$\beta=1/4$）是无条件稳定的，而线性加速度法（$\beta=1/6$）满足稳定条件的微时间段界限为 $\Delta t \leqslant 0.55T$。对于多自由度体系，相应最小步长也应满足这一条件。而在实际计算中，应综合考虑计算精度和计算时间，根据经验选择合适的微时间段大小和积分法。

（2）中心差分法的稳定条件

中心差分法的稳定性是有条件的，其有阻尼和无阻尼体系收敛的时间步长为：

$$\Delta t \leqslant \frac{2}{\omega_n} = \frac{T_n}{\pi} \tag{3.2-36}$$

3.2.2 动力弹塑性分析的地震动输入选择

如前所述，动力弹塑性分析的关键问题之一就是如何选取合适的地震动输入。由于地震动自身非常的复杂，且不同的地震动之间离散度很大，因此必须提出一个科学合理的地震动选择方法。从道理上说，应该选取符合对象工程场地未来设计使用年限中可能遭遇的强烈地震动作为输入。然而，由于强烈地震在同一地点的间隔年限非常的长，加上我国由于地震区域广阔，目前还难以对每个工程场地都提供其历史上实际记录的强烈地震动。实际上不单单是我国，对于世界上绝大多数国家的工程抗震研究，都面临着类似的问题。因此，常用的解决手段就是从历史地震记录中，寻找和目标工程场地特征（如发震机理、震源距离、场地条件等）相类似的历史地震记录，并通过调整地震动强度，使其符合目标场地设计地震动的要求。显然，找到完完全全符合所有要求的相近地震动，其实也是非常不容易的。因此，世界各国科研界和工程界对地震动的选取，又建议了一些相对便于操作的规则，这些规则可以大致上分为以下两大类：

（1）基于设计反应谱的选波方法

设计反应谱是工程结构抗震设计的重要依据。如果能够选择到反应谱形状和设计反应谱相近的地震动，则该地震动应该可以比较好的符合该场地未来可能遭遇的地震特征。然而，天然地震动的反应谱和设计反应谱势必有所不同，因此需要一套如何评价某条实际地震反应谱是否与设计反应谱足够接近的评价方法。当然，除了天然地震动外，人工合成地震动也是一个选择，通过设计合理的算法，可以让人工合成地震动与反应谱非常接近。但是，人工合成地震动毕竟不是真实记录到的地震动。因此国内外都对人工合成地震动的使用给予了一定的限制和规定。

（2）基于标准地震动数据库的选波方法

历史震害表明，实际发生的地震动，其反应谱特征和当初设计时的反应谱特征仍然有着很大的差异。实际上，考虑到地震动自身强烈的随机性特征，其反应谱也应该是一个随机变量，而非规范中规定的一条确定的曲线。然而，基于一条确定的反应谱来选取地震动记录就已经很困难了，再考虑到反应谱自身的随机性，则考虑反应谱随机特性的地震动选取一般工程人员实际上很难操作。为此，一些研究者就直接建议了一组或多组标准地震动数据库。进行抗震分析时，直接根据建筑物所处场地的特征，用这些标准数据库进行分析，以获得考虑了各种地震动随机性影响的统计结果。当然，此时分析结果的合理性就强烈依赖于这些标准地震动数据库自身的合理性。虽然很多研究者都建议了一些标准地震动数据库，如美国 FEMA-P695 报告，日本的“告示波”，以及我国的《建筑工程抗震性态设计通则》等，并在相关科学研究和工程设计中发挥了重要价值，但是还有很多工作需进一步开展。

从工程设计而言，世界上绝大多数国家建议的地震动选取方法都是第一类方法，即基于设计反应谱的选波方法。部分国家，如日本等，由于自身版图较小，地震机理相对比较清晰，也同时参考了第二种方法。下面将对这些方法逐一加以介绍。

3.2.2.1 我国抗震规范建议的地震动选取方法

在我国《建筑抗震设计规范》GB 50011—2010 中规定："采用时程分析时，应按建筑场地类别和设计地震分组选用实际强震记录和人工模拟的加速度时程曲线，其中实际强震记录的数量不应少于总数的 2/3，多组时程曲线的平均地震影响系数曲线应与振型分解反应谱法所采用的地震影响系数曲线在统计意义上相符。弹性时程分析时，每条时程曲线计算所得结构底部剪力不应小于振型分解反应谱法计算结果的 65%，多条时程曲线计算所得结构底部剪力的平均值不应小于振型分解反应谱法计算结果的 80%。当取三组时程曲线时，计算结果宜取时程法的包络值和振型分解反应谱法的较大值；当取七组及七组以上的时程曲线时，计算结果可取时程法的平均值和振型分解反应谱法的较大值。"

在规范的附录中进一步做了说明："进行时程分析时，鉴于不同地震动输入进行时程分析的结果不同，本条规定一般可以根据小样本容量下的计算结果来估计地震效应值。通过大量地震加速度记录输入不同结构类型进行时程分析结果的统计分析，若选用不少于二组实际记录和一组人工模拟的加速度时程曲线作为输入，计算的平均地震效应值不小于大样本容量平均值的保证率在 85%以上，而且一般也不会偏大很多。当选用数量较多的地震动，如 5 组实际记录和 2 组人工模拟时程曲线，则保证率更高。所谓"在统计意义上相符"指的是，多组时程波的平均地震影响系数曲线与振型分解反应谱法所用的地震影响系数曲线相比，在对应于结构主要振型的周期点上相差不大于 20%。计算结果的平均底部剪力一般不会小于振型分解反应谱法计算结果的 80%，每条地震动输入的计算结果不会小于 65%。从工程角度考虑，这样可以保证时程分析结果满足最低安全要求。但计算结果也不能太大，每条地震动输入计算不大于 135%，平均不大于 120%。"

正确选择输入的地震加速度时程曲线，要满足地震动三要素的要求，即频谱特性、有效峰值和持续时间均要符合规定。

频谱特性可用地震影响系数曲线表征，依据所处的场地类别和设计地震分组确定。

加速度的有效峰值按《抗规》表 5.1.2-2 中所列地震加速度最大值采用，即以地震影响系数最大值除以放大系数（约 2.25）得到。计算输入的加速度曲线的峰值，必要时可比上述有效峰值适当加大。当结构采用三维空间模型等需要双向（二个水平向）或三向（二个水平和一个竖向）地震动输入时，其加速度最大值通常按 1（水平 1）：0.85（水平 2）：0.65（竖向）的比例调整。选用的实际加速度记录，可以是同一组的三个分量，也可以是不同组的记录，但每条记录均应满足"在统计意义上相符"的要求；人工模拟的加速度时程曲线，也按上述要求生成。

输入的地震加速度时程曲线的有效持续时间，一般从首次达到该时程曲线最大峰值的 10%那一点算起，到最后一点达到最大峰值的 10%为止。不论实际的强震记录还是人工模拟波形，一般为结构基本周期的 5～10 倍，即结构顶点的位移可按基本周期往复 5～10 次。

3.2.2.2 美国土木工程师学会规范建议的地震动选取方法

美国土木工程师学会颁布的结构设计荷载规范《ASCE-07 Minimum Design Loads for Buildings and Other Structures》（ASCE，2010）对地震动选取也做了规定，要求选取的地震动（无论是对于二维还是三维问题），应该和建筑所在场地的最大考虑地震（maximum considered earthquake，重现期大约 2500 年）有着相似的震级、断层距和震源机制。如果找不到足够的天然地震动记录，则可以采用模拟地震动记录来补足。

对于二维问题，地震动通过调幅后，需要使其 5%阻尼比的反应谱在 $0.2T$ 到 $1.5T$（T 是结构在地震动输入方向的基本频率）范围内不小于规范的反应谱。而对于三维输入问题，则需要选取同一地震记录中的不同分量，并且对这些地震分量分别计算其 5%阻尼比下的反应谱，而后将这些分量按同样比例放大，直至其不同分量反应谱的平方和开平方(SRSS) 在 $0.2T$ 到 $1.5T$ 范围内不小于规范的反应谱的 1.3 倍。

在地震动选取的数量上，目前美国规范和我国规范基本一致，即 3 条或 7 条。美国有关方面正在研究，在未来的规范中，将地震动记录的数量要求提高到 11 条。之所以这样提高，是因为美国 ASCE-07 规范在 2010 版，已经过渡到了按照“设计基准期内因地震倒塌的概率不超过 1%”，或在“建筑所在场地的最大考虑地震作用下倒塌率不超过 10%”作为“结构大震不倒”的设计目标。这样如果 11 条地震动输入下，引起倒塌的地震动数目小于等于 1 条，则可以视为满足了规范“结构大震不倒”的设计目标。

3.2.2.3 欧洲规范建议的地震动选取方法

欧洲规范《Eurocode-8 Design of structures for earthquake resistance》（CEN，2004）对地震动的选择和调幅也做了相应的规定，针对实测的地震动记录或者按照震源机制和传播途径反演的模拟地震动时程，要求选择不少于 3 条地震动，地震动与结构所在场地的震源机制和场地条件相符，按照 PGA 调幅到 $S\times\gamma_{I}\times\alpha_{gR}$，并且在［$0.2T_1$，$2T_1$］范围内，任意一条地震动的反应谱值均不小于规范反应谱值的 90%。其中 S 为土层系数，根据场地土的情况，取值在 1.0～1.8 之间不等，基本原则就是场地越差，则 S 越大；γ_{I} 为重要性系数；α_{gR} 为 A 类场地的地面峰值加速度。

从上述地震动选取的规则对比可以看出，我国规范的规定最为细致，弹性时程计算结果和反应谱法及底部剪力法的计算结果也有着比较好的一致性，便于工程人员使用。不过，当地震作用下结构进入弹塑性后，由于结构的周期会发生变化，一阶周期会延长，这时地震动的其他频率成分就会对结构的响应造成显著影响。因此美、欧规范规定在 $0.2T$ 到 $1.5T$ 或 $2.0T$ 范围内都要与规范设计反应谱有一定的一致性。

另外，大量研究表明，对于中长周期结构，地面峰值加速度以及加速度反应谱值，并不能充分反映地震动对结构破坏能力的强弱，而地面峰值速度（PGV）更能体现不同地震动对中长周期结构的破坏力的强弱。因此，《建筑结构抗倒塌设计规范》（CECS 392：2014）在地震防倒塌设计中建议，对于中长周期结构，还应该对地震动的 PGV 有所规定。当结构一阶周期大于 5s 时，罕遇地震动的速度最大值尚宜符合表 3.2-1 的规定，极罕遇地震动的速度最大值可按建筑结构所在地相应于年超越概率 10^{-4} 的地震动确定。

罕遇地震动的速度最大值（cm/s）　　表 3.2-1

设防烈度					
6 度	7 度		8 度		9 度
	0.10g	0.15g	0.20g	0.30g	
12.5	22.0	31.0	40.0	51.0	62.0

3.2.2.4 美国 FEMA-P695 建议的地震动集合

美国 FEMA-P695 报告（FEMA，2009），基于以下 8 点原则，针对中硬场地，建议了 22 条远场地震动（表 3.2-2）和 28 条近场地震动（表 3.2-3），来考虑地震动离散性的影响。

（1）地震震级大于 6.5 级。震级往往影响地震动的频谱与持时特性。震级过小的地震通常不会对建筑结构造成严重的损坏，更不会引起结构的倒塌，并且震级小的地震释放的能量少，影响的区域也小。因此当以建筑结构在强震作用下的结构响应为研究对象时，可以将震级较小的地震排除在外。

（2）震源机制为走滑或逆冲断层。这是针对美国加州以及西部其他地区的地震震源特性所制定的规则，因为这些地区的绝大多数浅源地震都是这两种震源机制，几乎没有其他震源机制的强震记录。

FEMA-P695 建议采用的远场（距离震中大于 10km）地震动记录　　表 3.2-2

	震级	发生年份	名称	地震台	分量
1	6.7	1994	Northridge	Beverly Hills-Mulhol	NORTHR/MUL279
2	6.7	1994	Northridge	Canyon Country-WLC	NORTHR/LOS270
3	7.1	1999	Duzce, Turkey	Bolu	DUZCE/BOL090
4	7.1	1999	Hector Mine	Hector	HECTOR/HEC090
5	6.5	1979	Imperial Valley	Delta	IMPVALL/H-DLT352
6	6.5	1979	Imperial Valley	EI Centro Array #11	IMPVALL/H-E11230
7	6.9	1995	Kobe, Japan	Nishi-Akashi	KOBE/NIS090
8	6.9	1995	Kobe, Japan	Shin-Osaka	KOBE/SHI090
9	7.5	1999	Kocaeli, Turkey	Duzce	KOCAELI/DZC270
10	7.5	1999	Kocaeli, Turkey	Arcelik	KOCAELI/ARC090
11	7.3	1992	Landers	Yermo Fire Station	LANDERS/YER360
12	7.3	1992	Landers	Coolwater	LANDERS/CLW-TR
13	6.9	1989	Loma Prieta	Capitola	LOMAP/CAP090
14	6.9	1989	Loma Prieta	Gilroy Array #3	LOMAP/GO30090
15	7.4	1990	Manjil, Iran	Abbar	MANJIL/ABBAR-T
16	6.5	1987	Superstition Hills	EI Centro Imp. Co.	SUPERST/B-ICC090
17	6.5	1987	Superstition Hills	Poe Road (temp)	SUPERST/B-POE360
18	7.0	1992	Cape Mendocino	Rio Dell Overpass	CAPEMEND/RIO360
19	7.6	1999	Chi-Chi, Taiwan	CHY101	CHICHI/CHY101-N
20	7.6	1999	Chi-Chi, Taiwan	TCU045	CHICHI/TCU045-N
21	6.6	1971	San Fernando	LA-Hollywood Stor	SRERNPEL180
22	6.5	1976	Friuli, Italy	Tolmezzo	FRIULI/A-TMZ270

FEMA-P695 建议采用的近场（距离震中小于 10km）地震动记录　　表 3.2-3

ID No.	地震			记录台站	
	震级	年代	名称	名称	拥有者
有脉冲集合					
1	6.5	1979	Imperial Valley-06	El Centro Array ♯6	CDMG
2	6.5	1979	Imperial Valley-06	El Centro Array ♯7	USGS
3	6.9	1980	Irpinia,Italy-01	Sturno	ENEL
4	6.5	1987	Superstition Hills-02	Parachute Test Site	USGS
5	6.9	1989	Loma Prieta	Saratoga-Aloha	CDMG
6	6.7	1992	Erzican,Turkey	Erzincan	—
7	7.0	1992	Cape Mendocino	Petrolia	CDMG
8	7.3	1992	Landers	Lucerne	SCE
9	6.7	1994	Northridge-01	Rinaldi Receiving Sta	DWP
10	6.7	1994	Northridge-01	Sylmar-Olive View	CDMG
11	7.5	1999	Kocaeli,Turkey	Izmit	ERD
12	7.6	1999	Chi-Chi,Taiwan	TCU065	CWB
13	7.6	1999	Chi-Chi,Taiwan	TCU102	CWB
14	7.1	1999	Duzce,Turkey	Duzce	ERD
无脉冲集合					
15	6.8	1984	Gazli,USSR	Karakyr	—
16	6.5	1979	Imperial Valley-06	Bonds Corner	USGS
17	6.5	1979	Imperial Valley-06	Chihuahua	UNAMUCSD
18	6.8	1985	Nahanni,Canada	Site 1	—
19	6.8	1985	Nahanni,Canada	Site 2	—
20	6.9	1989	Loma Prieta	BRAN	UCSC
21	6.9	1989	Loma Prieta	Corralitos	CDMG
22	7.0	1992	Cape Mendocino	Cape Mendocino	CDMG
23	6.7	1994	Northridge-01	LA-Sepulveda VA	USGS/VA
24	6.7	1994	Northridge-01	Northridge-Saticoy	USC
25	7.5	1999	Kocaeli,Turkey	Yarimca	KOERI
26	7.6	1999	Chi-Chi,Taiwan	TCU067	CWB
27	7.6	1999	Chi-Chi,Taiwan	TCU084	CWB
28	7.9	2002	Denali,Alaska	TAPS Pump Sta. ♯10	CWB

(3) 场地为岩石或硬土场地。美国规范（ICC，2006）将场地划分为 A～F 六类。其中 A 类与 B 类为坚硬的岩石，这类场地上记录到的强震记录数量很少。E 类与 F 类为软弱土层，在地震中可能出现地基破坏而非结构本身的破坏。因此在针对大量的一般建筑结构抗震性能的研究中，将上述 4 类场地均排除在外，只采用 C 类与 D 类场地上记录到的地震动。

(4) 震中距大于 10km。因为近场地震具有许多与远场地震非常不同的特性，对建筑结构的影响也相差很大，因此在研究中希望将这两种很不相同的地震动区别对待。

(5) 来自于同一地震事件的地震动不多于 2 条。有些地震的地震动记录工作做得非常充分，得到了大量的强震记录，如 1999 年我国台湾的集集地震。但在另一些地震中记录到的强震记录则可能相对很少。为了使所选的地震动具有更广泛的适用性，避免选波过程对于地震事件的依赖，增加了此条限制。当同一地震中记录到的地震动有 2 条以上均符合其他所有条件时，选取 PGV 最大的两条。

(6) 地震动的 PGA 大于 $0.2g$，PGV 大于 15cm/s。这一规则仅是为了排除峰值过小，不太可能对结构安全性造成影响的地震动。

(7) 地震动的有效周期至少达到 4s。对于高层或大跨建筑等周期较长的结构，因为遭遇地震损伤后结构周期可能进一步增大，因此这里要求地震动的有效周期至少应达到 4s，以正确反映地震动中的长周期成分对结构安全性的影响。一般新近记录到的地震动都能满足此要求，但一些采用老式设备记录到的质量不佳的地震动则应被排除在外。

(8) 强震仪安放在自由场地或小建筑的地面层。建筑物的结-土耦合作用会对地震动产生非常显著的影响。为此只选用安放在自由场地上或很小的建筑物的地面上的设备记录到的地震动。

3.2.2.5 《建筑工程抗震性态设计通则》的地震动集合

我国的《建筑工程抗震性态设计通则》(CECS 160：2004) 对于地震加速度时程的选择也进行了相关建议。该通则建议对于建筑结构采用时程分析法时，地震加速度时程应采用实际地震记录和人工模拟的加速度记录。

当选用实际地震加速度记录时，采用了谢礼立院士所提出的最不利设计地震动的概念。首先建立了包括①国外强震记录库共 56 条记录；②国内强震记录库共 36 条记录的数据库。然后根据估计地震动潜在破坏势的综合评定法，从以上数据库中确定最不利设计地震动，即：

(1) 按目前被认为最可能反映地震动潜在破坏势的各种参数（峰值加速度、峰值速度、峰值位移、有效峰值加速度、有效峰值速度、强震持续时间、最大速度增量和最大位移增量以及各种谱烈度值），对所有强震动记录进行排队，将所有排名在最前面的记录汇集在一起，组成了最不利的地震动备选数据库。

(2) 将收集到的备选强震记录进一步做第二次排队比较。着重考虑和比较这些强震记录的位移延性和耗能，将这两项指标最高的记录挑出来，进一步考虑场地条件、结构周期和规范有关规定等因素的影响，最后得到给定场地条件及结构周期下的最不利设计地震动。根据这种考虑，将结构按其自振周期分为三个频段：短周期段（0～0.5s）、中周期段（0.5～1.5s）和长周期段（1.5～5.5s），并将地震动按四类场地划分，这样对应每种不同周期频段、不同场地类型的组合，均得到三条最不利设计地震动（国外地震动记录 2 条，国内 1 条），作为推荐的设计地震动加速度时程。表 3.2-4 中列出了这 15 条地震动记录信息。

当选用人工模拟加速度时程时，应以该场地设计谱为目标谱，其 0.05 阻尼比的反应谱与目标谱各周期点之间的最大差异，在结构周期 T 不大于 3.0s 时不宜大于 15%，在 T 大于 3.0s 时不宜大于 20%；平均差异不宜大于 10%。

《建筑工程抗震性态设计通则》（CECS 160-2004）推荐用于各类场地的设计地震动　表 3.2-4

场地类别	用于短周期结构输入（0～0.5s）		用于中周期结构输入（0.5～1.5s）		用于长周期结构输入（1.5～5.5s）	
	组号	记录名称	组号	记录名称	组号	记录名称
Ⅰ	F1	1985，La Union，Michoacan Mexico	F1	1985，La Union，Michoacan Mexico	F1	1985，La Union，Michoacan Mexico
	F2	1994，Los Angeles Griffith Observation，Northridge	F2	1994，Los Angeles Griffith Observation，Northridge	F2	1994，Los Angeles Griffith Observation，Northridge
	N1	1988，竹塘 A 浪琴	N1	1988，竹塘 A 浪琴	N1	1988，竹塘 A 浪琴
Ⅱ	F3	1971，Castaic Oldbrdige Route，San Fernando	F4	1979，El Centro，Array＃10，Imperial valley	F4	1979，El Centro，Array＃10，Imperial valley
	F4	1979，El Centro，Array＃10，Imperial valley	F5	1952，Taft，Kern County	F5	1952，Taft，Kern County
	N2	1988，耿马 1	N2	1988，耿马 1	N2	1988，耿马 1
Ⅲ	F6	1984，Coyote Lake Dam，Morgan Hill	F7	1940，El Centro-Imp Vall Irr Dist，El Centro	F7	1940，El Centro-Imp Vall Irr Dist，El Centro
	F7	1940，El Centro-Imp Vall Irr Dist，El Centro	F12	1966，Cholame Shandon Array2，Parkfield	F5	1952，Taft，Kern County
	N3	1988，耿马 2	N3	1988，耿马 2	N3	1988，耿马 2
Ⅳ	F8	1949，Olympia Hwy Test Lab，Western Washington	F8	1949，Olympia Hwy Test Lab，Western Washington	F8	1949，Olympia Hwy Test Lab，Western Washington
	F9	1981，Westmor and，Westmoreland	F10	1984，Parkfield Fault Zone 14，Coalinga	F11	1979，El Centro，Array＃6 Imperial valley
	N4	1976，天津医院，唐山地震	N4	1976，天津医院，唐山地震	N4	1976，天津医院，唐山地震

3.2.3　地震动强度指标

选定了地震动后，如何衡量该地震动代表的地面运动强度，则是动力弹塑性分析需要解决的另一个非常重要的问题。例如，我国抗震规范建议采用地面运动的峰值加速度（PGA）作为地面运动强度的指标，8 度大震对应的 PGA=400cm/s^2。但是地震动强度指标是一个非常复杂的问题，虽然已经进行了大量研究，但是仍未得到圆满解决。本节将介绍本书作者对地震动强度指标的一些整理和讨论，供读者参考。

强震地面运动十分复杂。在结构工程领域，地震对结构破坏能力的大小主要与地面振动的幅值、频谱特性和强震持时这三个因素有关。但是如何寻求一个能综合反映地震动强度大小的指标用于结构抗震分析，一直是结构工程抗震研究所面临一个难点，也成为实现基于性能抗震设计所需解决的一个基本问题。

目前结构抗震分析和设计中运用比较广泛的地震动强度指标主要是地面峰值加速度（PGA）（GB 50011—2010）。但近年来的各种分析研究和震害经验表明，PGA 指标很不完善（Fajfar et al.，1990；李英民等，2001）。Housner 等（Housner & Jennings，1977）的研究表明，采用简单的单一参数描述地震动强度指标丢失了大量的地震动信息，无法全面描述各种地震动特性对结构地震损伤的影响。于是不少学者提出了各种复合型指标以及三阶段参数指标（下文将列出主要的指标）。对于复合型指标，Nau 等人（Nau & Hall，1984）研究认为，即使不采用三个地震动峰值参数（PGA、PGV、PGD），而采用其他复杂的复合指标，也不一定能更全面地反映地震地面运动对结构损伤程度的综合影响规律，因此认为三个地震动峰值参数仍是最重要的描述地震动特性的参数。但与此同时 Fajfar（Fajfar et al.，1990）则认为采用地震动谱强度指标应该是更好的选择。

本节总结归纳了目前许多研究者提出的各种地震动强度指标，分析了不同地震动强度指标的适用范围和优缺点，可为结构抗震分析合理选用地震动强度指标提供参考。

3.2.3.1 现有地震动强度指标

（1）地震动峰值

传统的 PGA 是目前使用较多的地震动强度指标，也较为直观简单，目前大多数国家采用这一指标。PGV 也是一个重要的地震动强度指标，Neumann 的研究认为用 PGV 比 PGA 更能体现地震动强度等级（郝敏等，2005），目前日本就以 PGV 作为地震动强度指标。地面运动位移峰值 PGD 虽然用得较少，但也有学者将 PGD 与另外一些指标进行了对比研究（Riddell & Garcia，2001）。

（2）地震动谱峰值

刘恢先曾考虑采用有阻尼的加速度谱曲线的最大值作为地震动强度指标，也有学者将此概念推广，将速度谱和位移谱的最大值也作为地震动强度指标（郝敏等，2005）。由此得到反应谱峰值表达的地震动强度指标，即谱加速度峰值 PSA、谱速度峰值 PSV 和谱位移峰值 PSD。

（3）地面加速度与速度峰值比

对于地震而言，地面加速度峰值与速度峰值是由频率成分不同的地震动所引起的，并且各自具有不同的衰减特性，为兼顾考虑地面加速度与速度峰值的影响，有学者使用地面速度峰值与加速度峰值比（PGV/PGA）作为一种强度指标（Sucuoglu & Nurtug，1995）。

（4）Housner 谱强度

Housner 研究认为，弹性结构地震响应的最大应变能 $E_{e,max}$ 与拟速度谱值 S_v 具有如下关系（Housner，1952）：

$$E_{e,max}=mS_v^2/2 \tag{3.2-37}$$

因此，结构的反应谱值也可以作为地震动强度指标，来衡量地震输入结构的能量大小和对结构的破坏能力。Housner 定义了地震动谱烈度：

$$S_I(\zeta)=\int_{0.1}^{2.5}S_v(\zeta,T)\mathrm{d}T \tag{3.2-38}$$

其中，ζ 为结构阻尼比；S_v 为拟速度谱。

（5）Arias 强度

Arias 以单位质量弹塑性体系的总滞回耗能作为结构地震响应参数，提出了一个与结构单位质量总滞回耗能量相关的地震强度指标（Arias，1970），用于各种周期的结构：

$$I_A(\zeta)=\frac{\cos^{-1}\zeta}{g\sqrt{1-\zeta^2}}\int_0^{t_f}\ddot{x}^2(t)\mathrm{d}t \tag{3.2-39}$$

其中，ζ 为结构阻尼比；g 为重力加速度；t_f 为地震动总持时；$\ddot{x}(t)$ 为地震动加速度时程。

Trifunac 和 Brady 根据 Arias 强度指标，对地震强震持时作了定义（Trifunac & Brady，1975），记为有效强震持时 t_D：

$$t_D=t_{95}-t_5 \tag{3.2-40}$$

其中，t_{95} 与 t_5 为按照式（3.2-39）计算所得 Arias 强度分别占整个地震结束时刻的计算所得 Arias 强度的 95%与 5%的对应时刻，这是目前使用最广泛的地震强震持时定义。

（6）修正的 Arias 强度

Araya 等人研究发现，Arias 强度反映了地震动的峰值和持时，但没有反映地震动频谱特性的影响，因此对 Arias 强度作了修正（叶献国，1998），提出如下指标：

$$P_D=I_A/v_0^2 \tag{3.2-41}$$

其中，v_0 为地震动加速度曲线上单位时间内通过零点的次数。

（7）Housner 强度

Housner 认为，地震对结构破坏能力可以通过输入结构单位质量的总能量在时间域上的平均量来衡量。考虑到结构总输入能量与地震加速度平方的积分成正比，因此提出了如下形式的地震动强度指标（Housner，1975）：

$$P=\frac{1}{t_2-t_1}\int_{t_1}^{t_2}\ddot{x}^2(t)\mathrm{d}t \tag{3.2-42}$$

其中，t_1，t_2 分别为地震强震持时的始末时刻。该公式表达的物理含义就是加速度平方在 t_1 至 t_2 时间域内的平均值，可简称为平均加速度平方指标。引入式（3.2-40）的有效强震持时 t_D（当然 t_1、t_2 也可设定为地震始末时刻），Housner 强度可以写成：

$$P_a=\frac{1}{t_D}\int_{t_5}^{t_{95}}\ddot{x}^2(t)\mathrm{d}t \tag{3.2-43}$$

同样的，也可将上述加速度推广为速度或位移，得到以下平均速度平方指标和平均位移平方指标：

$$P_v=\frac{1}{t_D}\int_{t_5}^{t_{95}}\dot{x}^2(t)\mathrm{d}t \tag{3.2-44}$$

$$P_d=\frac{1}{t_D}\int_{t_5}^{t_{95}}\dot{x}^2(t)\mathrm{d}t \tag{3.2-45}$$

Housner 在提出上述指标后，进一步对上述指标作开方处理，得到如下一系列地震动强度指标（Housner & Jennings，1964）：

$$\begin{cases}a_{rms}=\sqrt{P_a}\\ v_{rms}=\sqrt{P_v}\\ d_{rms}=\sqrt{P_d}\end{cases} \tag{3.2-46}$$

（8）Nau 和 Hall 指标

Nau 和 Hall（Nau & Hall，1982）沿用了 Arias 指标的概念，并作了适当简化后，采用了如下形式的指标：

$$\begin{cases}E_a=\int_0^{t_f}\ddot{x}^2(t)\mathrm{d}t\\ E_v=\int_0^{t_f}\dot{x}^2(t)\mathrm{d}t\\ E_d=\int_0^{t_f}x^2(t)\mathrm{d}t\end{cases} \tag{3.2-47}$$

其中，t_f 是地震动总持时。与 Housner 指标类似，Nau 和 Hall 指标也可以得到对应的平方根形式指标，表示如下：

$$\begin{cases} a_{rs} = \sqrt{E_a} \\ v_{rs} = \sqrt{E_v} \\ d_{rs} = \sqrt{E_d} \end{cases} \quad (3.2\text{-}48)$$

（9）Park-Ang 指标

Park 和 Ang 研究结构损坏程度与地震动强度的关系后，提出了 Park-Ang 指标（Park et al.，1985），认为该指标能够较好地描述地震动强度与结构损伤指标之间的关系，称为"特征强度"，该指标的表达式如下：

$$I_C = a_{rms}^{1.5} t_D^{0.5} \quad (3.2\text{-}49)$$

其中，a_{rms}指标参见式（3.2-46）。

（10）Fajfar 指标

Fajfar 和 Vidic 研究了地震动强度与结构损伤程度及地震输入能量的关系后，提出了以下地震动强度指标（Fajfar et al.，1990）：

$$I_F = v_{max} t_D^{0.25} \quad (3.2\text{-}50)$$

该指标适用于结构第一周期为中长周期的结构。

（11）Riddell 指标

Riddell（Riddell & Garcia，2001）总结了前人所提的各种指标后，采用形如式（3.2-51）的指标形式：

$$I = Q^{\alpha} t_D^{\beta} \quad (3.2\text{-}51)$$

其中，Q 为地震动参数。通过对不同周期、不同延性的结构采用不同的指标及参数进行滞回耗能的统计分析后，Riddell 针对不同地震动参数控制区建议了如下三参数指标，

$$I_d = d_{max} t_D^{1/3} \quad (3.2\text{-}52)$$

$$I_v = v_{max}^{2/3} t_D^{1/3} \quad (3.2\text{-}53)$$

$$I_a = \begin{cases} a_{max} t_D^{1/3} & (3.2\text{-}54a) \\ a_{max} & (3.2\text{-}54b) \end{cases}$$

（3.2-52）与（3.2-53）式分别适用于等位移区和等速度区，（3.2-54）式适用于等加速度区，其中（3.2-54a）式适用于屈服后刚度退化结构，而（3.2-54b）式则适用于理想弹塑性和屈服后强化型双线型结构。

（12）第一周期谱加速度指标 $S_a(T_1)$

Bazzurro（Bazzurro et al.，1998）提出直接采用结构弹性基本周期对应的有阻尼的谱加速度值 S_a（T_1）作为地震动强度的归一化指标。这一指标简单实用，且与传统的 PGA 指标相比可以大大降低结构地震响应分析结果的离散性（Vamvatsikos & Cornell，2002），但是只适用于中短周期结构，对于受高阶影响较大的长周期结构适用性较差，且该指标与结构的周期相关，并不是仅仅根据地震动特性归纳出的强度指标。

（13）累积绝对速度指标

Kramer（Kramer，1988）在归纳地震动可能的强度指标时，也曾提出一种对加速度时程的绝对值进行积分的指标，形如下式：

$$CAV=\int_0^{t_f}|\ddot{x}(t)|\,dt \tag{3.2-55}$$

（14）有效设计加速度指标

Benjamin（Benjamin & Associates，1988）在研究中指出，太高频的地震动成分对结构地震响应影响很小，但对加速度峰值的影响却很大，因此建议通过低通滤波方式将加速度时程中频率高于 9Hz 的成分滤去，然后用滤波后的加速度时程峰值作为设计或研究用的地震强度归一化指标，称为有效设计加速度（Effective Design Acceleration，简称EDA）。

（15）结构前 2 阶模态的地震动强度指标 $IM_{1E\&2E}$

Luco & Cornell（Luco & Cornell，2007）提出了基于结构前 2 阶模态的地震动强度指标 $IM_{1E\&2E}$，其具体表达式如下：

$$\begin{aligned}IM_{1E\&2E}&=\sqrt{[PF_1^{[2]}S_d(T_1,\zeta_1)]^2+[PF_2^{[2]}S_d(T_2,\zeta_2)]^2}\\&=\sqrt{1+R_{2E/1E}^2}\left|\frac{PF_1^{[2]}}{PF_1^{[1]}}\right|\left|PF_1^{[1]}\right|S_d(T_1,\zeta_1)\end{aligned} \tag{3.2-56}$$

其中，$R_{2E/1E}=\dfrac{PF_2^{[2]}S_d(T_2,\zeta_2)}{PF_1^{[2]}S_d(T_1,\zeta_1)}$；$S_d(T_1,\zeta_1)$，$S_d(T_2,\zeta_2)$ 分别代表结构 1、2 阶周期对应的阻尼比为 ζ_1、ζ_2 时的位移谱值；并定义第 j 阶模态对第 i 层层间位移角的参与系数为 $PF_j(\theta_i)=\Gamma_j\dfrac{\phi_{j,i}-\phi_{j,i-1}}{h_i}$，$PF_1^{[2]}$ 则表示考虑结构前 2 阶模态进行层间位移角 SRSS 组合得到最大层间位移角时对应的 1 阶模态参与系数；同理，$PF_1^{[1]}$ 表示仅考虑结构 1 阶模态得到最大层间位移角时对应的 1 阶模态参与系数。

（16）适用于超高层建筑的改进地震动强度指标 $\overline{S}_a$

与常规结构相比，超高层建筑结构的显著特点是基本周期长，在地震作用下结构响应中高阶振型参与明显，结构的破坏模式主要以高阶振型控制为主。因此，适用于超高层建筑结构的地震动强度指标必须能够反映结构响应中高阶振型的影响；其次，作为一个合理的地震动强度指标，还要形式简便，便于应用。因此，本书作者提出一个适用于超高层建筑的改进地震动强度指标 $\overline{S}_a$。

$$\overline{S}_a=\sqrt[n]{\prod_{i=1}^{n}S_a(T_i)} \tag{3.2-57}$$

$$n=\begin{cases}1, & T_1\leqslant 1s\\0.39T_1+1.15, & 1s<T_1\leqslant 10s\end{cases} \tag{3.2-58}$$

式中，$S_a(T_i)$ 为第 i 阶周期对应的谱加速度；n 为所考虑的结构平动振型数，与结构的基本周期相关；$\overline{S}_a$ 的物理含义是结构前 n 阶自振周期对应的谱加速度的几何平均值，它反应了结构地震响应中参与显著的结构振型数量。当结构周期较短时，即 $n=1$ 时，该地震动强度指标退化成一阶周期对应的谱加速度 $S_a(T_1)$。由于 n 的物理意义是对结构地震响应贡献明显的振型数量，因此，在利用式（3.2-58）计算 n 值过程中，需要对所计算得到的 n 值取整，作为最终的 n 值。例如，对于基本周期约为 8s 的结构，利用式（3.2-58）可以计算得到最优 $n=4.27$，此时可近似取 $n\approx4$，此时，地震动强度指标 $\overline{S}_a=[S_a(T_1)\cdot S_a(T_2)\cdot S_a(T_3)\cdot S_a(T_4)]^{1/4}$。对于给定结构，该地震动强度指标可以直接通过加速度反应谱得到，能较好地反映高阶振型参与对结构最大层间位移角响应的影响，且与常用的 $S_a(T_1)$ 指标有较好的延续性。

3.2.3.2 典型地震动强度指标的对比

文献研究表明（Baker & Cornel，2005；Padgett et al，2008；Baker & Cornel，2008），结构的响应指标 DM 和地震动强度指标 IM 之间近似满足式（3.2-59）所示的指数关系。

$$DM=a\cdot IM^b \tag{3.2-59}$$

其中，a 和 b 是回归系数。对上式两边取自然对数，可变换成式（3.2-60）所示的线性关系。

$$\ln(DM)=\ln a+b\ln(IM) \tag{3.2-60}$$

由于式（3.2-60）满足古典的线性回归模型，利用最小二乘原理对 n 次动力时程分析得到的离散点（DM_i，IM_i）进行回归统计，可得到 $\ln DM$ 与 $\ln IM$ 的相关系数 ρ 和离散度 β。离散度 β 的计算如式（3.2-61）所示：

$$\beta=\sqrt{\frac{\sum_{i=1}^{n}(\ln(DM_i)-\ln(aIM_i^b))^2}{n-2}} \tag{3.2-61}$$

相关性系数 ρ 的取值范围在－1 到 1 之间，$|\rho|$ 越接近 1，则表示所考察的结构的响应指标与地震动强度指标的相关性越好。一般说来，当相关系数 $|\rho|\geqslant 0.8$，表明结构的响应指标与地震动强度指标之间具有良好的相关性；而离散度 β 越小，则表示所考察的地震动强度指标越有效。

具体的研究步骤如下：

(1) 对于给定基本周期的简化分析模型及其相应的模型参数，利用时程计算分析方法，计算第 i 条地震记录输入下简化分析模型的最大响应指标 DM_i；

(2) 计算相应的第 i 条地震动记录的强度指标 IM_i；

(3) 计算 n 条地震动记录，可得到 n 个离散点（IM_i，DM_i），将其绘制在 $\ln IM$-$\ln DM$ 坐标系中，如图 3.2-4 所示，对这些离散点进行线性回归，得到相应周期下 $\ln IM$ 与 $\ln DM$ 的相关系数 ρ 和离散度 β；

(4) 调整模型参数，得到不同基本周期 T_1 的结构，重复上述 (1) ～ (3) 的步骤，即可得到结构响应指标与地震动强度指标相关系数 ρ 及离散度 β 随着结构周期 T_1 的变化规律。

虽然结构的地震响应指标 DM 有很多，如最大顶点位移 d_{max}、最大加速度 a_{max}、最大层间位移 θ_{max}、最大基底剪力 F_{max}、总输入能量 E_{input} 等等，但是在建筑结构抗震设计和地震响应分析中最关心和常用的结构地震响应指标主要是最大层间位移角 θ_{max}、最大顶点位移 d_{max} 和最大加速度 a_{max}，因此本小节的研究中将依次讨论 6 个典型地震动强度指标（PGA、PGV、PGD、S_a（T_1）、$IM_{1E\&2E}$、$\overline{S}_a$）与这些结构地震响应指标（d_{max}、θ_{max}、a_{max}）的相关性和离散度随结构基本周期 T_1 的变化规律。

现有的高层建筑结构大都采用框架－剪力墙结构体系，变形模式属于弯曲变形和剪切变形的耦合。斯坦福大学 Miranda 等（Miranda & Taghavi，2005）提出了一个弯曲－剪切耦合的连续化模型，可以很好地描述此类结构的受力行为。如图 3.2-5 所示，弯曲梁和剪切梁之间通过刚性铰接链杆连接传递水平力，保证弯曲梁和剪切梁在水平方向上的变形

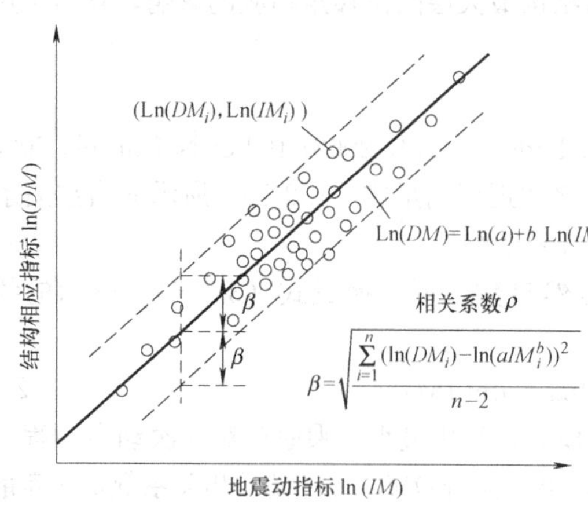

图 3.2-4　结构地震响应指标与地震动强度指标相关性示意图

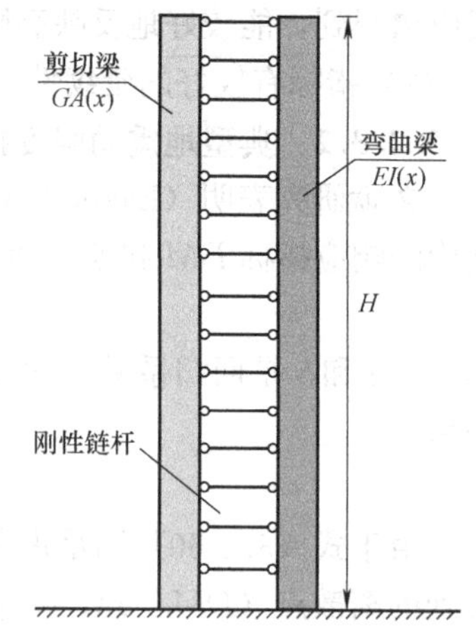

图 3.2-5　弯曲—剪切梁耦合模型

协调。该连续化模型在水平地震动作用下满足式（3.2-62）所示的微分方程：

$$\frac{\rho(x)}{EI_0}\frac{\partial^2 u(x,t)}{\partial t^2}+\frac{c(x)}{EI_0}\frac{\partial u(x,t)}{\partial t}+\frac{1}{H^4}\frac{\partial^2}{\partial x^2}\left(S(x)\frac{\partial^2 u(x,t)}{\partial x^2}\right)-\frac{\alpha_0^2}{H^4}\frac{\partial}{\partial x}\left(S(x)\frac{\partial u(x,t)}{\partial x}\right)=-\frac{\rho(x)}{EI_0}\frac{\partial^2 u_g(t)}{\partial t^2} \tag{3.2-62}$$

式中，$\rho(x)$ 为模型沿高度方向的线质量；$u(x,t)$ 为模型在 t 时刻无量纲高度 x（底部时 $x=0$，顶部时 $x=1$）位置处的水平位移；H 为结构总高度；$u_g(t)$ 为地震动加速度时程；$EI(x)$ 和 $GA(x)$ 分别为模型沿高度方向的抗弯刚度和抗剪刚度，并假定模型的抗弯刚度和抗剪刚度沿高度方向的变化规律相同，均为 $S(x)$，即

$$EI(x)=EI_0\cdot S(x) \tag{3.2-63a}$$

$$GA(x)=GA_0\cdot S(x) \tag{3.2-63b}$$

其中 EI_0 和 GA_0 分别代表模型底部的抗弯刚度和抗剪刚度；无量纲参数 $\alpha_0=H(GA_0/EI_0)^{1/2}$控制着整个模型中弯曲变形和剪切变形的比例，即控制着结构横向变形模式。Miranda 等（Miranda & Taghavi，2005）的研究表明，对于剪力墙结构，α_0 值约在 0～1.5 之间；对于框架-剪力墙结构或者带支撑框架结构，α_0 值约在 1.5～5.0 之间；对于框架结构，α_0 值约在 5.0～20 之间；且当 $\alpha_0\geqslant 30$ 后，模型横向变形模式基本上属于剪切变形。在进行数值分析时，该模型只要确定了 4 个参数 $\rho(x)$、EI_0、α_0 和 ξ 的取值，即可以近似估算出图 3.2-5 弯曲-剪切梁耦合模型的地震响应。

以 FEMA-P695（FEMA，2009）中推荐的 22 组原始远场地震动记录作为基本的地震动集合，其中每组地震动记录包含两个水平分量和一个竖向分量，在本研究中，仅采用水平分量作为基本输入，因此，该地震动集合总共包含 44 条地震动记录。

取 $\alpha_0=4.0$（即典型框架－剪力墙结构）的不同基本周期（T_1=1，2，3，4，6，8，9，10 s）的弯剪耦合模型，用上述 44 条远场地震动记录进行时程分析，阻尼比取为 5%。可得到各地震动强度指标（PGA、PGV、PGD、$S_a(T_1)$、$IM_{1E\&2E}$、$\overline{S}_a$）与结构地震响应指标（d_{max}、θ_{max}、a_{max}）的相关系数和离散度系数。已有研究表明，层间位移角与结构的地震损伤关系最为密切。各地震动强度指标（PGA、PGV、PGD、$S_a(T_1)$、$IM_{1E\&2E}$、

$\overline{S}_a$）与结构最大层间位移角 θ_{max} 的相关系数和离散度系数随结构基本周期的变化规律分别如图 3.2-6 和图 3.2-7 所示。

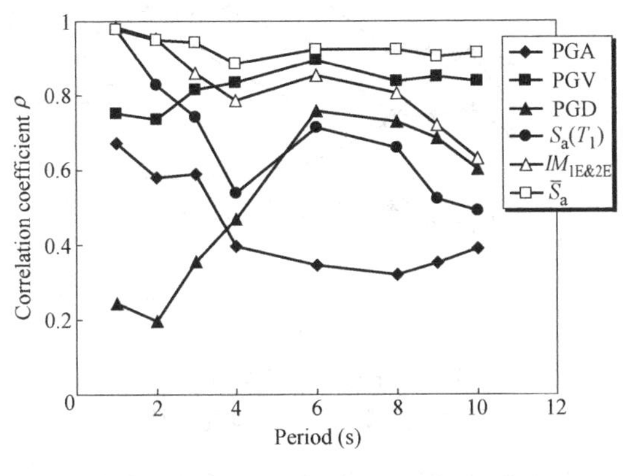

图 3.2-6 各地震动强度指标与 θ_{max} 相关性系数随 T_1 的变化规律

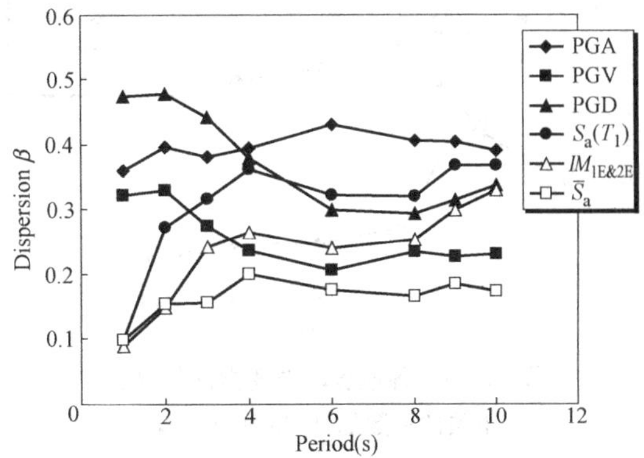

图 3.2-7 各地震动强度指标与 θ_{max} 离散度系数随 T_1 的变化规律

由图 3.2-6 可见，随着结构基本周期的变长，$\overline{S}_a$ 与最大层间位移角 θ_{max} 的相关性略有降低，但在 1～10 s 的周期范围内，两者的相关性系数均在 0.9 以上，说明 $\overline{S}_a$ 与最大层间位移角 θ_{max} 有着良好的相关性；而 PGV 与 θ_{max} 的相关性随着结构基本周期的变长略有提高，在 8～10s 的超长周期范围内两者的相关系数维持在 0.82 左右，略低于 $\overline{S}_a$ 与 θ_{max} 的相关性系数，这表明 PGV 与 θ_{max} 有较好的相关性。PGA、S_a（T_1）和 $IM_{1E\&2E}$ 与 θ_{max} 的相关性随着结构基本周期的变长而逐渐降低，在 T_1 = 1.0s 左右，$S_a(T_1)$ 和 $IM_{1E\&2E}$ 与 θ_{max} 的相关系数在 0.95 以上，说明 $S_a(T_1)$ 和 $IM_{1E\&2E}$ 与 θ_{max} 具有很好的相关性；但随着结构周期的变长，当 T_1 = 10.0s 左右，$S_a(T_1)$ 和 $IM_{1E\&2E}$ 与 θ_{max} 的相关性系数均小于 0.8，仅在 0.6 左右，由于 $IM_{1E\&2E}$ 考虑了结构的前两阶振型的影响，$IM_{1E\&2E}$ 与 θ_{max} 的相关性略好于 $S_a(T_1)$ 与 θ_{max} 的相关性，PGA 与 θ_{max} 的相关性最差。而 PGD 与 θ_{max} 的相关性随 T_1 的变长逐渐提高，6s 以后的相关性系数又略有下降，但相关性系数均在 0.8 以下，说明 PGD 与 θ_{max} 不具有良好的相关性。图 3.2-7 也显示了类似的规律，$\overline{S}_a$ 与最大层间位移角 θ_{max} 的离散度系数最小，PGV 与 θ_{max} 的离散度系数次之，PGA 与 θ_{max} 的离散度系数最大。

各地震动强度指标（PGA、PGV、PGD、$S_a(T_1)$、$IM_{1E\&2E}$、$\overline{S}_a$）与结构最大楼层位移 d_{max} 的相关系数和离散度系数随结构基本周期的变化规律分别如图 3.2-8 和图 3.2-9 所示。图 3.2-8 表明，指标 $S_a(T_1)$ 和 $IM_{1E\&2E}$ 与结构的最大楼层位移 d_{max} 有较好的相关性，在从 1～10s 的整个周期段上相关性系数均在 0.94 左右；PGD 和结构的最大楼层位移 d_{max} 的相关性随着结构基本周期的变长逐渐提高，当结构基本周期在 1s 左右时，PGD 和 d_{max} 的相关性系数不足 0.25，当结构基本周期为 10s 左右时，PGD 和 d_{max} 的相关系数提高到了 0.94；PGV 和 $\overline{S}_a$ 与 d_{max} 相关性随着结构基本周期的变长而逐渐降低，到了 10s 左右的超长周期段，两者与 d_{max} 的相关性系数均小于 0.8，但 $\overline{S}_a$ 与 d_{max} 的相关性略好于 PGD 与 d_{max} 的相关性；而 PGA 与 d_{max} 的相关性最差，随着结构基本周期的变长急剧下降，从 4.0s 以后，甚至出现了负相关，说明在长周期段或者超长周期段 PGA 和 d_{max} 基本没有相关性。同样，从图 3.2-9 也可得到类似的结论，即指标 $S_a(T_1)$ 和 $IM_{1E\&2E}$ 与结构

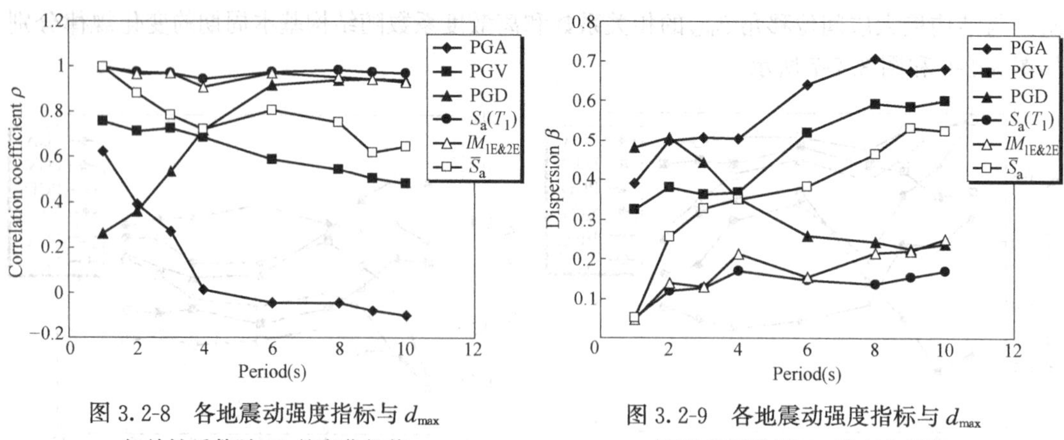

图 3.2-8 各地震动强度指标与 d_{max} 相关性系数随 T_1 的变化规律

图 3.2-9 各地震动强度指标与 d_{max} 离散度系数随 T_1 的变化规律

的最大楼层位移 d_{max}的离散度在 1～10s 的整个考察周期范围内均最小，而 PGA 与 d_{max}的离散度则最大。

各地震动强度指标（PGA、PGV、PGD、$S_a(T_1)$、$IM_{1E\&2E}$、S_a）与结构楼面加速度 a_{max}的相关系数和离散度系数随结构基本周期的变化规律分别如图 3.2-10 和图 3.2-11 所示。

显然，由图 3.2-10 和图 3.2-11 可见，在 1～10s 所考察的周期范围内，PGA 与结构最大楼面加速度 a_{max}都且有很好的相关性，两者的相关性系数基本在 0.9 左右，且离散度也最小。而 $\overline{S}_a$ 和 PGV 与 a_{max}都具有一定的相关性，但在超长周期的范围内相关系数均小于 0.8；此外，$S_a(T_1)$、$IM_{1E\&2E}$与 a_{max}的相关性随基本周期 T_1 的变长迅速降低，当结构周期超过 4.0 s 后，$S_a(T_1)$、$IM_{1E\&2E}$与 a_{max}的相关性变得很差，到了 10s 左右基本不具备相关性；而在 1～10s 的所考察的周期段，PGD 与 a_{max}的相关性系数都很小，基本不具备相关性。总的说来，在所考察的 6 个地震动强度指标中，PGA 和结构最大楼面加速度 a_{max}具有很好的相关性，且离散度也最小。

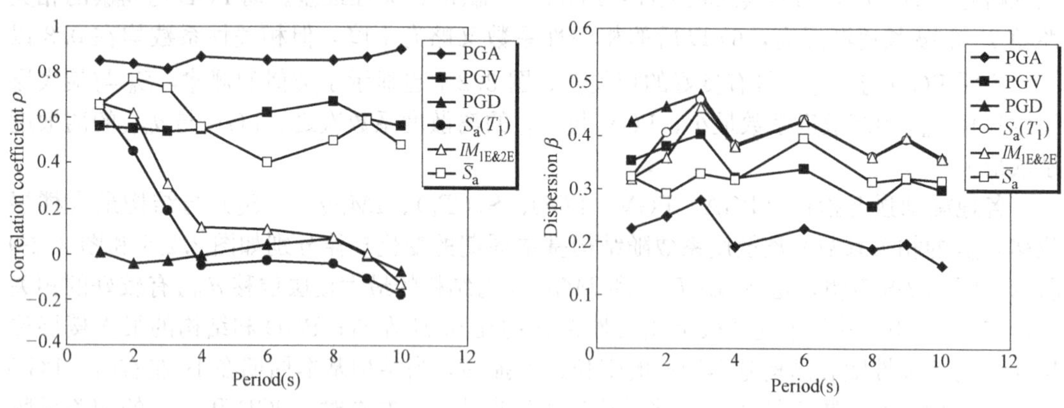

图 3.2-10 各地震动强度指标与 a_{max} 相关性系数随 T_1 的变化规律

图 3.2-11 各地震动强度指标与 a_{max} 相关性系数随 T_1 的变化规律

根据上述弯剪耦合模型的分析研究，提出不同地震动强度指标对超高层建筑的适用性建议如下：

（1）由于在结构的设计过程中，结构的层间位移角是小震承载力设计和大震位移验算的重要指标，且研究表明，结构的损伤程度与结构的最大层间位移角具有很好的相关性（Miranda & Aslani 2003），上述分析表明，在所有周期段，$\overline{S}_a$ 与最大层间位移角 θ_{max} 的相关性最好，且离散度最小。由于 $\overline{S}_a$ 是基于谱加速度提出的，能直接利用规范的反应谱，在基于概率的地震动危险性分析中也可直接采用现有的地震动衰减关系。在中短周期段（$T_1 \leqslant 2.5s$ 以内），$S_a(T_1)$ 指标的效果也比较好；而在中长周期段（$T_1 > 2.5s$），则 PGV 指标的效果比较好。因此，进行超高层建筑设计或大震验算时，也可采用 PGV 作为超高层建筑的设计地震动强度指标。

（2）$S_a(T_1)$ 与结构的最大楼层位移 d_{max} 具有很好的相关性，因此在预测结构最大顶点位移时，可优先采用 $S_a(T_1)$ 作为地震动强度指标。

（3）PGA 和结构的最大楼面加速度 a_{max} 始终具有很好的相关性，而结构的最大楼面加速度一般与结构的舒适度相关，是结构舒适度控制的重要指标。因此，在对结构进行舒适度和结构最大楼面加速度评估时，可优先考虑采用 PGA 作为基本的地震动强度指标。

3.2.4 弹塑性时程分析结果的判断

弹塑性分析得到结构的时程响应后，还需要一定的判别准则确认这些结构是否满足抗震性能的要求。判别准则一般包括结构整体响应判别准则和结构构件响应判别准则这两大类。我国《建筑抗震设计规范》（GB 50011—2010），《高层建筑混凝土结构技术规程》（JGJ 3—2010）以及《建筑结构抗倒塌设计规范》（CECS 392：2014）都分别给出了相应的规定值，以下整理供读者参考。

3.2.4.1 结构整体响应判别准则

目前各本规范建议的结构整体响应判别准则都基本相同，即地震作用下结构的弹塑性层间位移应满足：

$$\Delta u_p \leqslant [\theta_p] h \tag{3.2-64}$$

式中，Δu_p 为地震作用下建筑结构弹塑性层间位移；$[\theta_p]$ 为地震作用下结构不发生倒塌的弹塑性层间位移角限值，可按表 3.2-5 采用；对于钢筋混凝土框架结构，当柱的轴压比小于 0.40 时可提高 10%，当柱全高的箍筋比现行国家标准《建筑抗震设计规范》GB 50011 规定的柱箍筋加密区最小体积配箍率大 30%时可提高 20%，但累计不超过 25%；h 为楼层高度。

结构弹塑性层间位移角限值 **表 3.2-5**

结构类型		层间位移角限值
钢筋混凝土结构	框架	1/50
	框架-剪力墙，板柱-剪力墙，框架-核心筒	1/100
	剪力墙，筒中筒	1/120
多、高层钢结构		1/50

注：组合结构和混合结构可参照钢筋混凝土结构的规定执行。

3.2.4.2 结构构件响应判别准则

《建筑抗震设计规范》（GB 50011—2010），《高层建筑混凝土结构技术规程》（JGJ 3—2010）对不同类型的构件，建议了相应的性能水准。例如《高层建筑混凝土结构技术规程》（JGJ 3—2010）对不同性能水准下普通竖向构件、关键构件及耗能构件的性能规定如表 3.2-6 所示。

各性能水准结构预期的震后性能状况　表 3.2-6

结构抗震性能水准	宏观损坏程度	损坏部位			继续使用的可能性
		普通竖向构件	关键构件	耗能构件	
第1水准	完好、无损坏	无损坏	无损坏	无损坏	一般不需要修理即可继续使用
第2水准	基本完好、轻微损坏	无损坏	无损坏	轻微损坏	稍加修理即可继续使用
第3水准	轻度损坏	轻微损坏	轻微损坏	轻度损坏、部分中度损坏	一般修理后才可继续使用
第4水准	中度损坏	部分构件中度损坏	轻度损坏	中度损坏、部分比较严重损坏	修复或加固后才可继续使用
第5水准	比较严重损坏	部分构件比较严重损坏	中度损坏	比较严重损坏	需排险大修

注："普通竖向构件"是指"关键构件"之外的竖向构件；"关键构件"是指该构件的失效可能引起结构的连续破坏或危及生命安全的严重破坏；"耗能构件"包括框架梁、剪力墙连梁及耗能支撑等。

需要说明的是，《建筑抗震设计规范》（GB 50011—2010），《高层建筑混凝土结构技术规程》（JGJ 3—2010）对不同性能水准构件的承载力计算给予了规定，但是对不同性能水准构件容许变形的计算，并未给予具体规定。实际上在强烈地震作用下，很多构件都会进入屈服状态，此时承载力变化很小，构件的性能主要通过位移来控制。《建筑结构抗倒塌设计规范》（CECS 392：2014）对此进行了补充，对压弯构件规定了相应的变形限值。考虑到现在弹塑性分析软件中，构件模型要么是基于材料的模型，要么是基于截面的模型，因此分别给出了压弯破坏的钢筋混凝土结构构件基于应变的地震损坏等级判别标准和压弯破坏的钢筋混凝土结构构件基于转角的地震损坏等级判别标准。如表 3.2-7 和表 3.2-8所示。

压弯破坏的钢筋混凝土结构构件基于应变的地震损坏等级判别标准　表 3.2-7

损坏等级	损坏程度	判别标准	
		混凝土	钢筋
1级	无损坏	$\lvert\varepsilon_3\rvert\leqslant\lvert\varepsilon_p\rvert$	且 $\varepsilon_1<\varepsilon_y$
2级	轻微损坏	$\lvert\varepsilon_3\rvert\leqslant\lvert\varepsilon_p\rvert$	且 $\varepsilon_y<\varepsilon_1\leqslant2\varepsilon_y$
3级	轻度损坏	$\lvert\varepsilon_p\rvert<\lvert\varepsilon_3\rvert\leqslant1.5\lvert\varepsilon_p\rvert$	或 $2\varepsilon_y<\varepsilon_1\leqslant3.5\varepsilon_y$
4级	中度损坏	$1.5\lvert\varepsilon_p\rvert<\lvert\varepsilon_3\rvert\leqslant2.0\lvert\varepsilon_p\rvert$	或 $3.5\varepsilon_y<\varepsilon_1\leqslant8\varepsilon_y$
5级	比较严重损坏	$2.0\lvert\varepsilon_{cp}\rvert<\lvert\varepsilon_3\rvert\leqslant\lvert\varepsilon_{cu}\rvert$	或 $8\varepsilon_y<\varepsilon_1\leqslant12\varepsilon_y$
6级	严重损坏	$\lvert\varepsilon_3\rvert>\lvert\varepsilon_{cu}\rvert$	或 $\varepsilon_1>12\varepsilon_y$

注：ε_1 为主拉应变；ε_3 为主压应变；ε_p 和 ε_{cu} 分别为约束混凝土单轴受压峰值应变和极限应变，应采用合适的约束混凝土应力—应变模型确定其峰值压应变和极限压应变；ε_y 为钢筋的屈服应变。

压弯破坏的钢筋混凝土结构构件基于转角的地震损坏等级判别标准　表 3.2-8

损坏等级	损坏程度	判别标准
1级	无损坏	$\theta\leqslant\theta_y$
2级	轻微损坏	$\theta_y<\theta\leqslant\theta_{IO}$
3级	轻度损坏	$\theta_{IO}<\theta\leqslant\theta_P$
4级	中度损坏	$\theta_P<\theta\leqslant\theta_{LS}$
5级	比较严重损坏	$\theta_{LS}<\theta\leqslant\theta_u$
6级	严重损坏	$\theta>\theta_u$

表 3.2-8 中，θ 为地震作用下压弯破坏的钢筋混凝土结构构件的最大转角；θ_y、θ_{IO}、θ_P、θ_{LS} 和 θ_u 分别为压弯破坏的钢筋混凝土结构构件的名义屈服转角、性能点 IO 的转角、峰值点的转角、性能点 LS 的转角和性能点 CP（即极限点）的转角（图 3.2-12）。《建筑结构抗倒塌设计规范》（CECS 392：2014）建议，峰值点 C 的弯矩 M_p 为构件的正截面受压承载力，可按现行国家标准《混凝土结构设计规范》GB 50010 的规定计算，名义屈服点 B 的弯矩 M_y 可取为 $0.8M_p$；性能点 CP（即极限点 D）的弯矩 M_u 可取为 $0.85M_p$；失效点 E 的弯矩 M_r 可取为 $0.75M_p$；B、C、CP、E 点的转角 θ_y、θ_p、θ_u 和 θ_r 可由试验确定，或由经过试验验证的计算确定，或参考国内、外有关标准的规定确定。

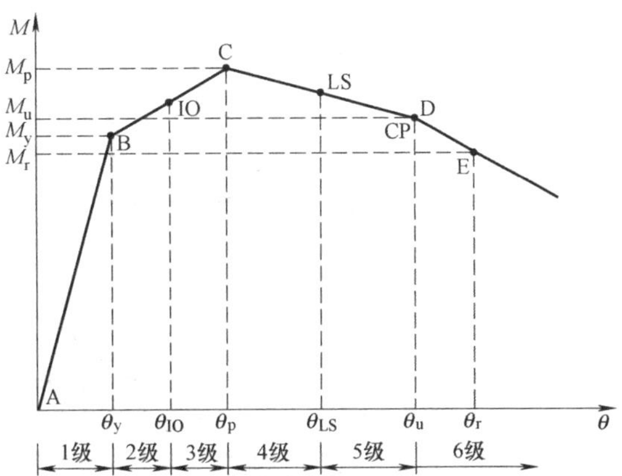

图 3.2-12 压弯破坏的钢筋混凝土结构构件地震损坏等级与其转角的关系

性能点 IO、LS 的转角 θ_{IO}、θ_{LS} 可分别取为：

$$\theta_{IO}=\theta_y+0.5(\theta_p-\theta_y) \tag{3.2-65a}$$

$$\theta_{LS}=\theta_p+0.5(\theta_u-\theta_p) \tag{3.2-65b}$$

3.3 逐步增量时程分析（IDA）

对于一条特定地震动输入，通过设定一系列单调递增的地震强度指标，并对每个地震强度指标下的地震输入进行结构弹塑性时程分析，可以得到一系列结构的弹塑性地震响应，这种方法称为逐步增量时程分析方法（Incremental Dynamic Analysis），简称 IDA 方法（Vamvatsikos & Cornell，2002），也可称为动力推覆分析（Dynamic Pushover），简称 DPO 方法。

逐步增量时程分析的概念在 1977 年由 Bertero（Bertero，1977）提出。作为一种定量描述地震动强度和结构地震响应一一对应关系的结构地震响应分析方法，IDA 方法不仅被广泛应用于考察结构的抗震性能，也被应用于传统的结构地震响应分析方法（例如静力弹塑性分析）的对比研究，以及地震动特性对结构响应影响的研究。

IDA 方法首先需要建立可靠的结构分析数值模型，然后对数值模型输入地震动记录，地震动的强度（intensity measure，*IM*）由小至大逐渐增强，通过弹塑性时程分析得到对应不同 *IM* 的结构需求参数（engineering demand parameter，*EDP*），由此考察结构在不同强度地震动作用下从弹性到弹塑性直至结构发生倒塌破坏全过程的地震响应。

结构的 IDA 分析结果以 IDA 曲线表达（见图 3.3-1），其横坐标为结构需求参数 *EDP*，纵坐标为地震动强度指标 *IM*，IDA 曲线亦称为"动力推覆曲线"。图 3.3-1 为某 7 度设防 4 层 RC 框架结构在 4 条远场地震动记录输入下的典型 IDA 曲线，横坐标 *EDP* 为结构最大层间位移角响应 θ_{max}，纵坐标 *IM* 为对应结构基本周期的拟加速度反应谱值 $S_a(T_1)$。图 3.3-1 中，IDA 曲线上的每一条曲线表示结构在一条地震动记录作用下的结

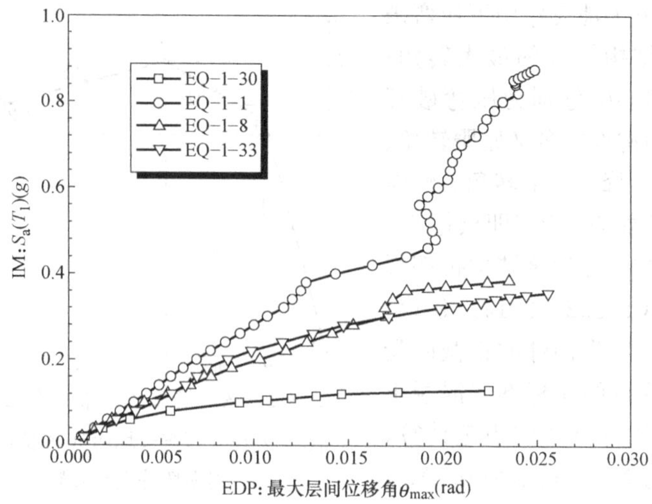

图 3.3-1　RC 框架结构 IDA 曲线示例

构响应，曲线上的每个数据点由一次弹塑性时程分析获得。如图 3.3-1，在地震动 EQ-1-30 和 EQ-1-33 作用下，随着地震动强度的不断提高，框架结构表现为整体软化，IDA 曲线的切线斜率逐渐减小，且 EQ-1-30 作用下的软化现象较之 EQ-1-33 更加显著；在地震动 EQ-1-8 作用下，随着地震动强度的提高，框架结构先是逐渐软化，经历短暂的强化之后进入倒塌状态；在地震动 EQ-1-1 作用下，结构在较大的地震动强度范围内并未软化，接着突然发生软化，之后又经历短暂的强化阶段，在这一阶段结构的最大层间位移角响应 θ_{max}随着地震动强度的提高不仅不增大，反而略有减少，最后进入倒塌状态。

IDA 曲线除了可以考察结构整体的抗震性能，也可分析结构不同部位的地震响应。图 3.3-2 为 4 层 7 度设防 RC 框架结构在 4 条远场地震动记录作用下各楼层响应的 IDA 曲线，*EDP* 为结构层间位移角响应θ，*IM* 同样采用 S_a（T_1）。如图 3.3-2（*a*）、（*c*）、（*d*）所示，框架结构在地震动 EQ-1-30、EQ-1-8 和 EQ-1-33 作用下，当地震动强度逐渐增加临近结构倒塌状态时，2、3、4 层的层间位移角响应 θ 相对稳定，而底层的层间位移角响应 θ 不断增大，呈现典型的底部软弱层破坏。在 EQ-1-1 作用下，如图 3.3-2（*b*）所示，框架结构在 S_a（T_1）约为 0.35*g* 时，底层的层间位移角响应 θ 最大；而当地震动强度逐渐增加临近结构倒塌状态时，底部两层形成层屈服机制，最终由于第 2 层的地震响应过大而发生倒塌破坏。由图 3.3-2（*b*）可知，结构的屈服机制有可能随着地震动强度的改变而发生变化，仅考察结构在单一强度地震作用下的破坏状态并不全面。更有甚者，在 IDA 分析中可能出现所谓的“复活”现象（Vamvatsikos & Cornell，2002）。如图 3.3-3 为某 7 度设防 8 层 RC 框架结构在地震动 EQ-1-2 输入下的层间位移角 IDA 曲线，结构在 $S_a(T_1)$ 为 0.18*g* 时结构已经发生了倒塌破坏，但当继续提高地震动强度时结构反而避免了倒塌破坏，这种现象称为“复活”。“复活”现象可能是由地震动的非平稳特性引起，地震动不同频段的能量密度在时间域的分布不均匀，在 $S_a(T_1)=0.18g$ 时，地震动初期并未对结构造成严重损伤，当结构遭遇后续能量密度较大的地震动作用时，由于结构振动特性与地震动的频谱特性的耦合效应，导致结构发生倒塌破坏。如果增大地震动强度，地震动初期即对结构造成损伤，结构的振动特性随之发生改变，在遭遇后续能量密度较大的地震动作用时，结构的振动特性已避开与地震动发生耦合的频段，因而结构在较强的地震动作用下反而未发生倒塌破坏。

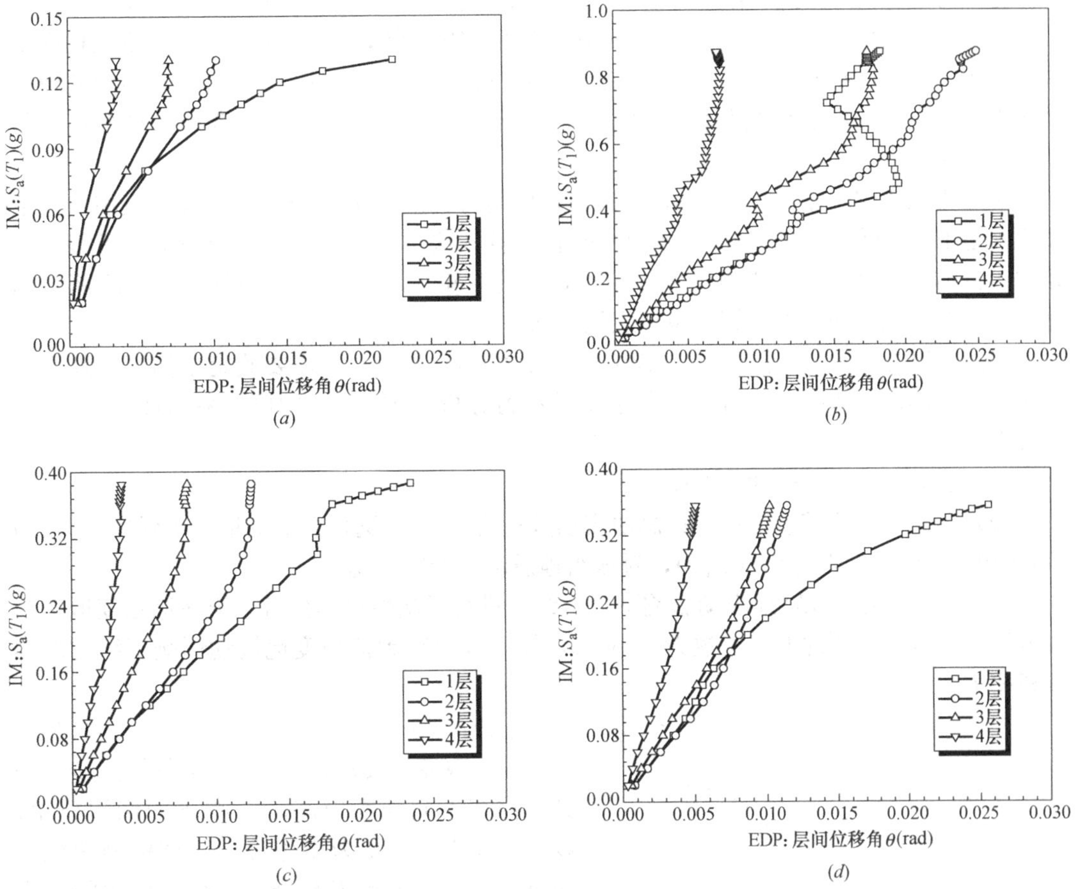

图 3.3-2　RC 框架结构在不同地震动输入下各楼层位移角

(*a*) EQ-1-30；(*b*) EQ-1-1；(*c*) EQ-1-8；(*d*) EQ-1-33

上述算例说明了采用逐步增量时程分析方法考察结构抗震性能的优势。与弹塑性静力推覆分析方法相比，IDA 方法采用弹塑性动力时程分析，因而能更准确地获取结构地震响应。与单一地震动强度的动力时程分析相比，由于 IDA 方法考虑多个水准的地震动强度，因而能更全面地考察结构在不同损伤程度下从弹性到弹塑性直至倒塌破坏的全过程。基于 IDA 方法的优势，FE-

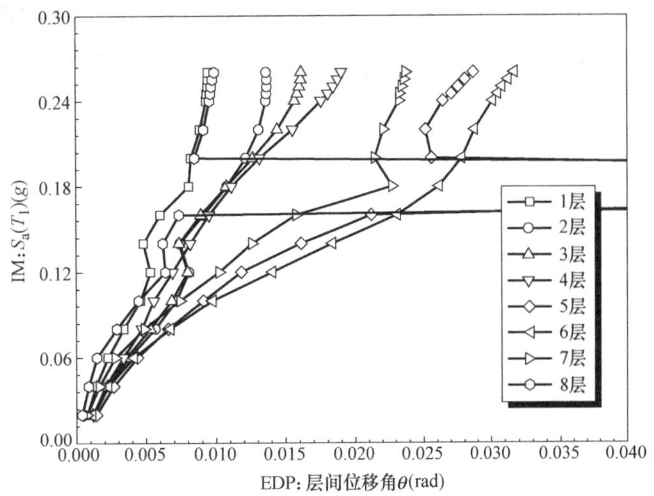

图 3.3-3　IDA 分析中的“复活”现象

MA 350（FEMA，2000a）在 2000 年就已将 IDA 方法作为评价结构抗地震倒塌能力的前沿方法加以介绍和推广。

另一方面，IDA 分析结果对选用的地震动记录敏感。如图 3.3-1，当 $S_a(T_1)$ 为 0.130g 时，在地震动 EQ-1-30 作用下结构已发生倒塌破坏，而在 EQ-1-1 作用下结构尚未明显软化。而且，结构的破坏模式也与地震动的选择有关，如图 3.3-2 所示，不同的地震动输入下，结构的屈服机制和倒塌模式存在差异。因此，IDA 方法应合理选择多条地震动记录作为输入。

IDA 方法提出得很早（Bertero，1977），但是直到近年来才开始得到大量应用。其主要原因是 IDA 分析依赖于大量的弹塑性时程计算，这对计算机的计算能力提出了很高的要求。目前的计算机分析能力已经完全可以满足一般工程弹塑性分析的需求，故而 IDA 分析将是未来工程弹塑性计算的重要发展方向。

《建筑结构抗倒塌设计规范》（CECS 392：2014）建议，当需要确定不同强度地震动影响下结构的倒塌风险时，可采用基于增量动力分析（IDA）法的倒塌易损性分析方法，可按下述步骤进行：

（1）建立结构的弹塑性分析模型。

（2）选定一组地震动记录，计总地震动数量为 N_{total}；选择合适的地震动强度指标 IM（可采用 PGA、PGV 或 $S_a(T_1)$），对该组地震动记录归一化。

（3）在某一强度 IM 地震动影响下，对结构进行弹塑性时程分析。记在该强度地震动影响下发生倒塌破坏的地震动数为 $N_{collapse}$，按下式计算到该强度地震动影响下结构的倒塌概率 $P_{collapse}$：

$$P_{collapse}=N_{collapse}/N_{total} \tag{3.3-1}$$

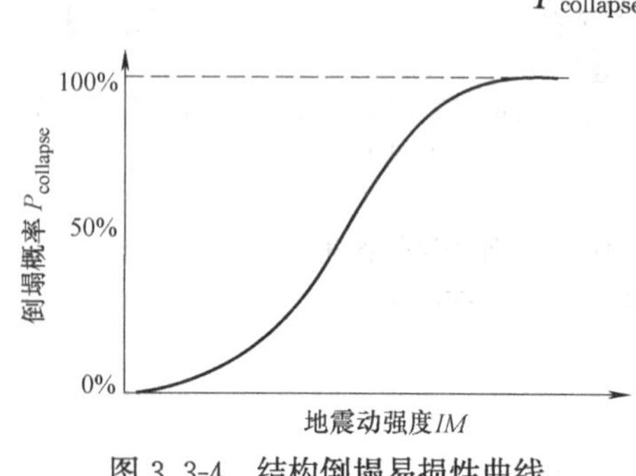

图 3.3-4　结构倒塌易损性曲线

（4）改变地震动强度 IM，重复第三步，得到结构在不同强度地震动影响下的倒塌概率；以地震动强度 IM 为横坐标，以结构倒塌概率为纵坐标，用对数正态分布拟合得到地震动强度连续变化下的倒塌概率曲线，即结构倒塌易损性曲线（图 3.3-4）。

（5）根据结构倒塌易损性曲线，判别结构的抗倒塌能力以及在不同强度地震作用下的倒塌风险。

4　弹塑性分析在 ABAQUS 上的实践

4.1　ABAQUS 软件简介

ABAQUS 是一套功能强大的工程模拟有限元软件，它有两个主求解器模块——ABAQUS/Standard 和 ABAQUS/Explicit，以及一个人机交互前后处理模块——ABAQUS/CAE。对某些特殊问题，如疲劳问题，ABAQUS 还提供了专用模块来加以解决。

ABAQUS 通过图 4.1-1 所示的架构将不同模块组织起来。

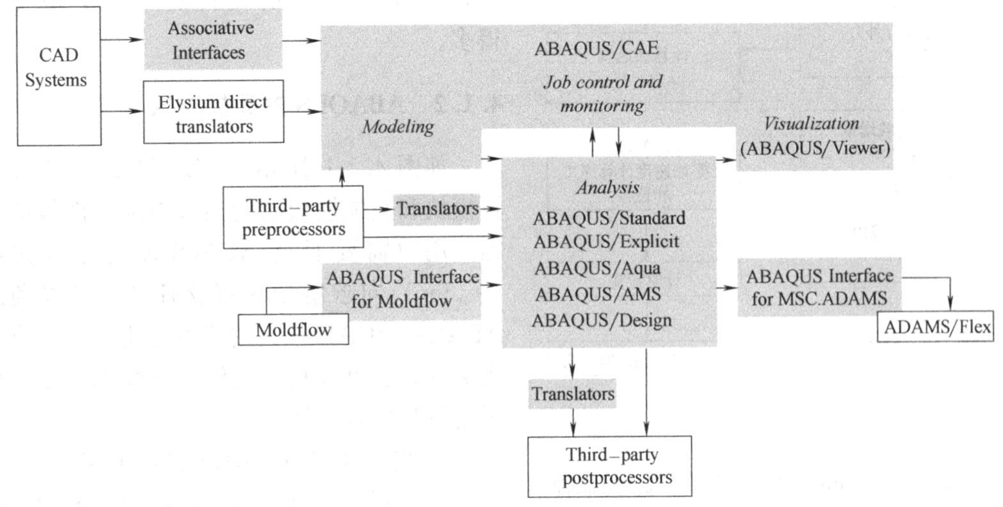

图 4.1-1　ABAQUS 的系统组织示意图

目前，ABAQUS 是功能最强大的有限元软件之一。它不仅可以分析各种复杂线性和非线性固体力学问题，而且不断向多物理场混合模拟方向发展，做到系统级的分析和研究。其优异的分析能力和二次开发能力使其在土木工程中得到大量成功应用（王金昌，陈页开，2007）。

4.1.1　ABAQUS 的求解模块

ABAQUS 最主要的两个求解模块是 ABAQUS/Standard 和 ABAQUS/Explicit。其中，ABAQUS/Standard 可用于线性与非线性的静力和动力问题的求解，ABAQUS/Explicit 模块主要用于求解动力问题，特别是持续时间非常短甚至是瞬态的问题，如冲击、爆炸等问题的求解。这两个模块的基本执行流程参见图 4.1-2。ABAQUS/Standard 求解过程采用隐式算法（图 4.1-2*a*），在每一个计算步中均需要隐式地求解方程组，即需要进

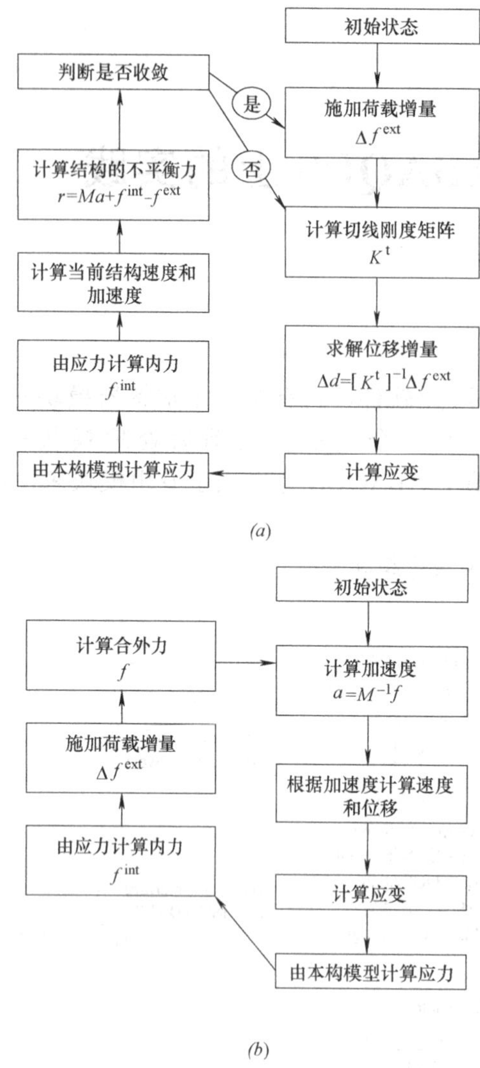

图 4.1-2 ABAQUS 的隐式与显式计算流程
(*a*) ABAQUS/Standard 隐式计算基本流程；
(*b*) ABAQUS/Explicit 显式计算基本流程

行刚度矩阵的求逆运算。为了控制误差，对于非线性问题还需要进行迭代求解。与之相对，ABAQUS/Explicit 模块采用显式求解（图 4.1-2*b*），递推过程中不用求解方程组，甚至不用组装整体刚度矩阵。由于显式计算不进行收敛性检查，故而对于高度非线性问题，如断裂、接触等复杂的问题非常有效，但同时也存在着误差不可知和误差累计问题。随着计算规模的增长，ABAQUS/Standard 模块的计算量为超线性增长，而 ABAQUS/Explicit 模块的计算量随着模型规模的增大为线性增长，因此在求解大规模的问题时 ABAQUS/Explicit 模块计算速度方面的优越性更加突出。然而在 ABAQUS 中，Explicit 模块所支持的单元类型要少得多。

4.1.2 ABAQUS 的建模方式

如图 4.1-1 所示，ABAQUS 的核心计算模块和其他模块之间通过数据文件传递数据，用户需要通过 ABAQUS 的输入文件（*.inp）向求解模块提交任务。可以利用 ABAQUS/CAE 强大的建模功能自动生成输入文件，也可以利用任何文本编辑器方便地手动编写输入文件。

1. 交互式建模：ABAQUS/CAE

为了提供更加灵活直观的建模工具，ABAQUS 提供了 ABAQUS/CAE 图形化建模模块。在该模块中，用户能够创建参数化几何体，同时也能够由各种流行的 CAD 系统导入几何体，并运用上述建模方法进行进一步编辑。ABAQUS 的分析流程，如分析步、接触、约束和预设条件等，ABAQUS/CAE 也能够通过操作简便的界面加以实现。ABAQUS/CAE 还提供了便捷的后处理和可视化功能。

2. 文本式建模：ABAQUS Keywords

除了 ABAQUS/CAE 图形化建模方式外，ABAQUS 还可以通过编写文本输入文件实现建模。ABAQUS 输入文件由一系列 ABAQUS 关键字和数据行组成，其基本架构包括以下三个部分：

(1) HEADING：可以在这一部分输入任意的标题信息，这些信息的第一行将出现在每个输出文件中，这样可以方便用户检查自己的模型。这一部分不是必需的。

（2）模型信息：用户需要定义结点、单元、材料以及各种初始条件。当使用零件/组装模式进行建模时，模型信息将按照属性、零件、组装、实例、模型的次序排列。

（3）求解信息：在模型信息之后是任务的求解信息，包括分析步、各步施加的荷载与边界条件、输出数据选项等。

ABAQUS 文本式建模一般多针对 ABAQUS/CAE 所不支持的分析功能。此外，对于熟练用户，文本式建模往往更加简单便捷。

4.2 ABAQUS 的纤维杆件模型

4.2.1 ABAQUS 纤维杆件模型介绍

如本书第 2 章所述，纤维模型在钢筋混凝土杆件模拟方面具有较高的灵活性。ABAQUS/Standard 允许用户通过 * rebar 关键字在各种梁单元中插入"钢筋"，从而形成具有不同材料组成的单一截面。实际插入的不一定只是钢筋，也可以是钢骨、FRP 筋或其他材料。插入钢筋后，杆单元一个截面上的积分方案相应地发生变化。以矩形截面为例，在默认情况下，ABAQUS 中的平面矩形梁单元的截面上有 5 个截面积分点，空间矩形梁单元的截面上有 25 个截面积分点，截面的力学行为由这些截面积分点上的行为积分得到。用 * rebar 关键字在截面中插入钢筋后，截面上便多出一些积分点，用以考虑加入的钢筋对截面行为的贡献，如图 4.2-1 所示。图中实心圆点表示梁单元原有的截面积分点，空间圆点则表示插入的截面积分点。插入的积分点需要指定积分点的位置和代表面积。

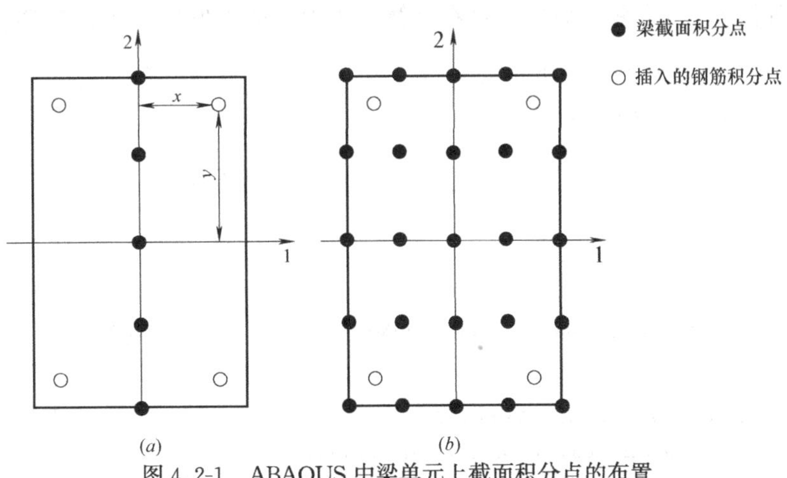

图 4.2-1　ABAQUS 中梁单元上截面积分点的布置

（a）二维矩形梁的截面；（b）三维矩形梁的截面

当不使用用户自定义材料时，原有截面积分点只能具有相同的材料属性，而新加的截面积分点则可以分别赋予不同的材料属性，这为截面的定义提供了极大的灵活性。基于 ABAQUS 这一特点，本书作者开发了基于 ABAQUS 的一组材料单轴滞回本构模型 PQ-FIBER。相关模型的具体内容参见 4.2.2 节。模型可以在 http：//www.luxinzheng.net/download/PQFiber/Manual.htm 或者 http：//www.jiangezhen.com 下载。

4.2.2 用户自定义材料在 ABAQUS 纤维模型中的使用实践

1. 定义材料

清华大学开发了一系列适用于 ABAQUS 杆系纤维模型的钢筋和混凝土材料模型 PQ-FIBER，可通过用户自定义材料功能引入 ABAQUS 计算。在 Property 模块中定义 User Material，如图 4.2-2 所示。材料名的前几个字母必须与第 4.2.3 节中定义的某一个材料名相一致。需要分别选择 General 选项卡中的 User Material 和 Depvar 两个选项。

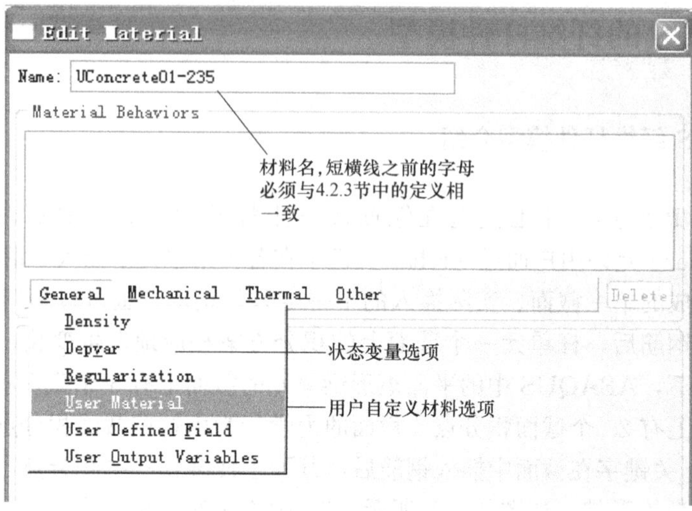

图 4.2-2 定义用户自定义材料

在 User Material 选项中定义该材料所需要的所有材料属性，例如材料弹性模量、屈服强度等，如图 4.2-3 所示，属性变量在计算过程中一般不发生改变。在 Depvar 选项中

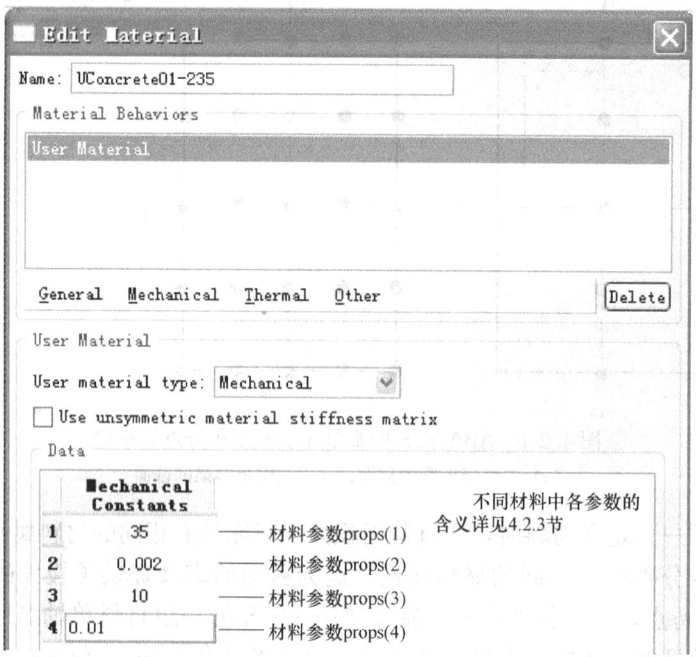

图 4.2-3 定义材料属性

定义该材料所需的状态变量的个数，如图 4.2-4 所示，状态变量包括当前应力、应变等，状态变量在计算过程中不断变化。

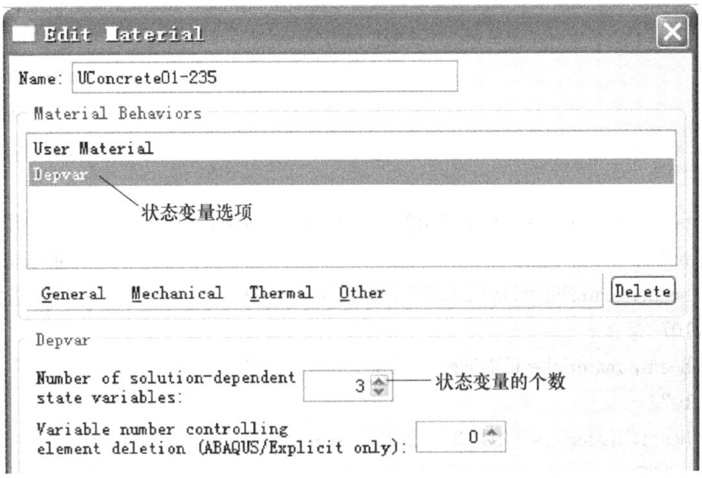

Edit Material
Name: UConcrete01-235
Material Behaviors
User Material
Depvar
状态变量选项
General Mechanical Thermal Other Delete
Depvar
Number of solution-dependent state variables: 3 状态变量的个数
Variable number controlling element deletion (ABAQUS/Explicit only): 0

图 4.2-4 定义状态变量的个数

也可以在 .inp 文件中直接添加用户自定义材料，下面给出了一个例子。

```
*Material, name=UConcrete01
*Depvar
    5,
*User Material, constants=4
30., 0.002,  10., 0.005
```

不同材料中各参数的含义详见第 4.2.3 节。

注意：如果使用 ABAQUS 中的铁木辛科梁单元（如 B21，B22，B31，B32 等），除了上述定义外，还需要在 .inp 文件为梁单元截面额外定义横向剪切刚度，定义方法详见 ABAQUS keyword reference manual 中的 * Transverse Shear Stiffness 关键字。可以直接在 .inp 文件中添加，也可以利用 ABAQUS/CAE 提供的 Keyword editor，如图 4.2-5所示。当不需要考虑剪切破坏时，剪切刚度可以是一个大数，它对计算结果的影响不大。

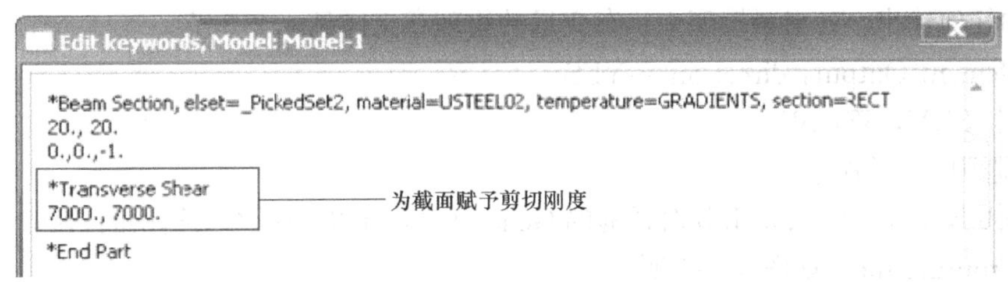

图 4.2-5 在 Keyword editor 中为截面定义剪切刚度

2. 定义钢筋混凝土梁单元

可以使用 * rebar 关键字在梁单元中定义钢筋，使用方法详见 ABAQUS keyword reference manual。下面给出了定义钢筋混凝土梁单元的一个例子，其中分别用 UConcrete02 和 USteel02 来定义梁单元中的混凝土和钢筋的材料本构，并在梁截面的四角分别定义了四根钢筋。

* Beam Section，elset=Pier，material=UCONCRETE02，section=RECT	矩形截面
300.，300.	截面边长
0.，0.，−1.	局部坐标系方向
* Transverse shear stiffness	剪切刚度
1.0e16，1.0e16	
* rebar，element=beam，material=USTEEL02-235，name=rebar1	定义第 1 个钢筋材料
Pier，201，107，107	插入截面名称、面积、
* rebar，element=beam，material=USTEEL02-235，name=rebar2	截面坐标
Pier，201，−107，107	
* rebar，element=beam，material=USTEEL02-235，name=rebar3	
Pier，201，107，−107	
* rebar，element=beam，material=USTEEL02-235，name=rebar4	
Pier，201，−107，−107	

在同一模型中可以使用不同自定义钢筋与混凝土模型，也可以采用同一种自定义钢筋或混凝土模型定义不同等级的钢筋或者混凝土。如在图 4.2-6 所示的 Material Manager 中，用 USteel02 模型定义了屈服强度分别为 235MPa 和 335MPa 的两种钢筋，用 UConcrete02 模型定义了轴压强度分别为 30MPa 和 60MPa 的两种混凝土。只要材料名的前几个字母（横线前字母）与本节中定义的材料名相同即可完成调用，材料名的后半部分可以随意定义。

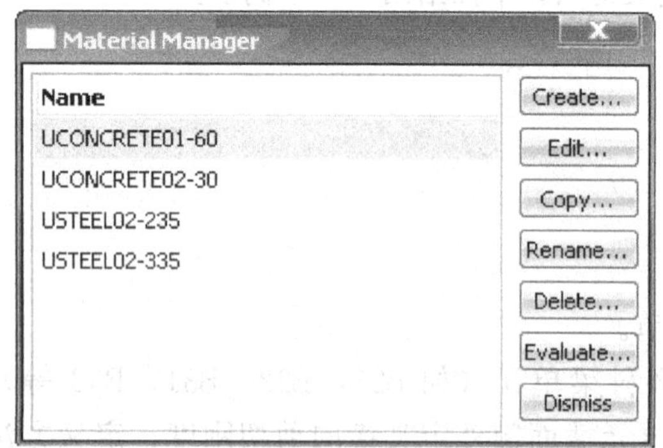

图 4.2-6　在一个模型中使用不同的自定义材料

3. 定义结果输出

自定义材料结果的输入通过状态变量实现。如果想得到弹性应变以外的输出，用户需要在 Step 模块中定义对状态变量（SDV）的输出，如图 4.2-7 所示；或者在 .inp 文件中直接添加对 SDV 的输出，如下所示。另外，ABAQUS 目前不支持梁单元中 * rebar 定义的钢筋的任何输出。各材料模型中状态变量的物理意义详见 4.2.3 节。

* Element Output，directions=YES

E，S，SDV，SE，SF

4. 调用用户子程序

在 Job 模块中，在 Edit Job 对话框的 General 选项卡中选择本书提供的 .obj 文件作为 User subroutine file，如图 4.2-8 所示。

由于 ABAQUS 的一个分析模型只能接受一个用户子程序文件，如果使用了本书提供的编译后的材料模型文件，将无法使用其他用户子程序。因此，如果读者有特殊需要，请和本书作者联系。

Edit Field Output Request
Name: F-Output-1
Step: Step-1
Procedure: Static, General
Domain: Whole model
Save output at The last increment Every 1 increments
Output Variables
Select from list below Preselected defaults All Edit variables
S,E,SE,U,RF,SF,SDV
Contact
Energy
Failure/Fracture
Thermal
Electrical
Porous media/Fluids
Volume/Thickness/Coordinates
State/Field/User/Time
SDV, Solution dependent state variables
FV, Predefined field variables
MFR, Predefined mass flow rates
UVARM, User-defined output variables
选择输出 SDV

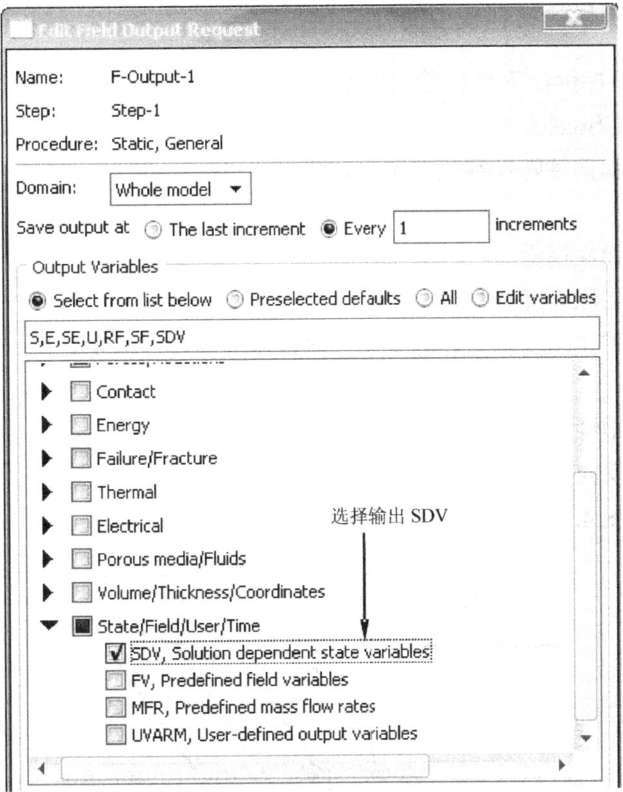

图 4.2-7　输出状态变量 SDV

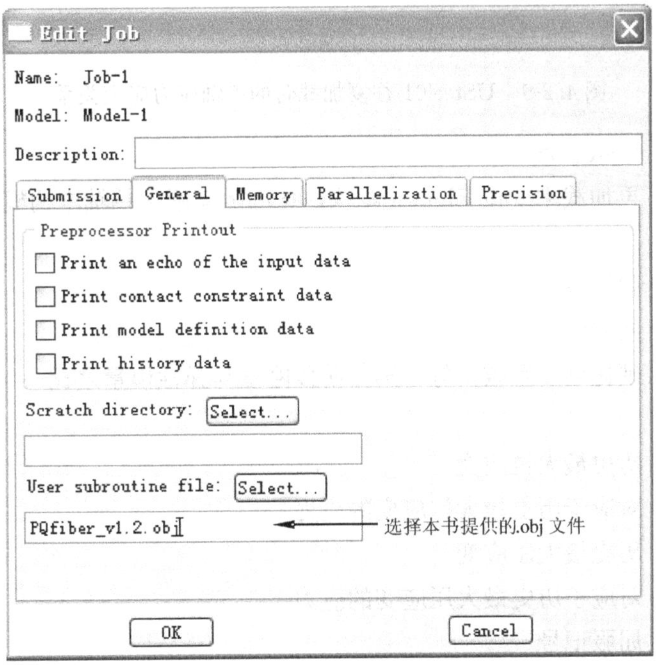

Edit Job
Name: Job-1
Model: Model-1
Description:
Submission
General
Memory
Parallelization
Precision
Preprocessor Printout
Print an echo of the input data
Print contact constraint data
Print model definition data
Print history data
Scratch directory: Select...
User subroutine file: Select...
PQfiber_v1.2.obj
选择本书提供的.obj 文件
OK
Cancel

图 4.2-8　在 Job 中调用用户子程序

4.2.3 PQ-Fiber 提供的材料模型简介

PQ-Fiber v1.2 提供如下材料滞回模型：

调用名　　USteel01

描述　　弹塑性随动硬化单轴本构模型

材料参数

props（1）　弹性模量

props（2）　屈服强度

props（3）　硬化刚度系数，等于第二阶段刚度与弹性模量之比

状态变量

SDV（1）　塑性应变

SDV（2）　反向应力

图例　　图 4.2-9

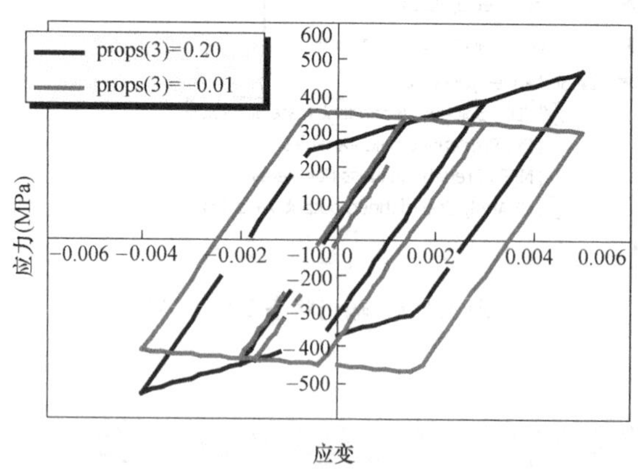

图 4.2-9　USteel01 往复加载时的单轴应力应变关系

调用名　　USteel02

描述　　再加载刚度按 Clough 本构退化的随动硬化单轴本构模型

材料参数

props（1）　弹性模量

props（2）　屈服强度

props（3）　硬化刚度系数，等于第二阶段刚度与弹性模量之比

状态变量

SDV（1）　历史最大拉应变

SDV（2）　对应于历史最大拉应变的应力

SDV（3）　历史最大压应变

SDV（4）　对应于历史最大压应变的应力

SDV（5）　屈服记号

图例　　图 4.2-10

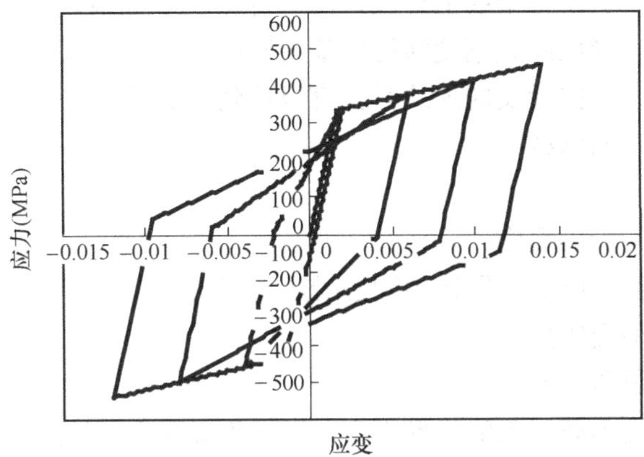

图 4.2-10 USteel02 往复加载时的单轴应力应变关系

调用名 USteel03

描述 拉压不等强的弹塑性随动硬化单轴本构模型

材料参材

props (1) 弹性模量

props (2) 受拉时的屈服强度

props (3) 受压时的屈服强度

props (4) 硬化刚度系数，等于第二阶段刚度与弹性模量之比

状态变量

SDV (1) 塑性应变

SDV (2) 反向应力

图例 图 4.2-11

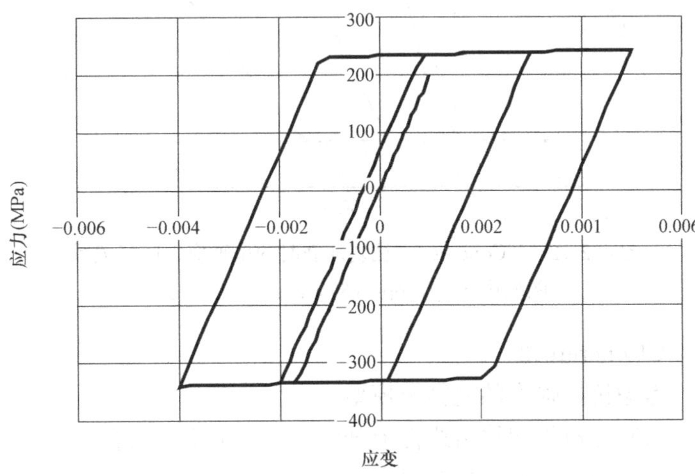

图 4.2-11 USteel03 往复加载时的单轴应力应变关系

调用名 UConcrete01

描述 忽略抗拉强度的混凝土模型

(1) 拉应力始终为零；

（2）受压骨架线上升段采用 Hognested 曲线，下降段为直线；

（3）受压卸载刚度随历史最大压应变的增大而减小；

（4）受拉后反向加载时，直至达到上次受压卸载的残余应变时再开始反向承载

材料参数

props（1） 轴心受压强度

props（2） 峰值压应变，即达到轴心受压强度时的应变

props（3） 极限受压强度

props（4） 极限压应变

props（5） 截面钢筋屈服的临界应变，定义为混凝土受拉边缘的应变

状态变量

SDV（1） 初始化变量，无实际意义

SDV（2） 历史最大压应变

SDV（3） 受压残余应变，即卸载至应力为零时的压应变

SDV（4） 卸载/再加载刚度

SDV（5） 截面屈服标志

图例 图 4.2-12

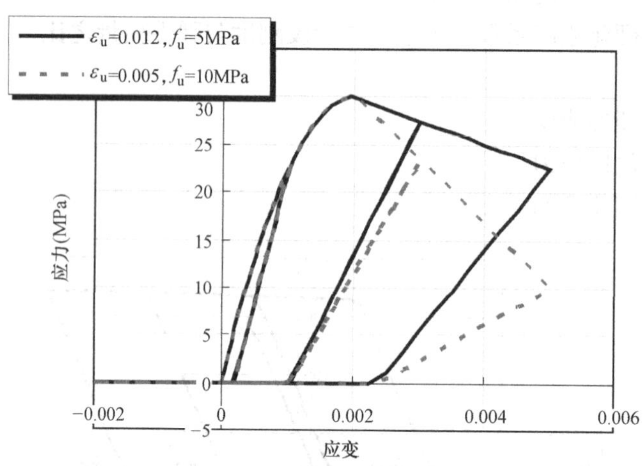

图 4.2-12 UConcrete01 往复加载时的单轴应力应变关系

图例中 f_u=props（3），ε_u=props（4）

调用名 UConcrete02

描述 考虑抗拉强度的混凝土模型

（1）受拉骨架线由线性上升段和线性下降段组合；

（2）受拉卸载时指向原点；

（3）受压骨架线上升段采用 Hognested 曲线，下降段为直线；

（4）卸载刚度随历史最大压应变的增大而减小，且不小于达到极限压应变时的卸载刚度

材料参数

props（1） 轴心受压强度
props（2） 峰值压应变，即达到轴心受压强度时的应变
props（3） 极限受压强度
props（4） 极限压应变
props（5） 达到极限压应变时的卸载刚度与初始弹性模量之比
props（6） 轴心受拉强度
props（7） 受拉软化模量，即受拉骨架线下降段的刚度，输入其绝对值即可
props（8） 截面钢筋屈服的临界应变，定义为混凝土受拉边缘的应变
状态变量
SDV（1） 初始化变量，无实际意义
SDV（2） 历史最大压应变
SDV（3） 受压残余应变，即卸载至应力为零时的压应变
SDV（4） 卸载/再加载刚度
SDV（5） 截面屈服标志
图例 图 4.2-13

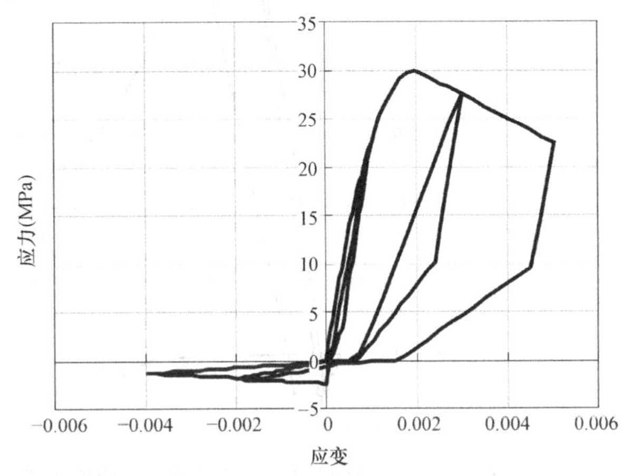

图 4.2-13 UConcrete02 往复加载时的单轴应力应变关系

调用名 UConcrete03
描述 根据混凝土规范的混凝土骨架曲线，考虑抗拉强度的混凝土模型
(1) 受拉骨架线为全曲线；
(2) 受拉卸载时指向原点；
(3) 受压骨架线为全曲线；
(4) 受卸载刚度随历史最大压应变的增大而减小，且不小于达到极限压应变时的卸载刚度

材料参数
Props（1） 混凝土弹性模量
props（2） 轴心受压强度
props（3） 峰值压应变，即达到轴心受压强度时的应变
props（4） 极限受压强度
props（5） 极限压应变

props（6） 混凝土受压曲线参数
props（7） 轴心受拉强度
props（8） 峰值受拉应变
props（9） 混凝土受拉曲线参数
props（10） 截面钢筋屈服的临界应变，定义为混凝土受拉边缘的应变。
状态变量
SDV（1） 初始化变量，无实际意义
SDV（2） 历史最大压应变
SDV（3） 受压残余应变，即卸载至应力为零时的压应变
SDV（4） 卸载/再加载刚度
SDV（5） 截面屈服标志（0：未屈服；−1：混凝土压碎；1：钢筋拉屈）
图例 图 4.2-14

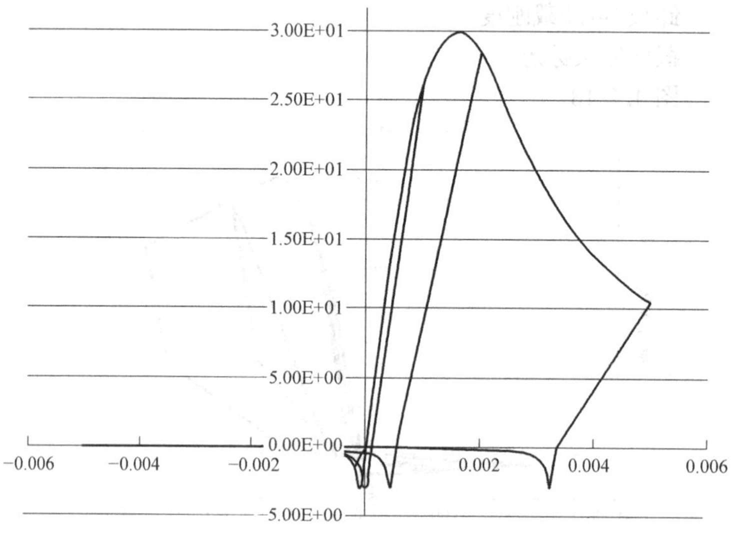

图 4.2-14 Uconcrete03 往复加载时的单轴应力应变关系

4.2.4 PQ-Fiber 分析实例

1. 钢筋混凝土柱的往复加载试验模拟

汪训流（汪训流，2007）完成了一批预应力钢筋混凝土柱的往复加载试验。这里以试件 HS-RCC-030 为例验证模型的准确性。该试验中，预应力筋与混凝土之间有粘结。试件尺寸及加载、量测方案如图 4.2-15 所示。柱截面尺寸为 300mm×300mm，加载中心距柱底 1350mm。柱截面四角配置 4 根直径 16mm 钢筋，平均屈服强度为 412MPa，钢筋中心距截面边缘 50mm；截面上还配筋了 4 根直径 12.7mm 的高强钢绞线，平均屈服强度为 1832MPa，钢绞线中心距截面边缘 100mm。混凝土强度 f_c=29.9MPa，f_{cu}=33.6MPa。

加载时，首先在柱顶施加 515.7kN 的轴力，施加轴力后预应力筋的应力水平约为 710MPa。然后水平推拉柱顶，使其水平位移幅值为 3mm，6mm，12mm……依次增大，每一个位移幅值加载 1 个循环。当柱的水平反力下降至峰值的 80％ 时停止加载。

在 ABAQUS 中，采用上述材料模型中的 Uconcrete02 和 Usteel02 模拟该混凝土柱在

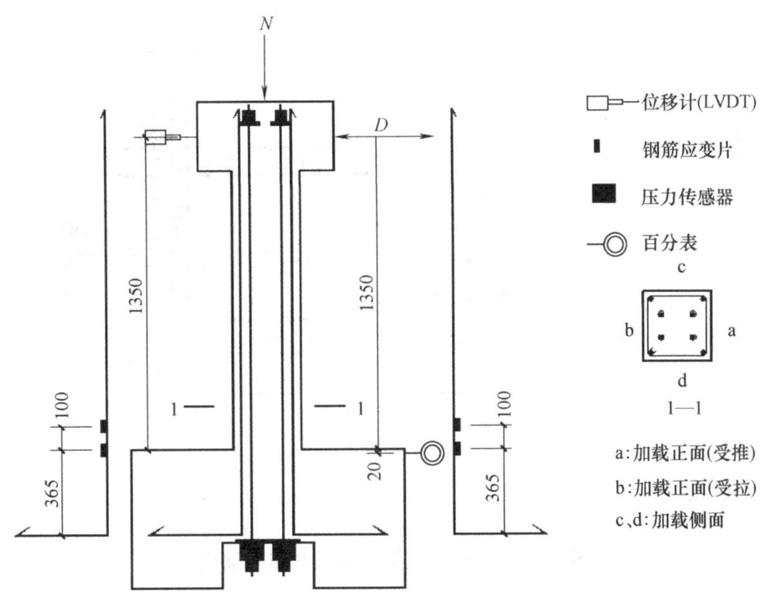

图 4.2-15 HS-RCC-030 试件加载与量测方案示意图

往复作用下的滞回行为。采用 B21 单元，柱底固定，忽略实验中台座的影响。分析结果与试验结果的对比如图 4.2-16 所示。从图中可以看出，分析结果与试验结果基本吻合，已经能够满足实际工程中弹塑性时程分析的需要。但骨架线退化以及再加载过程与实验结果有所差距。

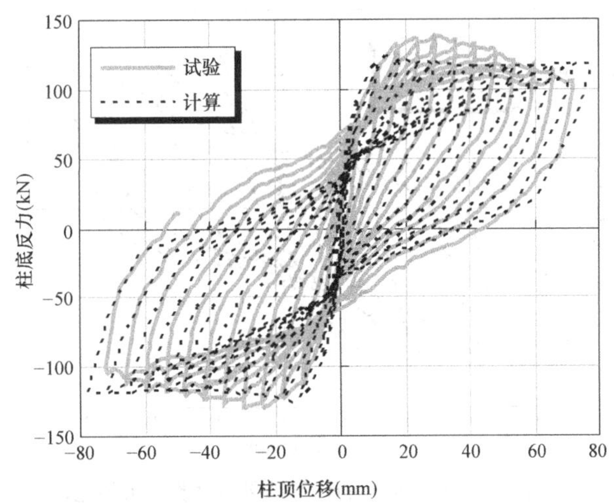

图 4.2-16 单个预应力混凝土柱的分析结果与试验结果的比较

2. 平面框架结构试验模拟

某平面框架的尺寸与配筋如图 4.2-17 所示。两柱轴线间距为 2500mm，梁轴线高 1700mm。梁左右两端分别在柱外伸出一个加载端，用以施加水平推力。梁、柱以及加载端的截面尺寸与配筋在图中画出。加载时，按 20mm、40mm、60mm、70mm 的幅值施加水平位移，其中 20～60mm 时，每个幅值下加载 3 个循环，70mm 的幅值则只做了 2 个循环。

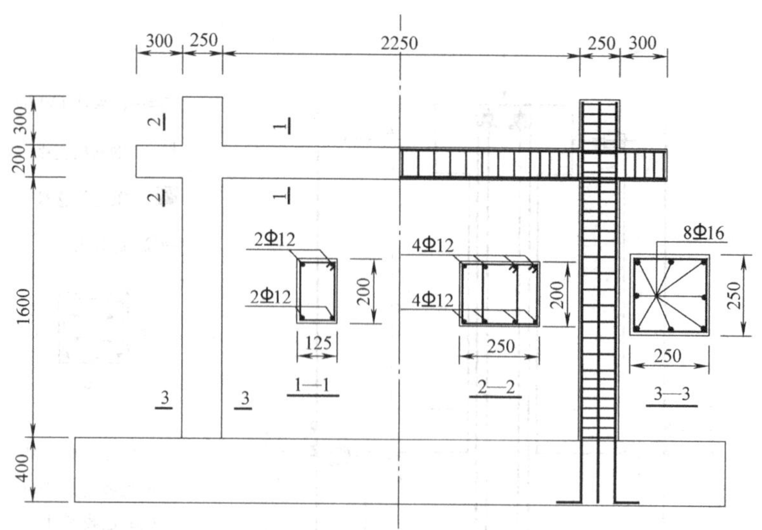

图 4.2-17　平面框架几何尺寸与配筋图

同样，在 ABAQUS 中采用 B21 单元和上述的 UConcrete02、USteel02 材料对该框架进行模拟，柱底固定，即忽略试验台座的影响。分析结果如图 4.2-18 所示。由图 4.2-18 可以看出，对于这个算例，所采用的分析模型在模拟骨架线方面的表现比上一个算例更加出色，然而对卸载刚度退化的模拟则不尽如人意。另外对于这个算例，计算曲线的捏拢不如实验曲线明显。但是，对于工程应用中的弹塑性时程分析，这样的分析结果已经能够满足要求。

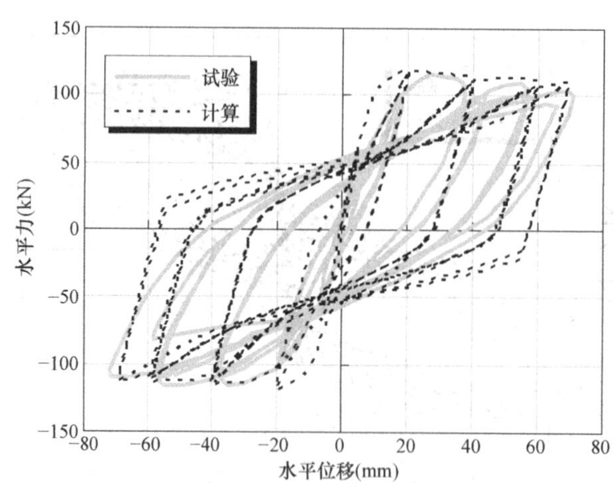

图 4.2-18　平面框架的计算结果与试验结果的比较

4.3　ABAQUS 的剪力墙模型

4.3.1　ABAQUS 中钢筋混凝土剪力墙建模的基本方法

对于剪力墙结构，在二维问题中，可以采用 ABAQUS 的平面应力单元模拟墙体；

在三维问题中，一般采用 ABAQUS 的壳单元模拟墙体。混凝土部分可以选用 ABAQUS 自带的两种空间混凝土本构模型，即损伤塑性模型（Concrete Damaged Plasticity）或弥散裂缝模型（Concrete Smeared Cracking）。而钢筋的材性既可以用 ABAQUS 自带的弹塑性本构来模拟，也可以采用上文介绍的用户自定义的钢筋单轴滞回模型。钢筋的模拟一般可以采用分离式与组合式两种方法。分离式需要将每根钢筋单独建模，再通过结点耦合或嵌入（Embed）等方法使之与墙体共同工作。其建模工作量大，模型计算量也很大，且容易丢失墙体内钢筋在墙体厚度方向上的位置信息。组合式将钢筋弥散于墙体内。这种方式建模方便，计算量小，但对于钢筋分布不均匀的区域不够准确。对于剪力墙不同部分与不同功能的钢筋，可以根据实际情况选用合适的建模策略。如对于墙体内的分布钢筋，用组合式比较方便；而对于墙体端部约束构件内比较密集的钢筋，则采用分离式比较方便。

分离式建模型的主要操作如下：

(1) 在 ABAQUS 的 Interaction 模块中，选择“Create Constraint”，在弹出的对话框中选择“Embedded region”（图 4.3-1）。

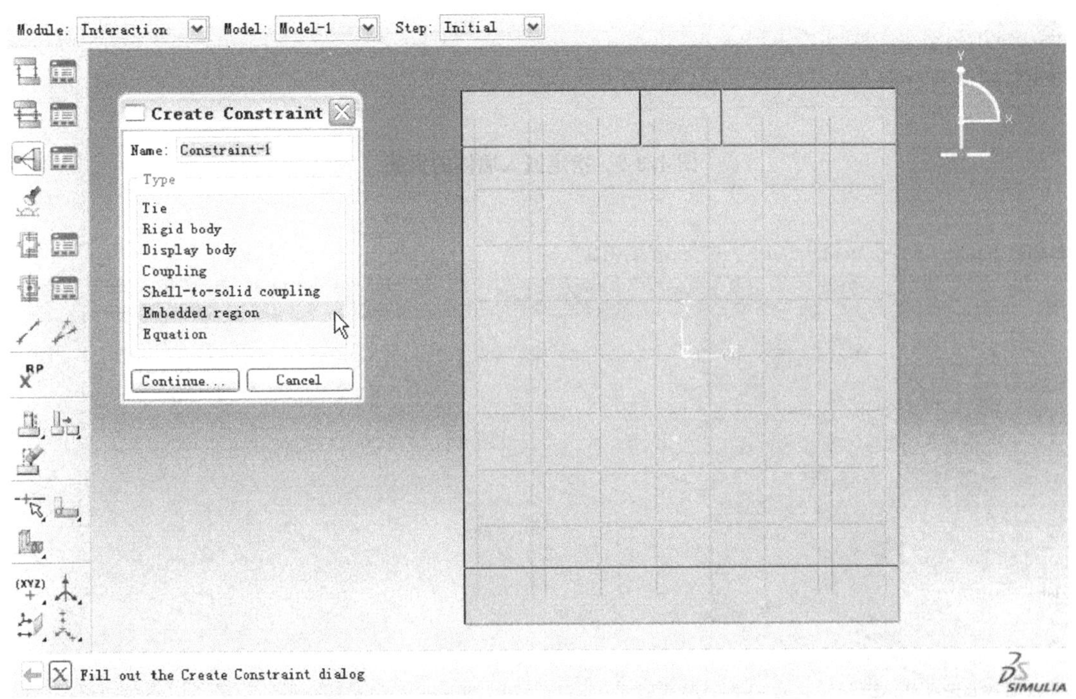

图 4.3-1 进入 Embedded region 功能窗口

(2) 首先选择要嵌入墙体的钢筋部分，如图中粗实线部分（图 4.3-2）。

(3) 再选择墙体部分，图中被选中的墙体以紫色表示。点击底部的“Done”按钮（图 4.3-3）。

(4) 在弹出的“Edit Constraint”对话框中，可以修改嵌入约束的相关参数，主要是用于自动判别钢筋和墙体之间的位置逻辑关系。一般不需改动默认设置，直接点击“OK”按钮，即完成了钢筋的分离式建模（图 4.3-4）。

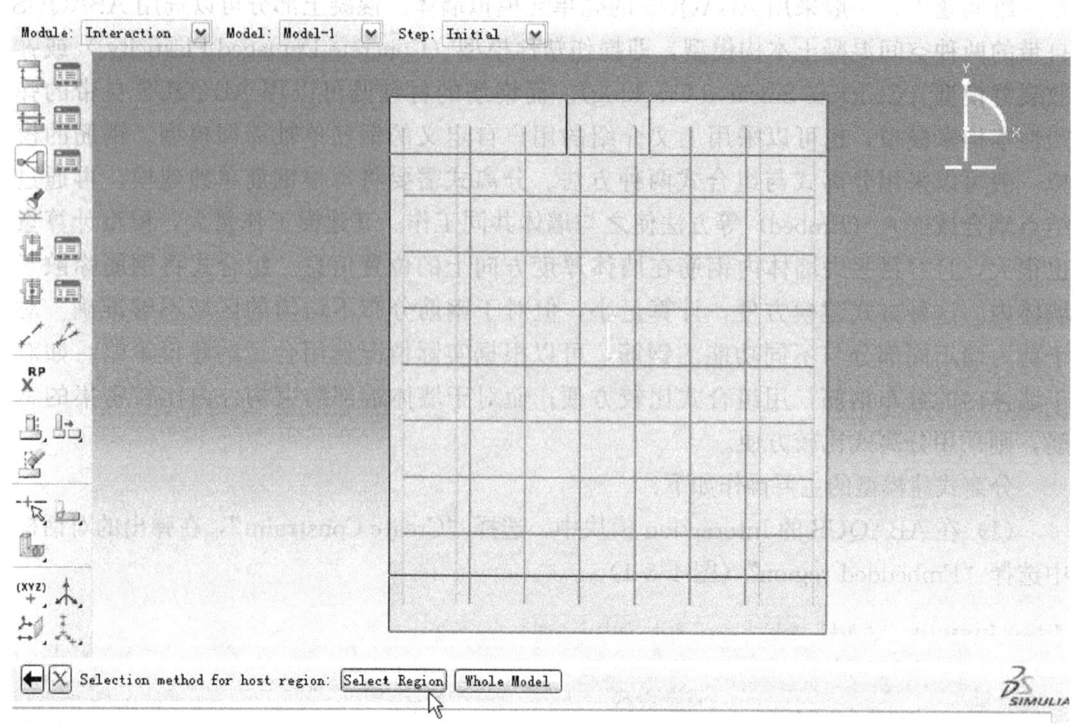

图 4.3-2 指定嵌入墙体的钢筋

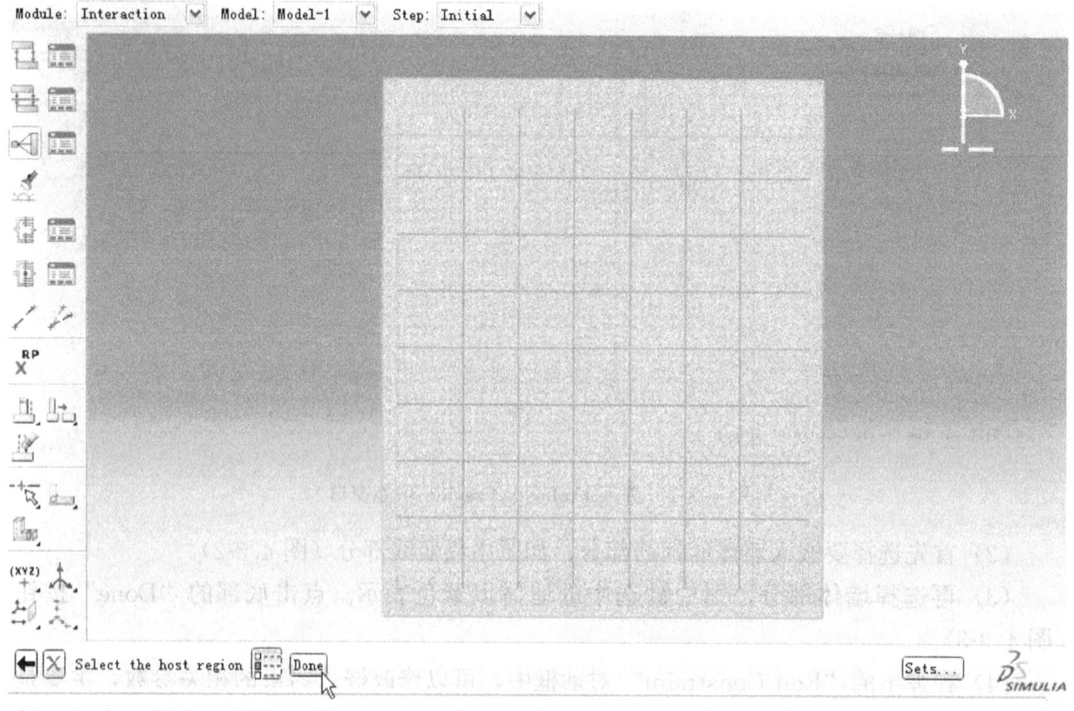

图 4.3-3 指定墙体部分

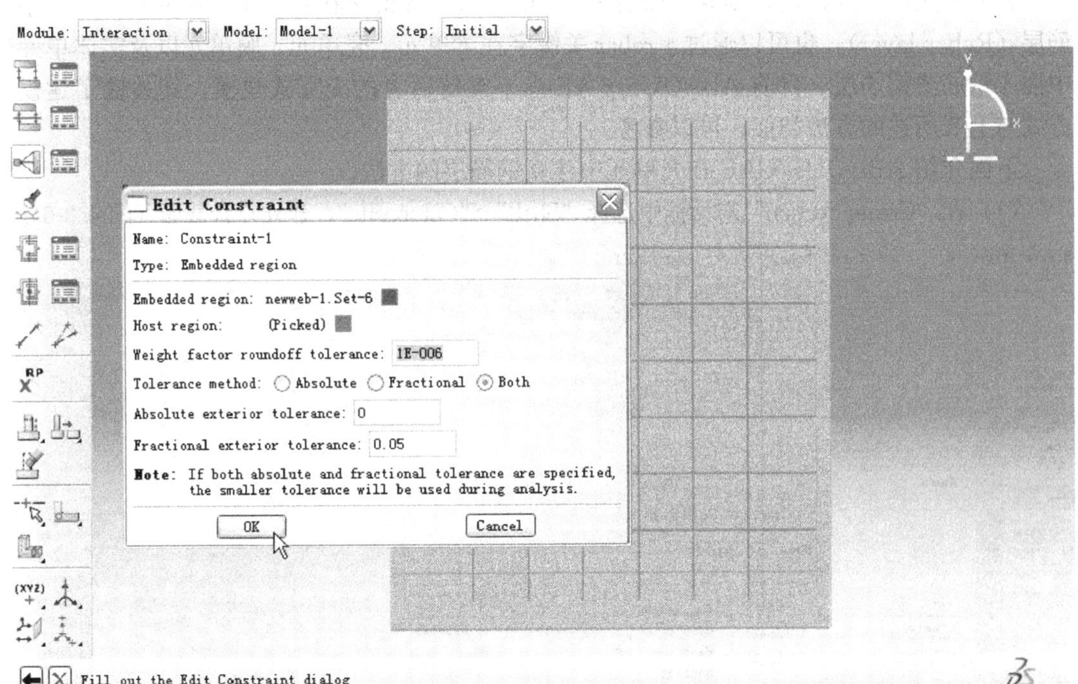

图 4.3-4　设定 Embedded 约束的有关参数

图 4.3-5 为添加了 Embedded Region 之后的显示效果。

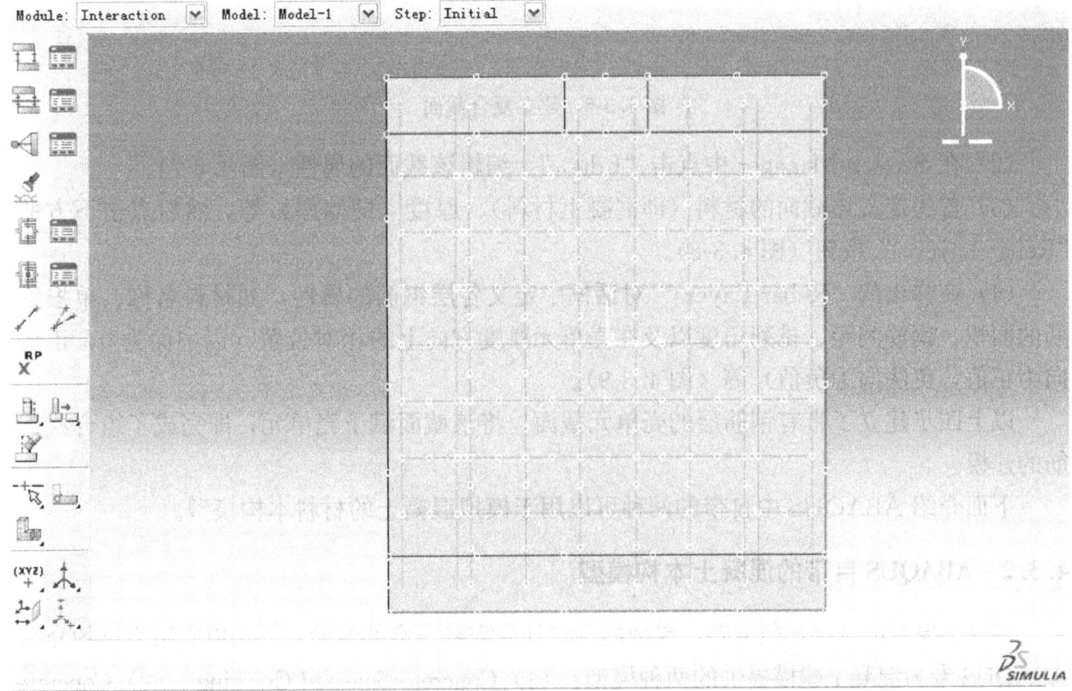

图 4.3-5　添加了 Embedded Region 之后的墙体

如果采用组合式建模，则既可以通过 * rebar layer 关键字在壳单元、膜单元中插入钢筋层（Rebar layer），也可以通过 * rebar 关键字在梁单元、壳单元、膜单元以及实体单元中插入钢筋或钢筋层。目前 ABAQUS/CAE 尚不支持后者的交互式建模，其关键字建模方式与上节所述的方法类似，可以参考。

下面介绍 ABAQUS/CAE 在壳单元中建立钢筋层的方法。

（1）在“Create Section”对话框中选择“Shell”→“Composite”，建立复合截面（图 4.3-6）。

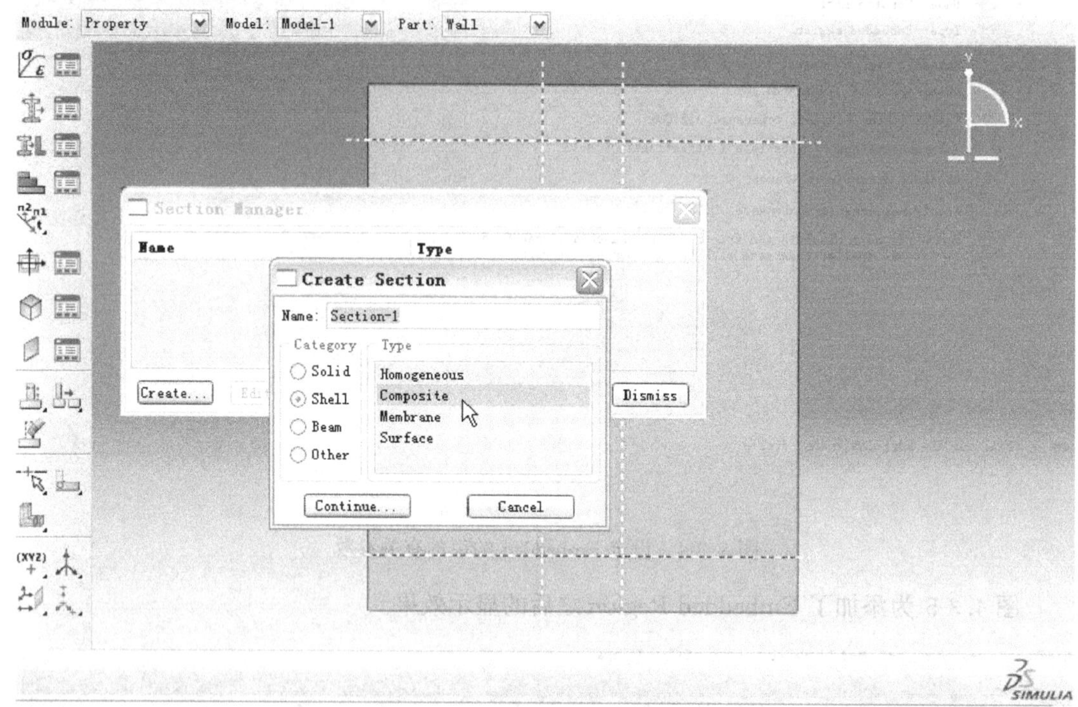

图 4.3-6　建立复合截面

（2）在 Section Manager 中点击“Edit...”，编辑该截面的属性（图 4.3-7）。

（3）首先定义该截面的材料（即混凝土材料）、厚度（即墙厚）等，然后点击下方的“Rebar Layer...”按钮（图 4.3-8）。

（4）在弹出的“Rebar Layers”对话框中定义各层钢筋的属性，如材料名称、单根钢筋的面积、钢筋间距、排列角度以及在壳单元厚度方向上的相对位置（以中面为 0，正法向为正值，负法向为负值）等（图 4.3-9）。

以上四步建立了带有钢筋层的壳单元截面，将该截面赋予壳单元，即完成了组合式钢筋的建模。

下面介绍 ABAQUS 中自带的两种可以用于模拟混凝土的材料本构模型。

4.3.2　ABAQUS 自带的混凝土本构模型

混凝土模型的选择比较复杂，参数的确定往往需要丰富的经验。下面以实用为目的介绍 ABAQUS 专为混凝土建模提供的两种模型：（1）Concrete Smeared Cracking；（2）Concrete Damaged Plasticity。

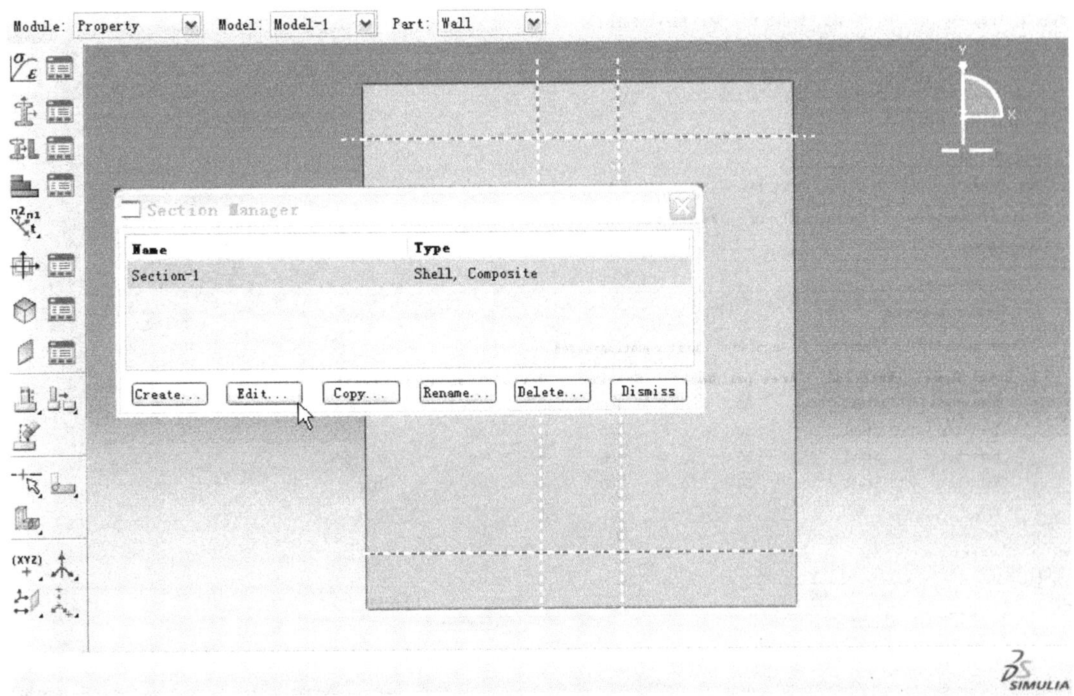

图 4.3-7 编辑截面属性

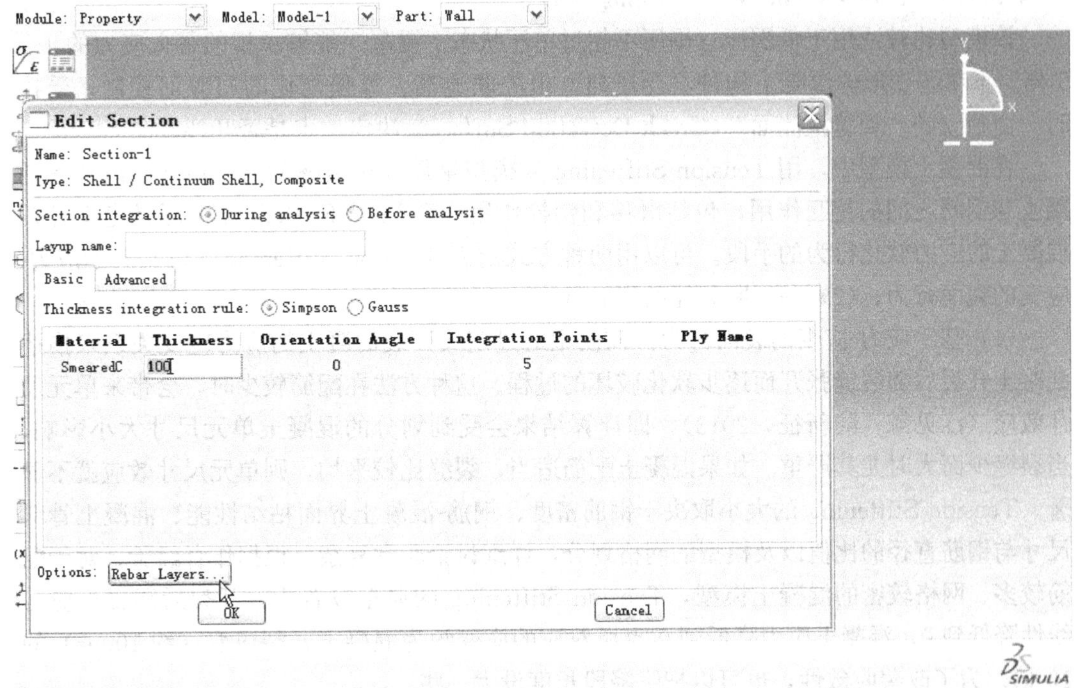

图 4.3-8 设定截面材料、厚度等参数

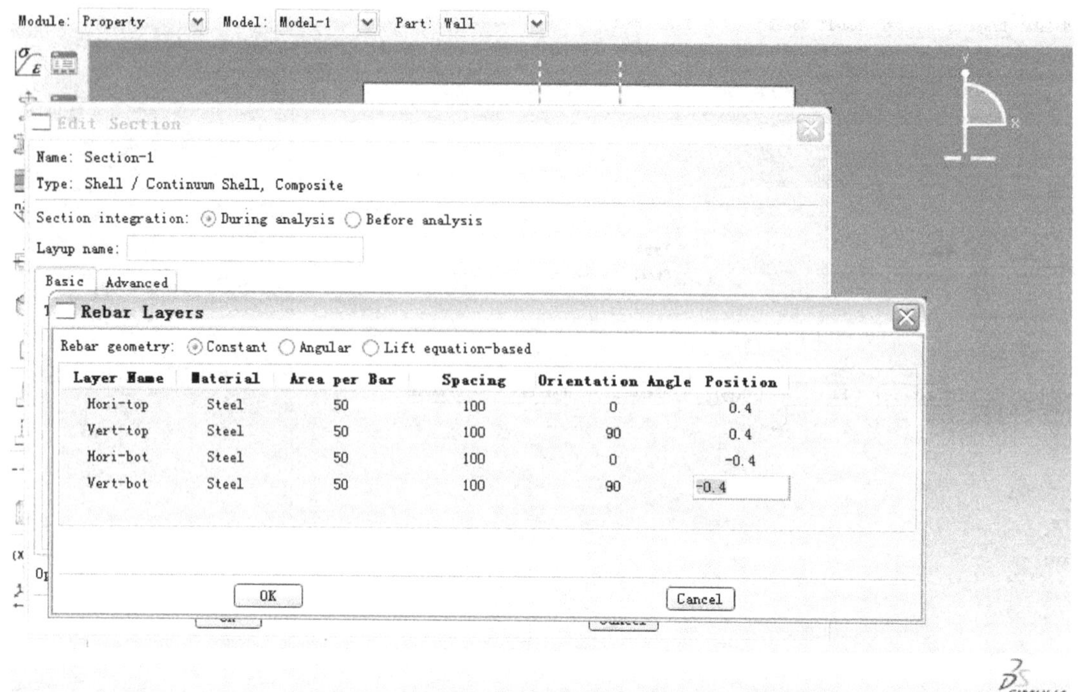

图 4.3-9　设定钢筋层信息

4.3.2.1　Concrete Smeared Cracking 模型

该模型比较适用于低围压（围压不超过单压状态下混凝土能够承担的最大应力的 4～5 倍）下单调变形的混凝土构件。受压时，由关联流动、等强硬化的屈服面控制；受拉时，由独立的“裂缝检测面”（Crack Detection Surface）决定一点是否开裂。

在混凝土模型中，用 Tension Stiffening 来模拟钢筋周边裂缝的荷载传递，以考虑混凝土与钢筋之间的相互作用，包括滑移和销栓作用。Tension Stiffening 实际是定义开裂混凝土的应力软化行为的手段。可以用两种方式定义 Tension Stiffening：（1）基于应力-应变的裂面行为；（2）基于断裂能的裂面行为。

（1）基于应力-应变的裂面行为：该模型通过定义开裂混凝土的应力应变关系来描述混凝土开裂后随裂缝张开而逐步软化破坏的过程。这种方法在配筋较少时，会带来单元尺寸效应（江见鲸，陆新征，2013），即计算结果会受到划分的混凝土单元尺寸大小影响，当裂缝少而大时尤其严重。如果混凝土配筋适当，裂缝比较平均，则单元尺寸效应就不显著。Tension Stiffening 的大小取决于钢筋密度、钢筋-混凝土界面粘结性能、混凝土骨料尺寸与钢筋直径的比值以及模型的网格划分，详细讨论非常复杂。根据作者经验，对于配筋较多、网格较密的混凝土模型，Tension Stiffening 的典型设置为：开裂后混凝土应力线性降低到 0，混凝土应力降低到 0 点所对应的应变约为混凝土开裂应变（约 $100\mu\varepsilon$）的 10 倍。为了改善收敛性，也可以把下降段长度设大一些。

（2）基于断裂能的裂面行为：为了解决基于应力-应变的裂面行为在少筋混凝土中的单元尺寸效应问题，可以采用应力-裂缝张开位移关系代替应力-应变关系。在 ABAQUS/

CAE 中只要设置 u_0 就可以了，如图 4.3-10 所示，开裂后的应力下降段为一直线。u_0 可根据断裂能 G_f 来计算，根据作者经验，典型的 u_0 可设为 0.05（普通混凝土）～0.08mm（高强混凝土）。

对裂缝的表示以及开裂后的行为的定义是 Concrete Smeared Cracking 模型的核心。Concrete Smeared Cracking 模型用名为 Crack detection surface 的破坏面来定义开裂。该破坏面在 p-q 平面上表现为直线型的抗拉截断（Tension-cutoff），如图 4.3-11 所示。

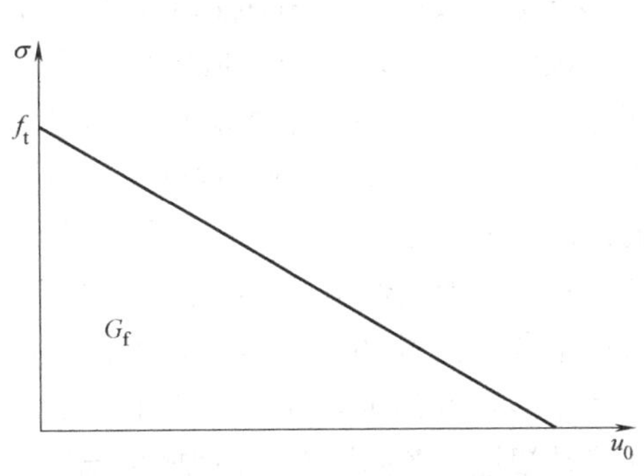

图 4.3-10　ABAQUS 中基于断裂能的 Tension Stiffening 软化曲线

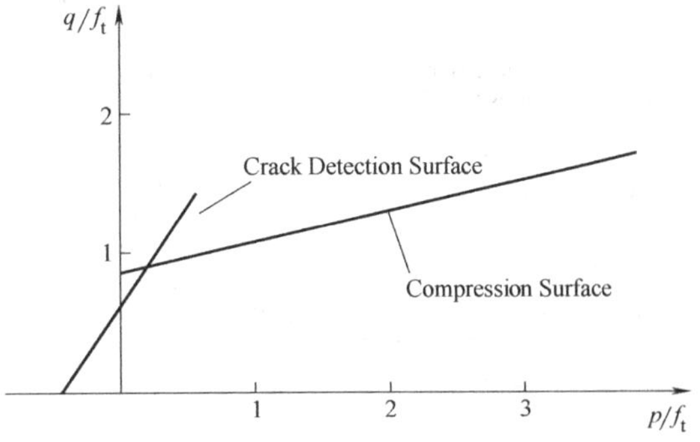

图 4.3-11　ABAQUS 中的开裂破坏面

开裂后混凝土的剪切刚度将下降，但仍存在一定的抗剪刚度。这一行为在 Concrete Smeared Cracking 模型中用 Shear Retention 来描述。剪切模量通过乘以参数 ρ 来折减。对于张开的裂缝，ρ 与裂面正应变存在如式（4.3-1）所示的线性关系：

$$\rho=\begin{cases}(1-\varepsilon/\varepsilon_{max}), & \varepsilon<\varepsilon_{max} \\ 0, & \varepsilon\geqslant\varepsilon_{max}\end{cases} \tag{4.3-1}$$

其中，ε 为裂面正应变；ε_{max}需要用户定义。

对于先张开后又闭合的裂缝，ρ 定义为一个用户指定的常数 ρ_{close}，如式（4.3-2）所示。

$$\rho=\rho_{close}, \ \varepsilon<0 \tag{4.3-2}$$

ABAQUS 默认 $\rho_{close}=1.0$，即开裂后剪切模量不折减。

弥散裂缝模型的抗压行为只需要给出单轴情况下混凝土的应力-塑性应变关系。事实上，这一关系仅仅是为了确定等效塑性模量 $H_p=d\sigma_e/d\varepsilon_p$，从而得到硬化模量 H（H 为负数时表示软化）。

屈服与流动法则仅取决于屈服面的选取，用四个参数来标定屈服面的形状（见图 4.3-12）：

Ratio1：双轴抗压强度与单轴抗压强度之比，即（OB 在 σ_1 轴上的投影/OA），对于普通混凝土，一般在 1.12～1.4 之间，默认值为 1.16；

Ratio2：单拉强度与单压强度绝对值之比，即（|OC|/|OA|），这个值过小（比如小于 0.01）将可能导致数值上的麻烦，对于普通混凝土，一般为 0.08～0.12 之间，默认值为 0.09；

Ratio3：双轴受压时极限主塑性应变与单轴受压时极限塑性应变之比，默认值为 1.28；

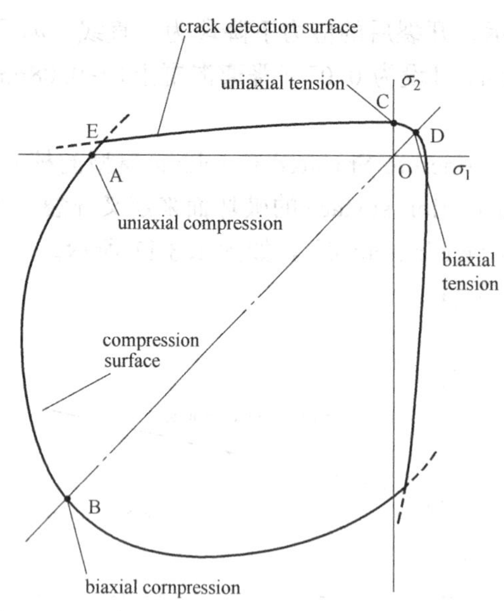

图 4.3-12　ABAQUS 的二维破坏面

Ratio4：平面应力状态下，一拉一压时的与单拉时开裂主拉应力之比，即（AE 在 σ_1 轴上的投影/OC），默认值为 1/3。

ABAQUS Example Problems Manual 中的例 1.1.5 里有这一模型的典型参数设置，可供参考。

4.3.2.2　Concrete Damaged Plasticity 模型

该模型仍比较适用于低围压（围压不超过单压状态下混凝土能够承担的最大应力的 4～5 倍）下的混凝土构件。比较突出的是由于考虑了损伤效应，它更适合于模拟往复甚至地震作用下的混凝土结构行为。材料是各向同性的，由损伤弹性、拉伸截断和压缩塑性组成，断裂过程中，由非关联流动塑性和各向同性损伤弹性控制。

这个模型大体可以分为两部分：损伤部分和塑性部分。

在塑性部分，它采用了 Linbliner 屈服面和双曲线 DP 流动势能面。输入参数时，通过膨胀角和 Eccentricity（默认 0.1）定义双曲线 DP 流动势能面在子午面上的形状。分别通过参数 K_c 和 f_{b0}/f_{c0} 来定义屈服面在偏平面和平面应力平面上的形状，一般采用默认值即可。K_c 和 f_{b0}/f_{c0} 的默认值分别为 2/3 和 1.16。硬化通过单轴压应力-非弹性应变曲线和单轴压应力-开裂应变曲线两条曲线来定义，注意如果定义了损伤，则非弹性应变或开裂应变不等于塑性应变。值得注意的是，膨胀角的取值对混凝土的行为影响很大，应谨慎取值。

在损伤部分，需要分别定义拉伸和压缩行为中的损伤，每种损伤用两个参数来定义：损伤指标和刚度恢复系数。损伤指标 d_t 和 d_c 是对材料刚度阵的折减，损伤指标 d_t 或 d_c 越大，损伤越严重，这样同时会使计算的收敛更加困难。损伤指标可以定义成非弹性应变的函数，但应该是单调增大的，表示损伤不可恢复。

刚度恢复系数（w_t 和 w_c）主要用来模拟反向加载时的刚度，可以较好地模拟裂面张开-闭合的法向行为。w_t 和 w_c 的值越大，恢复得越多。比如 $w_t=0$ 和 $w_c=1$ 即表示反向加载时拉伸刚度不恢复，受压刚度完全恢复。这也是 ABAQUS 默认的取值。图 4.3-13 在单轴情况下显示了 $w_t=0$ 和 $w_c=1$ 时的材料低周往复行为。

在塑性损伤模型中仍可通过定义一定的拉伸硬化（Tension Stiffening）来近似模拟钢筋-混凝土界面滑移行为。这一部分内容与弥散裂缝模型相似，也有基于应力-应变曲线和基于断裂能两种定义方法。在基于断裂能定义方法中，除了用应力-位移曲线来定义外，还提供了直接用断裂能定义的方法。

4.3.3　用 ABAQUS 进行剪力墙分析的实践

本书作者建议，在缺少其他参数的情况下，可参考表 4.3-1 和图 4.3-14 设定相关混凝土模型材料参数，未规定的可参考《混凝土结构设计规范》附录取值。

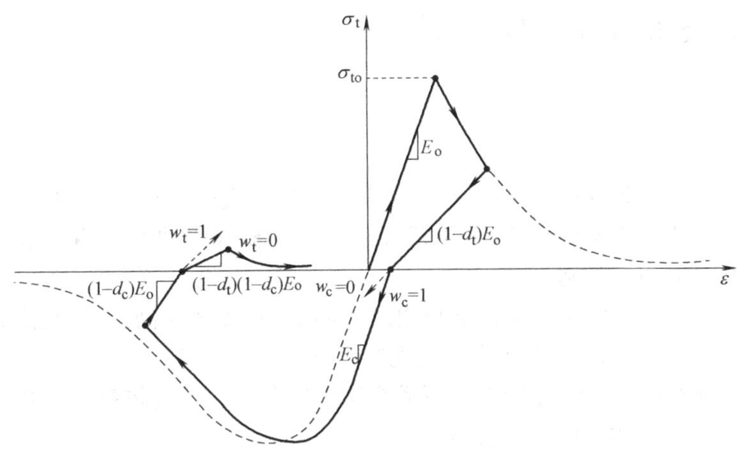

图 4.3-13 ABAQUS 中的拉压滞回刚度恢复关系

混凝土损伤模型 Damaged Plasticity 材料属性 **表 4.3-1**

参　数	建议取值
泊松比	0.15～0.2
膨胀角(deg)	30°～35°左右，较大的膨胀角会夸大混凝土的膨胀能力，影响计算结果的精度，但是可以改善模型的收敛性
初始屈服应力(MPa)	(1/3～1/2)f_c

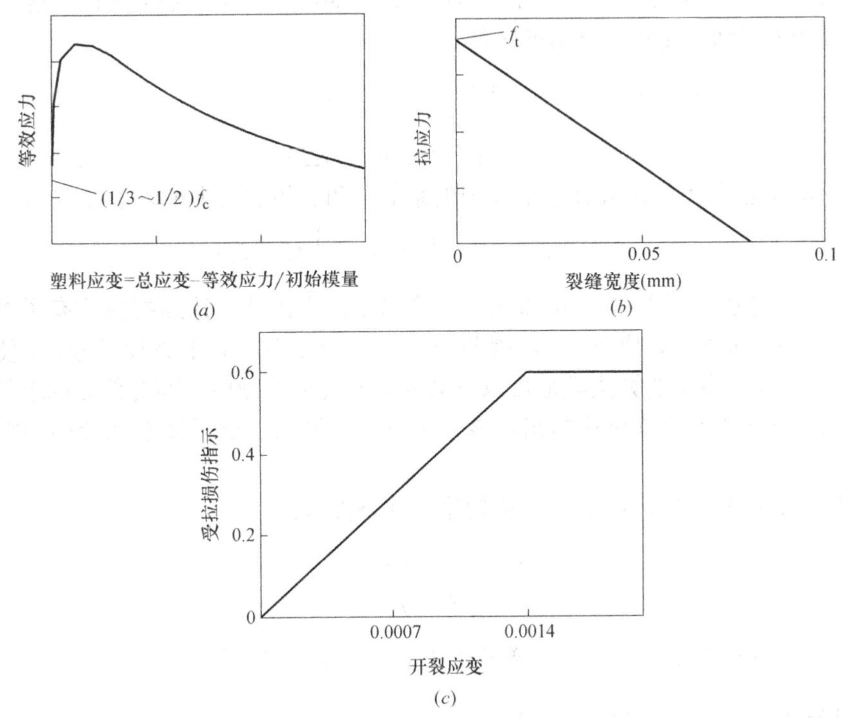

图 4.3-14 混凝土塑性硬化及损伤参数

(a) 压应力-塑性应变曲线；(b) 拉应力-非弹性应变曲线；(c) 受拉损伤指标-开裂应变曲线

4.4 ABAQUS 的显式和隐式计算

4.4.1 概述

静力分析通常在 ABAQUS/Standard 隐式模块中完成；而对于结构的动力响应分析，ABAQUS/Standard 隐式模块与 ABAQUS/Explicit 的显式模块则各有所长。与隐式分析相比，显式计算具有以下优势：

(1) 在显式计算中，计算量随模型自由度数的增加而线性增加，但在隐式计算中计算量的增大却要快得多。因此显式计算在大规模计算中更有优势。

(2) 显式积分不进行收敛性检查，更适合于求解非线性程度较高、不连续性较大的问题，如倒塌、三维变形体之间复杂接触等。

(3) 对于持续时间很短的瞬时问题的求解，如与应力波的传递相关的问题，在计算成本方面有明显的优势。

但是显式分析存在误差累计问题，而且由于显式分析不进行误差检查，故而对计算结果的精度评价存在一定困难。显式有限元计算方法的创立者之一，美国 Northwestern University 的 Belytschko 教授曾建议："当动力过程远小于结构自振周期时，建议采用显式算法；当动力过程远大于结构自振周期时，建议采用隐式算法"，上述观点可供读者参考。

4.4.2 ABAQUS/Standard 隐式直接积分算法

ABAQUS 中隐式直接积分方法采用 Hilber-Hughes-Taylor 递推格式，这一格式以 Newmark 方法为基础，建立如下基本递推公式：

$$u_{t+\Delta t}=u_t+\Delta t\,\dot{u}_t+\left(\frac{1}{2}-\beta\right)\Delta t^2\,\ddot{u}_t+\beta\Delta t^2\,\ddot{u}_{t+\Delta t}$$

$$\dot{u}_{t+\Delta t}=\dot{u}_t+(1-\gamma)\Delta t\ddot{u}_t+\gamma\Delta t\ddot{u}_{t+\Delta t} \tag{4.4-1}$$

与 Newmark 法的不同之处在于上式中的系数 β 和 γ 的取值中加入了参数 α，即

$$\beta=\frac{1}{4}(1-\alpha)^2,\ \gamma=\frac{1}{2}-\alpha,\ -\frac{1}{3}\leqslant\alpha\leqslant 0 \tag{4.4-2}$$

$\alpha=0$ 时上述方法等同于 Newmark 方法。参数 α 的引入使上述递推格式有了控制算法阻尼的能力，并且对于低频成分，α 使得阻尼增长相当缓慢；对于高频成分，α 使得阻尼的增长加快。这样，微小的算法阻尼可以有效地抑制高频的噪声，而对低频的求解基本没有影响。ABAQUS 的帮助文件中指出，该方法引入的算法阻尼对体系耗能的影响一般不会超过 1%。

将上述系数 β 和 γ 代入 Newmark 法的稳定性条件可得：

$$\Delta t\leqslant\frac{T_i}{\pi}\cdot\frac{1}{\sqrt{\left(\frac{1}{2}-\gamma\right)^2-4\beta}}=\infty \tag{4.4-3}$$

由此可知 Hilber-Hughes-Taylor 递推格式也是无条件稳定的。

4.4.3 ABAQUS/Standard 的求解控制

ABAQUS/Standard 隐式模块一般采用牛顿法或它的变形来求解非线性问题。其中有

三个概念：

(1) Step（荷载工况、荷载步），它是一组边界条件、外加荷载、分析类别、求解控制手段等的集合；

(2) Increment（增量步），解非线性问题的基本思路是分段线性化，增量步就是在一个荷载步（Step）里分成若干子步求解非线性问题；

(3) Iteration（迭代），它是在一个增量步（Increment）里寻找平衡解的过程。ABAQUS 认为下一次迭代总应该比上一次迭代更接近真解，如果几次迭代都有发散的迹象（误差不断增大），ABAQUS 将自动减小增量步再进行迭代。

ABAQUS 有一套有效的自动控制求解过程与收敛判断的方法，比如自动减小增量步。默认情况下，如果 ABAQUS 发现迭代有发散的迹象（后一次迭代的误差比前一次还要大）或者经过了 16 次迭代还不能满足精度要求，ABAQUS 则自动把增量步减小为原来的 1/4 再进行迭代。如果还不收敛，这一过程将一直继续下去，直到增量步小于用户设定的最小增量步长。另一方面，如果在连续两个增量步里面都只用了不到 5 次迭代就收敛了，ABAQUS 就认为收敛很容易，于是自动把增量步长放大为原来的 1.5 倍。这些设置一般用户不需要修改，不过也可以根据需要修改。

ABAQUS 还可以通过在 Step 模块中打开 Stabilization，在拟静力分析中增加算法阻尼来改善收敛过程。

可以通过两个方面的调整来改善 ABAQUS 在非线性问题求解中的表现：一是控制非线性求解的精度；二是控制时间步长。

在控制求解精度方面，通常可以调整以下参数：

(1) 容许残差比 R_n^a：即模型最大残差与节点最大反力之比，默认为 0.005，对于非线性比较严重的问题，可以适当放松到 2%～5%。

(2) 容许解增量比 C_n^a：即本步的位移增量 Δu 与当前位移解 u 之比，默认为 0.01。

在控制时间步长方面，以下两个参数最为常用：残差检查之前的平衡迭代数 I_0、对数收敛比检查之前的平衡迭代数 I_R。

线性搜索（Line search）也是一个提高收敛速度的选择。

4.4.4 ABAQUS/Explicit 显式直接积分算法

ABAQUS/Explicit 的显式计算模块采用中心差分法，同时单元的质量矩阵采用集中质量阵。中心差分法不需要求解方程组，加之采用集中质量阵，减少了计算惯性力时矩阵求逆的工作（图 4.2-1），因此计算效率很高。但与此同时，如本书 3.2.1 节所介绍，中心差分法是条件稳定的。在 ABAQUS 中，利用应力波通过单元所需的最短时间来估计分析所需的稳定时间步长，即

$$\Delta t \approx \frac{L_{\min}}{c_{\mathrm{d}}} \tag{4.4-4}$$

其中，$L_{\min}$ 为单元的最小尺寸，c_{d} 为应力波波速，其具体的计算方法可参见 ABAQUS 的帮助文档。所以，在 ABAQUS/Explicit 显式分析中，如果出现过小的单元，特别是小而粗的梁单元，则会大大增加整个模型的计算耗时。

4.4.5 算法比较

采用 ABAQUS 提供的平面梁单元 B21 单元，建立一个由五个杆件串联组成的连续质量杆模型。模态分析得到结构的频率如表 4.4-1 所示。

模型自振频率（Hz） **表 4.4-1**

模态编号	1	2	3	4	5
频率	3.1165	9.4424	15.9706	22.4461	27.3652

对该模型输入 1995 年日本关西地震中，在神户记录到的一条南北向地震波（Kobe 波）中的一段作为地面的输入加速度，如图 4.4-1 所示。该记录的地面运动最大加速度达 0.834g，其中 g 为重力加速度。

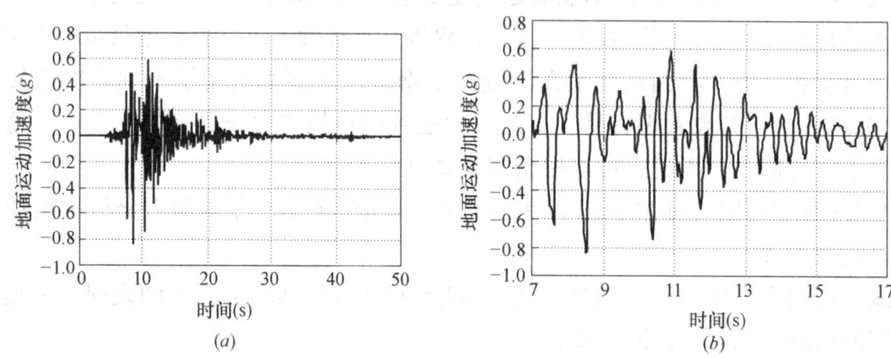

图 4.4-1 Kobe 波及其中的一段

（a）Kobe 波；（b）第 7～17 秒的 Kobe 波

用隐式方法和显式方法分别求解该的分布质量体系。隐式方法中取 $\alpha=-0.05$，$\Delta t=0.005$s。显式方法采用 ABAQUS 自动时间步长。ABAQUS 自动选取的时间步长 $\Delta t=0.00186$s。计算结果如图 4.4-2（a，b）所示，二者几乎没有差别。如果在显式计算中略微增大时间步长，比如规定时间步长 $\Delta t=0.002$s，则计算结果不再可靠，如图 4.4-2（c，d）所示。从这一算例中也可以看出 ABAQUS 中自动时间步长的有效性。而对于隐式算法，即使将步长增大到 0.025s，计算结果仍保持稳定。

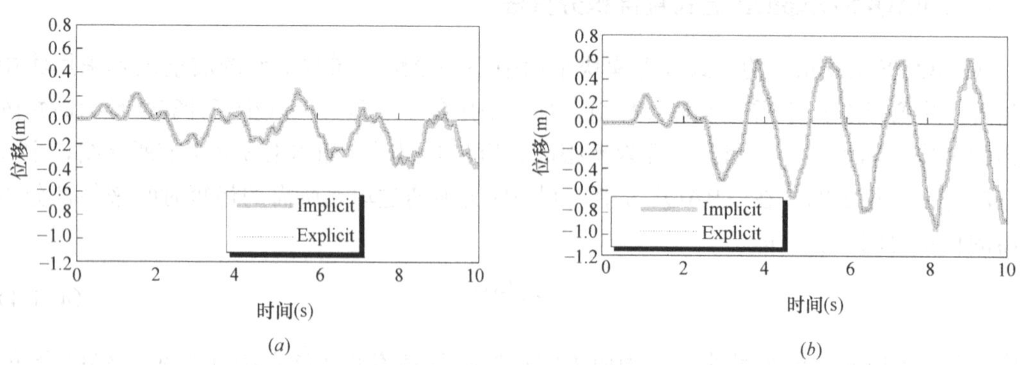

图 4.4-2 显式与隐式直接积分方法分析结果比较

（a）底层位移时程反应（显式计算时 $\Delta t=0.00186$）；（b）顶层位移时程反应（显式计算时 $\Delta t=0.00186$）；

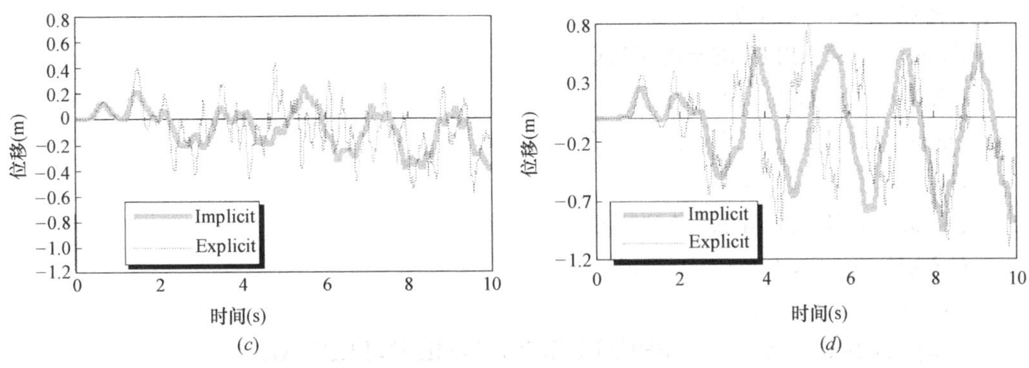

(c) (d)

图 4.4-2　显式与隐式直接积分方法分析结果比较（续）

(c) 底层位移时程反应（显式计算时 Δt=0.002）；(d) 顶层位移时程反应（显式计算时 Δt=0.002）

4.4.6　结构地震响应时程分析

结构地震响应时程分析既可以采用隐式直接积分算法，也可以采用显式直接积分算法。隐式直接积分算法调用 ABAQUS/Standard 求解器，而显式直接积分算法调用 ABAQUS/Explicit 求解器。根据 Belytschko 教授的建议，即："当动力过程远小于结构自振周期时，建议采用显式算法。当动力过程远大于结构自振周期时，建议采用隐式算法"，结构地震响应时程分析更适合采用隐式直接积分算法。然而，由于实际工程中结构复杂性可能导致隐式直接积分算法难以收敛，越来越多的实际工程项目中采用显式直接积分算法。导致显式直接积分算法被广泛使用的另外一个原因是显式积分算法在大型并行计算机系统上运行具有更高的并行效率。

进行结构地震响应时程分析需要将地震波时程作为激励荷载输入给结构，这在 ABAQUS 中通过定义荷载步实现。荷载步的定义主要包括：动力时程分析方法及参数，动力时程分析过程控制参数，激励荷载条件，时程分析结构输出控制等。地震动作为激励荷载条件输入有两种方法。一种是等效地震力法，另外一种是边界条件法。采用等效地震力法时，首先将结构的基底施加合理的约束条件，然后通过 * DLOAD 关键字给上部结构输入等效地震力。采用边界条件法时则直接通过 * BOUNDARY 关键字给结构基底输入加速度时程或者位移时程，无须在上部结构中输入等效地震力。

下面给出了两个结构地震响应时程分析步的 .INP 文件例子，第一个例子采用了隐式直接积分算法，地震动激励采用等效地震力方法。第二个例子采用了显式直接积分算法，地震动激励采用边界条件法。

1. 隐式直接积分算法和等效地震力法

```
*STEP, NAME=THA, INC=99999
*DYNAMIC, HAFTOL=1.0E10
0.02, 40.0, 1E-15, 0.02
*CONTROLS, PARAMETERS=FIELD
0.05, 0.05
*Dload
```

```
，GRAV，9.8，0.，0.，-1.
*Dload，AMPLITUDE=ACCEX
，GRAV，1 ，1，0.，0.
*Dload，AMPLITUDE=ACCEY
，GRAV，0.85 ，0.，1，0.
*Dload，AMPLITUDE=ACCEZ
，GRAV，0.65 ，0.，0.，-1.
*Restart，write，frequency=99999
*Output，field，variable=PRESELECT，TIME INTERVAL=0.02
*Element Output，directions=YES
DAMAGEC，DAMAGET，SDV，PEEQ，PEEQT，SF，E，S
*Element Output，directions=YES
E，S，SDV
*Output，history，TIME INTERVAL=0.02
*Node Output，nset=N-RestraintX
RF1，U1
*Node Output，nset=N-RestraintY
RF2，U2 *End Step
```

2. 显式直接积分算法和边界条件法

```
*HEADING
*IMPORT，STATE=YES，UPDATE=NO
F1，F2，F3，F4，F5，F6
*AMPLITUDE，NAME=HAMP，INPUT=ACC1.inp
*AMPLITUDE，NAME=VAMP，INPUT=ACC2.inp
*FILTER，NAME=SMOOTH，TYPE=BUTTERWORTH
2，4
*STEP，NLGEOM=YES
EARTHQUAKE STEP
*DYNAMIC，EXPLICIT
，10.0
*BOUNDARY，TYPE=ACCELERATION，AMPLITUDE=HAMP
NSETFNF1，1，1，9.81
*BOUNDARY，TYPE=ACCELERATION，AMPLITUDE=VAMP
NSETFNF1，2，2，9.81
**
*OUTPUT，FIELD，VAR=PRESELECT，NUMBER INTERVAL=40
*ELEMENT OUTPUT
S，PE，LE，PEEQ，PEEQT，DAMAGEC，DAMAGET，SDEG
```

```
*OUTPUT，HISTORY
*ELEMENT OUTPUT，ELSET=F3
SP1
*NODE OUTPUT，NSET=NSETFNF12
U1，U2
*ENERGY OUTPUT
ETOTAL，ALLVD
*OUTPUT，HISTORY，TIME INTERVAL=0.05，FILTER=SMOOTH
*ELEMENT OUTPUT，ELSET=F3
SP1
*NODE OUTPUT，NSET=NSETFNF12
U1，U2
********************************
*restart，write
*END STEP
```

4.5 ABAQUS 前后处理

4.5.1 基于 SAP2000 模型转换的前处理

ABAQUS 自带的建模模块对于建筑结构建模并不方便。使用者无法直接基于构件建模，而需要按照点、线、面定义组件并进行装配，建模效率较低。针对此问题，本书作者开发了模型转换程序 SAP2ABAQUS。SAP2ABAQUS 程序可将 SAP2000 模型直接转化为 ABAQUS 模型，充分利用 SAP2000 在结构建模方面的优势。SAP2ABAQUS 程序的启动界面如图 4.5-1 所示。

在进行模型转换之前，需要在 SAP2000 中完成模型的网格划分，并进行结构的模态计算。确认 SAP2000 模型无误后，将 SAP2000 模型导出为 .mdb 文件，然后可以运行 SAP2ABAQUS 转换程序。SAP2ABAQUS 转换程序读入 SAP2000 导出的 mdb 文件，将其转换为 ABAQUS 可以读取的 inp 文件。转换过程中，SAP2ABAQUS 程序将保留节点编号和坐标，单元的编号和相关节点信息，单元的截面信息，材料的属性，节点质量等。SAP2ABAQUS 程序还将自动生成 3 个分析步，即：扰动分析步，重力分析步和模态分析步。重力分析步中考虑了施工过程模拟。这三个分析步可用于校核模型的正确性。

SAP2ABAQUS 程序操作简单。程序读入 mdb 文件后，点击 check 命令按钮可以逐点检查模型信息。如果存在离散于模型之外的孤立节点，程序将给出提示信息。点击 Convert 命令按钮即可生成 ABAQUS 的 .inp 文件。

SAP2ABAQUS 的 SUPPL 功能模块可以读取设计人员定义的钢筋配筋信息，配筋信息为 .txt 格式的文本文件，其格式在程序帮助文件中有详细说明。模型转换时，SUPPL 功能模块可以直接生成梁柱和剪力墙配筋文件，SUPPL 模块界面如图 4.5-2 所示。

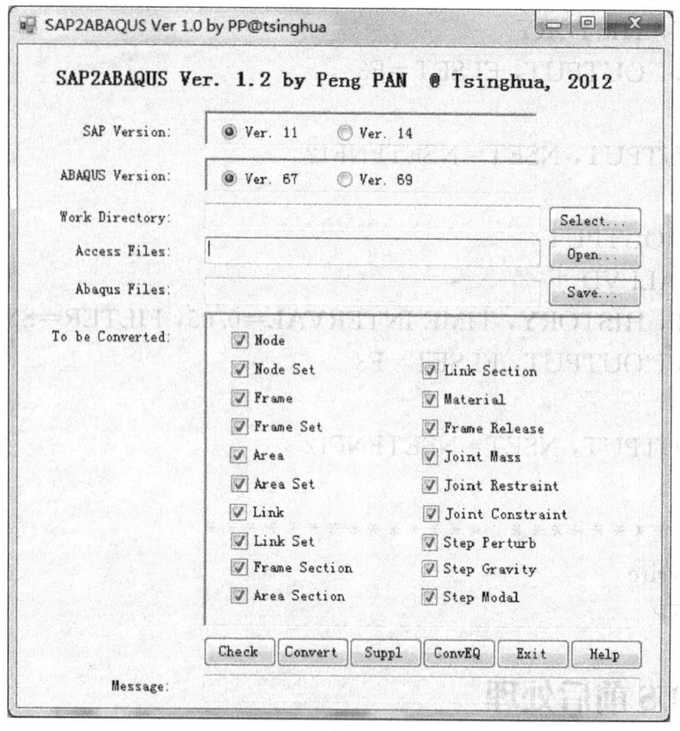

图 4.5-1　SAP2ABAQUS

ConvEQ 功能模块用于生成 ABAQUS 可读取的地震波文件，ABAQUS 可读取的地震波文件后缀名为 . ABQ，常见的格式为每行 8 列数据，奇数列为时间，偶数列为地震波记录值。

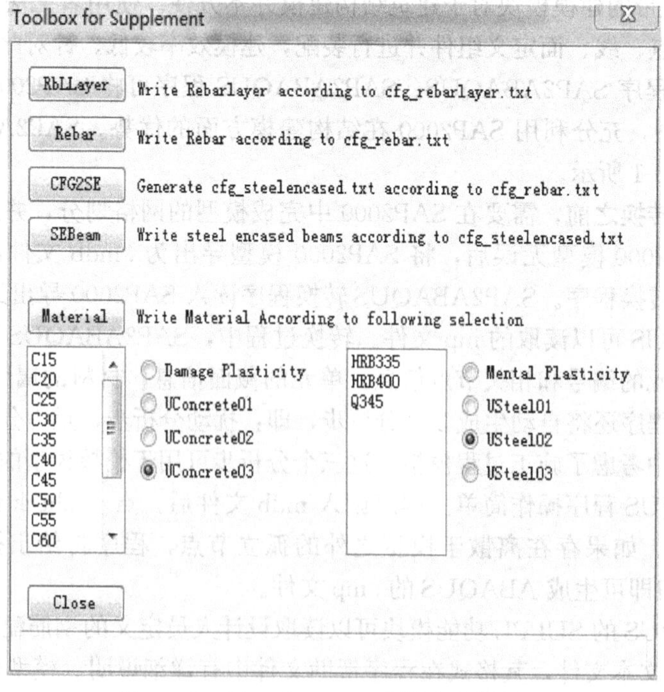

图 4.5-2　SAP2ABAQUS 钢筋和材料界面

按照《建筑抗震设计规范》GB 50011—2010 的规定，结构的重力荷载代表值等于1倍的恒荷载加上0.5倍的活荷载。进行结构地震响应时程分析时，结构的质量应根据重力荷载代表值确定。在SAP2000中，可以设置质量来自于荷载的选项，具体如图4.5-3所示。

然而与SAP2000不同，ABAQUS没有设置质量来源于荷载的选项。因此在使用SAP2ABAQUS进行程序转换的时候，建议采用如下的处理方法：

(1) 在SAP2000中按照图4.5-4的选项设置静力荷载，将自重排除在静力荷载之外；

(2) 按照图4.5-3的选项设置质量源并进行特征值分析；

(3) 进行特征值分析时，SAP2000根据荷载组合选项，计算节点上附加的质量；

(4) 运行SAP2ABAQUS模型转换程序，转换节点质量；

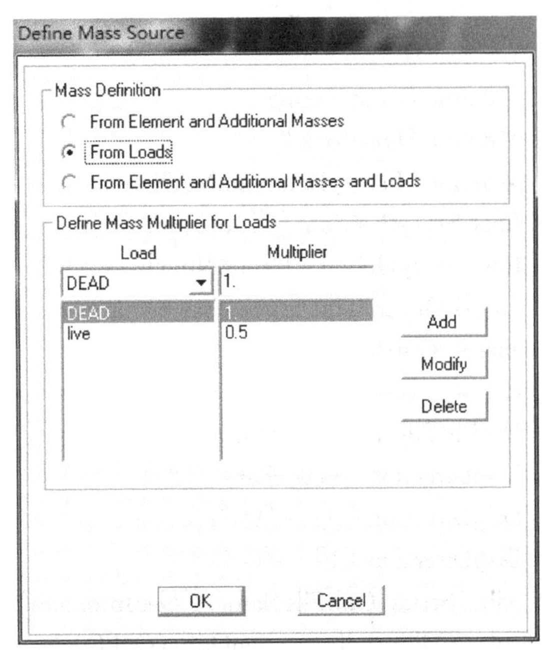

图4.5-3 SAP2000中质量源设置

(5) 确认ABAQUS中材料的密度属性是否与正确。

通过上述处理方法，结构模型中自重以外的质量通过SAP2ABAQUS程序转换为节点质量，结构构件自身的质量则通过模型构件的密度自动考虑。这样处理的模型可以同时用于ABAQUS/Standard和ABAQUS/Explicit分析模块。如果忽略结构构件自身的密度，而将所有质量都集中到节点上，可能导致该模型不能被ABAQUS/Explicit分析模块有效计算。

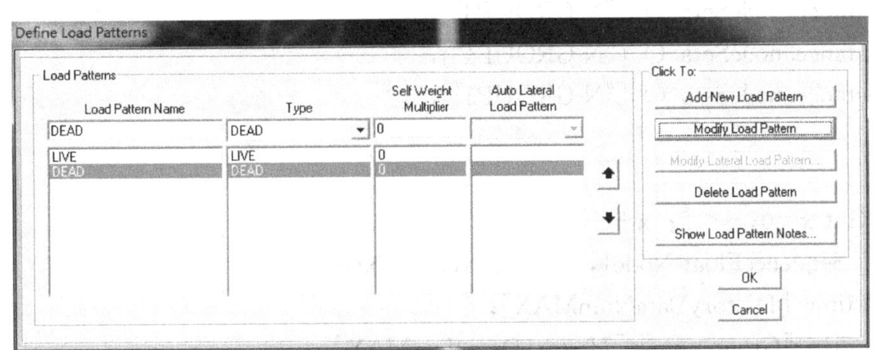

图4.5-4 SAP2000中荷载模式设置

4.5.2 基于C++后处理程序

ABAQUS后处理需提取的信息包括结构变形反应，如：顶点位移、层间位移角、剪力墙受拉/受压损伤、混凝土梁柱塑性铰分布等。在实际工程项目中，结构在地震作用下弹塑性层间位移响应是最重要的指标之一。由于其数据量较大，手动提取较麻烦，可通过C++程序进行提取。C++程序可以较方便地将位移相关数据提取到文本文件中。下面的C++程序给出了提取层间位移的例子。

```
#define GroupNum 5
#define Directions 2
#define HistoryDataNumMAX 5000
float StoryPosition [GroupNum+1];
float StoryHeight [GroupNum];
int ABQmain (int argc, char** argv)
char* OutPutFileName;
char** DispDirection;
OutPutFileName="OdbData";
DispDirection=new char* [2];
DispDirection [0] ="U1";
DispDirection [1] ="U2";
odb_String OdbFileName ("GeoInfo.odb");
odb_Odb& odb = openOdb (OdbFileName);
odb_Step& step = odb.steps () ["THA"];
odb_Instance& instance = odb.rootAssembly () .instances () ["PART-1-1"];

odb_Set *nSet [GroupNum] =
{
&instance.nodeSets () ["N-GROUP1"],
&instance.nodeSets () ["N-GROUP2"],
&instance.nodeSets () ["N-GROUP3"],
&instance.nodeSets () ["N-GROUP4"],
&instance.nodeSets () ["N-GROUP5"],
};

for (int x=0; x<2; x++)    {
odb_SequenceFloat Node1, Node2, Node3, Node4;
float time [HistoryDataNumMAX];
float disp [GroupNum] [HistoryDataNumMAX];
float NodeData [4] [GroupNum] [HistoryDataNumMAX];
int i, j, HistoryDataNum;
for ( i=0; i<GroupNum; i++)
{
const odb_Node node1 = nSet [i] ->nodes () .constGet (0);
```

```
const odb_Node node2 = nSet[i]->nodes().constGet(1);
const odb_Node node3 = nSet[i]->nodes().constGet(2);
const odb_Node node4 = nSet[i]->nodes().constGet(3);

odb_HistoryPoint hPoint1(node1);
odb_HistoryPoint hPoint2(node2);
odb_HistoryPoint hPoint3(node3);
odb_HistoryPoint hPoint4(node4);

odb_HistoryRegion& histRegion1 = step.getHistoryRegion(hPoint1);
odb_HistoryRegion& histRegion2 = step.getHistoryRegion(hPoint2);
odb_HistoryRegion& histRegion3 = step.getHistoryRegion(hPoint3);
odb_HistoryRegion& histRegion4 = step.getHistoryRegion(hPoint4);

odb_HistoryOutputRepository& hoCon1 = histRegion1.historyOutputs();
odb_HistoryOutputRepository& hoCon2 = histRegion2.historyOutputs();
odb_HistoryOutputRepository& hoCon3 = histRegion3.historyOutputs();
odb_HistoryOutputRepository& hoCon4 = histRegion4.historyOutputs();

odb_HistoryOutput& histOutU11 = hoCon1[DispDirection[x]];
odb_HistoryOutput& histOutU12 = hoCon2[DispDirection[x]];
odb_HistoryOutput& histOutU13 = hoCon3[DispDirection[x]];
odb_HistoryOutput& histOutU14 = hoCon4[DispDirection[x]];

odb_SequenceSequenceFloat data1 = histOutU11.data();
odb_SequenceSequenceFloat data2 = histOutU12.data();
odb_SequenceSequenceFloat data3 = histOutU13.data();
odb_SequenceSequenceFloat data4 = histOutU14.data();

HistoryDataNum = data1.size();
for ( j=0; j<HistoryDataNum; j++)
{
Node1 = data1[j];
Node2 = data2[j];
Node3 = data3[j];
Node4 = data4[j];

time[j] = Node1.constGet(0);
```

```
NodeData [0] [i] [j] =Node1. constGet (1);
NodeData [1] [i] [j] =Node2. constGet (1);
NodeData [2] [i] [j] =Node3. constGet (1);
NodeData [3] [i] [j] =Node4. constGet (1);

disp [i] [j] = (Node1. constGet (1) +Node2. constGet (1)
+Node3. constGet (1) +Node4. constGet (1)) /4;
}
}
fstream out;
out. open (OutPutFileNameCur, ios:: out);

for (j=0; j<HistoryDataNum; j++)
{
out<< time [j] <<",";

for (i=0; i<GroupNum; i++)
{
out<<disp [i] [j] <<",";
}
out<<endl;
}

out. close ();
return 0;

}
```

4.6 工程实例介绍

4.6.1 工程概况

某工程总建筑面积 13.8 万 m^2，主体塔楼高度近 150m，主体塔楼采用组合框架-混凝土核心筒结构体系，组合框架由钢管混凝土柱和钢梁构成。混凝土核心筒具有较大的抗侧刚度，主要抵抗风荷载和地震作用；组合框架具有较高的承载力，主要承受结构的竖向荷载。

本工程结构由三座塔楼（北楼、中楼、南楼）及其地上周边裙房和连体地下室组成，地下部分为地下四层（主楼和裙房连成一体），地下四层地面标高约为－15.90m，地上三座塔楼的地上高度分别为北楼 28.20m，中楼 144.90m，南楼 91.85m。本次分析工作的重点是考察最高的中楼在大震下的响应，因此在建模时仅考虑地下室和中楼部分。

中楼为组合框架-混凝土核心筒构成的混合结构体系，并在核心筒的四角以及与主梁连接之处设置型钢柱，以保证主梁与核心筒的刚性连接。结构的标准层平面如图 4.6-1 所示。

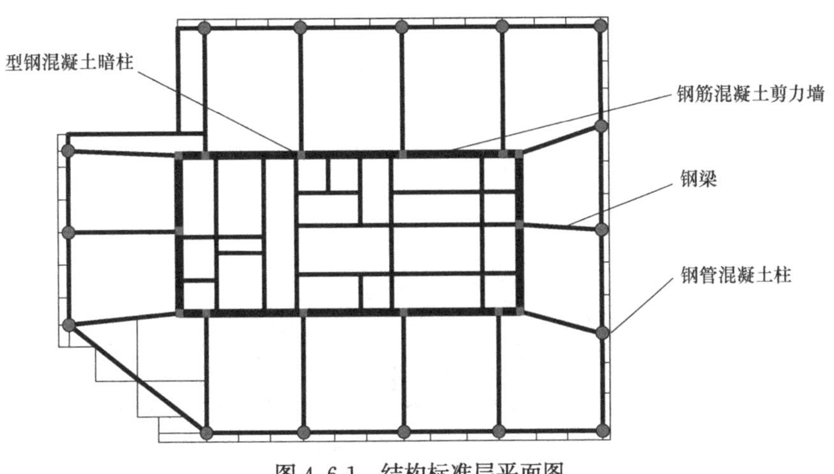

图 4.6-1　结构标准层平面图

地下室则为钢筋混凝土框架，钢筋混凝土外墙结构体系。结构采用筏板基础形式。具体材料使用情况见表 4.6-1。

结构材料使用　　**表 4.6-1**

层	柱		梁		墙		板		钢管柱	钢梁
	混凝土	钢筋	混凝土	钢筋	混凝土	钢筋	混凝土	钢筋	钢材	钢材
−4～6	C60	HRB335	C30	HRB400	C50	HRB400	C30	HRB335	Q235	Q345
7～16	C55	HRB335	C30	HRB400	C45	HRB400	C30	HRB335	Q235	Q345
17～26	C50	HRB335	C30	HRB400	C40	HRB400	C30	HRB335	Q235	Q345
27～38	C45	HRB335	C30	HRB400	C35	HRB400	C30	HRB335	Q235	Q345

4.6.2 分析模型

在有限元模型建立中，利用空间欧拉梁单元 B33 模拟结构的梁柱构件，利用壳单元 S4R 模拟剪力墙及楼板，并通过 * rebar 及 * rebar layer 设置梁柱钢筋及剪力墙配筋，结构有限元模型见图 4.6-2～图 4.6-4。

模型中钢筋混凝土梁柱杆件单元采用 PQ-FIBER 模型，其典型混凝土单轴应力-应变关系如图 4.6-5 所示。混凝土的受压段骨架线服从 Hognestad 曲线，由上升段与下降段两部分组成。钢筋采用双线型随动硬化的弹塑性模型，屈服后强化刚度为初始刚度的 1%。

模型中，梁柱等杆系单元通过 * rebar 关键字定义所需的钢筋。根据构件截面形式不同分以下几种情况：对于一般的矩形或圆形钢筋混凝土构件，钢筋的位置、直径与数量均按设计配筋建模；对于钢骨混凝土构件，将内部工字型钢离散为如图 4.6-6（*a*）所示的 9 根钢筋，以模拟钢骨的贡献；对于钢管混凝土构件用如图 4.6-6（*b*）所示的 16 根钢筋模拟钢管，同时通过调整混凝土本构，近似模拟钢管对内部混凝土的约束作用。

本模型采用壳单元和 Concrete Damaged Plasticity 模型模拟剪力墙的混凝土。采用分离与组合式相结合的建模方式建立剪力墙中的钢筋。具体做法是：剪力墙中的分布钢筋通过 * rebar layer 关键字，按照设计中的钢筋层位置与配筋量建模，如图 4.6-7 所示。剪力墙

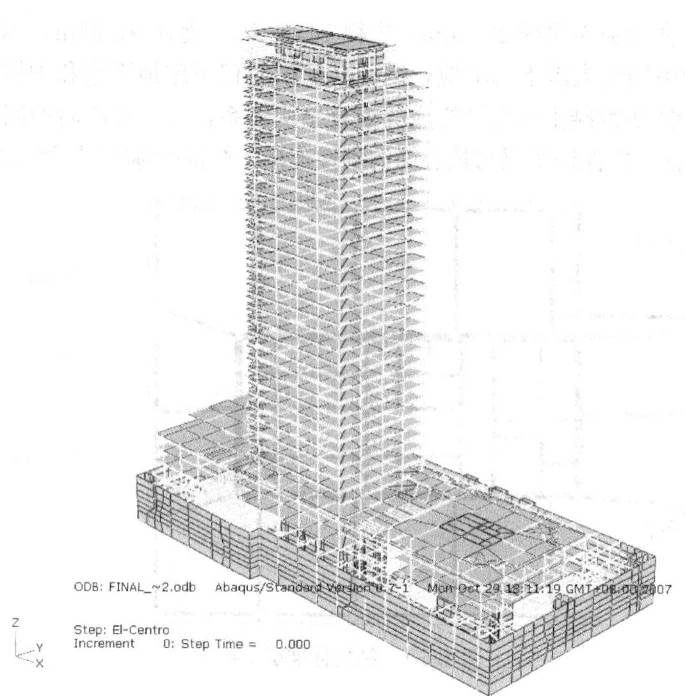

图 4.6-2 整体结构有限元模型

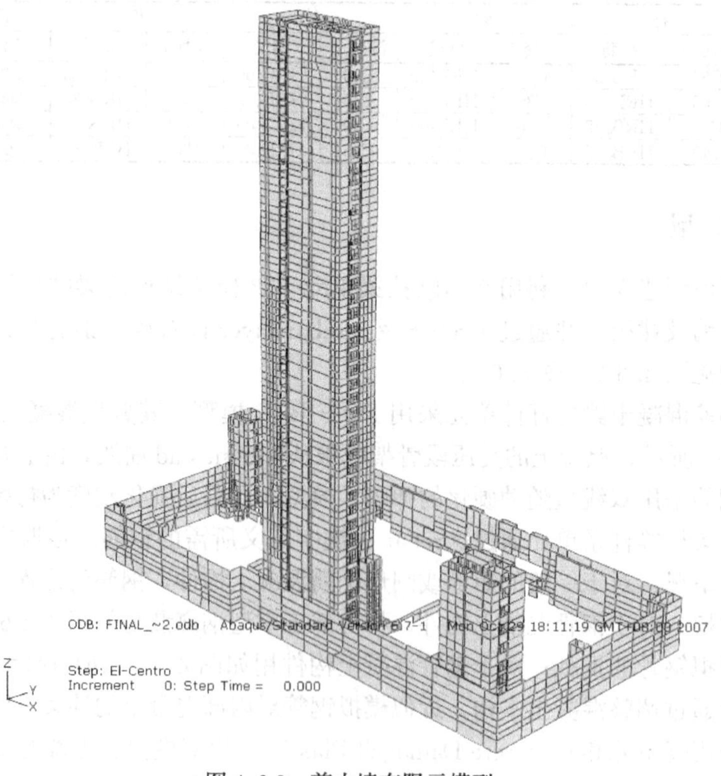

图 4.6-3 剪力墙有限元模型

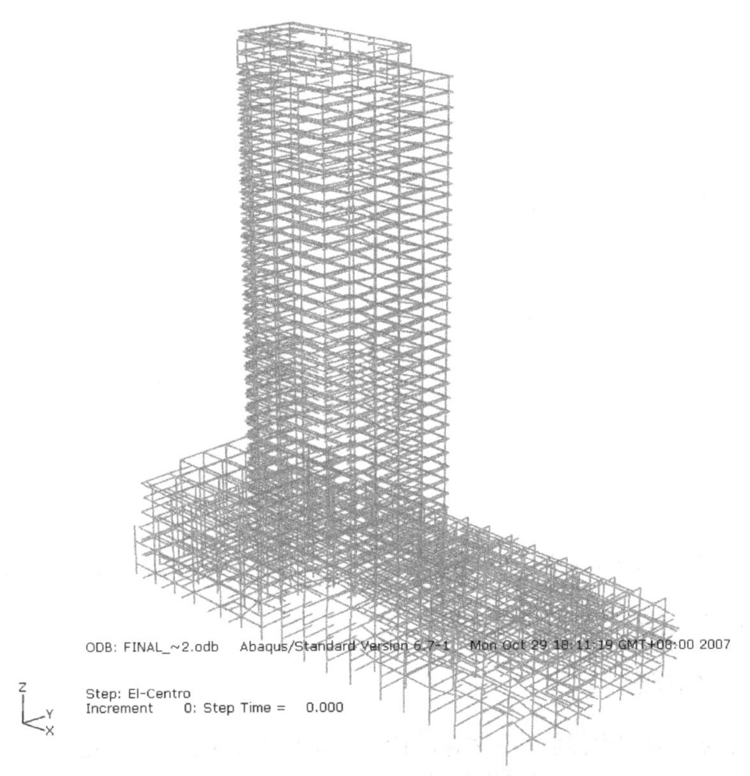

图 4.6-4 框架有限元模型

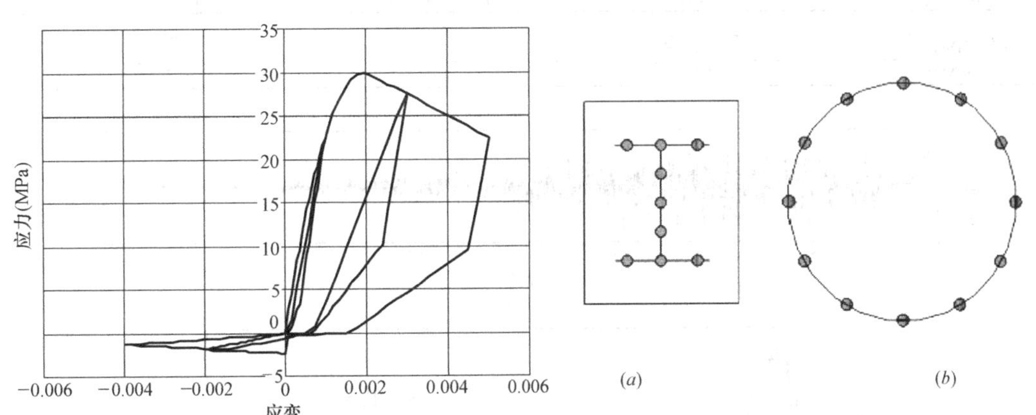

图 4.6-5 分析采用的混凝土滞回模型

图 4.6-6 特殊构件截面的纤维化建模

(a) 钢骨混凝土构件的截面；(b) 钢管混凝土构件的截面

内的约束构件则采用梁单元建模，并通过 ABAQUS 的 Embed 方法添加于墙体内，与墙体协同工作，如图 4.6-8 所示。

4.6.3 地震波的选用

按照《建筑抗震设计规范》(GB 50011—2001) 的规定，采用时程分析法时，应选用不少于二组实际强震记录和一组人工模拟的加速度时程曲线。为此，提供了罕遇地震的一条人工地震波和两条天然地震波，有关参数见表 4.6-2。图 4.6-9 为这三条地震波的加速度时程曲线，以

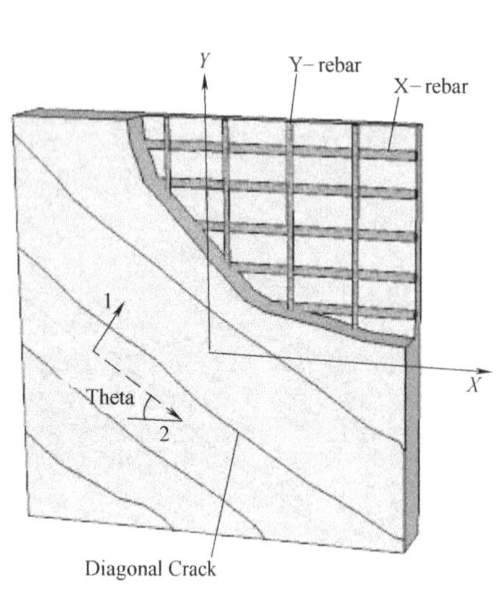

图 4.6-7　分布钢筋模型

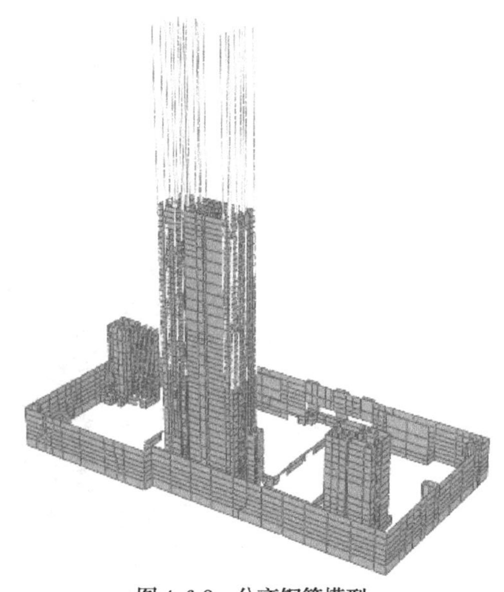

图 4.6-8　分离钢筋模型

及加速度反应谱曲线与抗震规范反应谱的比较。

4.6.4　结构模型的模态

结构前 5 阶振型表现出很强的整体振动特性，其振型特性及振型图见图 4.6-10 及表 4.6-3。

地震波的最大加速度值（PGA）和持续时间　　**表 4.6-2**

地震波名称	类型	PGA(cm/s^2)	持续时间(s)
GMR01	人工波	400	40
GMT01	天然波	400	33.38
GMT02	天然波	400	37.02

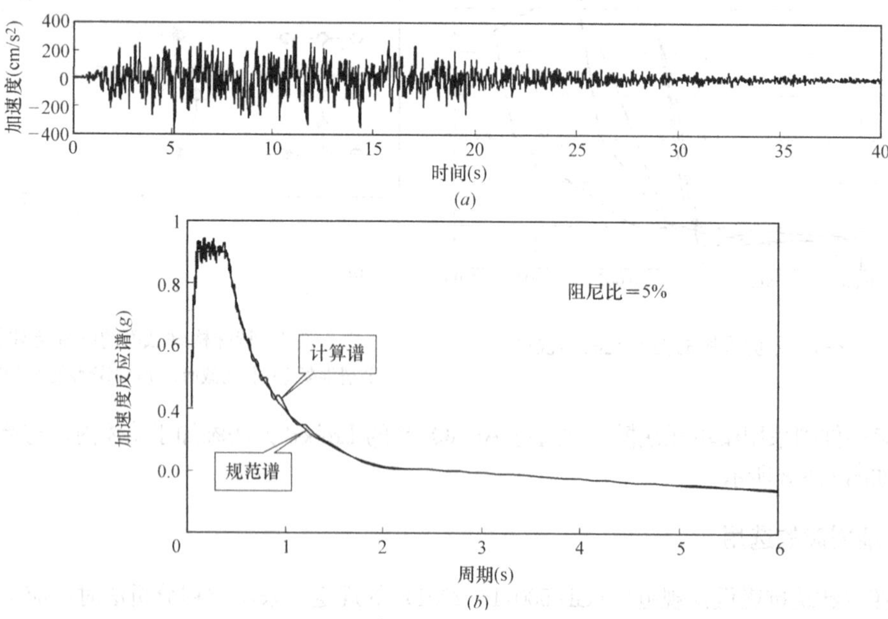

图 4.6-9　三条地震波的波形和频谱特征

(*a*) 人工波（罕遇地震，GMR01）；(*b*) 人工地震波计算谱与规范谱的比较（罕遇地震，GMR01）

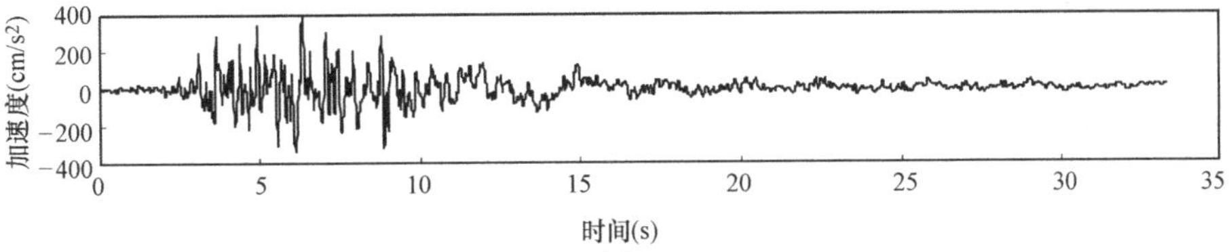

(*c*)

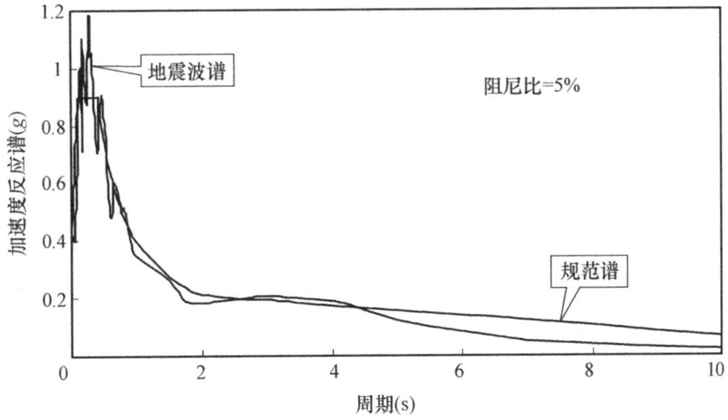

(*d*)

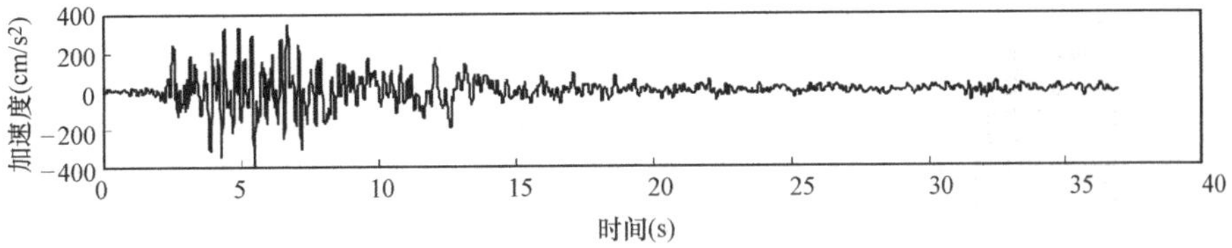

(*e*)

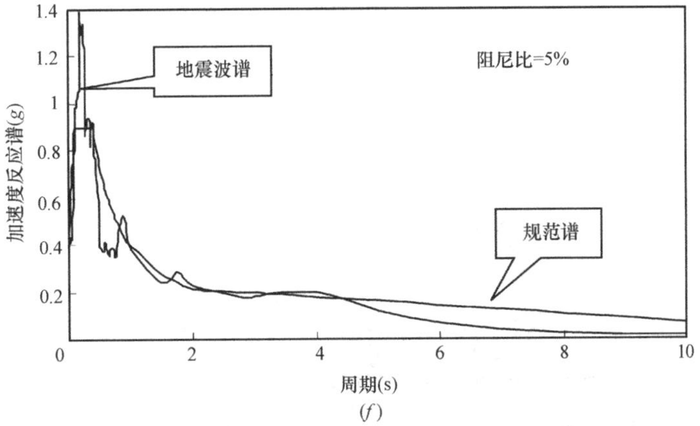

(*f*)

图 4.6-9　三条地震波的波形和频谱特征（续）

(*c*) 第一条天然波（罕遇地震，GMT01）；(*d*) 第一条天然波谱与规范谱的比较（罕遇地震，GMT01）；
(*e*) 第二条天然波（罕遇地震，GMT02）；(*f*) 第二条天然波谱与规范谱的比较（罕遇地震，GMT02）

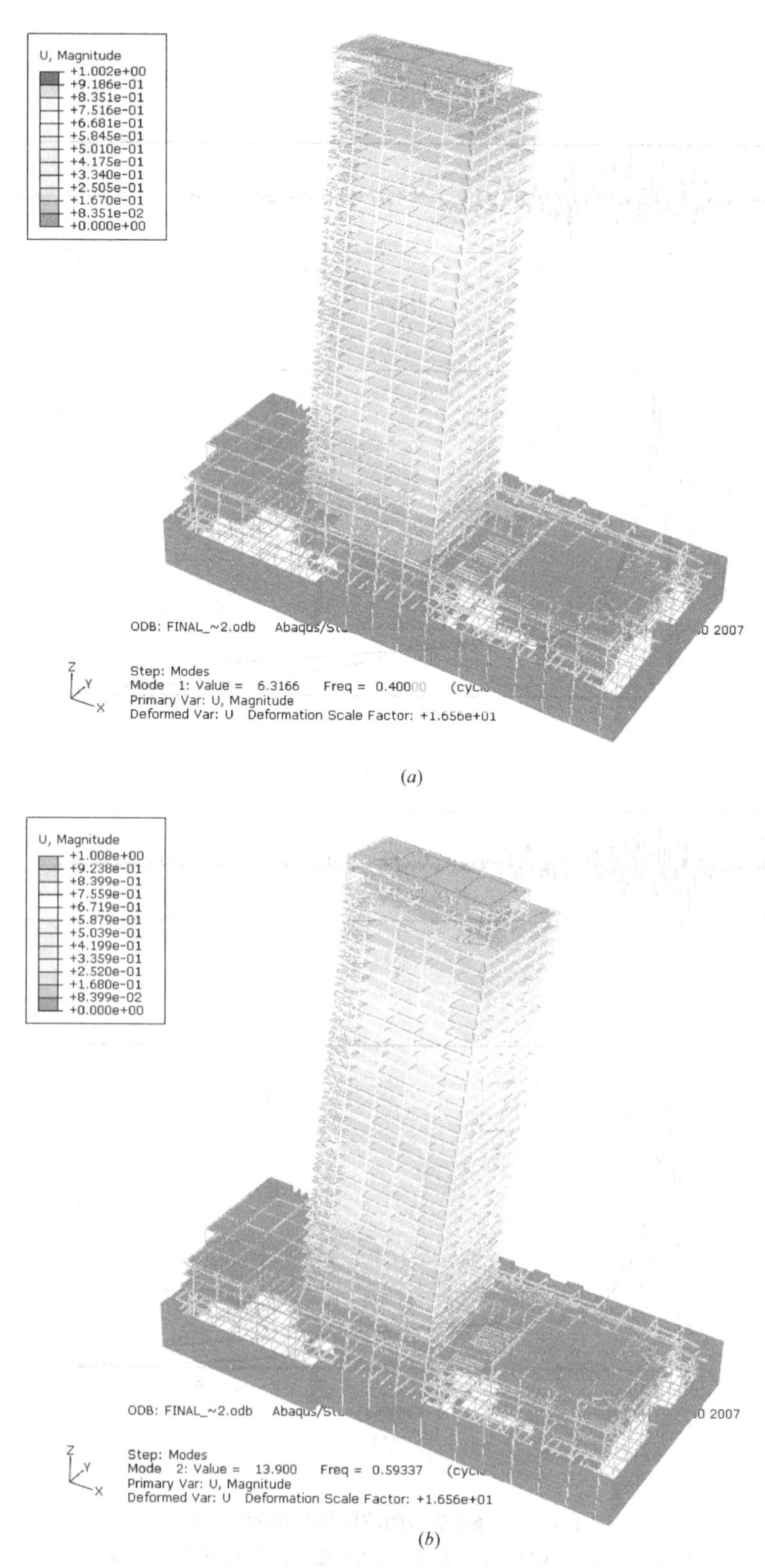

图 4.6-10 结构前 5 阶振型

(*a*) 第 1 阶振型；(*b*) 第 2 阶振型

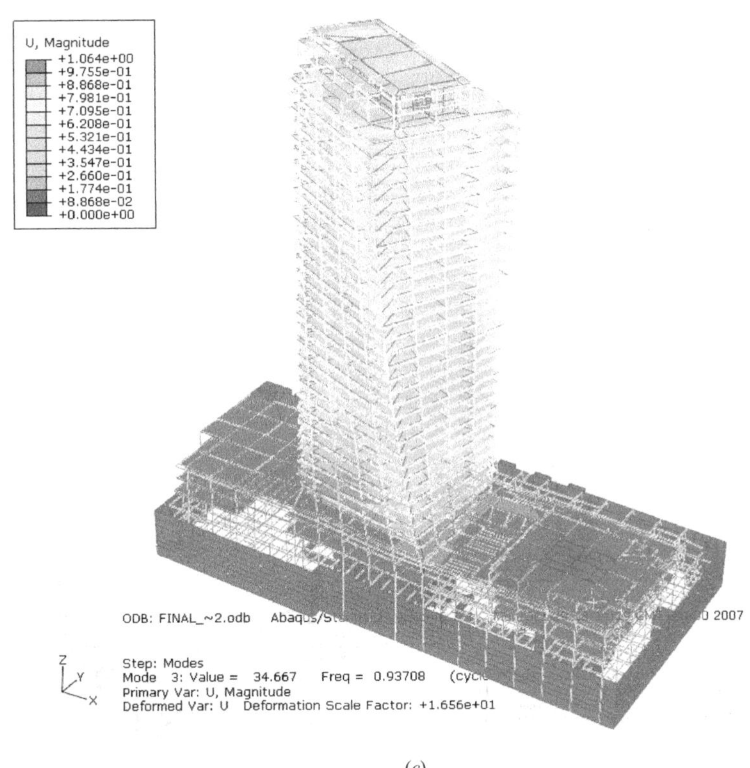

(*c*)

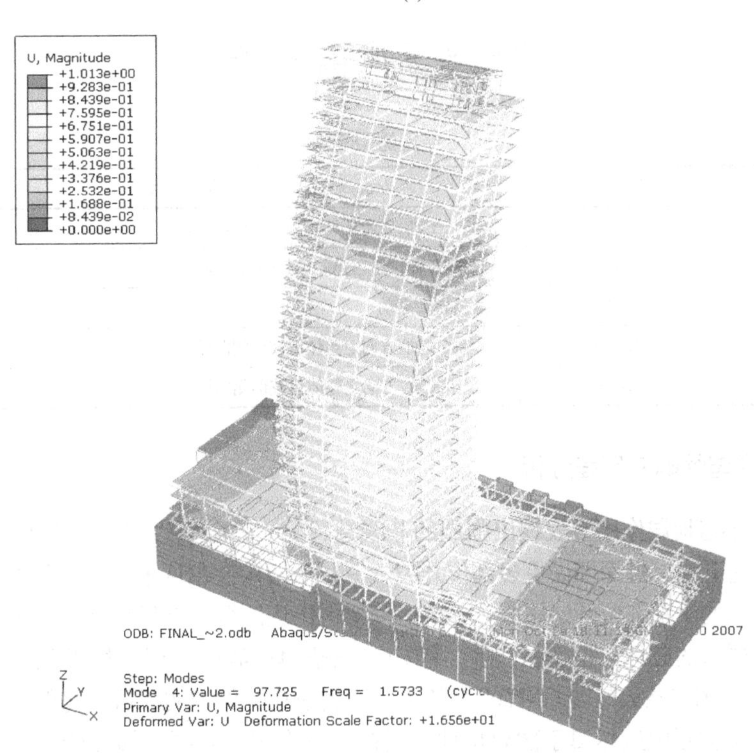

(*d*)

图 4.6-10 结构前 5 阶振型（续）

(*c*) 第 3 阶振型；(*d*) 第 4 阶振型

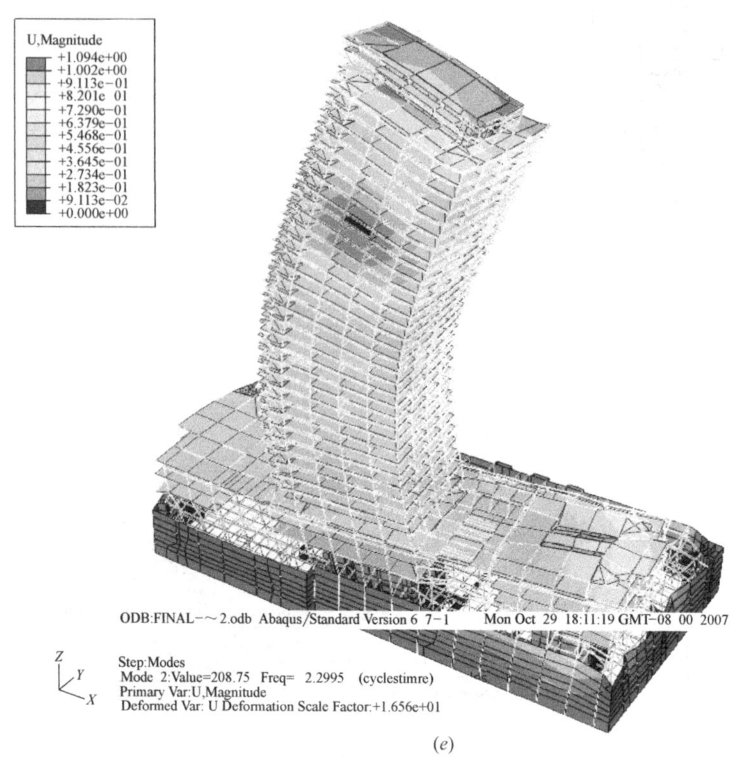

(*e*)

图 4.6-10　结构前 5 阶振型（续）

(*e*) 第 5 阶振型

结构振型特性　　**表 4.6-3**

振型	周期(s)	描　述
1	2.5000	短轴(Y 轴)方向上整体倒三角形侧向振动
2	1.6853	长轴(X 轴)方向上整体倒三角形侧向振动
3	1.0671	整体扭转振动
4	0.6356	短轴(Y 轴)方向上整体单波形侧向振动
5	0.4349	长轴(X 轴)方向上整体单波形侧向振动

4.6.5　结构弹塑性响应历程分析

该结构在罕遇地震作用下表现出强烈的非线性行为，其破坏过程大致如下：在地震初期，剪力墙底部首先开裂，继而墙面更多部位开裂，一些框架构件也逐渐开裂。随着地面运动的加剧，剪力墙连梁的个别部位开始屈服，不久后框架也出现屈服。在结构达到峰值位移左右，剪力墙连梁出现严重的破坏，框架柱出铰。结构在三条地震波的作用下均表现出与此相似的行为，图 4.6-11 以第二条天然波 GMT02 作用下结构的响应为例说明了这一过程。

连梁在结构体系中虽然属于次要构件，但在大震作用下需要能够耗能分灾，保护主体结构。图 4.6-12 显示了结构在第二条天然波作用下剪力墙连梁的破坏情况。可见在剪力墙的中部和靠近底部区域连梁破坏比较严重，这反映出结构振动中高阶振型参与较多。

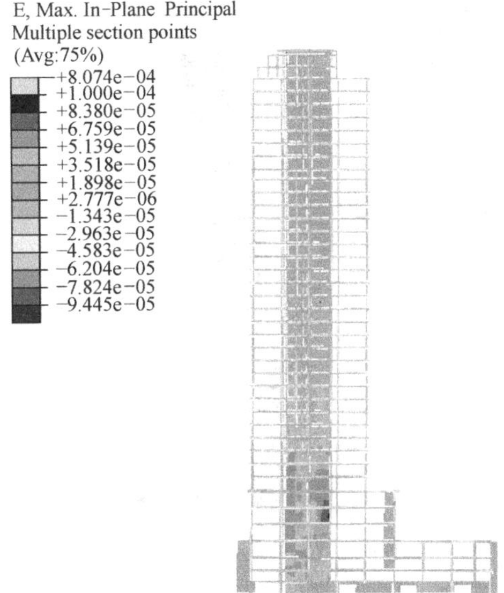

(*a*)

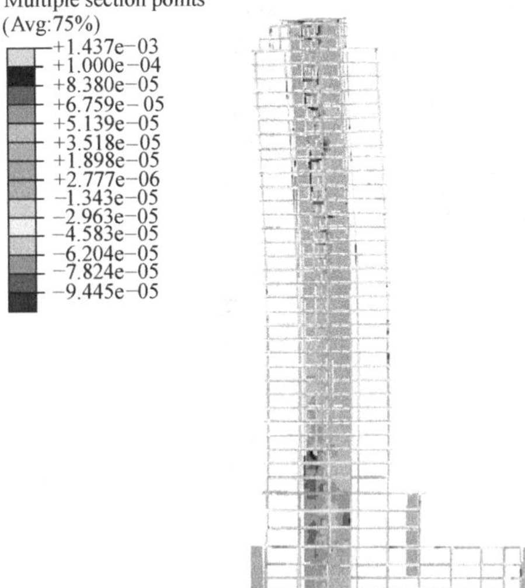

(*b*)

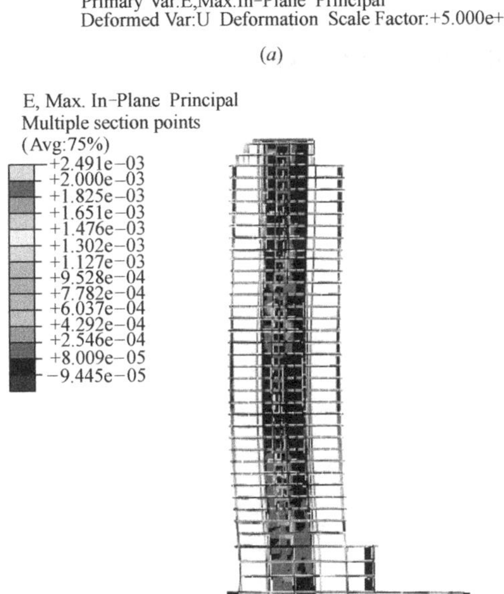

(*c*)

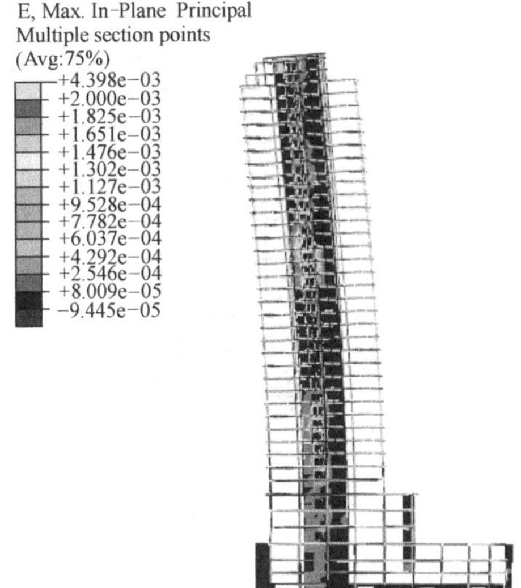

(*d*)

图 4.6-11 第二条天然波作用下结构的破坏过程

(*a*) 剪力墙底部开裂；(*b*) 剪力墙更多部位开裂，框架开裂；(*c*) 剪力墙中部连梁首先出现屈服；(*d*) 框架开始屈服

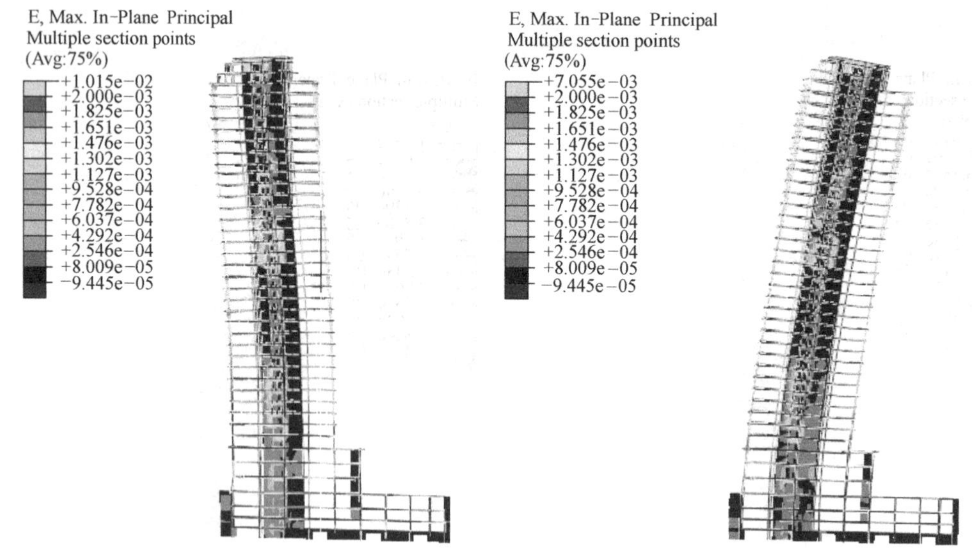

图 4.6-11 第二条天然波作用下结构的破坏过程（续）

(*e*) 剪力墙中部连梁严重损伤；(*f*) 整体结构出现比较严重的损伤

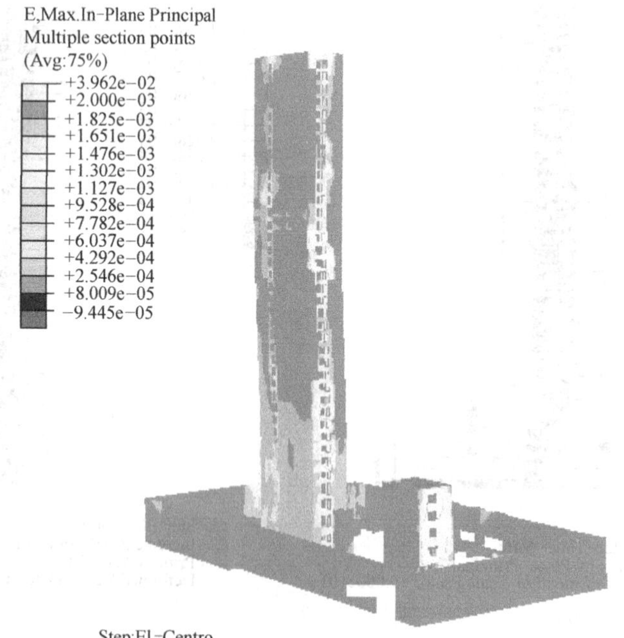

图 4.6-12 剪力墙屈服位置的分布

4.7 ABAQUS建模时应注意的几个问题

4.7.1 梁单元类型的选择

ABAQUS中常用的三种空间梁单元为B31、B32和B33。其中前两个是铁木辛科梁，最后一个是欧拉梁。在大型工程的模拟中，如果梁、柱构件划分的单元数不多，比如一根梁只划分2～3个单元，则使用线性插值函数的B31单元会使结构刚度显著增大，从而改变结构的动力特性。这时使用B32或B33单元更加合适。同时需要指出的是，当进行包含几何非线性的分析时，欧拉梁B33经常难以收敛。因此，在没有特殊考虑的情况下，建议使用2次插值的铁木辛科梁单元B32。

4.7.2 梁单元方向和壳单元中钢筋层方向的定义

梁单元方向直接影响梁、柱构件的力学性能，壳单元方向也将影响分布于其中的组合式钢筋层的方向，因此二者对于正确的结构分析都至关重要。ABAQUS/CAE目前支持梁单元的渲染显示，如图4.7-1所示。在图中可以直观地看到梁单元的截面和轴线，建议在计算前仔细检查各个梁单元的方向是否正确。在图4.7-1中，可以清楚地看到有两根工字梁的截面轴线定义有误。

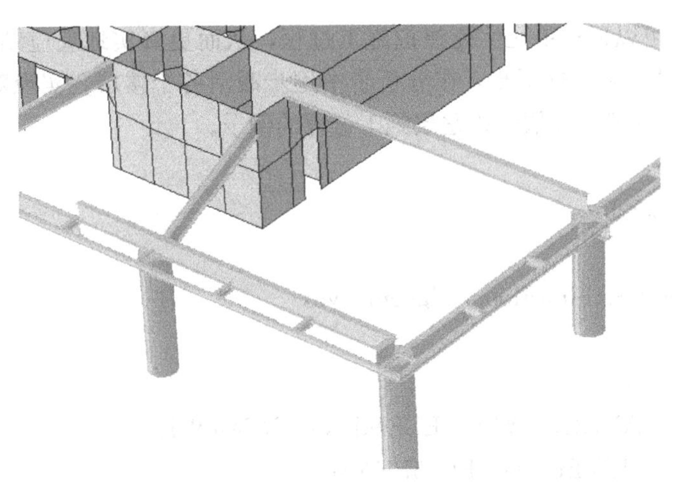

图4.7-1 ABAQUS/CAE中的梁截面显示

在定义壳单元中钢筋层的方向时，比较简便且不容易出错的方法是先使用 * Orientation关键字创建用户自定义方向，再在Rebar layer的定义中使用该用户自定义方向。由于钢筋层目前尚无法通过可视化模块进行检查，因此建模时要格外谨慎。

4.7.3 大型模型的建模

ABAQUS/CAE的图形处理功能虽然强大，但并非专门为结构分析，特别是杆系结构的分析而设计，与 SAP2000 等专门的结构分析软件的前处理模块相比，建模相对比较麻烦。比如在 Part 的建模中，ABAQUS/CAE 尚不支持点或线的复制与阵列，建议的解决方法是把需要复制的单元另外存在一个 Part 里，然后在 Assembly 中阵列，再通过 Merge 命令形成一个新的 Part。然而，由于在常规的结构分析中较少用到接触与非连续体的模拟，因此基于 Part 与 Assembly 的建模并没有优势，通常只需要使用一个包含了所有结构构件的 Part 即可。这时，使用直接基于单元和节点的 Orphan Mesh 更加方便，因为可以在 Mesh 模块中对单元和节点进行单独的操作。

更好的方法是在 SAP2000 等专业软件中建立模型，再通过文本格式的输入文件进行转化，直接得到 ABAQUS 的输入文件（*.inp）。

4.7.4 交互式与关键字式建模方式的选择

对模型的几何属性进行修改、创建选择集等工作，在 ABAQUS/CAE 中交互比较方便，而定义材料、截面、地震波、钢筋等则在关键字文件中比较方便。建议采用的方法是将二者混合使用。首先在 ABAQUS/CAE 中建立几何模型，创建选择集，并写成一个 input 文件。然后把截面、材料等信息写成文本文件，并通过 *include 关键字添加到 input 文件中去，可以将该 input 文件再导入 ABAQUS/CAE 中以便检查模型，比较梁的截面方面等，检查无误后可直接提交任务。

4.7.5 施工模拟

ABAQUS 中可以通过单元生死模拟施工过程，从而更真实地反应结构的受力状态。具体操作方法是建立多个分析步，在分析步中逐步激活各个楼层，实现对施工过程的模拟。下面给出了一个模拟 5 层结构逐层施工过程的例子。

```
**
** STEP: Load
**
*Step, name=SetFirstFloor, nlgeom=yes
*Static
1., 1., 1e-05, 1.
*MODEL CHANGE, TYPE=ELEMENT, REMOVE
FLF3BEAM, FLF4BEAM, FLF5BEAM,
FLF3COL, FLF4COL, FLF5COL
*Restart, write, frequency=0
*Output, field, variable=ALL
*Output, history, variable=PRESELECT
*End Step
*Step, name=Load
*Static
1., 1., 1e-05, 1.
```

```
*Dload
, GRAV, 9.8, 0., 0., -1.
*Restart, write, frequency=0
*Output, field, variable=ALL
*Output, history, variable=PRESELECT
*End Step
**----------------------------------------------------------------
** Step Floor02
**----------------------------------------------------------------
*Step, name=FlNo2
*Static
1., 1., 1e-05, 1.
*model change, type=element, add
FLF3BEAM, FLF3COL
*Restart, write, frequency=0
*Output, field, variable=ALL
*Output, history, variable=PRESELECT
*End Step
**----------------------------------------------------------------
** Step Floor03
**----------------------------------------------------------------
*Step, name=FlNo3
*Static
1., 1., 1e-05, 1.
*model change, type=element, add
FLF4BEAM, FLF4COL
*Restart, write, frequency=0
*Output, field, variable=ALL
*Output, history, variable=PRESELECT
*End Step
**----------------------------------------------------------------
** Step Floor04
**----------------------------------------------------------------
*Step, name=FlNo4
*Static
1., 1., 1e-05, 1.
*model change, type=element, add
```

```
FLF5BEAM, FLF5COL
*Restart, write, frequency=0
*Output, field, variable=ALL
*Output, history, variable=PRESELECT
*End Step
**-----------------------------------------
```

5 弹塑性分析在 MSC. Marc 上的实践

5.1 MSC. Marc 软件简介

MSC. Marc 是 MSC. Software Cooperation（简称 MSC）公司的产品。MSC 公司创建于 1963 年，是全球的最大的工程校验、有限元分析和计算机仿真预测应用软件（CAE）供应商（陈火红，2002；陈火红等，2004）。

MSC. Marc 包括 MSC. Marc 和 MENTAT 模块。MSC. Marc 是非线性有限元分析模块，MENTAT 是前后处理图形对话界面，通过 MENTAT 程序，可以图形交互的方式生成 MSC. Marc 计算所需的数据文件，可以用直观的图形方式观察 MSC. Marc 的计算结果，故而大大简化了数据准备和处理工作。除了 MENTAT 以外，MSC. Marc 也支持 MSC. PATRAN 等其他前后处理程序。MSC. Marc 除了支持单 CPU 分析外，还具有在 Windows，Linux 或 UNIX 平台上的多 CPU 或多网络节点环境下实现大规模并行处理的功能。

不同有限元程序求解问题的流程基本都是相同的，可以归纳为离散有限元模型、给定荷载、定义初始/边界条件和确定材料模型、分析求解、结果输出等几个步骤。作为一个成熟的商用软件，MSC. Marc 提供了方便的输入/输出功能和最常用的求解模型库，大多数实际问题都可以通过 MSC. Marc 的标准输入、求解和输出功能完成。

但是由于实际问题多种多样，特别是科研单位，往往会有一些特殊的功能需求，此时标准的程序无法实现。为了满足这些需求，MSC. Marc 提供了方便的开放式用户环境，供用户进行二次开发工作。目前，在 MSC. Marc2007 版本中，软件提供了 300 多个公共块（Common Block）和 100 多个用户子程序接口（User Subroutine）。用户在用户子程序中调用这些公共块，可以提取所需数据或者赋值给公共块变量，进行数据交换。这 100 多个用户子程序可以帮助用户分别实现以下功能：定义加载及边界条件和状态变量，定义各向异性材料特性和本构关系，定义黏塑性和黏弹性模型，修改单元几何形状，定义特殊输出形式，定义有关滑动轴承分析参数，对结果文件进行重新处理。这些用户子程序入口几乎覆盖了 MSC. Marc 有限元分析的所有环节，从几何建模、网格划分、边界定义、材料选择到分析求解、结果输出，用户都能够访问并修改程序的缺省设置。在软件原有功能的框架下，用户能够极大地扩展 Marc 有限元软件的分析能力。

5.2 基于 MSC. Marc 的纤维模型

5.2.1 THUFIBER 程序简介

MSC. Marc 软件中针对 52 号单元（欧拉梁单元）和 98 号单元（铁木辛柯梁单元）提

供了 UBEAM 用户子程序接口，用户可以根据自己的需要，编写相关代码，自定义梁单元的非线性截面属性。清华大学土木工程系基于纤维模型原理，利用 MSC. Marc 软件提供的这种二次开发功能，以用户子程序 UBEAM 为接口，编制了 THUFIBER 程序，实现了在 MSC. Marc 软件中进行纤维模型计算，通过开发更加完善的钢筋和混凝土本构，使其可以用于复杂受力状态下混凝土杆系结构及构件受力的数值分析。

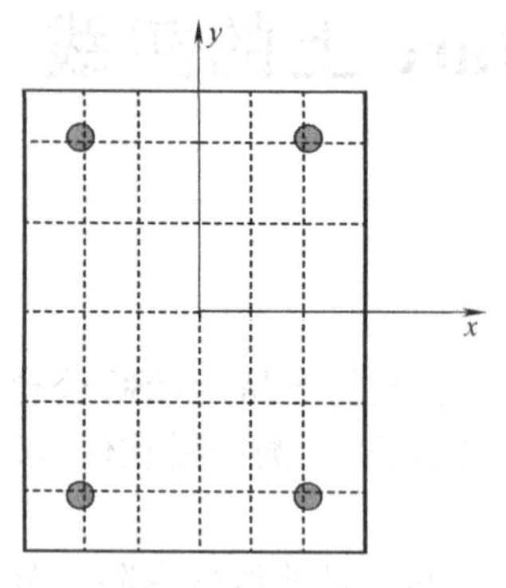

图 5.2-1　截面纤维划分

纤维模型的含义和特点已在本书第 2 章进行了详细介绍，本节重点介绍纤维模型在 MSC. Marc 上的实现和应用。

在 THUFIBER 程序中，每个钢筋混凝土杆件截面被划分成 36 个混凝土纤维和 4 个钢筋纤维（用户也可以根据自己的需要自行调整各种纤维的数量），如图 5.2-1 所示。用户可以分别定义每个纤维的位置、截面积和本构关系。程序自动根据平截面假定得到每个纤维的应变，并迭代计算确保截面内力平衡。

目前已开发的各版本 THUFIBER 程序分别提供各种不同的材料本构模型，适用于不同精度要求的杆系结构非线性分析。

5.2.2　THUFIBER 中的钢筋本构模型

钢筋本构关系常见的有理想弹塑性双线性滞回模型。这种模型简单通用，便于程序计算处理，但是无法反映材料在往复加载过程中诸如 Bauschinger 效应等复杂受力特性。汪训流等（汪训流等，2007）开发了一种更为精确的钢筋本构模型，应用于 THUFIBER 中。

汪训流钢筋本构模型基于 Légeron 模型（Légeron et al.，2005），该模型在再加载路径上合理考虑了钢筋的 Bauschinger 效应，并与钢筋的材性试验结果吻合良好。为反映钢筋单调加载时的屈服、硬化和软化现象，并使钢筋本构更加通用。汪训流钢筋本构模型在 Légeron 模型的基础上作以下修正：

① 单调加载曲线采用 Esmaeily&Xiao 模型（Esmaeily&Xiao，2005），即分别引入钢筋的屈服点、硬化起点、应力峰值点和极限点，将 Légeron 模型的双线性骨架线修正成带抛物线的三段式；

② 引入代表钢筋拉压屈服强度之比的参数 k_5，即 $k_5=f_y/f'_y$（f_y 为钢筋的抗拉屈服强度，f'_y 为钢筋的抗压屈服强度），将钢筋本构扩展为可以分别模拟拉压等强的具有屈服台阶的普通钢筋和拉压不等强的没有屈服台阶的高强钢筋或钢绞线的通用模型。

汪训流钢筋本构模型的具体关系式如下：

（1）钢筋单调加载曲线

钢筋单调加载曲线由双直线段加抛物线段三部分组成，以受拉段为例（见图 5.2-2）：

$$\sigma=\begin{cases}E_s\varepsilon, & \varepsilon\leqslant\varepsilon_y \\ f_y, & \varepsilon_y<\varepsilon\leqslant k_1\varepsilon_y \\ k_4 f_y+\dfrac{E_s(1-k_4)}{\varepsilon_y(k_2-k_1)^2}(\varepsilon-k_2\varepsilon_y)^2, & \varepsilon>k_1\varepsilon_y\end{cases} \tag{5.2-1}$$

式中，σ、ε 分别为钢筋的应力和应变；E_s为钢筋的弹性模量；f_y、$\varepsilon_y = f_y/E_s$分别为钢筋的屈服强度和屈服应变；参数 k_1为钢筋硬化起点应变与屈服应变的比值；参数 k_2为钢筋峰值应变与屈服应变的比值；参数 k_3为钢筋极限应变与屈服应变的比值；参数 k_4为钢筋峰值应力与屈服强度的比值。当不具备完整的钢筋材性试验数据时，可取 $k_1=4$（硬钢或钢绞线可取 $k_1=1\sim2$）、$k_2=25$（硬钢或钢绞线可取 $k_2=10$）、$k_3=40$ 和 $k_4=1.2$。通过参数 k_1的不同取值，可以分别模拟有明显屈服台阶的软钢和无屈服台阶的硬钢。

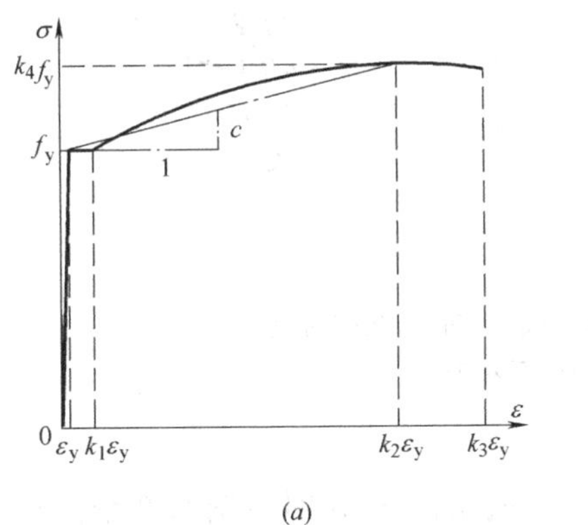

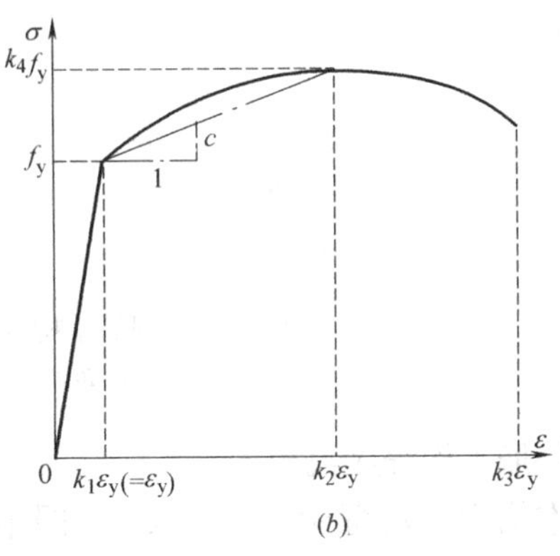

图 5.2-2　钢筋单调受拉加载曲线

(*a*) 普通钢筋；(*b*) 硬钢或钢绞线

(2) 钢筋卸载及再加载曲线

钢筋加卸载曲线中，卸载为直线，反向再加载曲线采用以下方程（见图 5.2-3)：

$$\sigma=[E_s(\varepsilon-\varepsilon_a)+\sigma_a]-\left(\frac{\varepsilon-\varepsilon_a}{\varepsilon_b-\varepsilon_a}\right)^p[E_s(\varepsilon_b-\varepsilon_a)-(\sigma_b-\sigma_a)] \tag{5.2-2}$$

$$p=\frac{E_s(1-c/E_s)(\varepsilon_b-\varepsilon_a)}{E_s(\varepsilon_b-\varepsilon_a)-(\sigma_b-\sigma_a)} \tag{5.2-3}$$

式中，c 为等效硬化直线的斜率，取为过屈服点和峰值点直线的斜率（见图 5.2-2)；σ_a为再加载路径起点应力，建议取 $\sigma_a=0$；其他符号的意义见图 5.2-3。

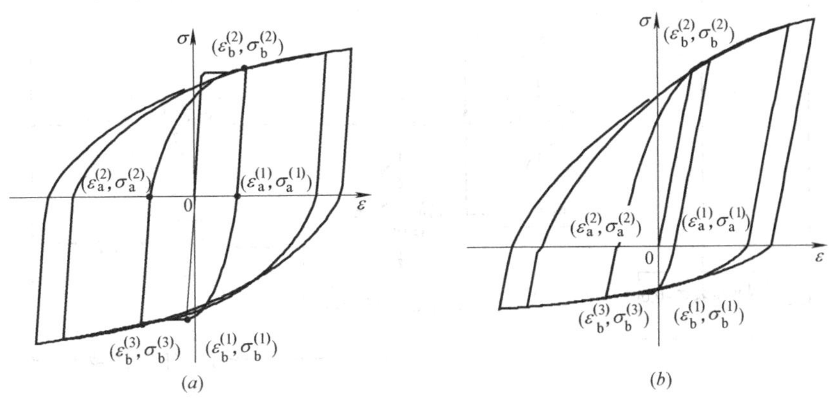

图 5.2-3　钢筋反复拉压应力-应变曲线

(*a*) 普通钢筋；(*b*) 硬钢或钢绞线

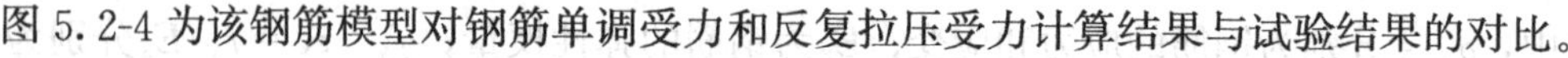

图 5.2-4 为该钢筋模型对钢筋单调受力和反复拉压受力计算结果与试验结果的对比。

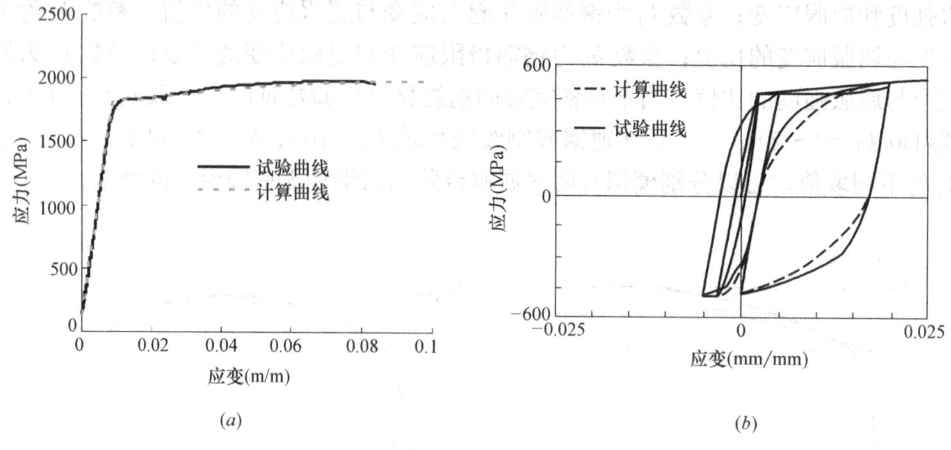

图 5.2-4　钢筋本构计算曲线与试验曲线的对比

(*a*) 单调受拉；(*b*) 反复拉压

(3) 钢筋本构程序流程图

钢筋本构程序流程图见图 5.2-5。图中，σ、ε、σ_p、ε_p 分别为钢筋纤维的当前应力、当前应变、前次应力、前次应变；PRF、FF 分别为钢筋纤维的塑性往复、断裂标记；$\Delta\varepsilon$ 为钢筋纤维当前的应变增量；其他符号意义同式 (5.2-1)～式 (5.2-3)。

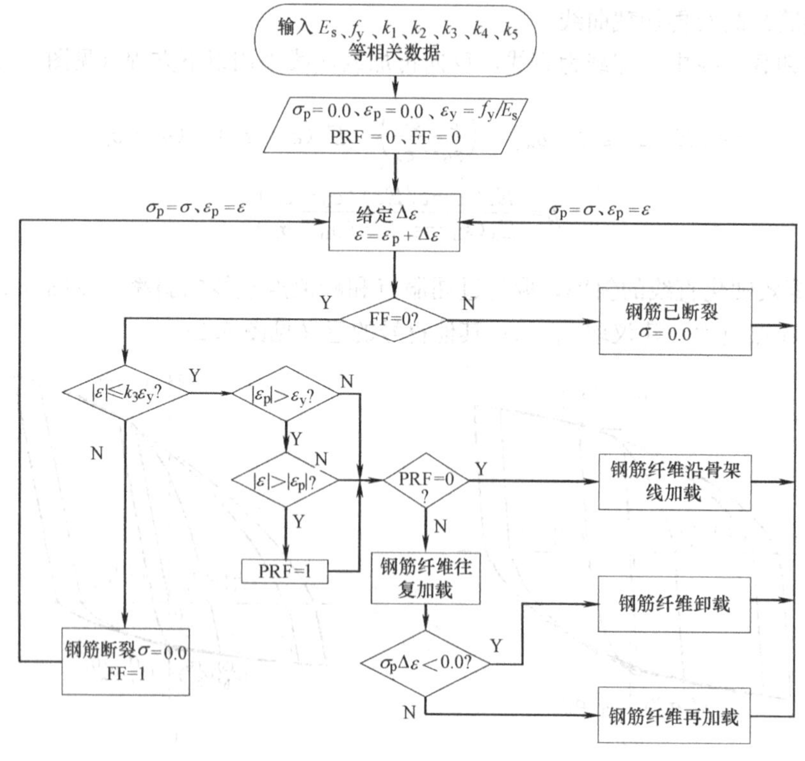

图 5.2-5　钢筋本构程序流程图

5.2.3 THUFIBER 中的混凝土本构模型

在 THUFIBER 程序中，提供的混凝土本构模型有两种。图 5.2-6 所示的是一种比较简单的混凝土本构关系，其骨架线分为两段，上升段的表达式为公式（5.2-4），下降段为直线，滞回关系为原点指向型，不考虑混凝土的抗拉强度。通过修改混凝土的极限抗压强度 σ_u 及其压应变 ε_u，可以模拟普通混凝土、约束混凝土等多种混凝土材料行为。用户需要输入 5 个变量定义混凝土的单轴应力应变行为：混凝土的初始弹性模量，混凝土峰值抗压强度 f_c 及其压应变 ε_c，极限抗压强度 σ_u 及其压应变 ε_u。

$$\sigma=f_c\left[2\left(\frac{\varepsilon}{\varepsilon_c}\right)-\left(\frac{\varepsilon}{\varepsilon_c}\right)^2\right] \qquad (5.2\text{-}4)$$

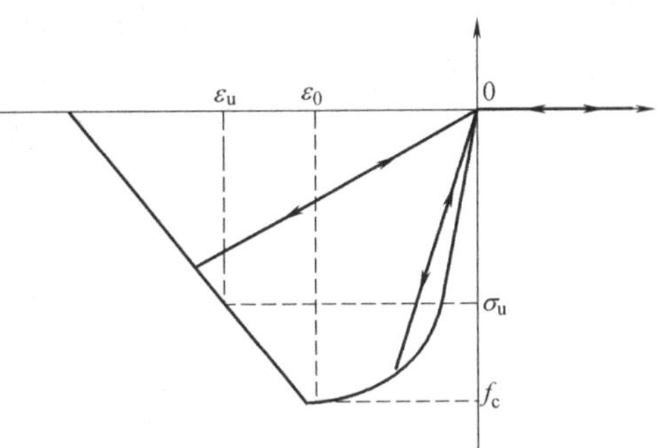

图 5.2-6　简化混凝土本构关系

为了更加合理反映受压混凝土的约束效应、循环往复荷载下的滞回行为（包括刚度和强度退化）以及受拉混凝土的“受拉刚化效应”，汪训流等（汪训流等，2007）开发了一种新的混凝土本构关系。该混凝土本构的受压单调加载包络线选取 Légeron&Paultre 模型（Légeron&Paultre，2003），可同时考虑构件中纵、横向配筋对混凝土约束效应的影响（见图 5.2-7）。为反映反复荷载下混凝土的滞回行为，采用二次抛物线模拟混凝土卸载及再加载路径，并考虑反复受力过程中材料的刚度和强度退化（Mander et al. 1988）。为模拟混凝土裂缝闭合带来的裂面效应，在混凝土受拉、受压过渡区，采用线性裂缝闭合函数模拟混凝土由开裂到受压时的刚度恢复过程。在受拉区，采用江见鲸模型（江见鲸等，2005），模拟混凝土受拉开裂及软化行为，以考虑“受拉刚化效应”（见图 5.2-8）。各受力分区的力学模型详细介绍如下：

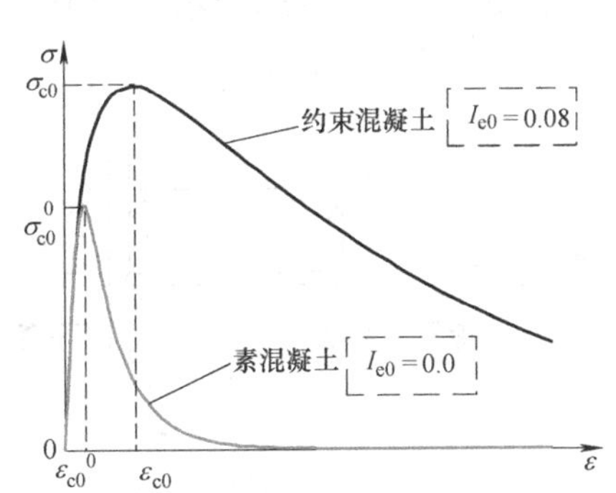

图 5.2-7　汪训流模型混凝土受压单调加载曲线

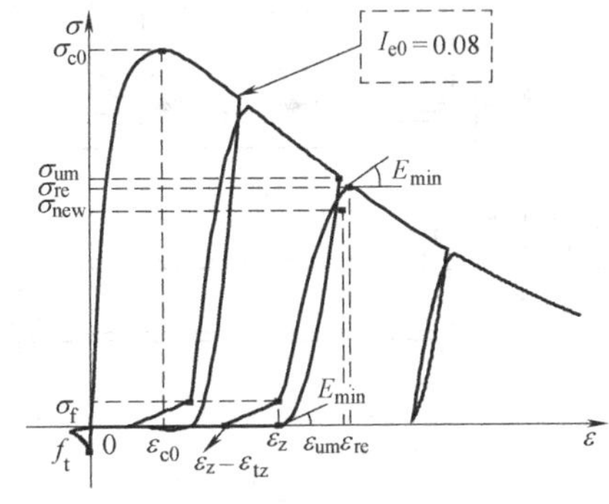

图 5.2-8　汪训流模型混凝土往复加载曲线

（1）混凝土受压本构

受压区混凝土的本构主要包括：①骨架线加载；②卸载及再加载；③拉压过渡区（即裂缝闭合区）等三部分。

① 混凝土受压本构骨架线加载曲线

骨架线加载应能反映约束效应和软化行为，本文采用以下模型：

$$\sigma=\begin{cases}\sigma_{c0}\left[\dfrac{s(\varepsilon/\varepsilon_{c0})}{s-1+(\varepsilon/\varepsilon_{c0})^{s}}\right], & \varepsilon\leqslant\varepsilon_{c0}\\ \sigma_{c0}\exp\left[s_1(\varepsilon-\varepsilon_{c0})^{s_2}\right], & \varepsilon>\varepsilon_{c0}\end{cases} \tag{5.2-5}$$

式中，σ、ε 分别为受压混凝土的压应力和压应变；σ_{c0}、ε_{c0} 分别为受压混凝土的峰值应力和峰值应变；s、s_1、s_2 为应力-应变曲线的控制参数。

峰值应力和峰值应变 σ_{c0}、ε_{c0} 与混凝土的约束情况有关，为此 Légeron&Paultre（Légeron&Paultre，2003）定义了以下混凝土有效约束指标：

$$I_e=\rho_h\frac{f_h}{\sigma_{c0}^{0}} \tag{5.2-6}$$

$$\rho_h=k_h\rho_{h0} \tag{5.2-7}$$

$$k_h=\begin{cases}\dfrac{\left(1-\sum\limits_{i=1}^{n}\dfrac{(w_i)^2}{6b_cd_c}\right)\left(1-\dfrac{s'}{2b_c}\right)\left(1-\dfrac{s'}{2d_c}\right)}{1-\rho_{cc}}, & 矩形截面\\ \dfrac{\left(1-\dfrac{s'}{2d_c}\right)^2}{1-\rho_{cc}}, & 圆形截面\end{cases} \tag{5.2-8}$$

式中，ρ_h 为箍筋的有效体积配箍率；f_h 为计算时刻箍筋的应力；σ_{c0}^{0} 为无约束混凝土的受压峰值应力；k_h 为有效配箍参数；ρ_{h0} 为体积配箍率；ρ_{cc} 为截面纵筋配筋率；n 为矩形截面纵筋根数；其他符号意义见图 5.2-9、图 5.2-10。

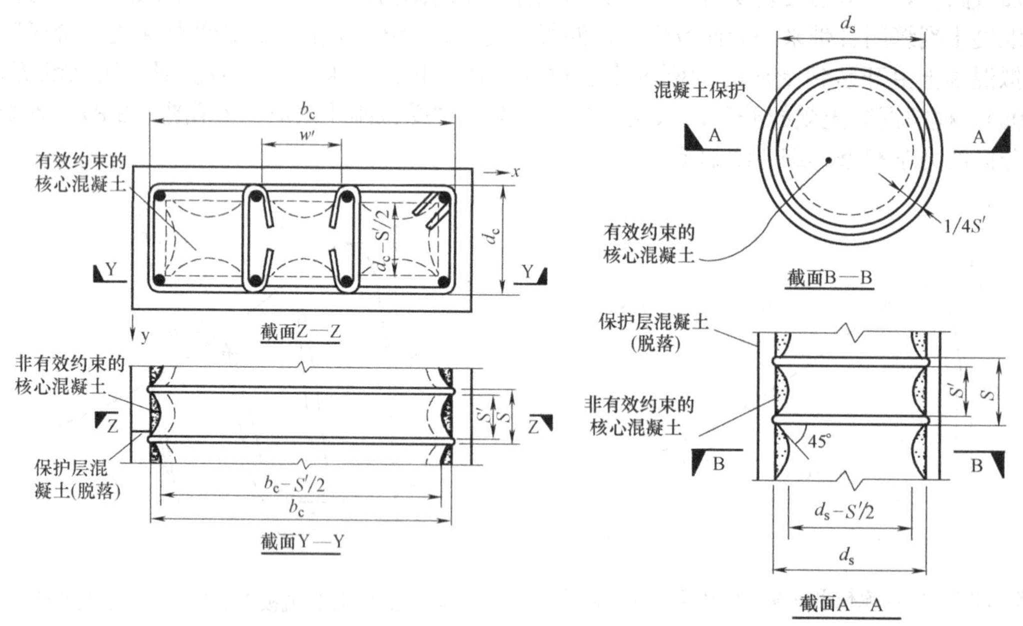

图 5.2-9 矩形截面混凝土受箍筋约束示意图

图 5.2-10 圆形截面混凝土受箍筋约束示意图

根据 Légeron&Paultre（Légeron&Paultre，2003）建议，峰值应力和峰值应变 σ_{c0}、ε_{c0} 与有效约束指标的关系如下：

$$\begin{cases}\sigma_{c0}=\sigma_{c0}^{0}(1+2.4\ I_{e0}^{0.7}) \\ \varepsilon_{c0}=\varepsilon_{c0}^{0}(1+35\ I_{e0}^{1.2})\end{cases} \tag{5.2-9}$$

其中，σ_{c0}^{0}、ε_{c0}^{0}分别为无约束混凝土的受压峰值应力和峰值应变（可按《混凝土结构规范》取值）；I_{e0}为混凝土达到受压峰值应变ε_{c0}时的有效约束指标，即取$f_h=f_{h0}$按式（5.2-6）计算，而f_{h0}按下式计算：

$$f_{h0}=\begin{cases}f_{hy}, & k\leqslant 10 \\ \dfrac{0.25\sigma_{c0}^{0}}{\rho_h(k-10)}\geqslant 0.43E_{sh}\varepsilon_{c0}^{0}\text{且}f_{h0}\leqslant f_{hy}, & k>10\end{cases} \tag{5.2-10}$$

其中，f_{h0}为混凝土达到受压峰值应变ε_{c0}时的箍筋应力；f_{hy}为箍筋屈服强度；E_{sh}为箍筋弹性模量；参数$k=\sigma_{c0}^{0}/(\rho_h E_{sh}\varepsilon_{c0}^{0})$。当混凝土无约束时，$I_{e0}=0$，由此可以分别模拟无约束混凝土和约束混凝土（见图 5.2-7）。

根据 Légeron&Paultre 建议，控制参数s、s_1、s_2按下式确定：

$$\begin{cases}s=\dfrac{E_c}{E_c-\sigma_{c0}/\varepsilon_{c0}} \\ s_1=\dfrac{\ln 0.5}{(\varepsilon_{50}-\varepsilon_{c0})^{s_2}} \\ s_2=1+25\ I_{e50}^{2}\end{cases} \tag{5.2-11}$$

式中，E_c为混凝土抗压弹性模量（原点切线模量）；ε_{50}为混凝土压应力降至峰值应力的50%时对应的压应变，且$\varepsilon_{50}=\varepsilon_{50}^{0}(1+60I_{e50})$（$\varepsilon_{50}^{0}$为无约束混凝土的相应应变，一般取0.004）；$I_{e50}$为混凝土受压应变等于$\varepsilon_{50}$时的有效约束指标，按式（5.2-6）计算，此时认为箍筋已经屈服，即取$f_h=f_{hy}$。

② 受压混凝土卸载及再加载曲线

卸载及再加载曲线应能反映滞回、强度退化以及刚度退化的特性。首先，按文献（Mander et al. 1988）确定卸载至零应力点时的残余应变ε_z和再加载达到骨架线时的应变ε_{re}（见图 5.2-8）。

$$\begin{cases}\varepsilon_z=\varepsilon_{un}-\dfrac{(\varepsilon_{un}+\varepsilon_{ca})\sigma_{un}}{\sigma_{un}+E_c\varepsilon_{ca}} \\ \varepsilon_{re}=\varepsilon_{un}+\dfrac{\sigma_{un}-\sigma_{new}}{E_r\left(2+\dfrac{\sigma_{c0}}{\sigma_{c0}^{0}}\right)}\end{cases} \tag{5.2-12a}$$

$$\begin{cases}\varepsilon_{ca}=\max\left(\dfrac{\varepsilon_{c0}}{\varepsilon_{c0}+\varepsilon_{un}},\dfrac{0.09\varepsilon_{un}}{\varepsilon_{c0}}\right)\sqrt{\varepsilon_{c0}\varepsilon_{un}} \\ \sigma_{new}=0.92\sigma_{un}+0.08\sigma_{un0} \\ E_r=\dfrac{\sigma_{un0}-\sigma_{new}}{\varepsilon_{un0}-\varepsilon_{un}}\end{cases} \tag{5.2-12b}$$

式中，ε_z为受压混凝土卸载至零应力点时的残余应变；ε_{re}为受压混凝土再加载至骨架线时的应变；σ_{un}、ε_{un}分别为受压混凝土从骨架线开始卸载时相应卸载点的应力和应变；ε_{ca}、σ_{new}及E_r分别为附加应变、与ε_{un}等应变的更新应力和更新割线模量；σ_{un0}、ε_{un0}分别为混凝土受压段卸载曲线终点的应力和应变（见图 5.2-8）。

其次，按式（5.2-13）确定受压混凝土的卸载及再加载路径：

$$\sigma=a_1\varepsilon^2+a_2\varepsilon+a_3 \tag{5.2-13}$$

式中，σ、ε 分别为受压混凝土的压应力和压应变，参数 a_1、a_2 和 a_3 确定如下：

当为卸载路径时

$$\begin{cases}a_1=(\sigma_{\mathrm{un}}-E_{\min}(\varepsilon_{\mathrm{un}}-\varepsilon_{\mathrm{z}}))/(\varepsilon_{\mathrm{un}}-\varepsilon_{\mathrm{z}})^2\\ a_2=E_{\min}-2a_1\varepsilon_{\mathrm{z}}\\ a_3=\sigma_{\mathrm{un}}-a_1\varepsilon_{\mathrm{un}}^2-a_2\varepsilon_{\mathrm{un}}\end{cases} \tag{5.2-13a}$$

当为再加载路径时

$$\begin{cases}a_1=((\sigma_{\mathrm{f}}-\sigma_{\mathrm{re}})-E_{\min}(\varepsilon_{\mathrm{z}}-\varepsilon_{\mathrm{re}}))/(\varepsilon_{\mathrm{z}}-\varepsilon_{\mathrm{re}})^2\\ a_2=E_{\min}-2a_1\varepsilon_{\mathrm{re}}\\ a_3=\sigma_{\mathrm{re}}-a_1\varepsilon_{\mathrm{re}}^2-a_2\varepsilon_{\mathrm{re}}\end{cases} \tag{5.2-13b}$$

式中，如图 5.2-8 所示，$E_{\min}$ 为受压混凝土卸载或再加载路径沿线最小切线斜率；σ_{f} 为混凝土拉压过渡区终点应力，可取为 $\sigma_{\mathrm{f}}=\sigma_{\mathrm{c0}}/10$；$\sigma_{\mathrm{re}}$ 为受压混凝土再加载路径达到骨架线时的应力，由混凝土受压单调加载曲线（即式（5.2-5））代入 $\varepsilon_{\mathrm{re}}$ 计算所得；其他的符号意义同式（5.2-12）。

式（5.2-13）实际是分别用过两点（$\varepsilon_{\mathrm{un}}$，$\sigma_{\mathrm{un}}$）、（$\varepsilon_{\mathrm{z}}$，0）和（$\varepsilon_{\mathrm{z}}$，$\sigma_{\mathrm{f}}$）、（$\varepsilon_{\mathrm{re}}$，$\sigma_{\mathrm{re}}$）并指定沿线最小切线斜率 $E_{\min}$（即路径终点斜率）的抛物线，来模拟受压混凝土的卸载及再加载应力应变关系，整个卸载和再加载循环考虑了加卸载时的强度退化、刚度退化和滞回行为。

③ 混凝土拉压过渡区

在拉压过渡区，混凝土存在一个刚度恢复过程，该本构关系采用线性裂缝闭合函数。过渡区起点的相对应变大小为最大名义受拉应变 $\varepsilon_{\mathrm{tz}}$（即混凝土第一次开裂后再次进入受拉区时据平截面假定所得到的最大“虚假”应变），且限定 $\varepsilon_{\mathrm{tz}}\leqslant\varepsilon_{\mathrm{tu}}$，相应应力为 0；终点的应变为 ε_{z}，相应应力为 σ_{f}，如图 5.2-8 所示。

（2）混凝土受拉本构

受拉混凝土单调加载曲线上升段取为直线，软化段取江见鲸模型（江见鲸等，2005）：

$$\sigma=\begin{cases}E_{\mathrm{t}}\varepsilon, & \varepsilon\leqslant\varepsilon_{\mathrm{t0}}\\ f_{\mathrm{t}}\exp[-\alpha(\varepsilon-\varepsilon_{\mathrm{t0}})], & \varepsilon>\varepsilon_{\mathrm{t0}}\end{cases} \tag{5.2-14}$$

式中，σ、ε 分别为受拉混凝土的应力和应变；f_{t} 为混凝土抗拉强度；$\varepsilon_{\mathrm{t0}}$ 为受拉混凝土峰值应变，且 $\varepsilon_{\mathrm{t0}}=f_{\mathrm{t}}/E_{\mathrm{t}}$；$E_{\mathrm{t}}$ 为混凝土抗拉弹性模量（原点切线模量）；α 为控制参数，可以按文献（江见鲸等，2005）的建议取值，一般可取 $\alpha=1000\sim2000$。通过参数 α 的适当取值，曲线型受拉软化段可以较好考虑混凝土的“受拉刚化”效应。受拉混凝土的卸载及再加载路径为指向应力正负转折点型（如图 5.2-8 所示）。

图 5.2-11 为采用汪训流混凝土本构模型计算结果与文献（Sinha et al.，1964）试验曲线的对比，可见二者吻合较好。

（3）汪训流混凝土本构程序流程图

汪训流混凝土本构程序流程图见图 5.2-12。图中，$\varepsilon_{\mathrm{cu}}$ 为混凝土的极限压应变；σ、ε、

试验曲线
计算曲线
应力 (MPa)
应变 (m/m)
30
25
20
15
10
5
0
−5
0.000
0.002
0.004
0.006
0.008

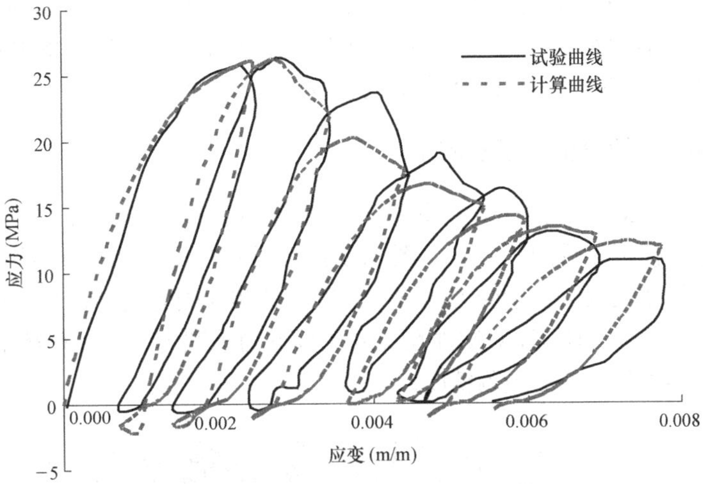

图 5.2-11　汪训流混凝土本构计算曲线与试验曲线的对比

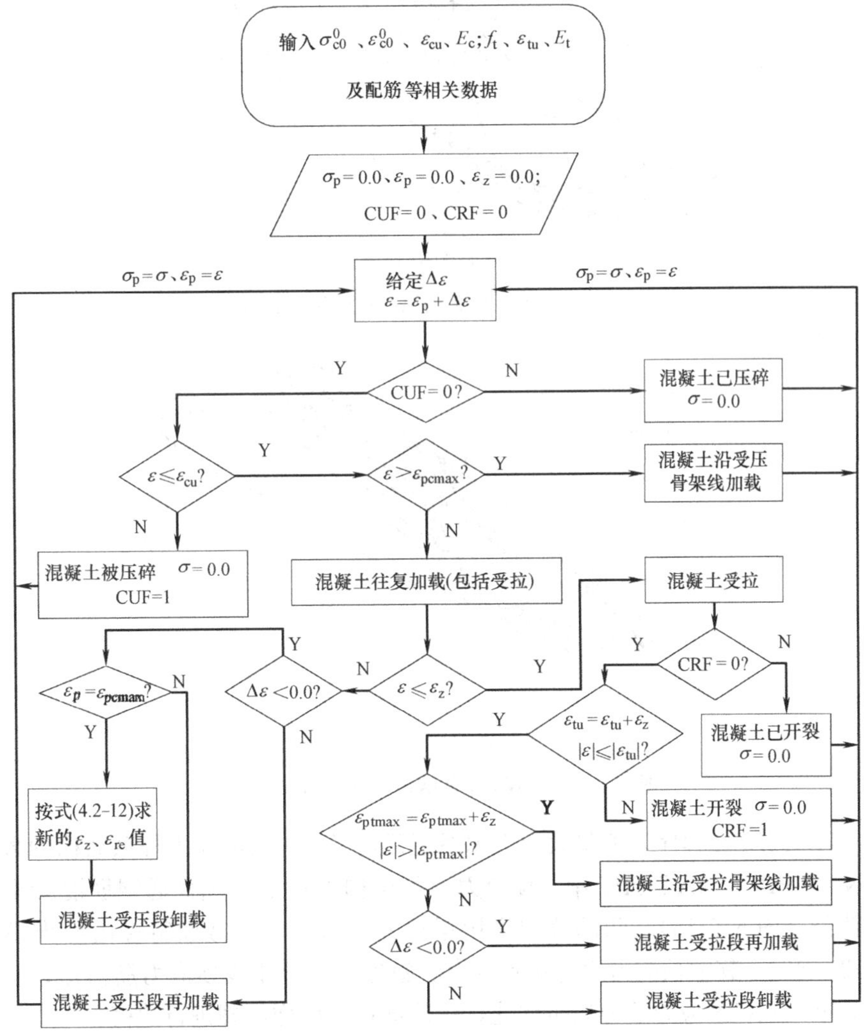

输入 σ_{c0}^{0}、ε_{c0}^{0}、ε_{cu}、E_c;f_t、ε_{tu}、E_t
及配筋等相关数据
$\sigma_p=0.0$、$\varepsilon_p=0.0$、$\varepsilon_z=0.0$;
CUF=0、CRF=0
$\sigma_p=\sigma$、$\varepsilon_p=\varepsilon$
给定$\Delta\varepsilon$
$\varepsilon=\varepsilon_p+\Delta\varepsilon$
$\sigma_p=\sigma$、$\varepsilon_p=\varepsilon$
Y
CUF=0?
N
混凝土已压碎
$\sigma=0.0$
Y
$\varepsilon\leqslant\varepsilon_{cu}$?
$\varepsilon>\varepsilon_{pcmax}$?
Y
混凝土沿受压
骨架线加载
N
N
混凝土被压碎　$\sigma=0.0$
CUF=1
混凝土往复加载(包括受拉)
混凝土受拉
Y
Y
N
$\varepsilon_p=\varepsilon_{pcmam}$?
N
$\Delta\varepsilon<0.0$?
N
$\varepsilon\leqslant\varepsilon_z$?
Y
CRF=0?
Y
Y
$\varepsilon_{tu}=\varepsilon_{tu}+\varepsilon_z$
$|\varepsilon|\leqslant|\varepsilon_{tu}|$?
N
混凝土已开裂
$\sigma=0.0$
按式(4.2-12)求
新的ε_z、ε_{re}值
$\varepsilon_{ptmax}=\varepsilon_{ptmax}+\varepsilon_z$
$|\varepsilon|>|\varepsilon_{ptmax}|$?
Y
N
混凝土开裂　$\sigma=0.0$
CRF=1
混凝土沿受拉骨架线加载
混凝土受压段卸载
N
Y
$\Delta\varepsilon<0.0$?
混凝土受拉段再加载
N
混凝土受压段再加载
混凝土受拉段卸载

图 5.2-12　汪训流混凝土本构程序流程图

σ_p、ε_p、ε_{pcmax}、ε_{ptmax}分别为混凝土纤维的当前应力、当前应变、前次应力、前次应变、前次最大压应变、前次最大拉应变；CRF、CUF 分别为混凝土纤维的开裂和压碎标记；$\Delta\varepsilon$ 为混凝土纤维当前的应变增量；其他符号意义同式（5.2-5）～式（5.2-14）。

5.2.4 THUFIBER 的模型验证及应用

采用 THUFIBER 对 2 根往复荷载下混凝土压弯柱试件（S-1、YW0）（汪训流等，2007）进行了数值模拟（见图 5.2-13、图 5.2-14），并与试验数据进行对比。通过比较可以看出，由于较好地反映了复杂受力状态下混凝土的实际受力变形特性以及钢筋的硬化特性和 Bauschinger 效应，本程序对试件在反复荷载下的承载力、往复荷载下滞回特性以及卸载后的残余变形均具有较高预测精度。

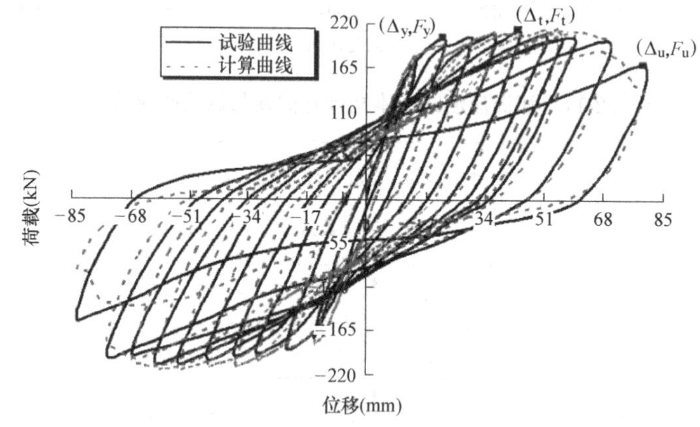

图 5.2-13 S-1 计算结果与试验结果比较

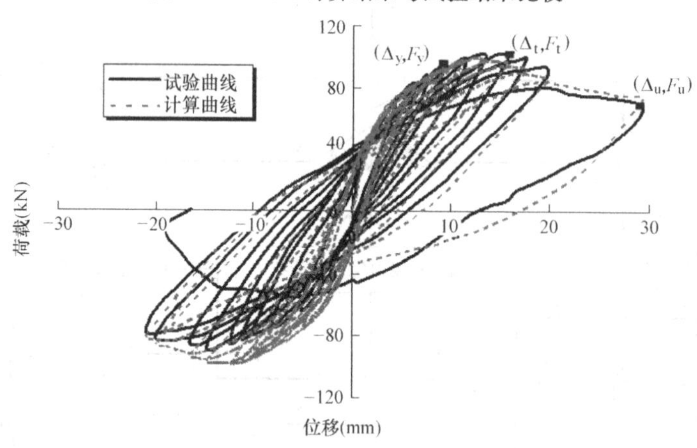

图 5.2-14 YW0 计算结果与试验结果比较

基于 THUFIBER 程序，清华大学土木系还开发了预应力混凝土杆系结构的数值分析程序——NAT-PPC。NAT-PPC 中，预应力混凝土构件被划分成普通钢筋混凝土部分和预应力筋部分（图 5.2-15），两部分均采用梁单元模拟，单元截面特性由纤维模型程序 THUFIBER 确定，其中预应力通过初始应力法施加。对于曲线预应力筋情形，可采用足够数量的梁单元先将预应力筋分段折线化，之后即可按同样原理进行建模。

利用 NAT-PPC 程序，对一根无粘结预应力混凝土压弯柱试件（S-2）及一榀无粘结预应力混凝土框架试件（UB-2）进行了模拟计算（汪训流等，2006），结果分别如图 5.2-16 和图5.2-17所示，可见在正向加载情况，除第一个荷载循环外，计算曲线与试验曲线都几乎重合，最大承载力和相应的变形，以及最终残余位移的预测误差均小于 5%；在负向加载情况，虽然加载后期预测精度下降，但最大承载力和相应的变形，以及最终残余位移的预测误差均小于 10%。

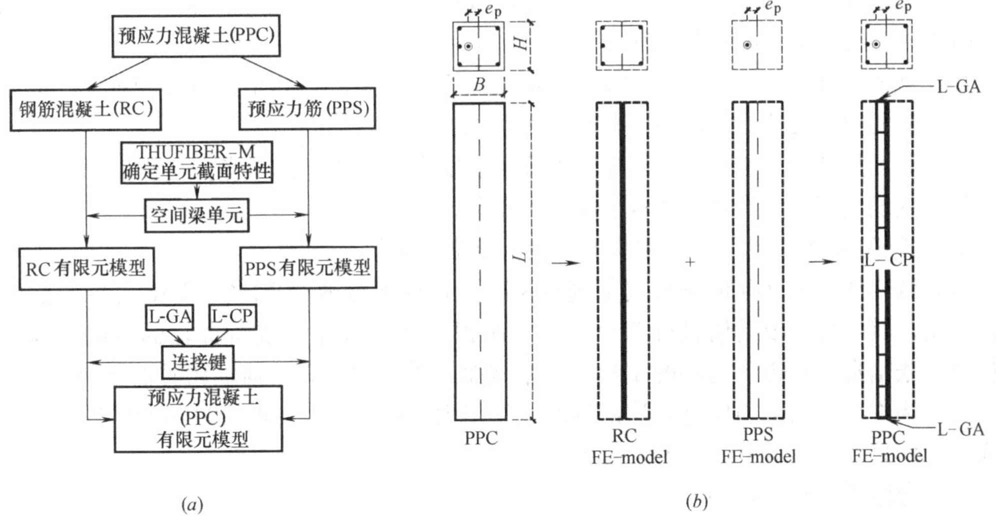

图 5.2-15 NAT-PPC 有限元建模

(a) NAT-PPC 有限元建模流程图；(b) 有限元模型示意图

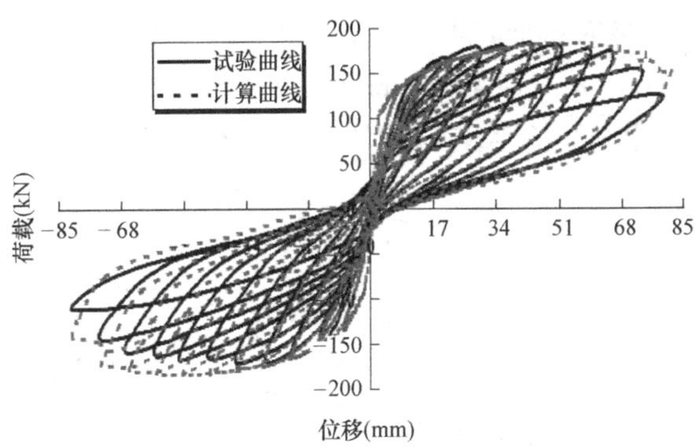

图 5.2-16 S-2 计算结果与试验结果的对比

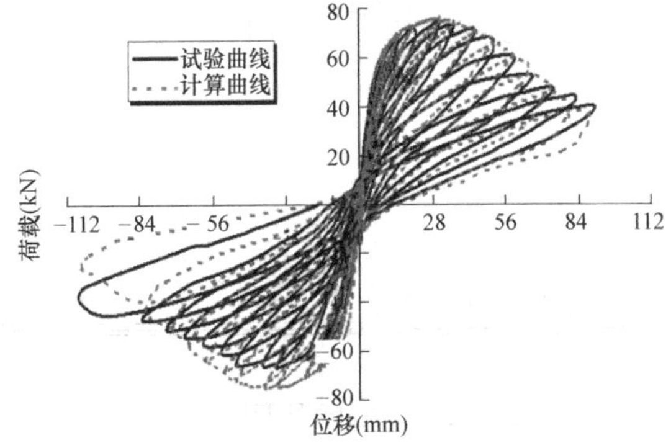

图 5.2-17 UB-2 计算结果与试验结果的对比

5.2.5 THUFIBER 程序使用示例

下面将演示如何使用 THUFIBER 和 MSC. Marc 程序进行一个简单空间框架的静力推覆分析。THUFIBER 有关程序可以在网址 http://www.luxinzheng.net/research/THUFIBER.html 下载。所要分析的框架模型如图 5.2-18 所示，柱子间距为 X 方向 5m，Y 方向 4m，层高 3m。截面信息为：

梁：截面尺寸 0.2m×0.5m，混凝土抗压强度为 30MPa，四个角点各配置 500mm^2 的纵筋，钢筋屈服强度为 300MPa，抗剪强度为 360kN。

柱：截面尺寸 0.3m×0.4m，混凝土抗压强度为 30MPa，四个角点各配置 600mm^2 的纵钢筋，钢筋屈服强度为 300MPa，抗剪强度为 540kN。

THUFIBER 程序使用时，用户需要输入以下两类信息：

（1）构件的截面几何信息和局部坐标系信息，这部分通过 MSC. Marc 自带的前处理界面实现，其中最重要的信息有三个：截面面积、材料密度和截面 x 轴的方向。程序将根据前两条信息计算得到构件的质量。根据截面 x 轴方向计算其强轴和弱轴行为。

（2）构件截面的配筋信息，这部分通过清华大学自行开发的前处理界面输入。生成的截面配筋信息存放在 matcode. txt 文件中。

下面介绍具体建模步骤：

（1）MSC. Marc 程序和多种 CAD 软件有着良好的接口，以广泛使用的 AutoCAD 程序为例，在 AutoCAD 中建立结构的轴线模型如图 5.2-18 所示。将模型文件输出为 dxf 格式。

（2）在 MSC. Marc 的前处理程序 MENTAT 中，选择底部的静态菜单 FILE→IM-

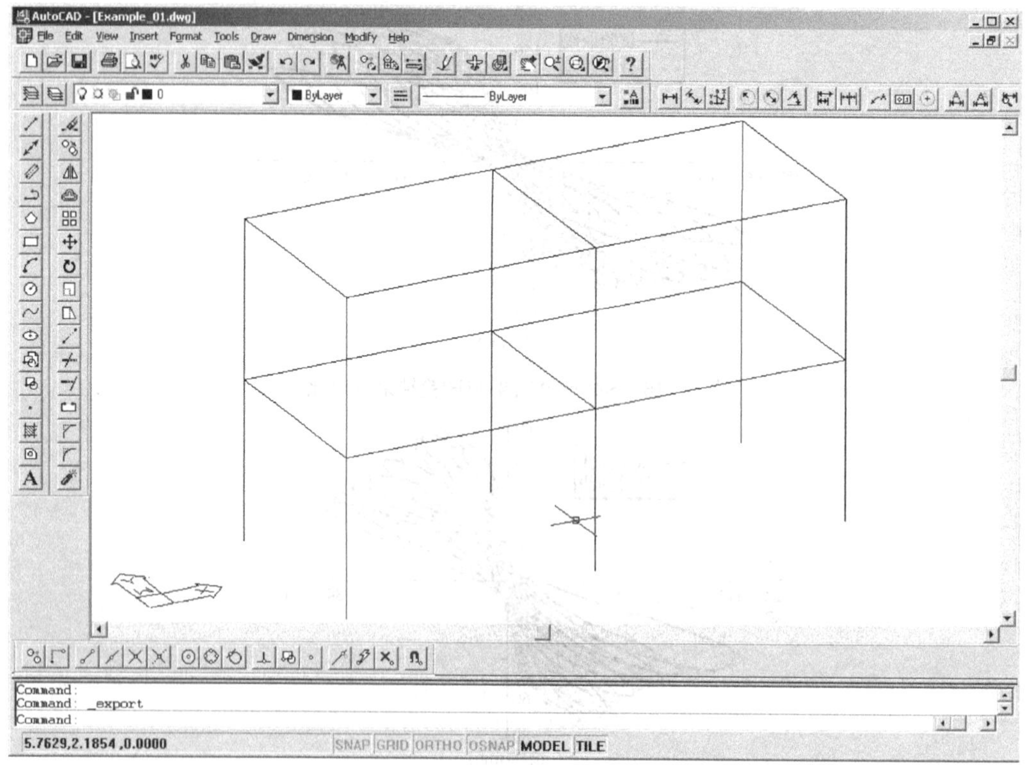

图 5.2-18 在 AutoCAD 中建立空间模型

PORT，选择输入 DXF 格式，选择相应文件，读入刚才的 CAD 模型，并用底部静态菜单做适当旋转，结果如图 5.2-19 所示。

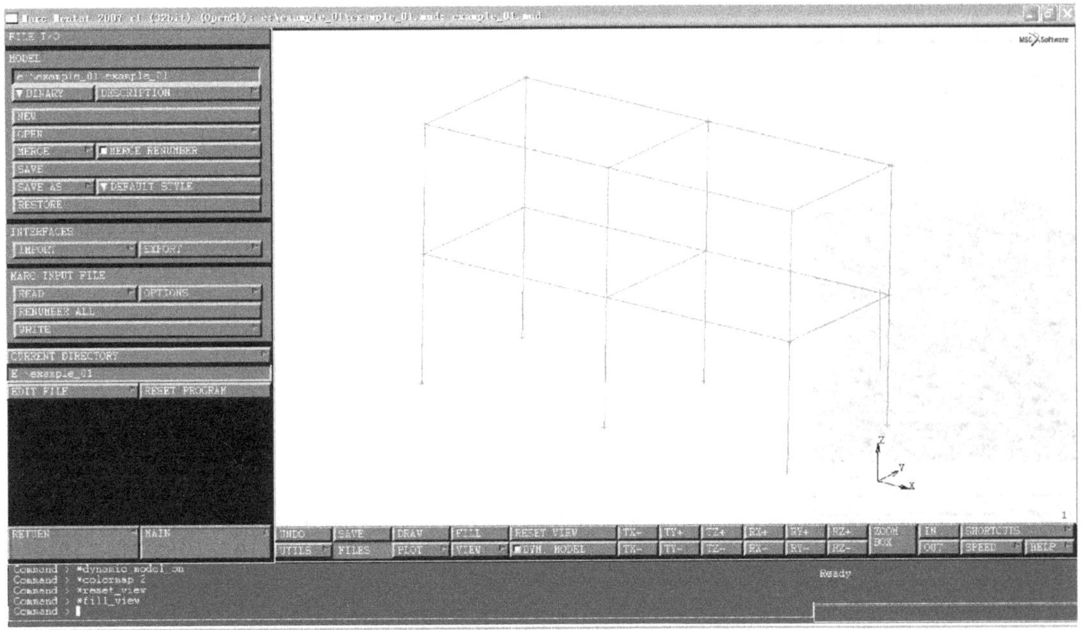

图 5.2-19　将 AutoCAD 模型导入 Marc

(3) 目前在有限元程序中读入的模型还是几何信息，需要将其转化为有限元信息。进入 Marc 的主菜单 MESH GENERATION，选择 CONVERT，将 DIVISIONS 设置为 5，5，即每个线段划分成 5 个单元。选择 CURVERS TO ELEMENTS，选择 ALL：EXIST，得到单元和节点分布如图 5.2-20 所示。

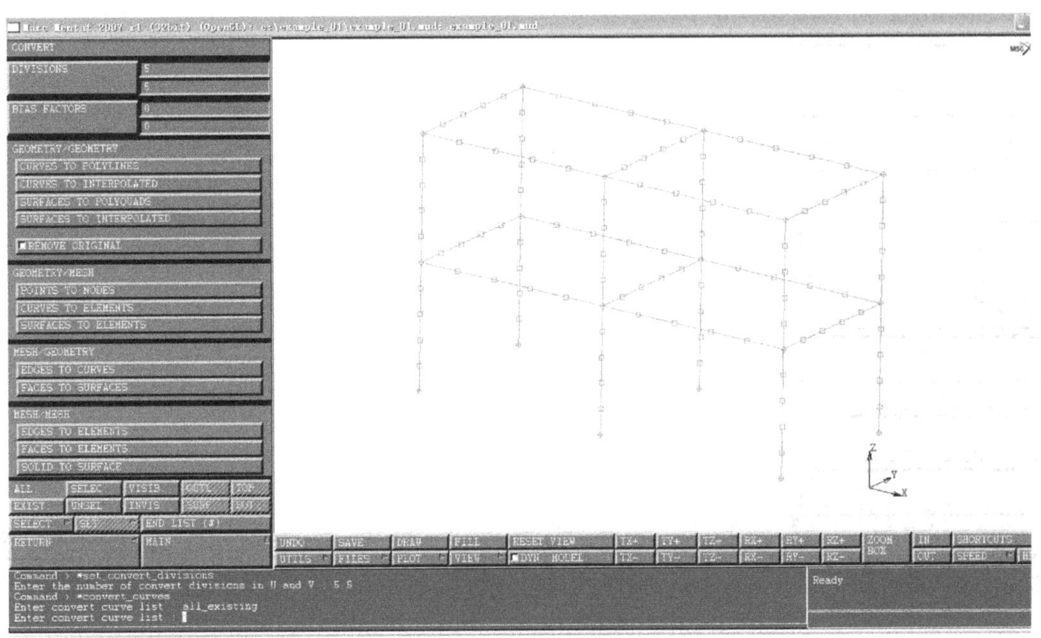

图 5.2-20　将单元细分

(4) 回到主菜单 MAIN MENU→MESH GENERATION，选择 SWEEP 按钮，选择 ALL，清理不必要的节点和单元信息（图 5.2-21）。

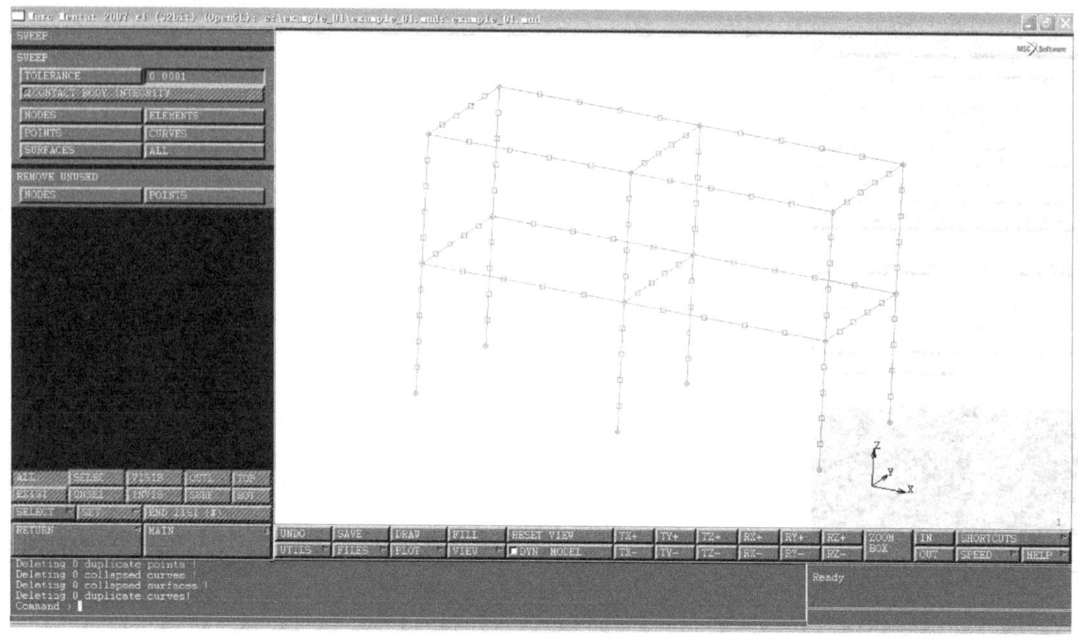

图 5.2-21　清理重复元素

(5) 下面将对模型添加边界条件，施加边界条件的具体步骤和一般 Marc 分析问题完全一样，这里就不再重复。对于本模型而言，需要施加的边界条件包括：底部所有自由度的约束，给所有单元施加重力，对一层和二层相应的梁柱节点施加一个从 0 逐步增加到 1000kN 的外力（图 5.2-22），相当于均匀侧向力模式推覆。

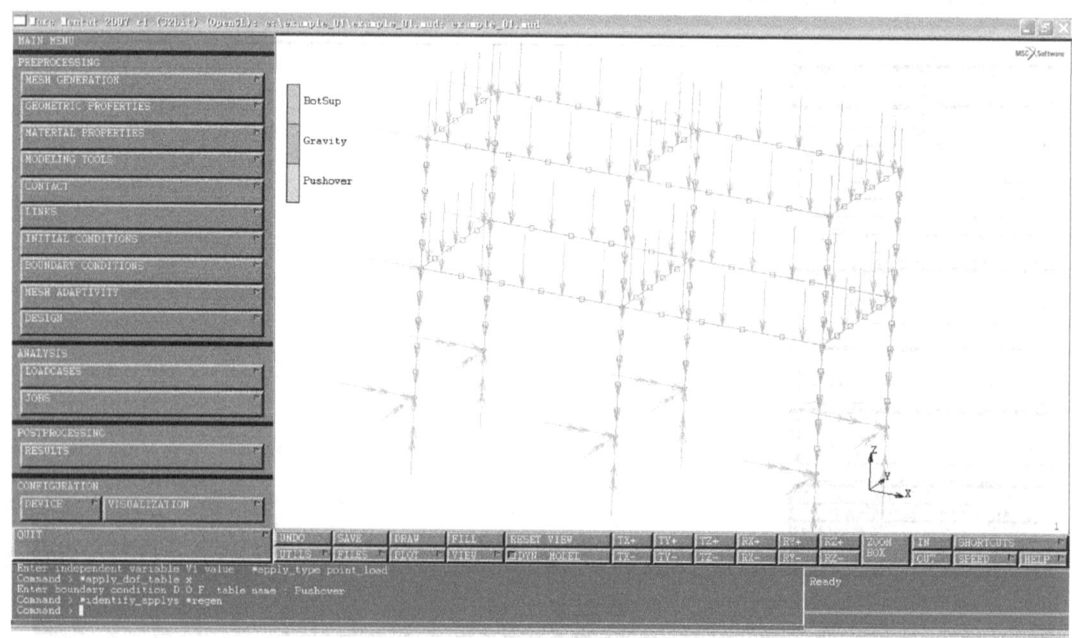

图 5.2-22　施加荷载

(6) 下面给模型输入材料信息。第一种材料为梁，需要说明的是，MSC. Marc 的材料信息编号对应于截面编号，所以必须严格逐个输入。输入材料名称为 Beam，材料类型为 HYPOELASTIC→USER SUB. UBEAM，即这个材料是用户自定义的。输入材料的密度为 5000，即相当于将部分楼板重量折算到梁上面（图 5.2-23）。

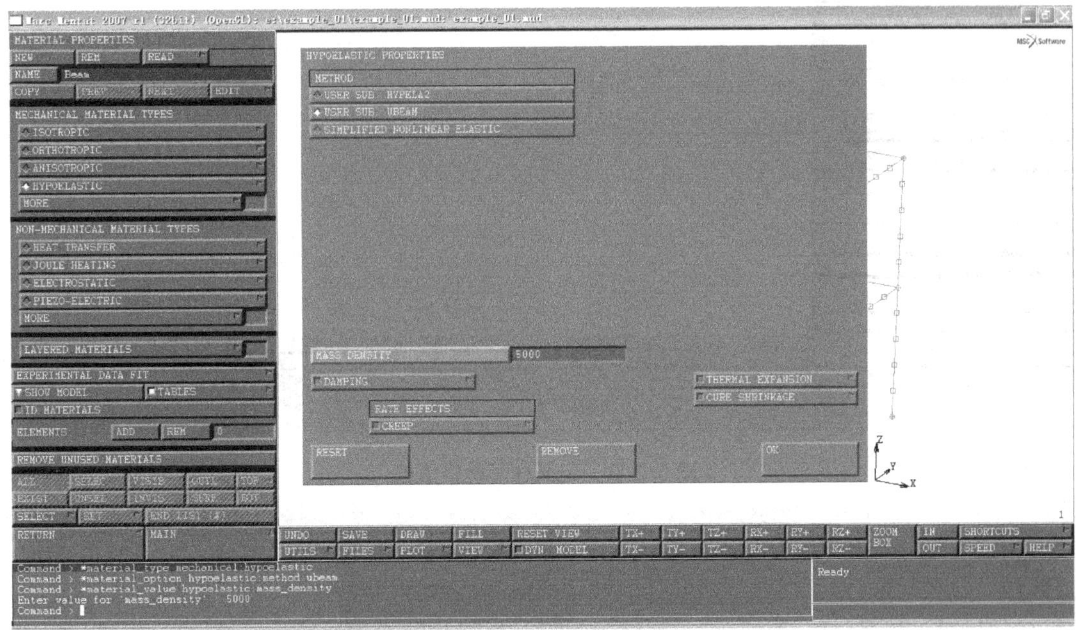

图 5.2-23　定义梁材料信息

(7) 选择 ELEMENTS→ADD，选取相应的梁单元，将材料信息赋予之。

(8) 再建立一个材料，名称为 Column，类型还是 HYPOELASTIC→USER SUB. UBEAM，只是密度为 2500。同样再选择 ELEMENTS→ADD，选取相应的柱子单元，赋予材料信息。最后得到相应的材料信息如图 5.2-24 所示。

(9) 下面要赋予几何信息。这部分工作比较复杂，关键牵涉到单元局部坐标系的问题。选择主菜单 MAIN MENU→GEOMETRIC PROPERTIES，建立新几何信息名称为 Beam，类型为 3-D→ELASTIC BEAM，输入截面的截面积和对应于局部坐标系 x 轴，局部坐标系 y 轴的转动惯量。并输入局部坐标系 x 轴对应整体坐标系的矢量方向。对于本问题而言，取梁单元的局部坐标系 x 轴为垂直向上，与整体坐标系的 z 轴平行，所以局部坐标系 x 轴的矢量方向为（0 0 1）（图 5.2-25）。

(10) 将刚才输入的梁截面信息添加给所有的梁单元，选择 ELEMENTS→ ADD，选取相应单元。

(11) 类似的，建立新的几何信息，名称为 Column，类型为 3-D→ELASTIC BEAM，输入截面的几何信息如图 5.2-26 所示。这时取柱子的局部坐标系 x 轴方向和整体坐标系 x 轴方向相同，所以其局部坐标系 x 轴的矢量方向为（1 0 0），选择 ELEMENTS→ADD，将几何信息添加给相应的单元。

(12) 定义荷载工况 LOADCASES 和计算任务 JOBS。这与一般的 Marc 计算问题均相同，就不再重复。在 LOADCASES→SOLUTION CONTROL 中设定允许分析出现非

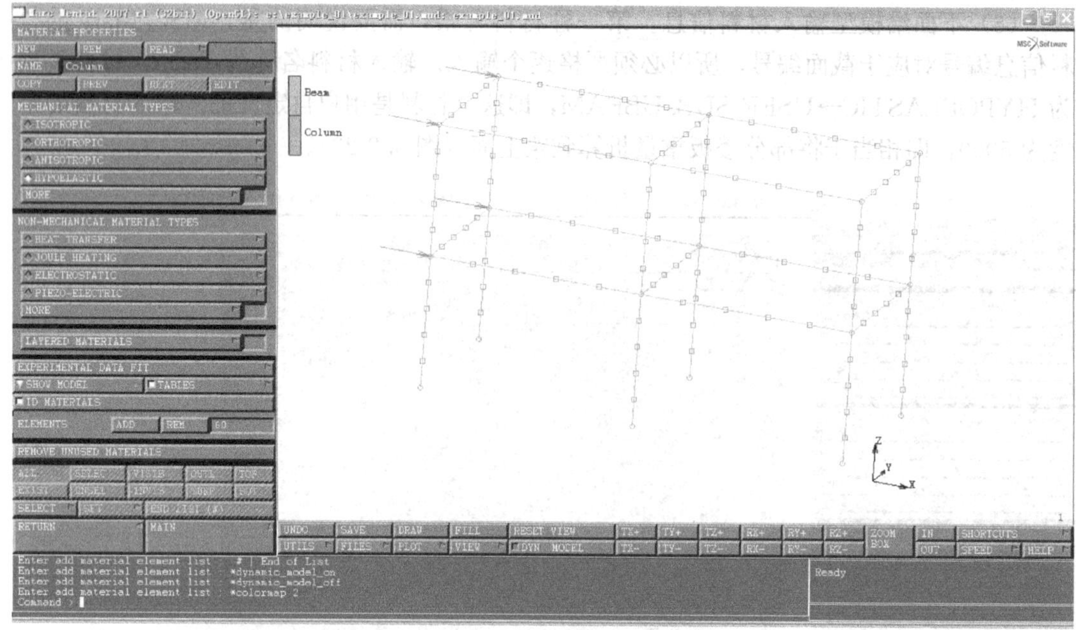

图 5.2-24 定义柱子材料信息

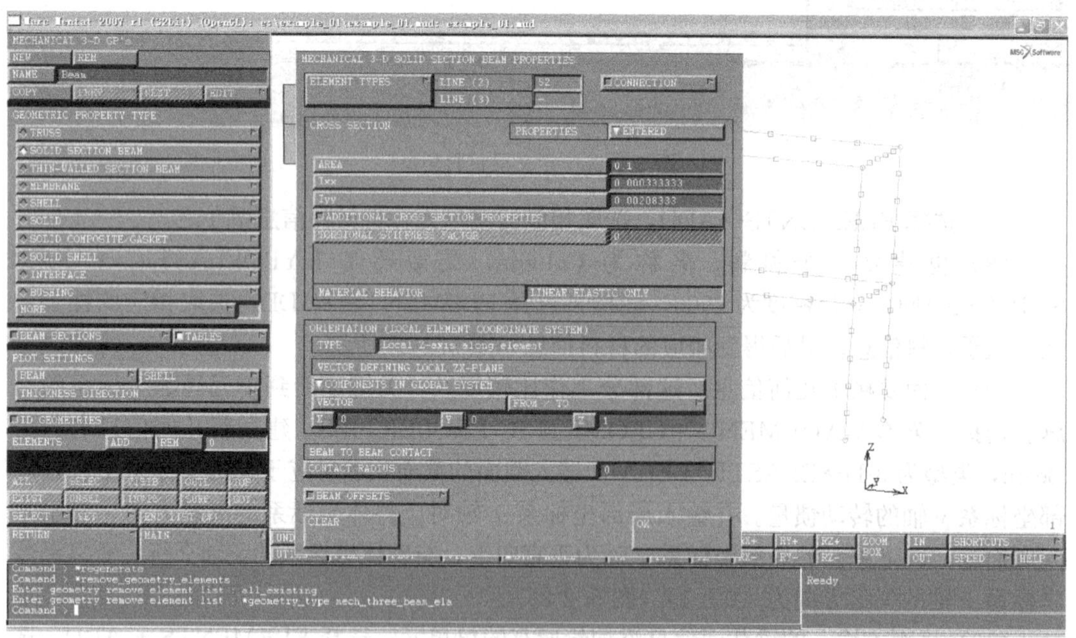

图 5.2-25 定义梁截面几何信息

正定情况 NON-POSITIVE DEFINITE，设定分析方法为 ARC LENGTH 法，MAX ＃ INCREMENTS IN LOADCASE 为 500，DESIRED ＃ RECYCLES/INCREMENT 为 5。在 JOBS 中，ANALYSIS OPTIONS 可以打开大位移 LARGE DISPLACEMENT 选项。在 JOB RESULTS 选项中选择输出 STRESS（对应单元的内力）和 STRAIN（对应单元的变形）。如果想观察塑性铰分布情况，还可以选择 AVAILABLE ELEMENT SCALARS→User Defined Var ＃ 1。

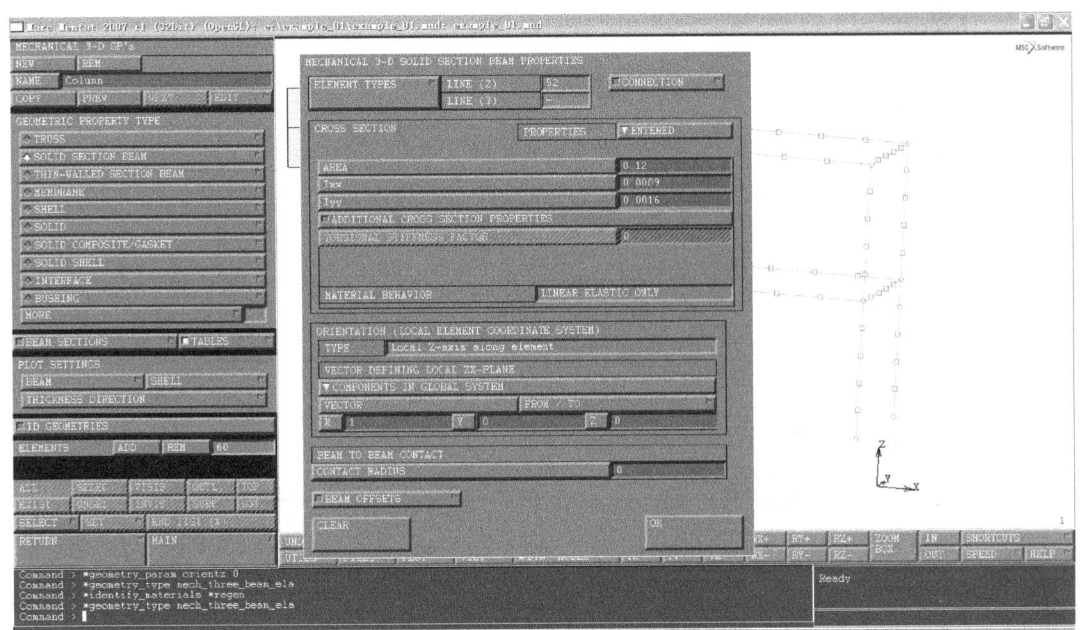

图 5.2-26　定义柱子截面几何信息

(13) 定义单元类型。这里需要说明，THUFIBER 程序目前提供两个不同的版本：THUFIBER-E 和 THUFIBER-T。THUFIBER-E 是基于欧拉梁理论，不考虑单元的剪切破坏，对应的在 Marc 里面应选择 52 号梁单元；而 THUFIBER-T 是基于铁木辛柯梁理论的，可以考虑剪切破坏，对应的在 Marc 里面应选择 98 号梁单元。请根据程序的版本信息选择相应的单元类型。

(14) 生成输入文件。在 JOBS→RUN→ADVANCED JOB SUBMISSION，选择 WRITE INPUT FILE 按钮，生成 * _job1. dat 输入文件，基于此文件就可以进行相应的计算。

(15) 生成计算所需的截面信息文件 matcode. txt。matcode. txt 文件的输入格式为：

第一行：输入截面数量，对于本问题而言，有两个截面，所以输入 2

从第二行开始，依次输入每个截面的纤维数据，分别是：

截面坐标系 x、y 方向的长度，截面弹性模量，截面 x、y 方向的抗剪强度（如果不输抗剪强度表示不考虑抗剪破坏）

每个混凝土纤维（共 6×6=36 个）的中心坐标 x，y，截面积

每个混凝土纤维（共 6×6=36 个）的峰值抗压强度，峰值应变（负数）

每个混凝土纤维（共 6×6=36 个）的极限抗压强度，极限抗压应变（负数）

每个混凝土纤维（共 6×6=36 个）的弹性模量

每个钢筋纤维（共 2×2=4 个）的中心坐标 x，y，截面积

每个钢筋纤维（共 2×2=4 个）的屈服强度和弹性模量

为了简化截面信息输入工作的难度，本书作者编制了截面信息自动生成程序 THUFIBER _ PRE，只要在对话框中填入相应的数据，例如对于本例子的梁和柱如图 5.2-27、图 5.2-28 所示。则生成所需的截面纤维信息文件 matcode0. txt，将其拷贝到 matcode. txt 文件中相应位置即可。

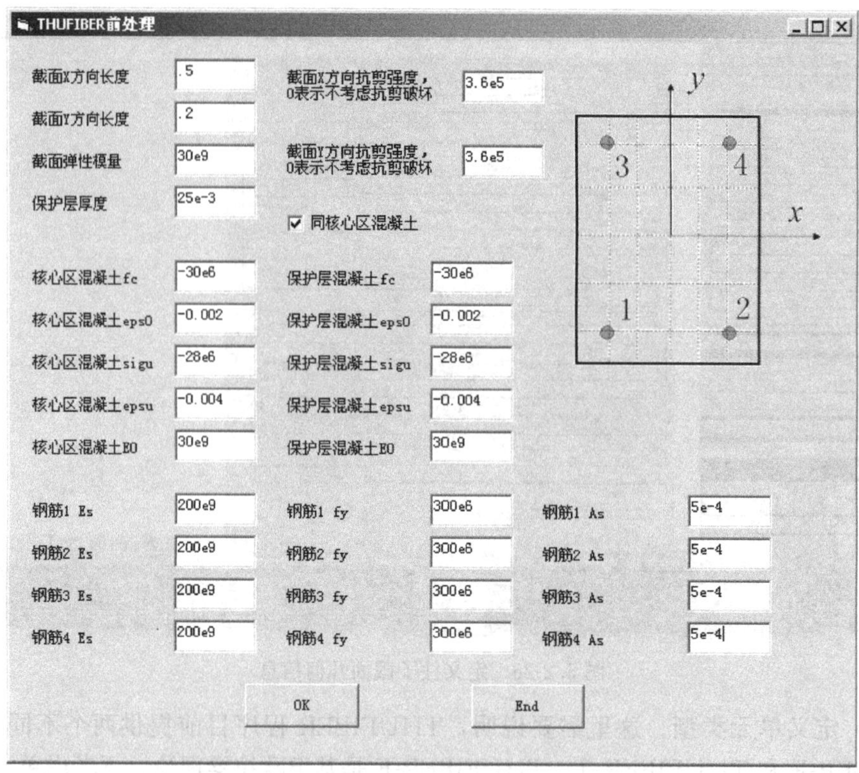

图 5.2-27　梁截面信息输入

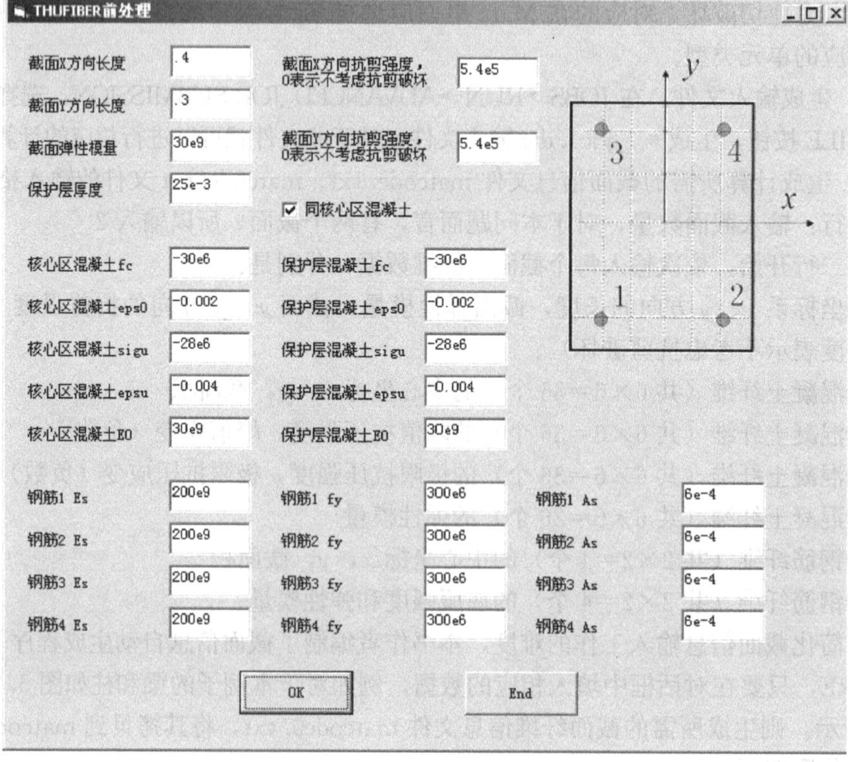

图 5.2-28　柱子截面信息输入

千万注意！此时截面局部坐标系方向不要弄错！另外 matcode 中的截面顺序必须和 Marc 中输入的截面顺序相同！

（16）将此* _ job1. dat 文件拷贝到相应目录下，执行“THUFIBER_T_2007 * _job1”即可进行计算，如果安装的是 Marc 2005r2 版本，则执行“THUFIBER _ T_2005r2 * _ job1”。

（17）本算例得到的静力推覆荷载位移曲线如图 5. 2-29 所示，最终塑性铰分布如图 5. 2-30 所示。

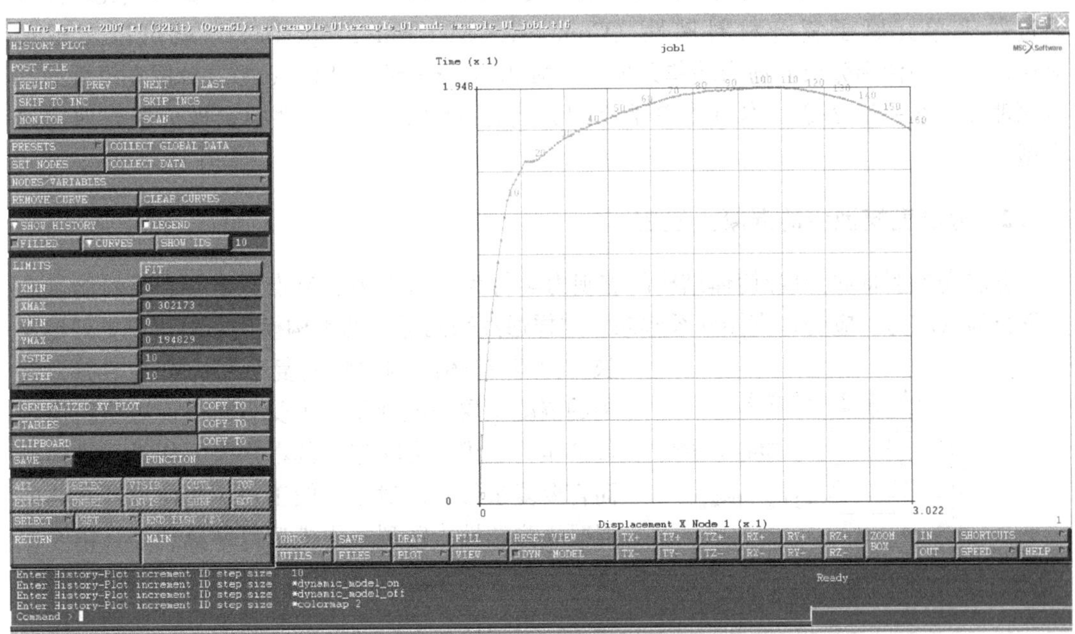

图 5. 2-29 计算得到的推覆曲线

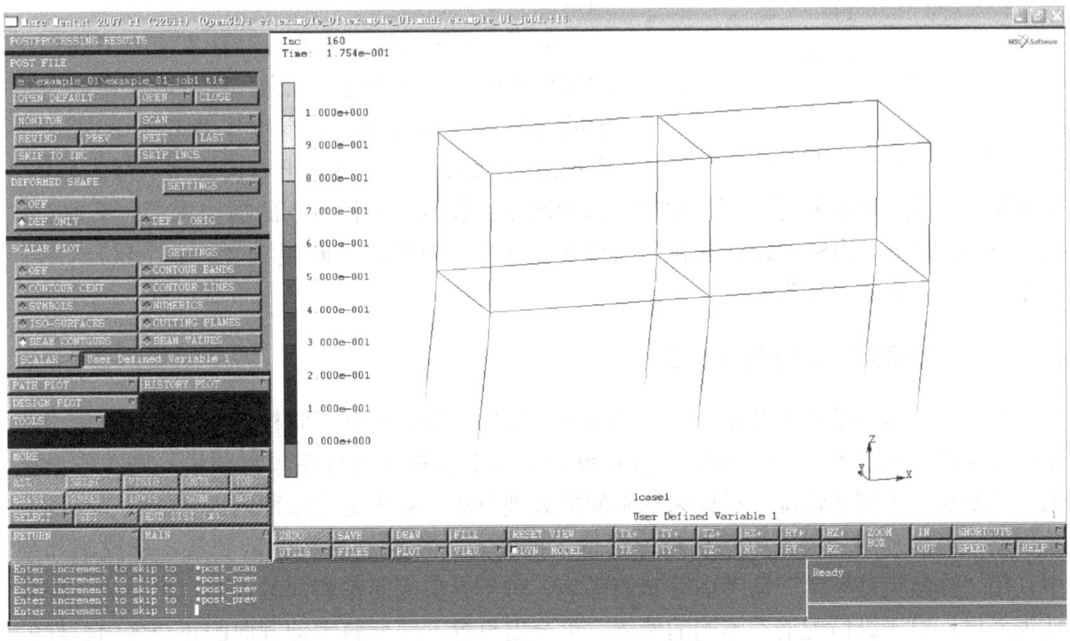

图 5. 2-30 塑性铰分布

5.3 基于 MSC. Marc 的分层壳模型

5.3.1 概述

基于 MSC. Marc 的空间壳单元（本书多使用 MSC. Marc 软件的 75 号四节点壳单元），通过给壳单元赋予复合材料属性（Composite Material Properties），就可以实现在 MSC. Marc 中使用分层壳剪力墙单元模型（Multi-Layer Shell Element）。分层壳模型的基本原理参见本书第 2 章，本节将着重介绍如何在 MSC. Marc 软件中实现分层壳剪力墙模型。

5.3.2 分层壳模型中的混凝土模型

分层壳模型将剪力墙/筒体结构的宏观力学行为（节点力、节点弯矩）和材料的微观力学行为（应力、应变）直接联系起来。这样通过采用适当的本构模型，就可以更好地反映剪力墙/筒体结构的空间复杂受力行为。剪力墙中的混凝土层一般处于二维受力状态，边缘约束构件甚至为三维受力状态，其本构模型相对纤维模型而言要复杂很多。对于一般工程应用而言，经典的混凝土弹塑性+断裂本构模型计算量较小且精度也可满足工程需要。另外，在分层壳剪力墙模型中，边缘约束构件和中间墙体的混凝土可以分别采用不同的本构模型，以考虑边缘约束构件受到的约束作用（图 5.3-1）。

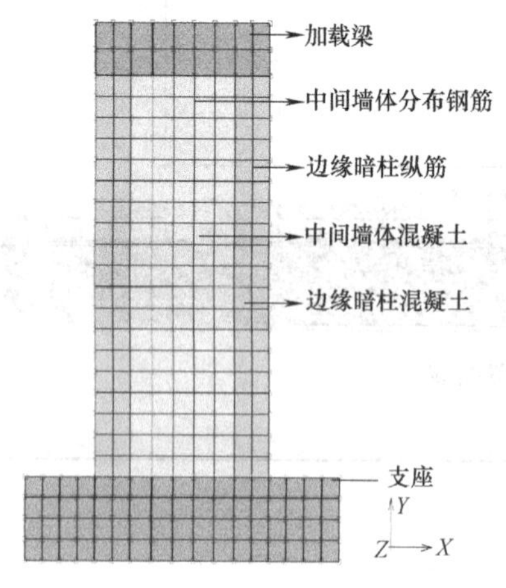

图 5.3-1　剪力墙有限元计算模型

如果需要更精确地考虑复杂往复应力下混凝土的累积损伤、刚度退化等行为，还可以采用更为精细的混凝土本构模型，如本书作者基于 Bazant 等人提出的 Microplane 混凝土本构模型（缪志伟等，2008b），开发了相应程序，可以更好模拟混凝土在往复荷载作用下的损伤累积。不过 Microplane 混凝土本构模型计算量和存储量很大（是一般弹塑性断裂模型的数十倍），在工程中广泛应用尚有一定困难。

5.3.3 分层壳模型中的钢筋模型

由于剪力墙内部钢筋数量众多，类型又有多样，如分布筋、暗柱集中配筋、连梁中的纵筋和箍筋及其 X 形钢筋骨架等，若对每根分布钢筋都采用杆系单元建模，则工作量极大。因此对于不同的情况，可以采取不同的处理方法。对于剪力墙面内大量的纵、横向分布钢筋，可以利用分层壳单元材料分层输入的特点，将钢筋材料弥散到某一层或某几层中，用“弥散钢筋模型”来考虑分布筋影响。对于纵横配筋率相同的墙体，可设为各向同性钢筋层；对于纵横配筋率不同的墙体，可分别设置不同材料主轴方向的正交各向异性的钢筋层来模拟。而对于连梁、暗柱等特殊部位，由于其钢筋分布很不均匀，钢筋走向也很多样，这时采用“离散钢筋模型”，将这些关键配筋用专门的杆件单元加以模拟，则较为准确。但由此引发的问题是，如何实现这些不同钢筋单元和混凝土单元之间位移协调共同工作。利用目前通用有限元软件提供的内嵌钢筋功能，如 MSC. Marc 的“Inserts”功能，可以较好地解决该问题，即建好“钢筋网”单元后，用“Inserts”功能直接嵌入混凝土单元，程序自动考虑钢筋与混凝土之间的位移协调，具体操作参见本书 5.3.5 节。

钢筋在往复荷载下的应力应变关系对计算结果也有着显著影响。一般工程分析可以采用双线性弹塑性本构模型。但是双线性弹塑性本构模型不能很好地描述诸如 Bauschinger 效应等复杂的受力特性。此时，可以参考本书 5.2 节，采用汪训流钢筋本构模型来对钢筋的滞回行为加以更加准确的模拟。

考虑到整体结构分析的复杂性，现有模型一般假设混凝土与钢筋位移完全协调，不考虑钢筋与混凝土之间的粘结滑移问题，这对于一般工程问题精度上是可以接受的。对于关键复杂受力局部问题，可以采用本书第 2 章的多尺度计算方法来更精细模拟。

5.3.4 分层壳模型的验证及应用

为了验证剪力墙模型的有效性，对不同受力特性的剪力墙算例进行了计算，并与相应的试验结果进行了比较。

5.3.4.1 剪力墙面内受力模拟

图 5.3-2 所示为采用弹塑性＋断裂混凝土本构模型的面内弯曲破坏剪力墙计算结果与试验结果的对比（门俊等，2006），图 5.3-3 所示为采用 Microplane 混凝土本构模型的高墙试验计算结果与试验结果的对比（缪志伟等，2008a），中间墙体和边缘约束构件的混凝土均采用分层壳墙单元模拟，边缘约束构件中的钢筋采用桁架单元模拟。比较图 5.3-2 和图 5.3-3 可知，对于简单的单向受力问题，无论是弹塑性＋断裂混凝土本构还是 Microplane 混凝土本构模型，程序计算结果均与试验结果符合良好，较为准确地预测了剪力墙的面内弯曲的受力行为，Microplane 混凝土本构模型在模拟混凝土受压软化方面，比弹塑性断裂模型更加灵活一些，但是 Microplane 混凝土本构模型参数的确定，以及计算的工作量和难度也更大一些。

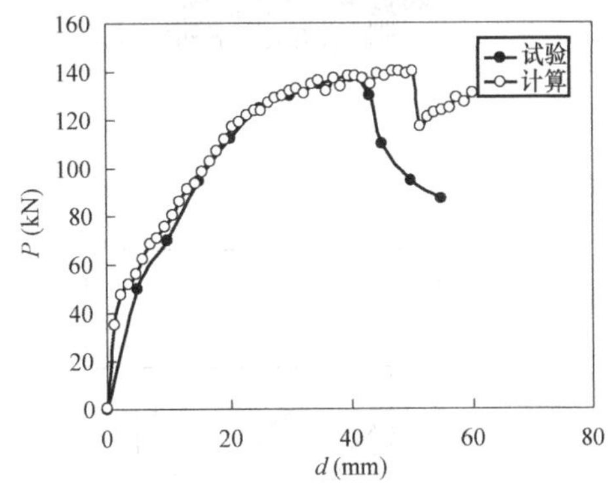

图 5.3-2 基于弹塑性＋断裂混凝土模型的面内弯曲破坏剪力墙计算与试验结果对比

剪力墙的面内剪切行为的模拟一直是剪力墙分析中的一个难点问题。图 5.3-4 所示为采用分层壳模型对剪切变形影响很大的矮墙试验进行的模拟（门俊等，2006），同样得到了很好的效果。试件刚度与承载力的计算结果与实验结果符合得很好，分析得到的开裂云图与实际裂缝开展情况也非常一致，可见分层壳墙单元模型对模拟剪力墙的面内弯曲和面内剪切行为具有较高的精度。

图 5.3-5、图 5.3-6 为同一个剪力墙算例（陈勤，2002），试件高 1900mm，宽

1000mm，厚100mm，剪跨比为1.9。其中钢筋本构模型分别采用理想弹塑性模型和汪训流模型，而混凝土模型均采用Microplane混凝土本构模型（缪志伟等，2008b）。

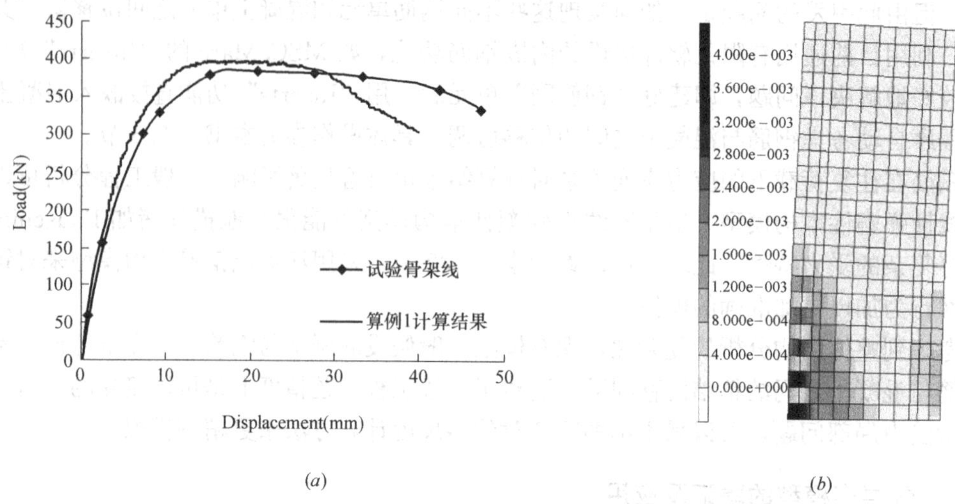

图5.3-3 基于Microplane混凝土模型的面内弯曲破坏剪力墙计算与试验结果对比

(*a*) 单向加载曲线比较；(*b*) 峰值荷载时刻裂缝分布云图

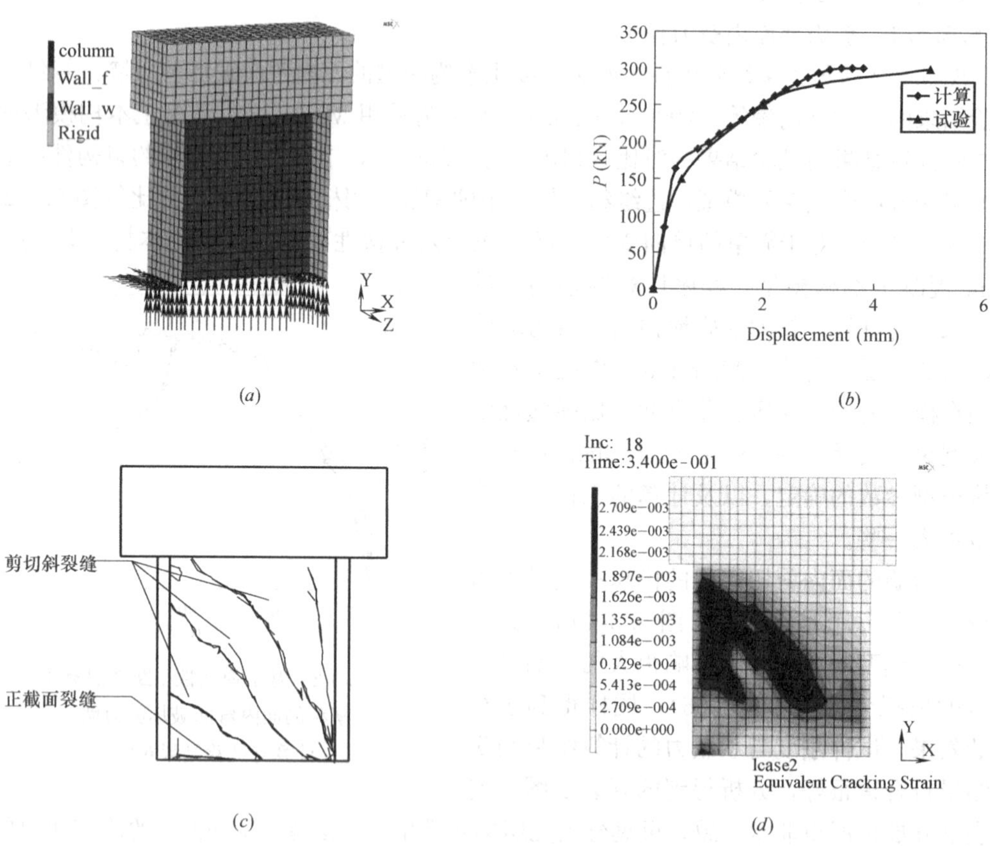

图5.3-4 剪力墙面内剪切破坏试验及计算结果对比

(*a*) 有限元模型；(*b*) 荷载位移曲线对比；(*c*) 试验裂缝分布；(*d*) 计算裂缝分布

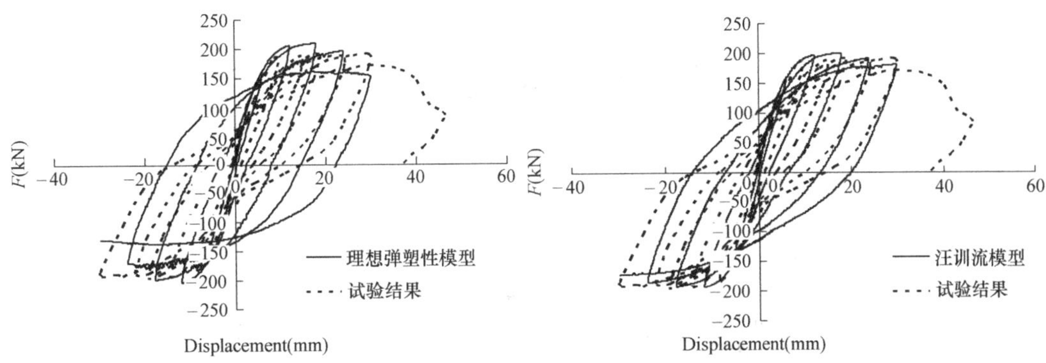

图 5.3-5　钢筋理想弹塑性双线性本构关系计算结果　　图 5.3-6　汪训流钢筋本构关系计算结果

由图 5.3-5、图 5.3-6 可见，在反复荷载作用下，钢筋混凝土剪力墙受力性能较为复杂，力-位移计算结果曲线存在捏拢效应。若钢筋采用一般的理想弹塑性双线性滞回模型，则计算结果曲线较为饱满，与试验结果相差较大。而且由于不考虑钢筋的强化作用，在加载后期，承载力相对于试验结果偏差较大。而采用汪训流钢筋模型的计算结果显然要更为接近试验结果。由此可知，进行剪力墙结构的非线性有限元分析时，钢筋本构模型的选取对于计算结果的精确性也有重要影响。

5.3.4.2　剪力墙面外受力模拟

实际结构中，剪力墙往往在纵、横两个方向均有布置。当结构在一个方向上受到侧向荷载作用时，与荷载作用方向垂直的剪力墙将发生面外弯曲。同时考虑剪力墙面内受力和面外弯曲的耦合行为也一直是剪力墙非线性建模的难点所在。图 5.3-7 为模拟得到的不同轴压下的剪力墙面外弯曲行为，剪力墙顶部预先施加了不同的轴压力，在与墙平面垂直的方向上受侧向荷载作用。由于墙体的厚度与其高度相比很小，因此面外受力行为与一维梁柱构件的弯曲行为相近。由图 5.3-7 可见，分层壳剪力墙模型可以很好地模拟剪力墙在这种受力情况下的软化行为。随着轴压力的提高，墙体的最大承载力逐渐增加，在轴压比为 0.6 时达到峰值，然后又开始降低，而且随着轴压比增加，延性逐渐减小。图 5.3-8 给出的各种轴压比下的最大弯矩和相应轴压比的相关曲线，计算结果也与理论关系吻合得比较好。

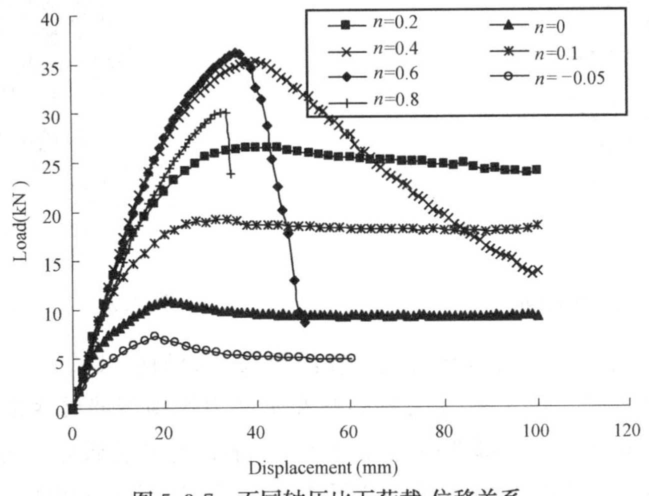

图 5.3-7　不同轴压比下荷载-位移关系

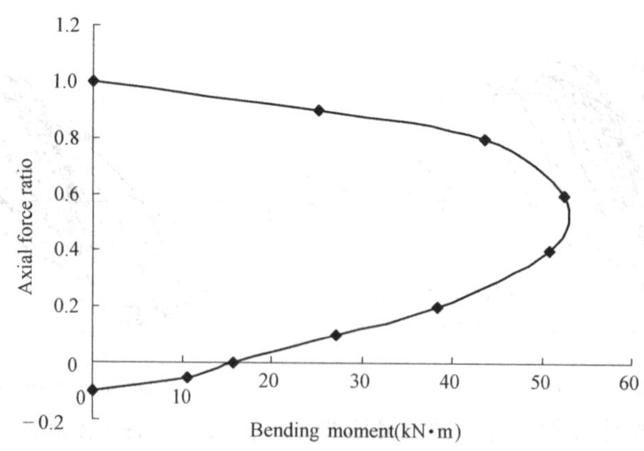

图 5.3-8 最大弯矩-轴压比关系

5.3.4.3 混凝土核心筒受力模拟

对于筒体结构，由于是空间工作，同时存在着面内和面外受力行为，故而其模拟有着一定的难度。基于以上分层壳剪力墙模型，对两个较大比例、大高宽比的钢筋混凝土核心筒（TC1 与 TC2）的抗震性能试验进行了有限元模拟。两个核心筒尺寸、配筋相同，核心筒以某大厦钢筋混凝土核心筒为原型按照 1：6.5 缩尺比例进行设计，核心筒为 6 层，高宽比 2.68，筒身净高 3690mm，筒体水平截面轮廓尺寸为 1380mm×1380mm，墙体厚度 70mm，连梁为钢筋混凝土交叉暗撑连梁，更具体参数见文献（杜修力等，2007）。TC1 与 TC2 按混凝土实际强度计算的轴压比分别为 0.15 和 0.36，试验开始后先在试件顶部施加竖向荷载，然后在顶层和三层处施加水平低周反复荷载，按倒三角模式加载。这里根据试验提供的试件实际材料强度建立有限元模型，剪力墙、连梁模型及内部离散钢筋单元布置如图5.3-9、图 5.3-10 所示。钢筋采用汪训流钢筋模型，混凝土采用 MSC. Marc 自带的弹塑性-断裂混凝土模型。

图 5.3-9 钢筋单元空间分布

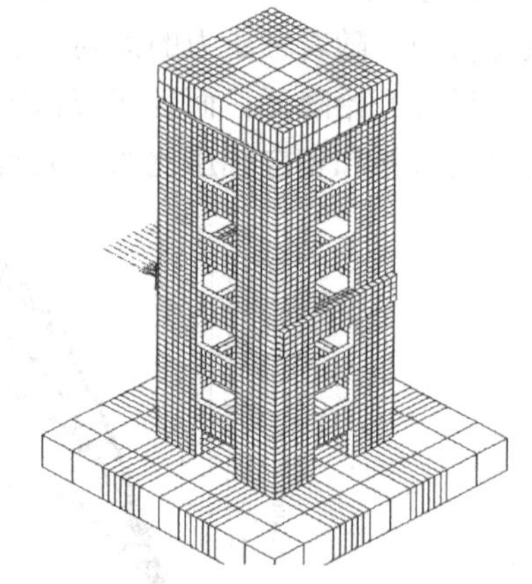
图 5.3-10 混凝土单元划分

图 5.3-11、图 5.3-12 所示为有限元计算结果与试验的底部剪力-顶点位移骨架线对比，可见二者吻合较好。图 5.3-13 为核心筒在水平力作用下墙肢底部的开裂状况，图 5.3-14 为试验实际观察到的底部墙肢开裂情况，二者同样吻合较好。另外，通过有限元模型的分析，可以观察到各处钢筋的应力应变情况、墙体平面外变形情况以及剪力滞后现

象等，图 5.3-15 展示了有限元计算结果中墙体变形的状况，图 5.3-16 反映了连梁各钢筋的应力分布状况，可以看出受拉的交叉钢筋与部分箍筋已屈服（屈服应力 360N/mm²），这些分析结果均与实验结果吻合较好。

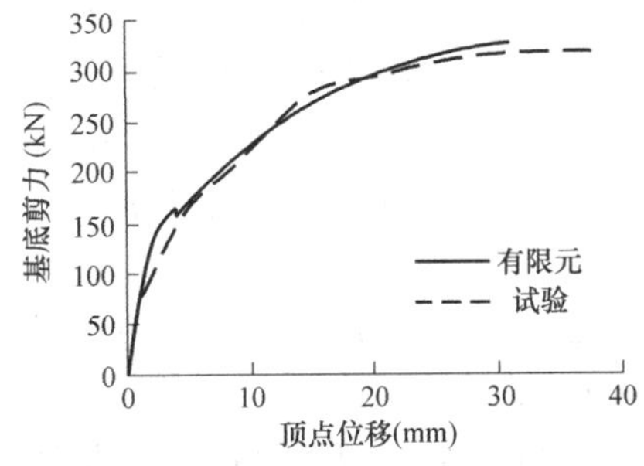

图 5.3-11 底部剪力-顶点位移骨架线对比（实际轴压比=0.15）

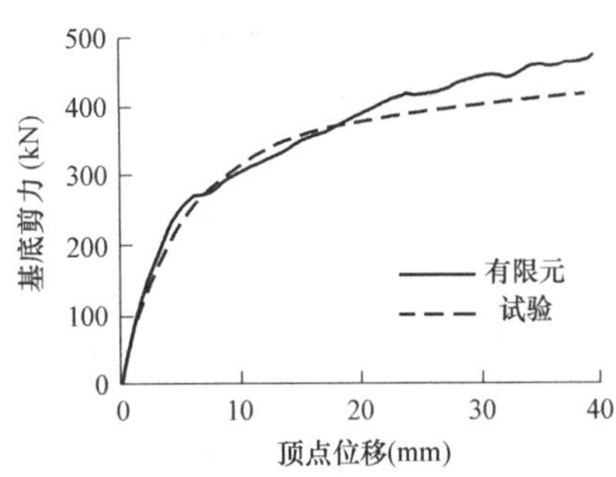

图 5.3-12 底部剪力-顶点位移骨架线对比（实际轴压比=0.36）

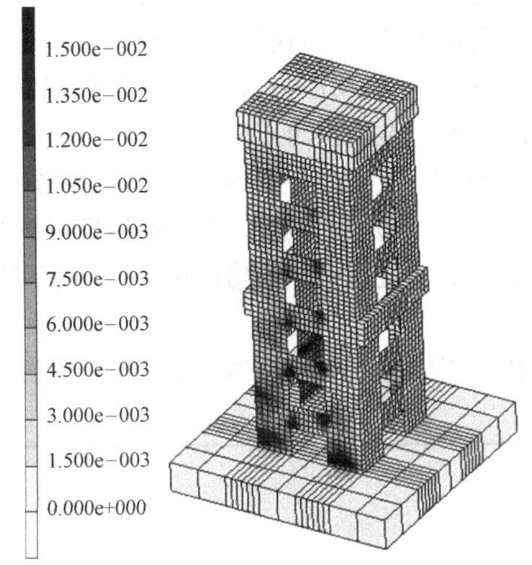

图 5.3-13 墙肢底部开裂应变分布（有限元）

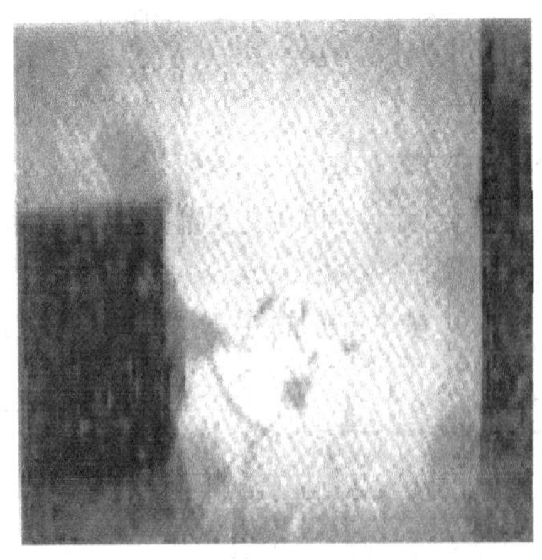

图 5.3-14 墙肢开裂状况（试验照片）

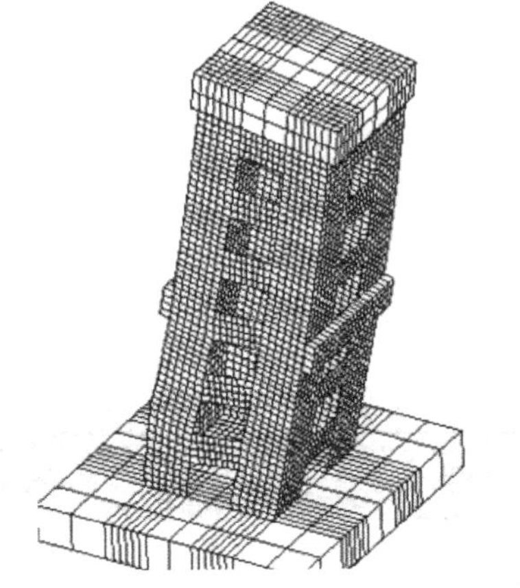

图 5.3-15 墙体空间变形图（放大 15 倍）

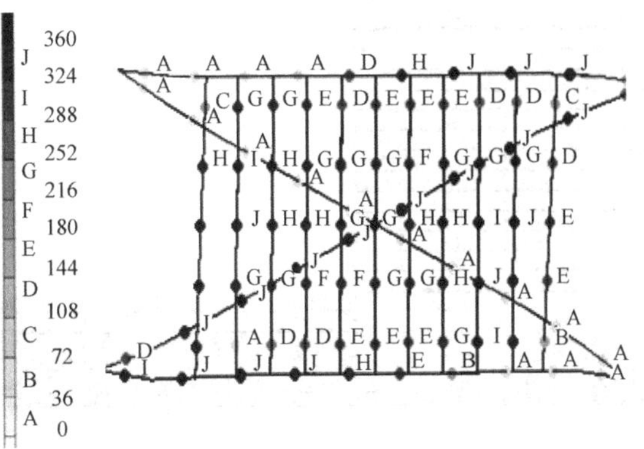

图 5.3-16 连梁钢筋拉应力分布（单位：MPa）

5.3.5 分层壳模型使用示例

下面演示的算例为1片剪力墙在受竖向固定轴压的同时受到逐步增加的单向水平荷载作用，该剪力墙的平面尺寸如图5.3-17所示，包括上部加载梁（厚度0.2m）、中间墙体及两边缘暗柱（厚度均为0.1m）、下部支座（厚度0.4m）等部分。混凝土为C30级，$f_{ck}=20.1$MPa，$f_{tk}=2.01$MPa。

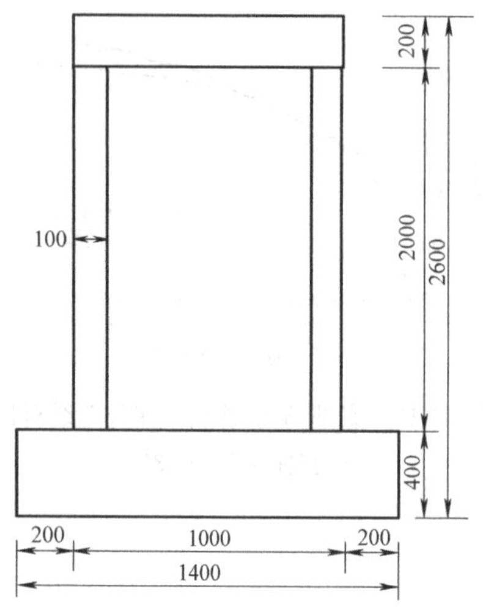

图5.3-17 剪力墙尺寸图
（图中所有尺寸均为mm）

中间墙体分布筋信息：纵、横分布筋均采用HRB335级，配筋率均为1.0%。

两边缘暗柱：每个暗柱内配置2根直径为20mm的HRB335级钢筋，$A_s=628\text{mm}^2$。

（1）由于模型比较简单，因此本算例采取直接建立单元节点，然后形成有限单元的方法。本模型中，支座、墙体暗柱、中间墙体、加载梁可以分别建立单元。首先进入MENTAT的主菜单MESH GENERATION，选择NODES→ADD，分别输入图5.3-17中各节点的坐标，生成各节点(NODES)，如图5.3-18所示。注意，在Marc中建模，用户可以自由选择各物理量的单位，只要保证各单位之间能够对应。本算例在以下的演示过程中，各物理量单位均采用标准国际单位制（m，kg，s）。

（2）在Marc的主菜单MESH GENERATION中，将ELEMENT CLASS设置为

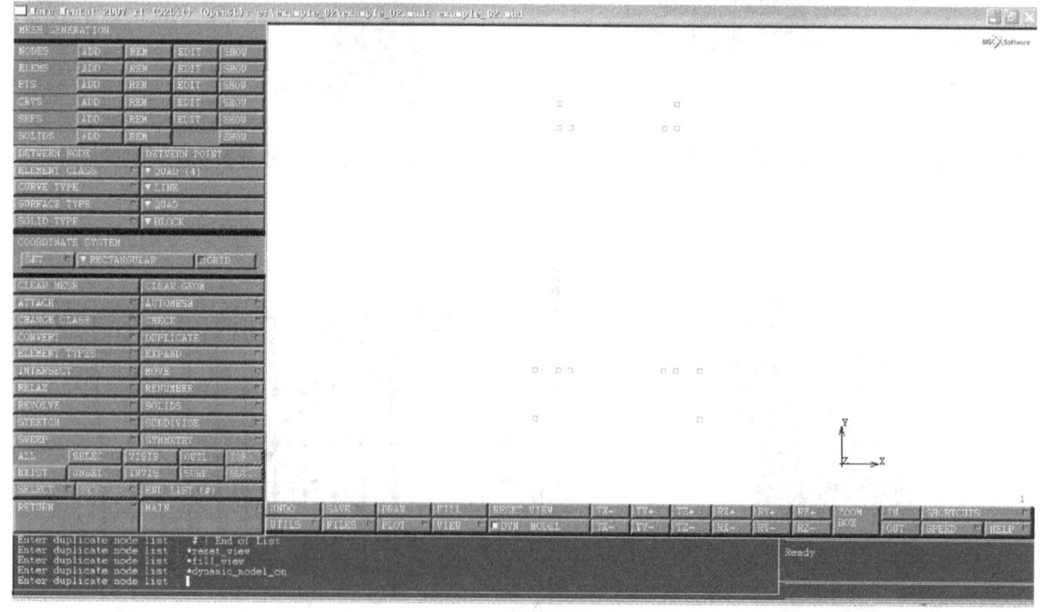

图5.3-18 输入节点坐标

QUAD（4），然后选择 ELEMENT→ADD，对于每一个单元，依次连接四个节点，即可形成单元，如图 5.3-19 所示。

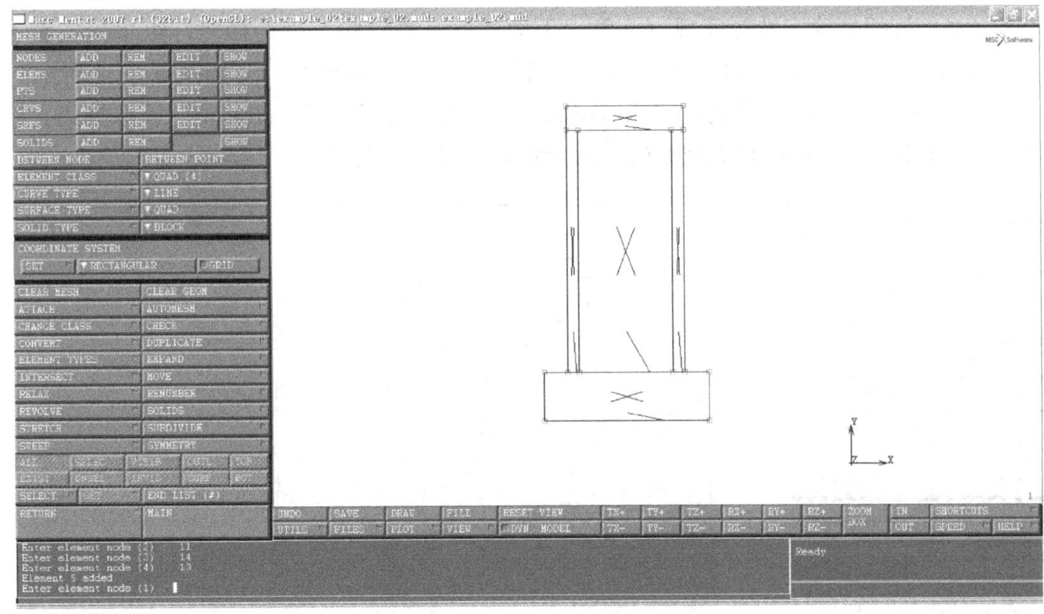

图 5.3-19 定义单元

（3）这样，一共生成了 5 个单元，分别模拟了支座、墙体暗柱、中间墙体、加载梁。下面对各部分单元设置“SET”（选择集），这样在后面赋予单元属性、查看各部分单元的结果时可以方便操作。在 MENTAT 的主菜单 MESH GENERATION 中，点击 SELECT，进入 SELECT 菜单，如图 5.3-20 所示。

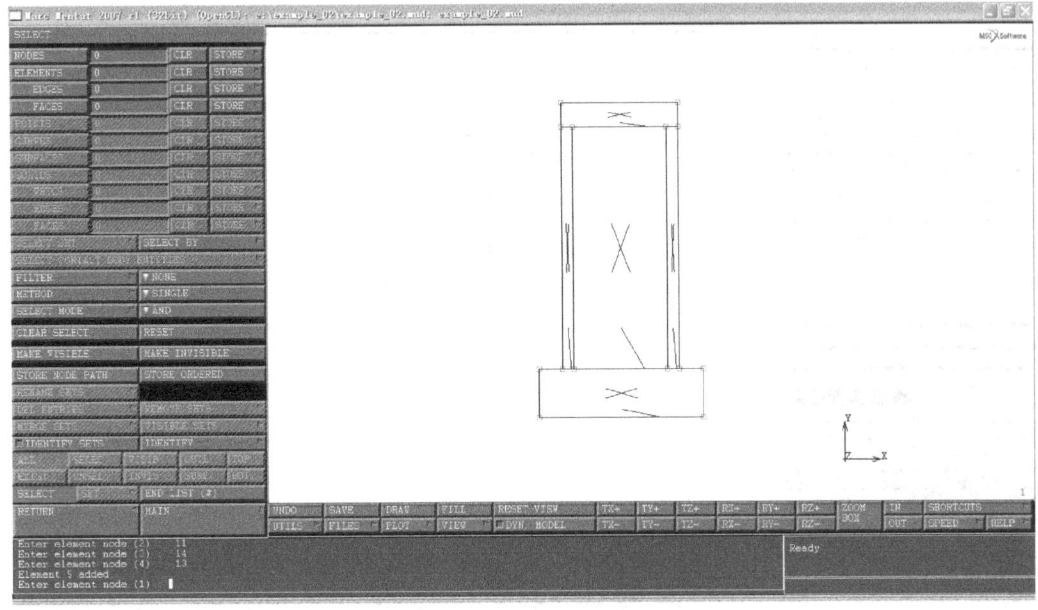

图 5.3-20 进入 SELECT 菜单

在 SELECT 菜单中，点击对应于 ELEMENT 的 STORE 按钮，弹出如下菜单，键入“SET”名称“support”，如图 5.3-21 所示。

确定之后，回到 SELECT 菜单界面，选择模拟结构支座的单元，然后点击 END LIST（#）按钮，确定选择完成（注意，下面的所有操作中，当选择完一组单元或者一组节点以后，均要点击 END LIST（#）按钮以确定选择操作完成），如图 5.3-22 所示。

再重复以上工作，分别设置“sidecolumn”、“midwall”、“loadbeam”等选择集，将模拟结构暗柱、中间墙体和加载梁的单元分别归入以上各选择集。

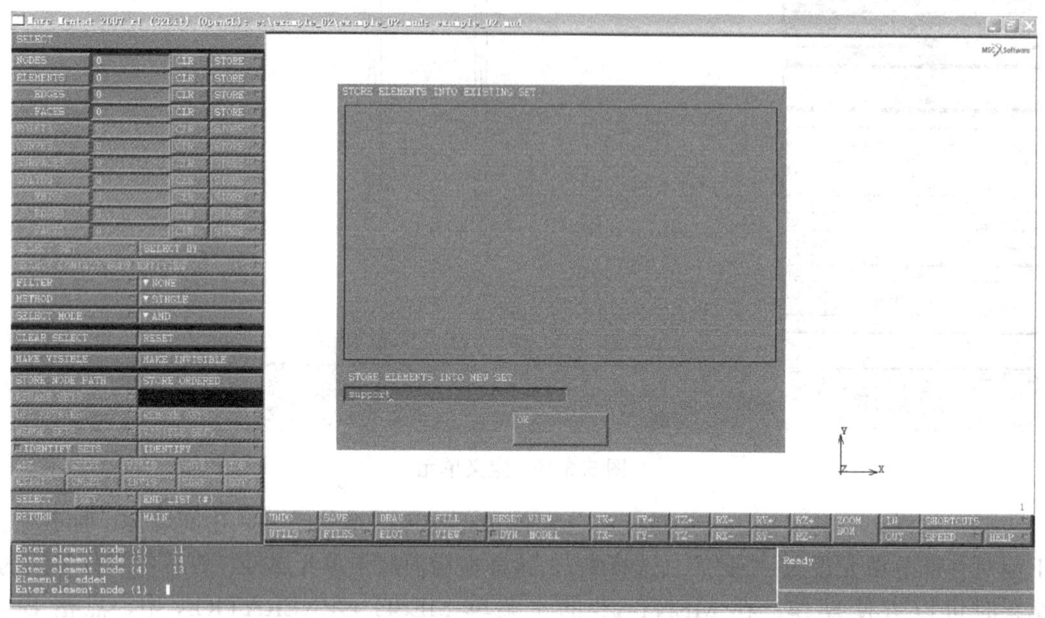

图 5.3-21　定义 Support Set 选择集

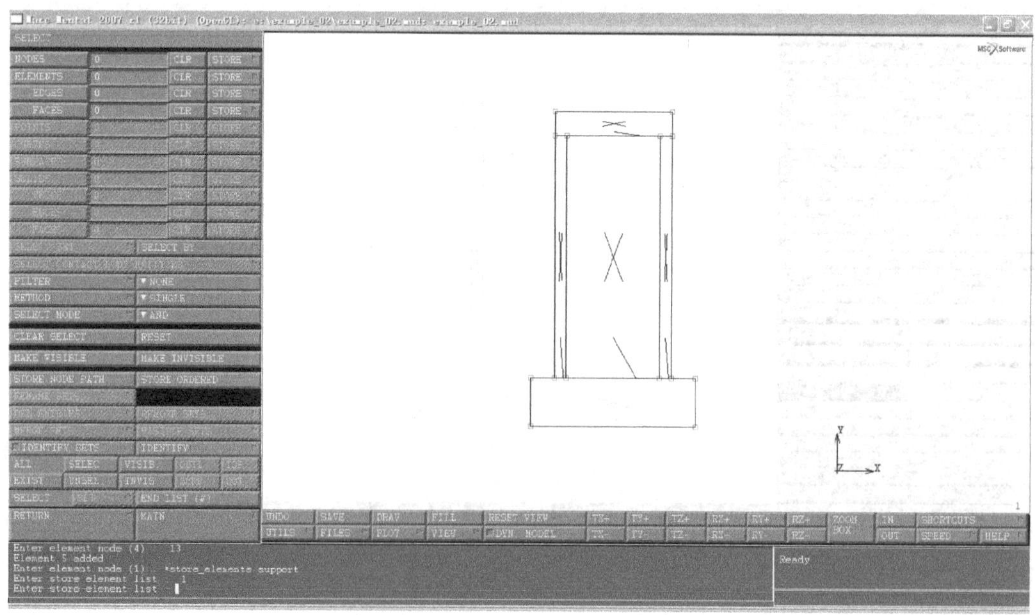

图 5.3-22　定义 Support Set 选择集的组成单元

(4) 下面将进行材料属性的设置和赋予。进入主菜单 MAIN MENU → MATERIAL PROPERTIES，这里先设置墙体混凝土材料。点击 NEW，生成一项新的材料“concrete”，然后选择 ISOTROPIC，进入 ISOTROPIC PROPERTIES 菜单，设置杨氏模量、泊松比、材料密度等参数，如图 5.3-23 所示。

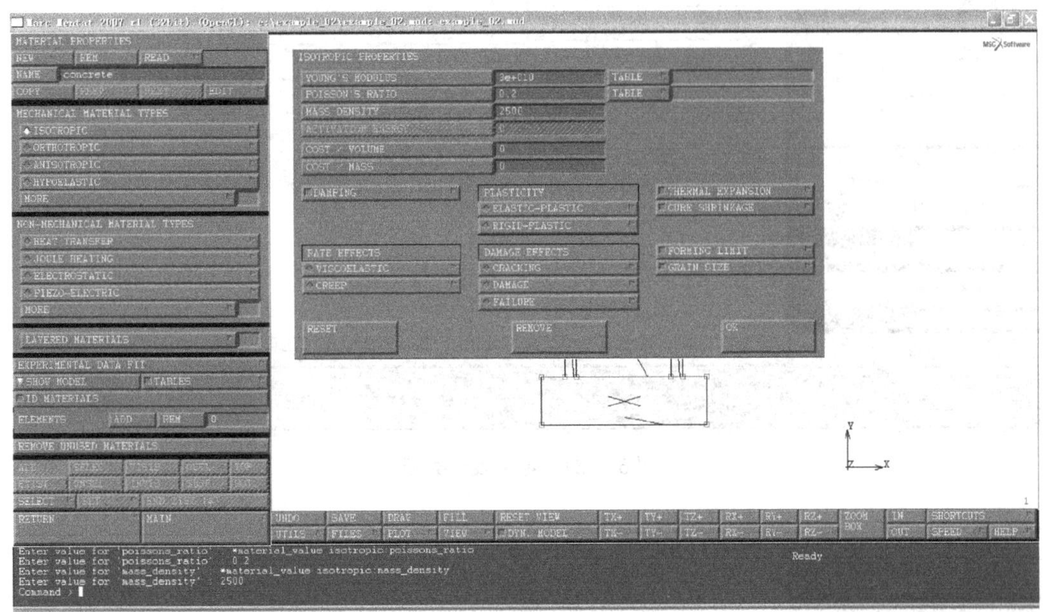

图 5.3-23 定义混凝土材料参数

(5) 本算例中的混凝土材料采用 MSC. Marc 程序自带的弹塑性本构模型，其中需要用到混凝土的受压等效塑性应变-应力关系，在 Marc 中以 TABLES（表格）的形式来输入，因此下面先设置混凝土等效应变-应力关系曲线的表格。在 MATERIAL PROPERTIES 菜单中点击 TABLES，进入 TABLES 菜单。点击 NEW，生成一个新的表格，将 NAME 设为“C30”，然后点击 TYPE，选择 eq_plastic_strain，将该表格类型设为描述等效塑性应变-应力的类型，如图 5.3-24 所示。

(6) 选择 ADD，分别输入混凝土等效应变-应力关系曲线上各点的横、纵坐标，本模型中的墙体混凝土受压本构关系分为抛物线上升段和水平段（图 5.3-25），抛物线段公式同式（5.2-4），由于在 Marc 中需要的是塑性应变-应力关系，因此在输入应变时，需要从总应变中扣除弹性应变。

(7) 混凝土的受压等效塑性应变-应力关系表格设置完成之后，返回 MATERIAL PROPERTIES 菜单，进入前面设置的“concrete”材料的 ISOTROPIC PROPERTIES 菜单中，设置材料的弹塑性本构模型，选择 ELASTIC-PLASTIC，进入 PLASTICITY PROPERTIES 菜单，设置各参数如图 5.3-26 所示。本算例中墙体混凝土材料采用 von_Mises 屈服面，各向同性强化法则。

(8) 返回 ISOTROPIC PROPERTIES 菜单，设置混凝土材料的受拉参数及其他损伤参数。选择 CRACKING，进入 CRACKING PROPERTIES 菜单，设置各参数如图 5.3-27 所示。本算例中墙体混凝土材料极限拉应力为 2MPa，软化模量设为杨氏模量的 1/10，混凝土极限压碎应变设为 0.0033，SHEAR RETENTION（裂面剪力传递系数）可取 0.2。

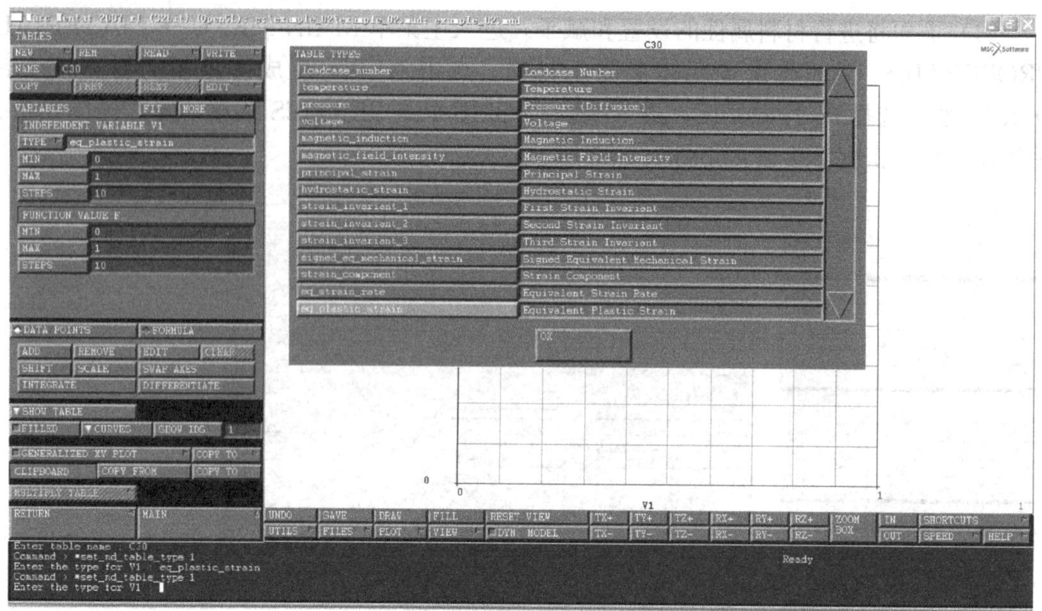

图 5.3-24　定义表格类型

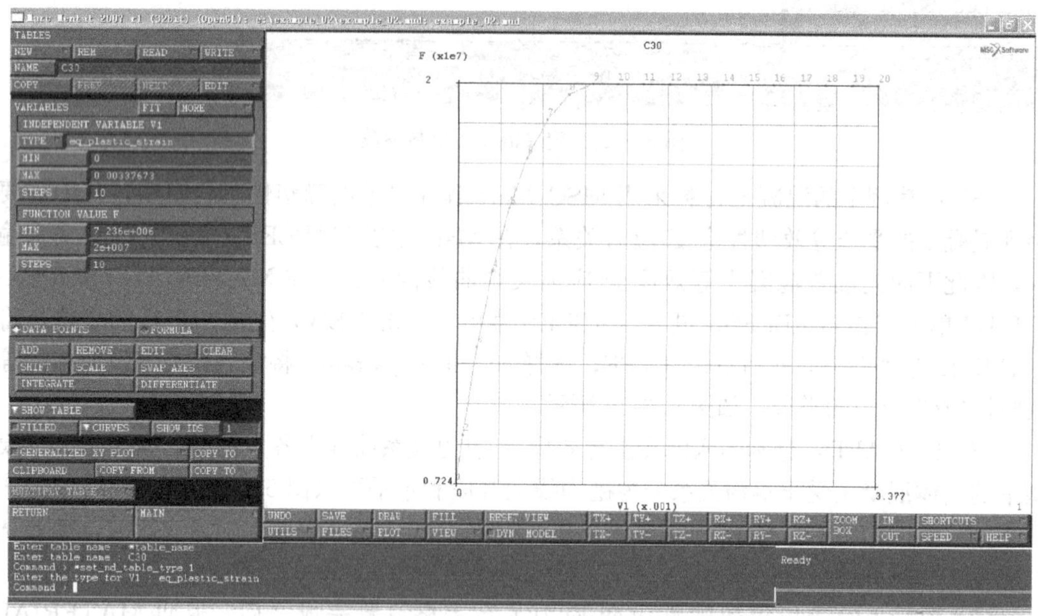

图 5.3-25　混凝土等效应力-等效塑性应变曲线

（9）返回 MATERIAL PROPERTIES 主菜单，设置钢筋材料属性。先生成一项新的材料，取名为“steel”。然后选择 ISOTROPIC，进入 ISOTROPIC PROPERTIES 菜单，设置杨氏模量、泊松比、材料密度等参数，如图 5.3-28 所示。

（10）然后设置钢筋材料的弹塑性本构模型，选择 ELASTIC-PLASTIC，进入 PLASTICITY PROPERTIES 菜单设置各参数，如图 5.3-29 所示。本算例中钢筋材料采用 von_Mises 屈服面，各向同性强化法则。

（11）返回 MATERIAL PROPERTIES 主菜单，下面将设置墙体的分层复合材料。选

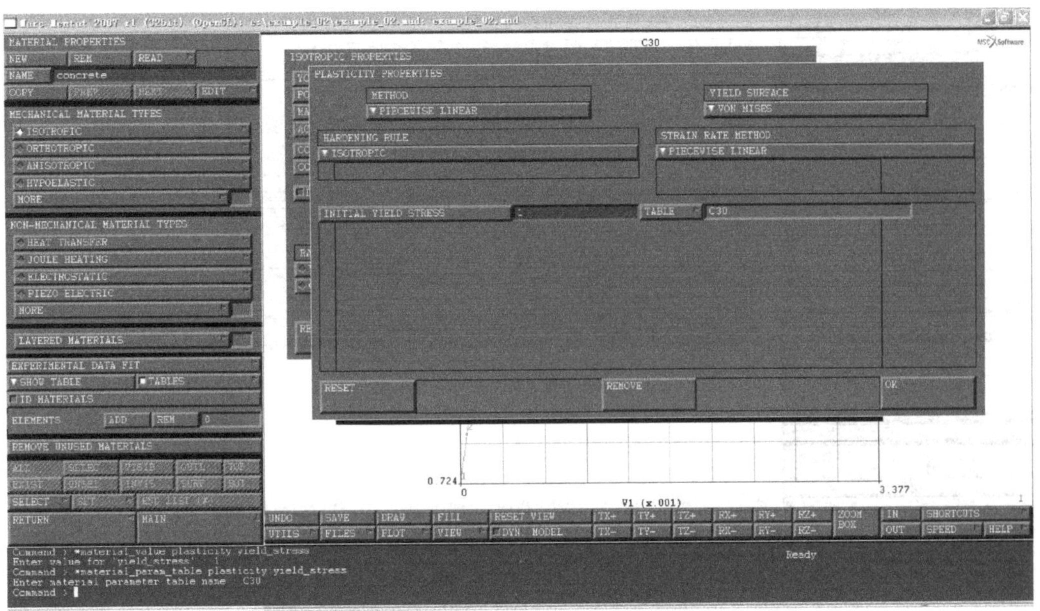

图 5.3-26 定义混凝土弹塑性本构

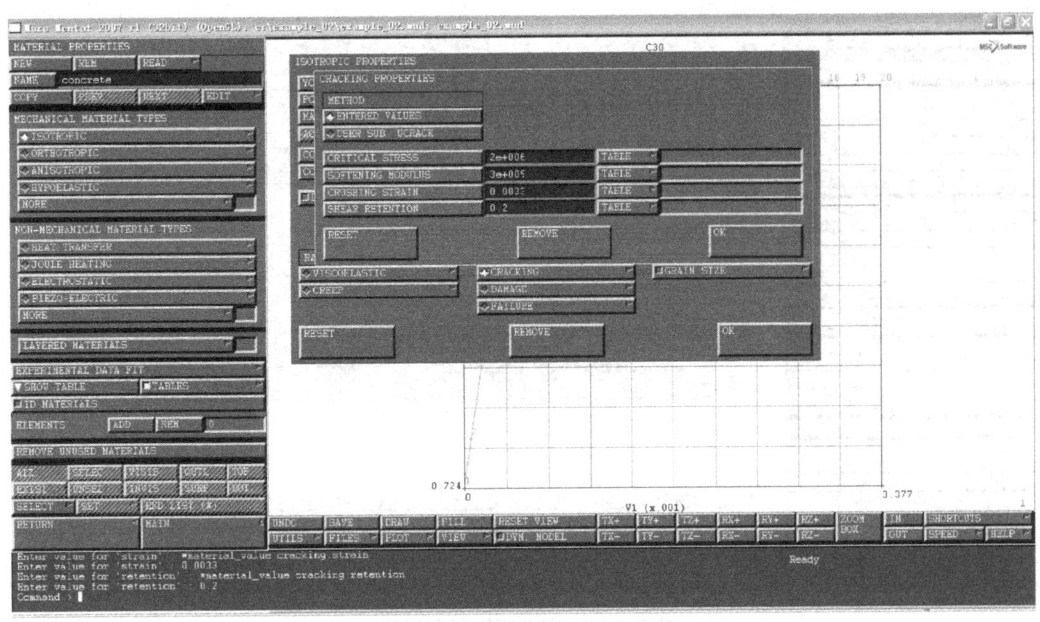

图 5.3-27 定义混凝土开裂参数

择 LAYERIED MATERIALS，进入 MATERIAL PROPERTIES（CONT.-3）菜单。点击 NEW COMPOSITE，进入 COMPOSITE MATERIAL PROPERTIES 菜单，如图 5.3-30所示。本算例中，墙体中的分布钢筋网采用“弥散”方法建模，将其弥散为两个钢筋层，因此其材料也在这里的分层复合材料中设置，根据配筋率关系，每个钢筋层的厚度占 0.5%，墙体中的混凝土材料分层数量根据具体分析问题的类型而定，因为本算例墙体为面内受力，因此设置为 10 层计算精度足够，每层混凝土的厚度均设为 9.9%。又由于

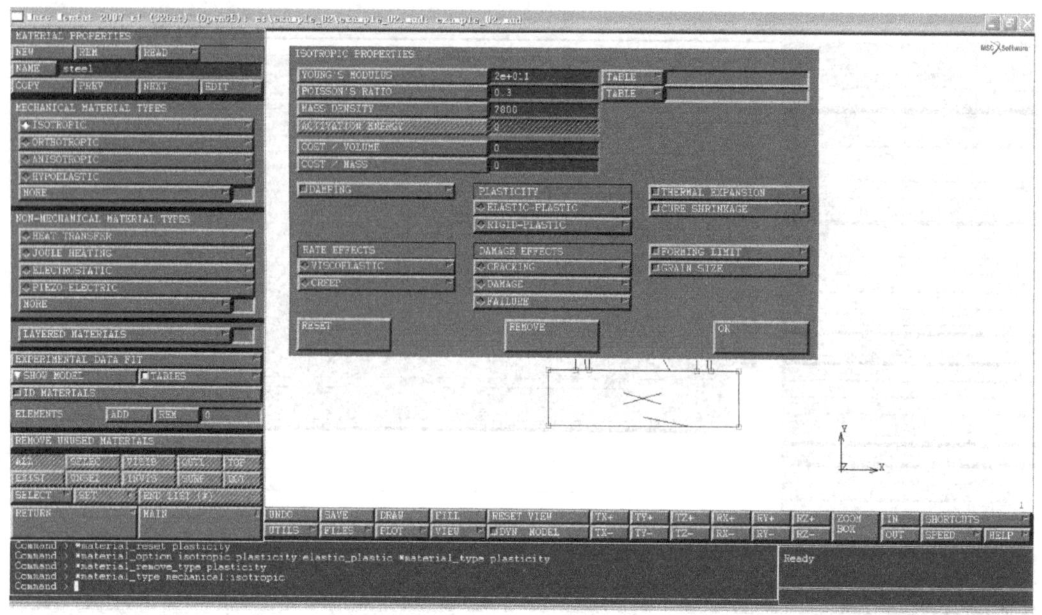

图 5.3-28　定义钢材参数

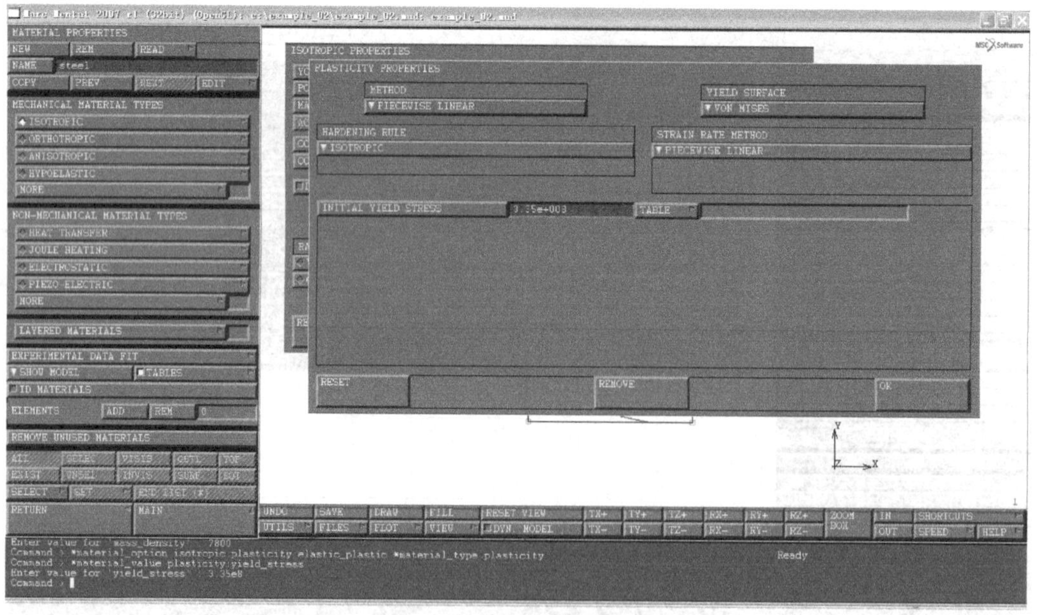

图 5.3-29　定义钢筋屈服强度

结构中，纵、横钢筋外尚有混凝土保护层，因此各层的排序为：第 2 层和第 11 层为钢筋层，第 1、3～10、12 层为混凝土层。

(12) 点击 ADD LAYER，在界面下方输入栏中输入层编号“1”，再从界面右侧 AVAILABLE MATERIALS中选择材料“concrete”，生成第一层材料，再点击 THICKNESS，输入该层材料的相对厚度“9.9”(百分数)，如图 5.3-31 所示。

照上述方法依次设置其他各层材料。图 5.3-32 为第二层材料设置完成，该层为钢筋

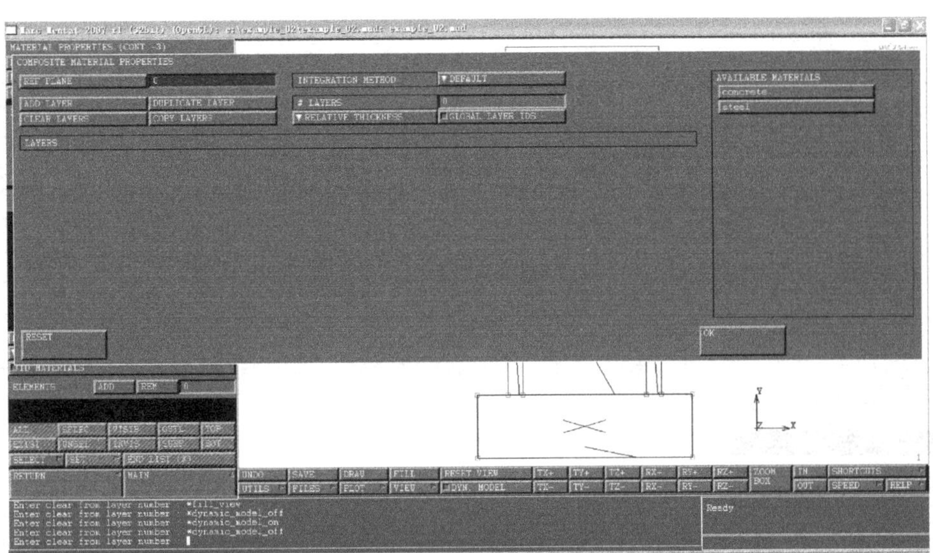

图 5.3-30　定义分层材料

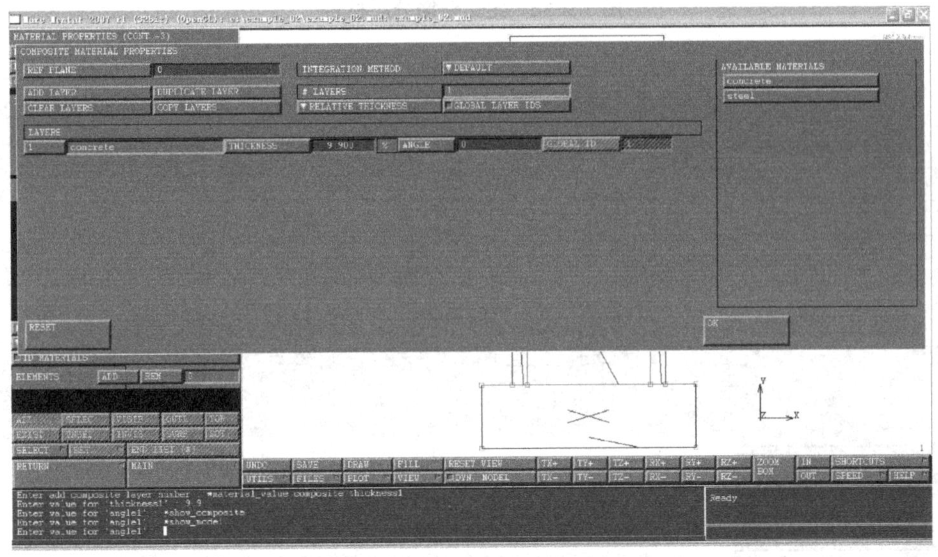

图 5.3-31　定义第一层混凝土材料

分布层。由于纵、横向分布筋的配筋率相同，因此钢筋层材料可以采用前面设置的各向同性的钢材料。

图 5.3-33 为 3～10 层材料，均为混凝土层，在设置时，由于各层相同，可以通过复制（DUPLICATE LAYER）的方法快速实现输入。

各层材料均设置完毕，如图 5.3-34 所示，为了保证分层壳单元描述面外行为的精度，分层数最好不要少于 10 层，20 层以上效果最好。

回到 MATERIAL PROPERTIES（CONT.-3）菜单，可以看到各层材料的设置示意图，如图 5.3-35 所示。

点击 SHOW COMPOSITE 下拉菜单，选择 SHOW MODEL，回到显示模型的界面。

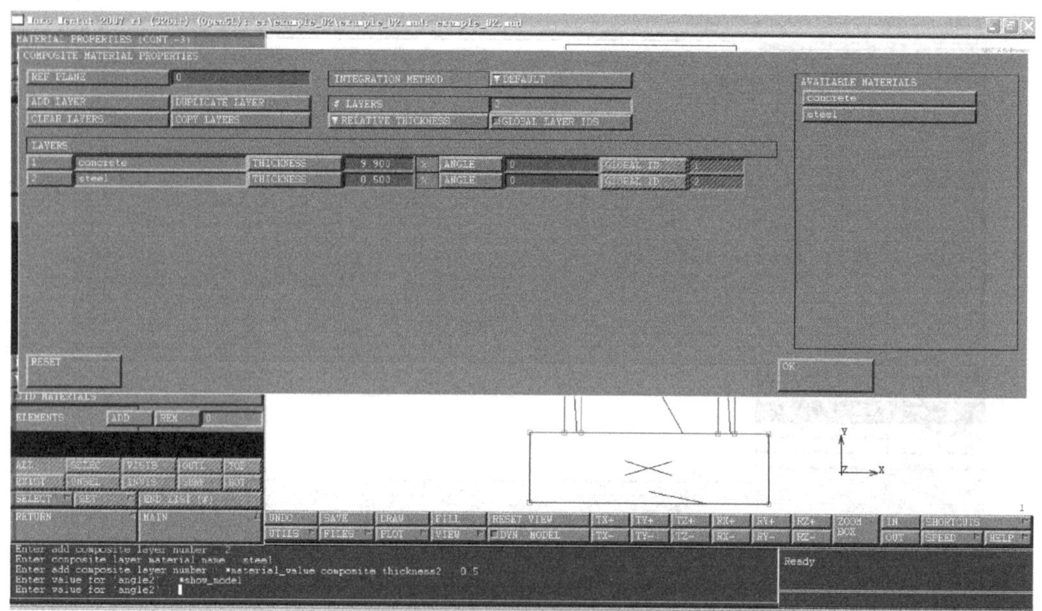

图 5.3-32　定义钢筋分层材料

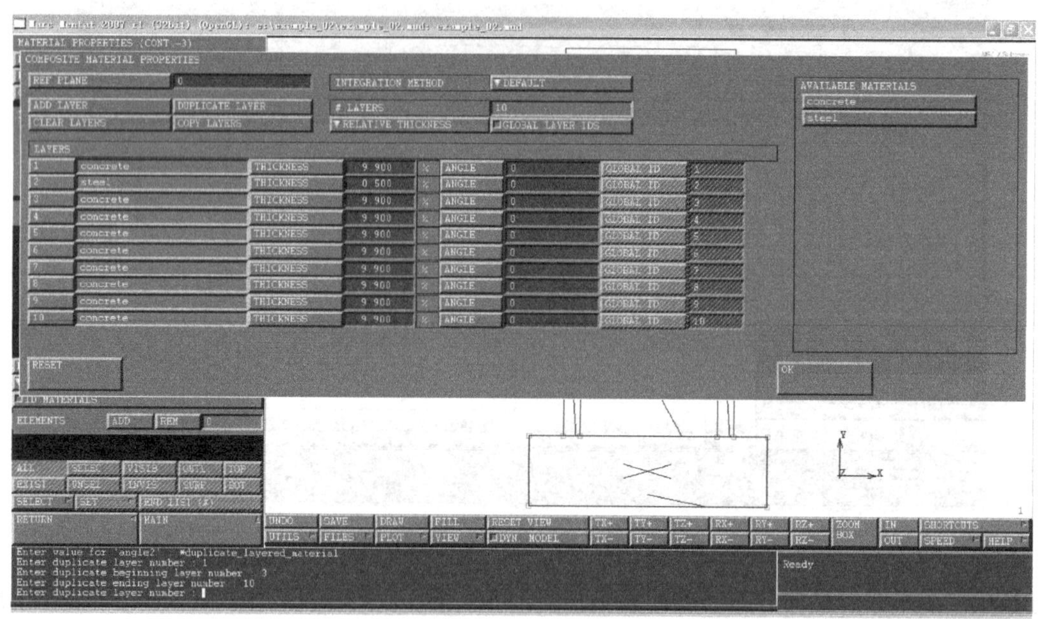

图 5.3-33　复制混凝土层

选择 ELEMENTS→ADD，选取相应的暗柱单元和中间墙体单元，赋予材料信息。再选中 ID MATERIALS，以显示各单元的材料属性信息，如图 5.3-36 所示。

（13）下面设置支座和加载梁的材料，本算例中，为简化建模，其材料均设为弹性材料，材料弹性模量、泊松比均与墙体混凝土相同。新建材料项，NAME 设为 concrete_elastic，选择 NON-LAYERED MATERIALS。选择 ISOTROPIC，进入 ISOTROPIC PROPERTIES 菜单，设置材料属性如图 5.3-37 所示。

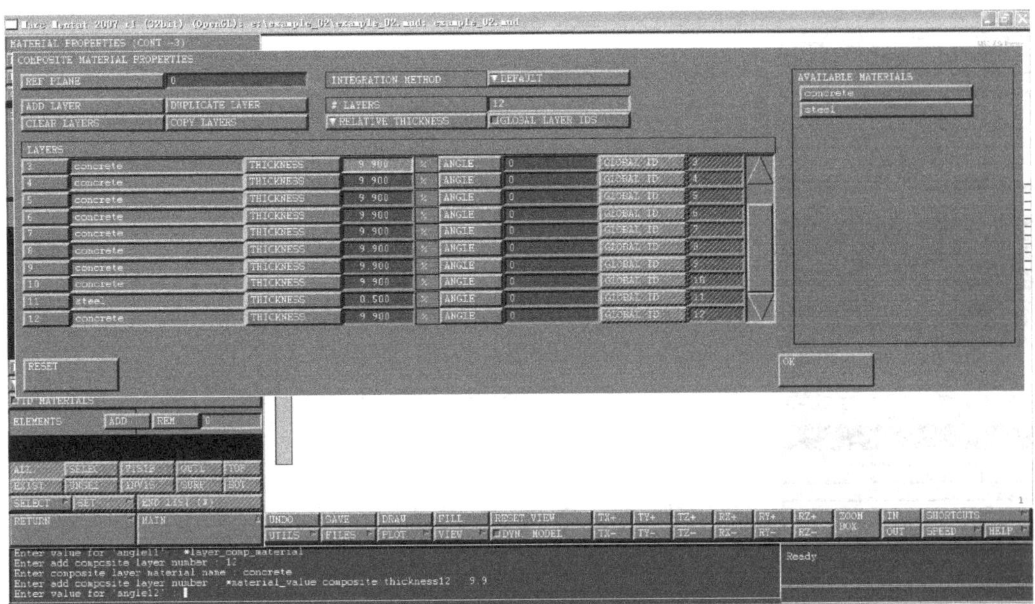

图 5.3-34 定义完所有分层材料

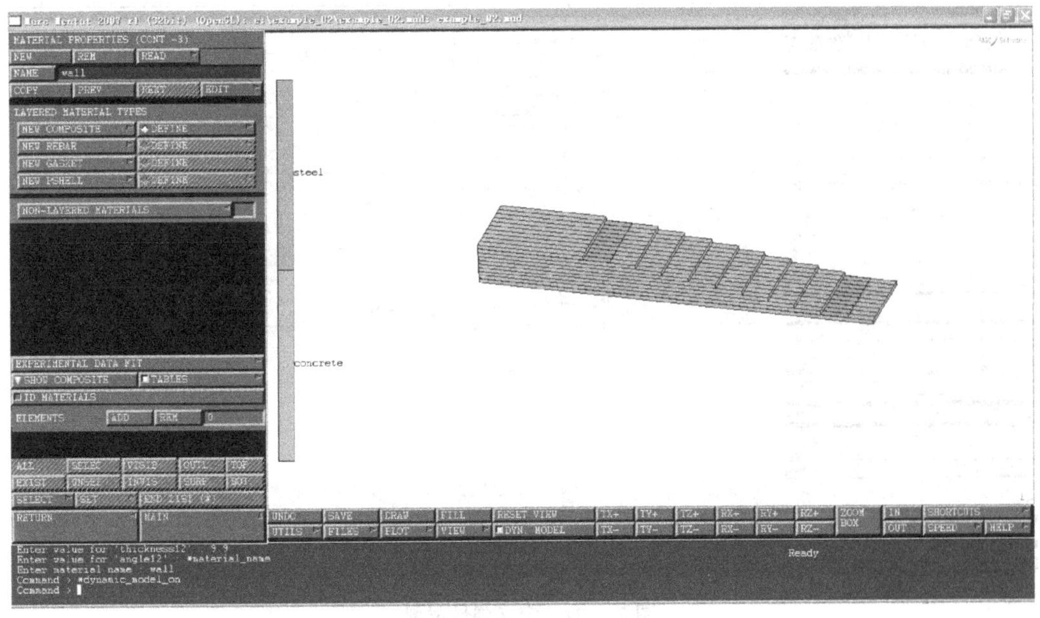

图 5.3-35 分层材料显示

选择 ELEMENTS→ADD，选取对应于支座和加载梁的单元，赋予材料信息。最后得到的各单元材料信息如图 5.3-38 所示。

（14）下面将进行几何属性的设置和赋予。进入主菜单 MAIN MENU→ GEOMETRIC PROPERTIES。这里先设置墙体厚度，点击 NEW，生成一项新的几何属性“wall”，然后在 MECHANICAL ELEMENTS 中选择 3-D→SHELL，在 MECHANICAL 3-D SHELL PROPERTIES 菜单中设置 THICKNESS 为 0.1，如图 5.3-39 所示。

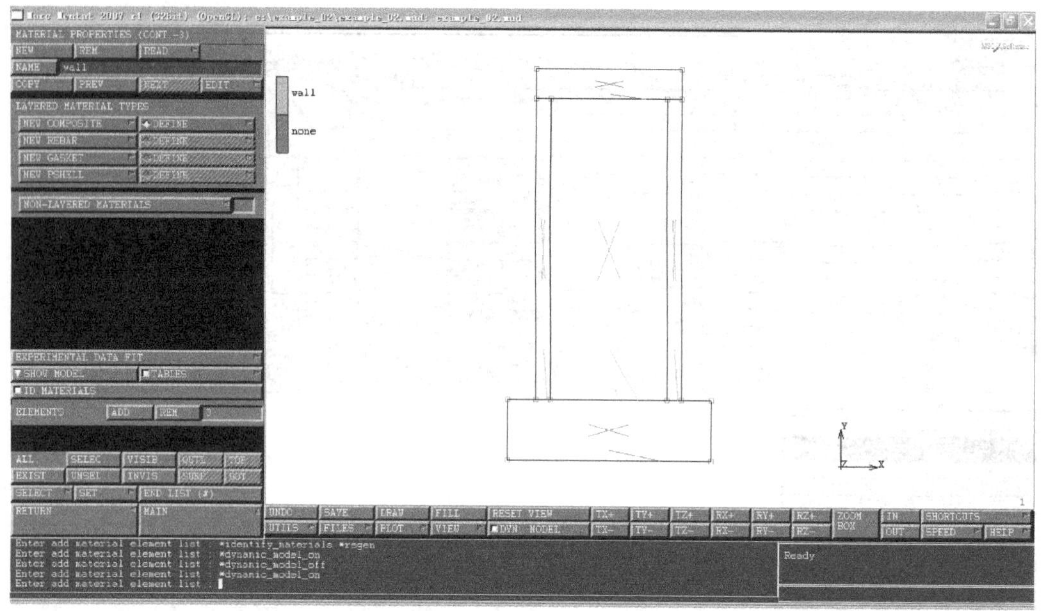

图 5.3-36　将墙体材料赋予单元

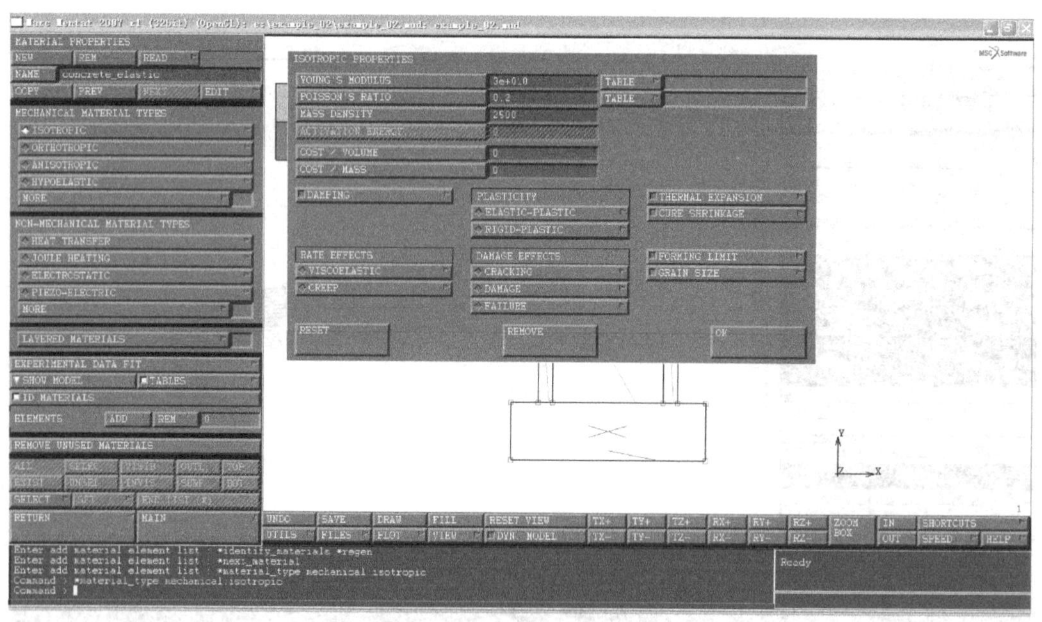

图 5.3-37　定义弹性材料

选择 ELEMENTS→ADD，选取对应于剪力墙体的单元，赋予几何信息，并选中 ID GEOMETRIES，以显示各单元的几何属性信息。

同样，依次设置“loadbeam”和“support”几何属性，厚度分别为 0.2 和 0.4，分别赋予加载梁单元和支座单元。最后得到的各单元材料信息如图 5.3-40 所示。

(15) 返回主菜单 MAIN MENU，下面将进行单元属性的设置和赋予。进入 MESH GENERATION 主菜单。选择 ELEMENT TYPES→MECHANICAL→3-D MEM-

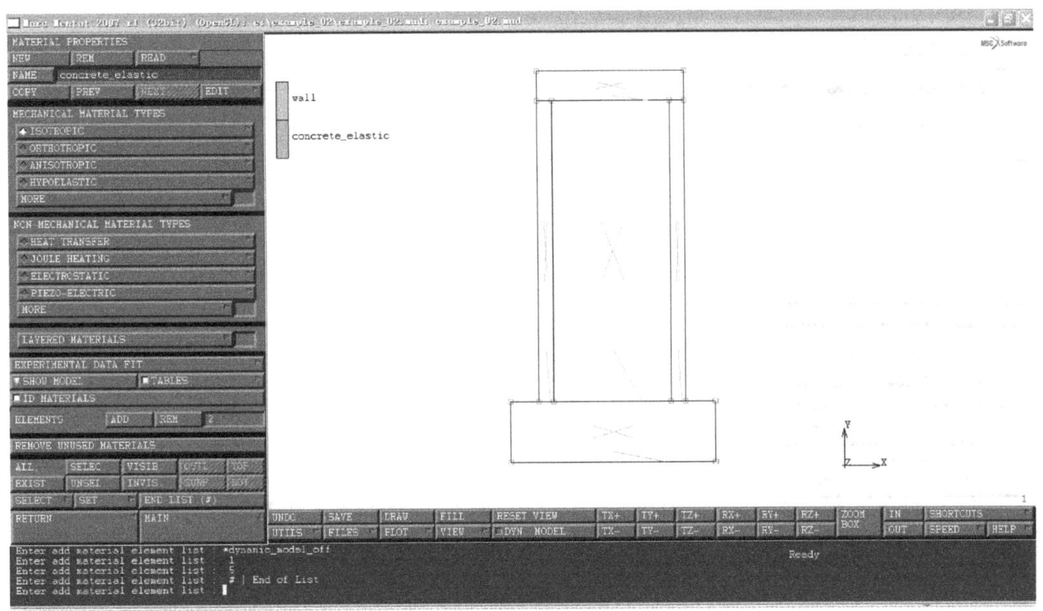

图 5.3-38　单元材料属性显示

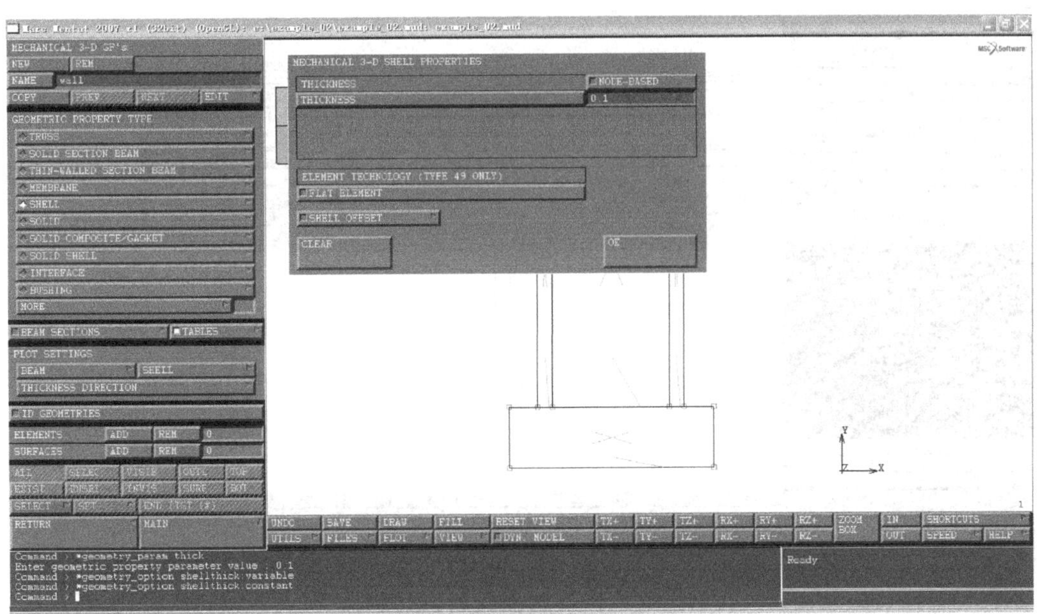

图 5.3-39　定义墙体几何属性

BRANE/SHELL，选择 75 号单元，如图 5.3-41 所示。

选取所有的单元，赋予单元属性，并选中 ID TYPES，以显示各单元的单元属性信息。

(16) 返回主菜单 MAIN MENU，下面将进行壳单元的细分。进入 MESH GENERATION 主菜单，选择 SUBDIVIDE，将 DIVISION 参数设置为 8，20，1（对应于 X、Y、Z 方向），如图 5.3-42 所示。

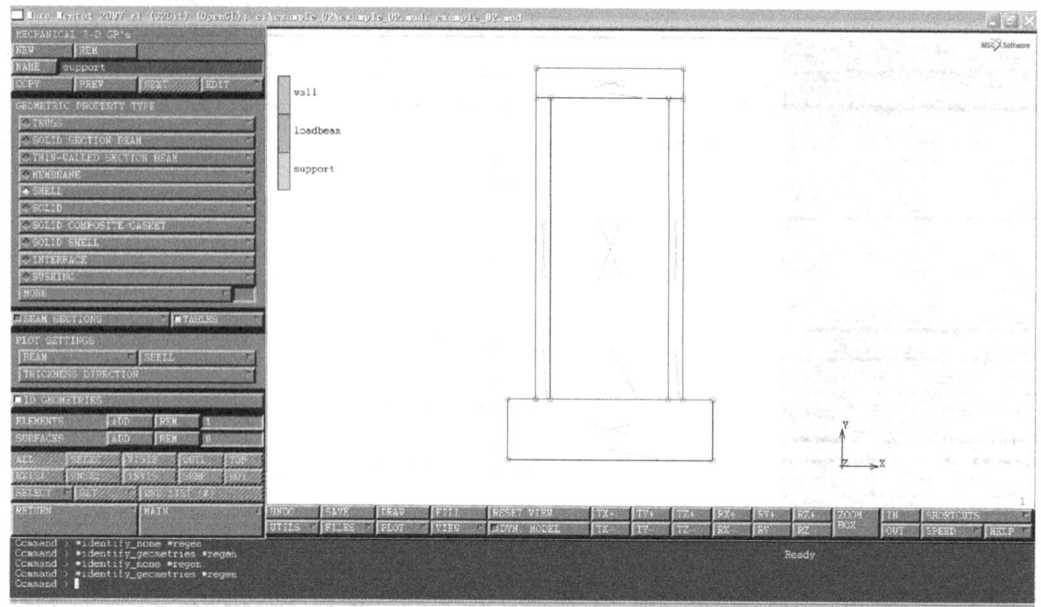

图 5.3-40　几何属性显示

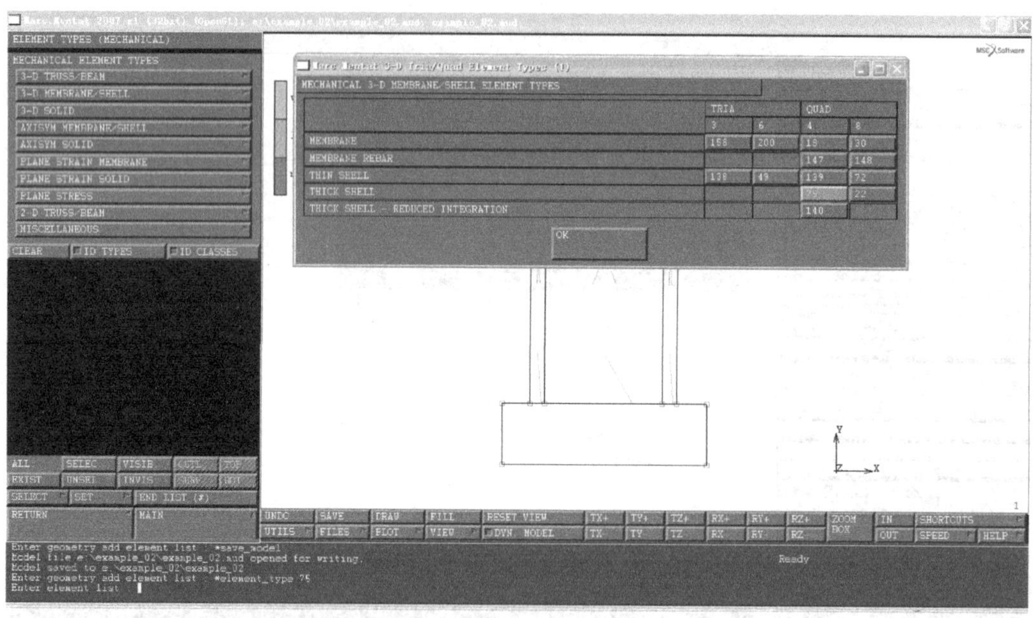

图 5.3-41　定义单元类型

点击 ELEMENTS，选取对应于中间墙体的单元，将中间部分墙体的单元细分如图 5.3-43 所示。

修改 DIVISION 参数，将暗柱单元细分成 1×20 份，将支座单元细分成 14×4 份，将加载梁单元细分成 10×2 份，最终单元细分结果如图 5.3-44 所示。

（17）在屏幕右下方工具栏中选择 PLOT，进入 PLOT SETTINGS 菜单。点击对应于 ELEMENT 的 SETTINGS，选择单元的显示形式为 SOLID，点击 REDRAW，所有的壳单元将以填充面的形式显示。

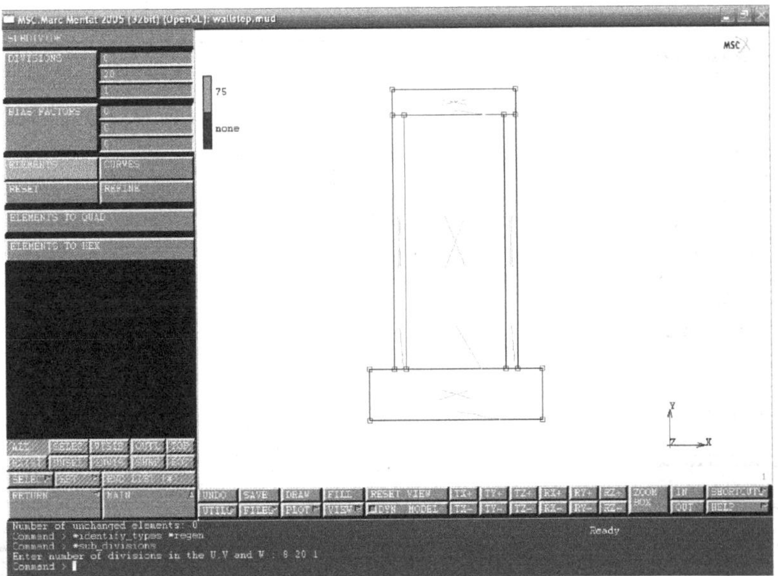

图 5.3-42 定义单元细分数量

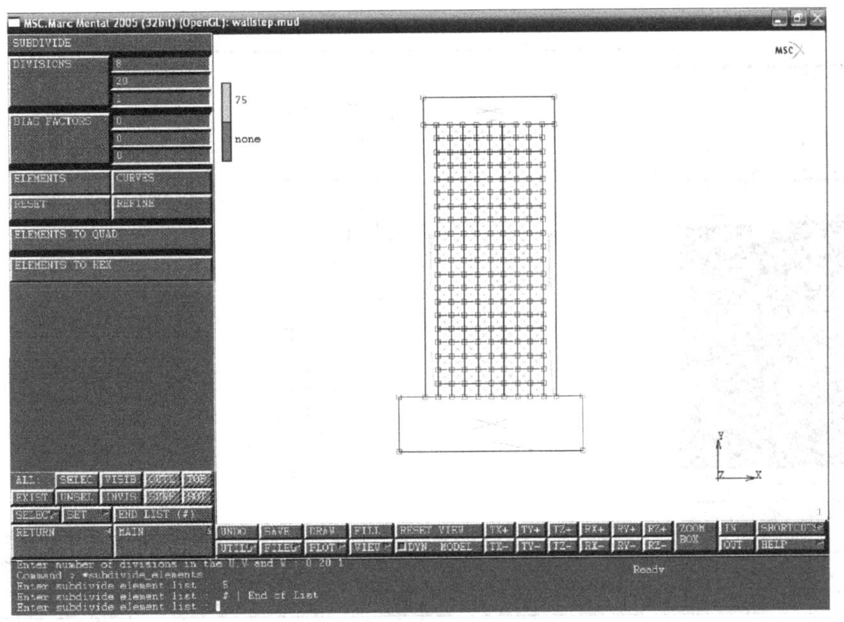

图 5.3-43 墙体单元细分结果

(18) 返回主菜单 MAIN MENU，下面将清除在单元细分过程中产生的多余重复节点。这一步很重要，如果不清除多余重复节点，在有限元模型进行计算时，这些节点处会引发结构刚度矩阵奇异。进入 MESH GENERATION 主菜单，选择 SWEEP，在 SWEEP 菜单中选择 NODES→EXIST，由左下方的提示栏中可见，共有 78 个重复节点被清除，如图 5.3-45 所示。

(19) 至此，除了结构暗柱内的集中配筋没有模拟以外，其他各部分都已经在 Marc 中完成有限元模拟，并赋予了相关属性。下面将采用 TRUSS 单元来模拟暗柱纵筋，并采用

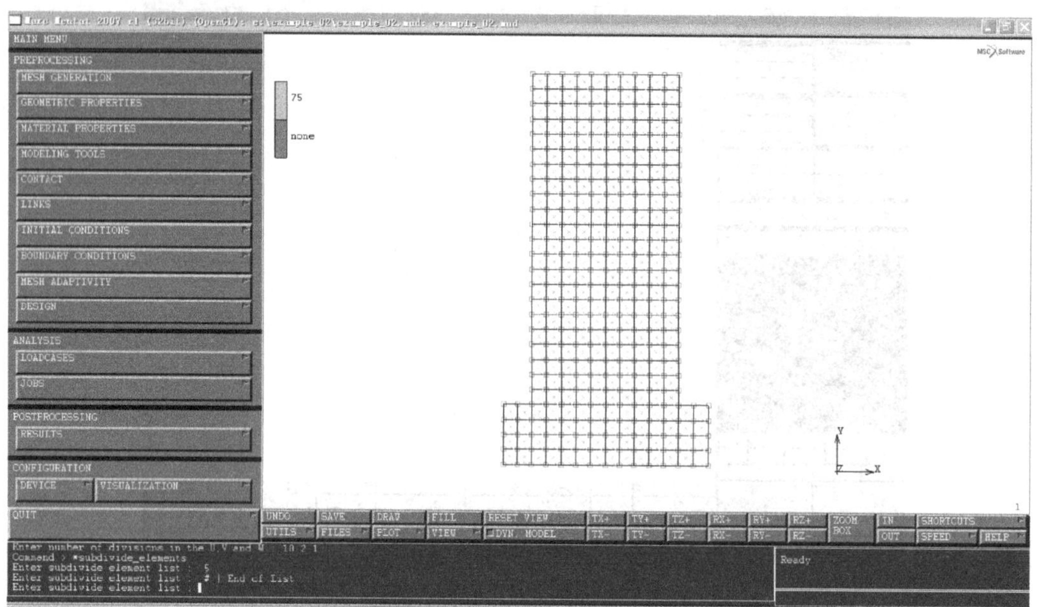

图 5.3-44　所有单元细分结果

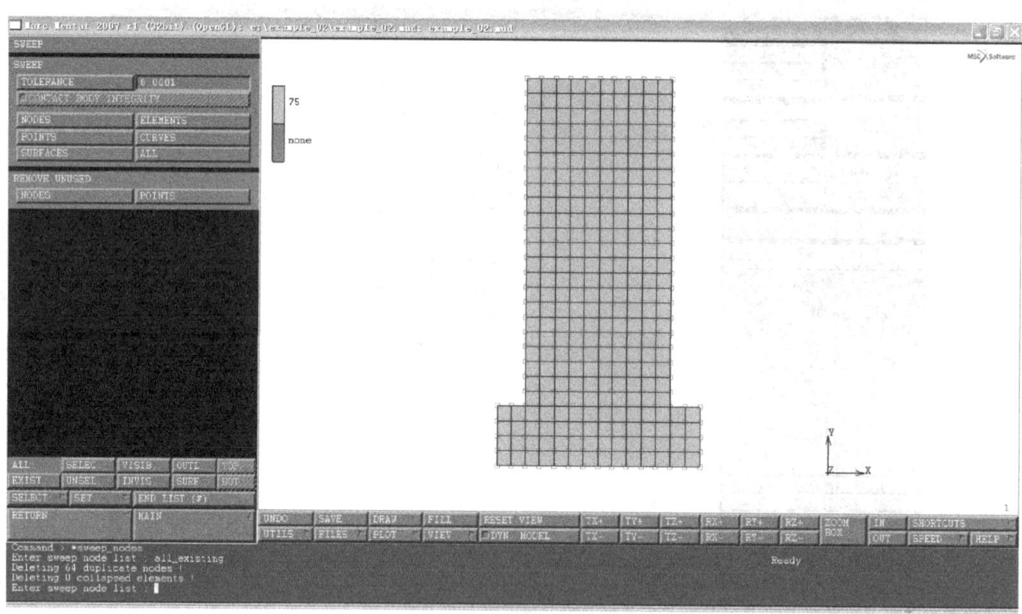

图 5.3-45　清理重复节点

"Insert" 的方式将暗柱纵筋单元插入墙体的暗柱壳单元内，使两者的节点自由度自动耦合。首先输入两个节点，并连接形成一个纵筋单元，要注意的是，由于后面还要给纵筋单元赋予相应的属性，为了避免选取单元时操作不便，这里生成纵筋单元时可以先将单元暂时放在墙体外面，如图 5.3-46 所示。

(20) 设置选择集 "siderebar"，并将该纵筋单元归入。

(21) 进入主菜单 MAIN MENU→ MATERIAL PROPERTIES，调出前面所定义过的钢筋材料项，选择 ELEMENTS→ADD，选取该纵筋单元，如图 5.3-47 所示。

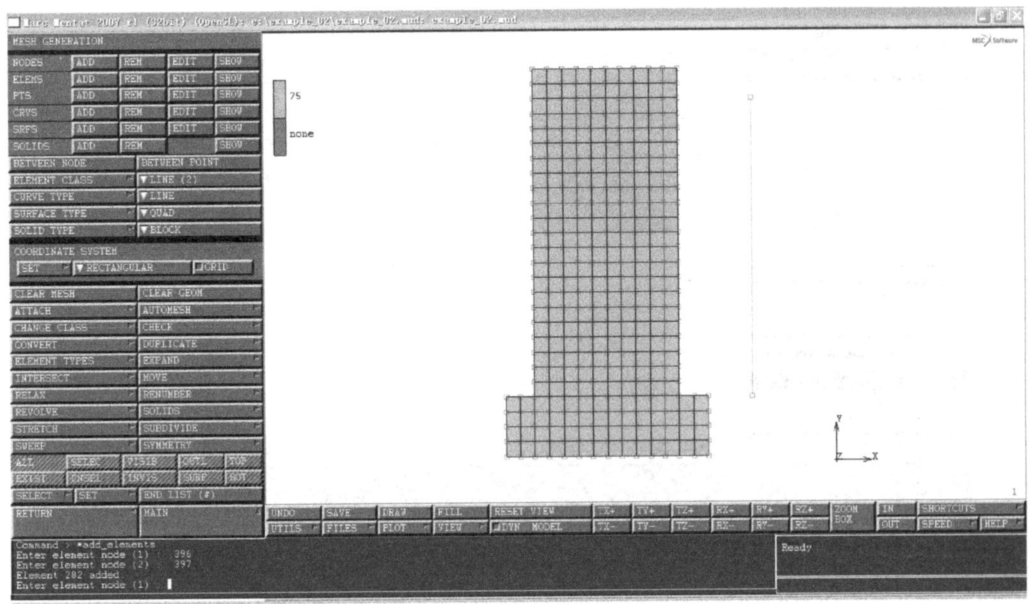

图 5.3-46 定义暗柱单元

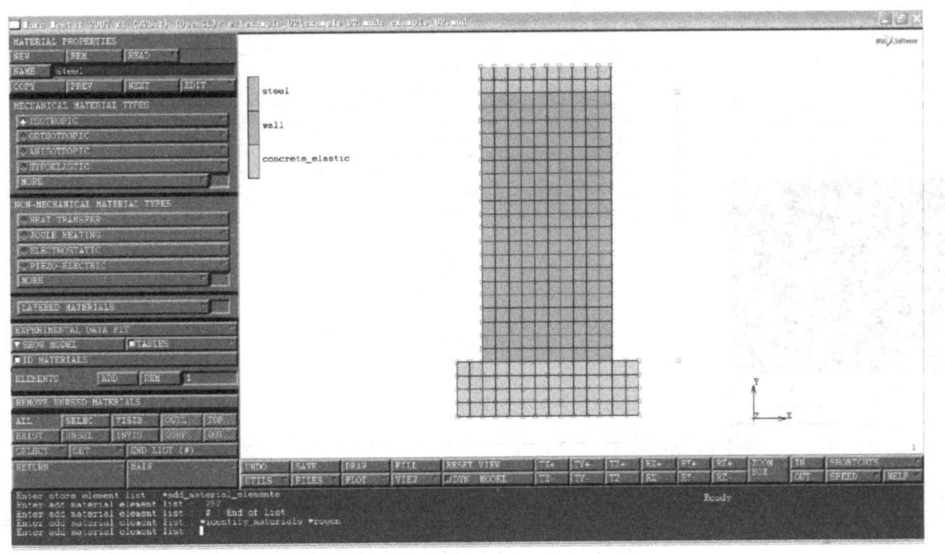

图 5.3-47 给暗柱单元定义材料属性

(22) 进入主菜单 MAIN MENU→ GEOMETRIC PROPERTIES，点击 NEW，生成一项新的几何属性，将 NAME 设为“siderebar”，在 MECHANICAL ELEMENTS 中选择 3-D→TRUSS，在 MECHANICAL 3-D TRUSS PROPERTIES 菜单中设置 AREA 为 0.000628，如图 5.3-48 所示。

选择 ELEMENTS→ADD，选取该纵筋单元，将新建的“siderebar”属性赋予纵筋单元。

(23) 进入主菜单 MAIN MENU→ MESH GENERATION。选择 ELEMENT TYPES→MECHANICAL→3-D TRUSS/BEAM，选择 9 号单元（桁架单元），如图 5.3-49 所示。

选取纵筋单元，赋予单元属性，各单元的单元属性信息如图 5.3-50 所示。

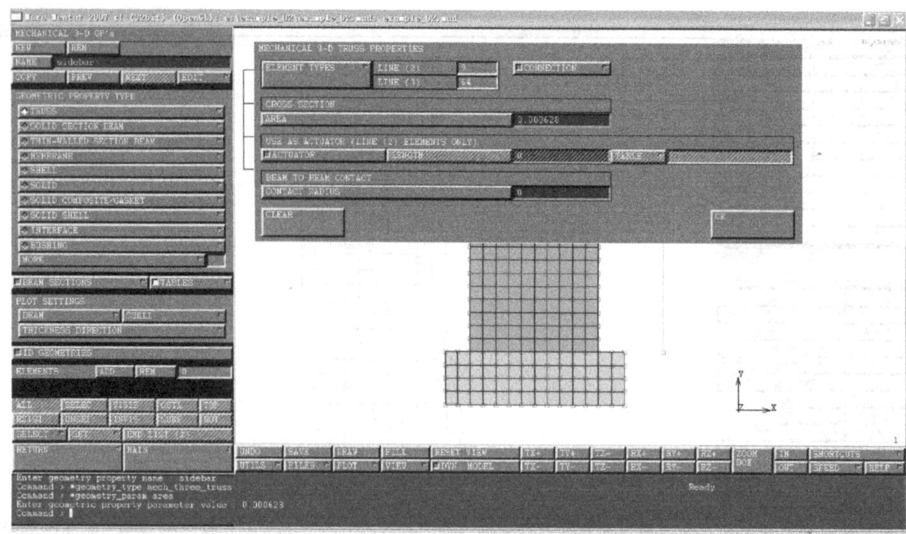

图 5.3-48　定义暗柱截面几何属性

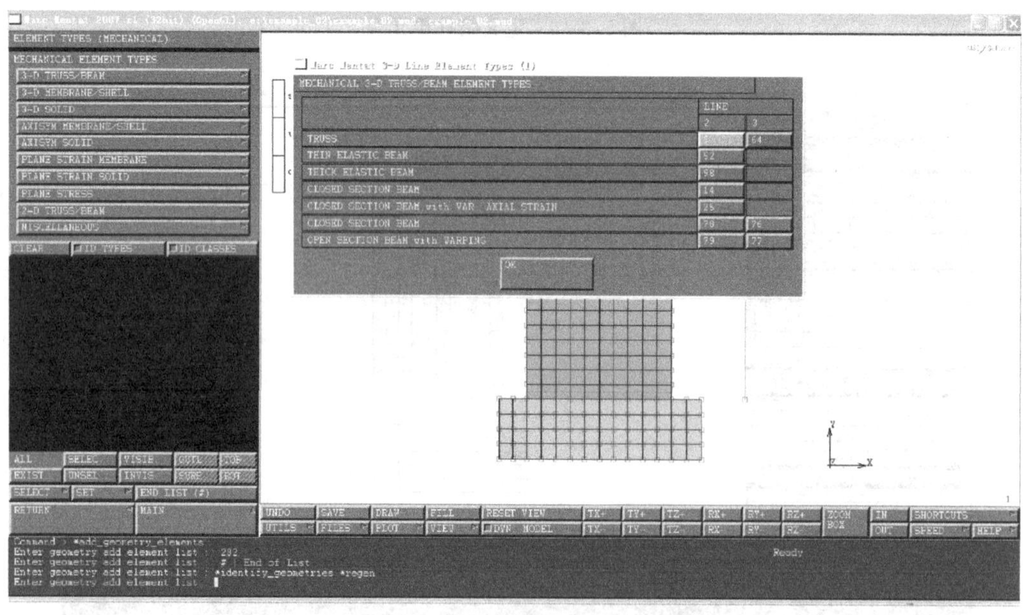

图 5.3-49　定义暗柱的单元类型

（24）进入主菜单 MAIN MENU→MESH GENERATION，选择 SUBDIVIDE，将 DIVISION 参数设置为 20，1，1，点击 ELEMENTS，选取该纵筋单元将其细分，如图 5.3-51 所示。

（25）进入主菜单 MAIN MENU→MESH GENERATION，选择 SWEEP，在 SWEEP 菜单中选择 NODES→EXIST，清除刚才细分单元过程中产生的多余重复节点。

（26）进入主菜单 MAIN MENU→MESH GENERATION，选择 DUPLICATE，将该纵筋单元（含各种属性）复制一份，设置 TRANSLATIONS 参数（平移参数）为 0.9，0，0，点击 ELEMENTS，选取所有的纵筋单元，得到复制后的结果如图 5.3-52 所示。

(27) 进入主菜单 MAIN MENU→ LINKS→INSERTS，新建一种 Insert，NAME 可以设为“sidecolumn_rebar”，点击 HOST ELEMENTS 下的 ADD，再选择 SET，在弹出的 CURRENTLY DEFINED SETS 菜单中选择 sidecolumn，这样就将所有的暗柱单元设为了在“Insert”关系中对自由度起控制作用的一方。点击 EMBEDDED ENTITIES 下的 ADD，再选择 SET，在弹出的 CURRENTLY DEFINED SETS 菜单中选择 siderebar，这样就将所有的纵筋单元设为了在“Insert”关系中自由度被自动耦合的一方。选中 ID INSERTS，显示在“Insert”关系中各部分的单元，如图 5. 3-53 所示。

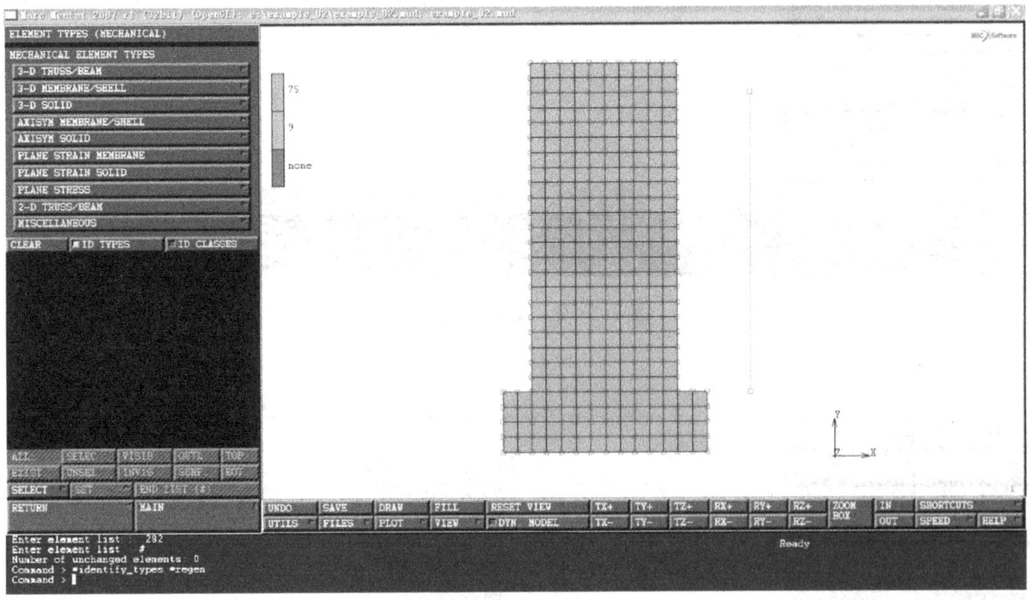

图 5. 3-50　模型中不同单元类型

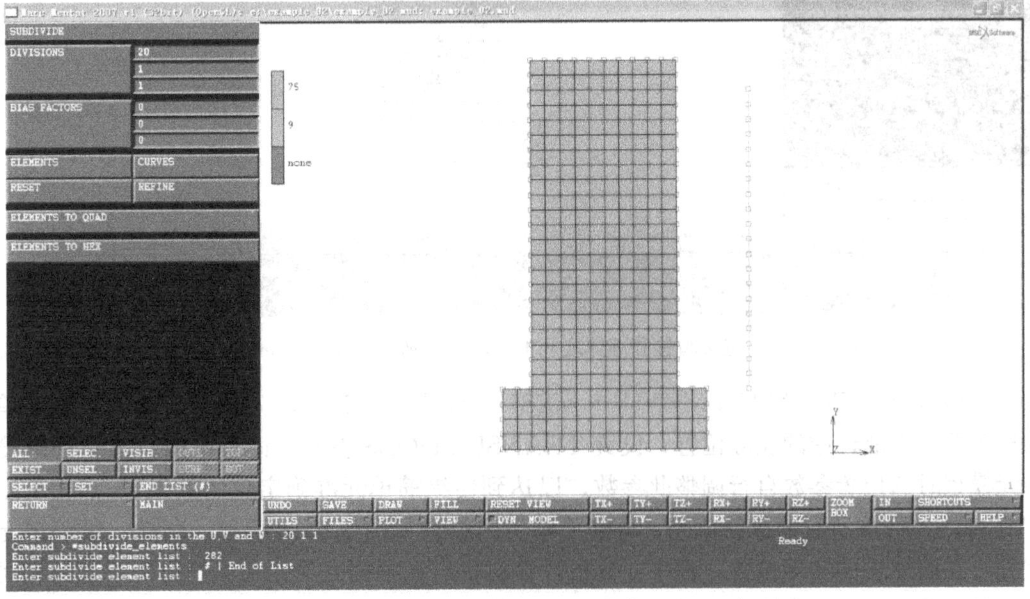

图 5. 3-51　细分钢筋单元

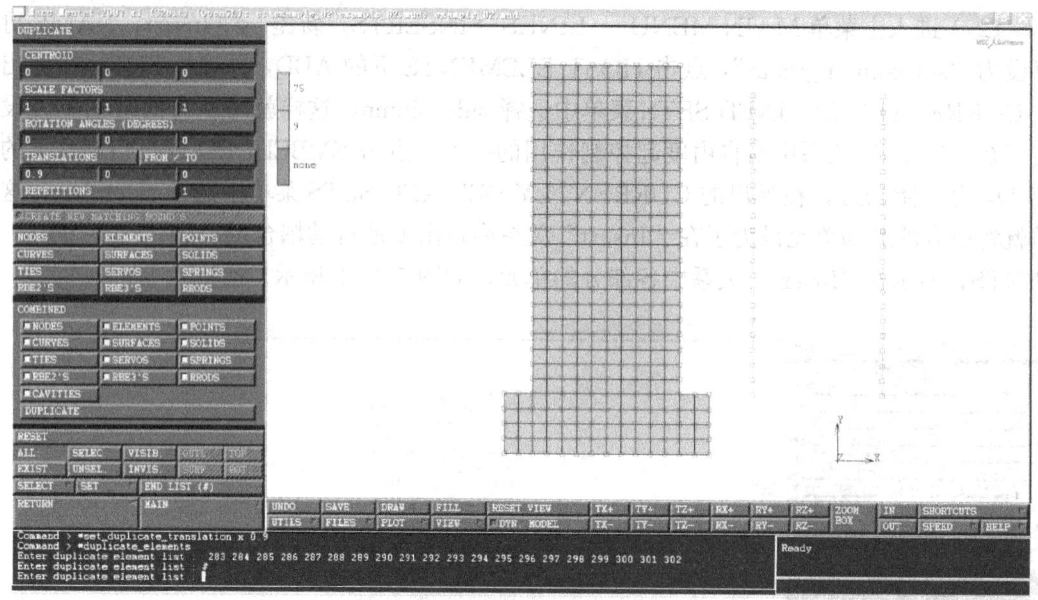

图 5.3-52　复制钢筋单元

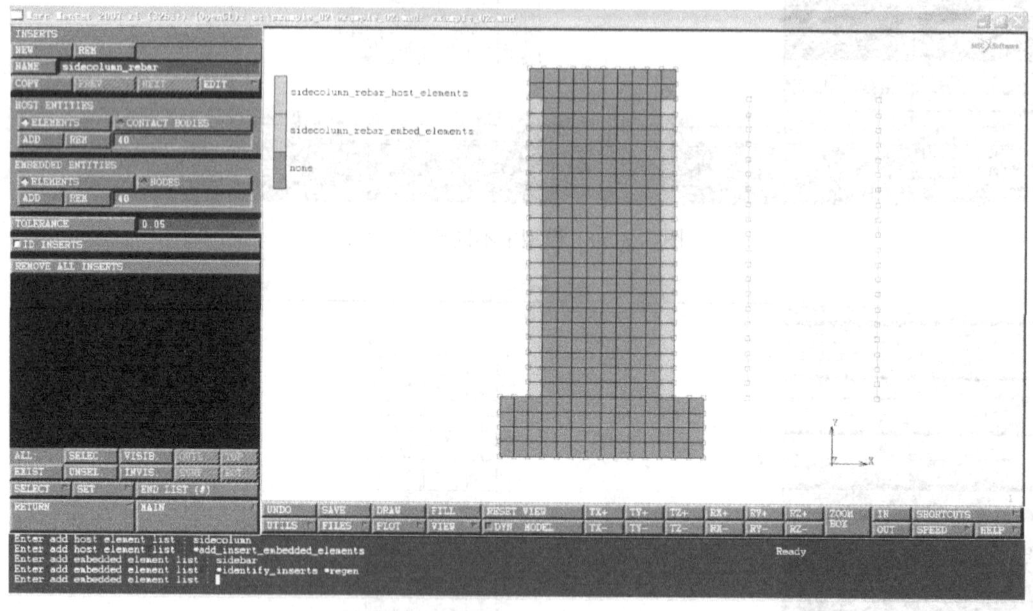

图 5.3-53　定义暗柱和墙体之间的自动位移协调关系（Insert 关系）

（28）进入主菜单 MAIN MENU→ MESH GENERATION，选择 MOVE，将纵筋单元移动至其在墙体中的实际位置，设置 TRANSLATIONS 参数（读者根据自己在建纵筋单元模型时的位置参数自行调整此参数，以达到使纵筋单元准确定位的效果）。点击 ELEMENTS，选取所有的纵筋单元，得到平移后的结果如图 5.3-54 所示。这样，纵筋单元就处于在墙体中的实际位置，程序在分析计算时，自动根据壳单元和纵筋桁架单元的相对位置关系将两者自由度耦合计算，使纵筋和墙体共同工作。

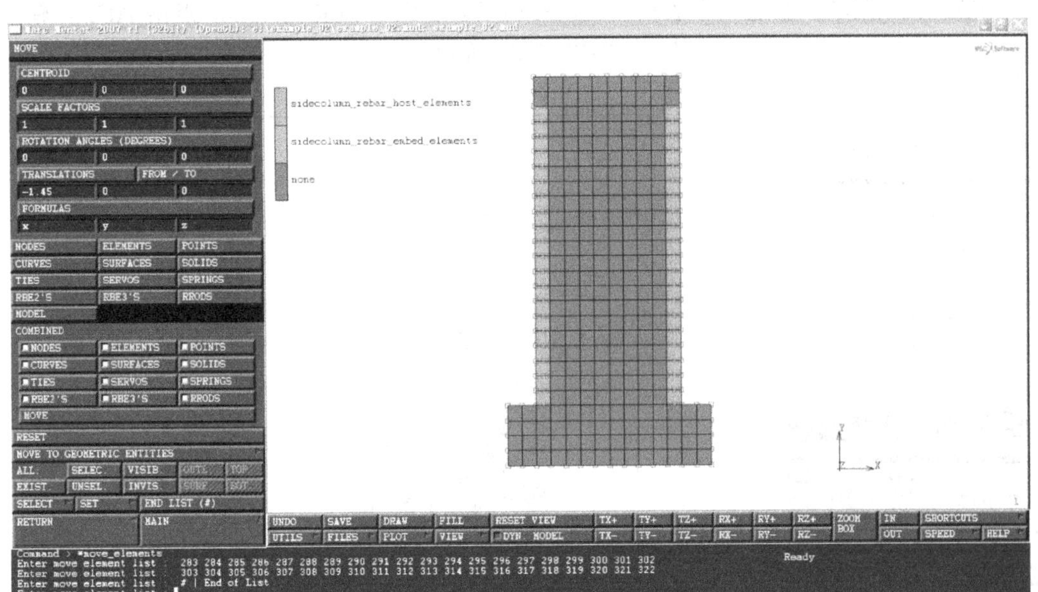

图 5.3-54　将钢筋单元移动至合适位置

(29) 至此，所有单元均已建立，下面需要对有限元模型施加边界条件。进入主菜单 MAIN MENU→ BOUNDARY CONDITIONS，新建一个约束条件“fixed”，选择 MECHANICAL→FIXED DISPLACEMENT，设置各自由度均为 0，作为支座底部固定的边界约束条件。如图 5.3-55 所示。

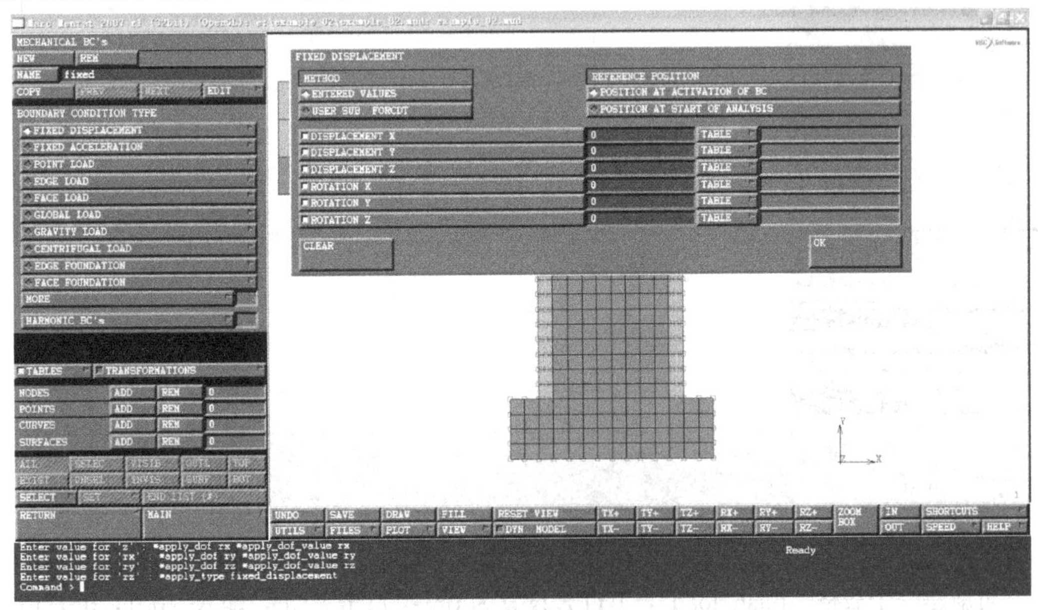

图 5.3-55　定义底部约束

选择 NODES→ADD，选取支座底部一排节点，施加该边界条件，如图 5.3-56 所示。

(30) 下面需要对有限元模型施加边界条件，模拟顶部受到的固定轴压和侧向荷载。由于需要逐步计算出整个加载过程，因此在施加边界条件时，要采用表格方式输入。点击进入TABLES菜单，新建一个表格“axial-force”，TYPE设置为time，点击ADD，输入（0，0），（0.1，1），（1，1）三点，如图5.3-57所示。

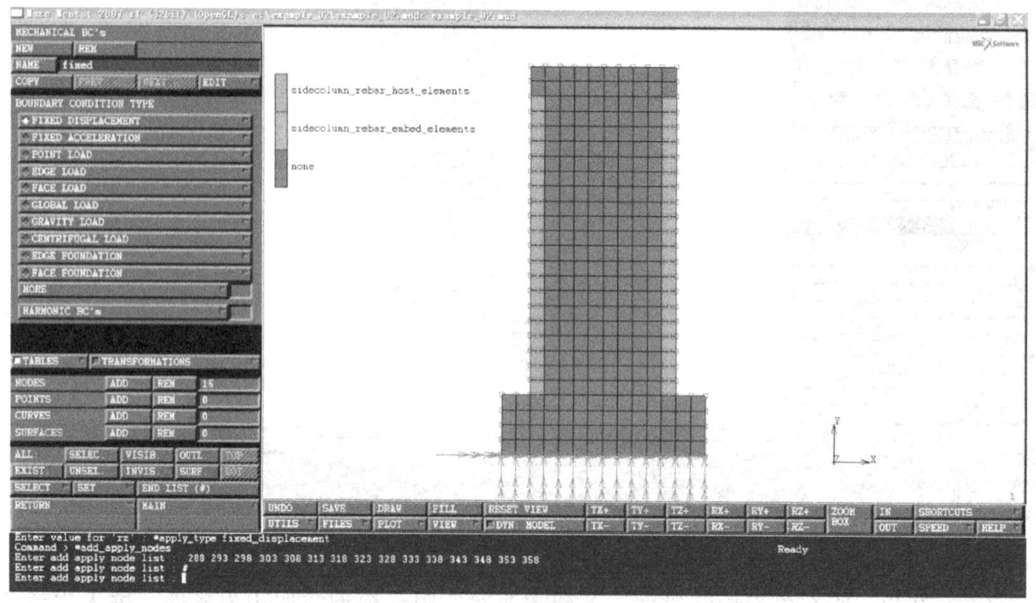

图5.3-56 施加底部约束

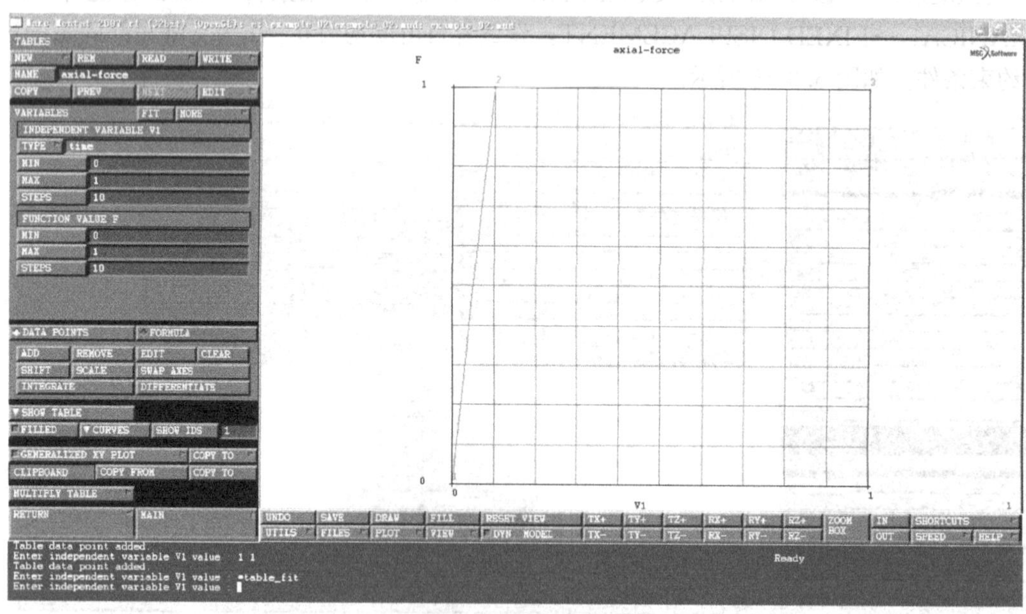

图5.3-57 施加轴力时程

再新建一个表格“push_load”，TYPE设置为time，点击ADD，输入（0.1，0），（1，1）两点，如图5.3-58所示。

返回BOUNDARY CONDITIONS菜单，新建一个边界条件“axial-force”，选择MECHANICAL→EDGE LOAD，设置参数如图5.3-59所示，作为顶部固定轴压。

选择EDGES→ADD，选取加载梁顶部边界，施加该边界条件，如图5.3-60所示。

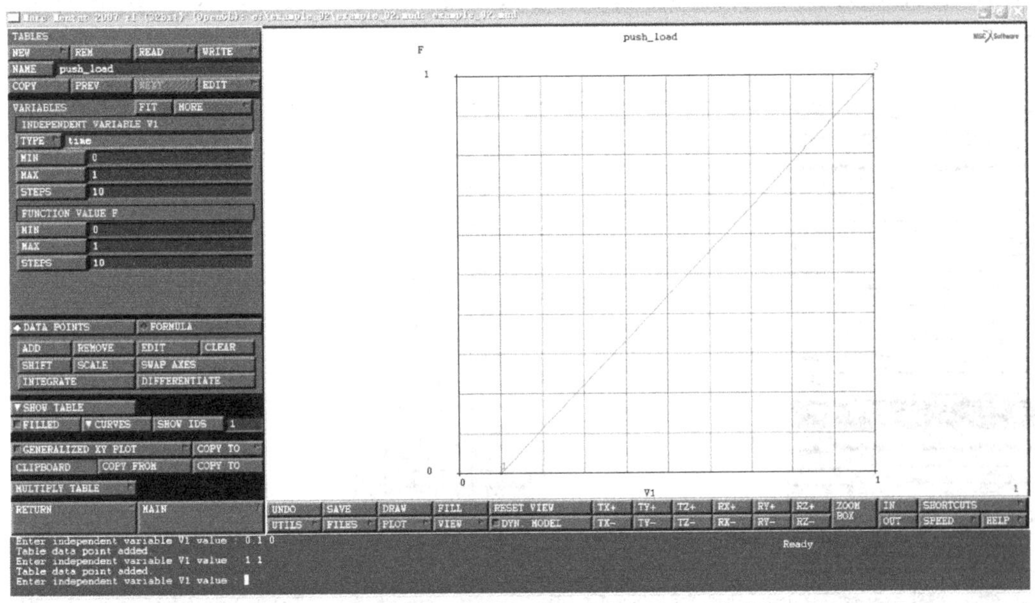

图 5.3-58　推覆位移时程

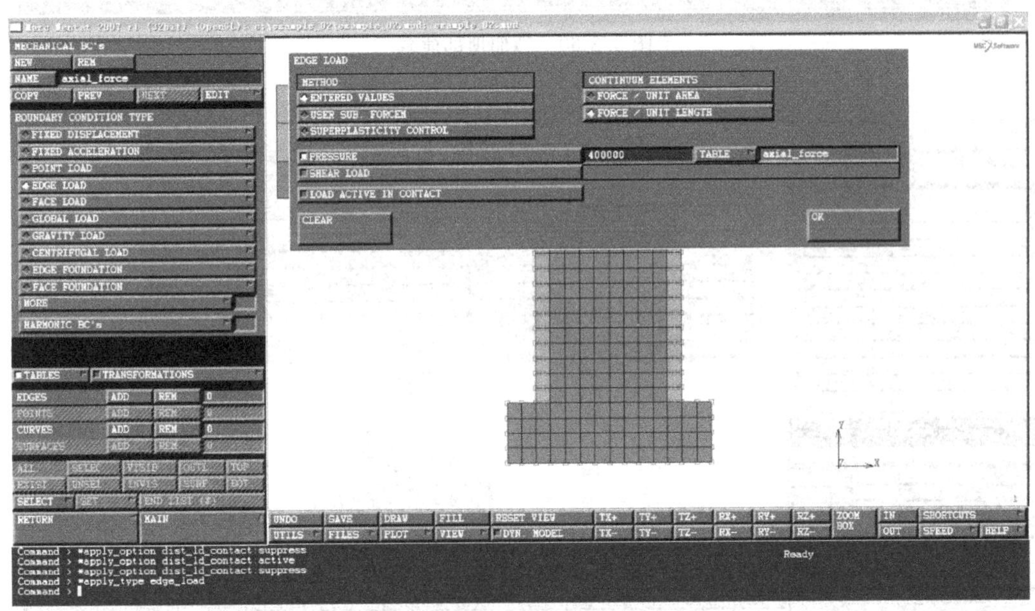

图 5.3-59　定义顶部荷载

再新建一个边界条件“push-load”，选择 FIXED DISPLACEMENT，设置参数如图 5.3-61 所示，作为侧向加载边界条件。

选择 NODES→ADD，选取加载梁左边中点，施加该边界条件，如图 5.3-62 所示。

返回 BOUNDARY CONDITIONS 菜单，选择 ID BOUNDARY CONDS，显示各边界条件，如图 5.3-63 所示。

(31) 下面设定分析工况。进入主菜单 MAIN MENU→LOAD CASES，新建一个分析工况“load”，选择 MECHANICAL → STATIC，进入 MECHANICAL STATIC

PARAMETERS菜单，进行静力分析工况参数设置。点击 LOADS，然后选中所有边界条件。

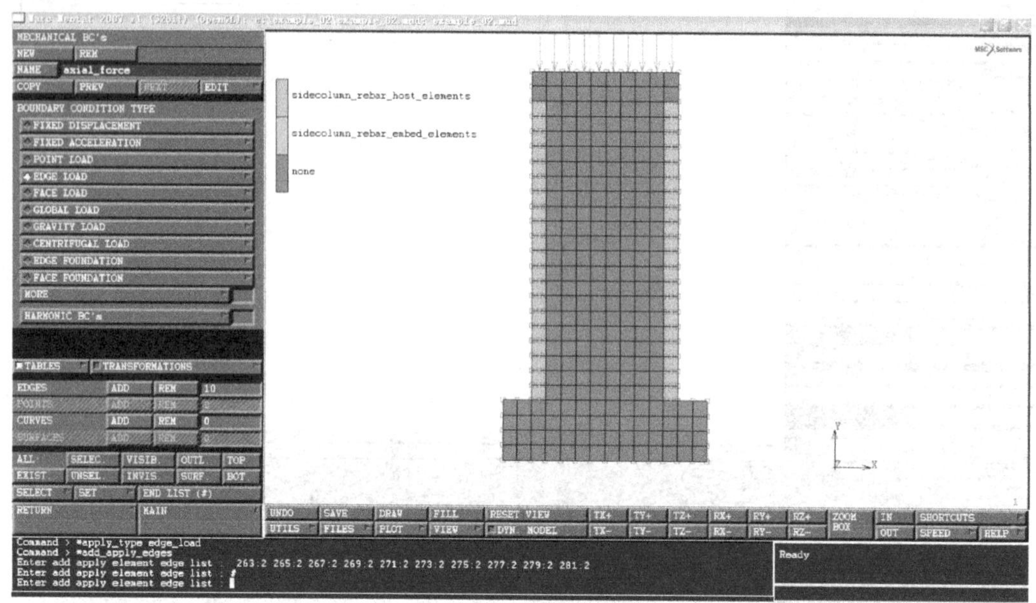

图 5.3-60　施加顶部荷载

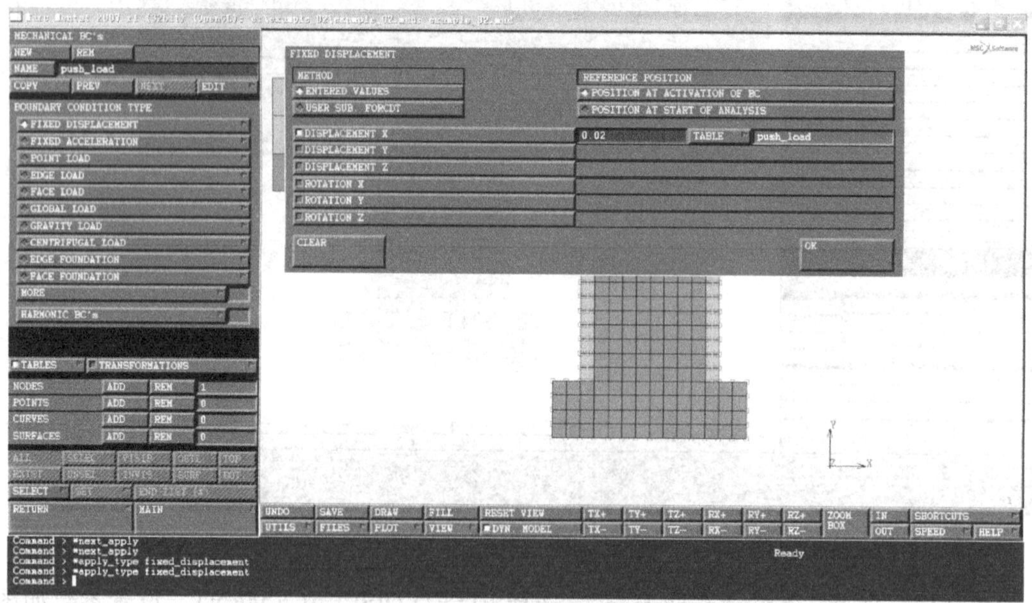

图 5.3-61　定义推覆位移荷载

返回 MECHANICAL STATIC PARAMETERS 菜单，点击 SOLUTION CONTROL，最大迭代次数设为 10，并且选中 NON-POSITIVE DEFINITE，允许刚度矩阵非正定。具体各参数设置如图 5.3-64 所示。

返回 MECHANICAL STATIC PARAMETERS 菜单，点击 CONVERGENCE TESTING，选择用相对残余力作为收敛控制标准，限值设为 1%，具体参数设置如图

5.3-65 所示。

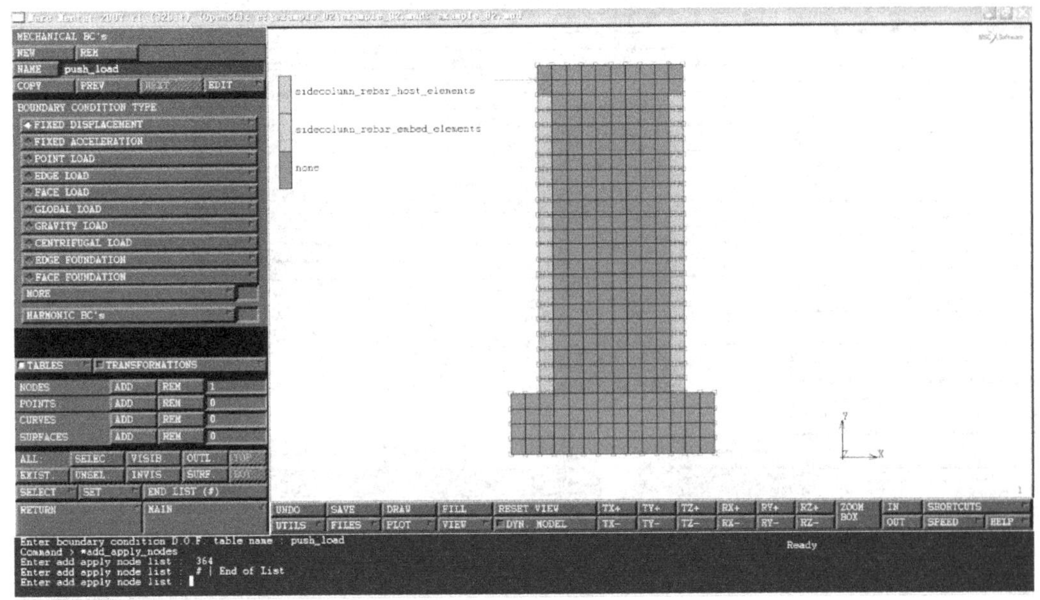

图 5.3-62 施加推覆荷载

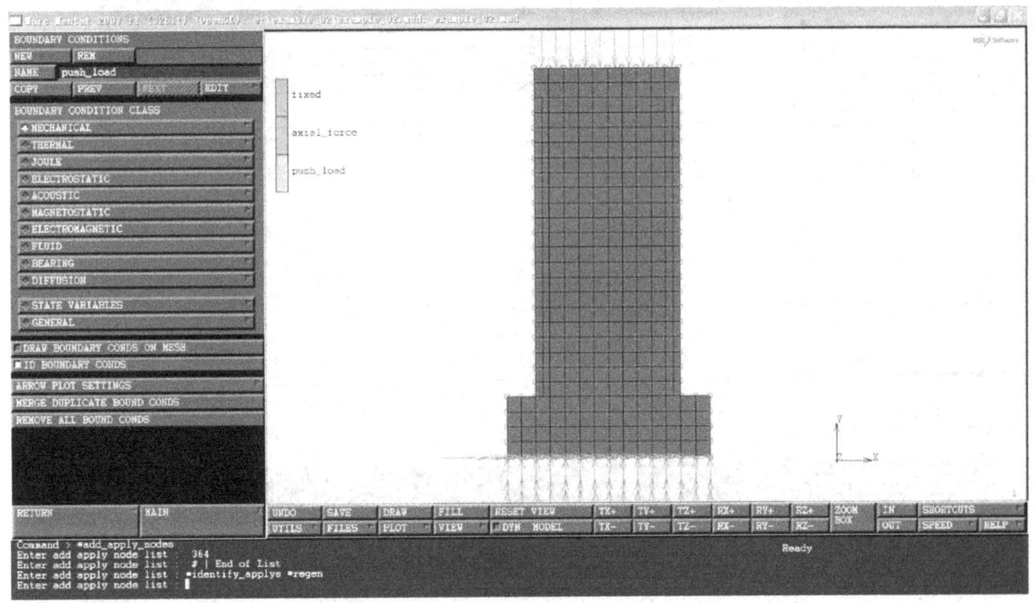

图 5.3-63 在模型中施加的所有边界条件

返回 MECHANICAL STATIC PARAMETERS 菜单，设置其他参数。荷载工况总时间设为 1，分为 100 步计算。具体参数如图 5.3-66 所示。

(32) 下面设定作业参数。进入主菜单 MAIN MENU →JOBS，新建一个作业，选择分析类型为 MECHANICAL，进入 MECHANICAL ANALYSIS CLASS 菜单，从 AVAILABLE中选择前面定义的荷载工况 “load”，如图 5.3-67 所示。

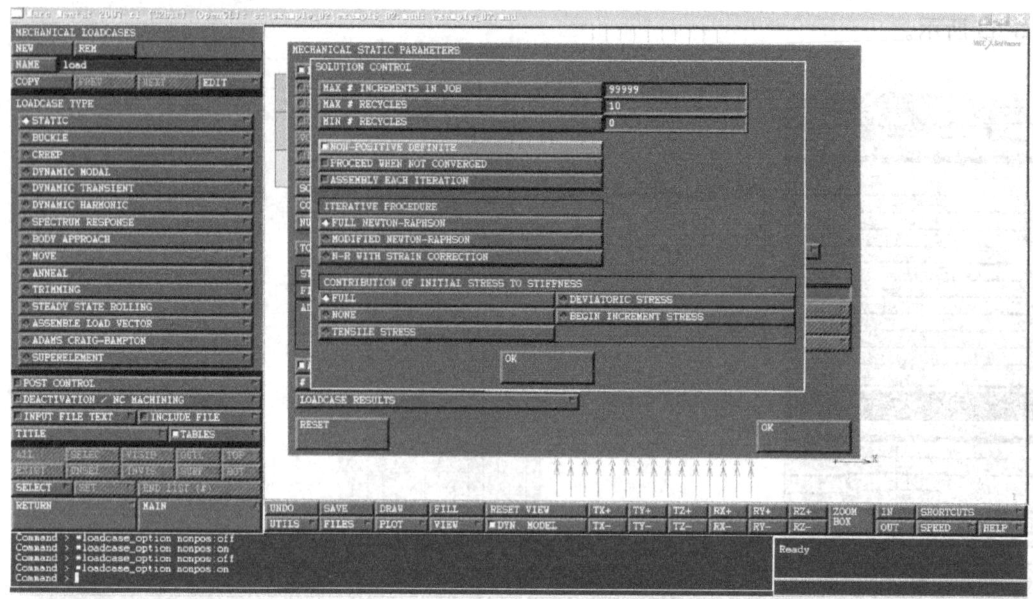

图 5.3-64　定义求解参数

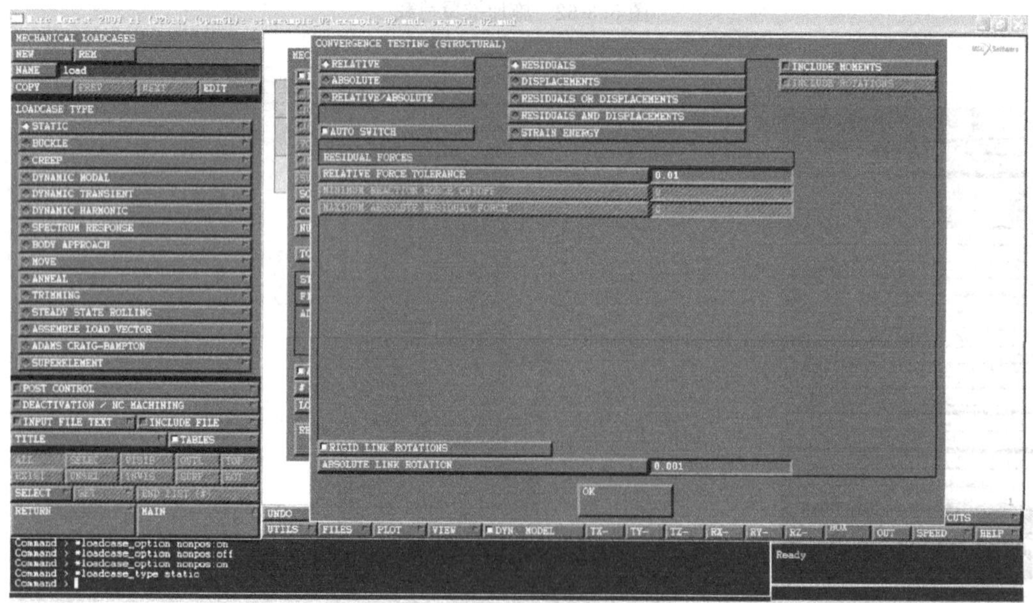

图 5.3-65　定义收敛标准

点击 JOB RESULTS，设定输出步数的频率为 1，即每步结果均输出。同时从 AVAILABLE ELEMENT TENSORS中选择 Stress 和 Total Strain 作为单元相关输出结果。如图 5.3-68 所示。

返回 JOBS 菜单，点击 RUN→SUBMIT（1），向 Marc 的分析计算模块提交作业。待计算完成，EXIT NUMBER 显示为 3004，表示程序计算正常结束。如图 5.3-69 所示。

（33）下面利用 MSC. Marc 的后处理模块进行计算结果的查看及提取。进入主菜单 MAIN MENU→RESULTS→OPEN，选择后缀名为 t16 的文件打开，进入计算结果后处

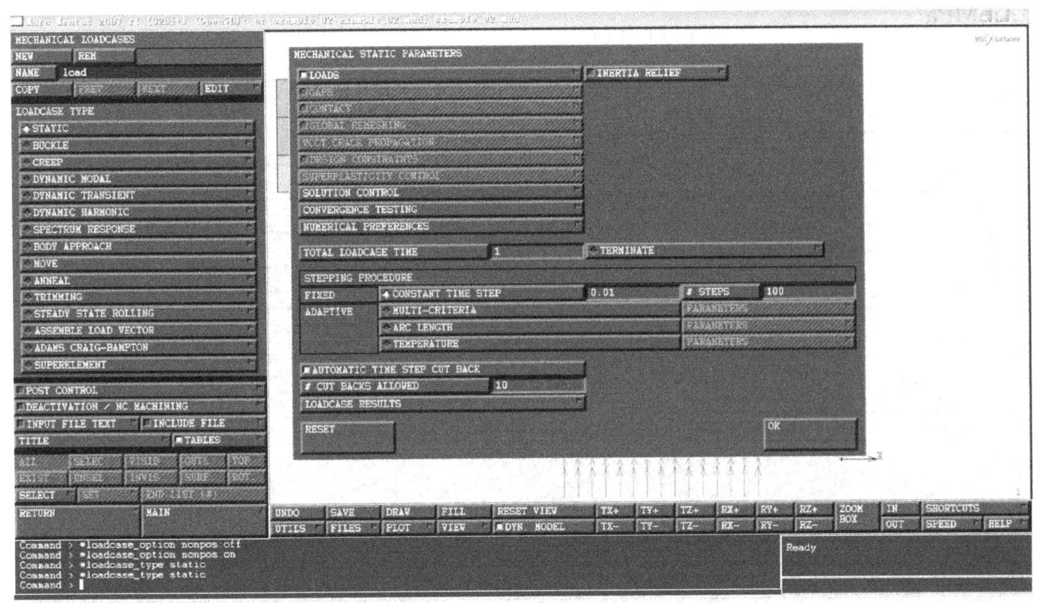

图 5.3-66 定义计算步长和总计算时间

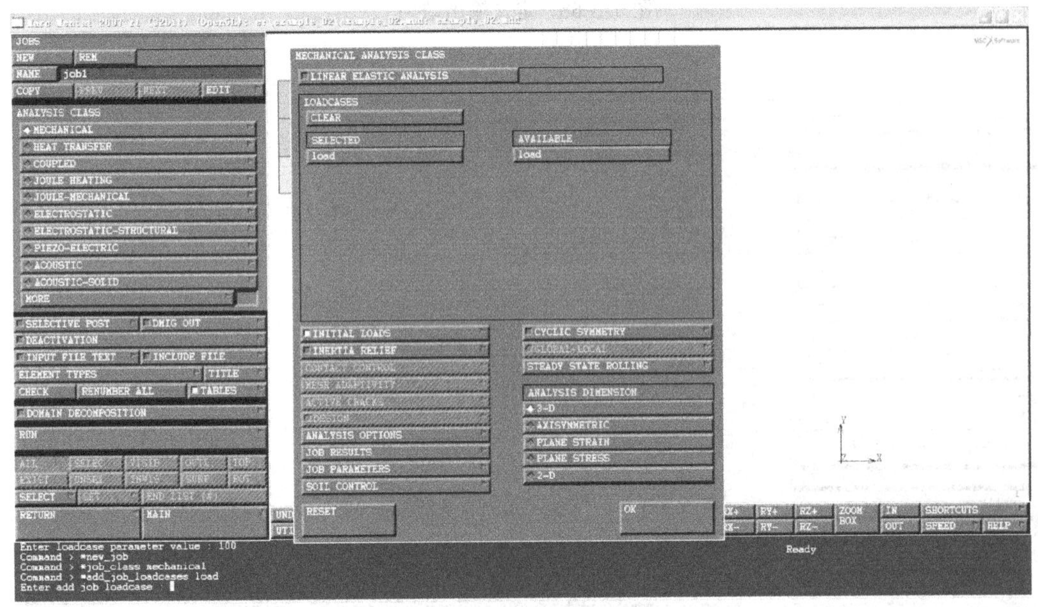

图 5.3-67 定义计算任务

理模块界面。

（34）点击 SETTINGS，选择 MANUAL，即设置变形放大系数为手动调节，数值设为 10，再返回上一层界面，选择变形模式为 DEF ONLY，即只显示变形后的形状。点击 LAST，显示结构模型最后一个加载步完成时的变形情况，如图 5.3-70 所示。

（35）下面以云图方式查看结构的部分结果。点击 SCALAR，选择 Comp 11 of Stress 为要显示的结果项，并选择 BEAM COUTOURS，即可观察暗柱纵筋单元的应力分布情况，如图 5.3-71 所示，在最终荷载步，受拉侧和受压侧的暗柱纵筋都已屈服，应力达到 335MPa。

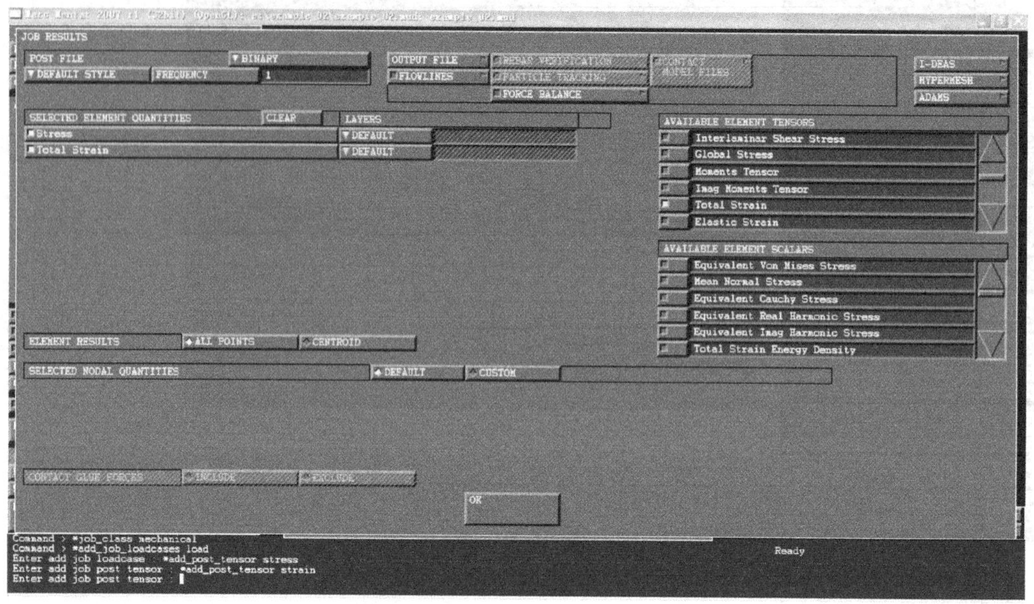

图 5.3-68　定义输出结果

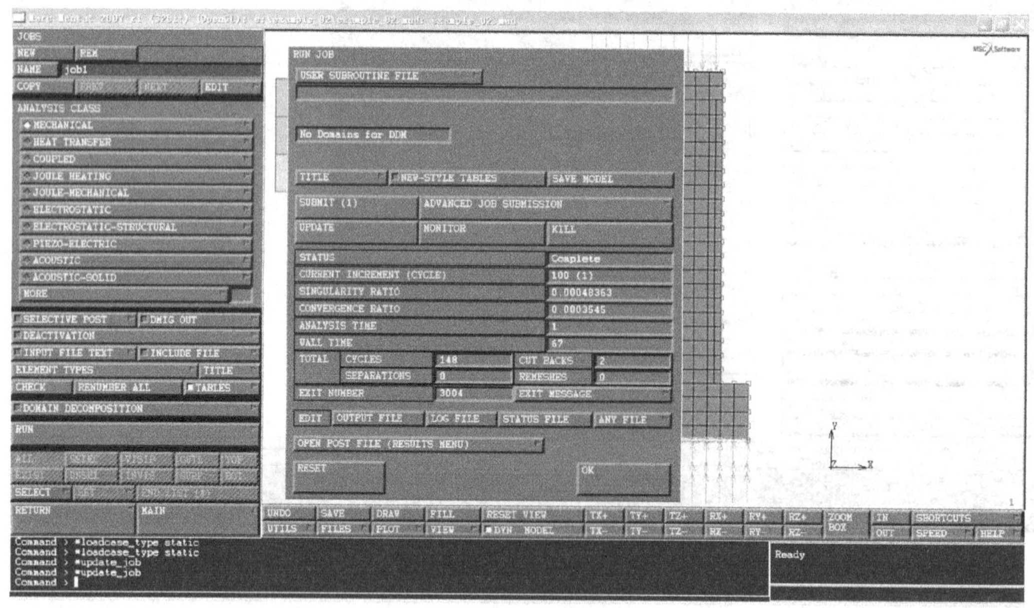

图 5.3-69　计算完成

点击 SCALAR，选择显示 Comp 22 of Total Strain，并选择 CONTOUR BANDS。同时，选择 SELECT→VISIBLE SETS，在 VISIBILITY BY SET 菜单中，关闭 siderebar 选择集的显示开关，使结果只显示墙体的应变分布。得到墙体的竖向应变分布情况如图 5.3-72 所示，可见，在最终荷载步，受压侧根部的混凝土早已经被压碎，受拉侧混凝土开裂严重。

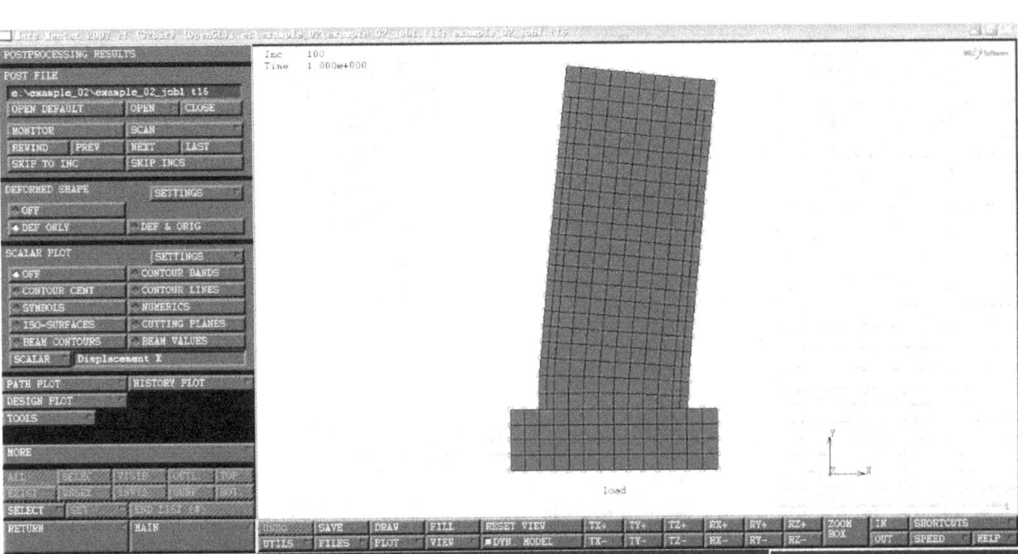

图 5.3-70　计算得到的结构变形

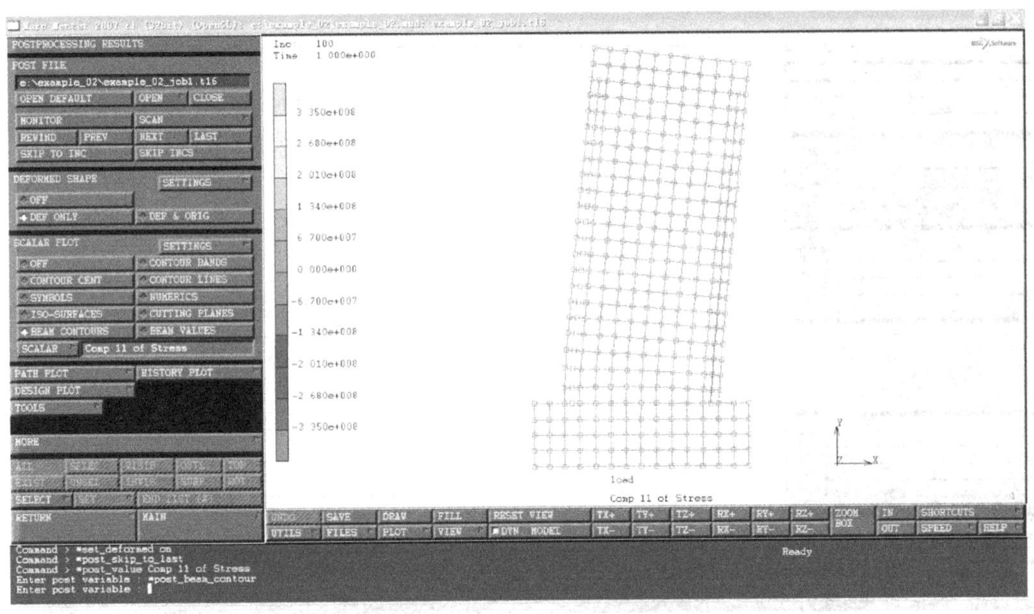

图 5.3-71　计算得到的暗柱钢筋应力

(36) 下面读取结构荷载-位移逐步变化结果。选择 HISTORY PLOT→SET NODES，选取水平荷载作用的节点，然后 COLLECT GLOBAL DATA，待结果读取完毕，选择 NODES/VARIABLES→ADD 1-NODE CURVE，所选节点为对象，节点位移、节点反力分别为 X、Y 轴变量，作出整个加载过程中结构荷载-位移变化曲线图，如图 5.3-73 所示。

小结：本算例通过模拟一片剪力墙在竖向固定轴压的同时受逐步增加的单向水平荷载作用，详尽地介绍了分层壳剪力墙模型的使用。在建模过程中，采用了 MSC. Marc 的 75

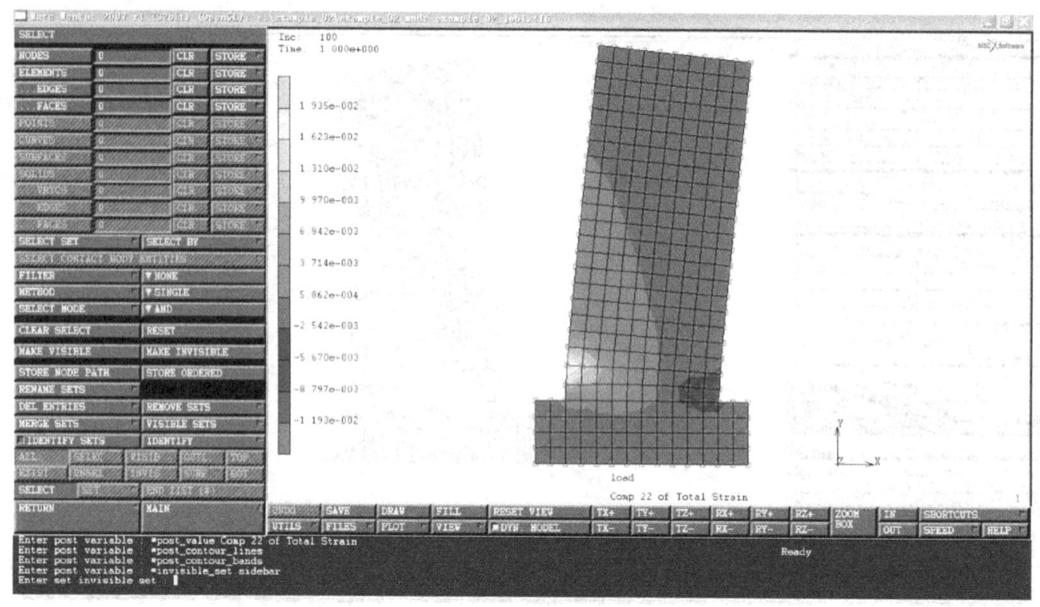

图 5.3-72　计算得到的混凝土应变

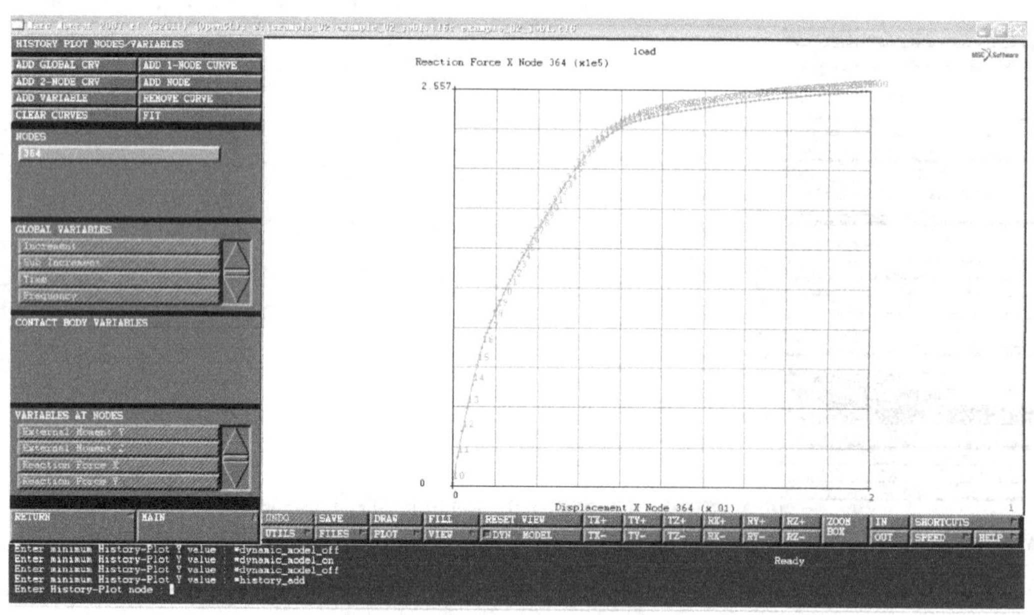

图 5.3-73　计算得到的推覆曲线

号单元，通过分层设置混凝土和钢筋材料，模拟了中间墙体及纵、横向的分布钢筋网；同时，又采用 MSC. Marc 的 9 号单元（桁架单元），模拟了剪力墙边缘暗柱内集中配置的纵筋，并利用 Marc 的“Insert”功能，使暗柱壳单元和纵筋单元自动进行自由度的耦合，使两者共同作用。此外，本算例还介绍了如何设定混凝土的弹塑性本构关系，如何利用 MSC. Marc 的结果后处理模块进行相关计算结果的查看和读取等操作，这些对于读者掌握 MARC 的使用都大有帮助。

5.4 利用 MSC. Marc 的弹簧属性模拟减隔震装置

5.4.1 概述

传统的抗震技术仅依靠结构自身“硬抗”的方式来抵抗地震作用。对于位于地震高烈度区的结构，如采用传统抗震技术抵抗地震作用，则需通过加大构件截面尺寸、增加构件配筋等措施来实现。这将导致结构主要构件截面过大，影响建筑使用功能，而且由于结构刚度的大幅度增加，结构在地震中吸收的地震能量也将大幅度增加，这些地震能量主要由结构构件的弹塑性变形来耗散，导致结构在罕遇地震中严重损坏，增加震后修复难度。随着结构控制理论、抗震设计理论与实践研究的不断发展进步，结构消能减震技术和基础隔震技术得到越来越广泛的应用。减震控制通过在结构上设置消能器以消耗地震能量，调整结构动力特性，达到减轻结构地震响应的目的，其中的被动减震控制方法概念简单、减震机理明确、减震效果显著、安全可靠且不需要外部能源的输入，近年来取得了很大的发展，并研究出一系列的消能减震装置，可以分为位移型阻尼器（各类金属阻尼器、摩擦阻尼器等）和速度型阻尼器（黏滞流体阻尼器和黏弹性阻尼器）两大类。基础隔震结构则通过在上部结构和基础之间设置隔震装置，形成一个水平刚度较小且具有一定耗能能力的隔震层，延长了结构自振周期并适当增加了结构的阻尼，从而减小上部结构的加速度响应。并且由于隔震层刚度显著小于上部各层，在结构第一振型响应中整个上部结构自身的相对位移较小，大大降低了上部结构的损伤程度。震害资料和相关研究表明，隔震结构在地震作用下具有良好的抗震性能。目前应用最广泛的隔震装置为叠层橡胶隔震支座，包括天然橡胶支座、高阻尼橡胶支座，铅芯橡胶支座等。

在应用 MSC. Marc 进行消能减震结构和基础隔震结构的地震响应分析时，除了需要建立主体结构的弹塑性分析模型，还需要合理有效地模拟出阻尼器和隔震支座的作用。这可以通过主菜单 MAIN MENU 进入 LINKS 菜单，选择 SPRINGS/DASHPOTS，通过在相应的节点之间设置弹簧连接来实现，关键是正确定义弹簧的相关参数。

5.4.2 减震阻尼器的模拟

如图 5.4-1 所示的一个两层平面框架结构，若在两层均设置斜撑式的速度型阻尼器，则可以在下层和上层对应的节点之间设置弹簧连接（图 5.4-1 中的 link1 和 link2）模拟阻尼器。在 TYPE 选项中选择 TRUE DIRECTION，表示弹簧力作用于终端节点相对于起始节点发生的相对位移方向。

若采用的是线性黏滞流体阻尼器，则其力学模型计算公式为

$$f_{\mathrm{D}} = C \cdot v \tag{5.4-1}$$

式中：f_{D}为阻尼力，C 为阻尼系数，v 为阻尼器两端的相对速度。

此时可以直接选择 BEHAVIOR→MECHANICAL→PROPERTIES，然后在 SPRING MECHANICAL PROPERTIES 菜单中填写弹簧连接的相关参数。黏滞流体阻尼器并不提供与位移相关的静力刚度，故 STATIC 部分的 STIFFNESS 值可设为 0，只需在 DY-

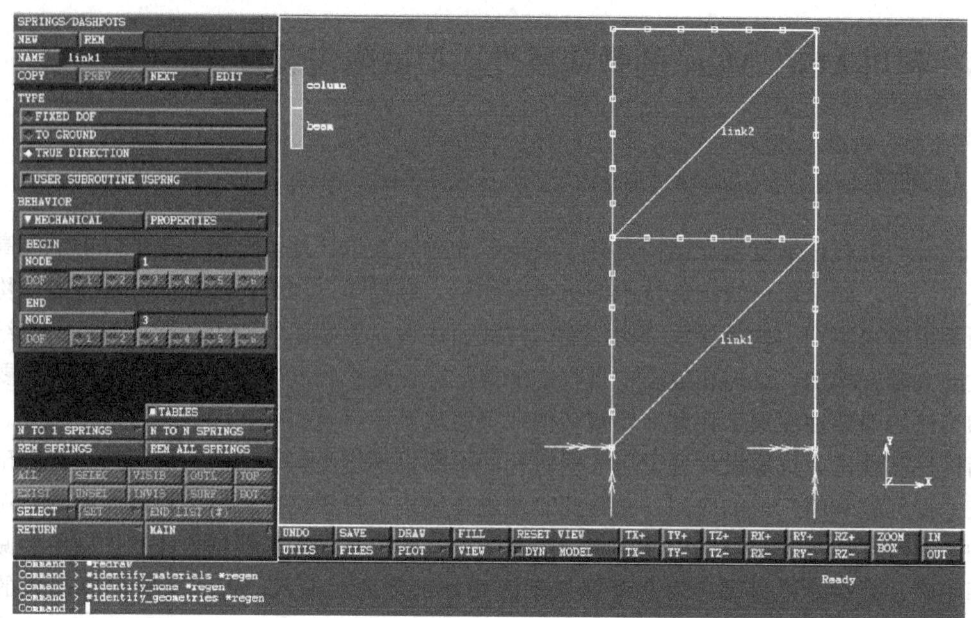

图 5.4-1　利用弹簧连接模拟阻尼器示意图

NAMIC 部分的 DAMPING COEFFICIENT 选项中填写阻尼系数 C 的值即可，如图 5.4-2 所示。

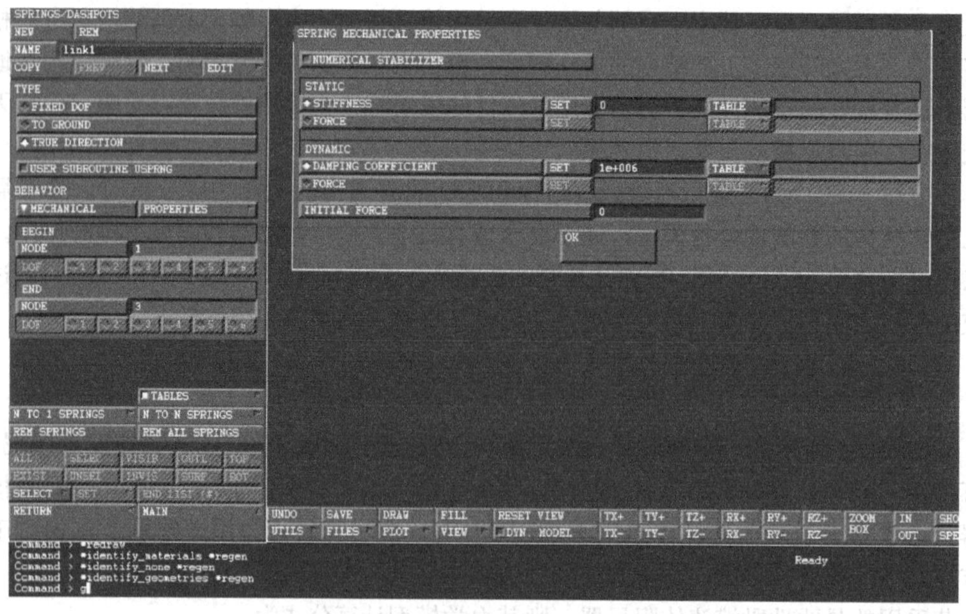

图 5.4-2　设置线性黏滞流体阻尼器的参数

若采用的是非线性黏滞流体阻尼器，则其力学模型计算公式为

$$f_D = C \cdot v^{\alpha} \tag{5.4-2}$$

式中：α 为阻尼指数，介于 0～1.0 之间。

此时可以勾选图 5.4-1 界面中的 USER SUBROUTINE USPRNG 选项，利用

MSC. Marc所提供的USPRNG用户子程序接口，通过自行编写相关代码实现自定义特殊弹簧连接的受力行为。以下给出了通过USPRNG子程序定义图5.4-1中的两个非线性黏滞流体阻尼器的程序代码示例。其中阻尼系数C取1000000N·s·m^{-1}，阻尼指数α取0.3。

```
SUBROUTINE USPRNG(RATK,F,DATAK,U,TIME,N,NN,NSPRNG)
    ! 通过USPRNG用于定义非线性黏滞流体阻尼器的力学关系
    IMPLICIT REAL  *8 (A-H, O-Z)
    DIMENSION RATK(2),DATAK (2),U(2),TIME(2),N(2),F(2),NSPRNG(2)
    ! 黏滞流体阻尼器不提供静力刚度,故与位移对应的弹簧力F(1)始终为0
    F(1)=0.
    ! 算例第1秒为重力等竖向荷载的静力加载过程,之后为地震动力计算。
    ! 利用time变量判断黏滞流体阻尼器是否开始出力
    if ( time(1)>1.0001 ) then
        if (Nsprng(1)<3 .and. abs( U(2) )>1.e-16 ) then
      ! 给弹簧赋予非线性的速度-阻尼力关系,即U(2)-F(2)之间的关系
          F(2)=sign(1., U(2) ) * 1000000  * ( abs(U(2)) ) * * 0.3
          RATK(2)=F(2)/U(2)
      ! 若速度过小,可直接令对应的阻尼力为1,以免出现数值不稳定问题
          else if (Nsprng(1)<3   .and. abs(U(2))<1.e-16) then
          F(2)=1.
          RATK(2)=1.
      end if
    end if
RETURN
END
```

若采用的是黏弹性阻尼器，通常可以直接在SPRING MECHANICAL PROPERTIES菜单中分别填写STATIC部分的STIFFNESS值（与位移相关的静力刚度值）和DYNAMIC部分的DAMPING COEFFICIENT值（阻尼系数C）。

对于金属屈服类的位移型阻尼器，由于此类阻尼器是通过屈服后的位移-力滞回关系产生耗能，因此需要将此关系通过弹簧的受力变形关系参数有效地反映出来。此时可以参照上述模拟非线性黏滞流体阻尼器时定义弹簧属性的做法，勾选USER SUBROUTINE USPRNG选项，利用MSC. Marc所提供的USPRNG用户子程序接口，通过自行编写相关代码以实现自定义位移型阻尼器的位移-力滞回关系，只是程序代码中重点在于定义其中U（1）和F（1）的相关关系，这里不再赘述。

5.4.3 隔震支座的模拟

在基础隔震结构中，可先设置一固定所有自由度的节点模拟固接于地面的基础，然后在上部结构模型布置隔震支座的构件底端节点处和所设的固定节点之间设置弹簧连接，以模拟对应的隔震支座。对于每个隔震支座，均需设置三个弹簧连接，其中两个分别模拟隔

震支座在两个水平方向的受力特性，另一个模拟隔震支座在竖直方向的受力特性。这可以通过在 TYPE 选项中选择 FIXED DOF，并在 BEGIN NODE DOF 和 END NODE DOF 中分别勾选相应的自由度方向来实现。图 5.4-3 为一个两层的空间框架结构模型在 4 个柱底布置隔震支座的示意图，图中显示的是分别模拟 4 个隔震支座在 X 方向受力特性的 4 个弹簧连接（自由度勾选 1）。

通常所采用的基础隔震支座包括天然橡胶支座、高阻尼橡胶支座，铅芯橡胶支座等。以上各类支座在竖直方向上的位移-力关系均设为线弹性，对于天然橡胶支座，在两个水

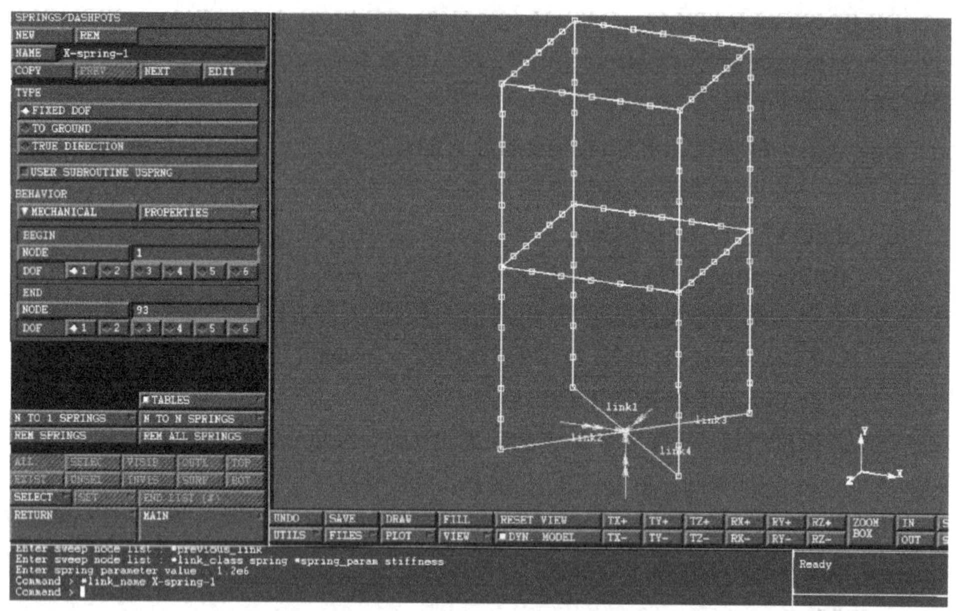

图 5.4-3　利用弹簧连接模拟隔震支座示意图

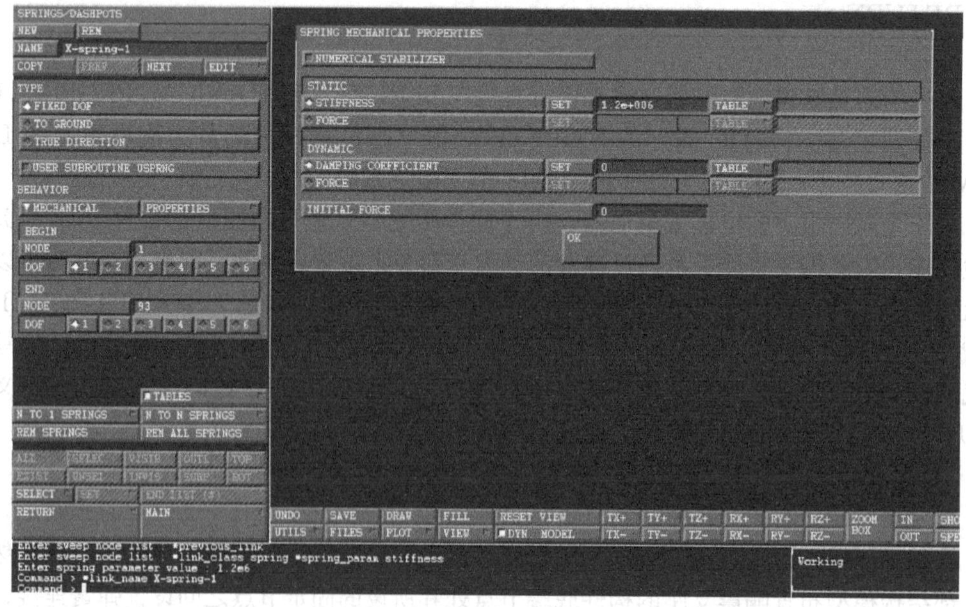

图 5.4-4　设置天然橡胶隔震支座水平受力弹簧的参数

平方向上的位移-力关系可以近似为线弹性，因此，可以直接选择 BEHAVIOR→MECHANICAL→PROPERTIES，然后在 SPRING MECHANICAL PROPERTIES 菜单 STATIC 部分的 STIFFNESS 选项中根据支座设计参数填写等效的线性刚度即可，如图 5.4-4 所示。至于 DYNAMIC 部分的 DAMPING COEFFICIENT 选项中的阻尼系数 C，可以由支座设计参数结合等效阻尼比的公式反算出来。

对于铅芯橡胶支座，在水平方向上的位移-力关系可以近似为双线性滞回关系，如图 5.4-5 所示，此时为了定义对应的弹簧的受力变形关系，可以采用与上述模拟金属屈服类的位移型阻尼器类似的方法，勾选 USER SUBROUTINE USPRNG 选项，利用 MSC. Marc 所提供的 USPRNG 用户子程序接口，通过自行编写相关代码以实现模拟支座水平受力的弹簧位移-力的双线性滞回关系。

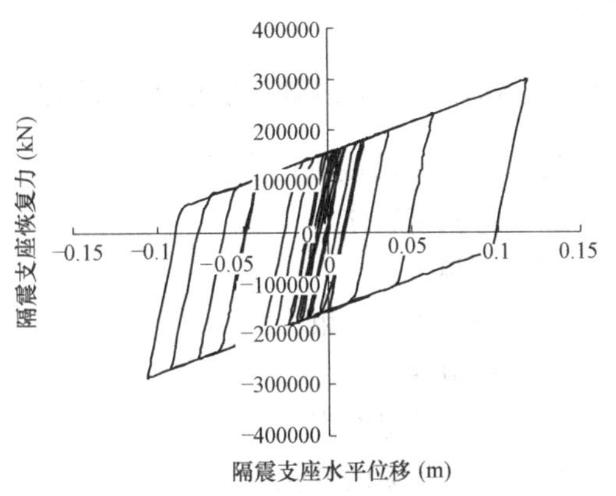

图 5.4-5 铅芯橡胶支座水平向的近似位移-力关系

5.5 MSC. Marc 的接触与岩土模型

5.5.1 MSC. Marc 的接触模型

接触是土木工程中非常常见的一种边界条件。例如，各种独立、条形、筏板、箱形基础和地基土之间的相互作用、地下室侧壁和周围土体的作用等，严格说来都是接触边界条件。传统结构计算中，一般将结构基底假设为固端。这种假定对于越来越高的现代建筑而言，有时并不很合适。故而，近年来在一些复杂结构分析中，开始将地下室附近土体等效为一系列的约束弹簧（图 5.5-1），来近似考虑土体嵌固刚度的影响。这种简化模型虽然比固端基础要进步了一些，但是弹簧刚度的选取仍然是一个比较难以解决的问题，特别是地下室和土体的接触面，实质上是不能受拉的，因此采用真实的接触计算是解决此类问题的一个有效手段。

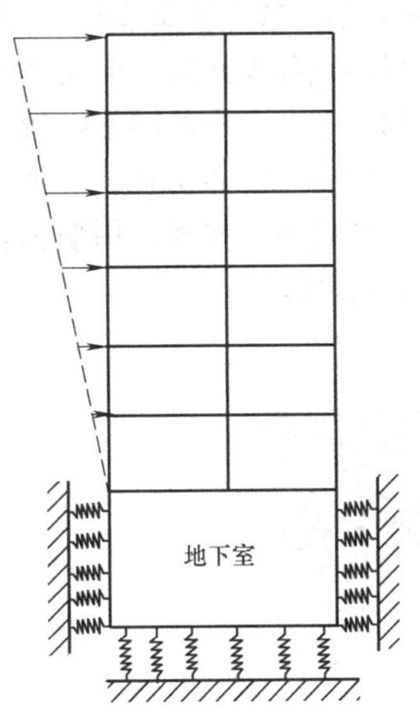

图 5.5-1 用弹簧考虑地下室嵌固刚度

MSC. Marc 提供了多种接触处理方法，如 GAP 单元法、非线性弹簧法、接触算法（CONTACT 选项）等。其中接触算法由于其适用性最广，对接触问题模拟得最为真实，因而具有最广阔的应用前景（张炎圣等，2008）。

MSC. Marc 的接触迭代算法基于直接约束法，它通过追踪物体的运动轨迹，一旦探测出发生接触，便将所需的运动约束（即法向无相对运动，切线可滑动）和节点力（法向压力和切向摩擦力）作用作为边界条件直接施加在接触节点上。这种方法对接触的描述精度高，具有普遍适应性，不需要增加特殊的界面单元，也不涉及复杂的接触条件变化。该方法不增加系统自由度，但是由于接触关系变化会增加系统矩阵带宽。

MSC. Marc 的接触功能操作简便而功能强大，在隐式有限元软件中是一个重要的特色。

5.5.2 MSC. Marc 接触功能的基本流程

MSC. Marc 的接触算法基本流程为：

（1）定义接触体

（2）探测接触

（3）施加接触约束

（4）模拟摩擦

（5）修改接触约束

（6）检查约束的变化

（7）判断分离和穿透

简要介绍如下：

1. 定义接触体

接触体即为参与接触计算的对象。MSC. Marc 中定义的接触体可以是刚性接触体，也可以是可变形体。土木结构计算中，这两种接触体都可能遇到。例如，上文提到的地下室和地基土之间的接触，一般视作两个可变形体之间的接触。而一些结构试验中，构件和支座之间的接触，如果支座刚度远大于试件刚度，则可视为变形体和刚体之间的接触。MSC. Marc 中，可变形接触体可以是二维或三维的连续体单元，如 4 节点平面单元、8 节点空间实体单元，也可以是壳单元或梁单元。刚性接触体由描述刚体轮廓的几何实体组成，如直线、弧线、NURB 曲线或表面等。需要注意的是，MSC. Marc 中的刚性接触体是有“方向性”的，用户可以用过 ID CONTACT 功能来检查刚体接触面的方向。二维接触体的不可接触面用一系列小直线表示（图 5.5-2），三维接触体的不可接触面用颜色表示。在定义接触体的同时，还可以定义接触体的摩擦系数等接触参数。

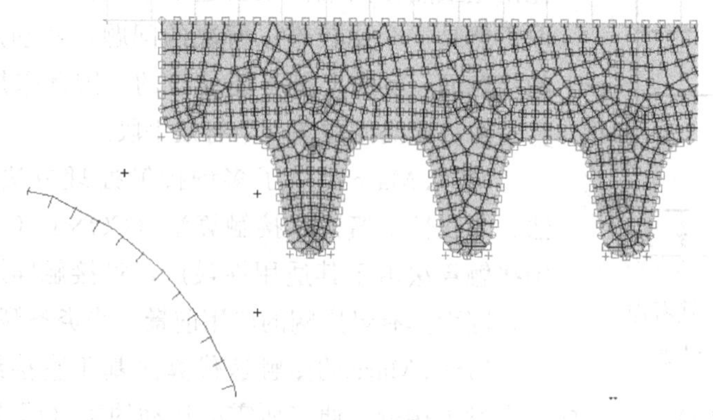

图 5.5-2　MSC. Marc 指示的接触面方向（短线表示接触面的背面）

2. 探测接触

MSC. Marc 具有很灵活的探测接触功能。如果都是可变形体接触的话，可以把所有参与接触的对象都定义成一个接触体，然后让 MSC. Marc 自行判断接触体内部之间的相互接触关系。这无疑带来了建模上的极大简便。特别是在一些极端分析案例中，如结构的倒塌分析案例中，实际上是无法预先知道哪个构件和哪个构件会发生接触关系。这个时候将所有构件定义成一个接触体，让 MSC. Marc 自行判断，虽然计算量会有所增加，但是能保证计算结果的真实性。

在很多情况下，为了节省计算时间，在可能知道接触体之间相互关系的情况下，可以通过 CONTACT TABLE 功能让 MSC. Marc 减少一些接触探测工作。如图 5.5-3 所示，如果事先已知接触体 A 只可能和接触体 B 接触，B、C、D 三个接触体可以互相接触，那么就可以在 CONTACT TABLE 里面指定 A 只和 B 有接触关系，MSC. Marc 时就不会再检查 A 和 C、D 之间的接触关系。对于有大量复杂接触关系的算例而言，这样无疑会极大节约计算时间。

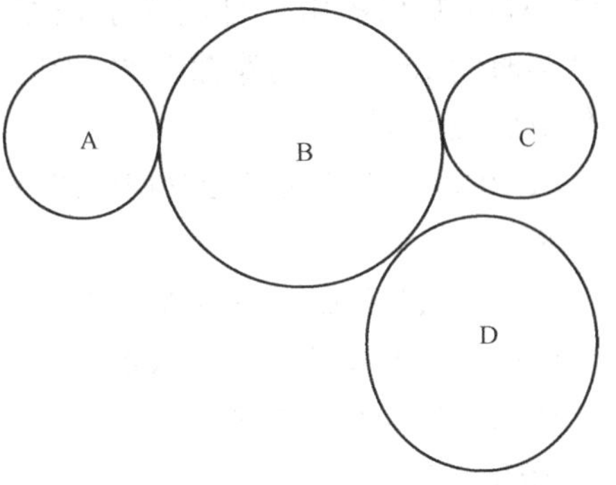

图 5.5-3　CONTACT TABLE 的功能

除了 CONTACT TABLE 外，MSC. Marc 还有 CONTACT NODE 功能，可以指定接触只在某些部位发生。例如前面提到的地下室和周围土体之间，显然只有地下室外表面和基坑内表面的区域可能发生接触，其他区域永远不可能发生接触关系，这时可以进一步限定发生接触的区域，来减少计算时间。

3. 施加接触约束

MSC. Marc 对所有检查到发生接触的节点施加接触约束，确保接触的节点不会进入对方单元的内部（实际上是有一个非常小的接触穿透限制，小于该限制即认为没有穿透）。为了保证约束施加的可靠性，需要在定义接触体时，注意以下先后关系（门俊等，2006）：

（1）先定义变形体，后定义刚体；

（2）在可变形体的接触中，先定义软的接触体，后定义硬的接触体；

（3）先定义网格较密的接触体，后定义网格较粗的接触体；

（4）先定义凸的接触体，后定义凹的接触体；

（5）先定义小的接触体，后定义大的接触体。

4. 模拟摩擦

摩擦是一种非常复杂的物理现象，对于土木工程而言，最常见的摩擦为库仑摩擦（Coulomb Friction Model），理想的库仑摩擦模型计算公式可以表示为：

$$F_t \leqslant \mu F_N \tag{5.5-1}$$

式中，F_t 为摩擦力，F_N 为法向压力，μ 为摩擦系数。

从式（5.5-1）可以看出，对于理想的库仑摩擦，其摩擦力和相对滑移之间的关系是一个不光滑的间断曲线。这样的间断曲线对于非线性有限元分析而言是十分不利的，因为目前常用的非线性分析方法大多基于牛顿法，希望目标函数尽可能光滑连续以便得到一个收敛的结果。因此，在 MSC. Marc 有限元程序中，用一个反正弦函数来逼近公式（5.5-1）：

$$F_t = \mu F_N \frac{2}{\pi}\arctan\left(\frac{V_r}{C}\right) \tag{5.5-2}$$

式中，V_r 为接触面的相对速度，C 为预先输入的参考速度，如果 C 越小，则公式（5.5-2）就越接近公式（5.5-1），而非线性分析时收敛的难度也就相对要大一些。

特别要指出的是，土木工程分析中常会遇到这样的情况：在初始工况，例如高层建筑和周围土体在重力作用下形成初始应力和变形场时，不需要考虑地下室和土体之间的摩擦作用，因为这样会带来不必要的错误应力场，即摩擦系数应该为零。而在后续工况，如分析地震作用时，就需要考虑摩擦，摩擦系数不再为零。此时可以采用 MSC. Marc 提供的用户自定义子程序 UFRIC，它可以根据需要定义任意的摩擦系数，例如当时间 time＜1 时摩擦系数 FRIC＝0，time＞1 时 FRIC 取实际的摩擦系数，即可较好解决此类问题。

```
    SUBROUTINE UFRIC(MIBODY,X,FN,VREL,TEMP,YIEL,FRIC,TIME,INC,
NSURF)
    IMPLICIT REAL  *8(A-H,O-Z)
    DIMENSION X(2),MIBODY(4),VREL(1),TEMP(2)
    IF(TIME>1.)THEN
    FRIC=1
    ELSE
    FRIC=0
    END IF
    RETURN
    END
```

5.5.3 MSC. Marc 的岩土模型

岩土是一种非常复杂的土木工程材料，兼有摩擦剪切、体积压密、拉伸截断、蠕变、多孔等多种复杂材料特性，故而工程模拟的手段非常多种多样。MSC. Marc 提供了几种最为常见的岩土材料本构模型，包括线性莫尔-库仑关联硬化本构模型、抛物线莫尔-库仑关联硬化本构模型、剑桥模型等，读者可以根据需要参阅 MSC. Marc 的软件说明加以选取。例如线性莫尔-库仑关联硬化本构模型，MSC. Marc 手册的建议公式为：

$$c = \frac{\bar{\sigma}}{[3(1-12\alpha^2)]^{1/2}}; \frac{3\alpha}{(1-3\alpha^2)^{1/2}} = \sin\varphi \tag{5.5-3}$$

式中，c 为黏聚强度，φ 为摩擦角（图 5.5-4）。由此不难得到，当土体的黏聚强度为 5kPa，摩擦角为 27°时，相应的 $\alpha=0.146$，等效屈服应力 $\bar{\sigma}=7.47$kPa。

由于土体本构非常多样，故用户可以根据需要，利用 MSC. Marc 提供的良好的用户自定义材料功能，自行定义所需的土体本构。如本书作者在计算高层建筑的倾覆荷载时，就建立了带帽盖的莫尔-库仑非关联硬化模型，从而能够较好地把握此时土体受力的核心特点（蔡钦佩等，2006；张正威等，2006）。该模型主要包括：

（1）为反映土体应力应变的弹塑性等特点，采用 Drucker-Prager 屈服准则，屈服函数表示为 $f=\alpha_0 I_1+\sqrt{J_2}-\sigma_{eq}$。

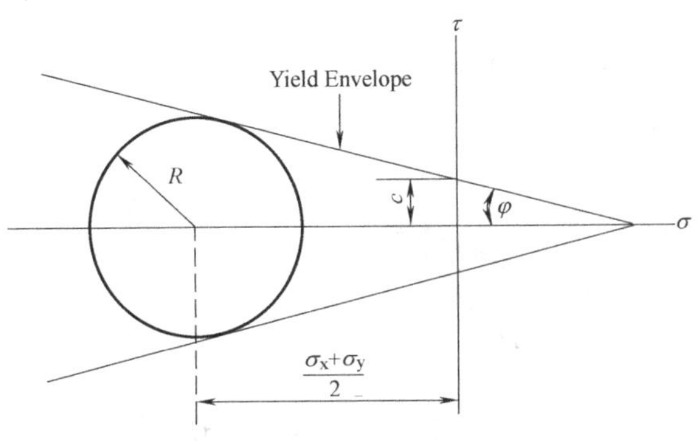

图 5.5-4 MSC. Marc 中莫尔库仑材料屈服面

(2) 考虑到高应变速率对土体动强度的提高使摩擦角变大（可能达到 40°以上），如果采用关联流动法则，那么土体的剪胀现象将非常严重，所以该采用非关联流动法则来降低剪胀效果以符合实际情况，其塑性势面的函数表达式与 Drucker-Prager 屈服函数类似，为 $g=\alpha_1 I_1+\sqrt{J_2}-\sigma'_{eq}$。

(3) 采用了帽盖屈服面。该帽盖是通过一条静水压力与体应变的关系曲线实现的，如图 5.5-5 所示。加载时应力应变关系按照所定义的曲线发展变化，加载模量随应力水平而变化；卸载时则按照所给定的卸载模量线性变化，从而能够反映土体静水压力作用下产生的塑性体应变，以及土体压缩过程中体变模量逐渐增大的强化特性。

以某高层框架结构人防地下室抗爆研究为例，分析对象高层框架建筑、地下室和周围土体简化模型如图 5.5-6 所示，具体参数参见文献（蔡钦佩等，2006；张正威等，2006），地下室和周边土体采用 CONTACT 接触关系，框架结构采用 THUFIBER 纤维模型模拟，土体采用带帽盖的莫尔-库仑非关联硬化模型模拟。施加侧向冲击荷载，计算高层框架及其地下室的反应。

图 5.5-7、图 5.5-8 为地下室受压侧壁土体的应力应变状态发展过程。可以看出：计算得出的受压侧土体静水压力与体应变的关系与预设曲线吻合较好，加卸载后产生了不可恢复的塑性体积变形；土体剪切屈服后便在预设的屈服面上流动，引起了一定程度的剪胀。

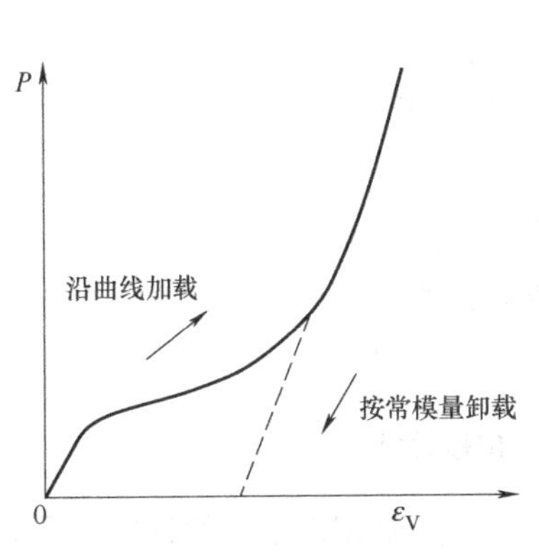

图 5.5-5 加卸载时静水压力与体应变的关系曲线

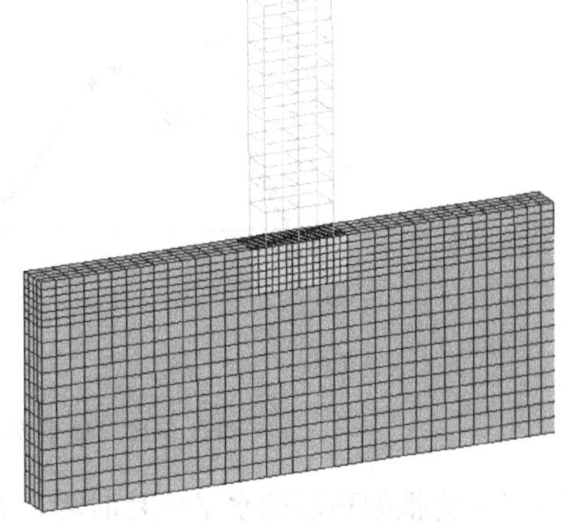

图 5.5-6 计算模型示意图

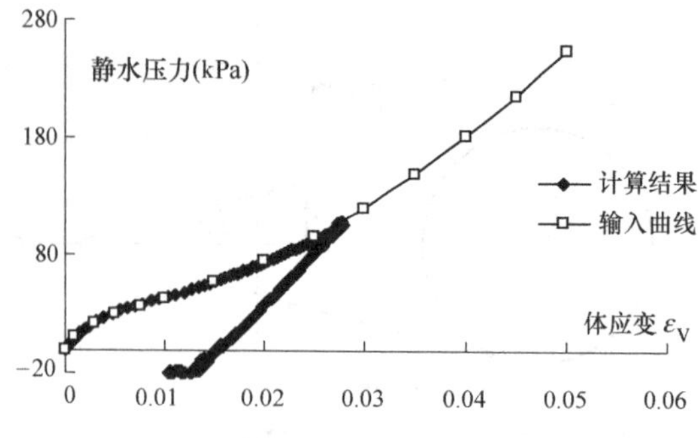

图 5.5-7　土体静水压力与体应变的计算曲线

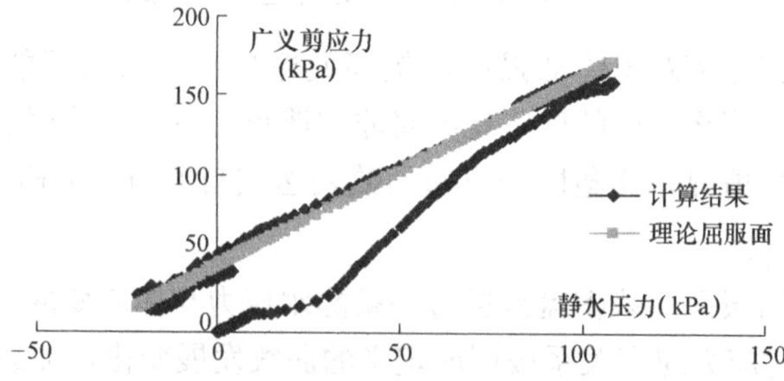

图 5.5-8　土体静水压力与广义剪应力的计算曲线

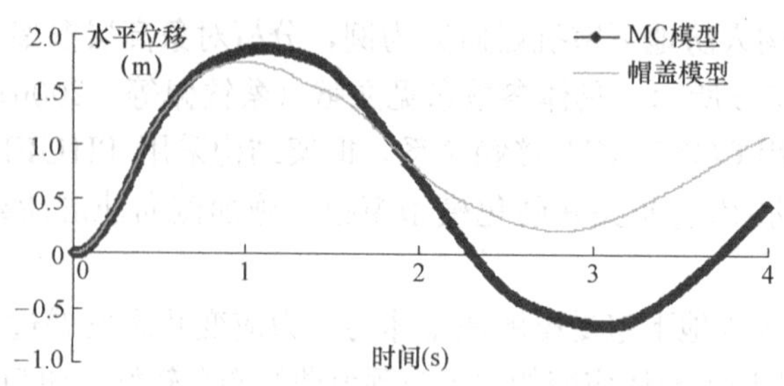

图 5.5-9　框架顶层的水平位移时程

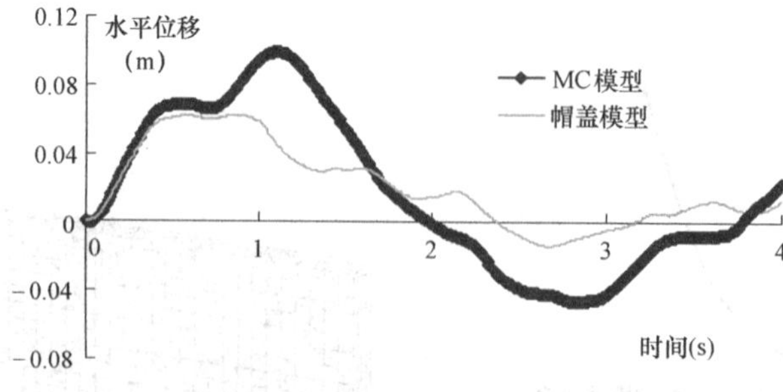

图 5.5-10　地下室中心的水平位移时程

图 5.5-9 为框架顶层的水平位移时程，对比带帽盖模型和 MC 模型的计算结果，可以发现二者得出的第一峰值比较接近（相差约 6%），而第二峰值差别较大，原因在于帽盖模型计算中背波面土体产生了较大的塑性体积压缩，振动能量将被吸收，结构的振幅减

小，同时振动中心也将向荷载方向平移。

图 5.5-10 为地下室中心的水平位移时程，可以看出帽盖模型得出的地下室水平位移幅值比 MC 模型小 30%以上，这是因为带帽盖 MC 模型的变形模量会随应力水平的增大或塑性体应变的积累而提高，而 MC 模型的变形模量在屈服前是不变的。

图 5.5-11 是地下室水平位移达到峰值时计算模型的整体变形图，此时平移旋转使地下室和周围土体发生了脱离现象。

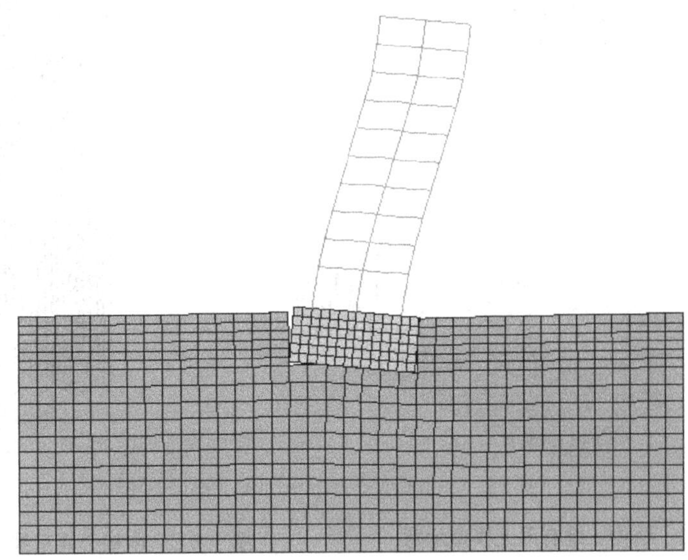

图 5.5-11 水平位移达到峰值时的整体变形示意图（变形放大 4 倍）

5.6 基于 MSC. Marc 的地震弹塑性分析

目前，建筑结构的弹塑性分析方法正在迅速发展并发挥出巨大作用，尤其是对结构在大震作用下的弹塑性分析，对于准确预测强烈地震下结构的非线性行为，把握结构在大震作用下的性能、状态，评估结构的抗震安全性具有重要意义。本书基于 MSC. Marc，开发了适用于框架结构弹塑性分析的 THUFIBER 程序和适用于剪力墙结构的分层壳墙单元模型，并通过一系列算例对这些新的分析模型进行了对比验证。利用这些新的分析工具及 MSC. Marc 软件强大的前后处理功能，已经对一些实际结构工程进行了地震作用下的弹塑性分析。下面将简要介绍一下几个实际工程应用情况。

5.6.1 工程应用一

该工程为一个高层框架-核心筒混合结构。地面以上 18 层，总高度为 77.95m，地面以下 4 层。外框架柱采用钢骨混凝土柱，框架梁采用钢梁，核心筒由 4 个钢筋混凝土子筒通过连梁连接而成。抗震设防烈度为 8 度，场地类别为Ⅱ类场地，外框架和核心筒的抗震等级均为一级。

结构建模过程中，外框架部分的梁、柱构件均采用基于 THUFIBER 程序的梁单元来模拟，筒体的各剪力墙及其钢筋（骨）混凝土连梁均采用分层壳墙模型，其中墙体暗柱和连梁等关键部位的配筋采用离散钢筋模型。此外，楼板采用弹性壳单元来模拟，以考虑楼板变形的影响。地下室周边节点约束 X，Y 方向自由度。图 5.6-1 和图 5.6-2 给出了结构三维有限元模型示意图。

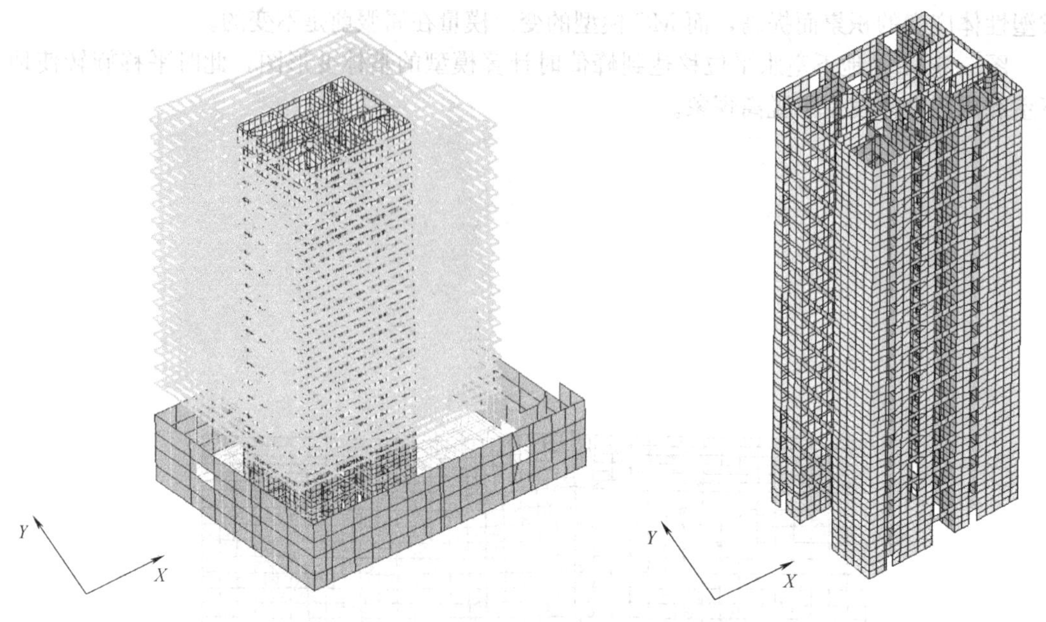

图 5.6-1　结构三维有限元模型示意　　图 5.6-2　内核心筒三维有限元模型示意

首先对结构进行了模态分析，得到结构的一阶模态为 Y 方向的平动，$T_1=1.55$s；二阶模态为平面扭转振动，$T_2=1.30$s；三阶模态为 X 方向平动为主，略带扭转，$T_3=1.15$s。造成结构第二阶模态为平面扭转振动的原因，是结构上部楼层存在一定的不对称悬挑部分，并且外框架空间较大，框架柱整体抗扭刚度稍弱。造成结构第三阶模态在长跨方向平动同时略带扭转的原因则是由于结构在 X 方向的墙体布置不对称，使得结构刚度中心和质量不重合。

然后对结构进行动力弹塑性时程分析。首先对结构施加重力荷载代表值，然后在结构 Y 方向和 X 方向分别输入地震动加速度记录进行分析。为了考察结构在不同强度地震作用下的抗震性能，将地震峰值加速度 PGA 分别按《建筑抗震设计规范》8 度小震、中震、大震水准设置为 70gal、200gal 和 400gal。这里给出结构在 El Centro EW 地震波作用下的部分计算结果。

结构在 Y 方向和 X 方向各级地震作用下的位移计算结果如表 5.6-1，表 5.6-2 及图 5.6-3～图 5.6-8 所示。8 度小震作用下，Y 方向顶层最大位移为 60mm，最大层间位移角出现在第 11 层，约为 1/1040；X 方向顶层最大位移为 31mm，最大层间位移角出现在第 9 层，约为 1/2015，均满足规范的层间侧移限值要求（1/800）；8 度大震作用下，Y 方向顶层最大位移为 289mm，最大层间位移角出现在第 6 层，约为 1/230；X 方向顶层最大位移为 210mm，最大层间位移角出现在第 6 层，约为 1/314，均满足规范的罕遇地震下弹塑性层间侧移的限值要求（1/100）。因此，在正常使用状态下和罕遇地震作用下，该结构两个方向均满足规范相关的侧移限制，不存在明显的薄弱层。

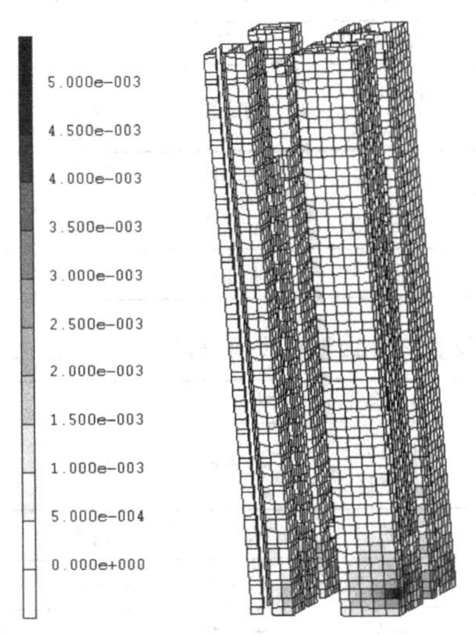

图 5.6-3 Y 方向大震作用顶层位移最大时刻筒体开裂应变分布

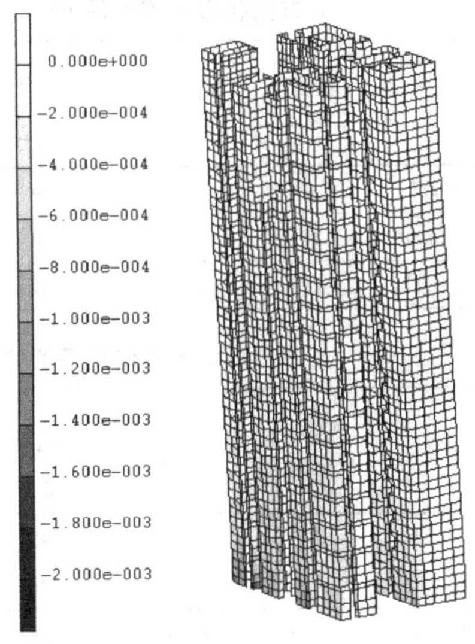

图 5.6-4 Y 方向大震作用顶层位移最大时刻筒体受压应变分布

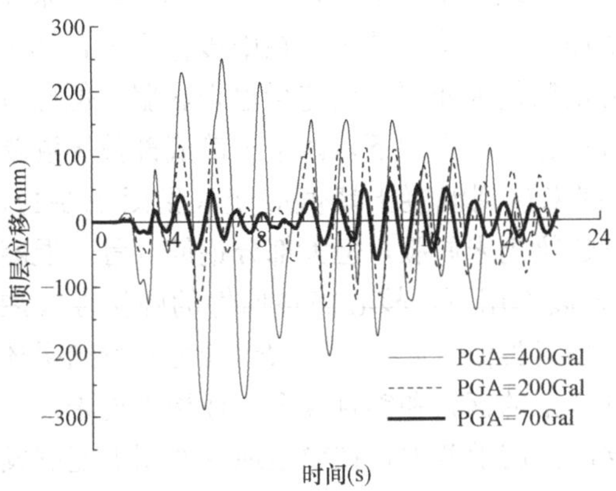

图 5.6-5 Y 方向结构顶层位移时程曲线

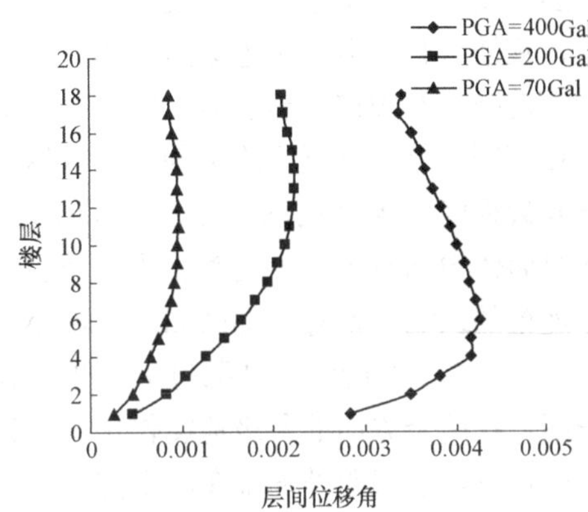

图 5.6-6 Y 方向顶层位移最大时刻的层间位移角分布

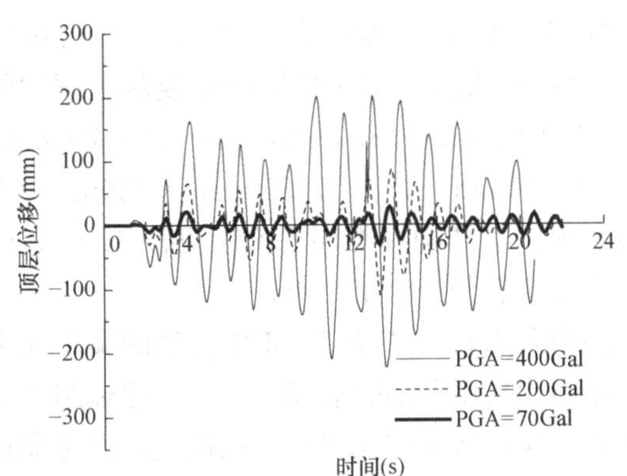

图 5.6-7 X 方向结构顶层位移时程曲线

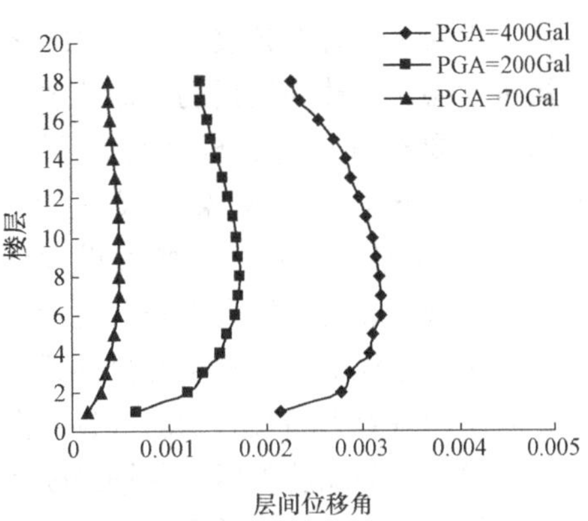

图 5.6-8 X 方向顶层位移最大时刻的层间位移角分布

Y方向各级地震作用下的位移计算结果及各构件弹塑性发展状况　　表5.6-1

地震强度	顶层最大位移(mm)	最大层间位移角	结构各部分构件状态					
			筒体（混凝土）	筒体（纵筋）	钢筋(骨)混凝土连梁	钢连梁	框架梁	框架柱
PGA=70gal	60	1/1040	开裂	未屈服	未屈服	未屈服	未屈服	未屈服
PGA=200gal	131	1/446	开裂	未屈服	少量屈服	未屈服	未屈服	未屈服
PGA=400gal	289	1/230	开裂	少量屈服	屈服	未屈服	未屈服	未屈服

X方向各级地震作用下的位移计算结果及各构件弹塑性发展状况　　表5.6-2

地震强度	顶层最大位移(mm)	最大层间位移角	结构各部分构件状态					
			筒体（混凝土）	筒体（纵筋）	钢筋(骨)混凝土连梁	钢连梁	框架梁	框架柱
PGA=70gal	31	1/2015	开裂	未屈服	未屈服	未屈服	未屈服	未屈服
PGA=200gal	110	1/582	开裂	未屈服	少量屈服	未屈服	未屈服	未屈服
PGA=400gal	210	1/314	开裂	少量屈服	屈服	未屈服	未屈服	未屈服

此外，在Y向各级地震作用下，核心筒各构件的弹塑性发展情况如表5.6-1所示。在小震作用下，四个子筒底部混凝土开裂，但筒体中的纵向受力钢筋未屈服，钢连梁也未屈服，钢筋（骨）混凝土连梁虽开裂，但其中的钢筋（骨）均无屈服；在中震作用下，四个子筒混凝土开裂进一步发展，筒体中的纵向受力钢筋仍未屈服，钢连梁也未屈服，但已有少量钢筋（骨）混凝土连梁的纵筋（钢骨）屈服；在大震作用下，四个子筒底部数层混凝土开裂程度较大（见图5.6-3），但受压应变大都未达到混凝土峰值应变（见图5.6-4），此时筒体中已有少量纵向钢筋受拉屈服，虽然钢连梁仍未屈服，但大部分钢筋（骨）混凝土连梁的纵筋（钢骨）都已屈服。在X向各级地震作用下，核心筒各构件的弹塑性发展情况如表5.6-2所示，结果与Y向地震作用下的情况类似。此外，弹塑性动力时程结果还表明，在两个方向的各级地震作用下，该结构外框架的钢梁和钢骨混凝土柱构件均未发生屈服现象，这表明外框架在两个方向上具有足够的抗震承载力，在罕遇地震作用下能够发挥第二道抗震防线的作用。

5.6.2 工程应用二

该工程为某综合办公楼，占地3187m²，楼高79.47m，主轴线间距8.7m。结构共20层，裙房4层。主楼采用钢筋混凝土框架-核心筒结构形式，裙房采用钢筋混凝土框架结构。结构主要构件尺寸：框架柱从下至上依次为800mm×800mm，700mm×700mm，600mm×600mm，主要框架梁尺寸为350mm×650mm（Y向），350mm×600mm（X向），核心筒墙厚350mm。柱脚假设理想固接于地面。结构标准层平面图见图5.6-9。建筑场地土类型为Ⅱ类，抗震设防烈度为8度，设计地震分组为第一组。

结构建模过程中，外框架部分的梁、柱构件均采用基于THUFIBER程序的梁单元来模拟，筒体的各剪力墙及其钢筋（骨）混凝土连梁均采用分层壳墙模型，其中墙体暗柱和连梁等关键部位的配筋采用离散钢筋模型。此外，楼板采用弹性壳单元来模拟，以考虑楼板变形的影响。图5.6-10和图5.6-11给出了结构三维有限元模型示意图，结构X、Y方向有限元模型立面如图5.6-12、图5.6-13所示。

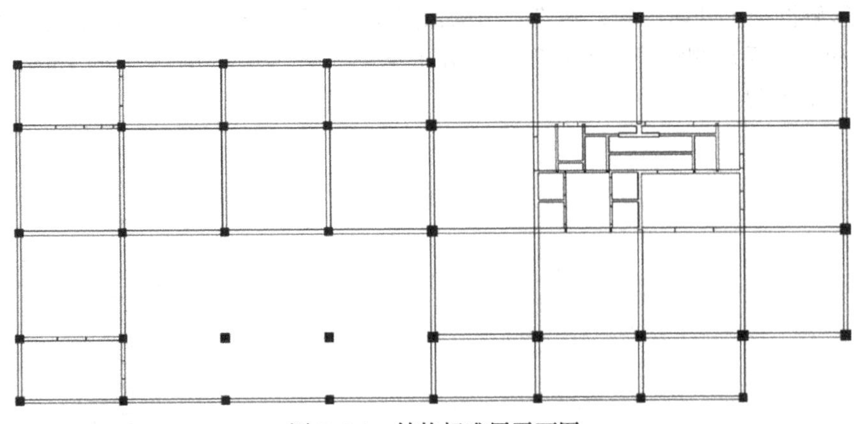

图 5.6-9 结构标准层平面图

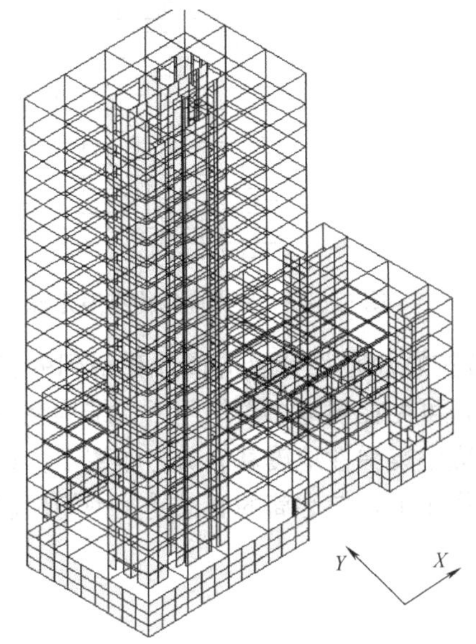

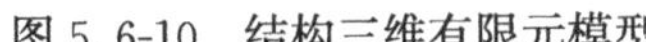

图 5.6-10 结构三维有限元模型

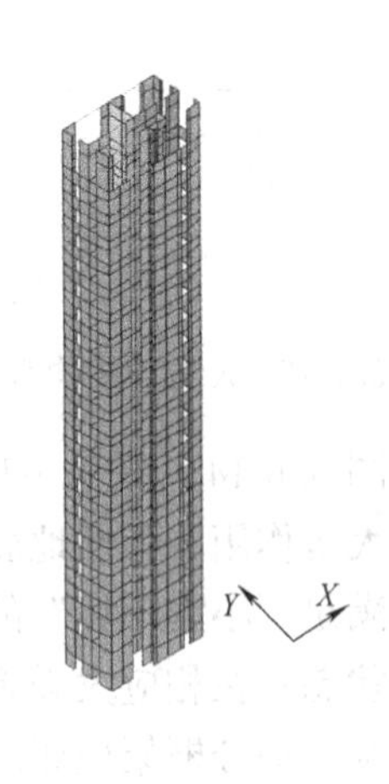

图 5.6-11 内核心筒三维有限元模型

根据上面建立的模型在 MSC. Marc 中对结构进行了模态分析，得到结构的一阶模态为 Y 方向的平动，$T_1=2.25$s；二阶模态为 X 向平动为主，略带扭转，$T_2=2.02$s；三阶模态为平面扭转振动，$T_3=1.63$s。造成结构第二模态带有扭转的原因是结构 X 方向的墙体布置不对称，使得结构刚度中心和质量不重合。

然后对结构进行静力弹塑性分析。本工程的弹塑性静力分析，首先对结构施加自重荷载，而后分别对沿 Y 方向和 X 方向施加倒三角分布的侧向荷载进行 Pushover 分析。侧向荷载直接作用于核心筒上，并通过楼板传递至外框架。采用弧长法进行加载计算，并以核心筒受压侧混凝土达到压碎应变作为 Pushover 分析结束点。

根据 Pushover 分析结果，该混合结构各结构构件进入塑性的次序是：核心筒、连梁、框架柱和框架梁，结构基底总剪力-顶层位移关系见图 5.6-14、图 5.6-15。可见，在 Y 方向加载过程中，随着荷载增大，首先核心筒底部受拉钢筋达到屈服，随后连梁纵筋屈服；在结构顶层位移达到 586mm 时，结构第 10 层的钢筋混凝土框架柱开始屈服；结构顶层位移达到 750mm 时，框架梁也开始进入屈服状态；当结构顶层位移达到 1727mm 时，核心筒底部受压侧混凝土开始压碎；最终当结构顶层位移达到2559mm，结构最大层间角约为1/28时，核心筒受压侧混凝土大量压碎，分析结束。图5.6-15的X方向Pushover分析结果与Y方向类似。

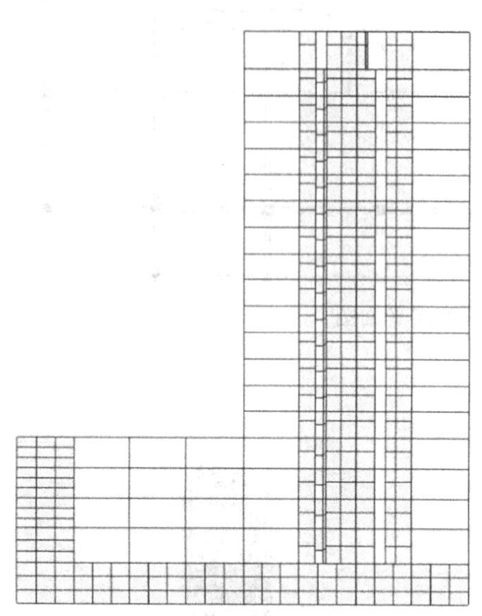

图5.6-12　X方向结构有限元模型立面

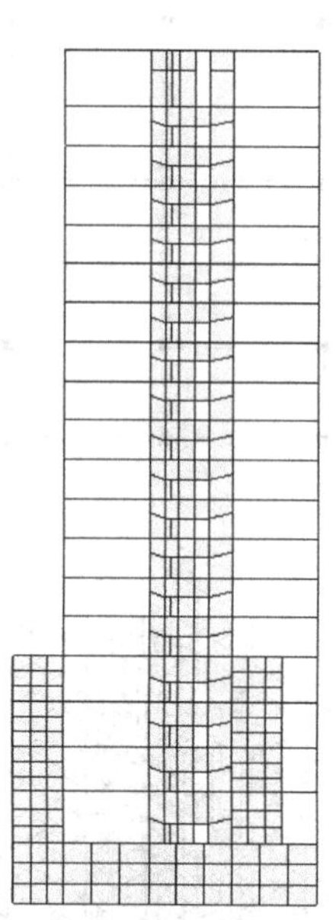

图5.6-13　Y方向结构有限元模型立面

另外，图5.6-14、图5.6-15中还标示出了按抗震规范设计反应谱计算得到的相应小震、中震和大震作用的弹性地震基底剪力标准值，可见在规范小震作用下，结构完全处于弹性状态，满足“小震不坏”的设防目标；在相应中震弹性地震基底剪力作用下，结构完全处于弹性状态；在相应大震弹性地震基底剪力作用下，核心筒的底部受拉钢筋屈服，连梁纵筋刚屈服，部分框架柱屈服，框架梁未屈服。

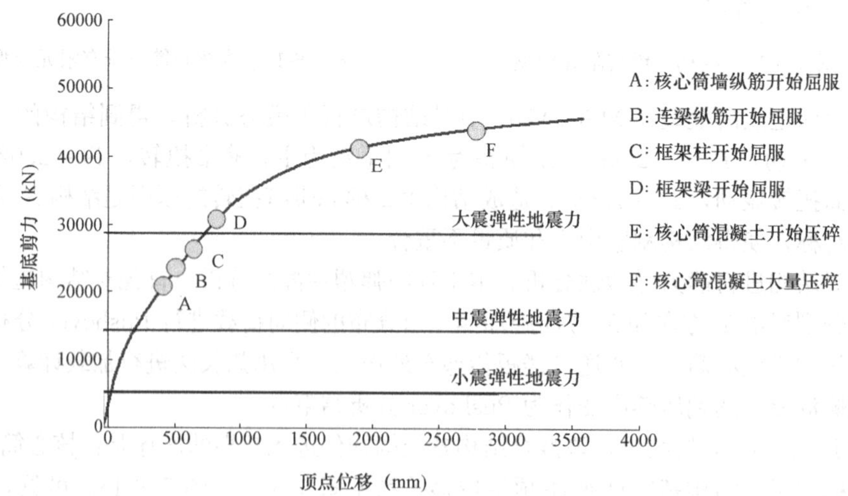

图5.6-14　Y方向Pushover基底剪力-顶层位移关系

下面分别给出了Y方向Pushover分析结束时的结构各部分损伤情况：

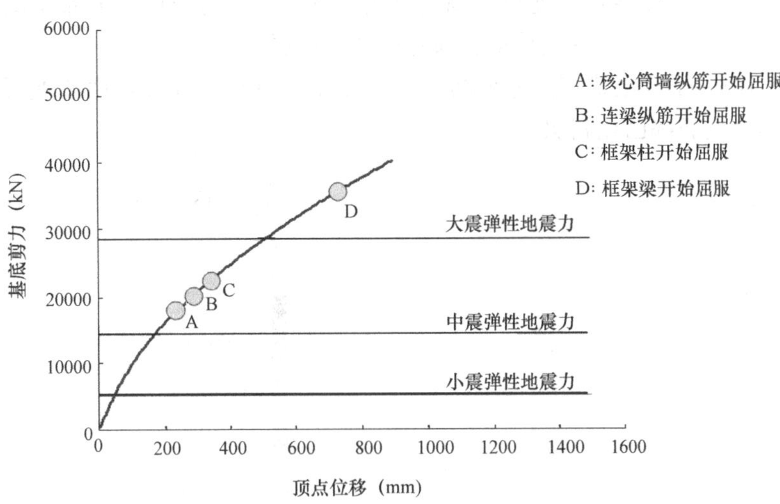

图 5.6-15　*X* 方向 Pushover 基底剪力-顶层位移关系

结构 *Y* 方向 Pushover 极限状态筒体裂缝分布见图 5.6-16，如图可见核心筒受拉侧底部开裂较为严重，最大开裂应变为 0.0257，结构下部楼层的筒体受拉侧开裂应变均达到 0.001 以上。

Y 方向 Pushover 极限状态筒体受压应变分布见图 5.6-17，可见核心筒底部部分受压侧混凝土已经达到压碎应变。

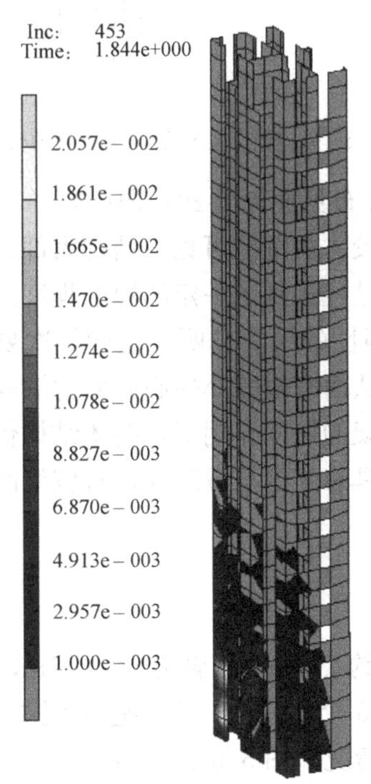

图 5.6-16　极限状态筒体裂缝分布图

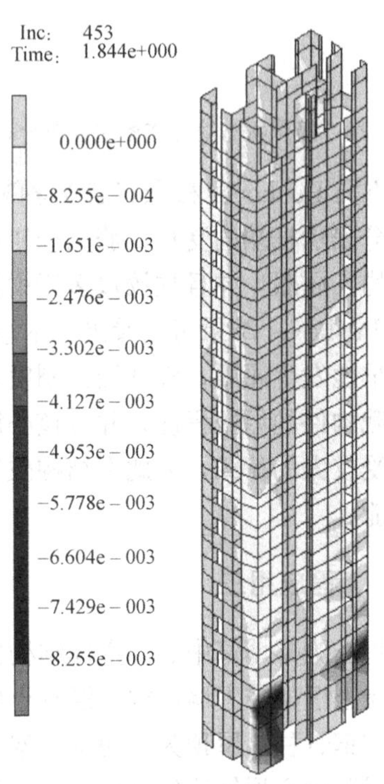

图 5.6-17　极限状态筒体受压应变分布

Y 方向 Pushover 极限状态连梁（高跨比为 4.33～6）的塑性铰分布见图 5.6-18，由图上可见，结构在极限状态下几乎每层都有部分连梁屈服。

Y 方向 Pushover 极限状态筒体纵筋应力分布示意见图 5.6-19，由图上可见，筒体底部受拉侧大部分纵筋都已经屈服。

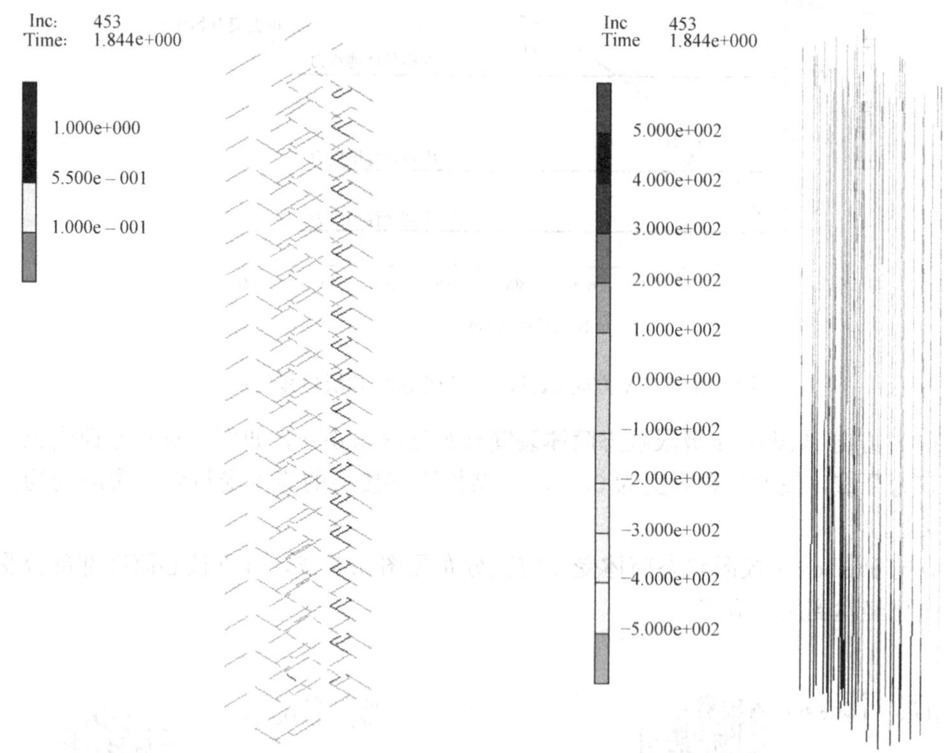

图 5.6-18　极限状态筒体连梁塑性铰分布　　图 5.6-19　极限状态筒体纵筋应力分布

Y 方向 Pushover 极限状态 Y 轴某一榀框架塑性铰分布见图 5.6-20，图中杆单元端部深色部分表示杆端的受拉钢筋已经屈服，结构出现塑性铰。由图上可见，结构大部分楼层的梁柱均已屈服，并且柱铰数多于梁铰数，外框架整体已经达到了一定的塑性程度。

由 Pushover 结果可以看出，本结构各构件进入弹塑性的层次分明。连梁等次要构件能够较早地发生屈服，降低结构刚度，减小结构反应，从而有效减小核心筒剪力墙等主要竖向承载构件的屈服程度，并且核心筒屈服后，在外框架的协同作用下，整体结构仍能够继续承受较大的荷载，因此本结构破坏模式比较合理，具有多道抗震防线，有较好的整体抗震性能。

5.6.3　工程应用三

工程三为某博览中心，主体结构共 5 层，长轴方向约 124m，短轴方向约 75m，采用钢筋混凝土框架剪力墙结构。混凝土剪力墙布置在周边 5 个楼梯间，框架包括混凝土梁、钢骨梁和钢骨柱。屋顶为双向钢桁架体系。建筑和结构情况如图 5.6-21 所示。

该博览中心形体比较复杂，不是很符合静力推覆分析的要求。但是静力推覆分析作为一种简单实用的结构非线性分析方法，在了解结构薄弱环节和变形能力方面有着较多的工

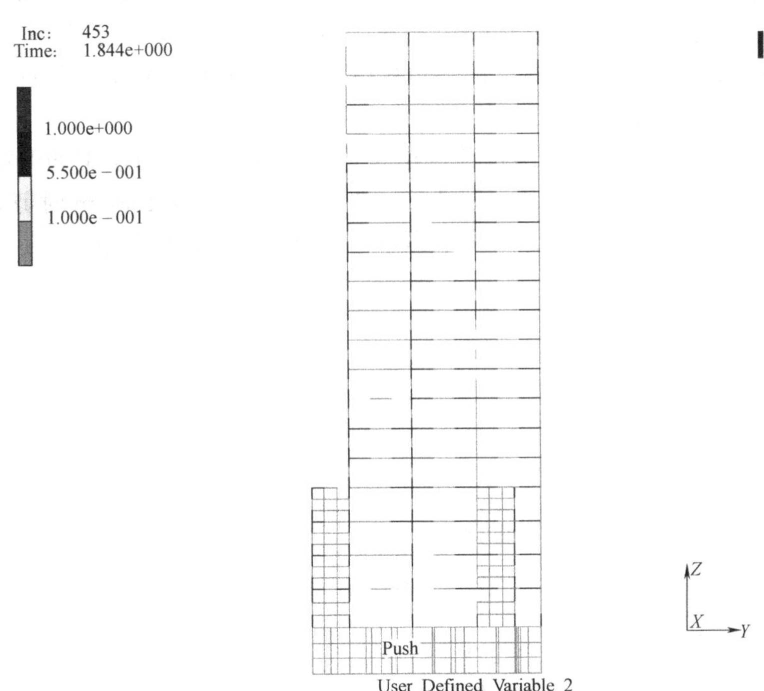

图 5.6-20 极限状态的结构框架塑性铰分布

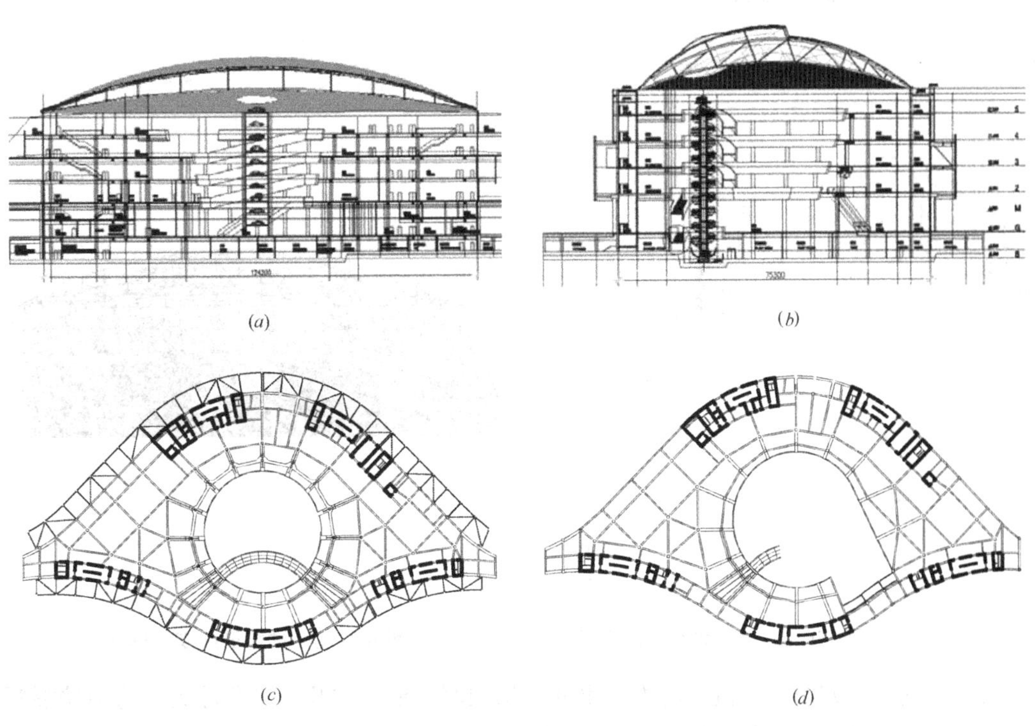

图 5.6-21 某博览中心模型

(a) 长轴方向立面图；(b) 短轴方向立面图；(c) 首层结构平面图；(d) 四层结构平面图

程实践，所以本文首先对该结构进行静力推覆分析。另外，为了更准确把握结构在地震下的真实受力情况，选用唐山波、El Centro 波和 Taft 波进行大震动力时程分析。

静力推覆分析采用的荷载模式为倒三角荷载，为避免集中荷载导致梁内出现过大压力，将水平力在各层内均匀施加在筒体上。

长轴方向（X 方向）推覆，结构顶点位移达到 29mm 时剪力墙钢筋开始屈服（图 5.6-22），达到 77mm 时框架柱开始出塑性铰（图 5.6-23），达到 168mm 时剪力墙混凝土大量压碎（图 5.6-24），终止推覆。结构极限状态变形如图 5.6-25 所示。

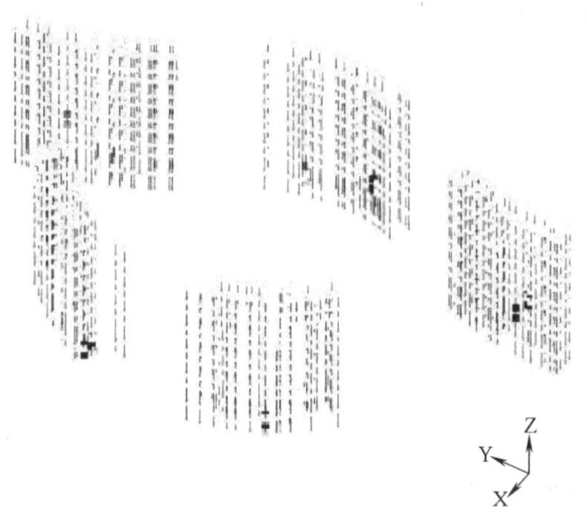

图 5.6-22　顶点位移 29mm，剪力墙钢筋塑性应变云图

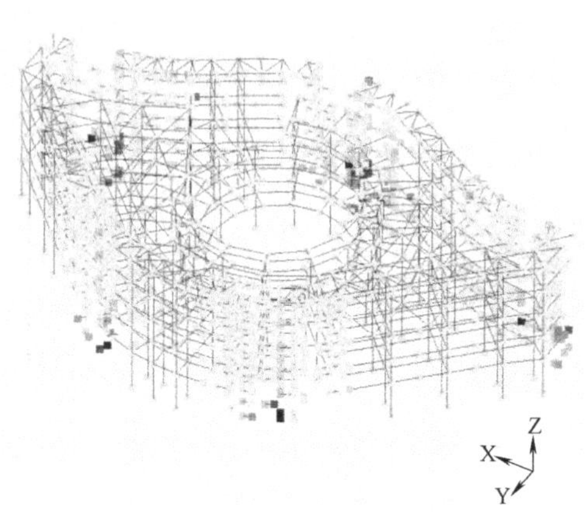

图 5.6-23　顶点位移 77mm，框架塑性铰分布

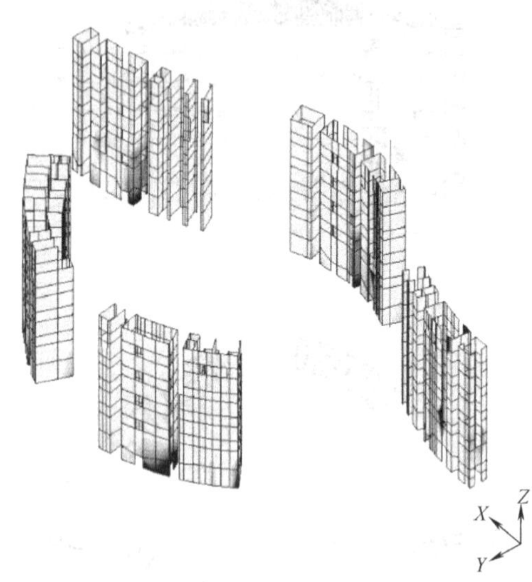

图 5.6-24　顶点位移 168mm，剪力墙压碎应变云图

图 5.6-25　推覆最终变形形状

短轴方向（Y 方向）推覆，剪力墙钢筋开始屈服、框架柱开始出塑性铰、剪力墙混凝土大量压碎对应的顶点位移分别为 37mm，135mm，199mm。

基于 ATC-40 规范建议方法，根据上述倒三角荷载推覆曲线和我国规范规定的地震反应谱得到长轴和短轴方向对应于大震、中震、小震下的目标位移点如图 5.6-26、图 5.6-27 所示。图 5.6-26、图 5.6-27 表明，无论是长轴方向还是短轴方向，在小震目标位移点，剪力墙和框架均未屈服；在中震目标位移点，剪力墙钢筋刚刚进入屈服；在大震目标位移点，剪力墙部分钢筋屈服，但框架柱未出现塑性铰。根据不同地震水平目标位移点以及推覆荷载-位移曲线，得到不同地震水平下的结构位移沿高度分布情况，以长轴方向为例，如图 5.6-28、图 5.6-29 所示，结构水平变形分布比较均匀，且满足规范要求。可见，结构的抗震性能满足要求。

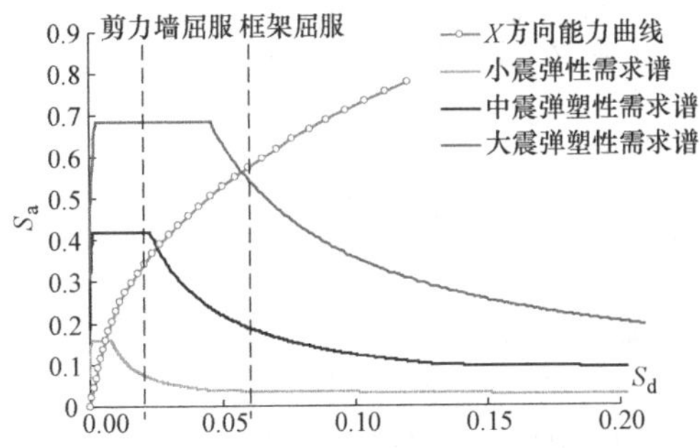

图 5.6-26　长轴方向 ATC-40 的性能目标评价

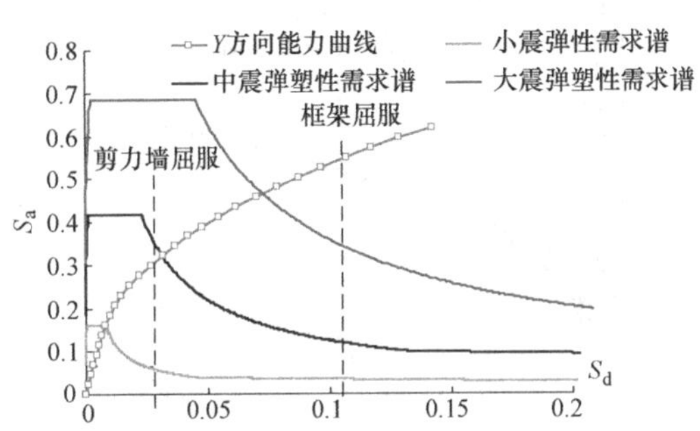

图 5.6-27　短轴方向 ATC-40 的性能目标评价

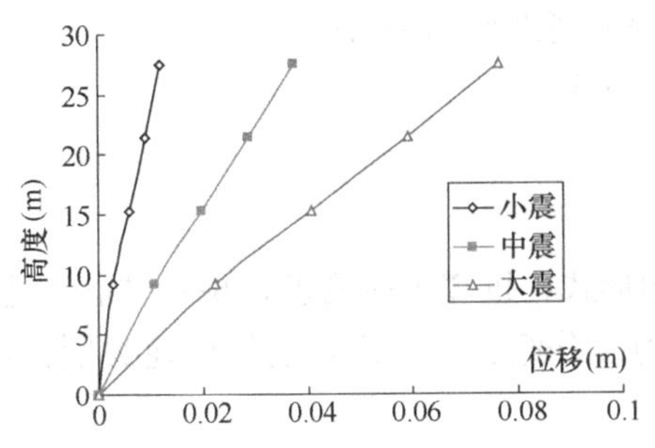

图 5.6-28　不同地震动水平结构位移分布

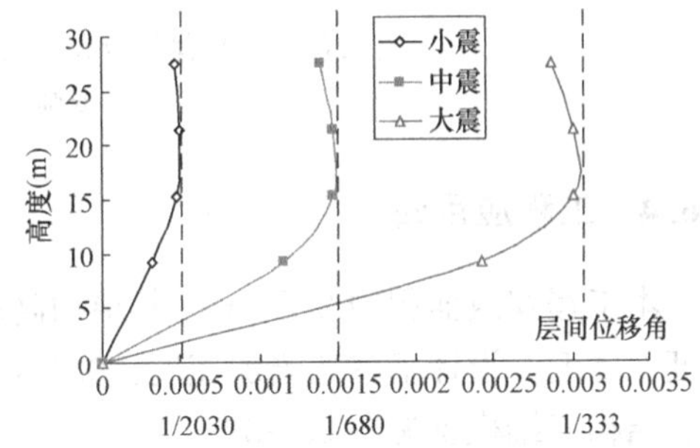

图 5.6-29　不同地震动水平结构层间位移角分布

动力时程分析得到的典型顶点位移时程曲线如图 5.6-30 所示，动力时程分析与静力推覆分析的顶点位移对比如图 5.6-31 所示。可见，唐山波和 El Centro 波时程分析得到的最大顶点位移比较接近，而 Taft 波时程分析得到的最大顶点位移与其他两条波的结果相差较大。产生差异的主要原因是三条地震波的频谱成分不同。

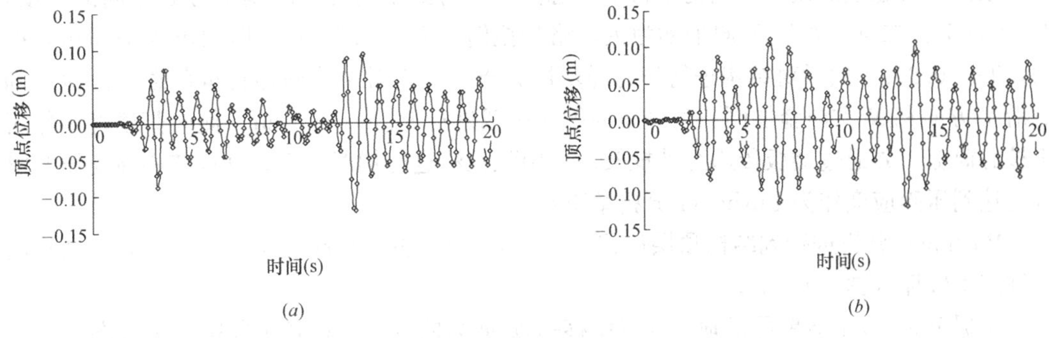

图 5.6-30　El Centro 波顶点位移时程曲线

(a) 长轴方向；(b) 短轴方向

图 5.6-31 表明，在 8 度大震下，对于唐山波，长轴和短轴输入时都是部分剪力墙钢筋屈服，部分框架柱出塑性铰；对于 El Centro 波，长轴输入相对不利，部分剪力墙钢筋屈服，部分框架柱出塑性铰，短轴输入时仅有部分剪力墙钢筋屈服，而框架柱未出现塑性铰；对于 Taft 波，长轴输入时剪力墙钢筋未屈服，短轴输入相对不利，有部分剪力墙钢筋屈服。顶点位移时程曲线和层间位移角时程曲线表明，采用三条波计算得到的最大顶点位移和最大层间位移角均满足规范要求。

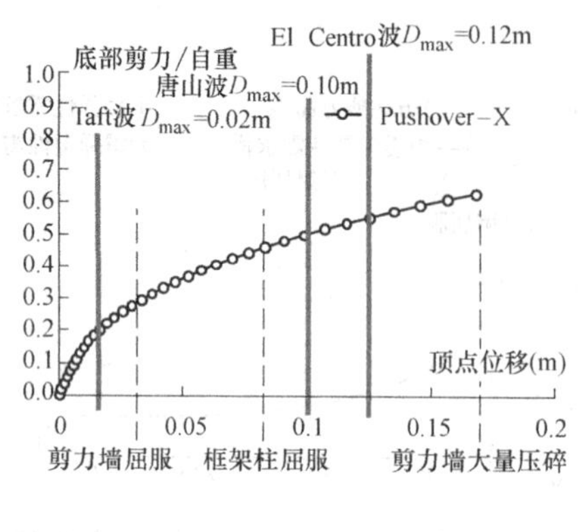

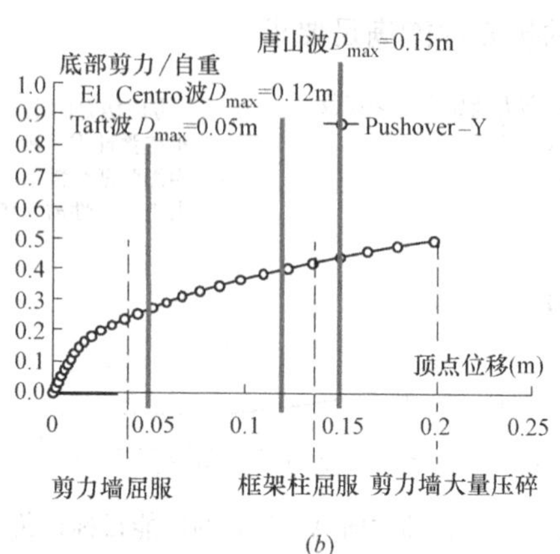

图 5.6-31 时程分析和静力弹塑性分析得到的顶点位移对比

(a) 长轴方向；(b) 短轴方向

5.6.4 工程应用四

本工程建筑面积约 2 万 m^2。其结构高度、结构形式、抗震等级见表 5.6-3。抗震设防烈度 7.5 度，设计基本地震加速度：0.15g，设计地震分组：第一组，建筑场地类别：Ⅲ类。结构三维模型见图 5.6-32。

工程基本信息 **表 5.6-3**

层数（地上/地下）	结构高度（m）	平面尺寸(m)	抗震设防类别	结构形式	抗震等级
10/1	43.0	86×72	丙类	框架剪力墙	框架二级 剪力墙一级

根据上面建立的模型对结构进行了模态分析，得到结构的一阶模态为 Y 方向的平动，T_1=1.05s；二阶模态为 X 向平动为主，略带扭转，T_2=0.95s；三阶模态为平面扭转振动，T_3=0.90s。然后对结构进行静力弹塑性分析。首先对结构施加自重荷载，而后分别对沿 Y 方向和 X 方向施加倒三角分布的侧向荷载进行 Pushover 分析。侧向荷载直接作用于核心筒上，并通过楼板传递至外框架。采用弧长法进行加载计算，并以核心筒受压侧混凝土达到压碎应变作为 Pushover 分析结束点。

Pushover 分析进行到结构顶层位移 307.4mm 时（主结构高度 40m，1/130），结构的筒柱产生破坏（图 5.6-33）。

根据 Pushover 结果可以画出顶点位移-基底剪力曲线，并将各个关键点标在图中（图 5.6-34）。

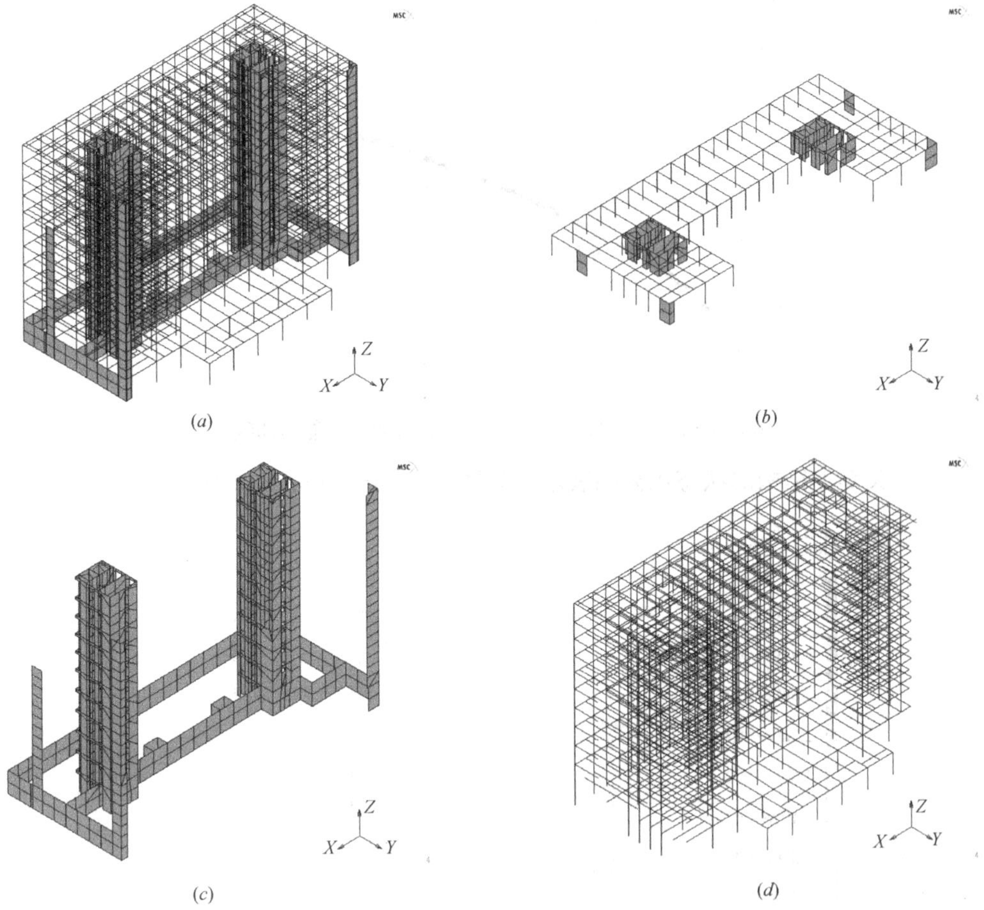

(*a*) (*b*)

(*c*) (*d*)

图 5.6-32 结构三维模型

(*a*) 整楼模型；(*b*) 标准层平面；(*c*) 剪力墙部分；(*d*) 框架部分

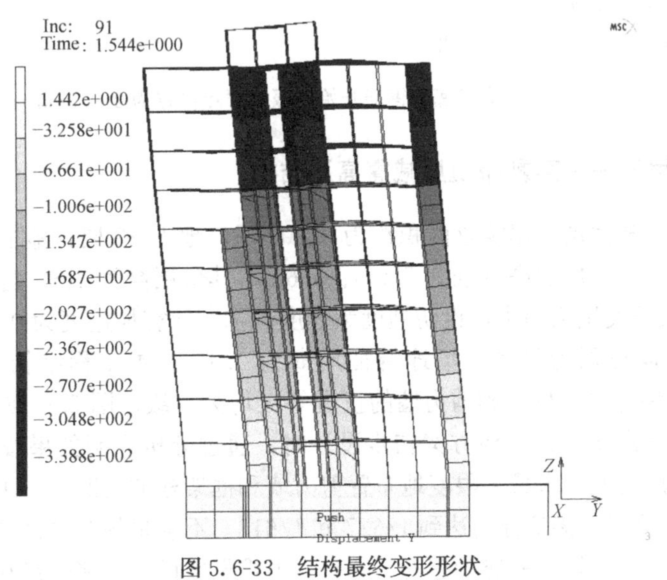

图 5.6-33 结构最终变形形状

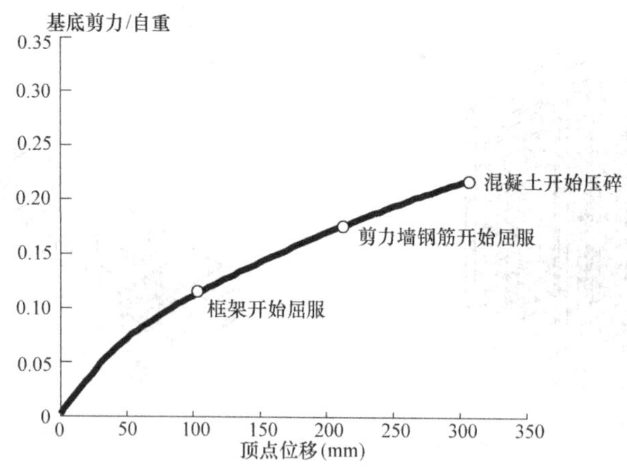

图 5.6-34　结构的顶点位移-基底剪力曲线（能力曲线）

将一些关键点结构的状态用云图表示，如图 5.6-35～图 5.6-37 所示。

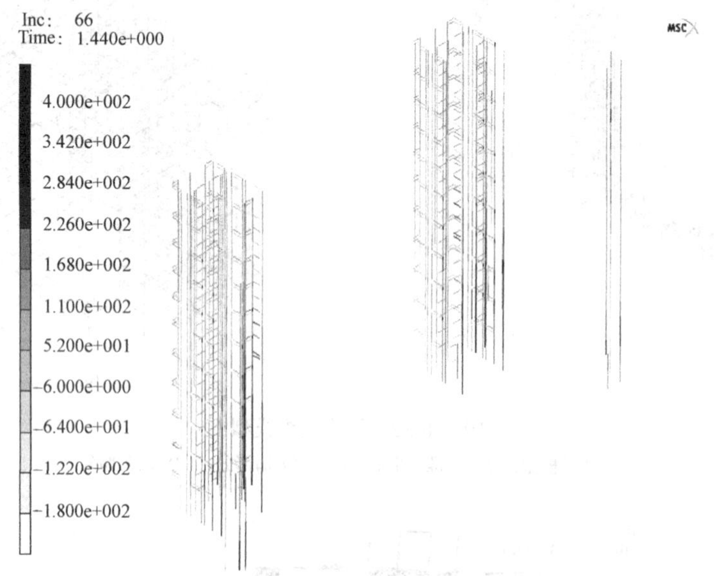

图 5.6-35　剪力墙底部钢筋开始屈服（顶点位移为 212.3mm）

5.6.5　工程应用五——某黏滞阻尼减震高层结构

工程五为某商务大楼。建筑总面积约为 32000m^2，地上 22 层，地下 1 层，地上总高度为 89.5m，第一、二层层高分别为 5.0m、5.6m，其余层高为 4m。建筑设计使用年限为 50 年，抗震设防类别为丙类，设防烈度为 8 度，基本地震加速度为 0.3g，设计地震分组为第一组，场地类别为Ⅲ类，场地特征周期为 0.45s。本工程结构采用钢筋混凝土（RC）框架-剪力墙体系。框架和剪力墙的抗震等级均为一级。图 5.6-38 给出了该结构第八层平面布置的示意图。在结构方案初步设计时，通过分析表明如果按照传统的抗震设计，则在满足使用功能要求最大限度地布置剪力墙和框架柱的情况下，主体结构在多遇地震下 X 和 Y 方向层间位移角分别达到 1/627 和 1/618，不满足规范允许的限值；同时主体结构在多遇地震下出现较多的连梁超筋。此时已很难再增设剪力墙数量和增大剪力墙及柱

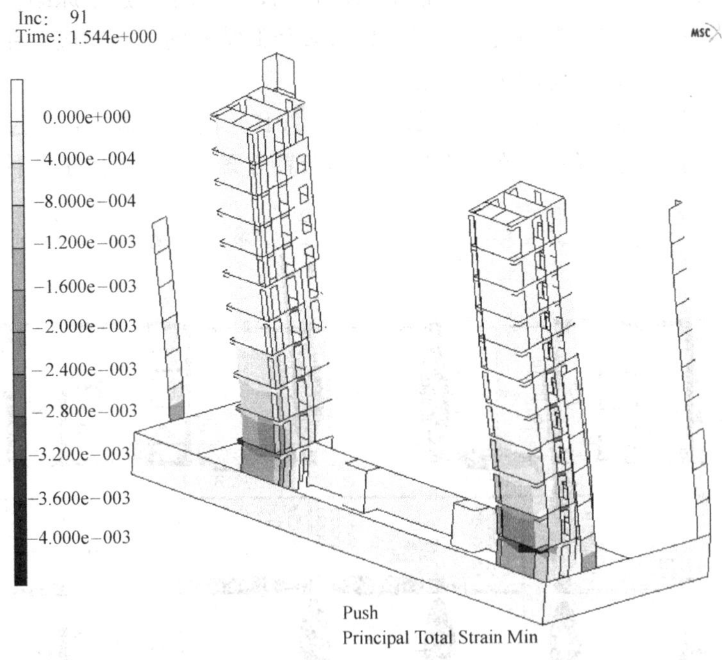

图 5.6-36 地下一层连梁混凝土开始压碎（顶点位移为 307.4mm）

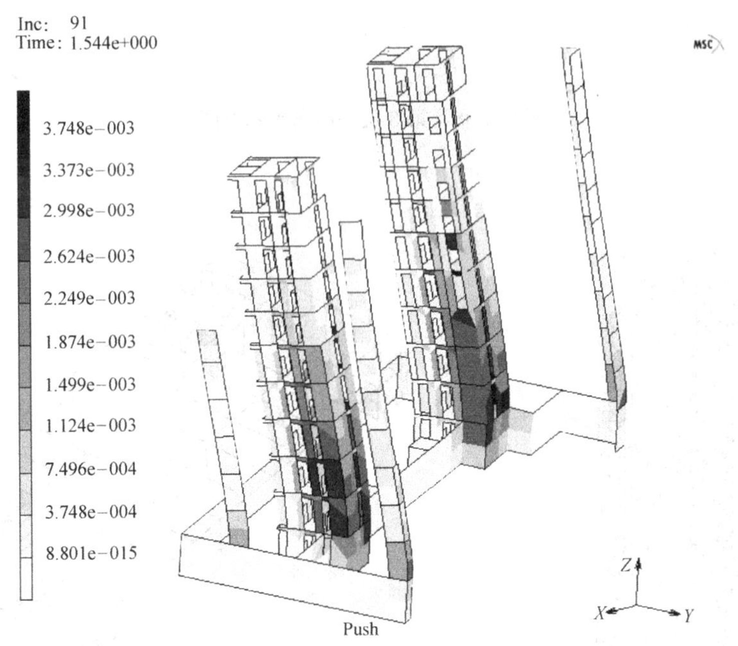

图 5.6-37 极限状态下剪力墙的开裂应变分布情况

的截面尺寸，故对本工程仅依靠“硬抗”的传统设计，很难满足结构抗震设计要求。为此，在结构中布置了一定数量的非线性黏滞流体阻尼器，采用减震控制设计技术将结构设计为消能减震结构体系。从结构整体上看，附加这种速度型阻尼器不会对原结构的刚度和振动特性有任何改变，而仅提供一种耗散能量的作用，相当于增加了原结构的阻尼比，因此既便于设计者对结构进行控制设计，又可以有效降低结构的地震响应，在不影响建筑功能要求的情况下明显提高结构的抗震性能。

根据我国《建筑抗震设计规范》（GB 50011—2010）的相关规定，通过多轮时程分析并进行优化调整的基础上确定了本工程阻尼器的布置方案。最终采用了 3 种不同型号的非

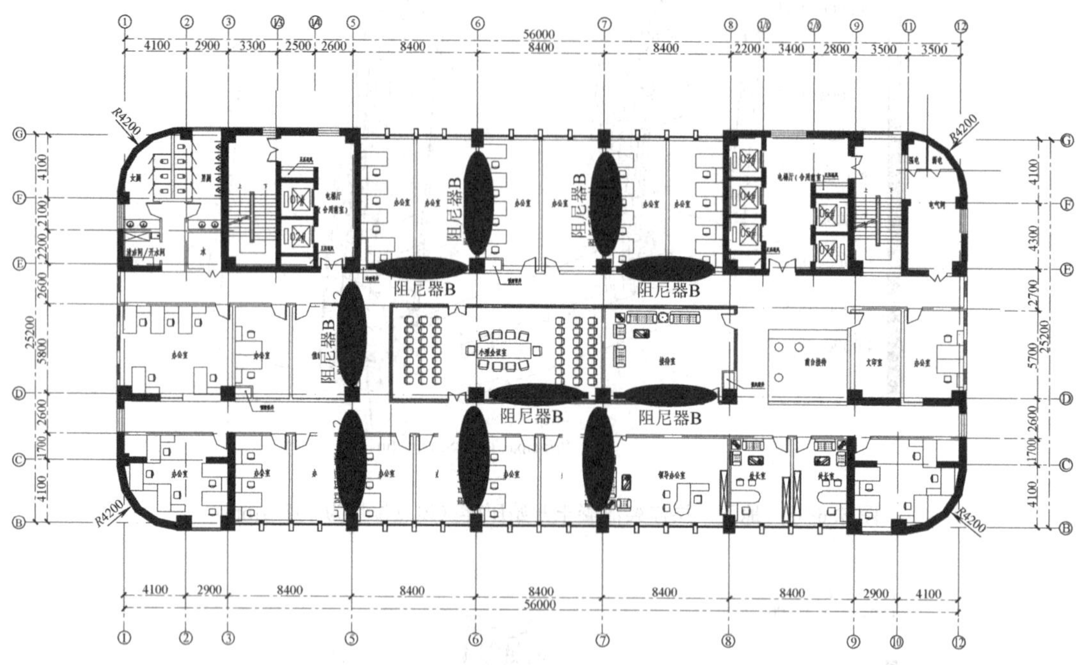

图 5.6-38　第 8 层平面布置示意图

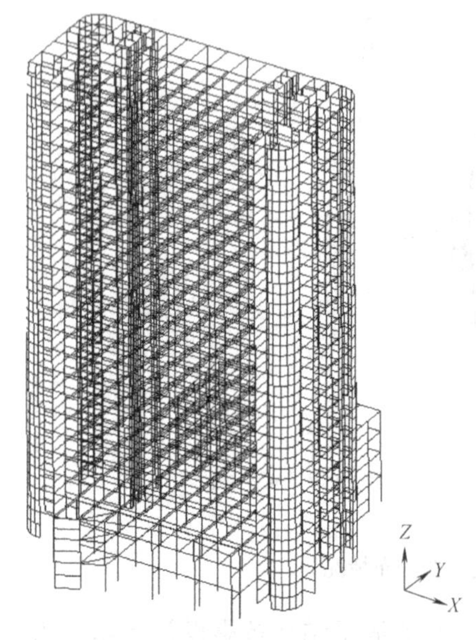

图 5.6-39　整体结构分析模型（隐去楼板单元）

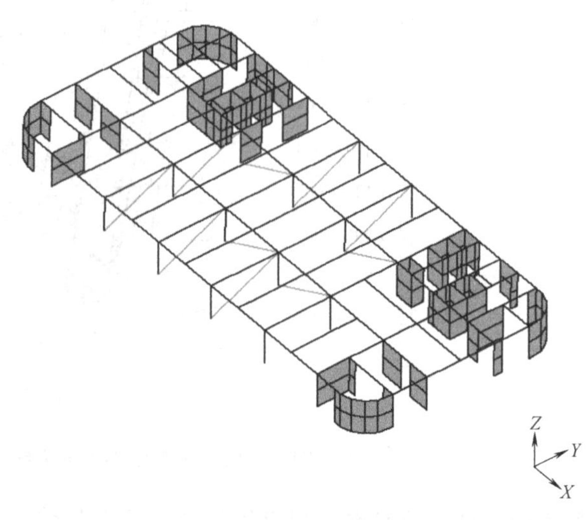

图 5.6-40　减震结构模型第 8 层示意图（隐去楼板单元）

线性黏滞流体阻尼器，共 180 个。图 5.6-38 中用实心椭圆表示了该层阻尼器的布置位置作为示例。表 5.6-4 列出了本工程所采用的各种阻尼器的型号及性能参数。

黏滞流体阻尼器参数 **表 5.6-4**

阻尼器类型	阻尼指数 α	阻尼系数 $C(\mathrm{kN \cdot s \cdot m^{-1}})$	最大行程(mm)	最大阻尼力(kN)	数量
A	0.2	1000	±50	750	6
B	0.2	1200	±50	850	114
C	0.25	1400	±40	900	60

在 MSC. Marc 中建立上部结构的三维有限元分析模型，如图 5.6-39、5.6-40 所示。在该有限元分析模型中，利用基于 THUFIBER 程序的纤维梁单元来模拟框架柱和框架梁，同时利用分层壳剪力墙模型模拟剪力墙中的墙肢和连梁，楼板则采用弹性膜单元模拟（图 5.6-39、5.6-40 中均隐去了模拟楼板的弹性膜单元）；非线性黏滞流体阻尼器通过在相应的节点之间按照公式（5.4-2）的关系设置“弹簧连接（link—spring）”属性，并调用 USPRNG 子程序进行模拟。对该结构模型首先进行模态分析，前三阶周期分别为 1.714s（Y 向平动）、1.635s（X 向平动）和 1.230s（扭转），均与 PKPM 软件分析结果吻合较好。在后续弹塑性时程分析中，设置结构自身阻尼为 Rayleigh 阻尼，并按振型阻尼比为 5%确定阻尼参数。同时，还考虑了 P-Δ 效应。根据抗震规范的要求，选用五条天然地震波和两条人工地震波作为地震动输入，对所建立的结构模型进行弹塑性时程分析。将所有地震波 PGA 调整至 510gal，以对应 8 度（0.3g）罕遇地震的水平。对结构模型分别进行了 X 和 Y 方向输入下的弹塑性时程响应分析。为了对比减震方案的有效性，对未安装阻尼器的无控结构和安装阻尼器后的减震结构均进行了分析。现以 USER362 人工波的计算结果为例说明减震效果，其他计算结果均可得到相似的分析结论。

图 5.6-41、图 5.6-42 分别给出了在 X 向 USER362 波和 Y 向 USER362 波作用下计算得到的结构最大层间位移角分布，可见，由于黏滞流体阻尼器的耗能减震作用，使得减震结构相对于无控结构的层间变形有明显的减小。各层的减震率最小接近 20%，最大则将近 30%。根据抗震规范要求，框架-剪力墙结构在罕遇地震作用下的层间位移角限值为 1/100，由图 5.6-41、图 5.6-42 可见，无控结构的层间变形可能会不满足规范要求，而减震结构则可以确保满足要求。

图 5.6-43、图 5.6-44 分别给出了在 X 向 USER362 波和 Y 向 USER362 波作用下计

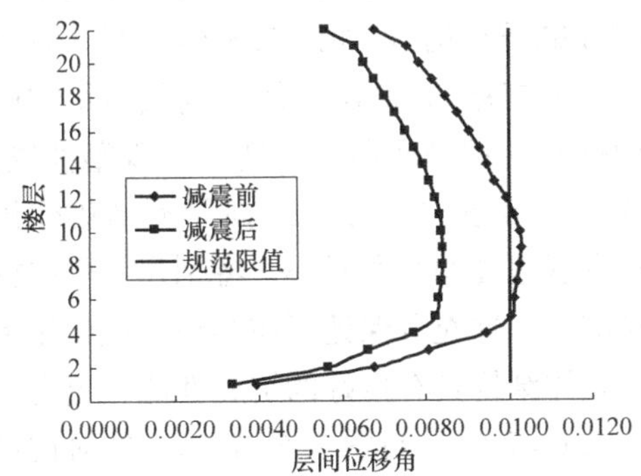

图 5.6-41　X 向 USER362 波作用下层间位移角

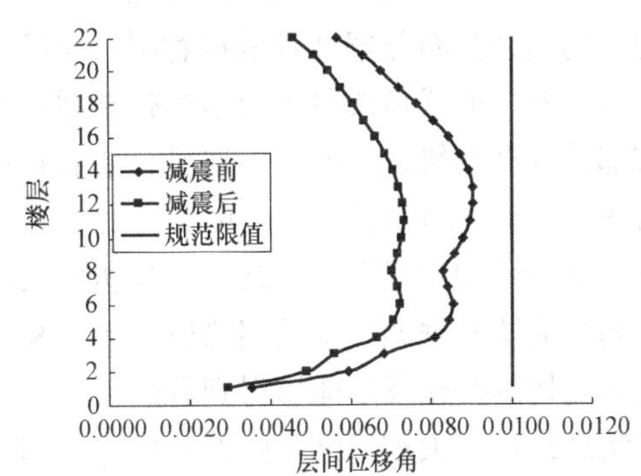

图 5.6-42　Y 向 USER362 波作用下层间位移角

算得到的结构基底总剪力时程曲线。对比图中的两条曲线可见，通过减震措施，结构基底总剪力有一定的减小，这也反映了结构在罕遇地震作用下弹塑性程度的降低。

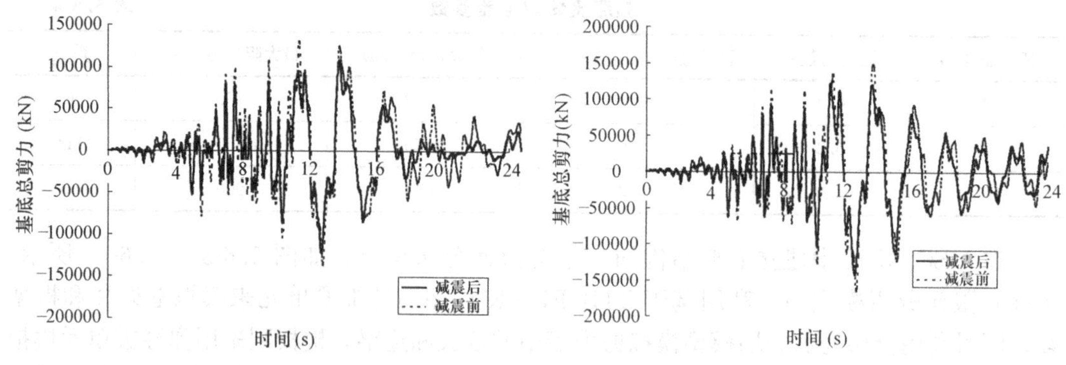

图 5.6-43　X 向 USER362 波作用下基底总剪力时程

图 5.6-44　Y 向 USER362 波作用下基底总剪力时程

图 5.6-45（a）～（d）分别给出了在 X 向 USER362 波作用下计算得到的减震结构第 3、9、12、18 层的某个阻尼器阻尼力与阻尼器两端相对位移的关系曲线，可见本工程所采用的非线性黏滞流体阻尼器在罕遇地震作用下具有稳定的耗能能力，可以有效地耗散地震输入能量，从而降低结构地震响应。并且，各层阻尼器的最大出力和最大行程接近但均未超过表 5.6-4 所示的阻尼器工作参数，说明阻尼器的选用与布置方案是经济合理可行的。

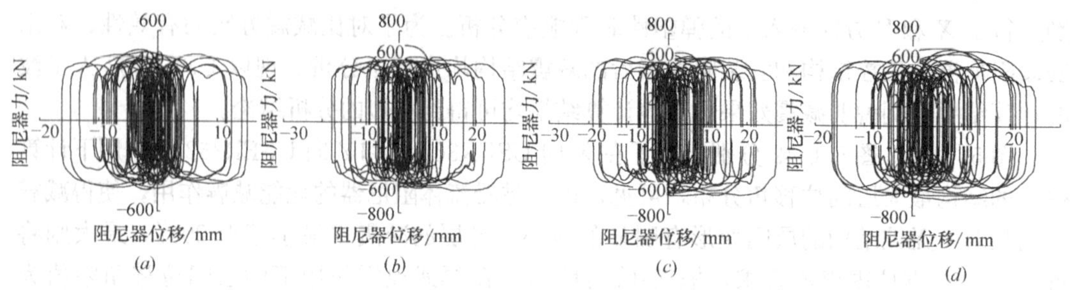

图 5.6-45　X 向 USER362 波作用下阻尼器力-位移结果示意

（a）第 3 层；（b）第 9 层；（c）第 12 层；（d）第 15 层

利用 MSC. Marc 的后处理功能，给出在两个方向 USER362 地震波罕遇地震作用下结构中的损伤分布与塑性发展示意图（包括无控结构和减震结构），如图 5.6-46、图 5.6-47 所示。图中的浅色线段表示结构处于弹性状态（钢筋未屈服），而深色线段则代表结构的该部位（框架梁、框架柱、连梁、墙肢约束边缘构件）有钢筋屈服，可视为出现塑性铰。由图 5.6-46（a）与图 5.6-46（b）的对比可以看出，在 8 度（0.3g）X 向罕遇地震作用下，减震结构相对于无控结构，其塑性铰的数量和发展程度均有所减小，特别作为竖向构件的剪力墙和框架柱中的钢筋屈服数量和程度明显减小，这充分保证了在罕遇地震作用下主体结构的损伤发展能够得到有效控制，从而使得整体结构具有良好的抗震性能，更有利于实现结构“大震不倒”的设防目标。同样，由图 5.6-47（a）与图 5.6-47（b）的对比可知结构在 Y 向罕遇地震作用下有相同的结论。

图 5.6-46 X 向 USER362 波罕遇地震下结构的损伤分布与发展示意
(a) 无控结构；(b) 减震结构

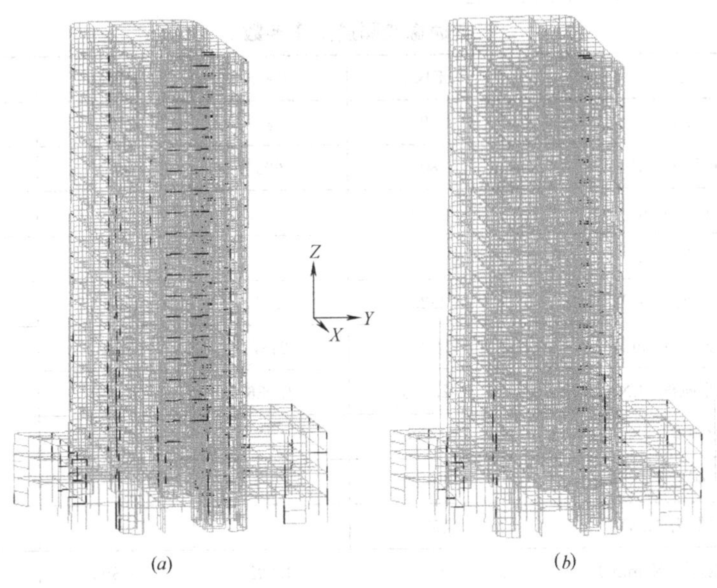

图 5.6-47 Y 向 USER362 波罕遇地震下结构的损伤分布与发展示意
(a) 无控结构；(b) 减震结构

5.6.6 工程应用六——某高层基础隔震结构

工程六为高层普通住宅楼。结构采用现浇钢筋混凝土剪力墙体系，地面以上 18 层，总高度为 57.85m。抗震设防烈度为 8 度，设计基本地震加速度值为 0.30g，设计地震第一组，建筑场地为Ⅲ类，场地特征周期值为 0.45s。剪力墙抗震等级为二级，结构中所布置的少量的框架柱抗震等级为二级。图 5.6-48 给出了结构上部的标准层平面示意图。考虑到本工程位于地震高烈度区，为了尽可能保证建筑使用功能，同时提升结构的整体抗震安全性能，在结构设计中采用了基础隔震技术。

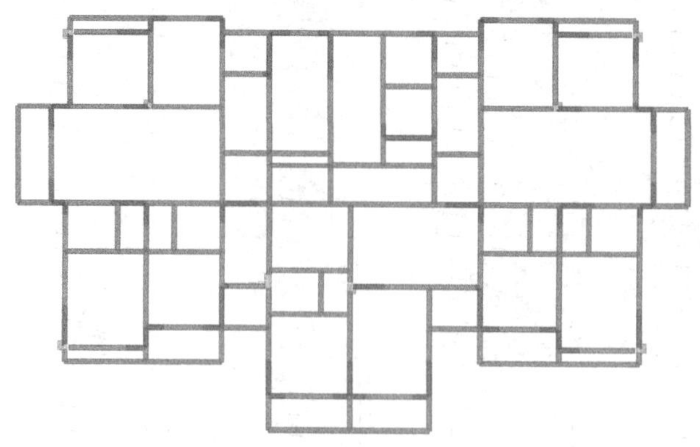

图 5.6-48　结构标准层平面示意图

经过多轮方案计算比较和调整，最终采用直径为 600mm、800mm 和 900mm 三种橡胶隔震支座，产品型号分别为 RB600、RB800 和 RB900，其中有一部分是铅芯型橡胶支座，产品型号是 LRB800，表 5.6-5 列出了所采用的隔震橡胶支座参数。隔震支座平面布置见图 5.6-49，共计 35 个隔震支座。

普通橡胶隔震支座参数　　**表 5.6-5**

型号	LRB800	RB600	RB800	RB900
总数(个)	9	8	6	12
有效直径（mm）	800	600	800	900
铅芯直径（mm）	160	/	/	/
中心孔径（mm）	/	30	40	45
支座总高度（mm）	282.8	185	282.8	278.8
竖向刚度（kN/mm）	4022	2487	3883	4626
100%等效水平刚度（kN/mm）	2.746	1.026	1.253	1.567
100%屈服前刚度（kN/mm）	15.938	/	/	/
100%屈服后刚度（kN/mm）	1.226	/	/	/
100%屈服力（kN）	167.5	/	/	/
橡胶剪切模量（N/mm^2）	0.392	0.392	0.392	0.392

基于 MSC. Marc 建立本结构的弹塑性分析模型。在建模过程中，钢筋混凝土框架柱、框架梁以及跨高比较大的连梁均采用基于 THUFIBER 程序的纤维梁单元来模拟。剪力墙（包括跨高比较小的连梁）采用分层壳墙模型，其中墙体约束边缘构件处的纵筋采用离散钢筋建模方式（9 号桁架单元），分布钢筋采用弥散建模方式。此外，各层楼板采用弹性膜单元（18 号膜单元）来模拟，以考虑楼板面内变形的影响。对于非隔震结构，底部边界条件设定为固端约束。对于隔震结构，隔震支座则通过先设置一固定节点模拟固结于地面的基础，同时在布置隔震支座的上部结构模型底部节点处和基础固定节点之间设置弹簧连接，并根据表 5.6-5 的各种支座受力变形参数，通过 USPRNG 子程赋予各弹簧各自的

受力变形关系。图 5.6-50 给出了隔震结构的上部结构三维有限元模型示意图。图 5.6-51 给出了隔震支座模拟示意图。

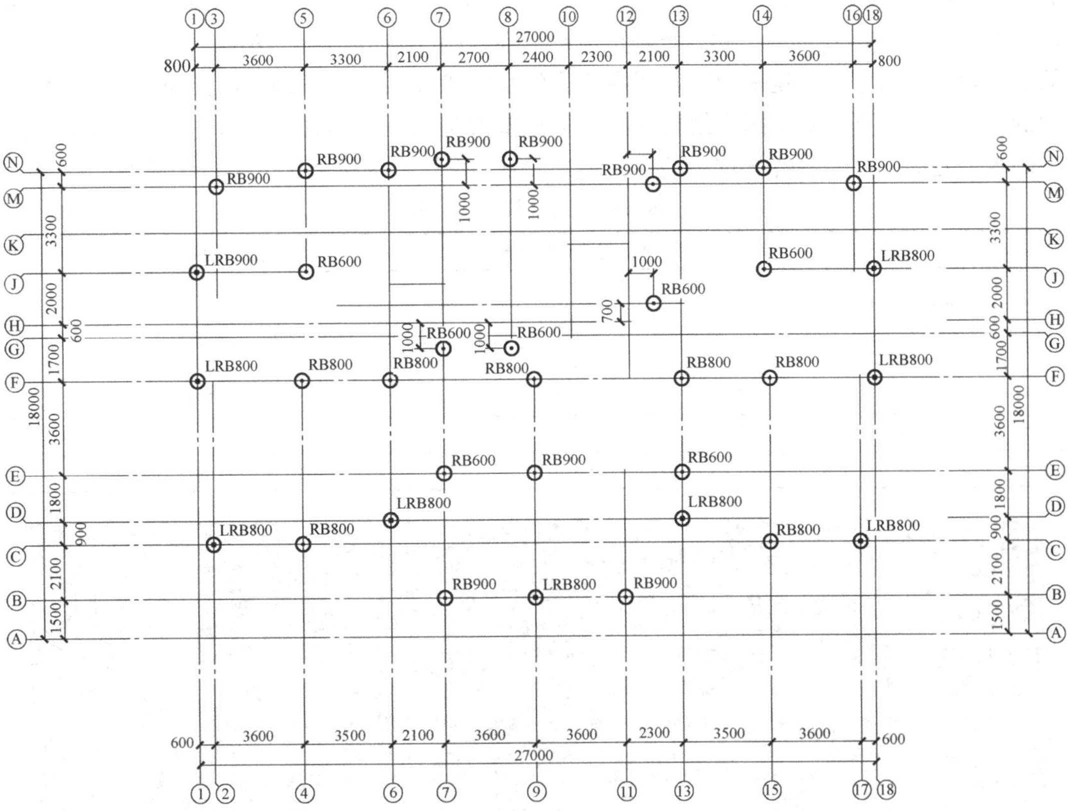

图 5.6-49　隔震支座平面布置示意图（单位：mm）

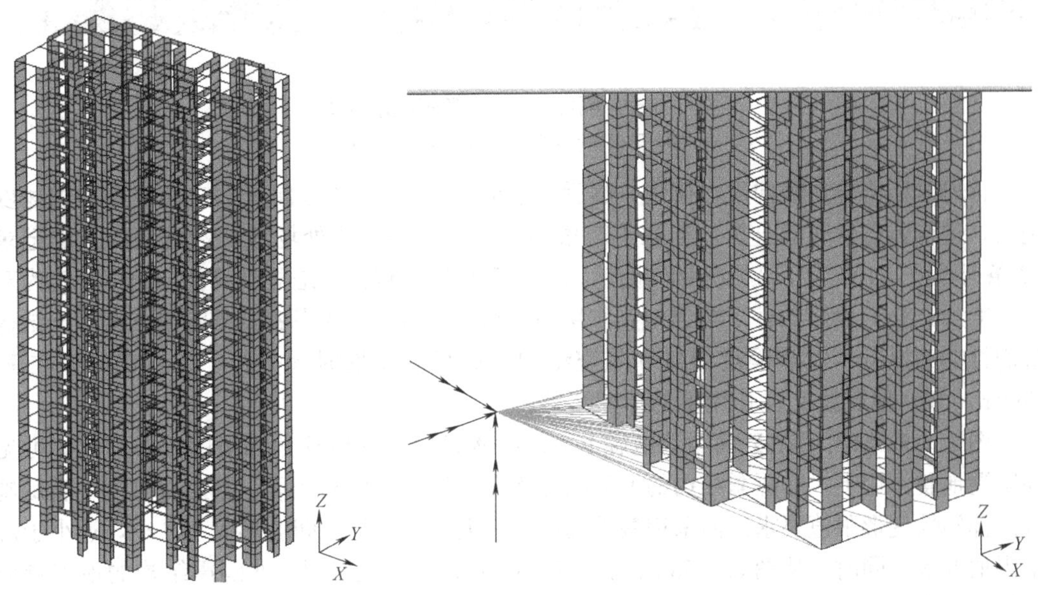

图 5.6-50　上部结构三维有限元模型

图 5.6-51　底部隔震支座模拟示意图

结构建模完成后，首先进行模态分析，为了初步估算基础隔震对于结构动力特性的调整效果，对非隔震结构和设置隔震支座后的隔震结构的模型均进行了模态分析。结果如表5.6-6所示。可见，隔震结构的周期比非隔震结构增大了很多，基本周期由原来的1.426s延长至2.922s，已经远离了建筑场地的卓越周期。图5.6-52（*a*）、（*b*）给出了隔震后结构的前两阶振型示意（俯视平面图，图中的黄色线段代表结构未振动的原始位置），从隔震后的振型图中，可以看出隔震结构的前两阶振型为Y向和X向的平动，上部结构在地震中的水平变形，已经从传统抗震结构的“放大晃动型”变为接近于“整体平动型”。

隔震结构前6阶振型结果 **表5.6-6**

振型	非隔震结构周期(s)	隔震结构周期(s)
1	1.426	2.922
2	1.214	2.865
3	1.018	2.605
4	0.411	0.771
5	0.353	0.706
6	0.321	0.631

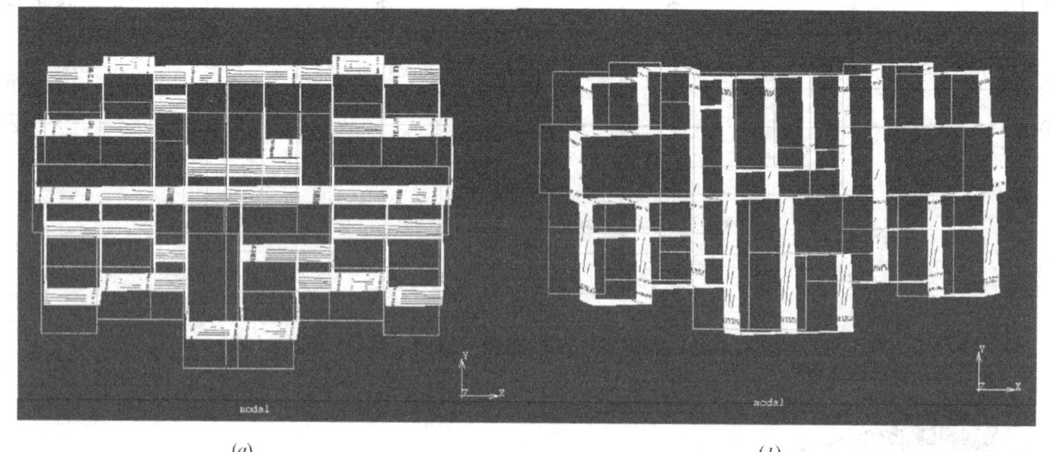

(*a*) (*b*)

图5.6-52 隔震结构前三阶振型示意图

(*a*) 第一阶振型示意图；(*b*) 第二阶振型示意图

首先对结构施加竖向重力荷载，然后在结构X方向和Y方向分别输入地震动加速度记录，进行弹塑性时程分析。选取了3条场地土与该结构所处场地特性类似的强震记录（2条天然波，1条人工波）分别作为输入，按现行抗震规范，地震动峰值加速度设定为对应8度（0.3g）设防条件下罕遇地震作用的510gal。为了深入考察基础隔震方案对于结构抗震性能的提升，对非隔震结构和隔震结构均进行弹塑性时程分析。以下仅给出在El Centro _ 270地震波Y向作用下的计算结果。

图5.6-53给出了在Y向罕遇地震下上部结构各层层间位移角峰值的分布情况。可见在罕遇地震作用下，非隔震结构的上部结构将发生很大的层间变形，甚至有可能不满足规范的弹塑性变形限值要求。而采用基础隔震后，上部结构的层间变形大大减小，远小于规范限值要求。同时，从图5.6-53层间位移角的分布特点还可见，非隔震结构的地震响应结果中，高阶振型响应较为明显，而隔震结构的响应则以第一振型为主。

此外，根据 MSC. Marc 输出的模拟隔震支座的各弹簧力和位移结果可得，在 Y 向罕遇地震作用下，隔震支座最大水平位移为 174mm。以所采用的 RB600 规格的支座测算，0.55 倍有效直径为 341mm，3 倍支座内部橡胶总厚度为 330mm，显然在罕遇地震作用下，隔震支座满足抗震规范关于隔震支座水平位移的限值要求，说明所设计的隔震层具有较高的可靠性和稳定性。

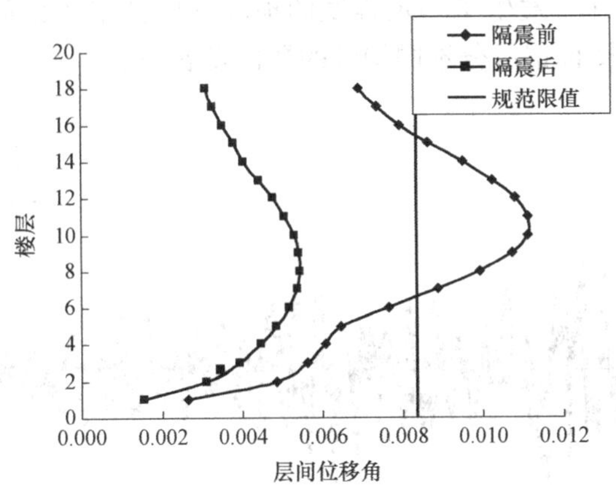

图 5.6-53　Y 向罕遇地震下层间位移角分布

图 5.6-54 给出了在 Y 向罕遇地震下上部结构的底层总剪力时程结果（包括未隔震结构方案和隔震结构方案）。可见采用基础隔震技术后，在罕遇地震作用下，上部结构所受的地震总剪力可以大幅减小，减小幅度约 40%。此外，从图中也可看出，隔震结构相对于未隔震结构的动力特性有明显改变，其振动的频率大幅减小。

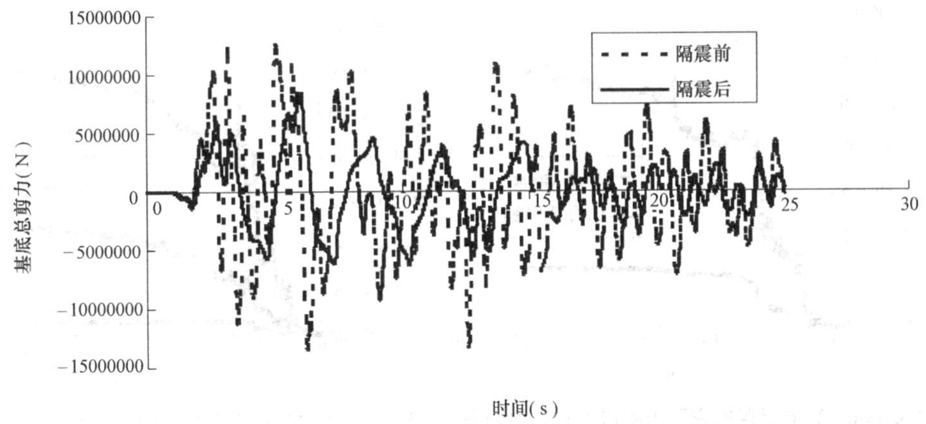

图 5.6-54　Y 向罕遇地震作用下上部结构的底层总剪力时程曲线

图 5.6-55 给出了在 Y 向罕遇地震下上部结构的顶层加速度响应时程结果曲线（包括未隔震结构方案和隔震结构方案）。可见采用基础隔震技术后，在罕遇地震作用下，顶层加速度响应大幅减小，峰值由 $11.00m/s^2$ 降为 $4.87m/s^2$，表明基础隔震技术对于结构加速度响应有很好的控制效果。

图 5.6-56、图 5.6-57 给出了在 Y 向罕遇地震下未隔震结构和隔震结构的能量时程结果，可见采用基础隔震技术后，在罕遇地震作用下，上部结构几乎没有发生塑性损伤耗

能，表明上部结构处于基本完好、轻微损伤的状态。而橡胶支座特别是铅芯橡胶支座则有效地耗散了一部分地震输入能量。

为了对隔震前后结构的整体抗震性能进行评价，图 5.6-58～图 5.6-63 给出在 Y 向罕遇地震作用下，未隔震结构和隔震结构的塑性分布与发展示意图。在这些图中，浅色线段表示结构构件完好、无损坏（钢筋未屈服），而深色线段则代表结构的该部位（联系梁、框架柱、剪力墙边缘构件）发生了一定程度的损坏（构件中的钢筋屈服、混凝土压碎），并可根据图中左边的云图标记区分不同构件的塑性发展程度。

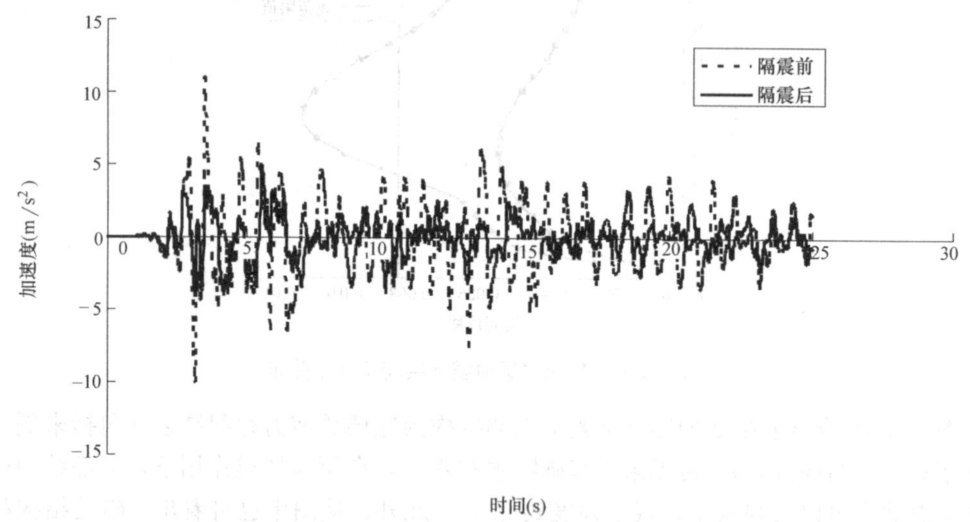

图 5.6-55　Y 向罕遇地震作用下顶层的加速度响应时程曲线

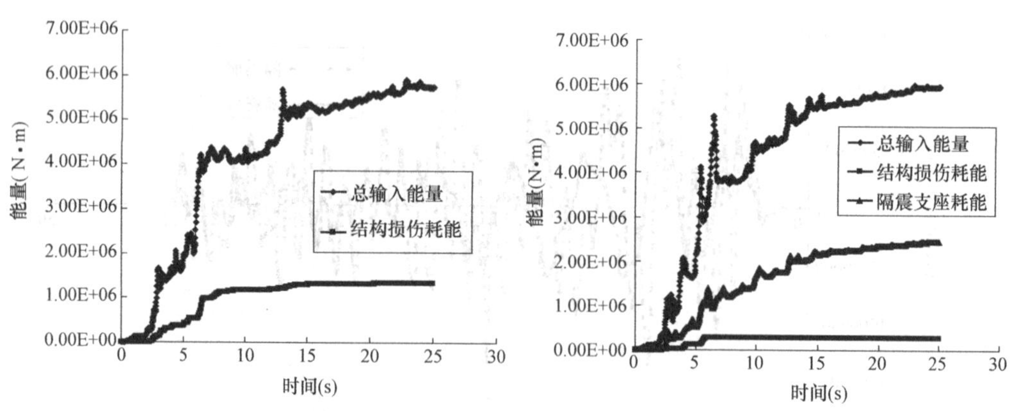

图 5.6-56　Y 向罕遇地震下未隔震结构能量时程　　图 5.6-57　Y 向罕遇地震下隔震结构能量时程

根据图 5.6-58、图 5.6-60、图 5.6-62 和图 5.6-59、图 5.6-61、图 5.6-63 的对比可见，在罕遇地震作用下未隔震结构将发生一定程度的损坏，不仅在连梁、剪力墙和框架柱之间的联系梁上出现塑性铰，而且作为结构关键构件的剪力墙，也有部分边缘构件发生一定程度损伤，还有部分墙肢混凝土受压进入下降段。而采用基础隔震措施后，结构中则几乎不再出现塑性铰，只是在局部连梁和连系梁处出现塑性铰，剪力墙端边缘构件没有发生损伤，墙根部混凝土也没有出现受压进入下降段的情况。因此从整体上看，隔震结构在罕遇地震作用下基本完好，仅有轻微损坏，结构抗震性能大大提高。

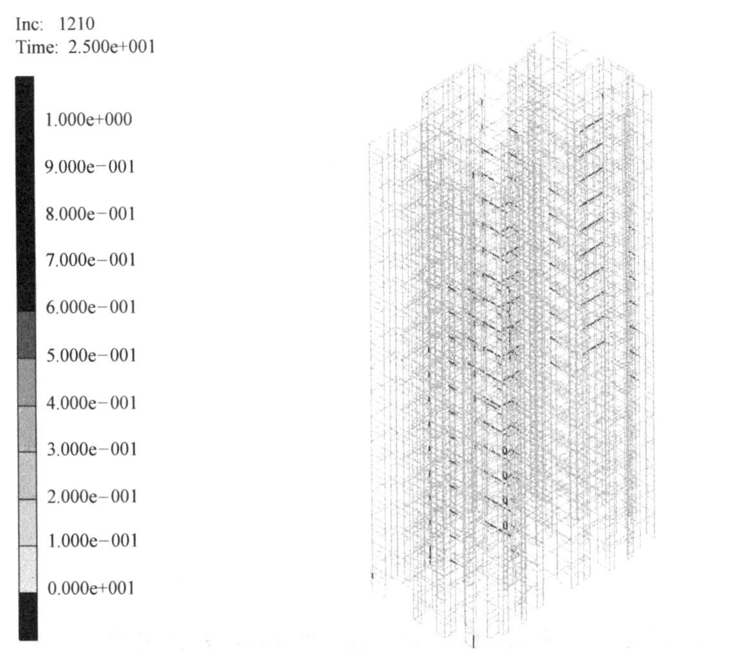

图 5.6-58　Y 向罕遇地震下未隔震结构整体塑性分布与发展示意图

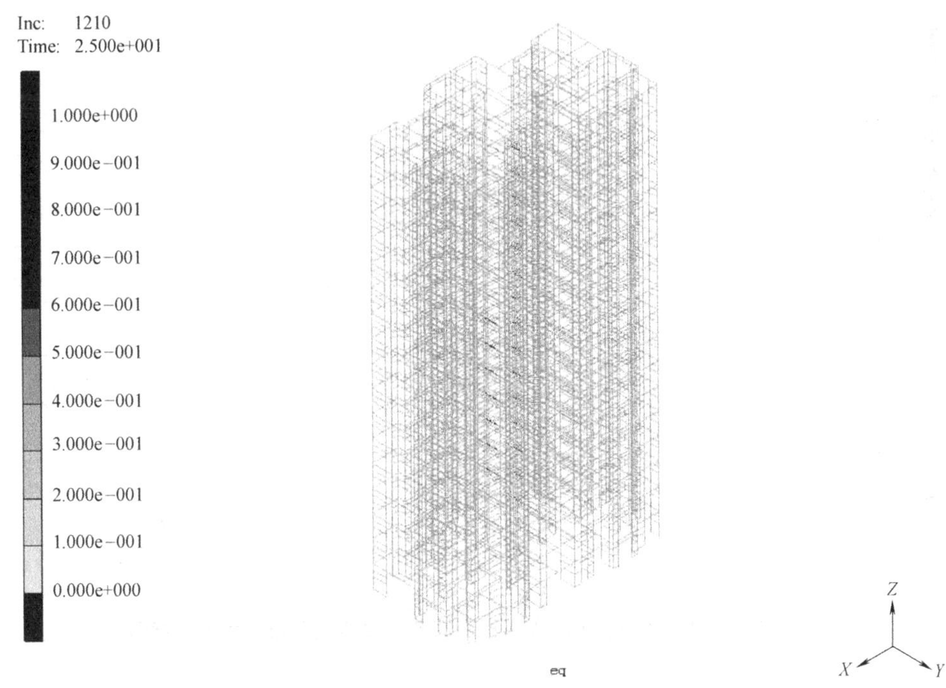

图 5.6-59　Y 向罕遇地震下隔震结构整体塑性分布与发展示意图

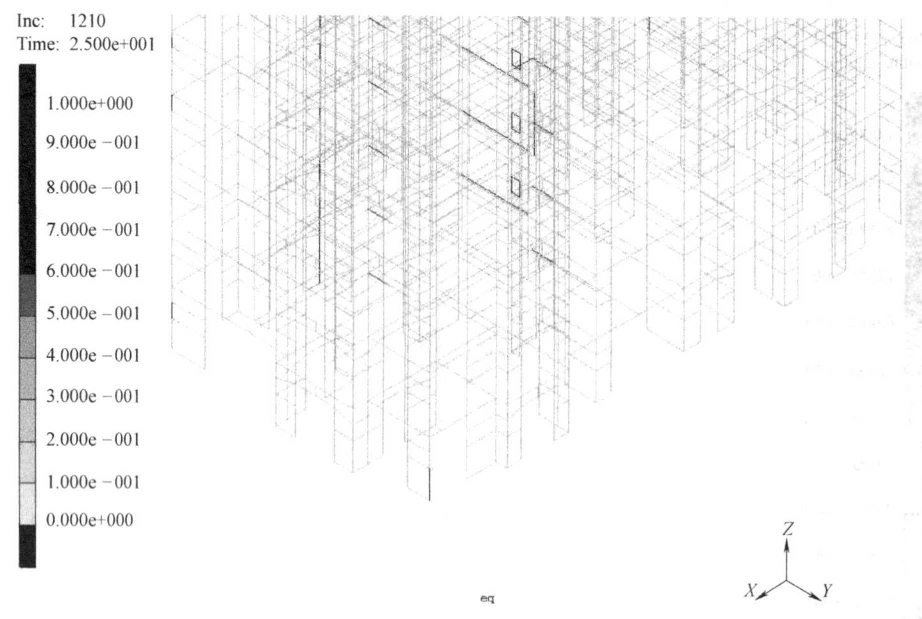

图 5.6-60　Y 向罕遇地震下未隔震结构底部若干层塑性分布与发展示意图

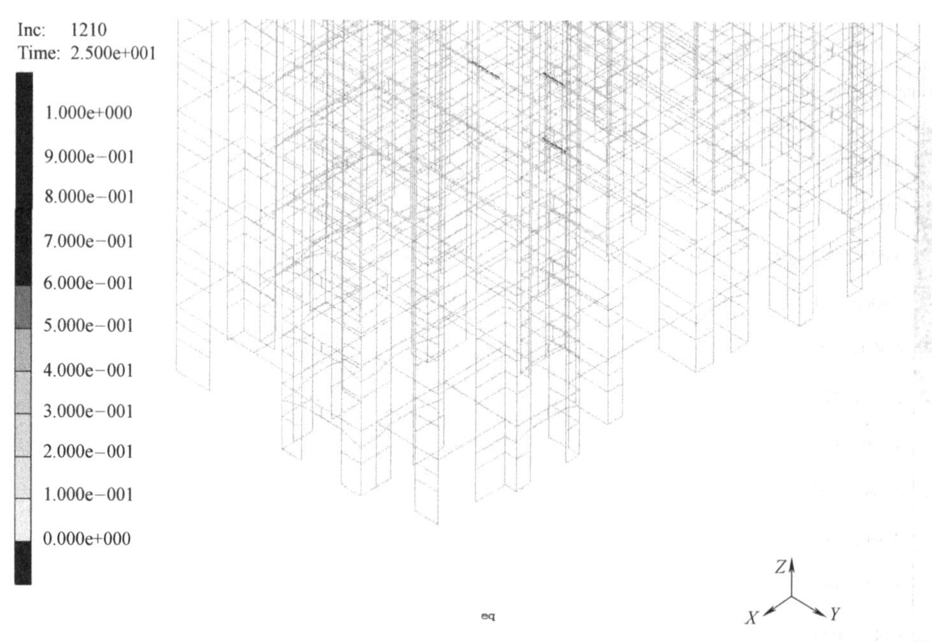

图 5.6-61　Y 向罕遇地震下隔震结构底部若干层塑性分布与发展示意图

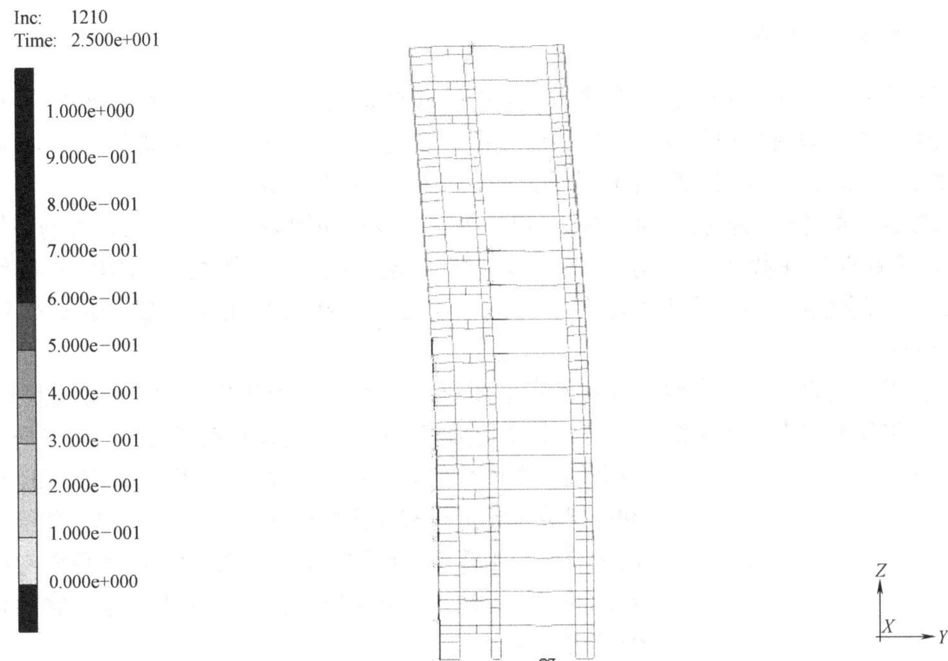

图 5.6-62 Y 向罕遇地震下未隔震结构某轴线平面塑性分布与发展示意图

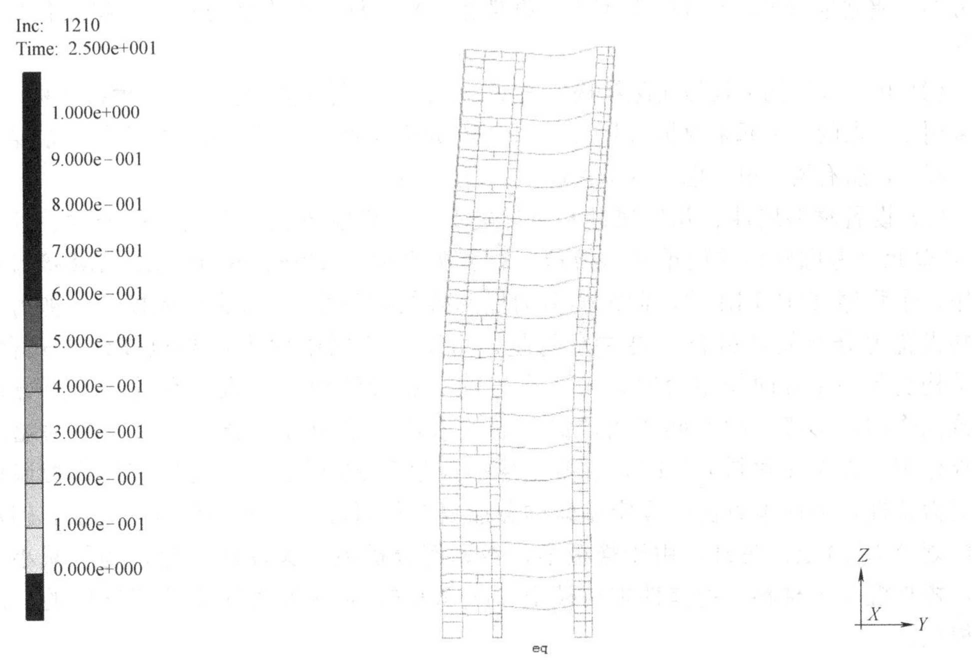

图 5.6-63 Y 向罕遇地震下隔震结构某轴线平面塑性分布与发展示意图

5.6.7 计算分析示例

下面通过一个框架-核心筒结构受到单向水平地震作用的算例来演示如何基于 MSC. Marc 进行地震作用下的结构弹塑性分析。该结构一共六层，层高均为 3.6m，结构总高度 21.6m。图 5.6-64 为该结构的平面图，各柱间距均为 5m。

筒体各片剪力墙在各层均为 150mm 厚，纵、横分布筋均为 HPB235 级，配筋率均为 0.5%；所有框架柱截面尺寸均为 450mm×450mm，在每个角部配置 HRB400 级钢筋 600mm^2；所有框架梁截面尺寸均为 250mm×600mm，在每个角部配置 HRB335 级钢筋 300mm^2。

（1）首先建立有限元模型，本算例中采用前文介绍的 THUFIBER 程序模拟框架梁、柱单元，采用分层壳单元模拟核心筒，其中剪力墙中的纵、横分布钢筋网弥散为各向同性钢筋层。在前面的章节中，对如何使用 THUFIBER 程序和分层壳单元进行有限元建模作了详尽的介绍，并给出了演示算例。本算例的结构形式简单规则，读者可参考前面算例的建模方法来建立本算例的结构模型，这里将简化介绍建模过程。

图 5.6-64　平面布置图

由于本结构一共为六层，上下各层构件均完全相同，在建模时可以先建立一层的模型，然后采用复制的方式完成其他层的建模。图 5.6-65 显示为一层的框架和核心筒建模完成时的情况。为了后面方便对单元的操作及结构各部分能够分别显示计算结果，在建模过程中，对于单元要及时分类并建立选择集。本算例模型中，框架梁、框架柱、剪力墙可以分别建立各自的选择集。

（2）由于本结构为模拟实际结构的模型，因此还需要建立相关单元来模拟楼板，这里也采用 4 节点的壳单元来模拟楼板，图 5.6-66 为增加模拟楼板的单元之后的一层结构模型。同上，所有楼板单元也可以单独建立一个选择集。

（3）设置材料属性、几何属性和单元类型并分别赋予相关单元，框架梁、柱采用 98 号单元（考虑剪切的梁单元）模拟，材料类型通过 USER SUB. UBEAM 接口来调用用户子程序 THUFIBER，而筒体剪力墙和楼板都采用 75 号壳单元模拟。剪力墙的材料设置为分层复合材料。要注意的是，由于本算例中剪力墙是以筒体形式存在，在结构受到一个方向作用力时，另一个方向上布置的剪力墙也会在其平面外方向产生抗侧作用，形成一种空间受力状态。研究表明，使用分层壳单元模拟剪力墙的平面外作用，在单元材料分层时，混凝土层一般达到 20 层以上，能够较好模拟墙体面外受力特性，因此本算例中设定墙体的分层复合材料时，钢筋层仍设为 2 层，但混凝土层划分为 20 层。另外，由于楼板不是本算例分析主要关注的部分，为了减小计算量，楼板混凝土材料采用弹性本构模型。图 5.6-67 为材料属性设置完毕后的一层结构模型。

（4）采用复制的方式完成其他层的建模。图 5.6-68 显示为各层结构建模都完成时的情况。

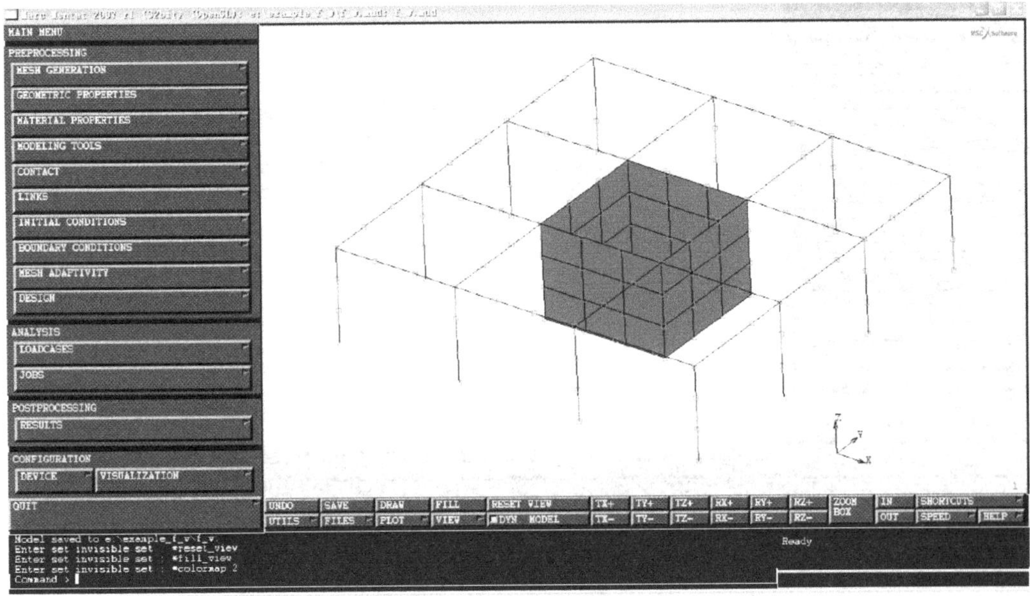

图 5.6-65　建立标准层框架和筒体模型

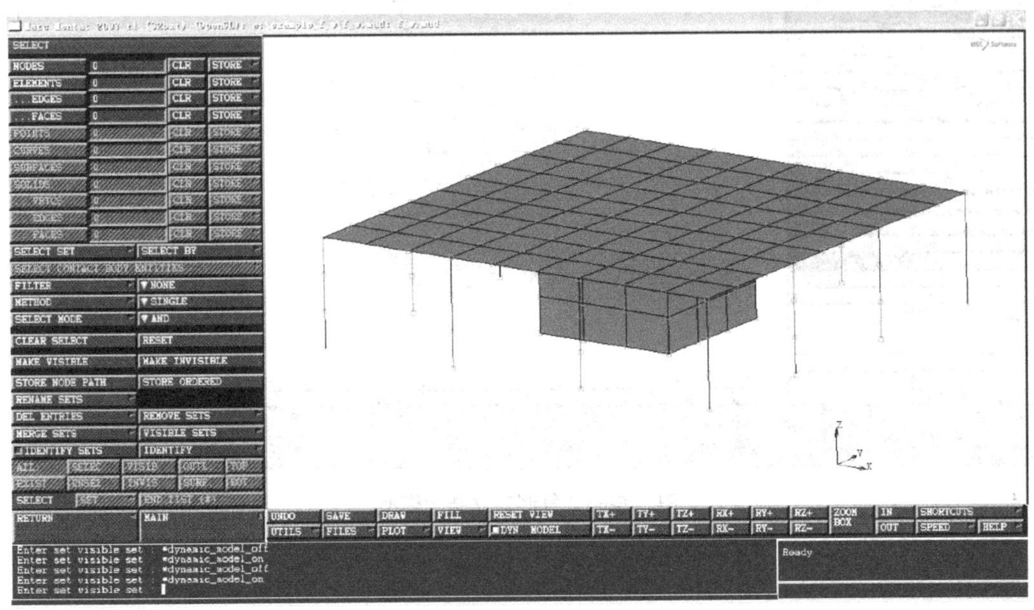

图 5.6-66　建立楼板

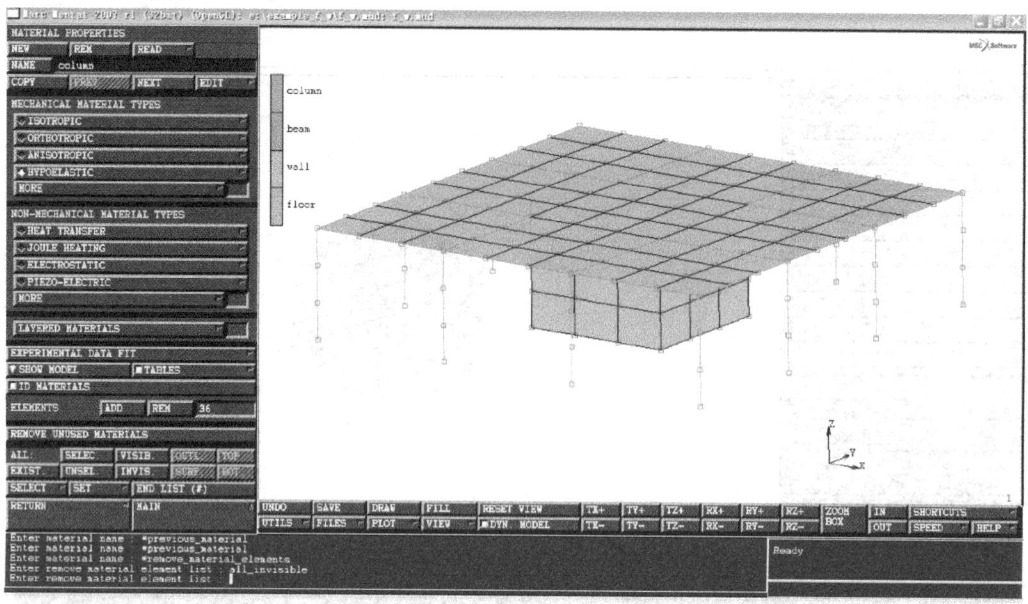

图 5.6-67　赋予材料属性

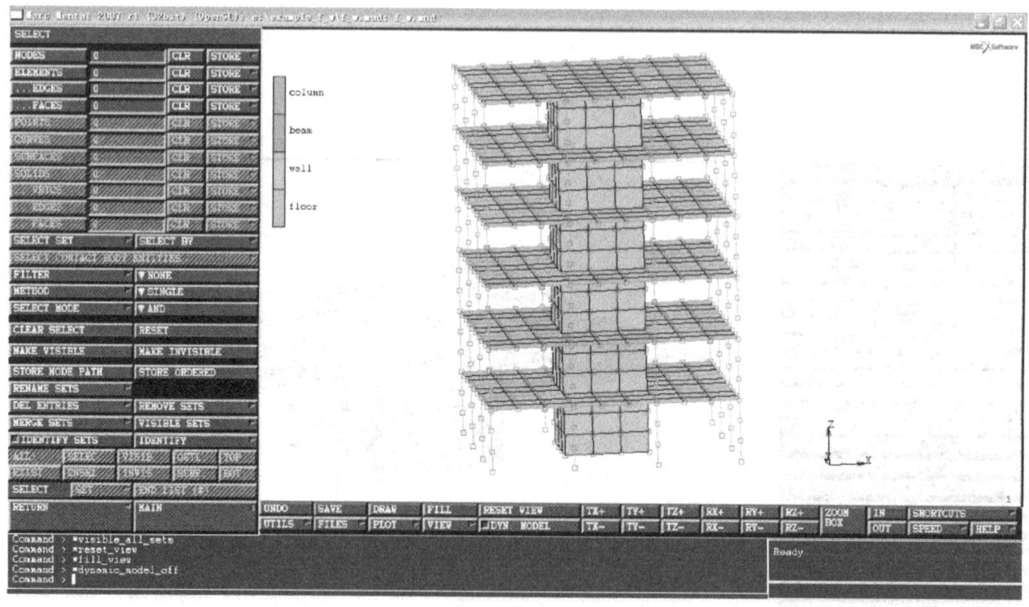

图 5.6-68　复制建立结构模型

（5）至此，所有单元均已建立，下面对有限元模型施加边界条件。首先建立固定位移边界条件“fixed”，设定各自由度的数值均为 0，并作用于结构底部各节点，作为结构底部固接于地面的边界约束条件。

再设定结构受自重作用的边界条件“gravity”，在 BOUNDARY CONDITIONS 菜单，选择 MECHANICAL→GRAVITY LOAD，设定 ACCELERATION Z 为－9.8，即重力加速度数值，并通过 TABLE 选项来选择表格按时间加载。重力作用对应的表格设置如图 5.6-69 所示，表示在第 1s 内重力荷载作用由初始值 0 逐渐增加至最大值，之后在水平地震作用的时间段内保持不变。以上参数设定完毕后，选择 ELEMENTS→ADD→EXIST，表示所有单元上均作用自重荷载。

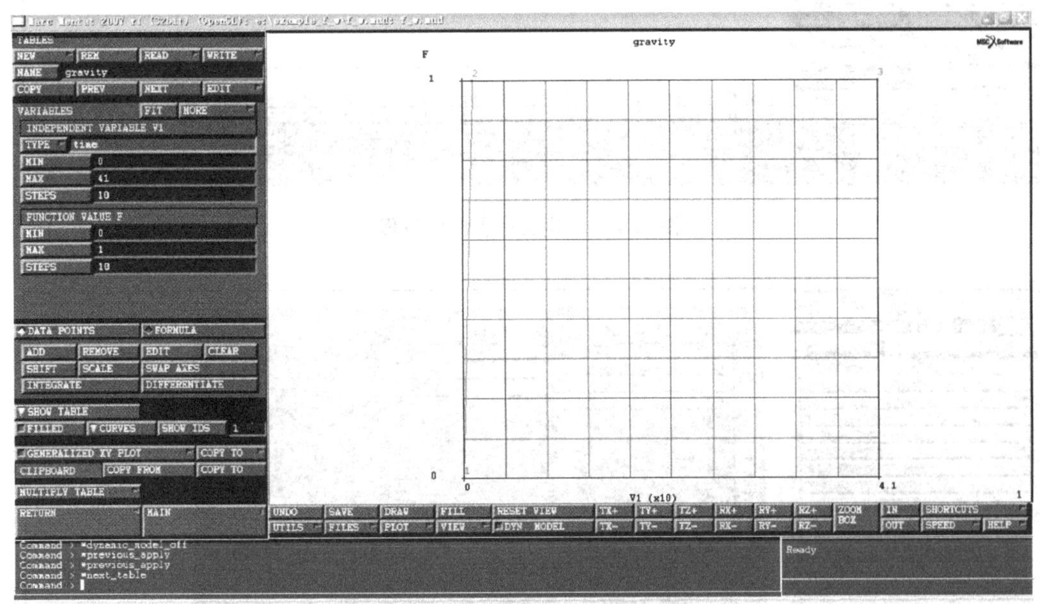

图 5.6-69　定义重力作用时程

（6）下面设定结构受地震作用的约束条件“seismic”，在 BOUNDARY CONDITIONS 菜单，选择 MECHANICAL→GRAVITY LOAD。为了演示结构的塑性响应，本算例将地震动加速度峰值设定为 800gal，相当于我国抗震规范 8 度大震地震作用的 2 倍。在 GRAVITY LOAD 界面中设定 ACCELERATION X 为 8，同样采用 TABLE 的方式输入峰值加速度归一化后的地震动加速度时程数据，本算例地震动选取 El Centro EW 地震波数据，作用于结构 X 方向，地震波的加速度时程数据表格设置如图 5.6-70 所示。以上参数设定完毕后，选择 ELEMENTS→ADD→EXIST，表示所有单元上均有地震作用。

（7）下面设定分析工况。由于本算例中先要对结构作用重力荷载，这是静力分析工况，在重力荷载作用完毕之后，再对结构施加水平地震作用，这属于动力时程分析工况。此外，本算例中还要对结构进行模态分析，这属于模态分析工况，因此一共需要设定三种不同的工况。首先新建一个对应于施加重力荷载的分析工况“gravity”，选择 MECHANICAL→STATIC，进行静力分析工况参数设置。点击 LOADS，选中该工况中应该包含的边界条件“fixed”和“gravity”，如图 5.6-71 所示。

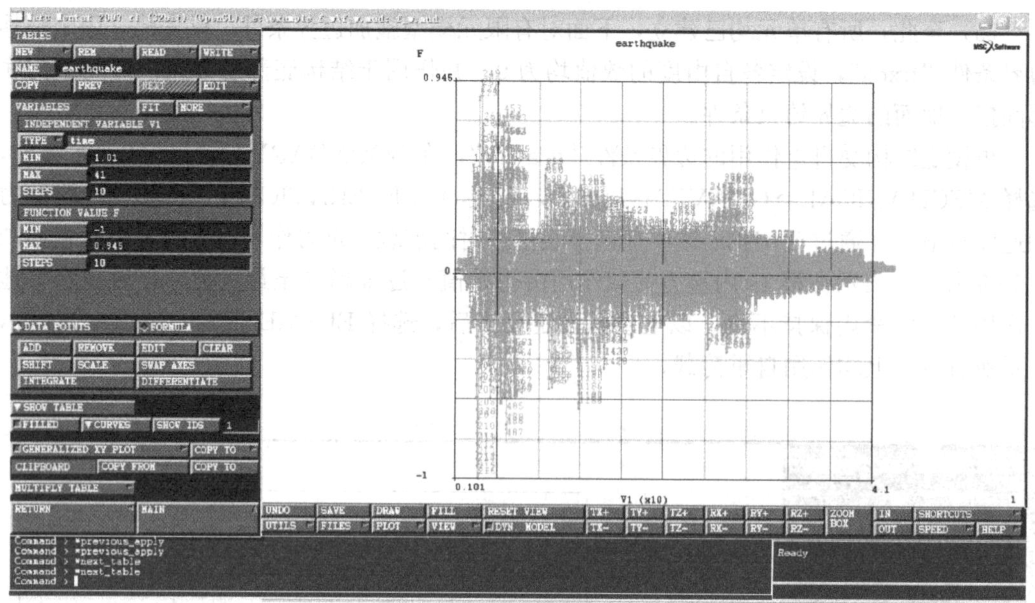

图 5.6-70　定义地震作用时程

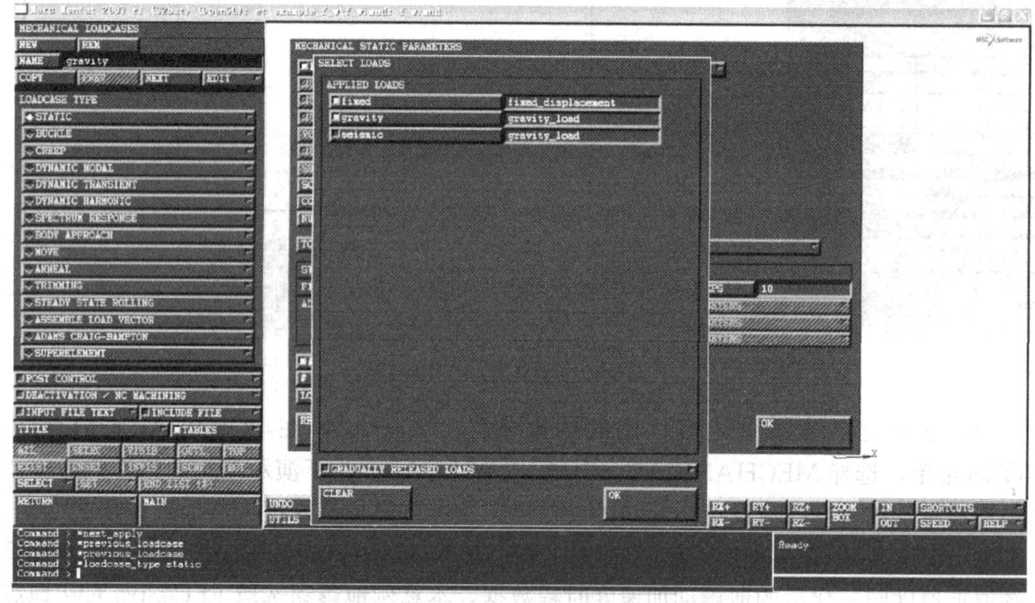

图 5.6-71　定义重力荷载工况的外力

返回 MECHANICAL STATIC PARAMETERS 菜单，在 SOLUTION CONTROL 菜单中，设置最大迭代次数设为 10，并且选中 NON-POSITIVE DEFINITE；在 CONVERGENCE TESTING 菜单中，选择用相对残余力作为收敛控制标准，限值设为 1%。

返回 MECHANICAL STATIC PARAMETERS 菜单，由于在前面重力荷载的表格中设定了重力荷载作用在第 1s 内由初始值 0 逐渐增加至最大值，因此这里设置重力荷载工况总时间为 1，分为 10 步计算即可，如图 5.6-72 所示。

（8）静力分析工况设定完成后，继续设定动力时程分析工况，用来计算结构在水平地

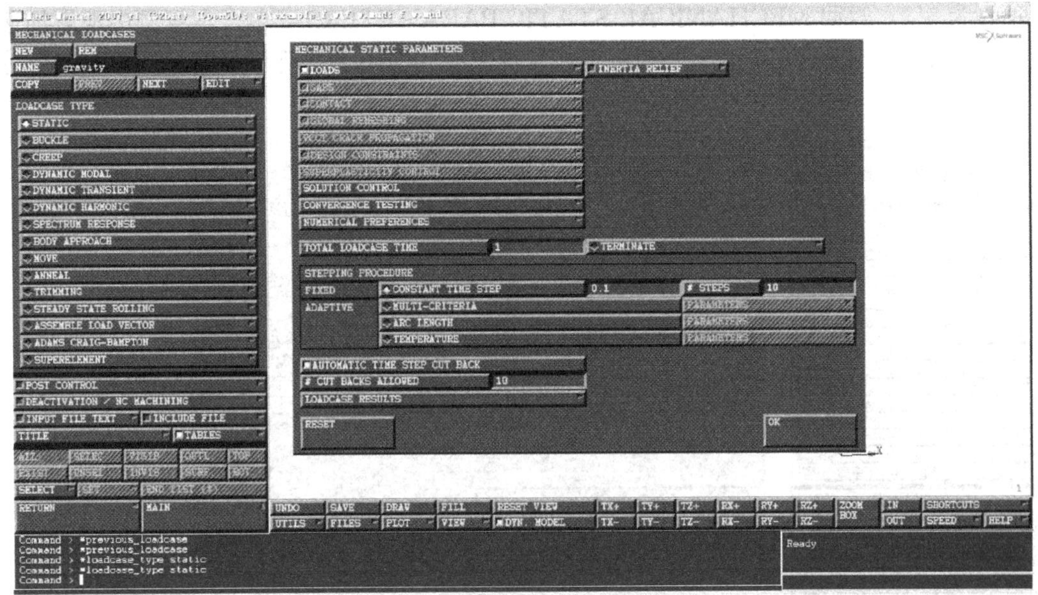

图 5.6-72 定义重力作用工况计算参数

震作用下的反应。新建一个分析工况“seismic”，选择 MECHANICAL→DYNAMIC TRANSIENT，进行分析动力时程分析工况参数设置。点击 LOADS，由于在地震作用时，重力荷载始终作用在结构上，因此本工况中应该选中所有的边界条件：“fixed”、“gravity”、“seismic”，如图 5.6-73 所示。

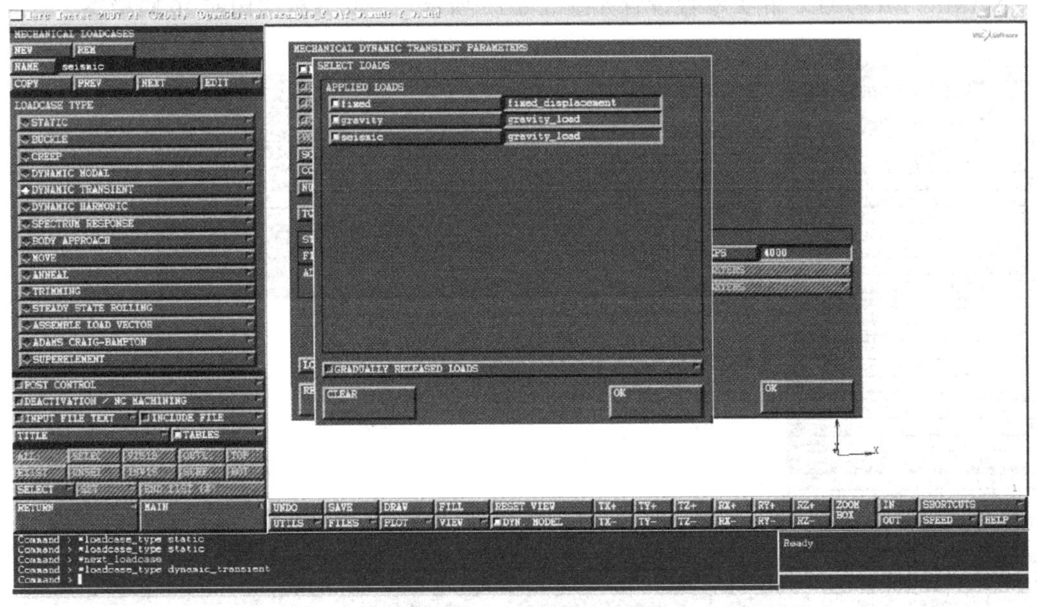

图 5.6-73 定义动力作用工况荷载

返回 MECHANICAL DYNAMIC TRANSIENT PARAMETERS 菜单，在 SOLUTION CONTROL 菜单中，设置最大迭代次数为 10，并且选中 NON-POSITIVE DEFINITE；在 CONVERGENCE TESTING 菜单中，选择用相对残余力作为收敛控制标准，

限值设为 5%。返回 MECHANICAL STATIC PARAMETERS 菜单，本算例中地震加速度时程共 40s。因此这里设置动力时程分析工况总时间为 40，为保证计算精度，本工况分为 4000 步计算，如图 5.6-74 所示。

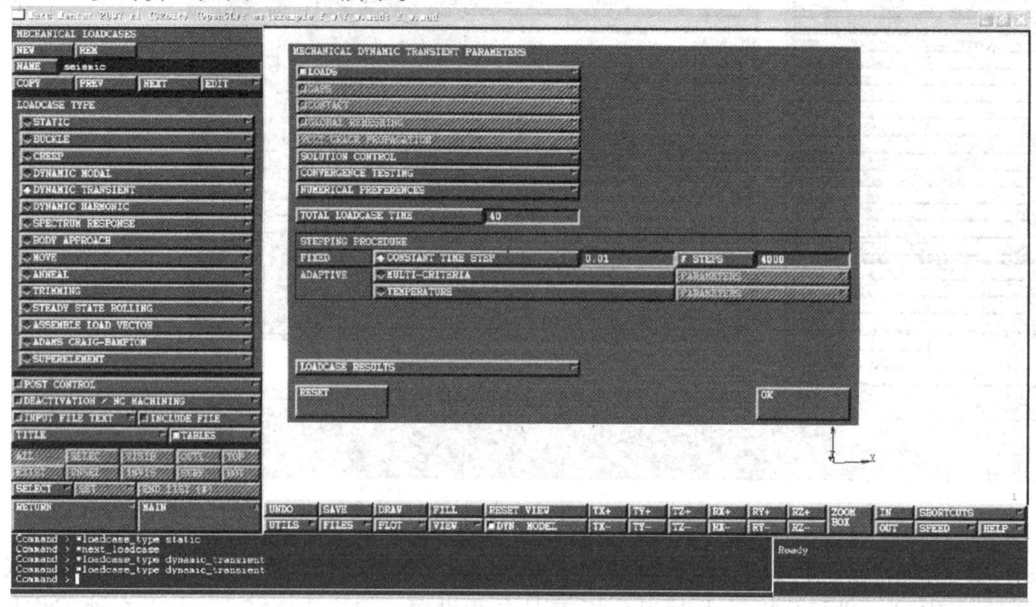

图 5.6-74　动力工况计算参数定义

（9）最后设置模态分析工况，新建一个分析工况“modal”，选择 MECHANICAL→DYNAMIC MODAL，相关参数设置如图 5.6-75 所示，一共分析结构前 10 阶模态。

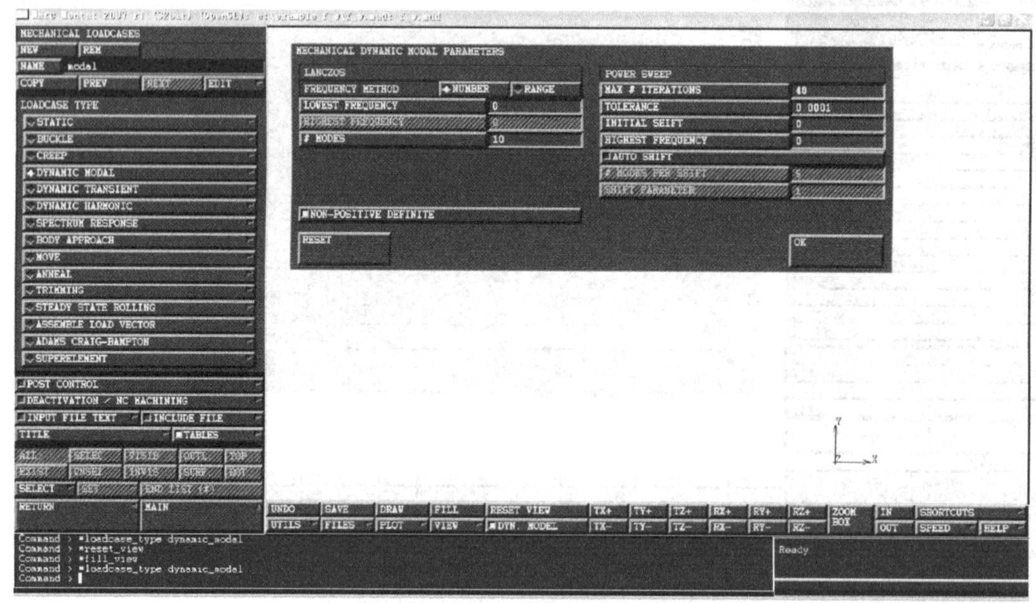

图 5.6-75　定义模态计算参数

（10）下面设定作业参数。首先对结构进行模态分析，进入主菜单 MAIN MENU→JOBS，新建一个作业，选择分析类型为 MECHANICAL，进入 MECHANICAL ANALYSIS

CLASS 菜单，从 AVAILABLE 中选择前面定义的荷载工况“modal”，如图 5.6-76 所示。

由于本模型中应用了 THUFIBER 程序，因此采用如下方法向 MARC 的分析计算模块提交作业，在 JOBS→RUN→ADVANCED JOB SUBMISSION，选择 WRITE INPUT FILE 按钮，生成 * _job1.dat 输入文件，将此 * _job1.dat 文件和 matcode.txt 以及 THUFIBER_ * .exe 文件拷贝到相应目录下，在 DOS 界面下进入到该目录，并执行“THUFIBER_ * .exe -j * _job1”命令即可进行计算。

待计算完成，在计算目录下打开 * .t16 结果文件，选中 DEF ONLY，通过点击 NEXT 可以查看各阶模态，图 5.6-77 显示为第一阶模态，结构频率为 $f_1=2.591$Hz。

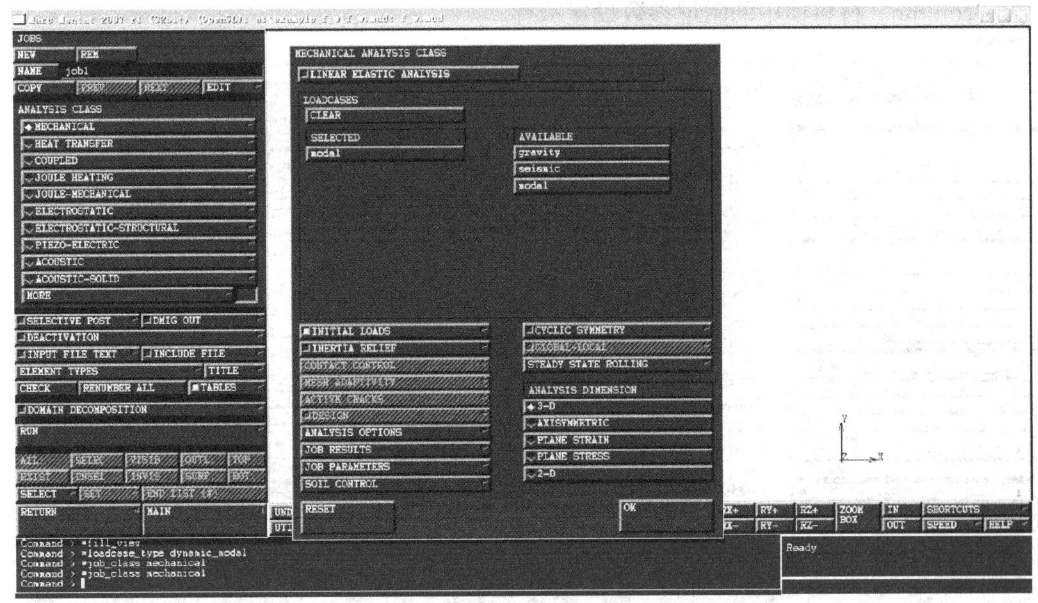

图 5.6-76　定义模态计算作业

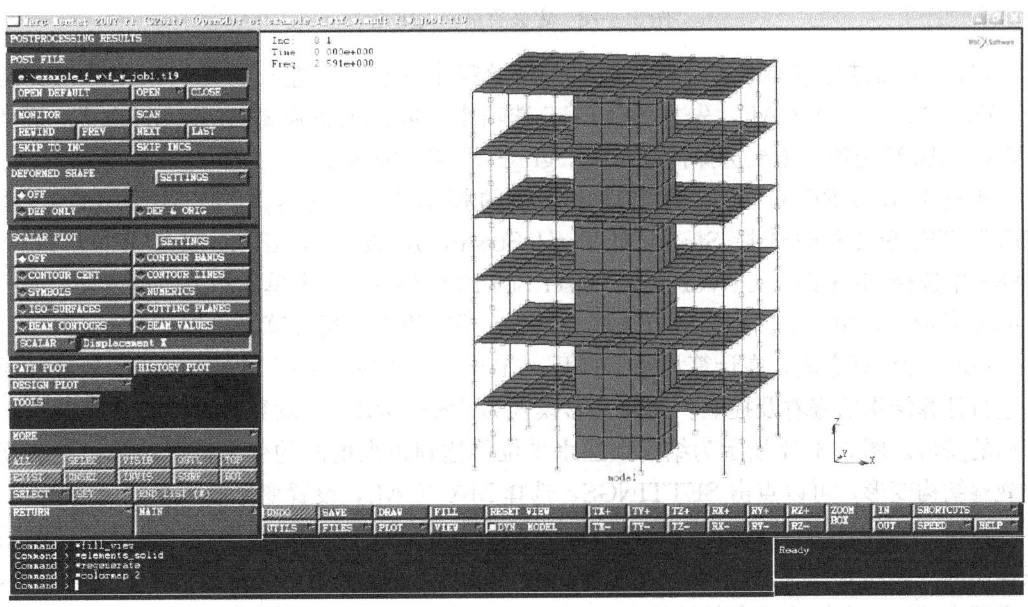

图 5.6-77　一阶模态计算结果

（11）在进行结构地震分析之前还要根据前面模态分析计算的结果对模型补充定义阻尼信息。由于结构的阻尼机理十分复杂，在结构分析时的阻尼设置方法也多种多样，这里仅介绍一种最简单的阻尼的取法。假设结构的阻尼为质量比例型，结构各阶振型阻尼比均相同，由于是钢筋混凝土结构，可取 $\zeta=0.05$，则结构的质量阻尼系数可按 $2\zeta \cdot f_1 \cdot 2\pi$ 来计算，得到数值为 1.628。也可以设定更复杂的阻尼，如可以设定阻尼既和质量有关，也和刚度有关。关于阻尼的详细讨论参见 MSC. Marc 的用户手册。

进入主菜单 MAIN MENU→MATERIAL PROPERTIES，在所建立的各项材料中，都选择 DAMPING，然后将 MASS MATRIX MULTIPLIER 设定为 1.628，图 5.6-78 所示为“column”材料项中的阻尼参数设置示意。

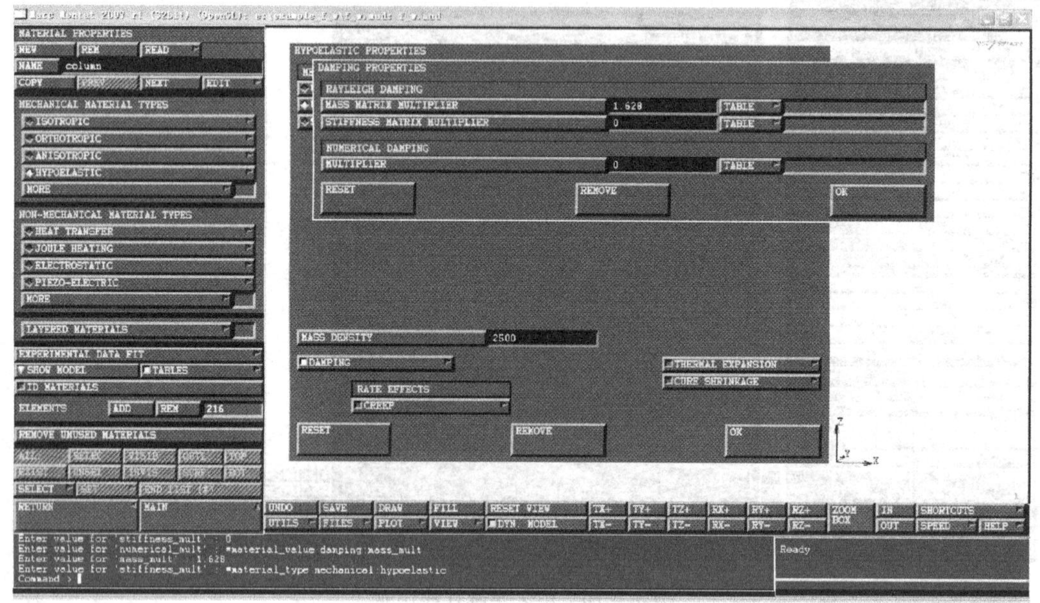

图 5.6-78　定义质量相关阻尼

（12）下面进行结构地震分析，需要重新设定作业参数。进入主菜单 MAIN MENU →JOBS→MECHANICAL，先从 SELECT 选项中去除原有的荷载工况“modal”，再从 AVAILABLE 选项中依次选择荷载工况“gravity”和“seismic”，如图 5.6-79 所示。

再点击 JOB RESULTS，设定输出步数的频率为 1。同时从 AVAILABLE ELEMENT TENSORS 中选择 Stress 和 Total Strain，从 AVAILABLE ELEMENT SCALARS 中选择 User Defined Var # 1（User Sub PLOTV），作为单元相关输出结果，如图 5.6-80 所示。采用和前面同样的方法提交作业，进行模型分析计算。

（13）待计算完成，在计算目录下打开 *.t16 结果文件，利用 MSC. marc 的后处理模块进行计算结果的查看及提取。选择变形模式为 DEF ONLY，观察查看结构各荷载步结束后的变形。图 5.6-81 所示为结构顶层水平位移达到最大值时的变形情况。为了更直观地观察结构变形，可以点击 SETTINGS，选择 MANUAL，设置变形放大系数为 10。

（14）下面以云图方式查看结构的部分结果。在 THUFIBER 程序中，设定了当调用该程序的单元出现钢筋屈服时，单元的 User Defined Variable 1 变量数值由 0 变化为 1，这样用户可以很方便地根据单元的 User Defined Variable 1 变量数值来判断该单元是否出现塑性铰。点击 SCALAR，选择 User Defined Variable 1 为要显示的结果项，然后选择 BEAM COUTOURS，并通过 SELECT→ VISIBLE SETS，在 VISIBILITY BY SET 菜单中，关闭除了框架梁、柱以外的其他单元选择集，只显示框架单元，就可以清晰方便地查看框架梁、柱单元的塑性铰发展、分布情况。如图 5.6-82 所示，在最终荷载步，结构中大量的框架梁、柱单元 User Defined Variable 1 的变量数值为 1，表明这些单元都出现了塑性铰。

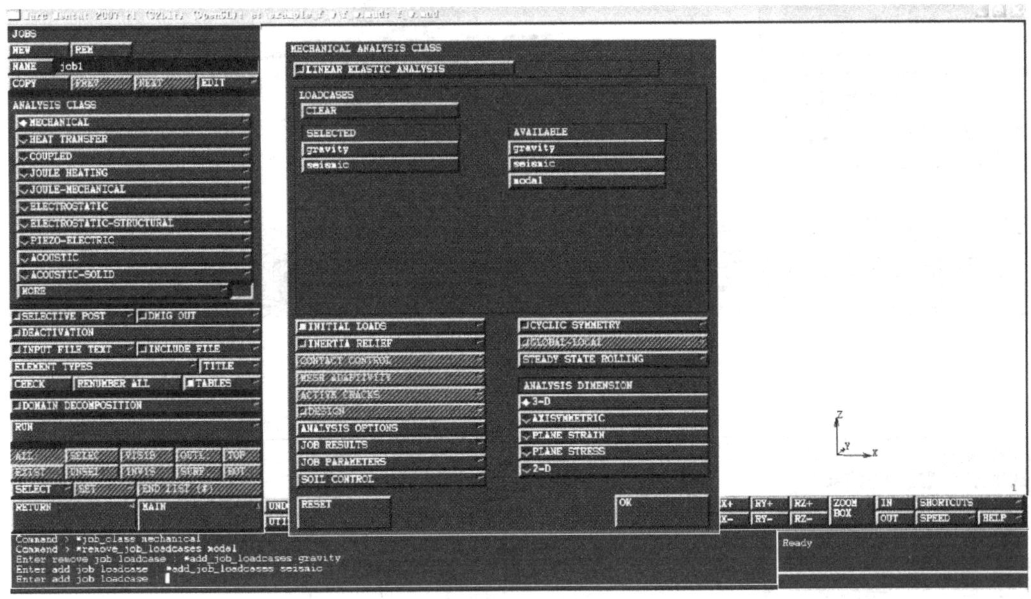

图 5.6-79　定义地震时程计算作业

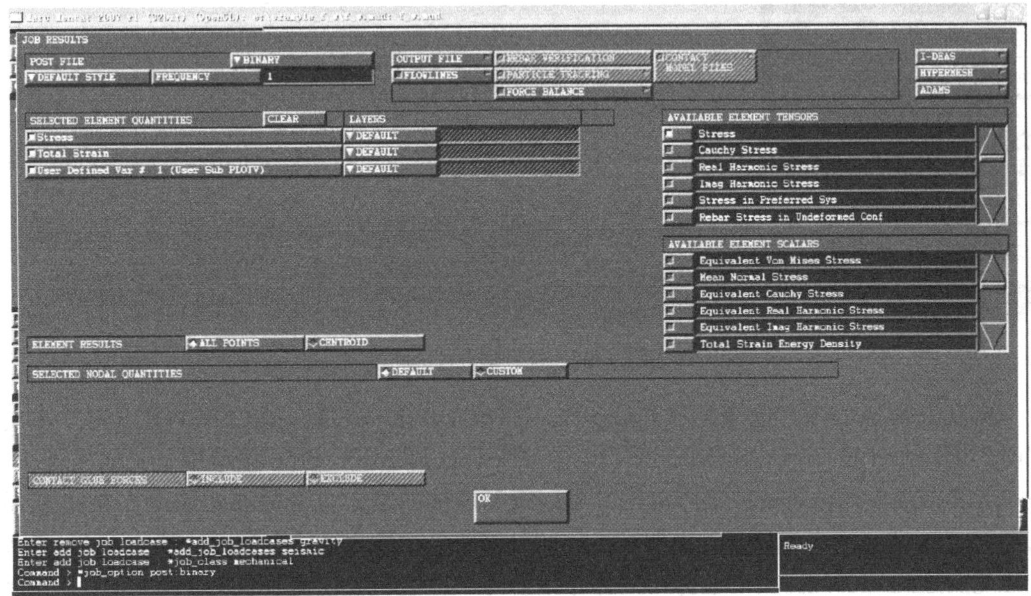

图 5.6-80　定义结果输出

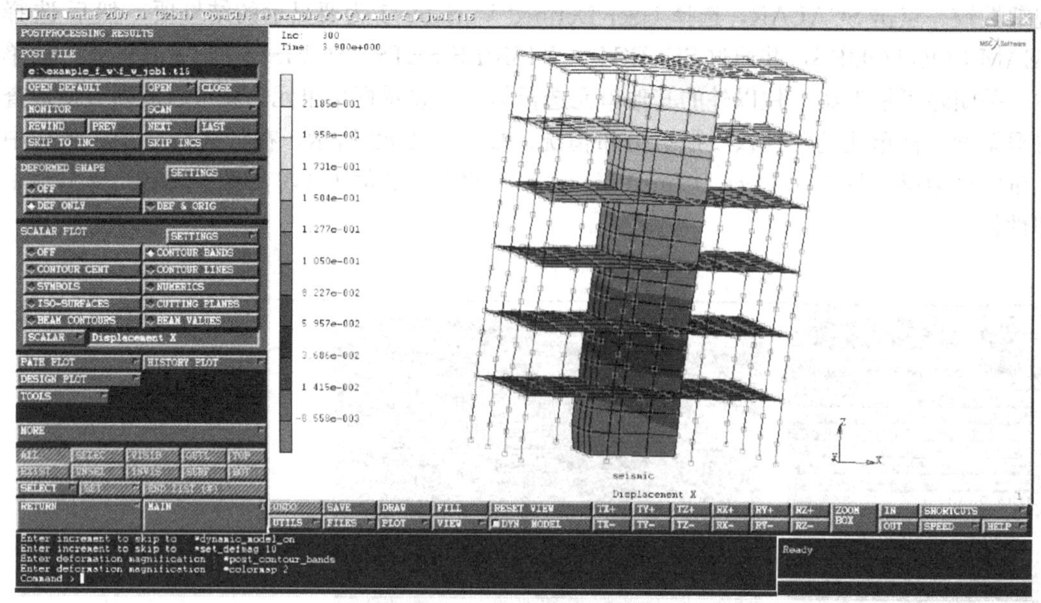

图 5.6-81　检查位移输出结果

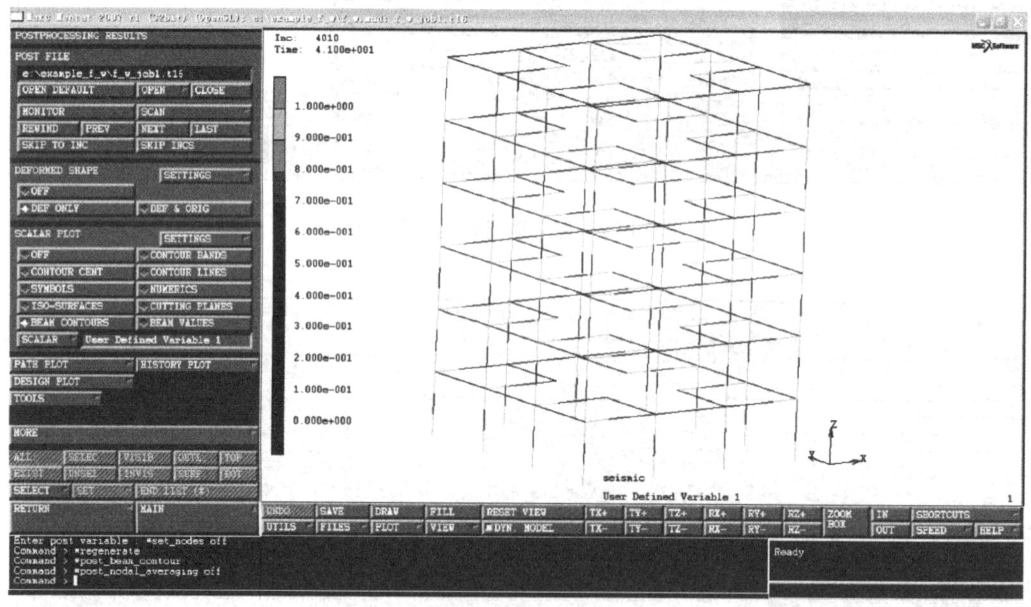

图 5.6-82　查看塑性铰分布

再点击 SCALAR，选择显示 Comp 22 of Total Strain，并选择 CONTOUR BANDS。同时，选择 SELECT→VISIBLE SETS，在 VISIBILITY BY SET 菜单中，关闭框架梁、柱单元和楼板单元，只显示墙体单元，可以得到墙体的竖向应变分布。如图 5.6-83 所示为 t=3.29s 时刻的应变分布。由图可见，此时的墙单元最大受拉应变已达到 0.011，最大受压应变达到 0.0012，由于墙体中的分布钢筋为 HPB235 级，其屈服应变为 0.00118，因此墙体中的钢筋已经屈服。

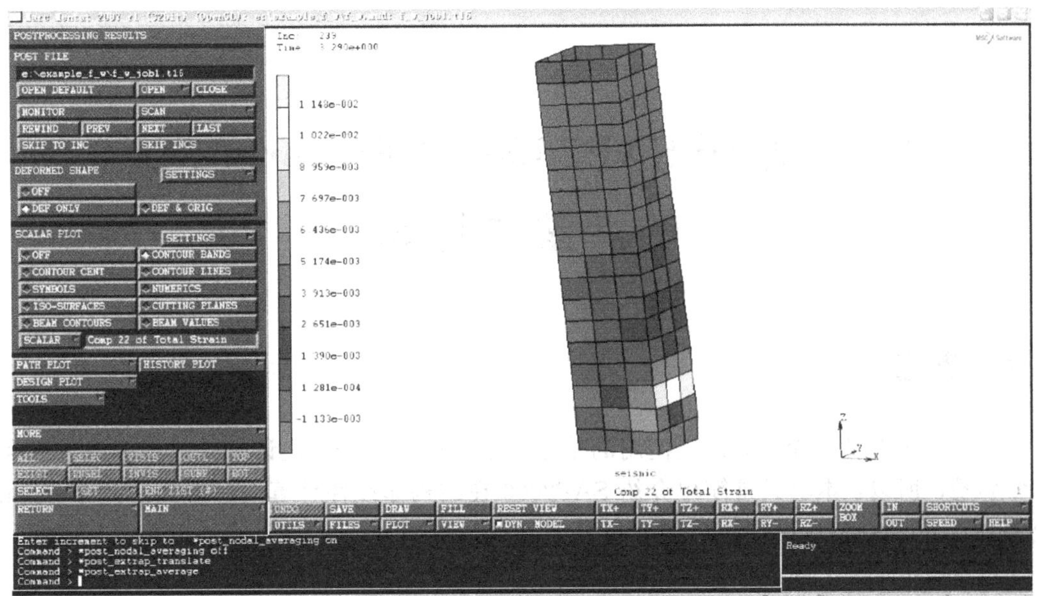

图 5.6-83 墙体竖向应变分布

(15) 下面读取结构顶层位移的时程结果。选择 HISTORY PLOT→SET NODES，选取结构顶层的一个节点，然后点击 COLLECT GLOBAL DATA，待结果读取完毕，选择 NODES/VARIABLES→ADD 1-NODE CURVE，所选节点为对象，时间和节点位移分别为 *X*、*Y* 轴变量，作出整个加载过程中结构顶层位移随时间变化的曲线图，如图5.6-84所示。

小结：本算例通过模拟 1 个 6 层框架-核心筒结构受单向水平地震作用的反应情况，向读者演示了如何在 MSC. Marc 中进行实际结构在地震作用的弹塑性时程分析。其他复杂工程弹塑性分析，也可参考本算例方法。

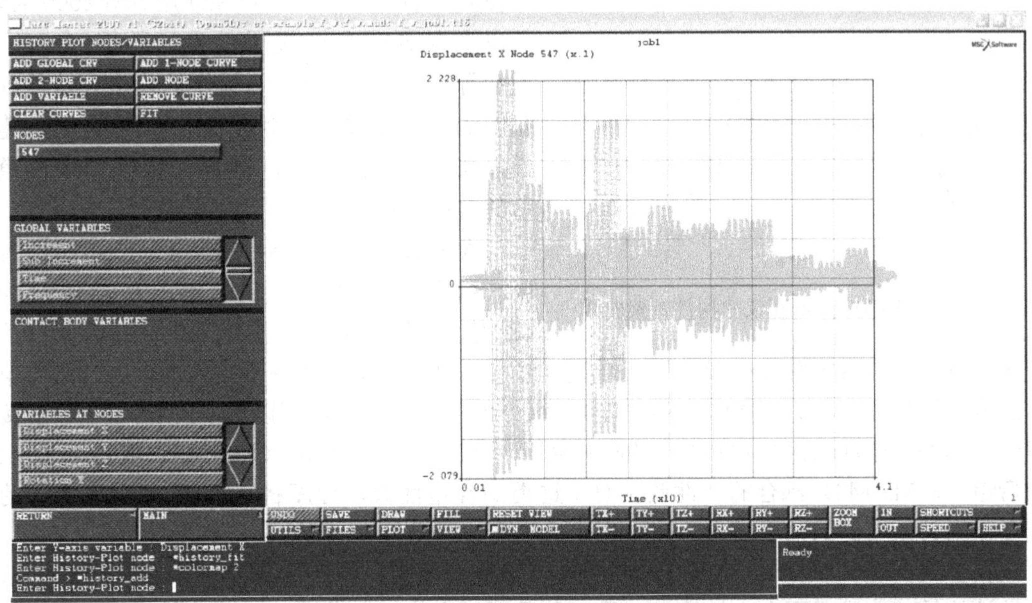

图 5.6-84 结构顶点位移时程

6 基于 SAP2000 和 Perform-3D 的弹塑性计算

6.1 概述

SAP2000 作为一个得到广泛使用的基于有限元的结构分析设计软件，很多读者已经非常熟悉，所以，本书只是简单介绍 SAP2000 在结构非线性计算中的应用。到 Version 11 版本为止，SAP2000 软件只能分析杆系结构（梁、柱等）的非线性问题。SAP2000 V14 以后版本增加了新的单元——非线性分层壳单元，可以更加真实、合理、方便地模拟剪力墙在非线性分析中的受力情况，而无需用其他构件等代。为了应对市场的挑战，CSI 公司还推出了 Perform-3D 用于进一步的结构弹塑性分析，本章将对 SAP2000 和 Perform-3D 的弹塑性分析功能进行简单介绍。

为了适应美国市场的要求，SAP2000 中的杆系非线性计算模型与 FEMA-356 报告（FEMA，2000）和 ASCE 41 规范（ASCE，2006）有着很好的一致性。在 FEMA-356 中，为了适应工程简化分析的要求，将构件的各种非线性行为简化为以下标准四折线曲线塑性铰（图 6.1-1）。FEMA-356 进一步根据工程经验，给出了常见类型构件相应的关键段（a，b，c）的数值，以及关键点 IO（立即使用），LS（生命安全），CP（防止倒塌）的位置（表 6.1-1）。用户在使用 SAP2000 时，可以根据 SAP2000 提供的设计数据（配筋、截面等），由 FEMA-356 提供的表格直接得到相应的构件非线性行为模型，从而简化了建模操作。用户也可以自行定义构件非线性模型的关键参数。

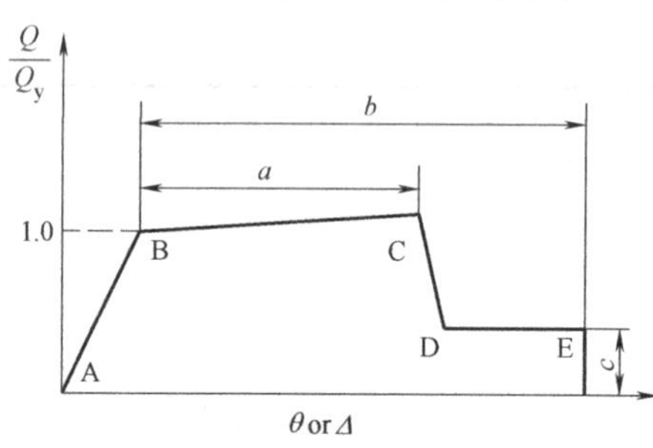

图 6.1-1 FEMA-356 建议的构件骨架曲线

在 SAP2000 中，对于每一个梁端塑性铰区，用户都可以定义多个内力塑性铰行为（轴力、弯矩、剪力、扭矩等），如一个塑性铰区可以同时有弯矩塑性铰和剪切塑性铰（注意：这两个塑性铰是不互相耦合的，即弯矩不影响剪切强度，剪力不影响弯曲强度）。每个单独内力塑性铰可以由 FEMA-356 等直接得到。此外，塑性铰区也可以定义轴力-弯矩（P-M），双向弯矩（M2-M3）或者轴力-双向弯矩（P-M2-M3）耦合的塑性铰。对于这类耦合塑性铰，程序将考虑轴力-弯矩之间的相互作用关系（例如轴压增大，屈服弯矩会提高或降低等），详见 6.2.2 节。

在 Perform-3D 中梁、柱可以采用两种方法进行模拟：一种采用塑性铰来模拟，此时塑性铰的骨架曲线需要人为的输入；另一种采用纤维截面来模拟，此时程序可以通过材料的应力应变关系来自动确定截面的参数。剪力墙在地震作用下会产生弯曲破坏和剪切破

FEMA-356 中描述构件性能的表格示例 **表 6.1-1**

Table 6-7 Modeling Parameters and Numerical Acceptance Crieria for Nonlinear Procedures-Reinforced Concrete Beams

Conditions			Modeling Parameters[3]			Acceptance Criteria[3]				
			Plastic Rotation Angle, radians		Residual Strength Ratio	Plastic Rotation Angle, radians				
						Performance Level				
						IO	Component Type			
							Primary		Secondary	
			a	b	c		LS	CP	LS	CP
ⅰ. Beams controlled by flexure[1]										
$\frac{\rho-\rho'}{\rho_{bal}}$	Trans Reinf[2]	$\frac{V}{b_w d\sqrt{f'_C}}$								
≤0.0	C	≤3	0.025	0.05	0.2	0.010	0.02	0.025	0.02	0.05
≤0.0	C	≥6	0.02	0.04	0.2	0.005	0.01	0.02	0.02	0.04
≥0.5	C	≤3	0.02	0.03	0.2	0.005	0.01	0.02	0.02	0.03
≥0.5	C	≥6	0.015	0.02	0.2	0.005	0.005	0.015	0.015	0.02
≤0.0	NC	≤3	0.02	0.03	0.2	0.005	0.01	0.02	0.02	0.03
≤0.0	NC	≥6	0.01	0.015	0.2	0.0015	0.005	0.01	0.01	0.015
≥0.5	NC	≤3	0.01	0.015	0.2	0.005	0.01	0.01	0.01	0.015
≥0.5	NC	≥6	0.005	0.01	0.2	0.0015	0.005	0.005	0.005	0.01
ⅱ. Beams controlled by shear[1]										
Stirrup spacing≤d/2			0.0030	0.02	0.2	0.0015	0.0020	0.0030	0.01	0.02
Stirrup spacing>d/2			0.0030	0.01	0.2	0.0015	0.0020	0.0030	0.005	0.01
ⅲ. Beams controlled by inadequate development or splicing along the span[1]										
Stirrup spacing≤d/2			0.0030	0.02	0.0	0.0015	0.0020	0.0030	0.01	0.02
Stirrup spacing>d/2			0.0030	0.01	0.0	0.0015	0.0020	0.0030	0.005	0.01
ⅳ. Beams controlled by inadequate embedment into beam-column joint[1]										
			0.015	0.03	0.2	0.01	0.01	0.015	0.02	0.03

1 When more than one of the conditions ⅰ, ⅱ, ⅲ, and ⅳ occurs for a given component, use the minimum appropriate numerical value from the table.

2 "C" and "NC" are abbreviations for conforming and nonconforming transverse reinforcement. A component is conforming if, within the flexural plastic hinge region. hoops are spaced at ≤$d/3$. and if, for components of moderate and high ductility demand the strength provided by the hoops (V_s) is at least three-fourths of the design shear. Otherwise, the component is considered nonconforming.

3 Linear interpolation between values listed in the table shall be permitted.

坏，针对这两种不同破坏特性，Perform-3D 对弯曲破坏行为的剪力墙采用纤维截面模拟，剪切破坏特性的剪力墙采用剪切材料来模拟，具体介绍参见本书 6.3.4 节（北京金土木软件技术有限公司，2012）。

6.2 SAP2000 的常用模型

6.2.1 SAP2000 中的一般塑性铰

在 SAP2000 中，对于构件的每一个自由度（轴力、剪力或弯矩），如果分析中需要考虑其非线性行为的话，都要对该构件的相应自由度指定相应的塑性铰。对于轴力和剪力塑性铰，定义的是弹塑性内力-位移关系曲线；对于弯矩和扭矩塑性铰，定义的是弹塑性弯-扭矩-转角曲线，或弹塑性弯/扭矩-曲率曲线。未定义塑性铰的自由度程序将按弹性来处理。

1. 塑性铰长度

SAP2000 中处理进入塑性后的杆系构件刚度问题，采用的是 2.2.1 节中提到的特征截面法，即用户需要指定塑性铰的位置。如果是弯矩-曲率型塑性铰的话，还需要指定塑性铰长度。在塑性铰长度内，杆件的刚度按塑性铰的刚度计算，而在塑性铰长度外，采用弹性刚度计算。这与前面两章介绍的 MSC. Marc 和 ABAQUS 所采用的数值积分法得到单元刚度不同。从应用上说，特征截面法的计算量相对较小，但是需要人为指定塑性铰位置和长度，其主观性较大，通用性不如数值积分法。

塑性铰长度 l_p 取值有多种取法，如可以取为构件截面高度的 1.5～2 倍等。具体取值可参阅相关文献，以下给出一些研究者建议的钢筋混凝土受弯构件塑性铰长度 l_p 建议值（过镇海，1999）。

$$l_p=(0.2\sim0.5)h_0 \tag{6.2-1a}$$

$$l_p=0.5h_0+0.2\frac{z}{\sqrt{h_0}} \tag{6.2-1b}$$

$$l_p=0.5h_0+0.05z \tag{6.2-1c}$$

$$l_p=0.25h_0+0.075z \tag{6.2-1d}$$

式中，z 为最大弯矩截面到 $M=0$ 截面或支座的距离。

2. 塑性铰骨架曲线

如前所述，SAP2000 根据 FEMA-356 等建议的模型，提供了由 A-B-C-D-E 五段曲线组成的塑性铰骨架曲线模型（图 6.2-1）。这个塑性铰骨架曲线可以是对称的，也可以是不对称的（反映拉-压强度不等或者正负弯矩不等）。SAP2000 对该曲线有以下一些要求：

① 点 A 永远位于原点。

② 点 B 代表屈服点，变形超过点 B 后塑性铰开始有塑性变形。

③ 点 C 代表结构的极限强度，点 D 代表结构的残余强度，点 E 代表结构的破坏。一般 C 到 D 的过程为一负刚度过程（这样有助于发现 Pushover 曲线的最高点）。但是，需要注意的是，实际结构的软化未必是这样一个陡峭的下降段，其还会受到很多因素的影响，对于 SAP2000 的 Pushover 分析而言，有这样一个人为的强度突然下降对寻找结构的最高强度点是有益的，虽然这个最高强度点未必是真实的结果。

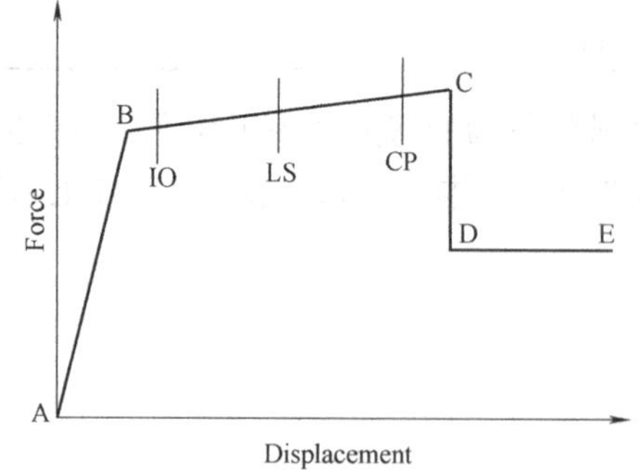

图 6.2-1　SAP2000 的典型非线性骨架曲线

除了图 6.2-1 中的 A-B-C-D-E 等特征点外，还可以设定结构 IO（Immediate Occupancy，立即使用），LS（Life Safe，生命安全），CP（Collapse Prevention，防止倒塌）等构件性能标志点。这些点并不影响结构的力学特性和计算结果，只是用于帮助用户判断结构的受力和损伤状态。

如果结构是弹性卸载，则卸载曲线刚度等于 A-B 段曲线斜率。

3. 塑性铰骨架曲线的比例变化

对于一个具有成千上万个构件的复杂结构而言，逐个定义构件塑性铰行为是非常复杂的工作。为了简化建模过程，SAP2000 提供了一个曲线比例变化功能，即用户首先可以根据 FEMA 或者其他资料或工程经验，定义一条归一化的塑性变形曲线，此时，屈服点 B 的坐标就是（1，1），然后 SAP2000 根据构件截面特性计算其屈服内力和屈服变形，然后根据屈服内力和屈服变形，把整条曲线按比例放大，作为该构件的塑性行为曲线。

6.2.2 SAP2000 的特殊塑性铰

SAP2000 中一般塑性铰是不考虑多个内力的耦合作用的，而由于构件轴力-弯矩具有明显的耦合效应，不考虑耦合的塑性铰模型往往可能得到错误的结果，故而 SAP2000 提供了 P-M2-M3 耦合塑性铰。

1. P-M2-M3 耦合塑性铰

由于考虑到轴力和弯矩的相互影响，所以屈服不再是一个点，而是由 P-M2-M3 组成的一个三维空间屈服面（图 6.2-2），其中 P 代表轴力，M2、M3 分别代表截面两个主轴方向的弯矩。屈服面由一系列 P-M2-M3 曲线组成。SAP2000 允许用户自行定义 P-M2-M3 耦合塑性铰的三维屈服面。定义的屈服面需要遵循以下要求：

① 所有曲线要有同样数量的数据点；

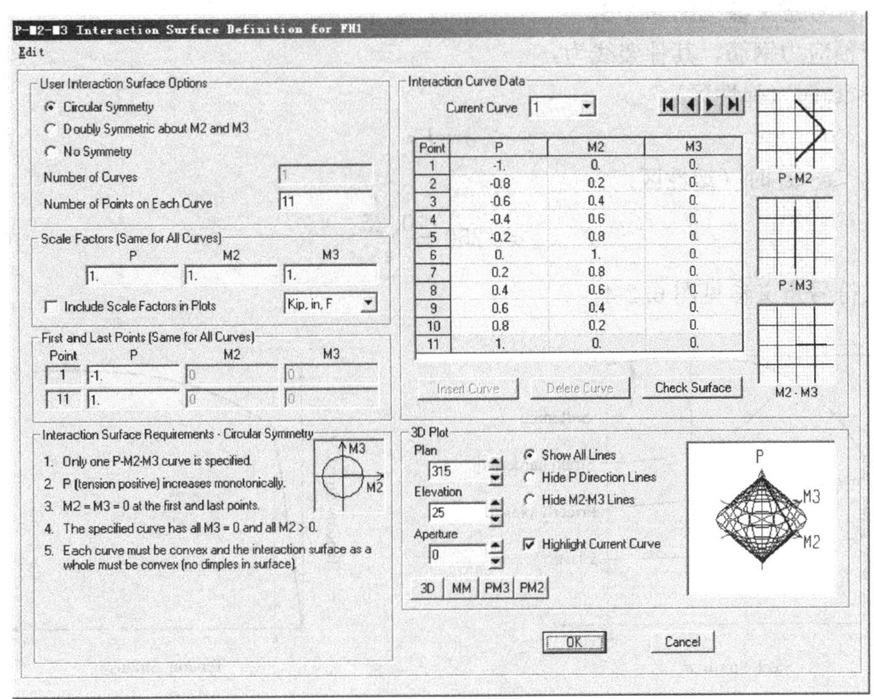

图 6.2-2 SAP2000 中典型 P-M2-M3 塑性铰

② 每条曲线，数据点应根据轴力从受压到受拉输入；

③ 从轴力受压侧看过去，M2-M3 曲线应该按逆时针方向输入；

④ 屈服面必须为凸面。

SAP2000 会根据以下规范给出默认屈服面形状：

① 钢结构：AISC-LRFD 公式 H1-1a 或 H1-1b，取 phi=1；

② 钢结构：FEMA-356 公式 5-4；

③ 混凝土结构，ACI 318-02，取 phi=1。

2. 纤维塑性铰模型

SAP2000 中纤维模型，与 2.2 节介绍的纤维模型的原理一致，其提供的主要材料模型有：

（1）钢筋模型

SAP2000 提供了多种钢筋模型，以常用的普通钢筋骨架线模型和预应力钢筋骨架线模型为例，如图 6.2-3、图 6.2-4 所示。

对于普通钢筋，其骨架线按下式计算

当 $\varepsilon<\varepsilon_y$ 时（弹性区）

$$\sigma=E\varepsilon \tag{6.2-2a}$$

当 $\varepsilon_y<\varepsilon<\varepsilon_{sh}$ 时（理想弹塑性区）

$$\sigma=f_y \tag{6.2-2b}$$

当 $\varepsilon_{sh}\leqslant\varepsilon\leqslant\varepsilon_r$ 时（硬化、软化区）

$$\sigma=f_y\left[1+r\left(\frac{f_u}{f_y}-1\right)e^{1-r}\right],r=\frac{\varepsilon-\varepsilon_{sh}}{\varepsilon_u-\varepsilon_{sh}} \tag{6.2-2c}$$

公式符号意义参见图 6.2-3。

对于预应力钢筋，其骨架线为：

当 $\varepsilon<\varepsilon_y$ 时（弹性区）

$$\sigma=E\varepsilon \tag{6.2-3a}$$

当 $\varepsilon_y<\varepsilon<\varepsilon_u$ 时（塑性区）

$$\sigma=250-\frac{0.25}{\varepsilon} \tag{6.2-3b}$$

公式符号意义参见图 6.2-4。

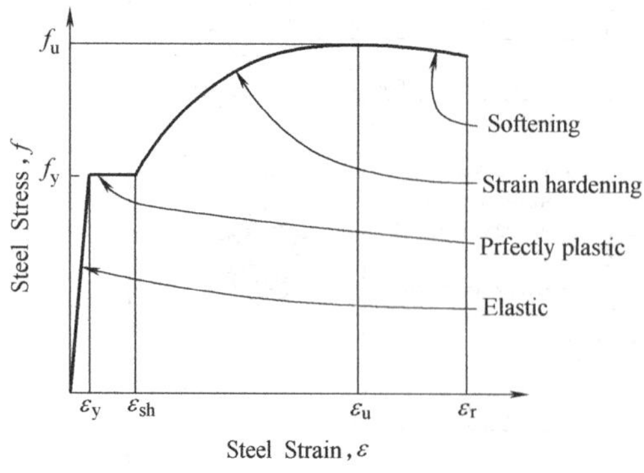

图 6.2-3 普通钢筋骨架线模型

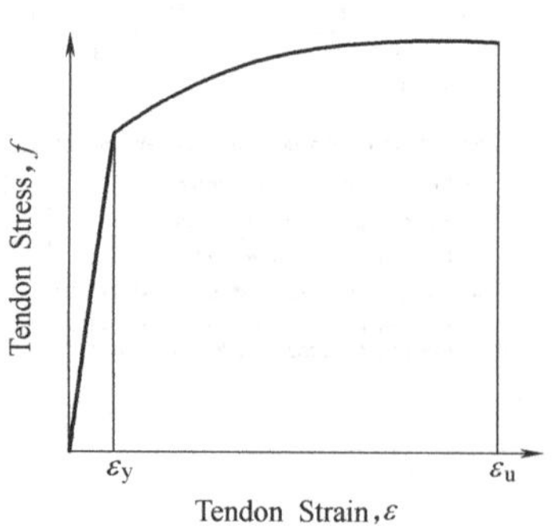

图 6.2-4 预应力钢筋骨架线模型

(2) 混凝土模型

SAP2000中提供了两种混凝土模型，一种是简化混凝土模型（图6.2-5），其应力应变关系如下：

当$\varepsilon<\varepsilon_c'$

$$\sigma=f_c'\left[2\left(\frac{\varepsilon}{\varepsilon_c'}\right)-\left(\frac{\varepsilon}{\varepsilon_c'}\right)^2\right] \tag{6.2-4a}$$

当$\varepsilon_c'<\varepsilon<\varepsilon_u'$

$$\sigma=f_c'\left[1-0.2\left(\frac{\varepsilon-\varepsilon_c'}{\varepsilon_u'-\varepsilon_c'}\right)\right] \tag{6.2-4b}$$

公式符号意义参见图6.2-5。

SAP2000还提供了约束混凝土模型（图6.2-6），其公式比较复杂，读者可参阅SAP2000的有关说明或文献（Mander et al.，1988）。

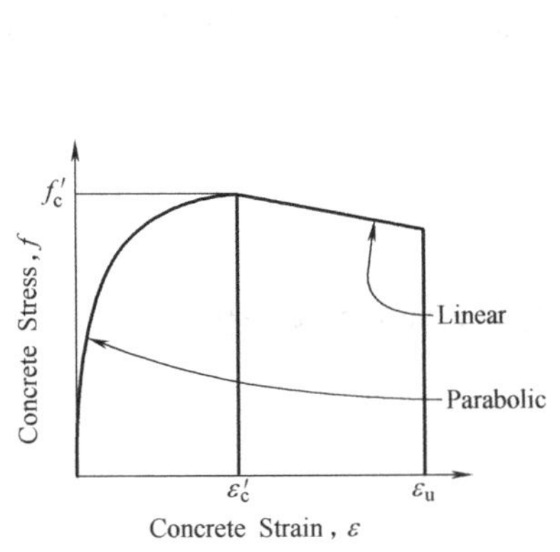

图6.2-5　简化混凝土应力应变曲线

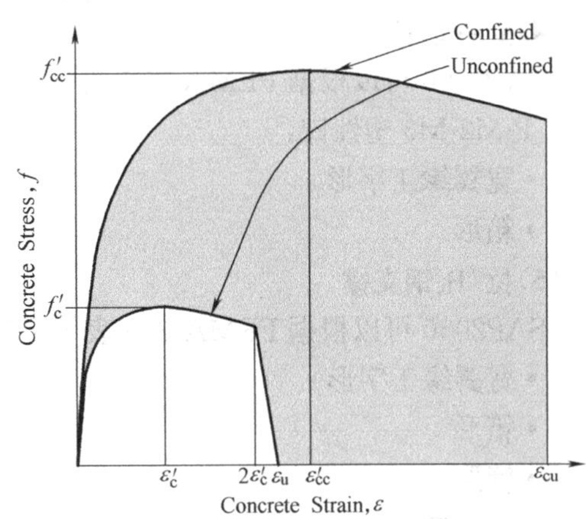

图6.2-6　SAP2000提供的Mander约束混凝土模型

6.2.3　SAP2000塑性铰属性定义

在SAP2000中，可以通过以下两种方法来定义塑性铰属性（即塑性铰骨架线相应参数取值）：

(1) 自动塑性铰属性；

(2) 用户自定义塑性铰属性。

SAP2000对于钢结构采用基于FEMA-356的表5-6建立自动塑性铰属性，对于混凝土结构采用基于FEMA-356的表6-7和表6-8建立自动塑性铰属性。FEMA-356针对不同受力情况的构件，建议了图6.2-1中对应于A、B、C点的变形值。此外，用户还可以根据自己需要自行定义所需的塑性铰属性。

对于常见截面形式，采用自动塑性铰可以有效减少建模工作量。基于自动塑性铰属性，将其调整后建立自定义塑性铰属性，也非常方便。SAP2000根据FEMA-356提供的资料，可以自动处理以下截面：

(1)受弯的混凝土梁：

SAP2000可以根据FEMA-356表6-7 (i) 建立以下截面的M2，M3塑性铰：

• 矩形

• T 形
• L 形
• 自定义截面

（2）受弯混凝土柱

SAP2000 可以根据 FEMA-356 表 6-8（i）建立以下截面的 M2，M3，M2-M3，P-M2，P-M3，P-M2-M3 塑性铰：

• 矩形
• 环形
• 自定义截面

（3）受弯钢梁

SAP2000 可以根据 FEMA-356 表 5-6 建立以下截面的 M2，M3 塑性铰：

• 宽翼缘工字形

（4）受弯钢柱

SAP2000 可以根据 FEMA-356 表 5-6 建立以下截面的 M2，M3，M2-M3，P-M2，P-M3，P-M2-M3 塑性铰：

• 宽翼缘工字形
• 箱形

（5）拉/压钢支撑

SAP2000 可以根据 FEMA-356 表 5-6 建立以下截面的轴力 P 塑性铰：

• 宽翼缘工字形
• 箱形
• 管形
• 双槽钢
• 双角钢

（6）纤维模型

SAP2000 可以建立钢结构或钢筋混凝土结构以下截面的 P-M2-M3 塑性铰：

• 矩形
• 环形

6.2.4 SAP2000 分层壳单元

分层壳单元原理与 2.3.1 节相同，在 SAP2000 中，钢筋是单轴材料，通过指定材料角度来描述钢筋的分布方向，钢筋层的厚度是通过实配钢筋均匀“弥散”到一层的原理来换算。对于混凝土材料可以选择 Simple 或者 Mander 模型，如果选择 Simple 模型将不能考虑箍筋对混凝土本构关系的影响；对于剪力墙端部的约束混凝土可以选择 Mander 模型，并根据所配箍筋的不同对模型进行修改。因此，根据剪力墙厚度、配筋量、钢筋分布方式、材料等级的不同定义不同的分层壳单元，用来模拟不同位置的墙肢或连梁的非线性行为。值得一提的是，在 SAP2000 中，可以选择性地考虑分层壳单元各个自由度方向的非线性行为，以及有选择性地考虑平面外的非线性行为。因此可以根据实际情况合理简化剪力墙的分层壳模型，达到加快运算速度，保证计算精度的目的（苏志彬等，2010）。

6.3 Perform-3D的常用模型

6.3.1 Perform-3D中的组件和单元

Perform-3D程序建模，遵循的是组件（Component）-单元（Element）的建模思路（CSI，2006）。单元包括常见的梁、柱、墙、板、支撑、阻尼器等，而组件则包括材料、截面、各种塑性铰等。不同组件之间还可以组成复合组件。以图6.3-1为例，一个梁构件，或者一个柱构件，在Perform-3D中是一个单元（Element），而这个单元可以有很多个组件（Component），比如可以有两个弯曲塑性铰+一个剪切塑性铰。用户在使用程序时，可以根据构件的受力复杂程度以及分析精度要求，自主定义不同数量和类型的组件。

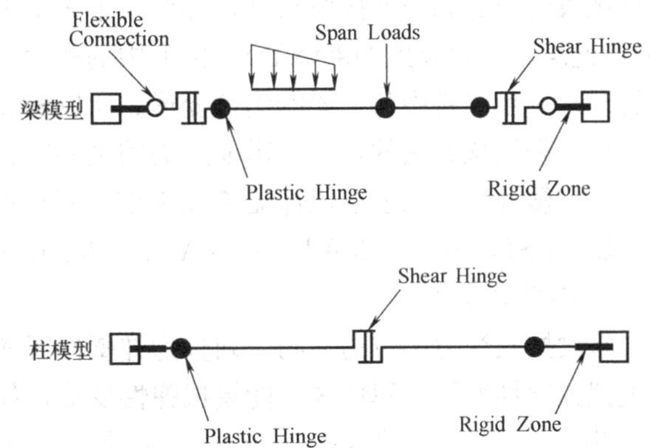

图6.3-1 Perform-3D中的常见构件模型示意图

6.3.2 梁单元模型

Perform-3D中非线性梁、柱单元的建模，也遵循图2.2-6的原则，既可以是基于截面的，也可以是基于材料的模型。为了得到截面的弯矩-曲率（转角）关系，Perform-3D可以通过纤维截面根据材料应力应变行为积分得到，也可以根据FEMA-356或其他文献中建议的塑性铰模型（图6.1-1），直接由截面尺寸和配筋根据计算得到。Perform-3D中的纤维模型规定为：梁为单向纤维模型，柱为双向纤维模型。

为了由截面进一步得到整个构件的刚度矩阵，Perform-3D提供了以下三种建模方式：塑性铰模型，塑性区模型，细分有限单元模型（CSI，2006；秦宝林，2012）。

1. 塑性铰模型

梁一般是以受弯为主的细长构件，塑性变形主要集中在梁端或梁中部。梁的塑性铰模型思路就是用塑性铰去模拟梁的塑性变形，该铰是没有长度的，只有变形；用弹性杆去模拟梁的弹性变形，两者合成整个梁的变形状态。一般采用“塑性铰+弹性杆+塑性铰”的组成方式，如图6.3-2所示。

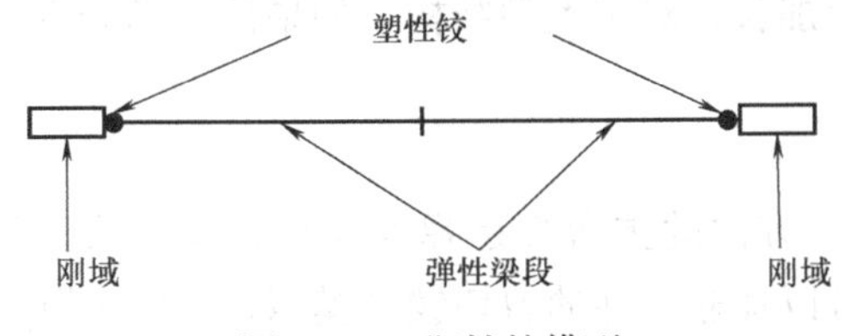

图6.3-2 塑性铰模型

将实际的梁构件模型化成塑性铰和弹性杆组成的梁单元一般有两种方法：

① 把整个杆件的塑性变形都集中到端部塑性铰上，中间杆只表现出整个杆件的弹性变形。塑性铰集中的塑性变形大小和杆件的长度有关系。因此首先确定梁受弯时候的反弯点，反弯点把构件分成了左右两个部分，左边的塑性铰集中了反弯点左半部份梁的塑性变形，左半部份的弹性杆用来模拟该部分的弹性变形，梁的右半部份亦是如此。该方法需要预先知道梁反弯点位置，但是在实际结构分析

中，是无法预知构件的反弯点位置，只能对反弯点位置进行估计或按工程经验进行判断。例如，对于一般的框架结构，认为梁的反弯点在中点，柱反弯点在柱高的中点。对于其他结构形式中的梁，由于无法判断反弯点的位置或者在实际工作中梁的反弯点不断变化，该方法的模型化方式使用将会受到限制。

② 塑性铰只集中梁塑性段内的塑性转动，通过折减弹性杆刚度近似考虑其他的塑性变形。在有足够大的水平荷载作用下，一般结构中的梁可能发生塑性变形的部位是构件的两端（一般是与竖向构件相连的端部），将梁中出现弹塑性变形的部位设置塑性铰来模拟它的弹塑性变形，其他不会出现弹塑性变形的部位使用弹性杆模拟。此时需要预先估计出塑性区段的位置和塑性区段长度，并对梁中未出塑性铰部位的截面刚度折减系数做出判断(例如混凝土开裂导致刚度降低)。模型中的塑性铰是没有长度的，集中了梁塑性段内的塑性转动，并不能集中整个梁的塑性变形。所以要通过折减弹性杆刚度来近似考虑其他的塑性变形。采用该方法的模型时需要解决的主要问题为塑性区的长度取值和中间弹性杆的刚度折减。塑性区的长度取值详见 6.2.1 节，对中间弹性杆的刚度折减，在 Perform-3D 使用手册（CSI，2006）和 ATC-72（ATC，2010）中有关于对该参数的建议取值。

2. 塑性区模型

将梁按其受力部位的不同，划分为弹塑性区和弹性区。弹塑性区使用的弹塑性单元能够模拟弹塑性变形，弹性区只能模拟弹性变形，如图 6.3-3 所示，弹性区和弹塑性区都是有一定长度的。在将构件模型化过程中需要判断构件的弹塑性区位置、弹塑性区长度和弹性杆的刚性折减问题，其原理和上述介绍的塑性铰模型相似。

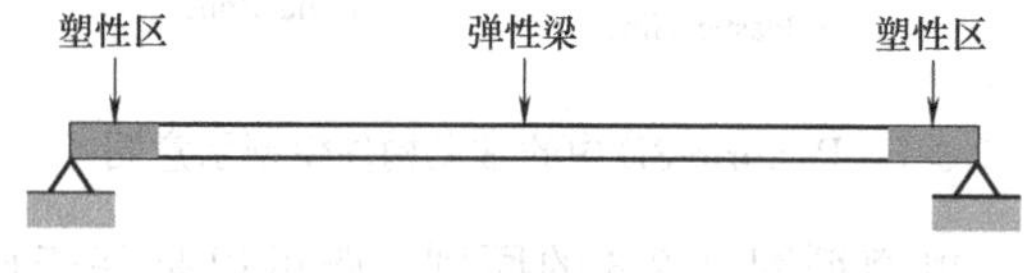

图 6.3-3 塑性区模型

3. 细分有限单元模型

对于某些构件，事先可能并不清楚其内力特性，或者说工程师想要得到更加精细的结果，也可以把整个构件全部用弹塑性单元来模拟，这就是细分有限单元模型，它是塑性区模型的一种极端形式，如图 6.3-4 所示。细分有限单元模型是把构件按照有限元的思想划分为数段，塑性发展大的位置单元划分得细，其他位置单元划分相对粗（这样划分是为了节省计算机资源的前提下尽量提高计算精度）。对于内力未知多变的构件，可以采用这种模型。细分有限单元模型可以较准确地反映结构的实际受力特性，但是计算机时会加长，对于大型结构，如果使用细分有限单元模型，会使计算时间变得不可接受。

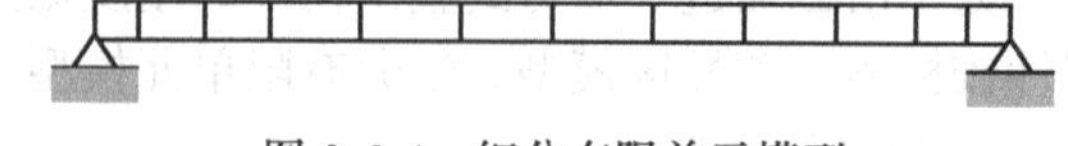
图 6.3-4 细分有限单元模型

4. 梁抗剪、抗扭、次方向抗弯的模拟

Perform-3D 中，梁单元对于抗剪、抗扭和次方向的抗弯都是弹性模拟，只要给出其弹性刚度即可。对于受剪出现的非线性行为，可以加非线性的剪切铰来模拟，此铰为刚塑性铰且没有长度（集中变形，图 6.3-1）。梁本身长度上仍然是弹性的剪切变形，其弹性和塑性的剪切变形分开来模拟。

6.3.3 柱单元模型

柱的受力特点相比梁来说，柱是受轴力的构件，而且是双向受弯，所以柱的模拟明显要比梁复杂。在 Perform-3D 里，柱的单元类型和梁一样，分为塑性铰模型和塑性区模型和细分有限单元模型，与 6.3.1 节介绍类似，其主要的不同在于要考虑 P-M2-M3 效应，详见 6.2.2 节。对于承受双向剪切的剪切铰，则需要考虑 V2-V3 效应。

带 V2-V3 效应的剪切铰的屈服面表达式如下：

$$\left(\frac{V_2}{V_{2Y}}\right)^{\alpha}+\left(\frac{V_3}{V_{3Y}}\right)^{\alpha}=1 \tag{6.3-1}$$

式中，V_2、V_3 是剪力，V_{2Y}、V_{3Y}是对应方向的屈服剪力；α 是控制屈服面的形状参数。

在钢筋混凝土结构中剪切强度也会受到轴力的影响，轴压力会提高抗剪承载力，轴拉力会降低抗剪承载力。在 Perform-3D 的柱模型中，无法考虑轴力对受剪承载力的影响，只能模拟双向剪切的非线性。不考虑轴力对剪力的影响会给计算带来一定的误差，但是实际结构中的柱一般都不会出现剪切破坏，所以在大多时候 Perform-3D 的这种计算方式是满足要求的。虽然在剪力和轴力的计算过程中无法考虑其相互的影响，但是在计算后进行性能评价时使用的测量单元（Strength Section）是可以考虑轴力对剪切的影响。实际构件中塑性区的转动也会对剪切承载力产生一定的影响，在 Perform-3D 的计算过程中也不能考虑此效应。

6.3.4 剪力墙单元模型

Perform-3D 的墙单元只能使用纤维模型。为了适应不同受力状态墙的模拟，有两种墙单元可供选择：Shear Wall Element（剪力墙单元）和 General Wall Element（通用墙单元），这两种单元都只能使用四节点，并且单元形状要比较规则。

1. Shear Wall Element 单元

Shear Wall Element 单元一般用在高宽比较大的剪力墙和跨高比较大的连梁。在 Perform-3D 中，此单元本质上与梁和柱单元一样，未考虑单元抗剪的问题，截面采用平截面假定，采取划分纤维束的方式进行截面性能计算，唯一区别是在于梁和柱单元的几何模型为一根线，剪力墙单元的几何模型为一个面。所以它一般用在以受弯为主的构件中。

对于剪力墙约束边缘构件，可以单独建立拉压杆来模拟，也可以在划分纤维时单独用一个纤维模拟。Shear Wall Element 单元的平面外刚度为弹性，在受力平面内没有考虑剪切，所以需要一个类似梁和柱子的剪切铰，此铰为弹塑性。加入弹塑性剪切铰后可以同时模拟剪力墙的竖向压弯和水平抗剪，或者模拟连梁的水平压弯和竖向抗剪。Shear Wall Element 单元的纤维布置为竖向的，剪切铰的布置为水平的，它只能模拟竖向压弯和剪切的非线性，对于水平向的压弯和剪切是弹性模拟。

2. General Wall Element 单元

General Wall Element 单元是在 Shear Wall Element 单元的基础上进一步考虑复杂受力情况发展起来的，用来模拟平面内双向受弯和受剪，平面外的特性仍然是保持为弹性假定。General Wall Element 单元增加了平面内两个方向的压弯和剪切非线性模拟，还可以模拟单元内对角的斜压杆效应。为了模拟上述行为，一个单元由 5 个层组成，每层平行叠合，如图 6.3-5 所示。

图 6.3-5（*a*）为竖向布置的纤维，用来模拟竖向压弯；图 6.3-5（*b*）为水平布置的纤维，用来模拟水平向压弯；图 6.3-5（*c*）为模拟剪切变形的剪切层，本层的剪切性质取

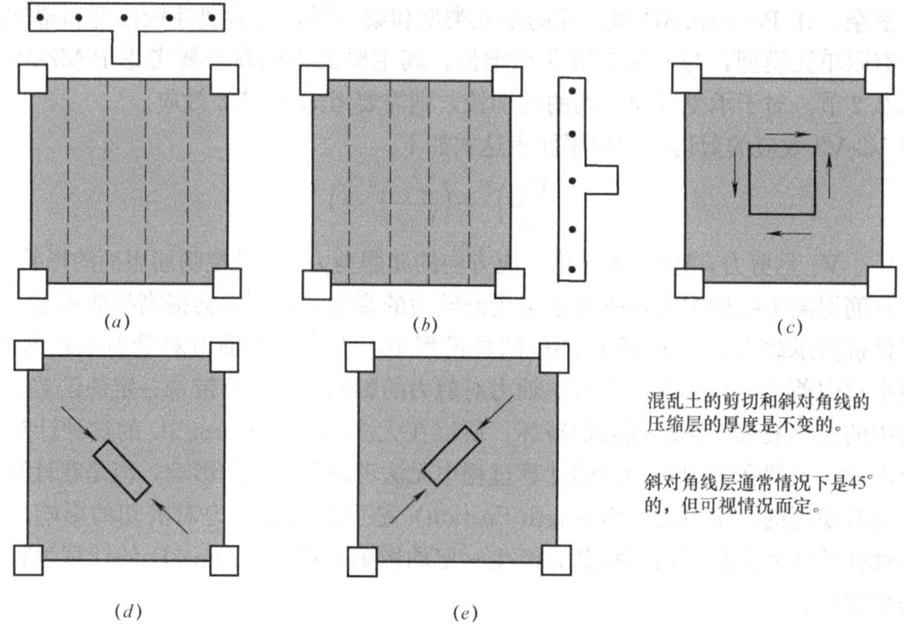

图 6.3-5　General Wall Element 单元

(*a*) 竖直向/弯曲；(*b*) 水平向/弯曲；(*c*) 混凝土剪切；(*d*) 斜对角方向的压缩 135°；(*e*) 斜对角方向的压缩 45°

决于混凝土对于剪切强度的贡献；图 6.3-5 (*d*)，(*e*) 为斜向的压杆，通过与轴向-弯曲层的相互作用，传递剪力并考虑了钢筋对剪切强度的贡献。

由于 Perform-3D 墙单元中不含旋转自由度，所以梁单元在与墙单元连接时采用附加内嵌梁的方式进行传力。

6.4　SAP2000 计算模型示例

在本节将演示如何使用 SAP2000 程序进行一个简单空间框架的静力推覆分析。所分析的框架模型与 5.2.3 节的模型相同，如图 6.4-1 所示，柱子间距为 X 方向 5m，Y 方向 4m，层高 3m。截面信息为：

梁：0.2m×0.5m，C30 混凝土，四个角点各配置 500mm^2 的 HRB335 纵筋。

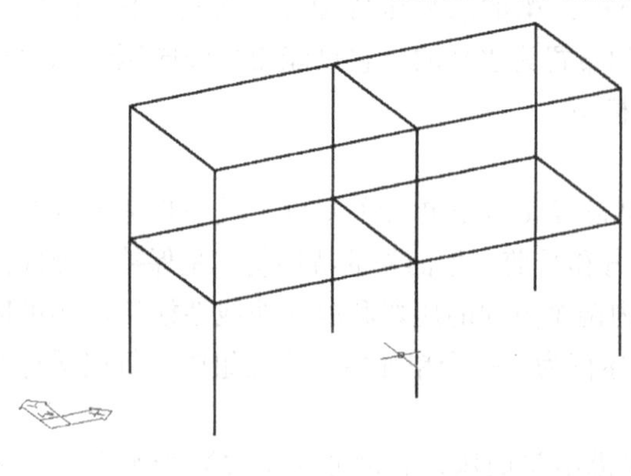

图 6.4-1　结构三维计算模型

柱：0.3m×0.4m，C30 混凝土，四个角点各配置 600mm^2 的 HRB335 纵筋。

(1) 在 SAP2000 中，选择 File 菜单 New Model 选项建立新模型，利用三维框架模板，建立框架模型（图 6.4-2）。

(2) 输入框架的层数、榀数、间距等，如图 6.4-3 所示。

(3) 自动生成的框架为铰接，需要改为刚接。选择所有支座 Joint，选择 Assign 菜单，选择 Joint-Restraints，约束所有支座的转动（图 6.4-4）。

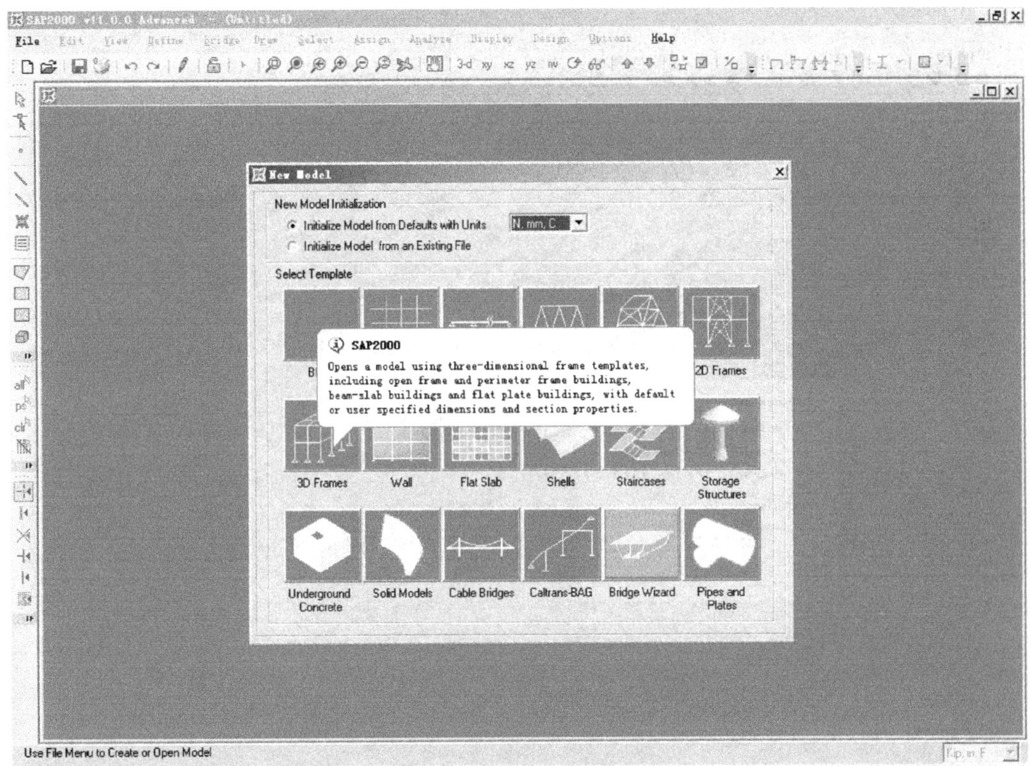

图 6.4-2　利用模板建立模型

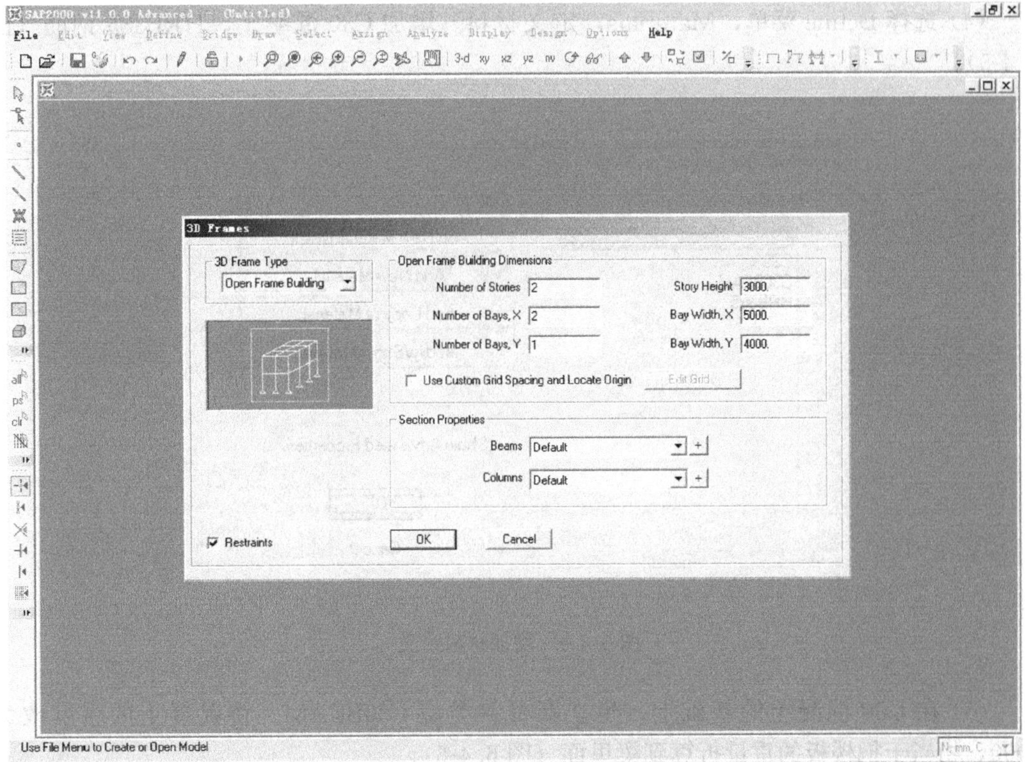

图 6.4-3　输入结构尺寸参数

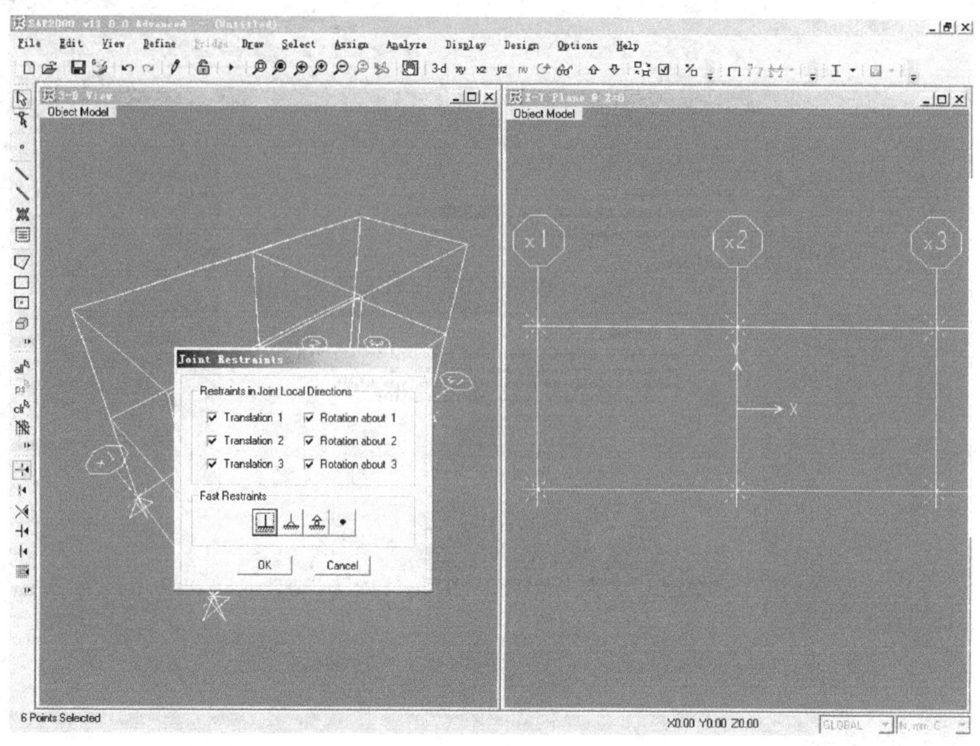

图 6.4-4　约束支座所有位移

(4) 选择 Define 菜单，Materials，定义材料。增加 C30 混凝土，HRB335 钢筋（图 6.4-5）。

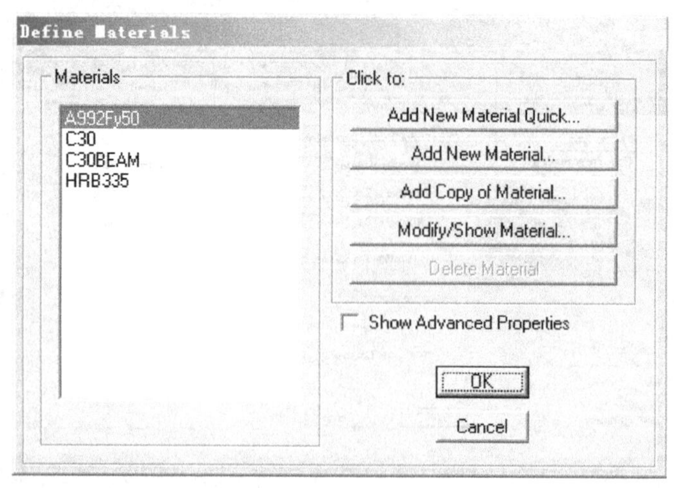

图 6.4-5　增加材料定义

(5) 在 C30 混凝土的基础上，建立新材料类型 C30BEAM。将混凝土的密度改为 5000，相当于把楼板的重量折算到梁里面（图 6.4-6）。

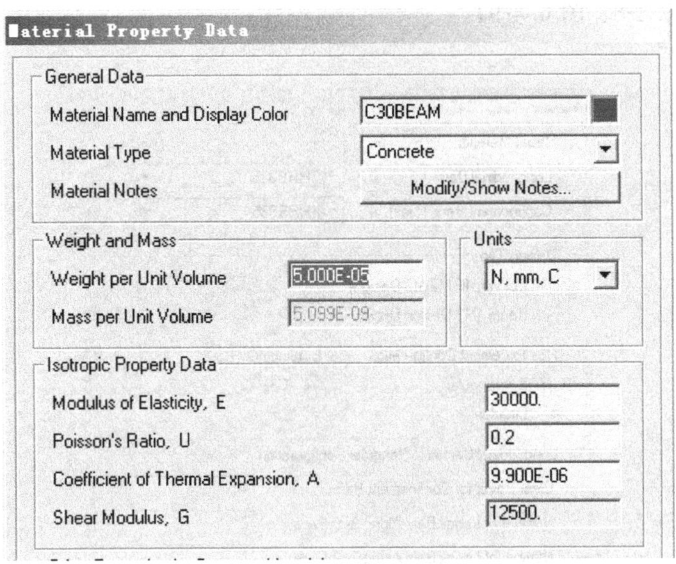

图 6.4-6　定义梁材料参数

(6) 选择 Define 菜单，Frame Sections，定义柱子截面，输入柱子截面的名称 COLUMN、材料 C30、截面尺寸，点击 Concrete Reinforcement 设置配筋(图 6.4-7)。

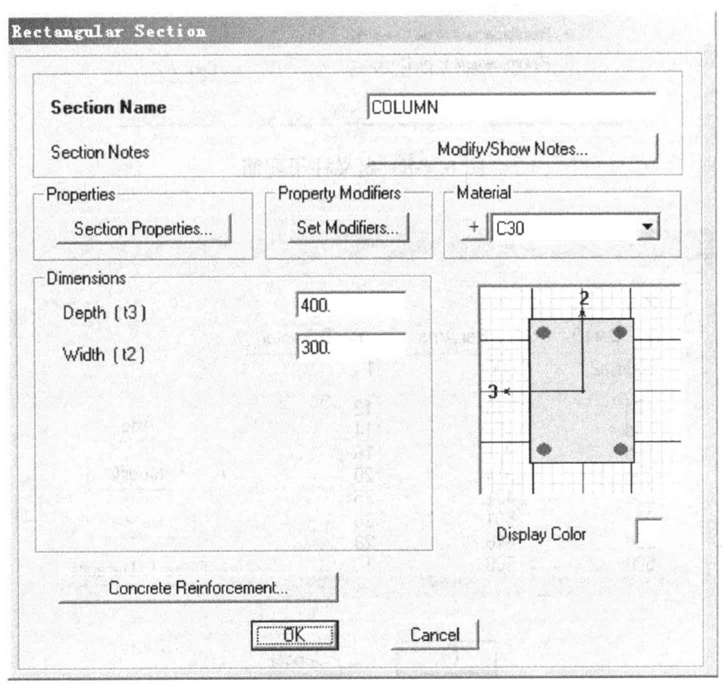

图 6.4-7　定义柱子截面属性

（7）定义钢筋的材料属性 HRB335，每个柱子四角各有一个钢筋，定义新的钢筋截面为 600mm²（图 6.4-8、图 6.4-9）。

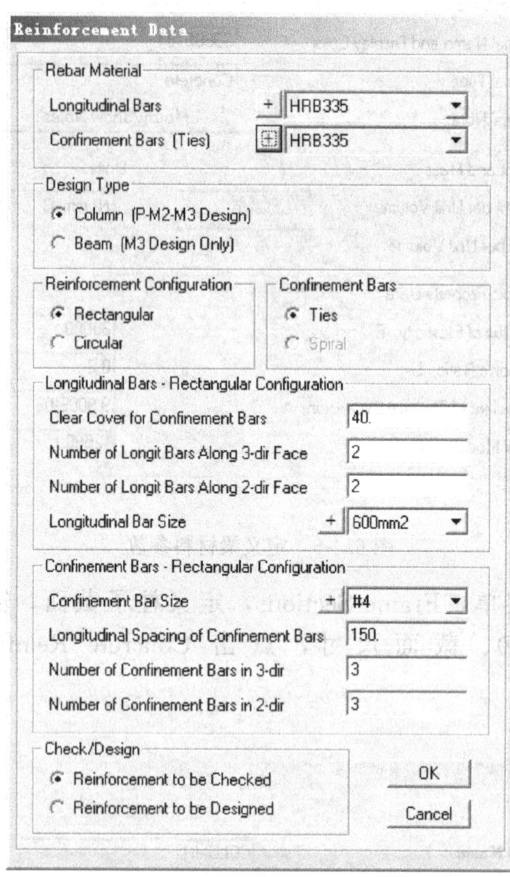

图 6.4-8　定义柱子配筋

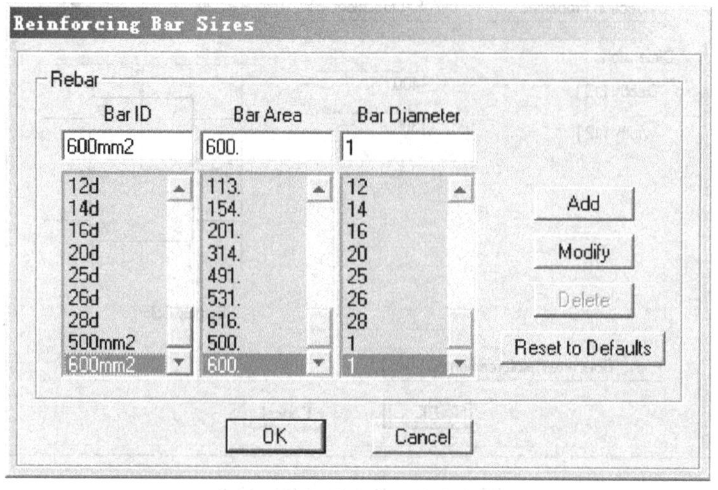

图 6.4-9　定义新的配筋类型

（8）同样定义梁截面信息（图 6.4-10）。

（9）设定梁截面的塑性铰类型为 M3 Design Only，输入梁顶部、底部配筋数量都为 1000mm^2（图 6.4-11）。

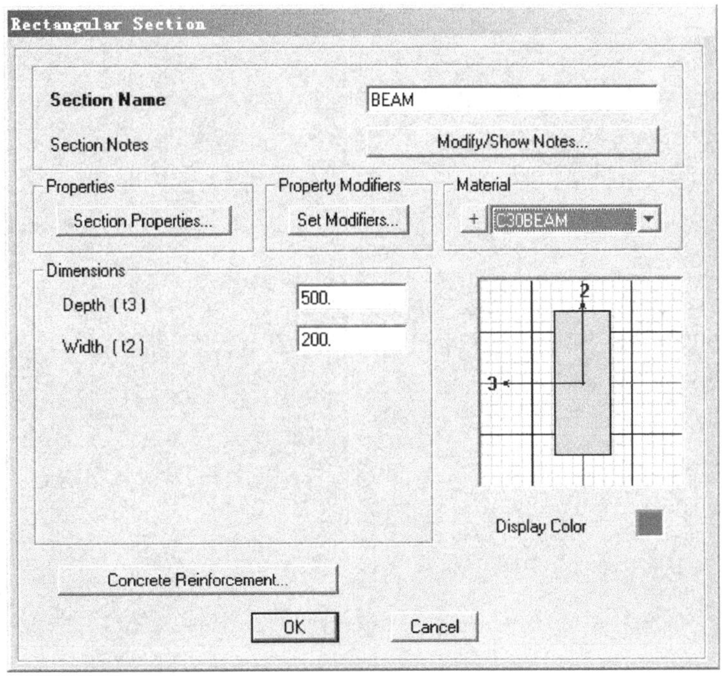

图 6.4-10 定义梁截面信息

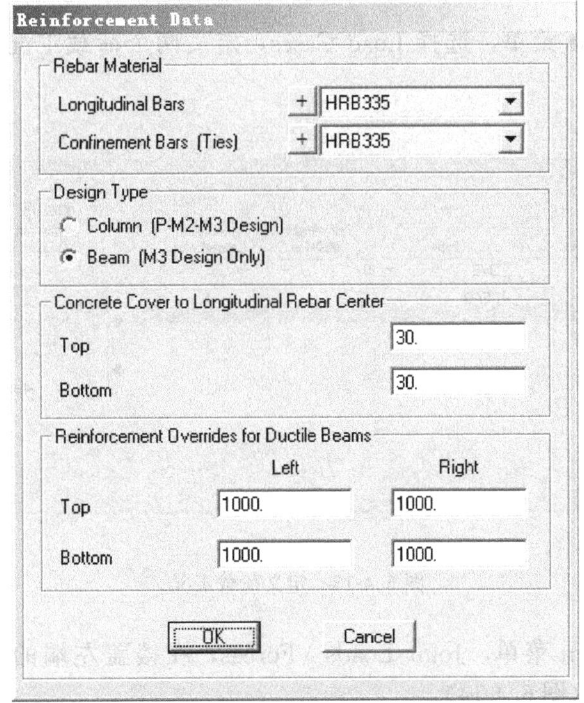

图 6.4-11 定义梁塑性铰和配筋信息

（10）把相应的截面赋予相应的构件，得到构件的截面属性如图 6.4-12 所示。

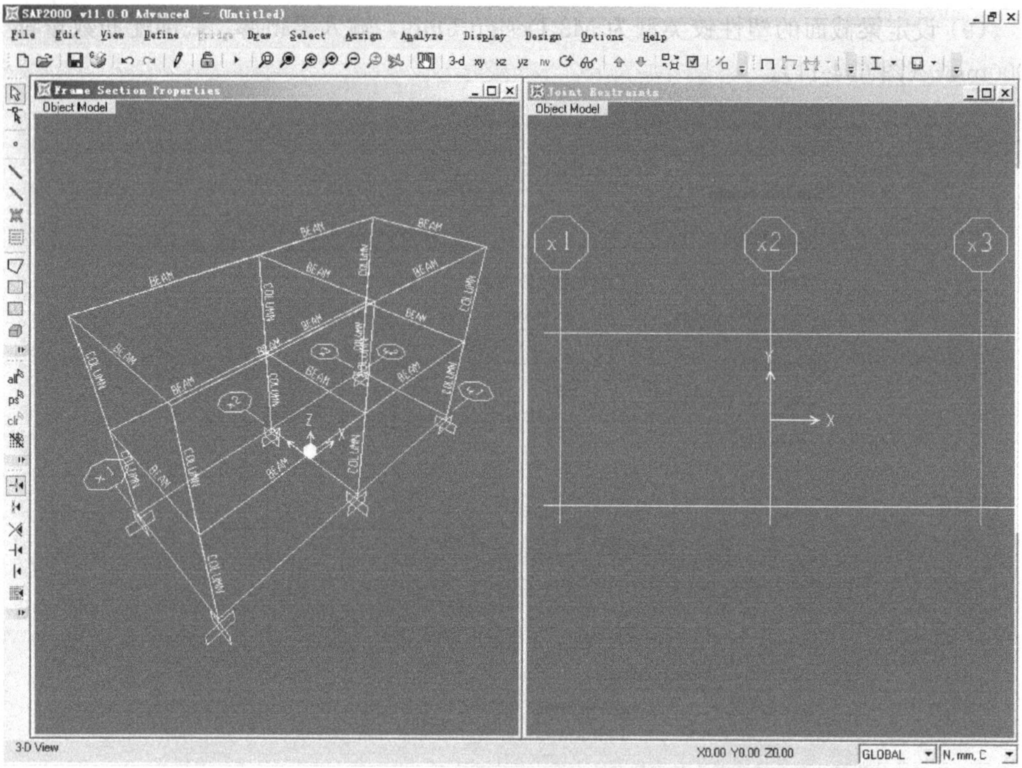

图 6.4-12　赋予构件截面属性

（11）进入 Define 菜单，选择 Load Cases，定义两个荷载工况，DEAD 和 PUSHOVER（图 6.4-13）。

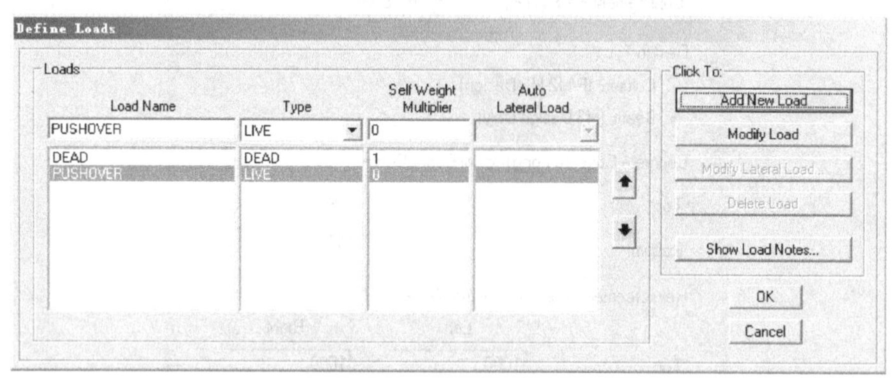

图 6.4-13　定义荷载工况

（12）选择 Assign 菜单，Joint Loads \ Forces，在楼盖左端的两个节点上各施加 1000kN 的水平推力（图 6.4-14）。

（13）同样在二层楼板左端两个节点上各施加 500kN 的水平推力（图 6.4-15）。

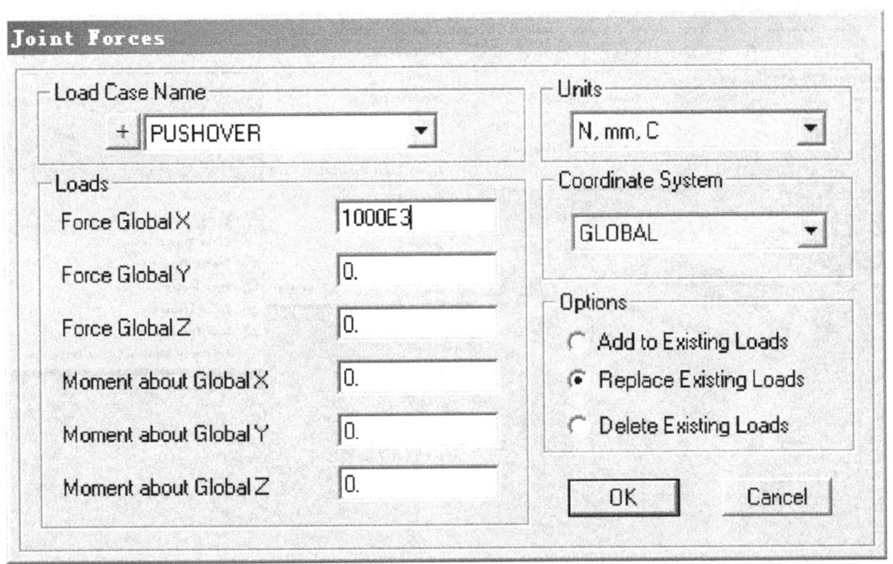

图 6.4-14　定义顶层推覆荷载

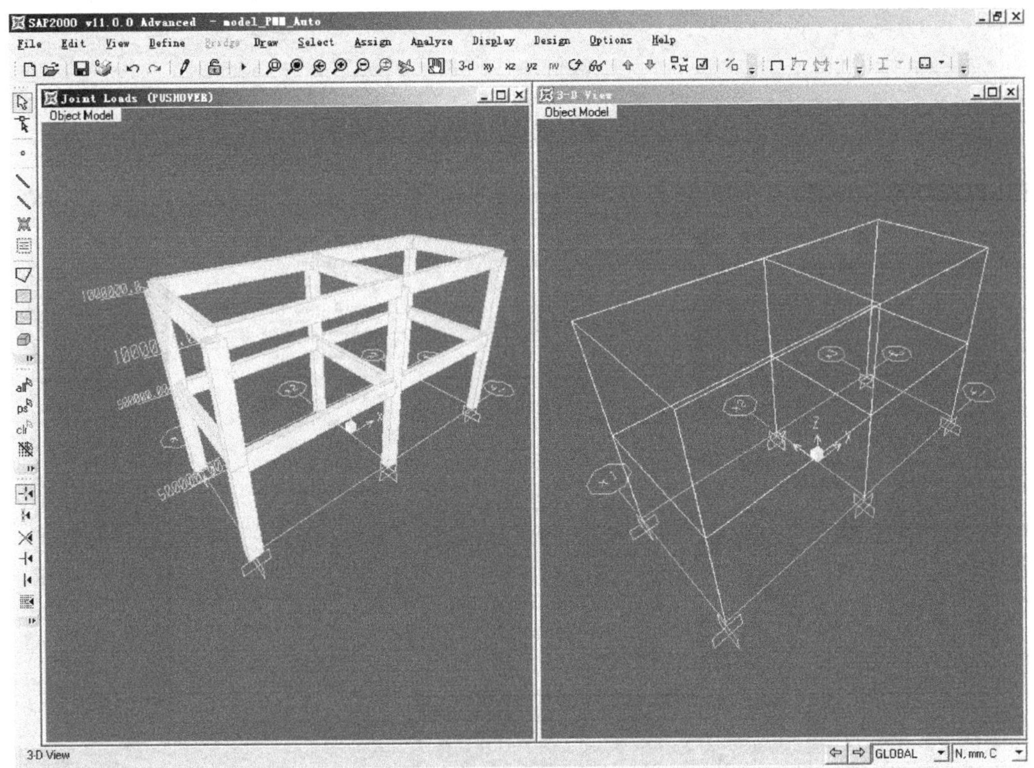

图 6.4-15　定义一层推覆荷载

(14) 利用 Select 菜单，Properties \Frame Sections，选择所有的柱 COLUMN 截面(图 6.4-16)。

(15) 选择 Assign 菜单，Frame \Hinges (图 6.4-17)。

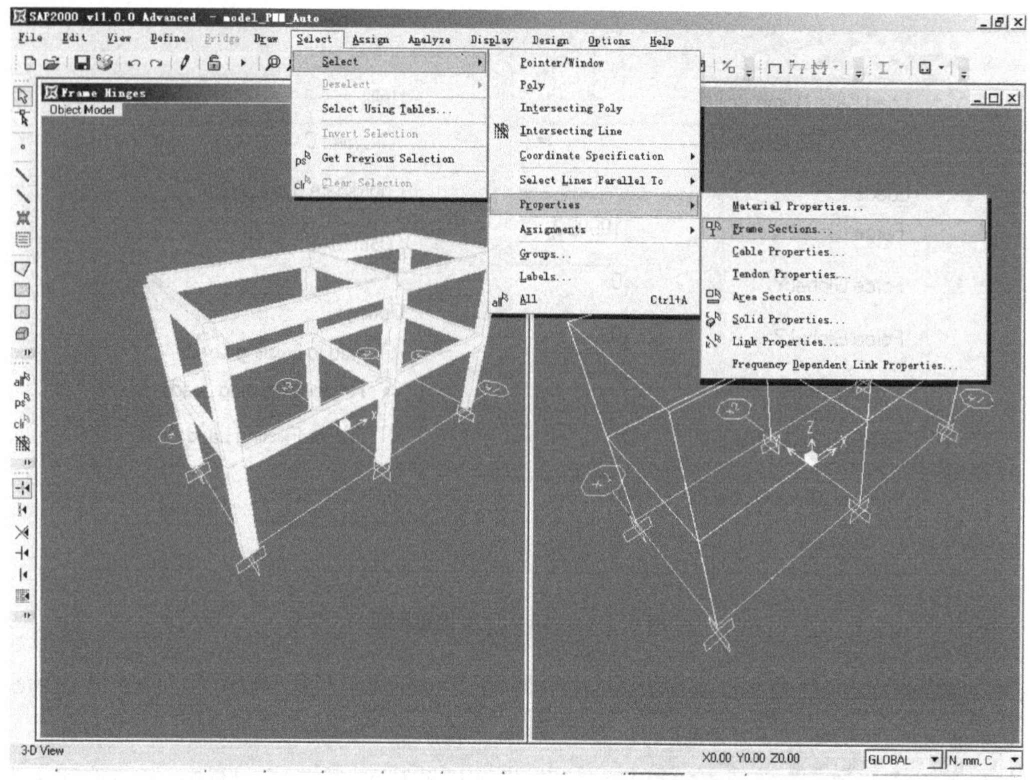

图 6.4-16　通过截面信息选取柱子构件

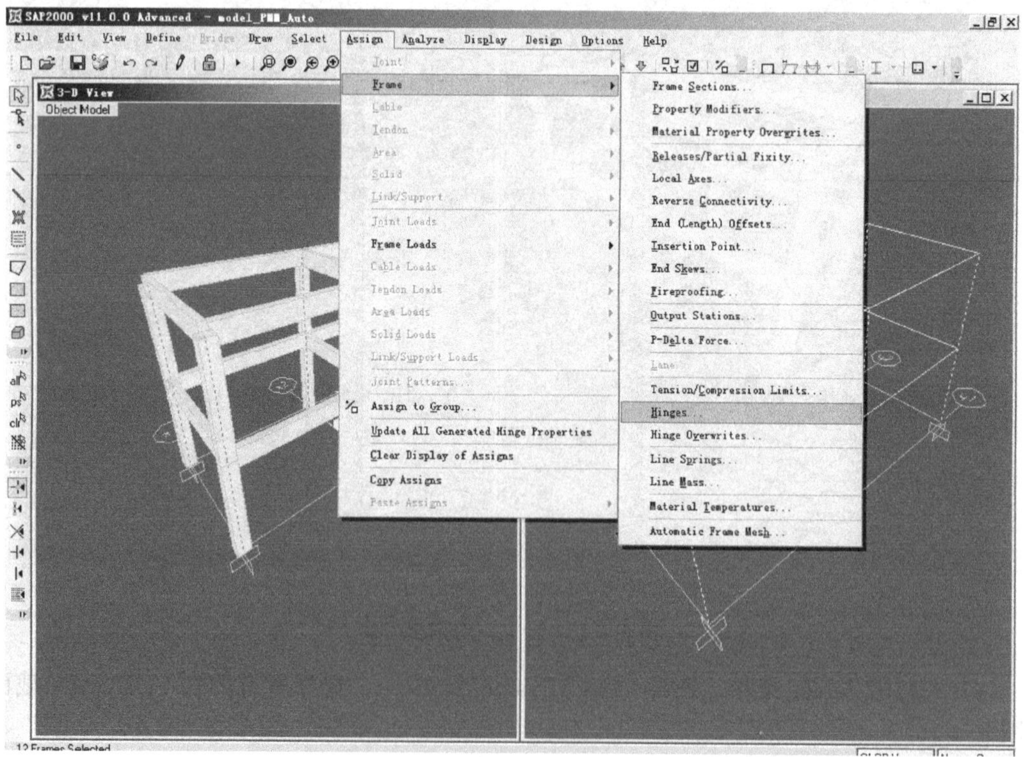

图 6.4-17　选择塑性铰定义菜单选项

（16）施加的塑性铰类型为自动，距离柱端0.1倍柱长度（图6.4-18）。

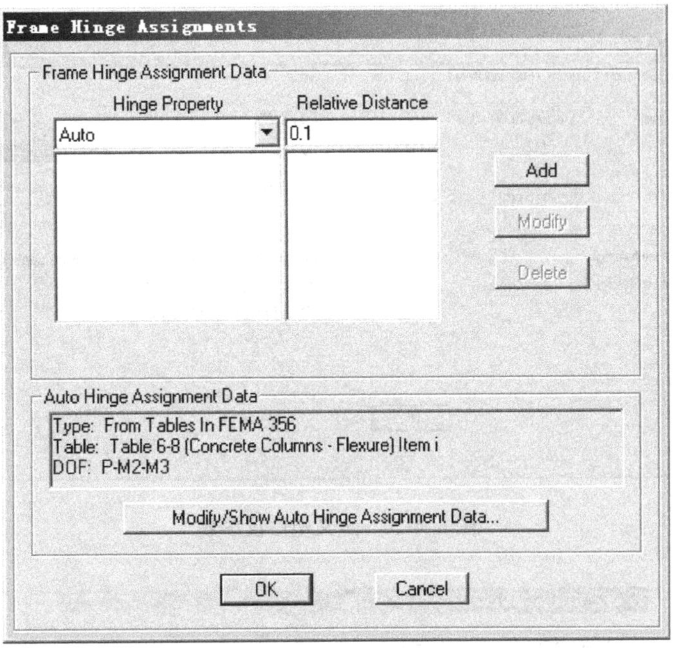

Frame Hinge Assignments
Frame Hinge Assignment Data
Hinge Property
Relative Distance
Auto
0.1
Add
Modify
Delete
Auto Hinge Assignment Data
Type: From Tables In FEMA 356
Table: Table 6-8 (Concrete Columns - Flexure) Item i
DOF: P-M2-M3
Modify/Show Auto Hinge Assignment Data...
OK
Cancel

图6.4-18 定义柱子塑性铰1的相对位置

（17）设定塑性铰类型为FEMA-356中表6-8的混凝土柱塑性铰（图6.4-19）。

Auto Hinge Assignment Data
Auto Hinge Type
From Tables In FEMA 356
Select a FEMA356 Table
Table 5-6 (Steel Beams - Flexure)
Table 6-7 (Concrete Beams - Flexure) Item i
Table 6-8 (Concrete Columns - Flexure) Item i
Table 5-6 (Steel Beams - Flexure)
Table 5-6 (Steel Columns - Flexure)
Table 5-6 (Steel Braces - Axial)
OK
Cancel

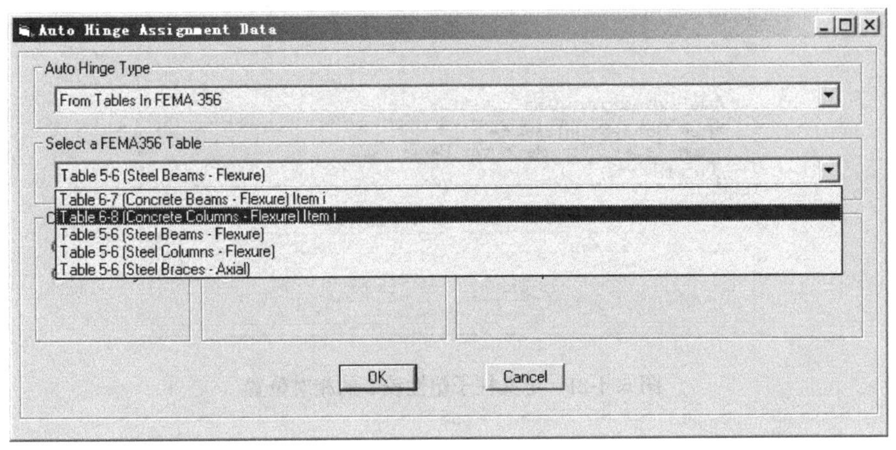

图6.4-19 选择柱子塑性铰类型

（18）塑性铰类型为P-M2-M3耦合类型（图6.4-20）。

（19）同样，在距离柱端0.9倍柱长度的地方也施加一个塑性铰，属性和前一个一样（图6.4-21）。

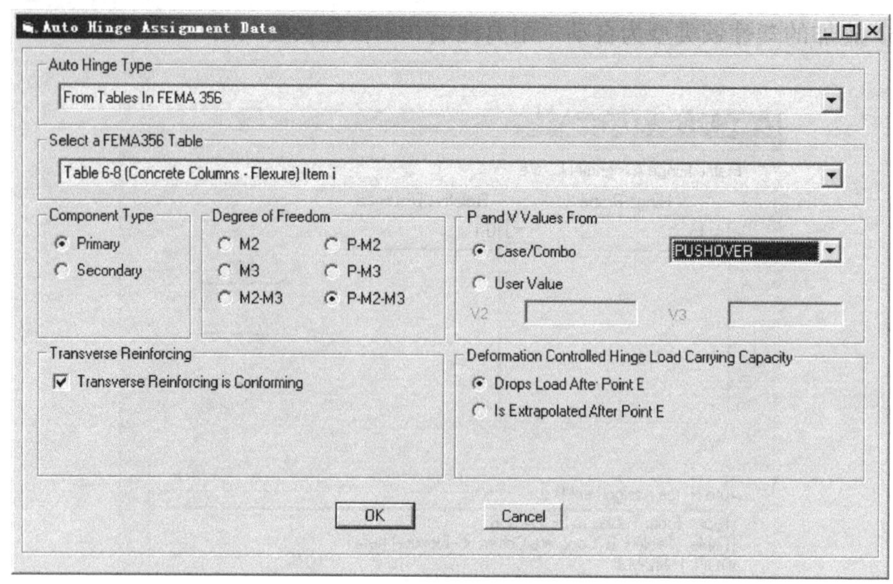

图 6.4-20　定义塑性铰参数

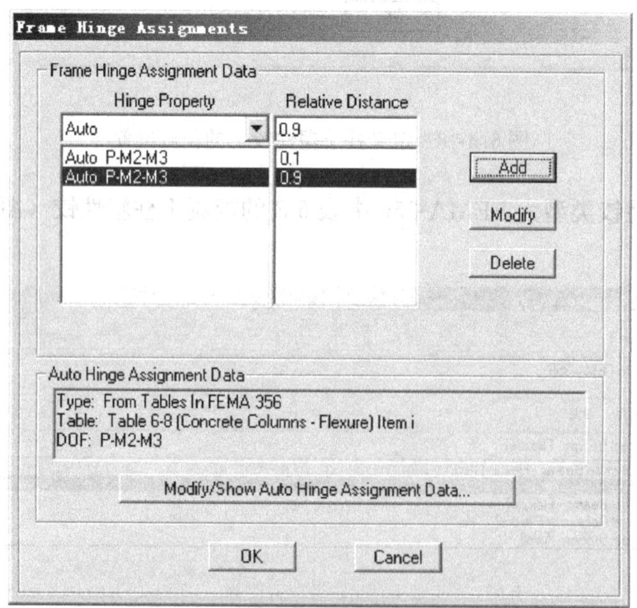

图 6.4-21　定义柱子塑性铰 2 的相对位置

（20）选中所有的梁单元，同样在距离梁端 0.1 倍梁长的地方建立自动类型塑性铰（图 6.4-22）。

（21）梁端塑性铰属性为 FEMA-356 中表 6-7 的混凝土梁塑性铰（图 6.4-23）。

（22）设定塑性铰类型为 M3，弯矩-转动型塑性铰（图 6.4-24）。

（23）在距离梁端 0.9 倍梁长的地方再建立一个塑性铰（图 6.4-25）。

（24）进入 Define 菜单，选择 Analysis Cases（图 6.4-26）。

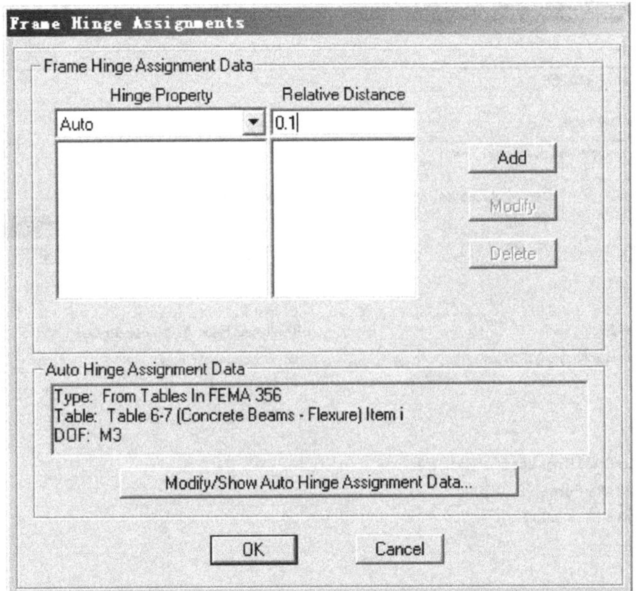

图 6.4-22 定义梁塑性铰 1 位置

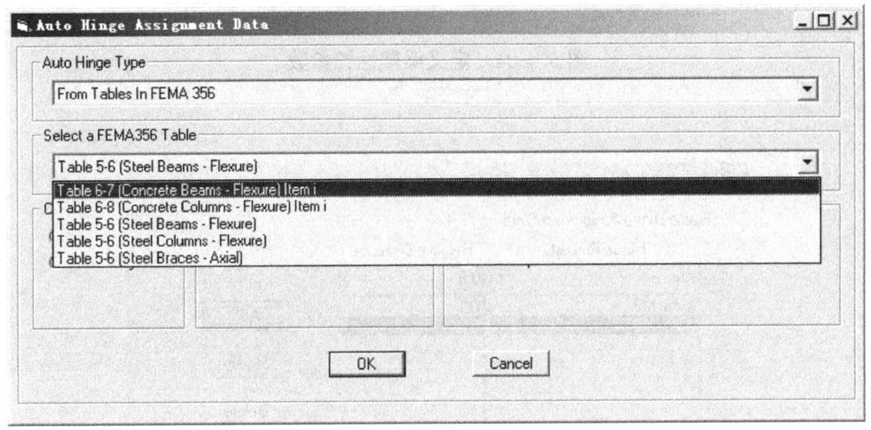

图 6.4-23 选择梁塑性铰类型

(25) 把 DEAD 工况和 PUSHOVER 工况都设定为非线性静力分析（图 6.4-27）。

(26) 定义 PUSHOVER 分析工况，定义荷载，并继承从 DEAD 工况的荷载和内力（图 6.4-28）。

(27) 设定 Load Application 为位移控制。控制楼顶节点 6X 方向（U1）的位移为 300（图 6.4-29）。

(28) 定义 Results Saved 为最少 100 步，最大 400 步（图 6.4-30）。

(29) 定义 Nonlinear Parameter，增加分析步数，放松收敛要求（图 6.4-31）。

(30) 进入 Analyze 菜单开始计算（图 6.4-32）。

(31) 选择 Run Now，开始计算（图 6.4-33）。

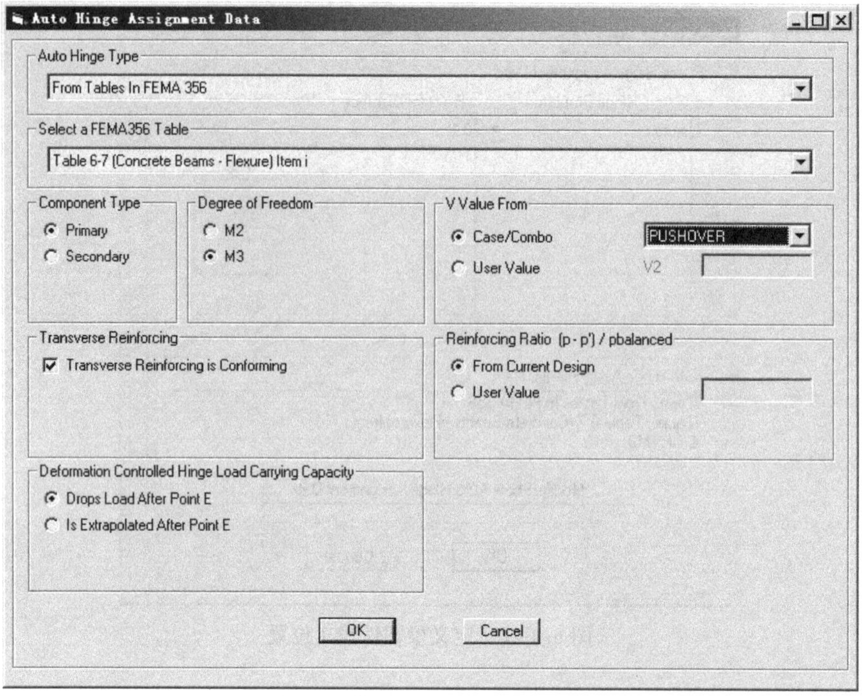

图 6.4-24　定义梁塑性铰参数

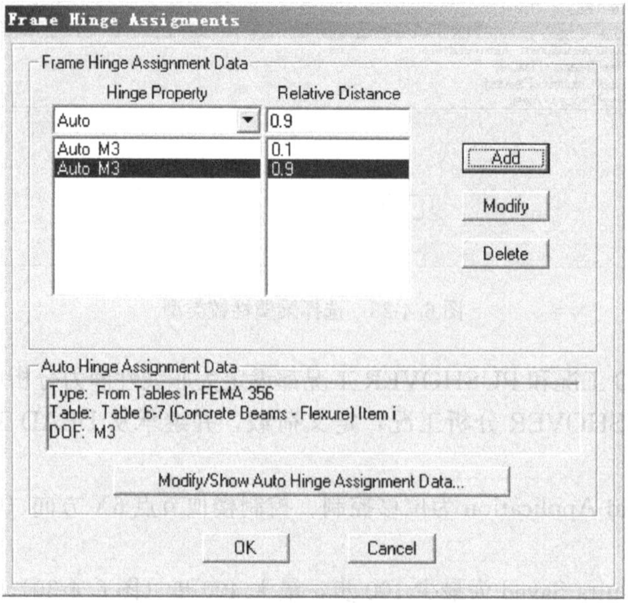

图 6.4-25　定义梁塑性铰 2 位置

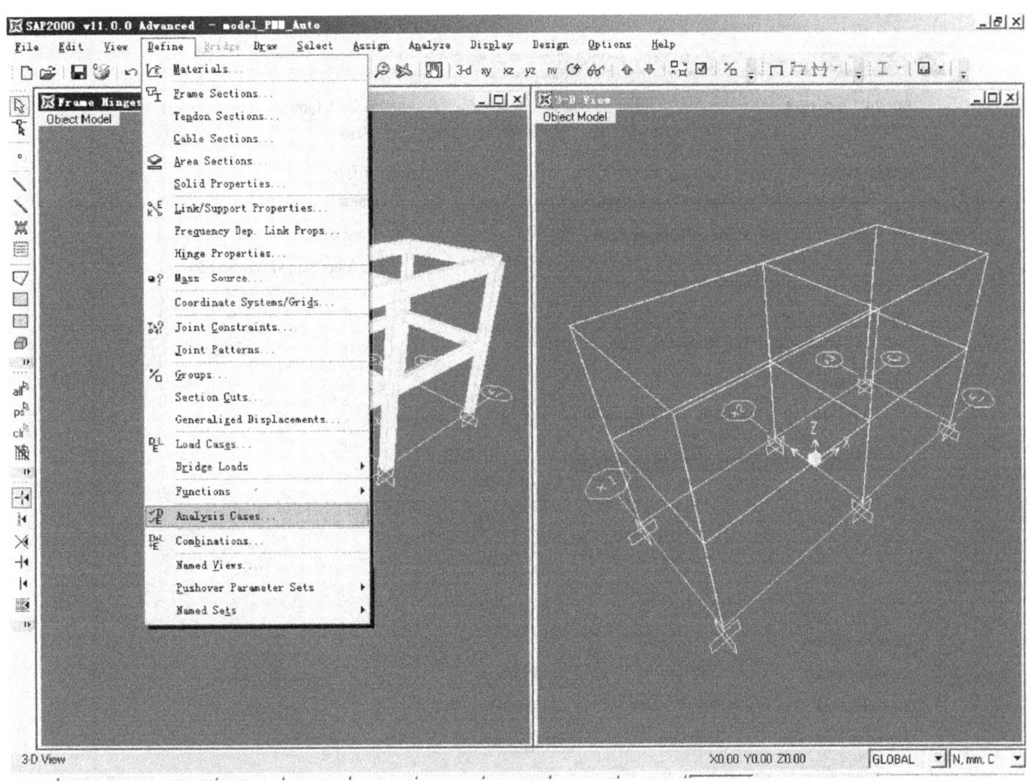

图 6.4-26　定义分析工况

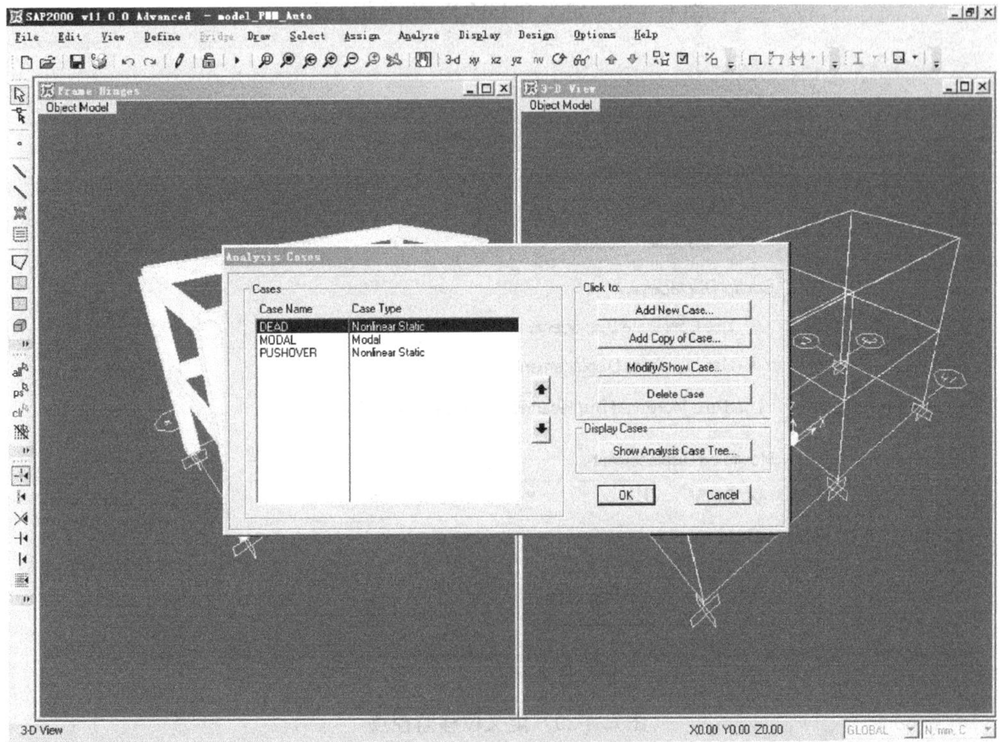

图 6.4-27　定义工况类型

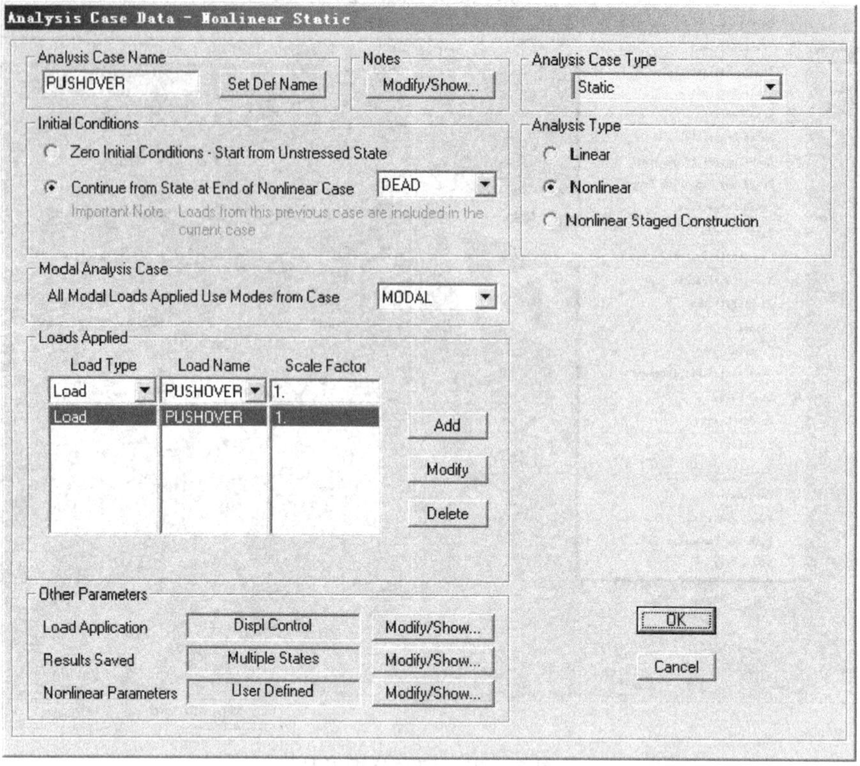

图 6.4-28　定义 PUSHOVER 分析工况

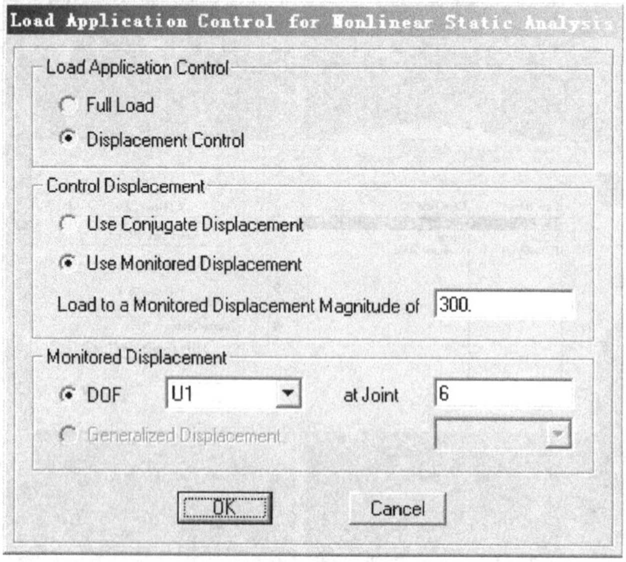

图 6.4-29　定义位移监控点

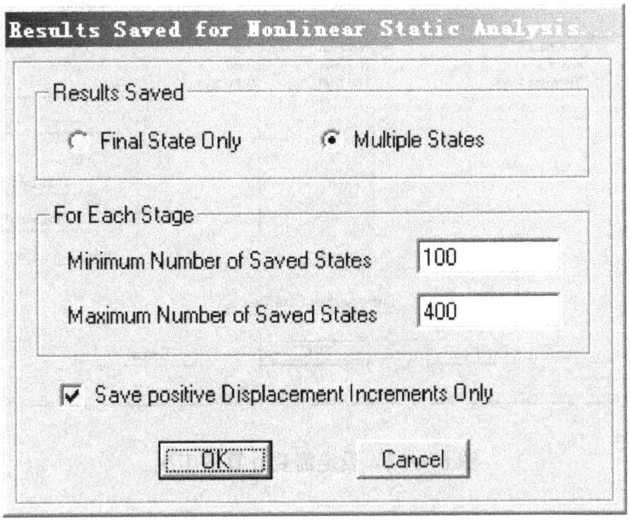

Results Saved for Nonlinear Static Analysis...

Results Saved

Final State Only　　Multiple States

For Each Stage

Minimum Number of Saved States　100

Maximum Number of Saved States　400

Save positive Displacement Increments Only

OK　Cancel

图 6.4-30　定义结果存储参数

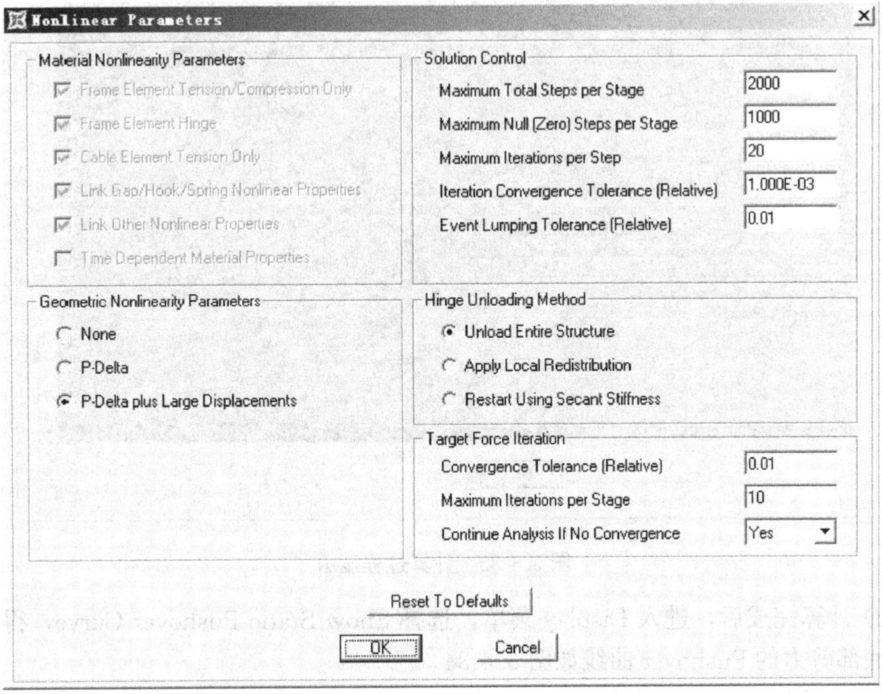

Nonlinear Parameters

Material Nonlinearity Parameters

Frame Element Tension/Compression Only

Frame Element Hinge

Cable Element Tension Only

Link Gap/Hook/Spring Nonlinear Properties

Link Other Nonlinear Properties

Time Dependent Material Properties

Solution Control

Maximum Total Steps per Stage　2000

Maximum Null (Zero) Steps per Stage　1000

Maximum Iterations per Step　20

Iteration Convergence Tolerance (Relative)　1.000E-03

Event Lumping Tolerance (Relative)　0.01

Geometric Nonlinearity Parameters

None

P-Delta

P-Delta plus Large Displacements

Hinge Unloading Method

Unload Entire Structure

Apply Local Redistribution

Restart Using Secant Stiffness

Target Force Iteration

Convergence Tolerance (Relative)　0.01

Maximum Iterations per Stage　10

Continue Analysis If No Convergence　Yes

Reset To Defaults

OK　Cancel

图 6.4-31　定义 PUSHOVER 分析的数值控制参数

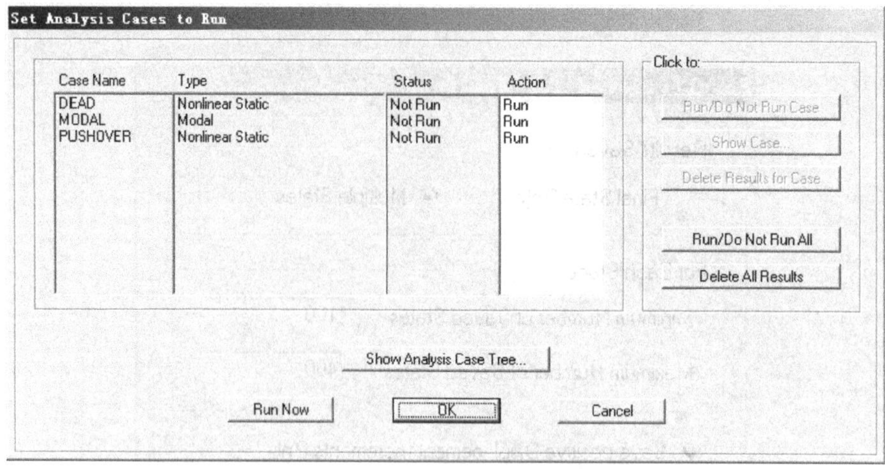

图 6.4-32　设定需要计算的工况

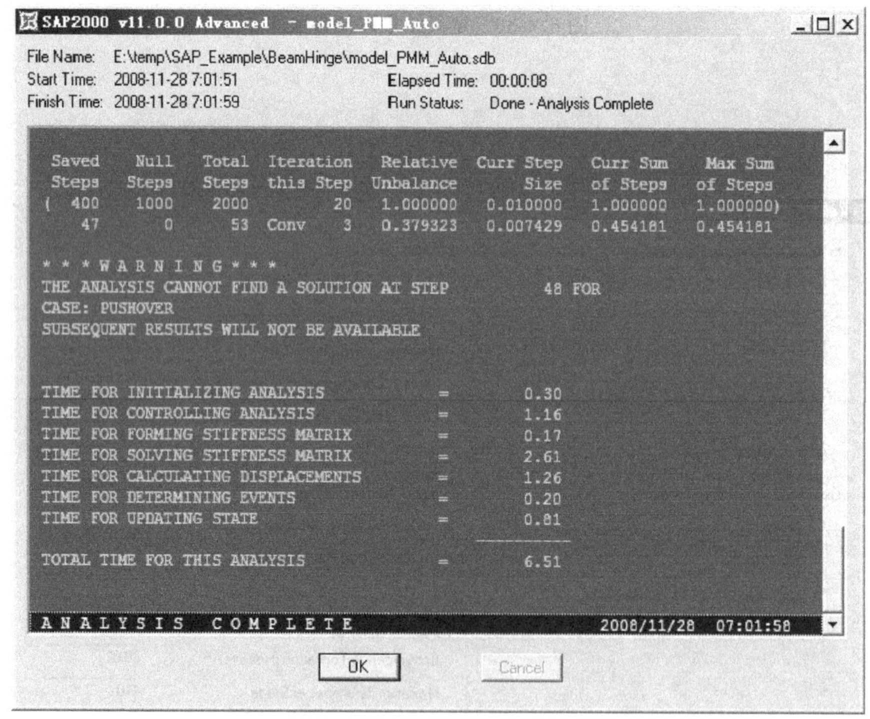

图 6.4-33　计算过程显示

（32）计算完成后，进入 Display 菜单，选择 Show Static Pushover Curve，得到顶点位移、底部剪力的 Pushover 曲线如图 6.4-34。

（33）有了 Pushover 曲线后，即可根据 ATC-40 或者 FEMA-356 等规范分析结构的抗震能力（图 6.4-35）。从计算结果可以看到，该结构的能力曲线（绿线）明显高于需求曲线（红线）。

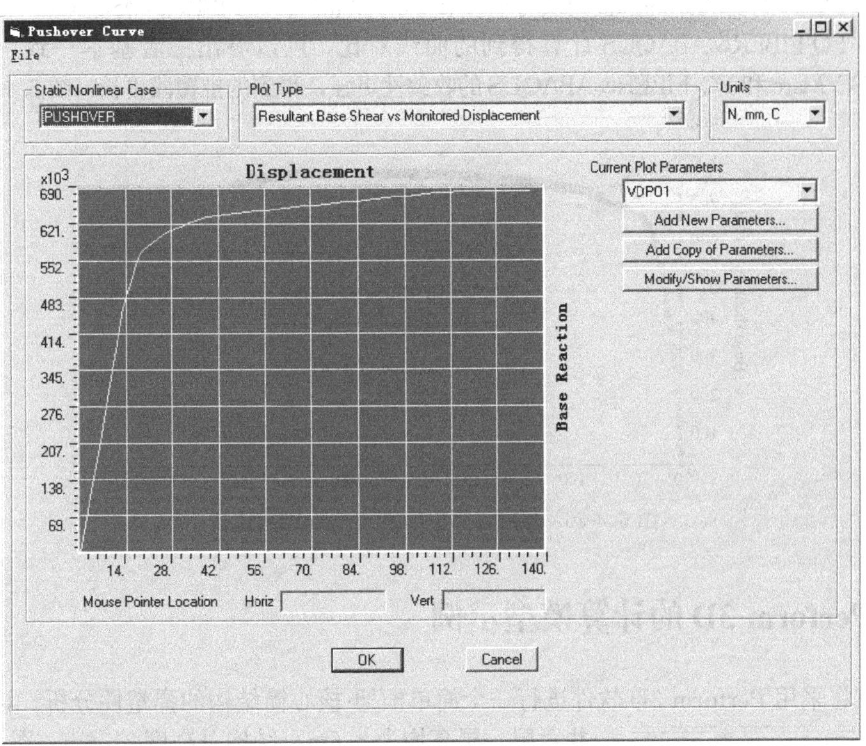

图 6.4-34　SAP2000 得到的 Pushover 曲线

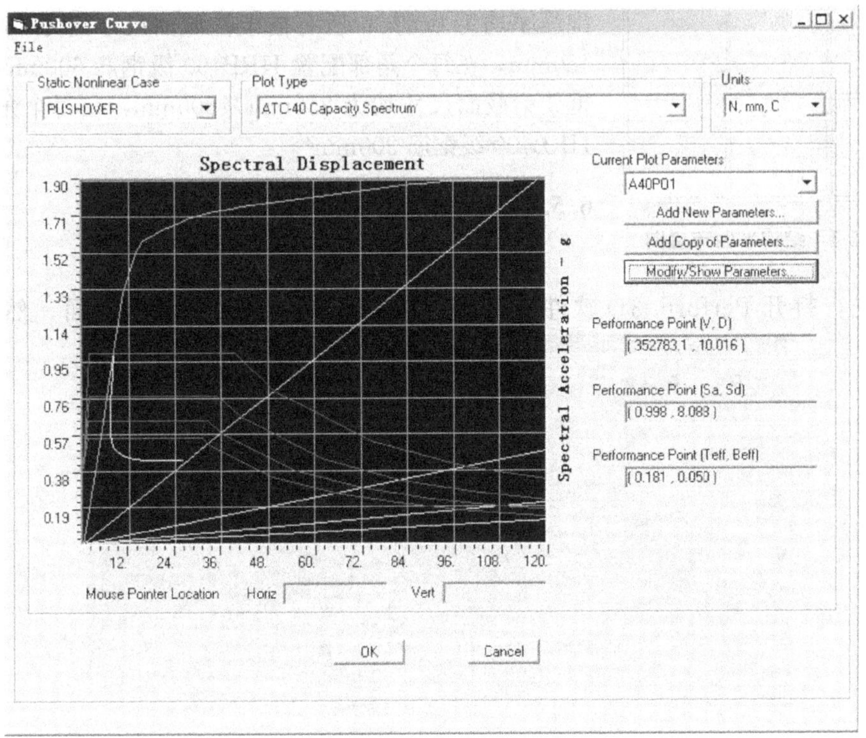

图 6.4-35　基于 ATC-40 分析结构性能

将 SAP2000 计算得到的推覆曲线与本书第 5 章介绍的 THUFIBER&MSC. Marc 及本书第 4 章介绍的 PQ-FIBER&ABAQUS 计算得到的曲线对比，可以看出三者基本一致，THUFIBER&MSC. Marc 和 PQ-FIBER&ABAQUS 的收敛性更强，得到的推覆段更长（图 6.4-36）。

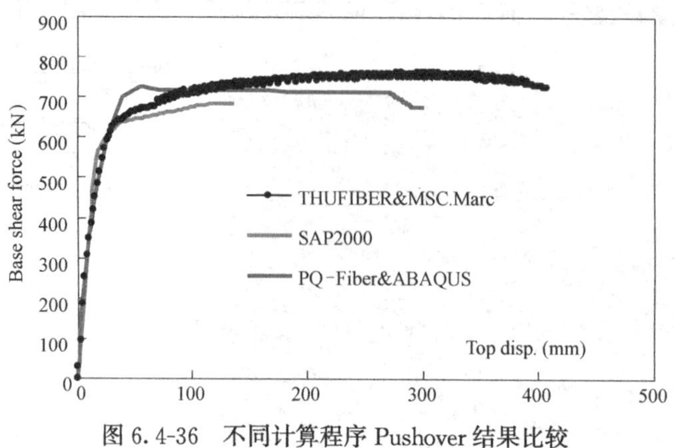

图 6.4-36　不同计算程序 Pushover 结果比较

6.5　Perform-3D 的计算模型示例

本节将采用 Perform-3D 软件进行一个简单框架-核心筒结构的弹塑性分析。该结构一共六层，层高均为 3.6m，结构总高度 21.6m。图 6.5-1 为结构的平面布置图，各柱间距均为 5m。

图 6.5-1　结构平面布置图

剪力墙均为 150mm 厚，纵横分布筋均为 HPB300 级，配筋率均为 0.5%；所有框架柱截面尺寸均为 450 mm×450mm，在每个角部配置 HRB400 级钢筋 600mm^2；所有框架梁截面尺寸均为 250mm×600mm，在每个角部配置 HRB400 级钢筋 300mm^2。

6.5.1　建模阶段（Modeling phase）

1. 创建新模型（new structure）

首先，打开 Perform-3D 软件，打开后出现如图 6.5-2 所示的界面。然后选择

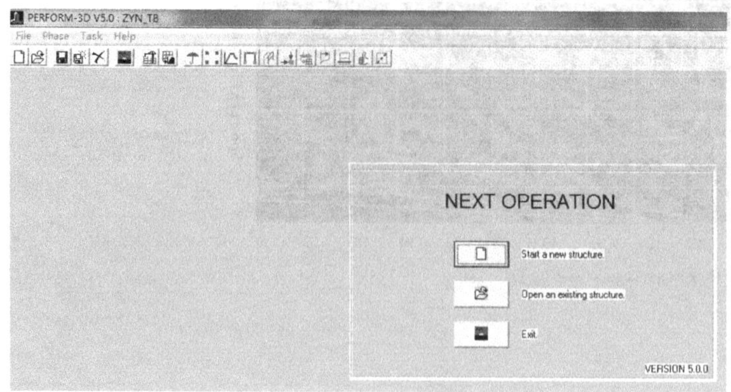

图 6.5-2　Perform-3D 启动界面

Start a new structure 创建新模型，定义结构的名称、单位、结构描述及最小结点间距等信息，本模型中单位为 N、mm，如图 6.5-3 所示。

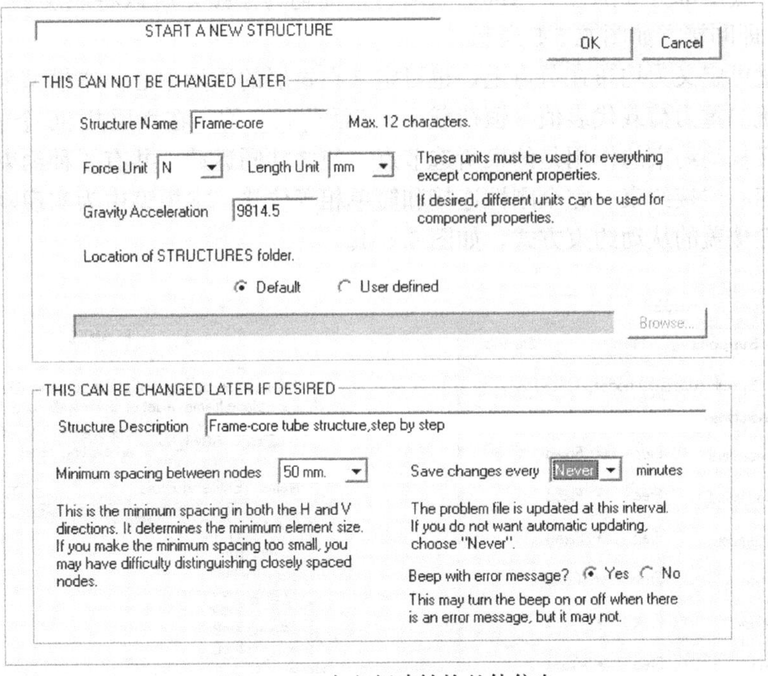

图 6.5-3　定义新建结构整体信息

2. 节点定义（NODES）

进入 NODES，定义结构节点（Nodes）、支座（Supports）、质量（Masses）和从动约束（Slaving）部分，如图 6.5-4 所示，具体操作如下：

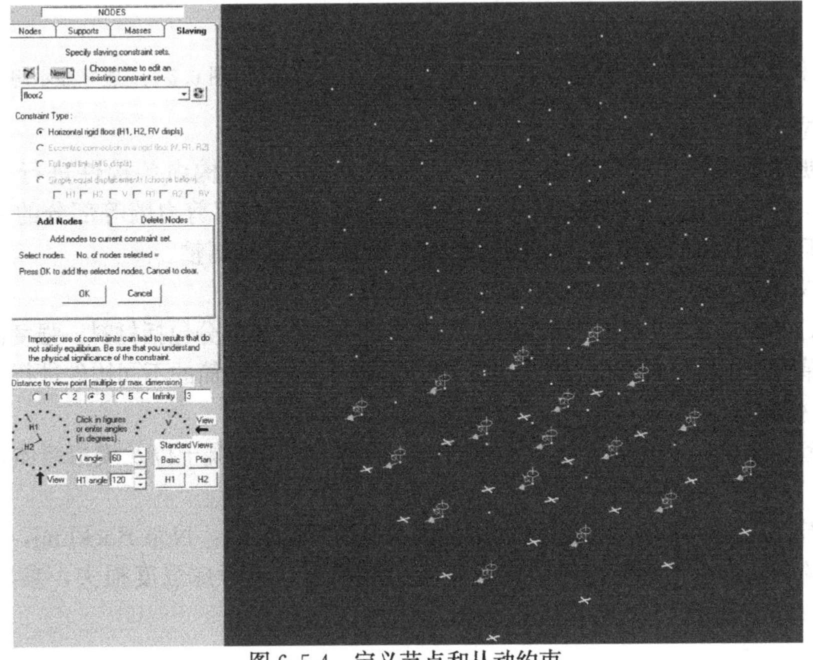

图 6.5-4　定义节点和从动约束

（1）本模型节点比较简单，可采用网格（Grid）方式输入节点，先输入首层的 16 个点，然后复制 6 层，即可获得与结构相关的所有节点；

（2）由于底层部分外围柱及内部剪力墙与地面均为刚接，所以将底层的 16 个点均定义为 Fixed，即刚接，如图 6.5-5 所示；

（3）质量可定义为均布在节点上，也可定义在每层的质量中心。本模型采用节点质量方式，将建筑的重力荷载代表值（恒荷载＋0.5 活荷载）均布在六层共 96 个节点上；

（4）定义从动约束的作用是约束所选节点，使之共同运动，共有 4 种约束方式：水平刚性楼盖、偏心连接约束、完全刚性连接和简单相等位移，本模型中为实现刚性楼盖假定选择水平刚性楼盖的从动约束方式，如图 6.5-4。

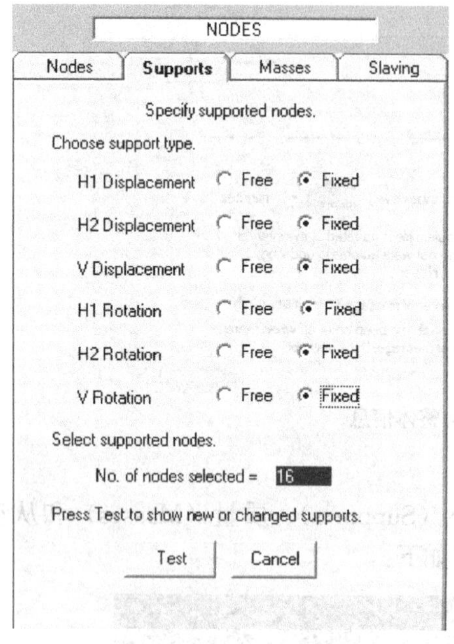

图 6.5-5　定义底层固结

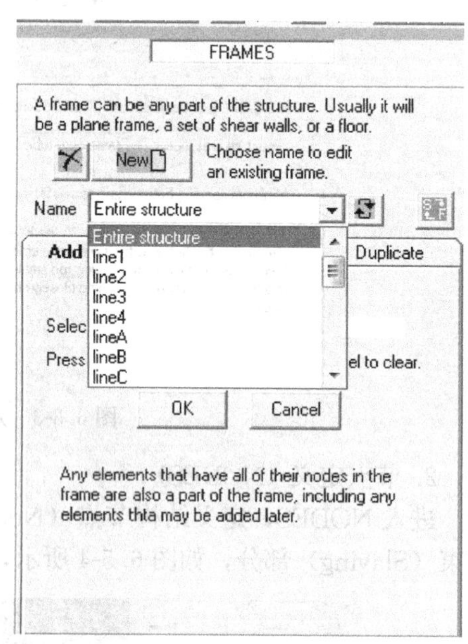

图 6.5-6　建立显示组

3. 建立分组（GROUP）

为方便结构各构件的参数定义及后期结构分析，对结构内各构件进行分组。进入 FRAMES，可分别建立不同轴、不同层以及外部框架、内部剪力墙等部分的显示组，如图 6.5-6 所示，具体的分组方式可根据结构分析的目的进行调整。

4. 定义组件属性（COMPONENT PROPERTIES）

进入 COMPONENT PROPERTIES，定义组件属性。该部分包括材料、强度截面、复合组件、非弹性、弹性和截面几个部分。下面分别针对框架核心筒的不同构件进行定义。

（1）材料定义：

本模型定义中，主要包括以下几种材料：钢筋、约束混凝土以及模拟墙体剪切性能的剪切材料。

钢筋定义：在 Type 中选择 Inelastic Steel Material，Non-Buckling，分别新建 HRB400 及 HPB300 的钢筋材料，均采用三折线模型，不考虑强度损失，参数设置如图 6.5-7、图 6.5-8 所示。

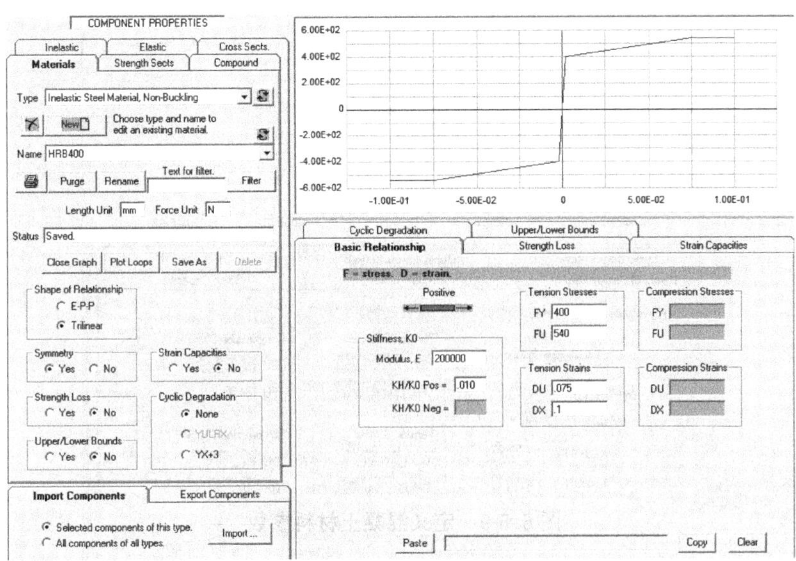

图 6.5-7　定义 HRB400 材料参数

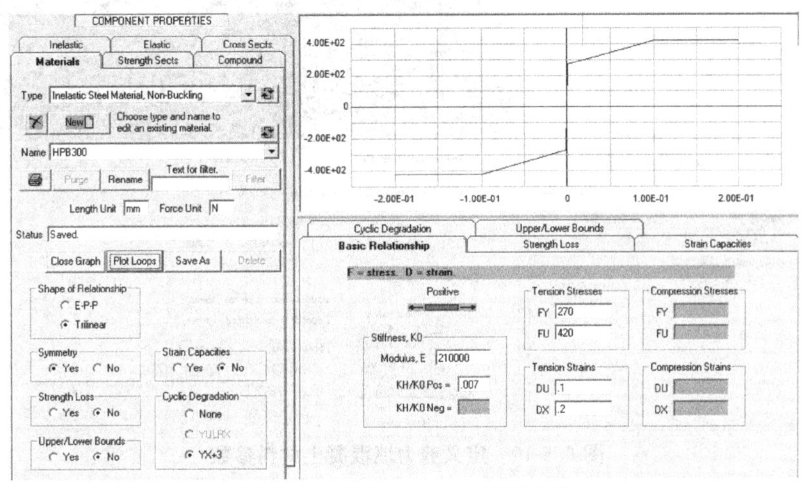

图 6.5-8　定义 HPB300 材料参数

约束混凝土定义：在 Type 中选择 Inelastic 1D Concrete Material，新建名为 Confined concrete 的材料，采用双线模型，不考虑强度损失，参数设置如图 6.5-9 所示。

剪切材料定义：在 Type 中选择 Elastic shear material for a wall，新建名为 elastic shear wall 的材料，用于模拟墙体的剪切性能，参数设置如图 6.5-10 所示。

（2）截面定义

在 Cross Sects 标签页，分别定义梁、柱、剪力墙以及内嵌梁截面。

梁的定义分弹性段和非弹性段进行定义。梁非弹性段截面采用纤维截面，在 Type 中选择 Beam，Inelastic Fiber Section，新建名为 beam fiber 的纤维梁，按照坐标轴 2 的方向定义纤维梁，由于此处只能定义 12 个纤维，所以将梁上层钢筋和下层钢筋分别作为一个纤维简化处理，参数设置如图 6.5-11 所示。弹性段部分在 Type 中选择 Beam，Reinforced Concrete Section，新建名为 RC BEAM 的梁，参数设置如图 6.5-12 所示。

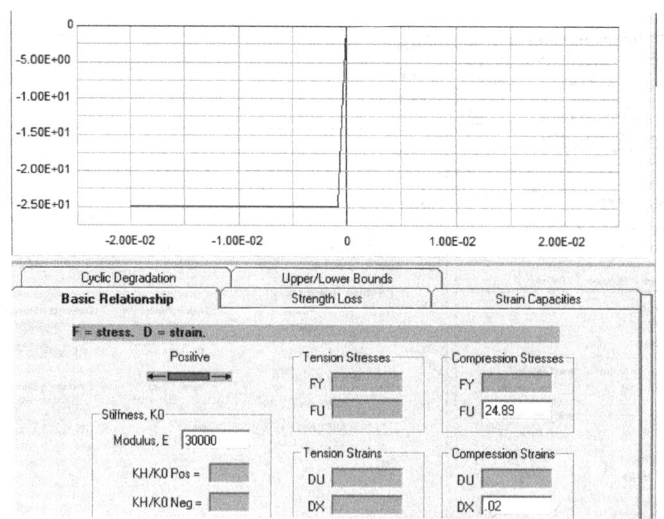

图 6.5-9　定义混凝土材料参数

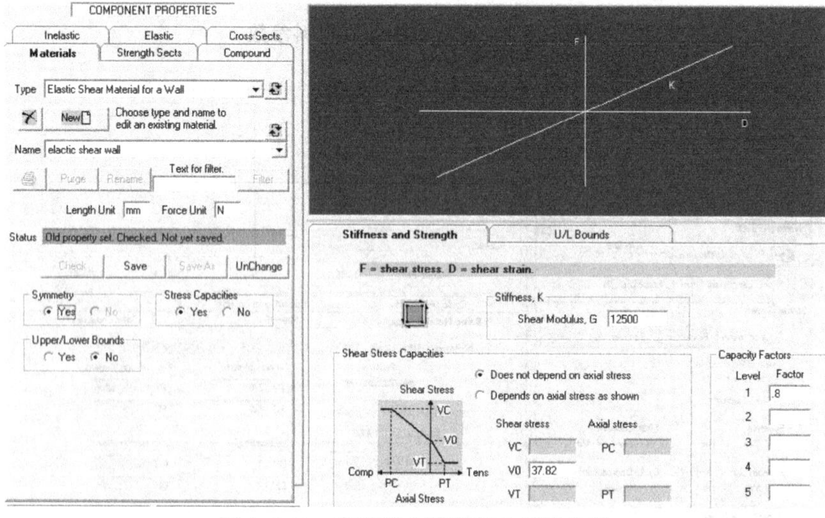

图 6.5-10　定义剪力墙混凝土材料参数

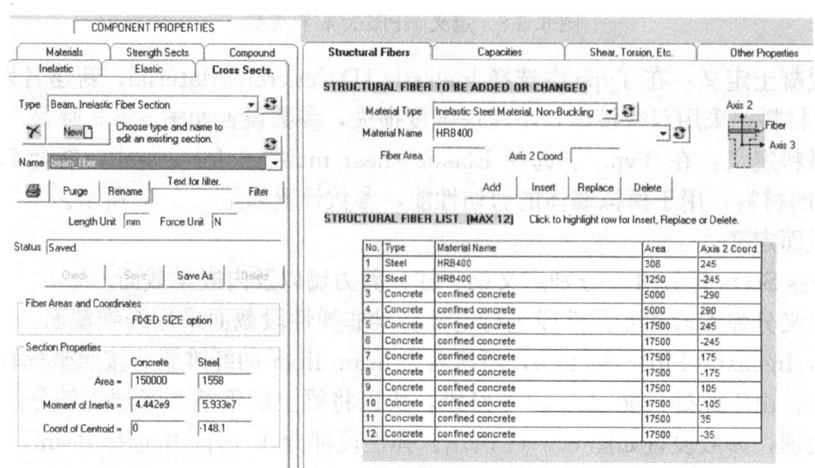

No.	Type	Material Name	Area	Axis 2 Coord
1	Steel	HRB400	308	245
2	Steel	HRB400	1250	-245
3	Concrete	confined concrete	5000	-290
4	Concrete	confined concrete	5000	290
5	Concrete	confined concrete	17500	245
6	Concrete	confined concrete	17500	-245
7	Concrete	confined concrete	17500	175
8	Concrete	confined concrete	17500	-175
9	Concrete	confined concrete	17500	105
10	Concrete	confined concrete	17500	-105
11	Concrete	confined concrete	17500	35
12	Concrete	confined concrete	17500	-35

图 6.5-11　纤维梁塑性段截面定义

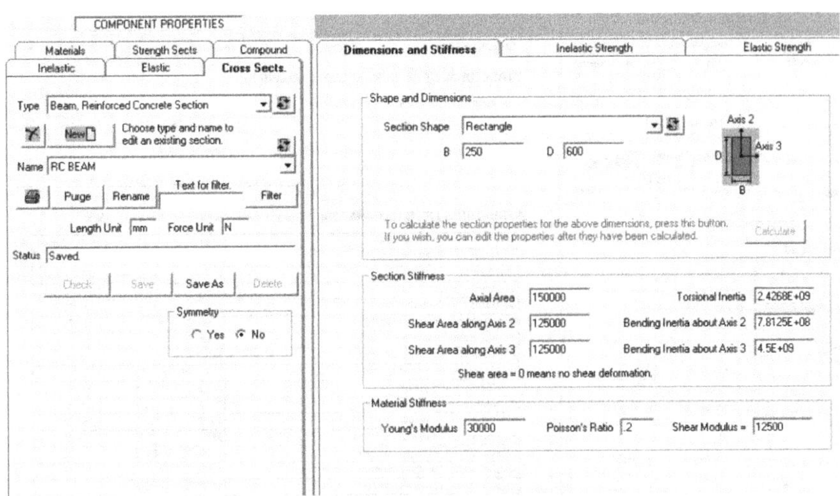

图 6.5-12　纤维梁弹性段截面定义

柱截面定义：柱截面定义同样分为弹性段和非弹性段。弹性段截面定义在 Type 中选择 Column，Reinforced Concrete Section，新建名为 RC COLUMN 的截面，参数设置如图 6.5-13 所示。

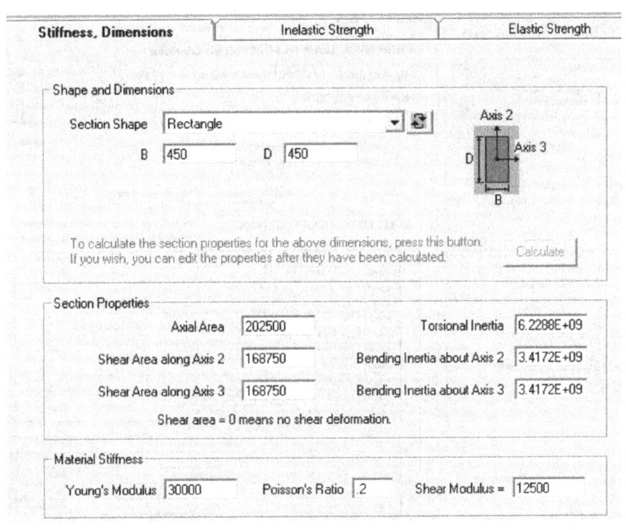

图 6.5-13　纤维柱弹性段截面定义

柱非弹性段截面定义采用纤维截面，在 Type 中选择 Column，Inelastic Fiber Section，新建名为 column _ fiber 的纤维梁，按照坐标点定义截面上钢筋和混凝土的纤维，此处按照钢筋个数及分布共定义钢筋和混凝土纤维 48 个，参数设置如图 6.5-14 所示。

定义剪力墙纤维单元：在 Type 中选择 Shear Wall，Inelastic Section，新建名为 shear wall 的纤维墙截面，选择 Fixed Size，剪力墙厚度为 150mm，配筋率为 0.5%，参数设置如图 6.5-15 所示。

由于 Perform-3D 墙单元中不含旋转自由度，所以梁单元在与墙单元连接时采用附加内嵌梁的方式进行传力。因此在每面剪力墙的顶部设置一根内嵌梁。在 Type 中选择

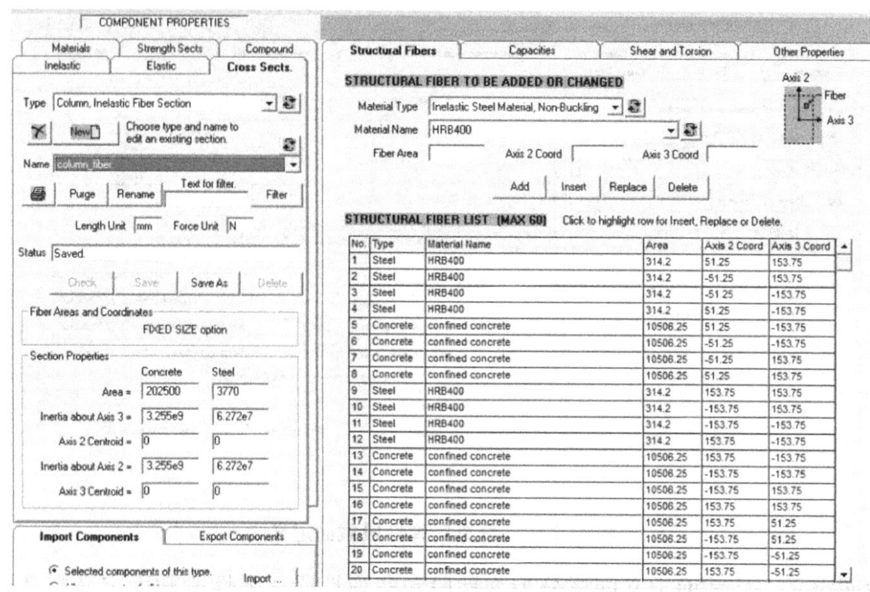

图 6.5-14　纤维柱塑性段截面定义

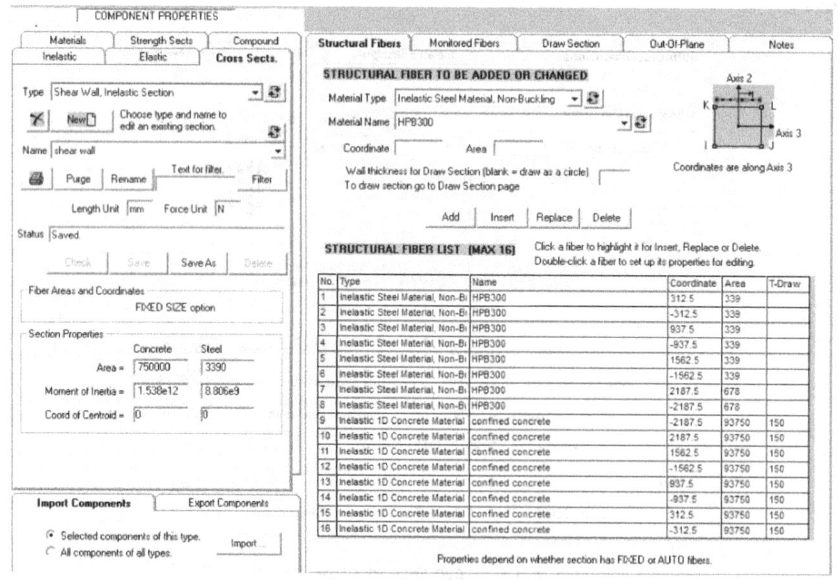

图 6.5-15　剪力墙纤维截面

Beam，Reinforced Concrete Section，新建名为 concealed beam 的内嵌梁，假设截面边长为 1，不考虑梁的弹性和非弹性强度，参数设置如图 6.5-16 所示。

（3）点击进入 Strength Sects 标签页，定义框架梁柱的剪力，用于计算强度需求能力比。

在 Type 中选择 Shear Force Strength Section，新建名为 shear force _ beam 的剪力强度截面，该截面不需要使用已有定义截面，名义强度 V_0 使用式 6.5-1 进行计算：

$$V_0 = 0.7 f_t b h_0 + f_{yv} \frac{A_{sv}}{s} h_0 \tag{6.5-1}$$

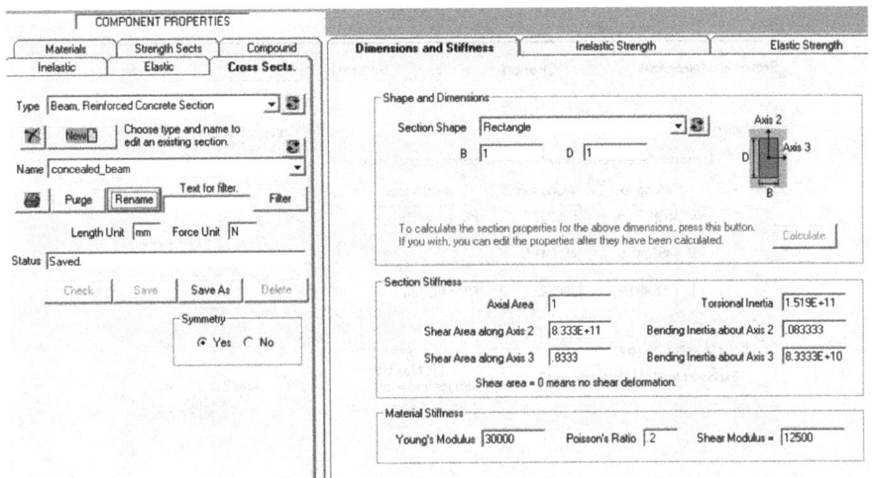

图 6.5-16　内嵌梁截面定义

式中各符号意义详见《混凝土结构设计规范》，下同。

由于梁中的剪力属于弹性行为，不允许出现非弹性行为，即剪力不应超过名义抗剪强度，所以能力系数取 1，如图 6.5-17。

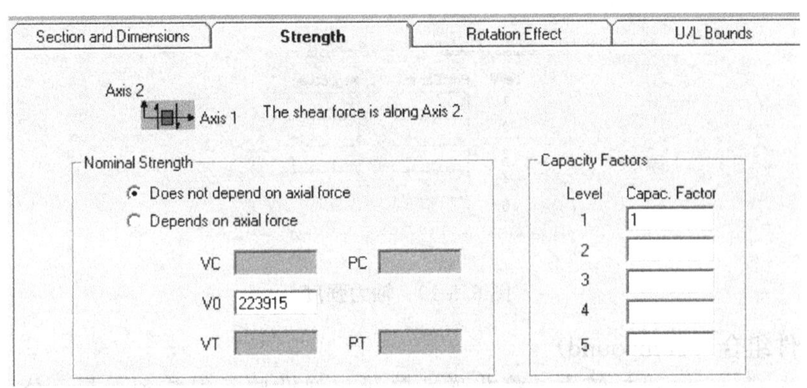

图 6.5-17　定义梁抗剪强度

在 Type 中选择 V2-V3 Shear Strength Section，新建名为 V2-V3 _ column 的剪力强度截面，该截面选择基于轴力的剪力强度计算，名义强度 V_0 使用式（6.5-1）进行计算，名义强度 V_C 和 V_T 分别使用式（6.5-2）和式（6.5-3）进行计算，计算结果及参数设置如图 6.5-18 所示。

$$V_C=\frac{1.75}{\lambda+1}f_t b h_0+f_{yv}\frac{A_{sv}}{s}h_0+0.07P_C \tag{6.5-2}$$

$$V_T=\frac{1.75}{\lambda+1}f_t b h_0+f_{yv}\frac{A_{sv}}{s}h_0-0.2P_T \tag{6.5-3}$$

在 Type 中选择 Axial Strength Section，新建名为 Axial Strength _ column 的轴力强度截面，该截面同样不需要使用已定义截面，轴力受压强度和轴力受拉强度分别用式（6.5-4）、式（6.5-5）进行计算，计算结果及参数设置如图 6.5-19 所示。

$$P=0.9\varphi(f_c A+f'_y A'_s) \tag{6.5-4}$$

$$T=f_{y}A_{s} \tag{6.5-5}$$

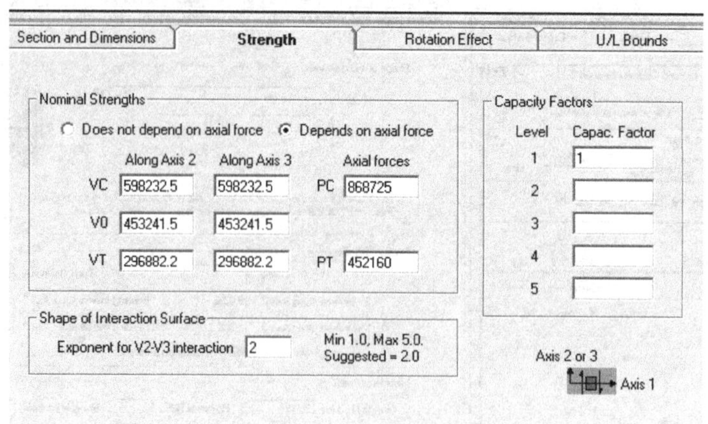

图 6.5-18　定义柱抗剪强度

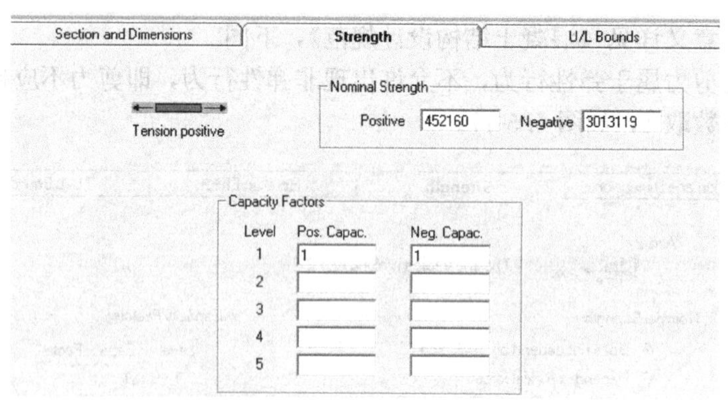

图 6.5-19　轴力强度

（4）组件组合（Compound）

点击进入 Compound 标签页，将非弹性单元与弹性单元组装到一起，分别定义梁和柱子的组合组件。

梁组件组合，在 Type 中选择 Frame Member Compound Component，新建名为 out beam _ fiber 的梁组合组件。在右侧的 Basic Components 选择组件类型和名称，该组合纤维梁包括两端非弹性段和中间弹性段，并输入 Length Value，决定单元位置。参数设置如图 6.5-20 所示。

在右侧中间标签页 Strength Section 中选择截面类型和已定义的强度截面梁 shear wall _ beam，在梁端添加剪力强度截面，如图 6.5-21 所示。其中，位置用 0～1 之间的数字表示，0 表示 I 端，1 表示 J 端，其余位置采用线性插值方式得到，下同。

在右侧右方标签页 Self Weight 中输入梁的自重，此处为 3.6N/mm。

柱组件组合，在 Type 中选择 Frame Member Compound Component，新建名为 column _ fiber 的底层柱复合组件。方法同梁组合组件，柱自重设为 4.86N/mm，参数设置如图 6.5-22、图 6.5-23 所示。

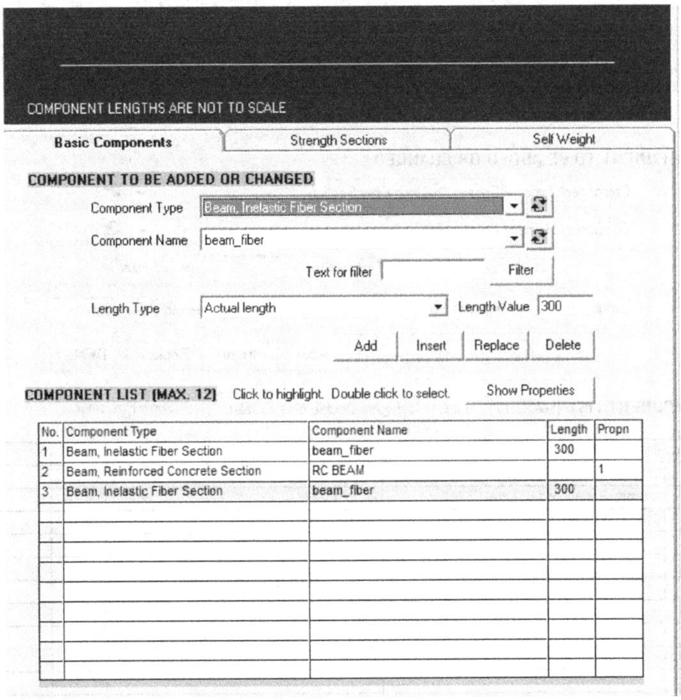

COMPONENT LENGTHS ARE NOT TO SCALE

Basic Components | Strength Sections | Self Weight

COMPONENT TO BE ADDED OR CHANGED

Component Type: Beam, Inelastic Fiber Section

Component Name: beam_fiber

Text for filter | Filter

Length Type: Actual length | Length Value: 300

Add | Insert | Replace | Delete

COMPONENT LIST (MAX. 12) Click to highlight. Double click to select. Show Properties

No.	Component Type	Component Name	Length	Propn
1	Beam, Inelastic Fiber Section	beam_fiber	300	
2	Beam, Reinforced Concrete Section	RC BEAM		1
3	Beam, Inelastic Fiber Section	beam_fiber	300	

图 6.5-20　定义梁复合组件

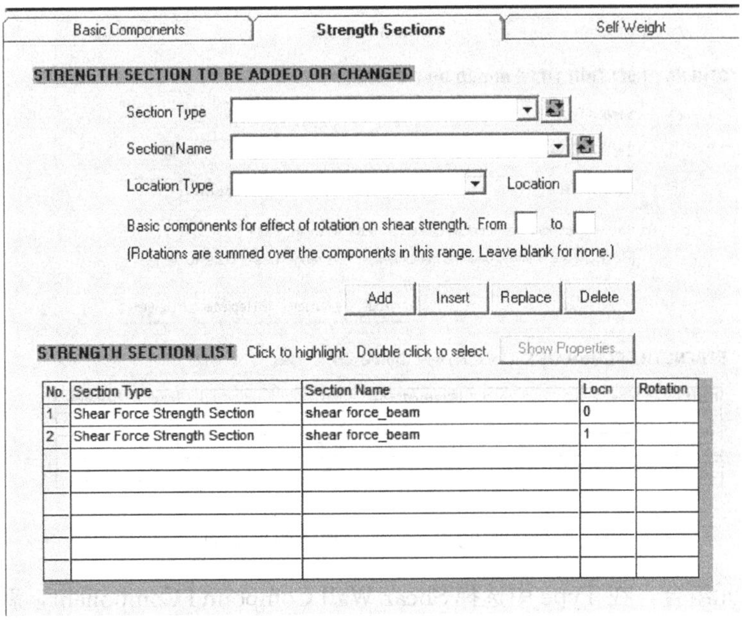

Basic Components | Strength Sections | Self Weight

STRENGTH SECTION TO BE ADDED OR CHANGED

Section Type

Section Name

Location Type | Location

Basic components for effect of rotation on shear strength. From [ ] to [ ]

(Rotations are summed over the components in this range. Leave blank for none.)

Add | Insert | Replace | Delete

STRENGTH SECTION LIST Click to highlight. Double click to select. Show Properties

No.	Section Type	Section Name	Locn	Rotation
1	Shear Force Strength Section	shear force_beam	0	
2	Shear Force Strength Section	shear force_beam	1	

图 6.5-21　梁端添加剪力强度截面

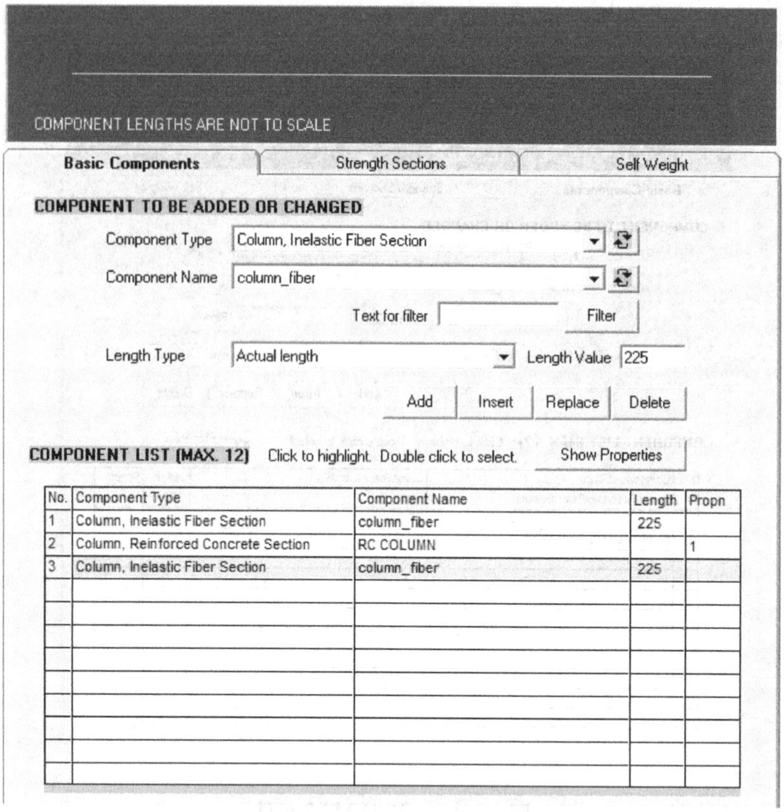

COMPONENT LENGTHS ARE NOT TO SCALE

Basic Components | Strength Sections | Self Weight

COMPONENT TO BE ADDED OR CHANGED

Component Type: Column, Inelastic Fiber Section

Component Name: column_fiber

Text for filter: Filter

Length Type: Actual length   Length Value: 225

Add | Insert | Replace | Delete

COMPONENT LIST (MAX. 12) Click to highlight. Double click to select. Show Properties

No.	Component Type	Component Name	Length	Propn
1	Column, Inelastic Fiber Section	column_fiber	225	
2	Column, Reinforced Concrete Section	RC COLUMN		1
3	Column, Inelastic Fiber Section	column_fiber	225	

图 6.5-22　定义柱复合组件

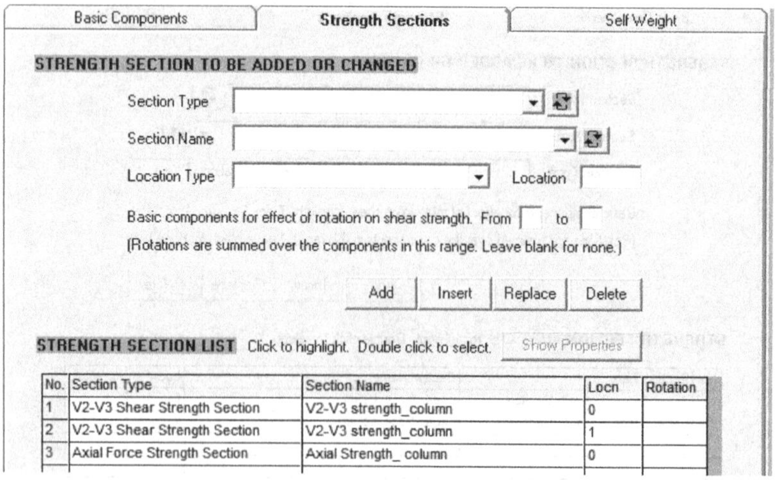

Basic Components | Strength Sections | Self Weight

STRENGTH SECTION TO BE ADDED OR CHANGED

Section Type

Section Name

Location Type　Location

Basic components for effect of rotation on shear strength. From　to

(Rotations are summed over the components in this range. Leave blank for none.)

Add | Insert | Replace | Delete

STRENGTH SECTION LIST Click to highlight. Double click to select. Show Properties

No.	Section Type	Section Name	Locn	Rotation
1	V2-V3 Shear Strength Section	V2-V3 strength_column	0	
2	V2-V3 Shear Strength Section	V2-V3 strength_column	1	
3	Axial Force Strength Section	Axial Strength_ column	0	

图 6.5-23　柱端添加剪力强度截面

剪力墙单元组合，在 Type 中选择 Shear Wall Compound Component，新建名为 shear wall _ fiber 的剪力墙复合组件。在右侧的 Basic Components 标签页中设置的参数如图 6.5-24 所示，并在 Self Weight 中输入剪力墙厚度和自重。

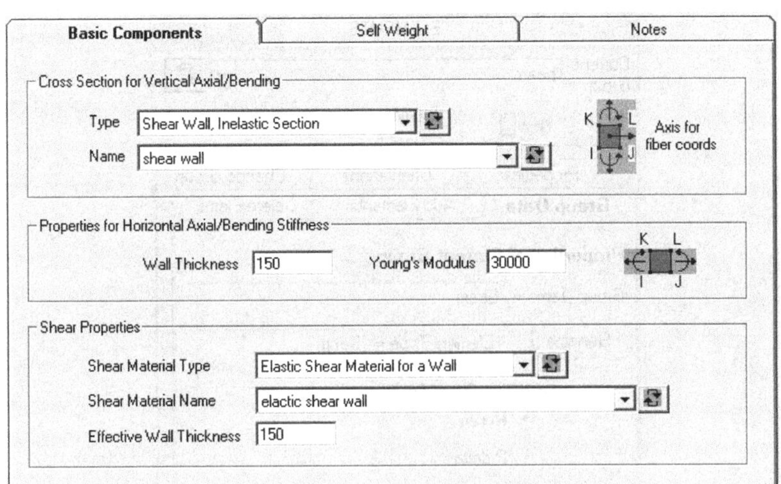

图 6.5-24　定义剪力墙复合组件

内嵌梁单元组合在 Type 中选择 Frame Member Compound Component，新建名为 concealed _ beam 的内嵌梁复合组件。在右侧的 Basic Components 选择组件类型和名称，不考虑内嵌梁强度和自重，参数设置如图 6.5-25 所示。

Basic Components　Strength Sections　Self Weight

COMPONENT TO BE ADDED OR CHANGED

Component Type

Component Name

Text for filter　Filter

Length Type　Length Value

Add　Insert　Replace　Delete

COMPONENT LIST (MAX. 12)　Click to highlight. Double click to select.　Show Properties

No.	Component Type	Component Name	Length	Propn
1	Beam, Reinforced Concrete Section	concealed_beam		1

图 6.5-25　定义内嵌梁复合组件

至此，Component 组件组合部分已全部完成。

5. 单元模型建立（ELEMENT）

进入 ELEMENT，建立结构几何模型。该部分包括定义组信息、添加单元、删除单元、为单元赋予属性、为单元指定方向、改变单元组等几个部分。下面分别针对框架核心筒的构件单元进行定义。

由于右侧窗口中为之前定义的结构节点，需要通过连线绘制出梁、柱和剪力墙，再将其赋予相应的复合组件及方向，所以要定义组单元，并在不同的组单元中进行节点连线，绘制构件单元。

点击左侧 Group Data 标签页，在当前组中创建名为 beam 的梁组，不考虑 P-Δ 效应，阻尼折减系数取默认值 1，即不考虑阻尼折减，如图 6.5-26 所示。

采用同样的方法分别建立名为 concealed _ beam、column 和 shear wall 的单元组，其中，建立柱单元组的时候，要考虑 P-Δ 效应。

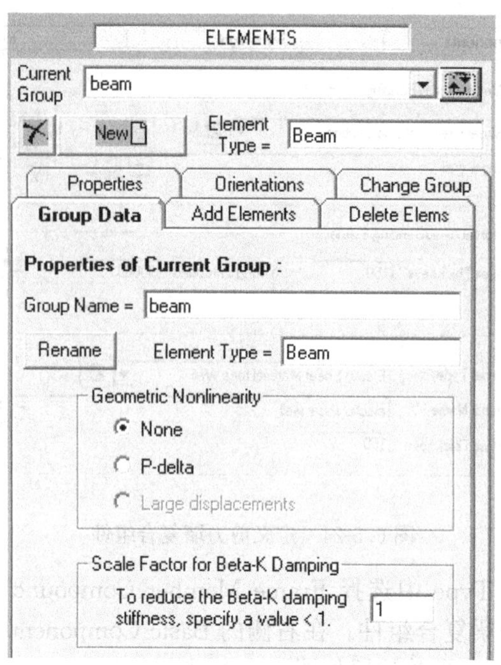

图 6.5-26　创建梁单元组

将当前组切换到 beam，进入 Add Element 标签页添加单元，并将显示组 FRAMES 切换到 line1，即在右侧绘图窗口中只出现轴号 1 方向上的点。添加单元的方法有四种可以选择，在左侧窗口中均以示意图的方式列出，本模型选择 Grid 方式，按照示意图提示的选取顺序，选取四个点，得到轴线 1 方向上的梁线段，如图 6.5-27 所示。

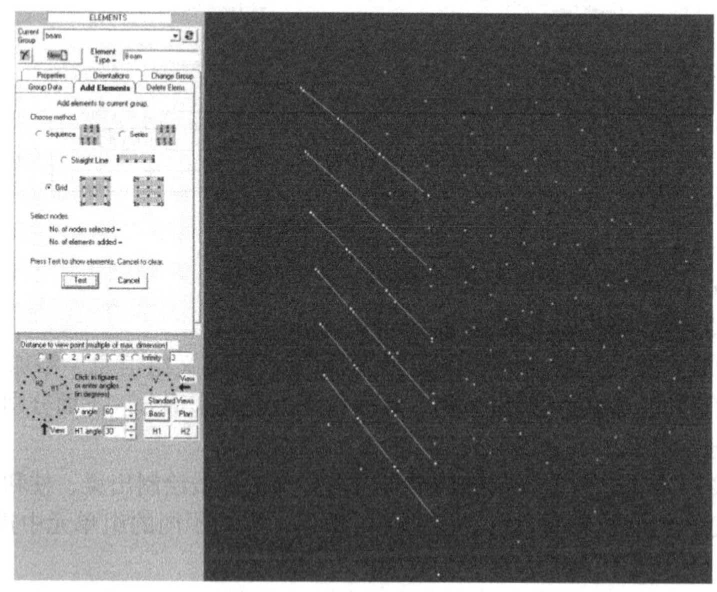

图 6.5-27　添加梁单元

分别将显示组 FRAMES 切换到 line2～4、line A～D，采用同样的方法分别绘制不同轴线上的 beam 单元。

采用同样的方法，分别绘制暗柱 concealed _ beam、柱 column 和剪力墙 shear wall，最终绘制完整的框架核心筒结构的构件单元，如图 6.5-28 所示。

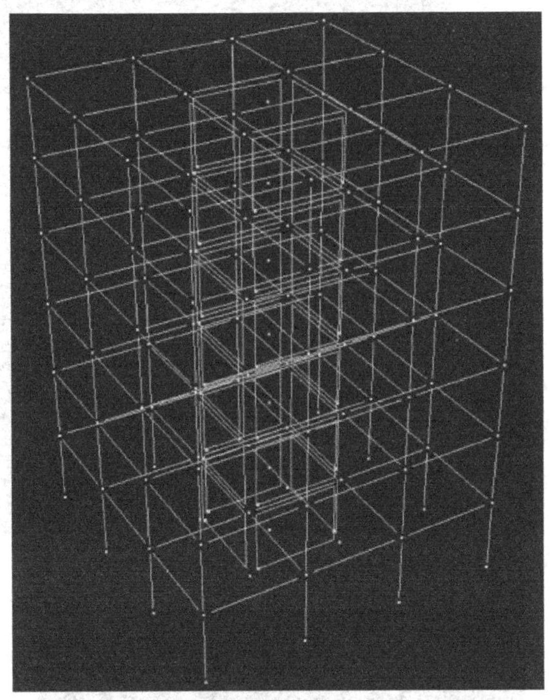

图 6.5-28 框架核心筒结构单元组

然后为单元赋予属性，将当前组切换到 beam，进入 Properties 标签页，并将显示组 FRAMES 切换到 Entire structure，即显示所有节点及对应绘制的单元。选择要赋予属性的所有 beam 单元，点击 Assign Component，将框架梁的复合组件属性赋予 beam，如图 6.5-29 所示。

采用同样的方法，分别为内嵌梁 concealed _ beam、柱 column 和剪力墙 shear wall 单元赋予属性。

最后为单元定义局部坐标方向，先将当前组切换到 beam，进入 Orientations 标签页，选择 Vertical up，选中图中所有框架梁，点击 Test，为框架梁定义局部坐标方向，如图 6.5-30 所示。

采用同样的方法，分别为内嵌梁 concealed _ beam、柱 column 和剪力墙 shear wall 单元定义局部坐标方向。其中，内嵌梁 concealed _ beam 选择的是 Vertical up，柱 column 选择的是＋H1，剪力墙 shear wall 选择的是 Axis 2 is parallel to edge IK。

6. 定义荷载模式（LOAD PATTERNS）

进入 LOAD PATTERNS，为单元定义荷载。荷载模式有三种，分别为节点荷载、单元荷载和自重，本模型主要进行模态分析和动力时程分析，所以只需要定义单元荷载和自重便可。在 Compound Properties 中已经考虑了梁柱和墙的自重，这里只需要将楼板的恒载和活载以线荷载的方式施加到梁上、以集中荷载的方式施加在剪力墙上，并将以定义的

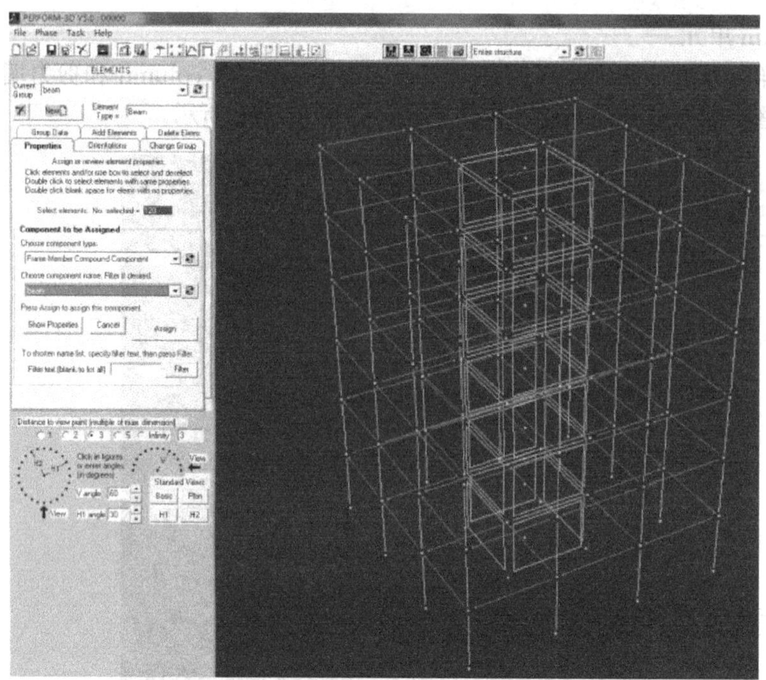

图 6.5-29　梁单元赋予属性

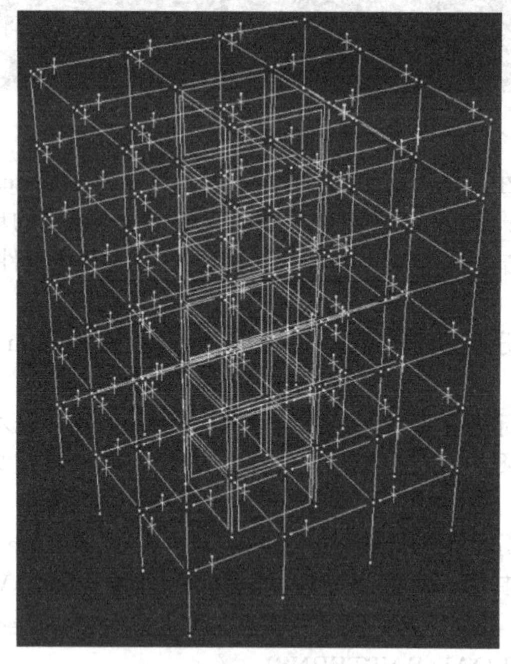

图 6.5-30　定义局部坐标轴方向

梁、柱和剪力墙本身的荷载以自重的方式赋予构件即可。

（1）定义节点荷载

点击左侧 Nodal Loads 标签页，新建名为 Nodal Load 的点荷载。将楼板恒载＋0.5 活载等效到剪力墙的四个角点上。注意，在 Perform-3D 中以向上为正方向，输入时要带负号。最终获得核心筒处楼板荷载的定义，如图 6.5-31 所示。

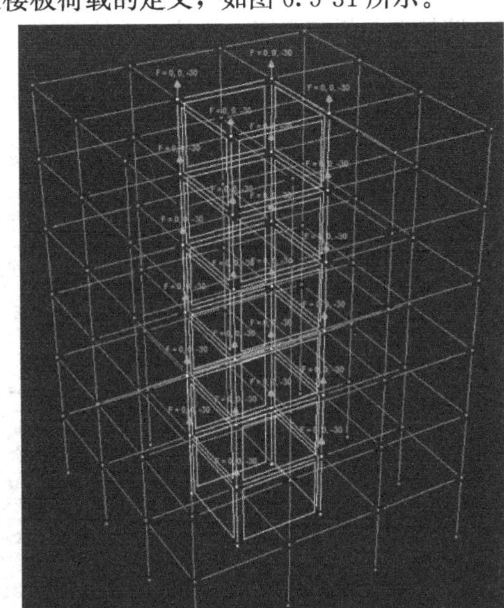

图 6.5-31 定义节点荷载

(2) 定义单元荷载

点击左侧 Element Loads 标签页，新建名为 dead load 的单元荷载。将楼板恒载等效到框架梁上。最终获得梁上恒荷载布置如图 6.5-32 所示。

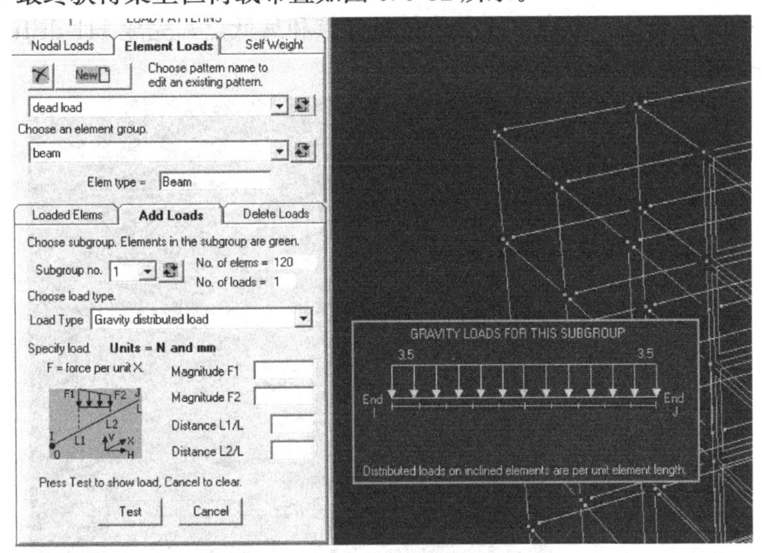

图 6.5-32 定义梁上恒荷载

点击左侧 Element Loads 标签页，新建名为 live load 的单元荷载，采用同样的方式将楼板上 0.5 倍活载等效到框架梁上，完成楼板荷载施加。

(3) 赋予构件自重

点击左侧 Self Weight 标签页，新建名为 DEAD LOAD 的自重恒荷载，选择构件组，并在不同的构件组中分别 Add Element，使右侧图中对应的构件分别出现为绿色，完成构件自重的赋予，该框架剪力墙模型包括剪力墙、梁柱自重的赋予，如图 6.5-33 所示。

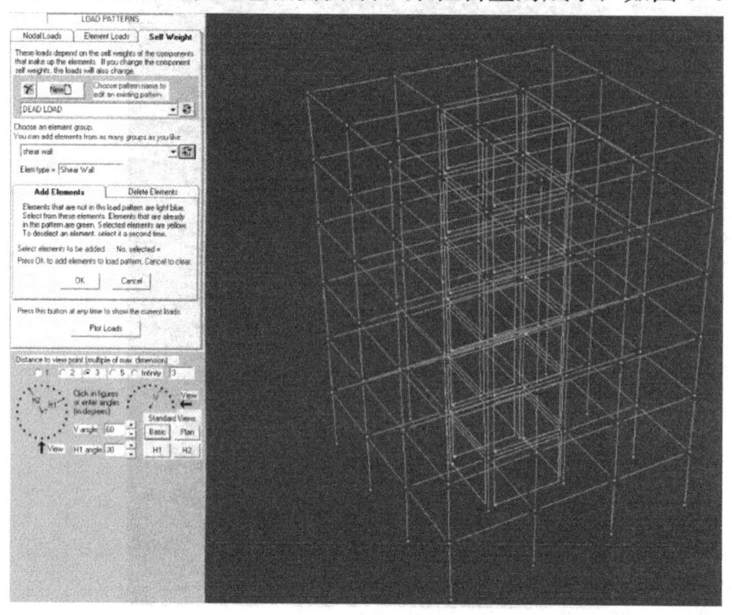

图 6.5-33　定义剪力墙自重

7. 定义位移角及变形（DRIFTS AND DEFLECTION）

进入定义位移角及挠度单元截面，包括定位位移角和变形。

点击左侧 Drifts 标签页，新建名为 H1 drifts 的位移角，指定 H1 方向，选择核心筒部分的其中一个角点作为参考点，依次选择最高点和最低点，完成 H1 drifts 的定义，示意图如图 6.5-34 所示。

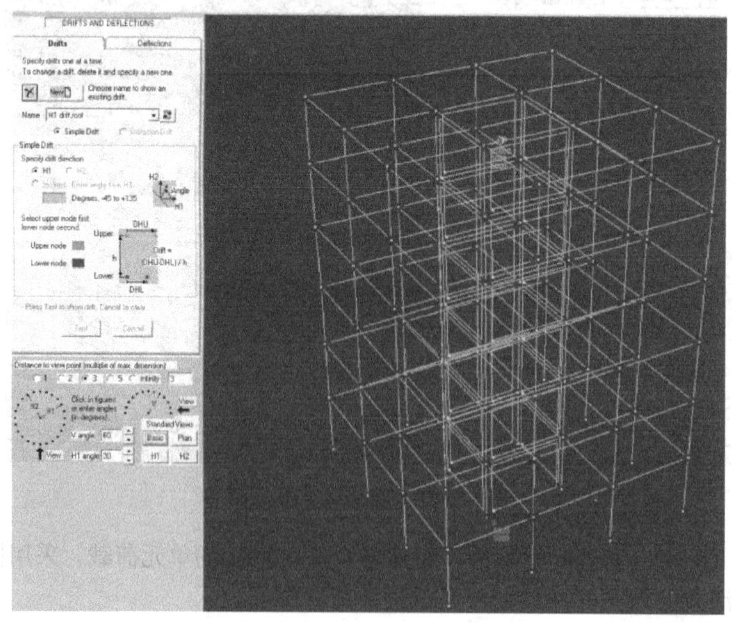

图 6.5-34　定义 H1 drifts 位移角

6.5.2 分析阶段（Analysis phase）

1. 定义荷载工况（Set up load cases）

进入定义荷载工况界面，在此界面可定义分析中需要的荷载工况类型，包括重力荷载、静力推覆、动力时程、反应谱和卸载工况。本模型只针对重力荷载和动力时程分析两种情况。

（1）重力工况（Gravity）

选择重力荷载中的重力荷载，新建名为DEAD+0.5LIVE的重力荷载工况，在分析方法中选择Nonlinear（非线性），在Gravity Load Patterns for this Load Case一栏中添加荷载模式，依次添加点荷载、单元荷载和自重恒载。其中，添加单元荷载时，活载的比例系数为0.5，恒载的比例系数是1.0，从而实现规范要求的恒载+0.5活载的要求，具体定义细节如图6.5-35所示。

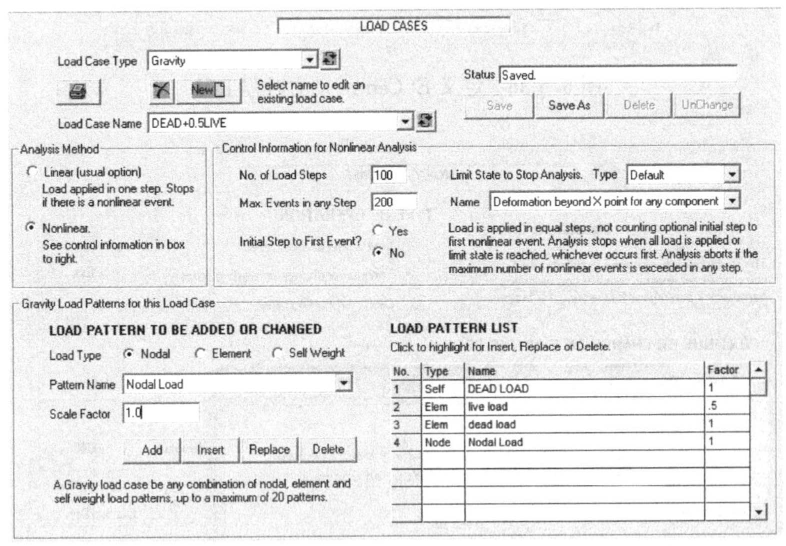

图6.5-35 定义重力工况

（2）动力时程工况（Dynamic Earthquake）

在Load Case Type下拉菜单中选择Dynamic Earthquake，新建名为El Centro的动力时程工况。输入时间间隔、持续时间等信息，并选择地震波。由于本模型只考虑H1方向的地震动情况，所以只需选择Q1 Earthquake中的El Centro 1940，N-S，如图6.5-36所示。

2. 定义分析系列（Analysis series）

进入定义分析系列界面，首先，点击界面左上角Check Structure按钮，检查结构建模是否正确，如图6.5-37所示。

在TYPE OF OPERATION中选择Start a new analysis series，新建名为series1的分析系列，考虑P-Δ效应和5%的模态阻尼，如图6.5-38所示，并定义少量的瑞利阻尼。

点击OK，进入添加工况分析界面，如图6.5-39所示，Load Case Type选择Gravity，Load Case Name选择，Preceding Analysis Number选择0，点击ADD，即首先施加重力

图 6.5-36　定义 El Centro 动力时程工况

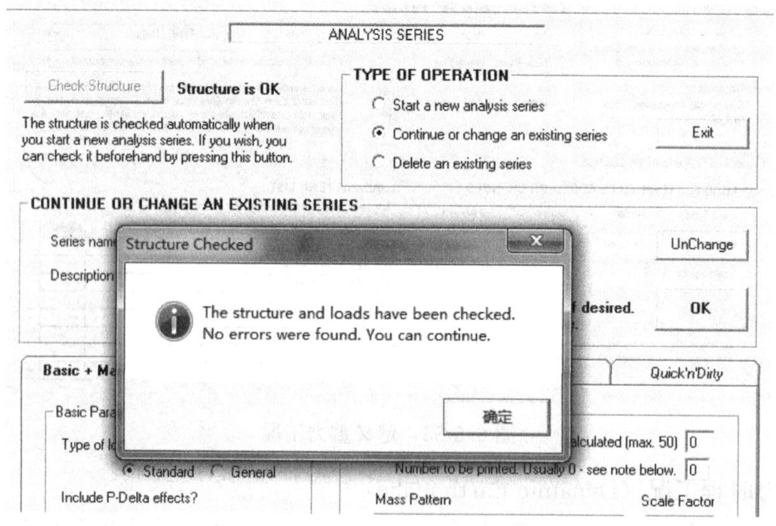

图 6.5-37　检查模型

工况；然后在 Load Case Type 选择 Dynamic Earthquake，Preceding Analysis Number 选择 1，点击 ADD，即首先施加重力工况。

点击 GO，程序进行分析。

所有分析结束以后，出现绿色界面及分析完成提示，点击 OK，返回到 SET UP AND RUN ANALYSIS 界面。界面下方显示如图 6.5-40 所示，表示分析均以完成。

3. 分析结果

(1) 模态分析结果（Modal analysis results）

进入模态分析结果界面，包括振型分析结果、节点、位移角和截面。本模型只涉及振型分析部分。在上方 Series 下拉菜单中选择 series1，点击左侧 Modes 标签页，在 Mode

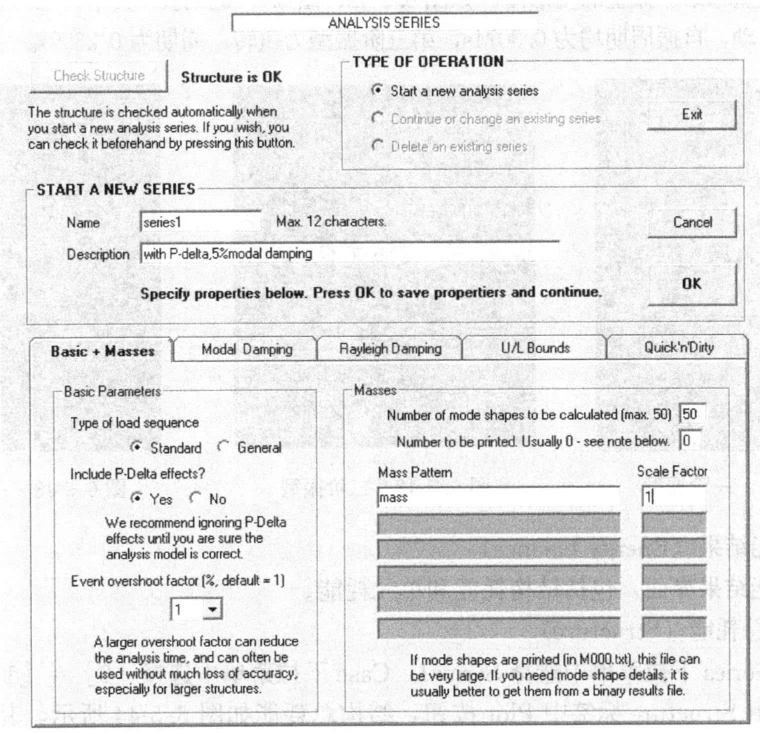

图 6.5-38　定义基本参数+质量

SET UP AND RUN ANALYSES

New Analyses to be Run

ANALYSIS TO BE ADDED

Load Case Type: Dynamic Earthquake

Load Case Name: El Centro

Preceding Analysis Number (0 = unloaded): 1

Add　Delete

Set up as many analyses as you wish. Press GO to run the analyses.

GO　Don't Go

ANALYSIS LIST

Click to highlight for Insert or Delete.

No.	Load Type	[Preceding Analysis No.] + Load Case Name
	Mode Shapes	No. of mode shapes = 50
1	Gravity	[0] + DEAD+0.5LIVE
2	Dynamic Earthquake	[1] + El Centro

Previous Analyses in this Series

Analysis Series Name = series1

No. of mode shapes = 0　No. of analyses = 0

For more details on any analysis, click to highlight, then press Details.　Details

No.	Load Type	[Preceding Analysis No.] + Load Case Name	Status

图 6.5-39　添加分析工况界面

Previous Analyses in this Series

Analysis Series Name = series1

No. of mode shapes = 50　No. of analyses = 2

For more details on any analysis, click to highlight, then press Details.　Details

No.	Load Type	[Preceding Analysis No.] + Load Case Name	Status
1	Gravity	[0] + DEAD+0.5LIVE	All load applied
2	Earthquake	[1] + El Centro	All load applied

图 6.5-40　系列 1 分析列表

Number 中选择 1，点击 Plot 按钮，在右方绘图界面便可显示结构第一振型的变形图，如图 6.5-41 所示，再点击 Animate 按钮，则显示结构第一振型的动画效果。采用同样的方式，可获得结构第二振型和第三振型的变形图，如图 6.5-42、图 6.5-43 所示。其中，第一阶振型与第二阶振型均为平动，自振周期均为 0.3074s，第三阶振型为扭转，周期为 0.2699s。

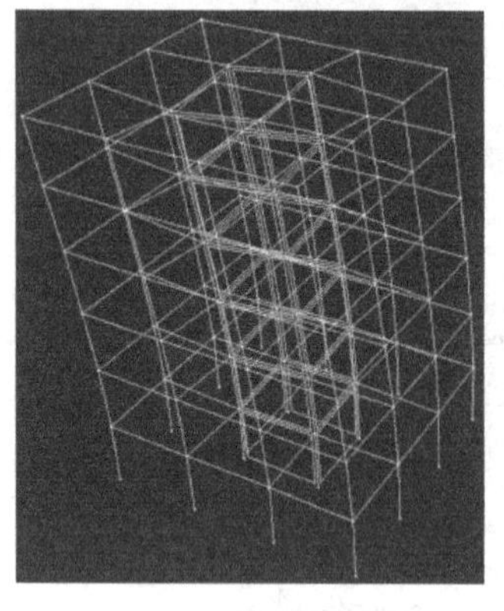

图 6.5-41　一阶振型

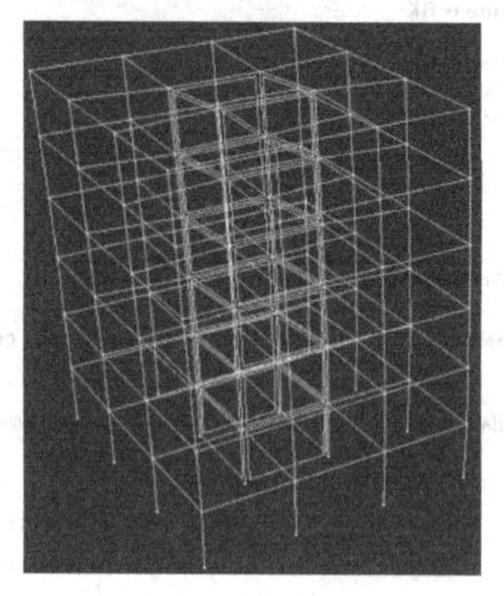

图 6.5-42　二阶振型

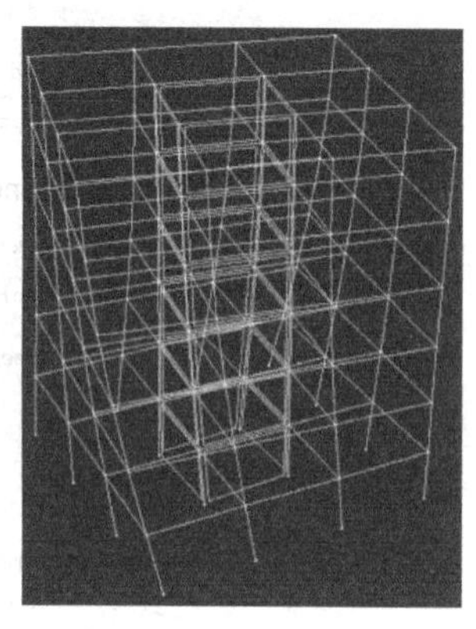

图 6.5-43　三阶振型

(2) 耗能结果（Energy balance）

进入耗能结果界面，包括结构耗能和单元耗能。

① 结构总耗能（Structure）

在上方 Series 下拉菜单中选择 Series1，Case 下拉菜单中选择［2］＝［1］＋EI Centro，点击左侧 Structure 标签中 Plot 按钮，结构总耗能如图 6.5-44 所示，其中，X 轴为时间，Y 轴为耗能百分比。左侧显示耗能及对应图形颜色的图中蓝色为动力耗能，靛蓝为变形耗能，橘黄为模态阻尼耗能，黄色为 Alpha-M 阻尼器，绿色为 Beta-K 阻尼耗能，粉色为液态阻尼耗能，红色为塑性耗能。

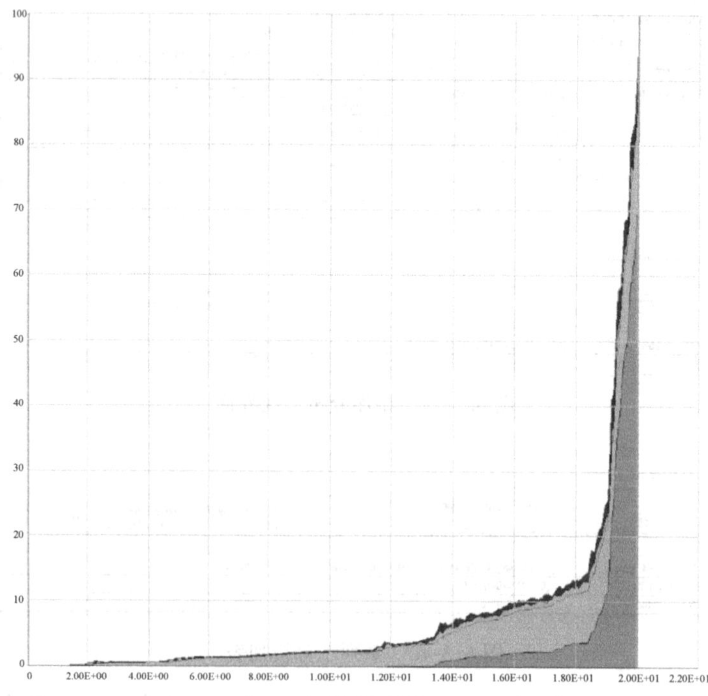

图 6.5-44　结构总体耗能图

② 塑性耗能分布（Element Groups）

点击左侧 Element Groups 标签页，Choose type of dissipated energy，选择不同的构件类型，点击 Plot，右方绘图界面出现对应构件耗能情况，如图 6.5-45～图 6.5-47 所示，分别为框架梁、柱和剪力墙的耗能情况（黄色图形区）。具体的耗能数据通过点击界面内的保存符号可以得到。从图中也可以看出在该核心筒结构中剪力墙首先出现塑性耗能且耗能量最大，其次为框架梁和柱，且从耗能的大小可发现结构实现了强柱弱梁的设计要求。

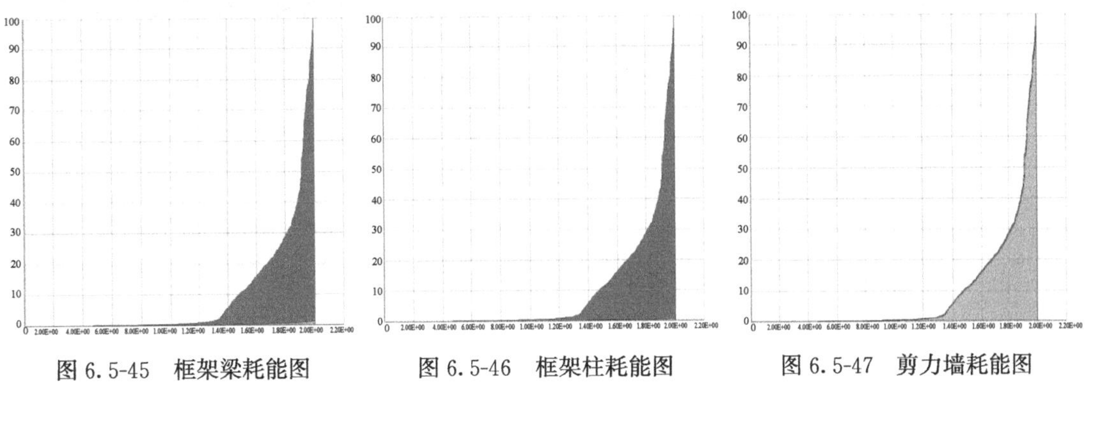

图 6.5-45　框架梁耗能图　　图 6.5-46　框架柱耗能图　　图 6.5-47　剪力墙耗能图

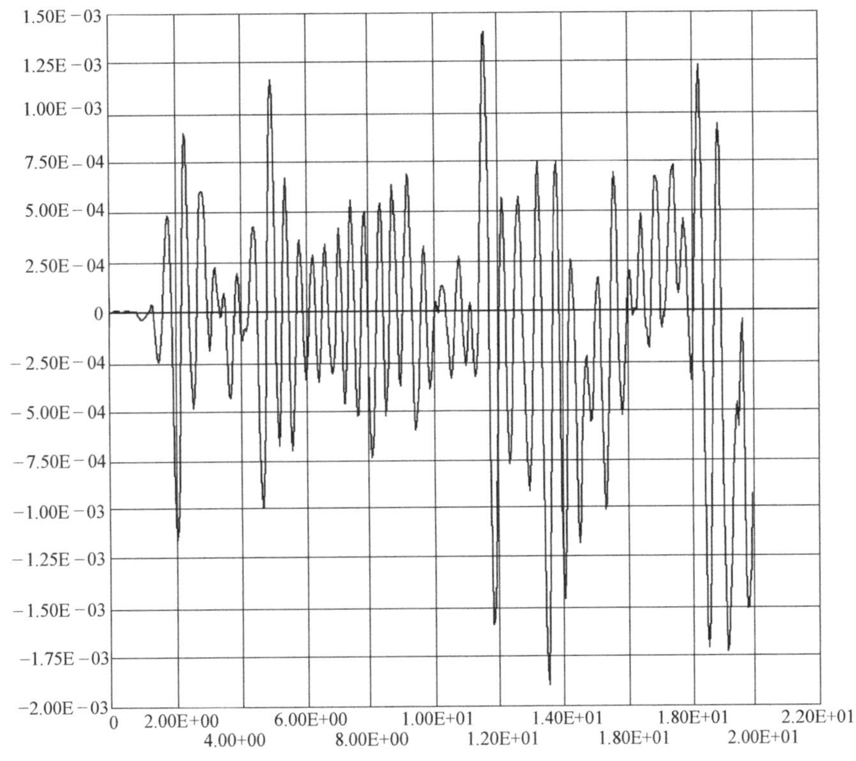

图 6.5-48　位移时程曲线

4. 时程分析（Time histories）

进入时程分析界面，该分析包括节点时程、单元时程、位移角/变形时程和截面切割时程。本模型分析 El Centro 波沿 H1 方向的震动，可获得某个点在 H1 方向的位移时程曲线及顶点位移角曲线，顶点位移角曲线可也以通过点的时程位移曲线获取，所以此处详细介绍任意点的时程位移曲线。

在上方 Series 下拉菜单中选择 Series1，Case 下拉菜单中选择［2］＝［1］＋El Centro，点击左侧 Node 标签页，Choose result type 选择 Relative Displacement，Choose direction 选择 Translation H1，即 H1 方向水平位移，可选择任一点，如剪力墙顶层上的某一顶点，坐标为（5000，5000，21600），点击 Plot，其位移时程曲线如图 6.5-48 所示，图中，X 轴为时间轴，Y 轴为相对位移。

7 建筑弹塑性分析的最新进展

7.1 建筑结构的倒塌模拟

在现行抗震性能化设计的研究和工程实践过程中，抗倒塌设计是一个非常独特的研究领域，因为结构倒塌不仅会带来重大的经济损失，而且还会造成人员的伤亡。而“大震不倒”是建筑抗震的一个基本人文要求，因为人的生命很难用金钱和损失来衡量。此外，相比起结构的破损或者经济损失而言，倒塌的机理和影响因素更加复杂，研究的难度也更大。所以在对待结构物在大震下倒塌概率的问题，各国性能化设计研究者的态度都很谨慎。

但是，无论如何，抗倒塌设计是结构抗震设计的一个核心目标。理解倒塌的机理，分析倒塌的原因，研究有效提高结构抗倒塌能力的途径和手段，始终是抗震研究的主要内容之一。由于工程结构体形庞大、结构复杂，故而数值模拟是研究结构爆炸、火灾、地震下倒塌全过程分析的重要手段。从本质上说，结构倒塌是一个从连续体向非连续体转变的复杂数值过程，要求数值模型既能较好地考虑发生倒塌前结构的弹塑性变形、损伤和耗能行为，又能把握在部分构件破坏后，结构碎片的刚体位移以及破损结构之间的相互接触和碰撞等行为，因而对数值模型和分析技术提出了很高的要求。尽管国内外研究者在非连续数值模型基础上（离散元法，DDA 法等）进行了一些结构倒塌的模拟，但是由于非连续数值方法在准确计算复杂三维结构进入倒塌阶段前的受力行为上存在一定困难，故而距离工程实践还有一定距离。而基于有限元法并考虑单元非线性（单元生死）和接触非线性的数值模型，则可以较好模拟结构进入倒塌阶段前的受力行为，对倒塌早期阶段的模拟也可满足工程要求。特别是对于地震连续倒塌破坏，通过数值模拟分析，可以发现结构的薄弱部位以及局部结构破坏的连锁性反应，从而可以有针对性地进行加固和加强，对工程设计有直接的指导意义，这也成为倒塌数值模拟所关心的重点内容。本书基于有限元方法，利用可以较好模拟杆系结构的纤维梁模型和分层壳模型，并通过选择合适的单元生死判据和单元接触算法，可以实现结构在地震下的倒塌破坏全过程的模拟。

结构进入倒塌是一个从连续体到非连续体的复杂变化过程，在数值模拟分析中如何准确界定结构进入倒塌的临界状态，即倒塌准则判定，还存在不同的方法。目前常用的方法是用层间位移角来判断，但是对于不同结构，层间位移角和倒塌的关系有很大差异，因而不够精确。例如美国和中国规范规定的结构层间位移角限值，有时相差一倍以上。美国 ATC 委员会倾向于用不同地震输入下层间位移角的增量来判断，当层间位移角随地震输入加速度增加而突然增大，则认为结构进入倒塌。但是具体临界增量选取仍然还有很大争论。本书倾向于采用“结构变形达到不足以维持安全使用空间”作为判断标准，比如以“主要构件竖向坠落位移超过 1/2 层高”作为倒塌的判断标准。这个方法比较直观，但是对计算模型要求较高，要能准确模拟整个倒塌的全过程。《建筑结构抗倒塌设计规范》（CECS 392：2014）建议："弹塑性时程分析法计算时，地震动输入结束后，在重力荷载代表值作用下，结构水平位移呈增大趋势"，则作为倒塌的判据。

7.1.1 倒塌模拟的实现方法

在结构倒塌破坏过程中，构件将破碎断裂，整个结构也将从一个连续体过渡到一个散粒体。为实现上述破坏过程的模拟，可采用"单元生死"技术。当单元达到破坏准则（如单元的变形量超过一定水平）时，则将该单元删除。模拟过程中，首先给定杀死单元的标准，如对剪力墙为混凝土达到压碎应变或钢筋层达到拉断应变，对梁柱单元为最大钢筋拉应变达到预定限制，并利用 MSC. Marc 提供的 UACTIVE 子程序，可以给定任意单元失效判据。

倒塌过程中，构件碎片的冲击和堆载对下部结构的破坏影响很大，为了实现上述过程的模拟，需要在模型中定义接触关系。利用 MSC. Marc 的自体接触，可以实现倒塌过程中结构碎片的接触模拟。如果需要更进一步模拟结构碎片的分散和冲击作用，还可以采用有限元-离散元耦合方法实现（林旭川，2009），当然，对于一般工程应用而言，可以不必考虑得如此细致。

UACTIVE 子程序的结构如下：

```
          subroutine uactive(m,n,mode,irststr,irststn,inc,time,timinc)
          include'../common/implicit'
          dimension m(2)
c     user routine to activate or deactivate an element
c
c     m(1)          -user element number
c     m(2)          -master element number for local adaptivity
c     n             -internal elsto number
c     mode=-1       -deactivate element and remove element from post file
c     mode=-11      -deactivate element and keep element on post file
c     mode=2        -leave in current status
c     mode=1        -activate element and add element to post file
c     mode=11       -activate element and keep status on post file
c     irststr       -reset stresses to zero
c     irststn       -reset strains to zero
c     inc           -increment number
c     time          -time at begining of increment
c     timinc        -incremental time
c
       …… 用户代码(主要定义单元生死的判断准则)……
       return
       end
```

基于本书第 5 章建议的结构分析模型和算法，对文献（Yi et al. 2008）中的一框架倒塌试验进行了模拟。试验框架和梁柱配筋如图 7.1-1 所示。混凝土立方体强度为 25MPa，纵筋屈服强度为 416MPa，极限强度为 526MPa，试验时先给 1、2 号千斤顶各施加 109kN 的荷载，模拟上部框架结构轴力以及底层柱子的支撑作用。而后逐步减小 2 号千斤顶的荷载，模拟底层中柱的失效。

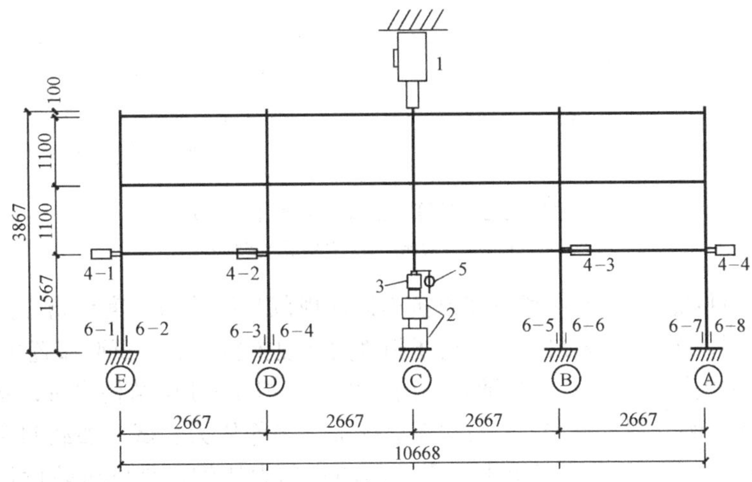

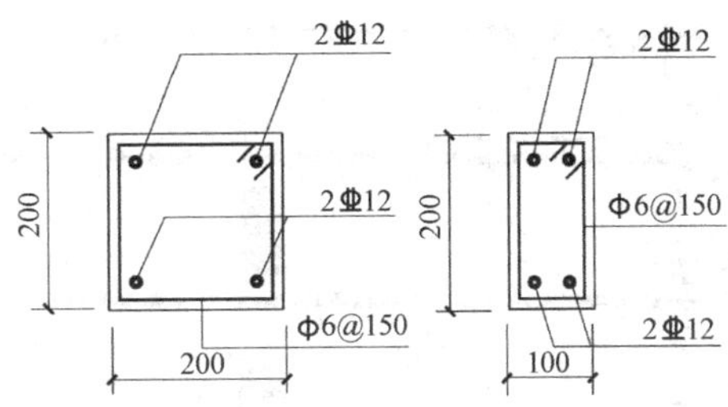

图 7.1-1 平面框架倒塌模拟试验（Yi et al.，2007）

计算结果与试验结果对比如图 7.1-2 所示（陆新征等，2008a）。无论是荷载位移关系，还是力变形关系、钢筋应变变化规律等，计算结果和试验结果均吻合良好。该算例可以在 http：//www.luxinzheng.net/download.htm 下载。

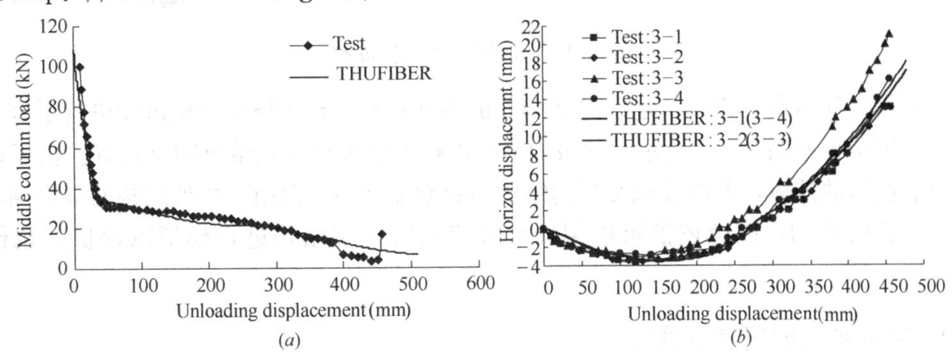

图 7.1-2 计算与试验结果对比

(a) 中柱卸载-位移曲线对比；(b) 首层柱顶水平位移曲线对比

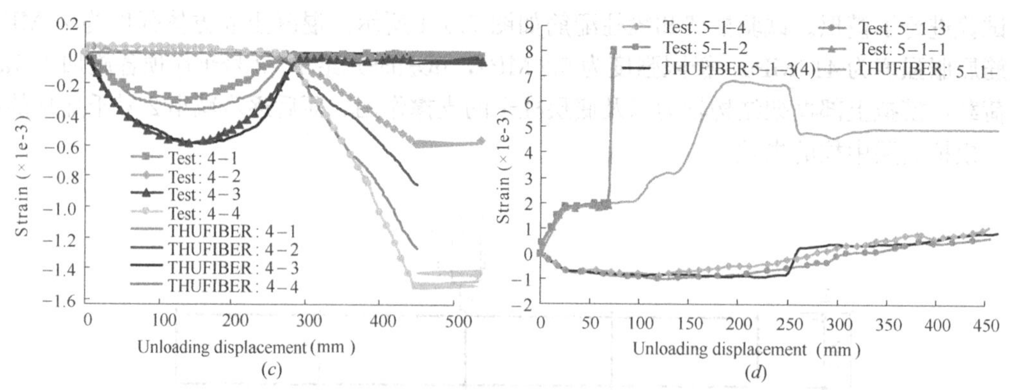

图 7.1-2　计算与试验结果对比（续）

（c）柱脚应变对比；（d）首层梁应变对比

本书作者对按照我国2001版《建筑抗震设计规范》设计的7度设防6层3跨平面框架，取底部3层，按1∶2缩尺比例进行了拟静力往复推覆试验，试验布置如图7.1-3。竖向千斤顶通过分配梁对框架柱施加随动轴向压力，模拟4～6层结构自重；水平千斤顶按照1∶2∶18的比例分别对首层、2层和3层施加水平作用力。试验加载制度以位移控制加载，通过MTS试验机保证三个水平千斤顶的作用力比例。具体试验设计见（陆新征等，2012）。

图 7.1-3　框架结构试验布置

本书作者利用本书第5章建议的结构分析模型和算法对该框架结构试验进行了有限元模拟，模拟结果如图7.1-4所示，承载力和延性模拟结果与试验结果吻合良好。由于模型未考虑节点区的破坏，所以模拟结果的结构初始刚度略高。但由于框架结构的最终倒塌破坏部位是底层柱脚，因此依然可以用纤维梁模型对框架结构进行模拟以评价其抗倒塌能力。

7.1.2　框架结构倒塌模拟算例

采用纤维模型对一个简单10层钢筋混凝土（RC）框架倒塌过程进行了模拟（陆新征

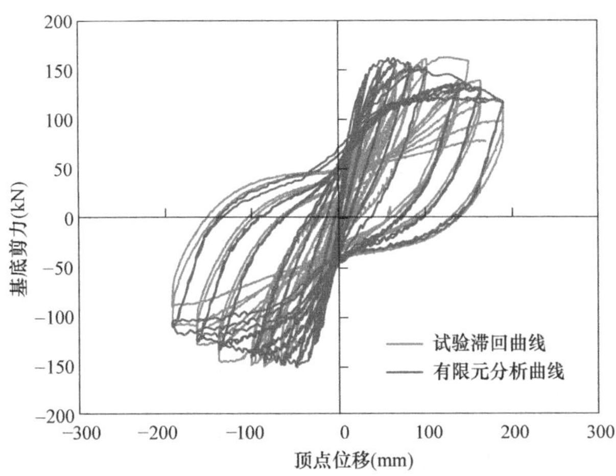

图 7.1-4 框架基底剪力-顶点位移曲线

等，2006）。建筑物模型为一规则框架结构，柱距均为 5m，层高一层为 4.5m，其他为 3m。柱脚假设理想固结于地面。材料参数取为：混凝土弹性模量 E_0＝30GPa，抗压强度 f_c＝30MPa，峰值压应变 ε_c＝0.002，极限抗压强度 f_u＝20MPa，极限抗压应变 ε_u＝0.004。钢筋弹性模量为 E_s＝200GPa，屈服强度 400MPa。结构截面尺寸和配筋如表 7.1-1所示。

建筑物模型截面参数 **表 7.1-1**

	楼层	1	2	3	4	5	6	7	8	9	10
梁	截面 (mm)	300×800	250×700	250×700	250×700	250×700	250×700	250×700	250×700	250×700	250×700
	配筋 (mm^2)	4000	2500	2500	2500	2500	2500	2500	2500	2500	2500
边柱	截面 (mm)	700×700	700×700	700×700	700×700	600×600	600×600	600×600	500×500	500×500	500×500
	配筋 (mm^2)	2500	2500	2500	1700	1700	1700	1700	1100	1100	1100
中柱	截面 (mm)	700×700	700×700	700×700	700×700	600×600	600×600	600×600	500×500	500×500	500×500
	配筋 (mm^2)	3000	3000	3000	3000	2200	2200	2200	1500	1500	1500
说明	梁柱皆为对称配筋，表中所列钢筋面积为该截面钢筋面积的一半										

图 7.1-5 给出了框架在倒塌前后不同时刻的变形和出铰状态。框架的损伤开始于柱截面发生变化的第 8 层，接着是层剪力最大的底层，如图 7.1-5（*b*）所示。在第 8 层完全倒塌的同时，底层也出现了很大的位移，如图 7.1-5（*c*）、（*d*）所示。基于纤维模型的算例清晰地给出了结构在地震作用下的破坏模式和倒塌过程，对研究结构的安全性和衡量地震损失具有较好的应用价值。对于本结构而言，由于结构在 8 层刚度发生突变，故而破坏主要从 8 层和底层开始。这个结构是一个比较典型的软弱层破坏，除破坏楼层外，其他楼层的变形能力未得到充分发挥。该算例可以在 http：//www.luxinzheng.net/download.htm 下载。

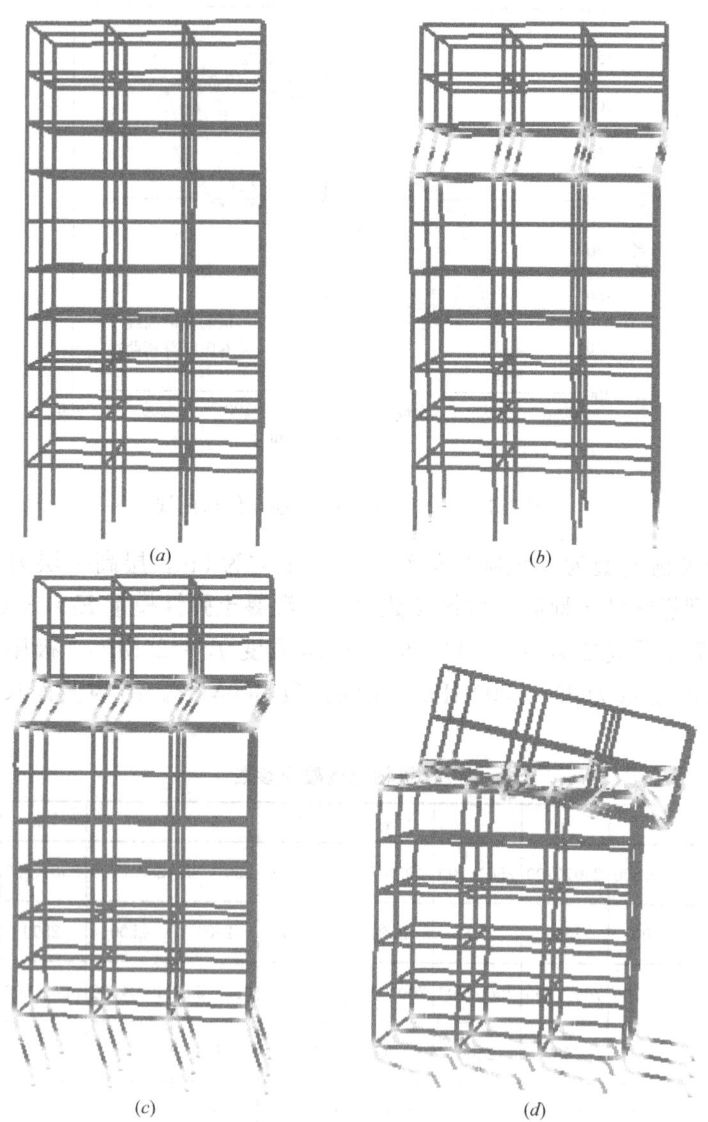

图 7.1-5　框架结构倒塌过程模拟在不同时刻变形（PGA=2000gal）

（a）t=2s；（b）t=3s；（c）t=4s；（d）t=4.4s

7.1.3　框架核心筒结构倒塌模拟算例

通过采用纤维模型和分层壳剪力墙模型，并定义“生死”单元和自体接触，对一个高层混凝土框架-核心筒结构在罕遇地震下的倒塌过程进行了模拟（Lu et al.，2008）。图 7.1-6 给出了结构在地震中不同阶段的变形及梁柱出铰情况。图 7.1-6（a）为原始状态，梁柱均未出铰，图 7.1-6（b）结构出现了薄弱层，并在薄弱层附件的梁柱开始大量出铰，剪力墙也开始出现剪压破坏。图 7.1-6（c）、7.1-6（d）结构开始垮塌，薄弱层以上楼层整体下落，薄弱层以上结构在倒塌过程中撞击下部结构将其压垮。该方法可以对高层框架核心筒结构的破坏模式及连续倒塌过程进行较好的模拟。

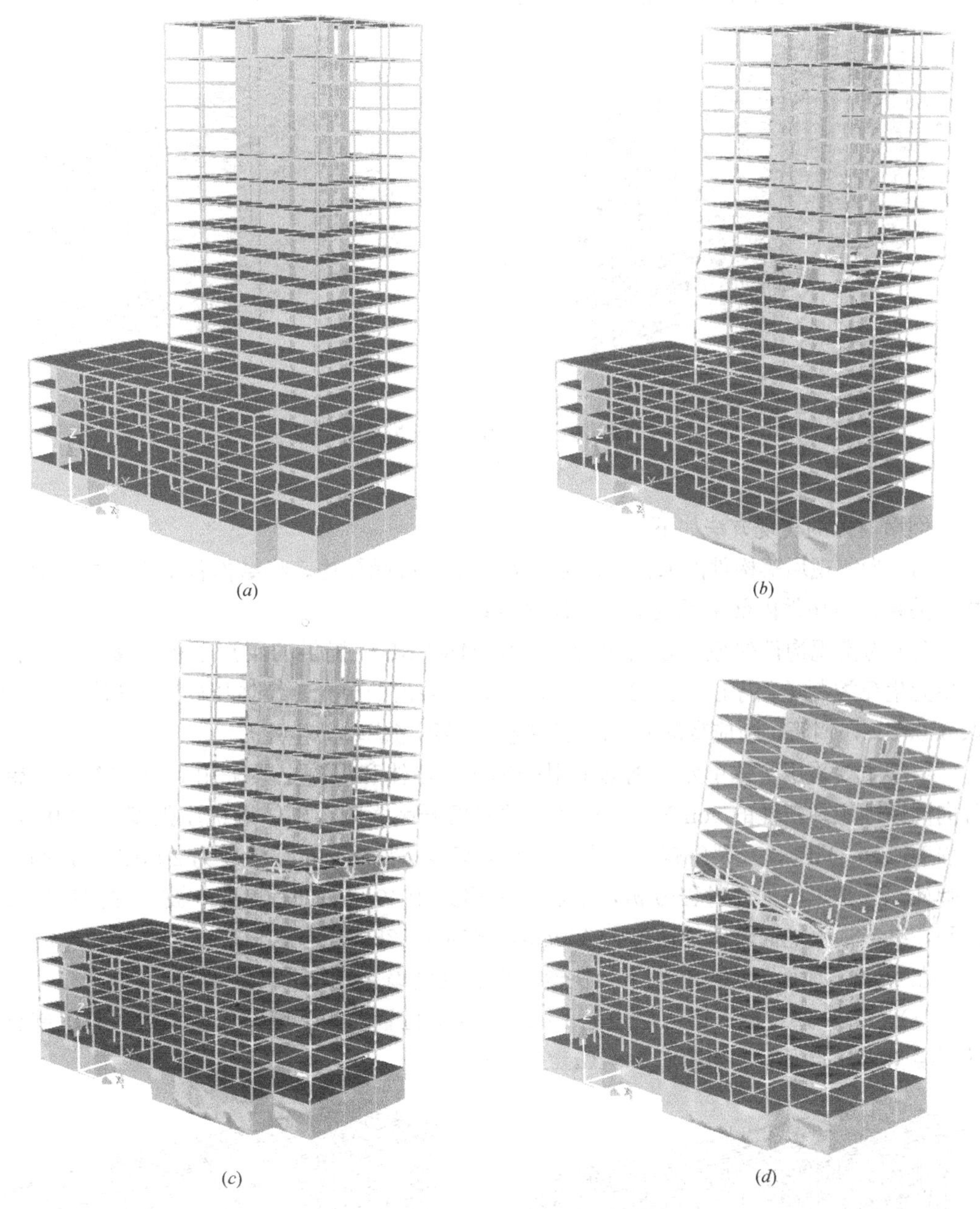

图 7.1-6 框架-剪力墙结构倒塌过程模拟

(*a*) t=2.0s；(*b*) t=4.5s；(*c*) t=5.1s；(*d*) t=7.5s

7.1.4 砌体结构倒塌模拟算例

下面介绍砌体结构倒塌的算例（林旭川等，2008）。分析算例为带外走廊、大开间、纵墙承重的三层预制楼板的典型砌体结构。模型见图 7.1-7，结构层高 3000mm，每层 3 个房间，尺寸为 8m×6m，外挑走廊宽 1.2m。每个房间走廊一侧纵墙有两个门洞

(900mm×2400mm）和一个窗洞（1800mm×1500mm），如图 7.1-7（*a*）所示，无走廊的一侧纵墙有三个窗洞（1800mm×1500mm），如图 7.1-7（*b*）所示。

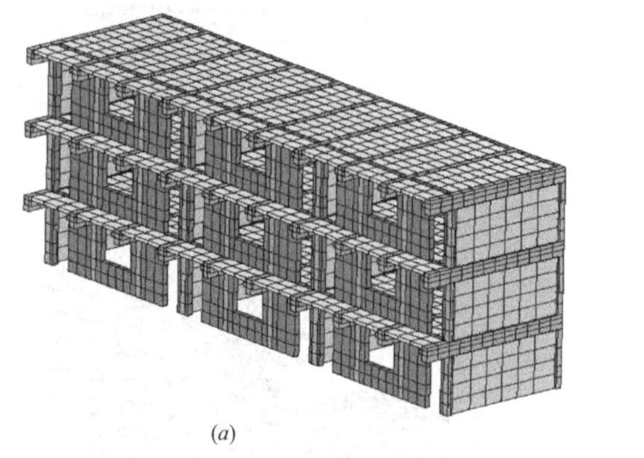

(*a*)

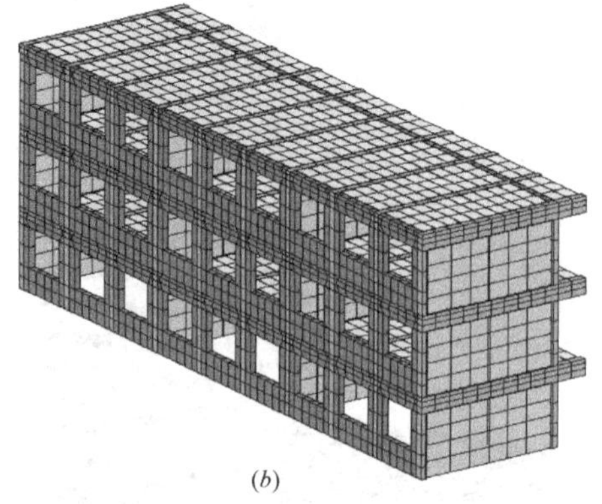

(*b*)

图 7.1-7 教学楼结构模型图

（*a*）正面；（*b*）背面

倒塌模拟的实现方法如下：

（1）为实现塌落构件的撞击、堆载过程，采用接触算法，将结构各个部件之间设置为接触关系，将构件内部单元设置为自体接触；

（2）为实现构件失效、塌落过程，运用 MSC. Marc 提供的用户子程序接口，自行编制单元生死控制子程序以杀死最大应变超出预定限值的单元（墙体压碎应变和拉碎应变均取 0.00125，钢筋拉断应变取 0.01，预制板和梁不考虑单元生死）。

模型主要采用实体单元，钢筋采用杆单元。墙体和混凝土梁采用 MSC. Marc 自带的各向同性理想弹塑性的 von Mises 模型，并考虑开裂影响。砌体墙抗压强度 2.5MPa，开裂强度取 0.5MPa，开裂后软化刚度取－2000MPa；混凝土抗压强度为 20MPa，预制板设为弹性。计算采用动力时程分析，地震波采用为 1940 年的 El Centro 波，并按比例放大得到，纵向最大地面峰值加速度为 400gal，横向为 275gal。

在 400gal 地面加速度作用下，快速倒塌。其倒塌过程如下：

（1）0.7s，第二层、第三层边上一侧房间对应位置的梁下墙体先后损毁，其上部支承的混凝土梁开始下落，如图 7.1-8（*a*）所示；

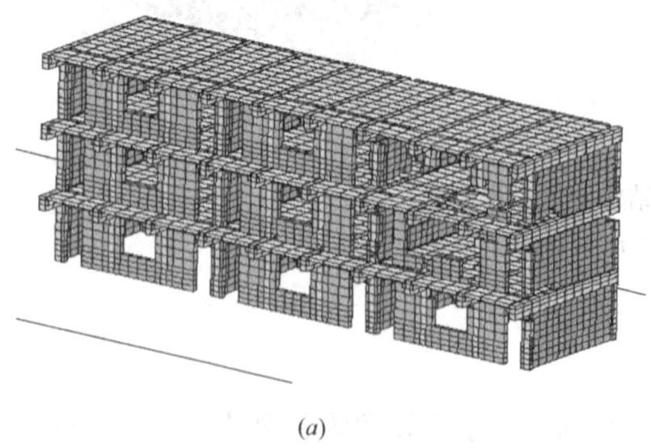

(*a*)

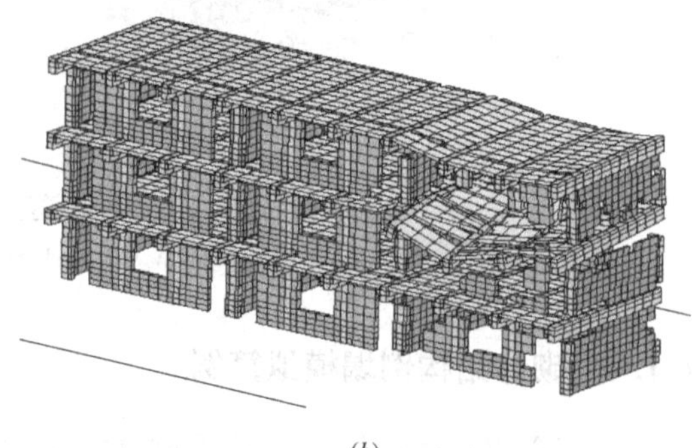

(*b*)

图 7.1-8 砌体结构倒塌过程

（*a*）0.7s；（*b*）0.9s

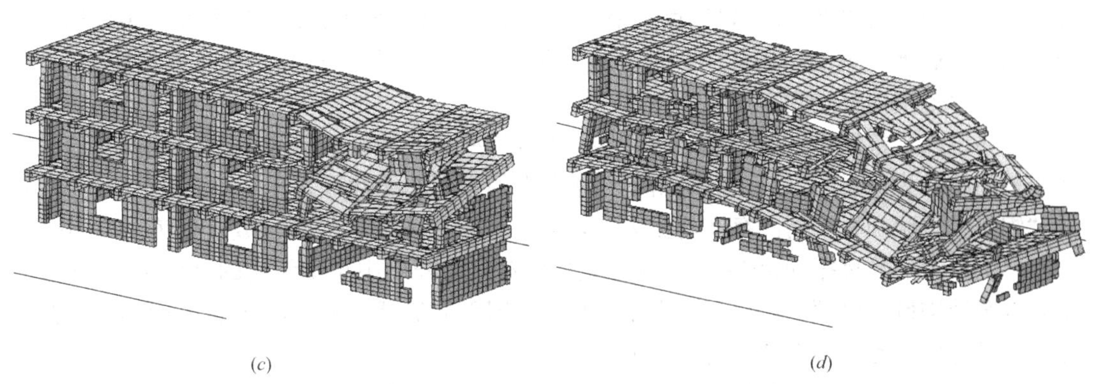
(c)　　(d)

图 7.1-8　砌体结构倒塌过程（续）
(c) 1.0s；(d) 1.5s

(2) 0.9s，垮塌的梁带动周围预制板一起下落，预制板的下落导致其相邻的梁失去侧向支撑，在地震作用下向掉落预制板一侧发生偏移，如图 7.1-8 (b) 所示；

(3) 1.0s，发生侧移的梁又导致其上下的墙体损毁、倒塌，如图 7.1-8 (c) 所示；

(4) 墙体垮塌后，导致其他墙体压力增大，引发结构连续倒塌，1.5s 后已出现大面积垮塌，如图 7.1-8 (d) 所示。

另外，算例结果中还可以观察结构倒塌过程中的细节。在倒塌过程中，梁下部和门窗角部开裂较严重（图 7.1-9)。梁下部开裂是由于梁在水平力作用下有发生转动的趋势，会导致周围砖墙开裂；而门窗角部开裂是由于角部应力集中导致。

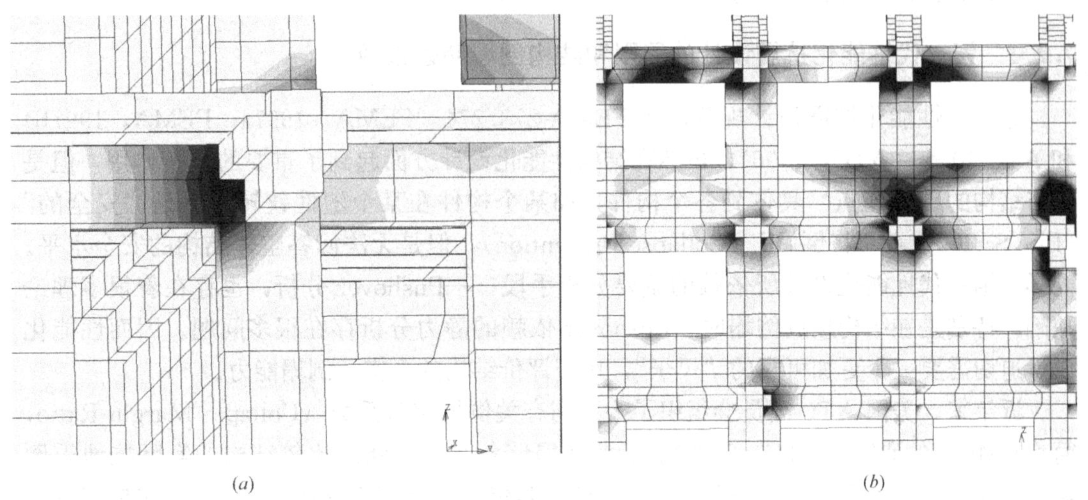
(a)　　(b)

图 7.1-9　梁下部及门窗角部开裂（深色为开裂区域）
(a) 结构正面；(b) 结构背面

7.2　基于倒塌的结构体系安全性研究

倒塌是结构破坏的一种极端情况，也是所有结构工程和防灾工程所力图避免出现的灾难性后果。而近年来出现的一系列灾难性事件：如日本阪神地震、中国台湾“9·21”地震、中国汶川地震以及“9·11”世贸中心倒塌等，都暴露出现代结构在极端灾害作用下，仍然无法彻底地避免倒塌破坏。因此分析结构倒塌机理，研究提高结构抗倒塌能力的措施，在世界范围内都受到广泛重视。

严格说来，抗倒塌问题一直是研究界和工程界所关心的核心问题。虽然试验是研究工程结构问题最为可靠的方法，但是由于倒塌存在的强烈非线性行为，使得工程试验所常用的“缩尺”试验和真实情况存在着极大的差异。日本投入巨额经费（数十亿美元），建立了世界上最大的足尺振动台 E-Defence，但是仍然只能开展中小型结构的足尺试验。距离了解复杂结构倒塌机理的研究目标尚差距甚远。因而数值试验手段，成为当前研究结构倒塌问题最为可行也是最有效率的研究工具。

倒塌作为一种极其复杂的非线性结构动力行为，对现有的各项结构计算技术都是一个极大的挑战。为实现倒塌模拟，必须精确建立结构的非线性模型，包括材料非线性、几何非线性、接触非线性等，这使得分析的建模工作量、计算工作量和存储消耗极大增加。同时非线性计算为了得到一个数值收敛的结果，往往需要数十甚至数百次迭代计算，也大大增加了计算所需时间，甚至由于非线性计算工具性能不足，而导致计算意外中止，无法得到任何结果。因此，以前的很多抗倒塌研究，只能局限于“近似”的倒塌能力分析上。比如认为当结构的层间位移角大于 1/50 或者 1/100，就认为结构可能发生“倒塌”。这显然是不够科学和准确的。而随着计算机技术的进步，目前的高性能计算平台已经基本可以满足一切结构高性能计算硬件需求，只是相关软件技术尚有待进一步完善。本书作者近年来在有关项目的支持下，开展了一系列的基于倒塌的结构体系安全性研究，为进一步加深对结构整体行为的理解提供参考。

7.2.1 第一代性能化抗震设计的局限和结构倒塌储备系数

第一代性能化抗震设计规范，如 FEMA-273/274（FEMA，1997a；FEMA，1997b）和 ATC-40 等（ATC，1996），虽然在结构性能化设计方面起到了重要的开拓作用，但是它将结构的“性能点”具体到各个构件，如某个构件在某个塑性铰转角下是“安全的”（Life Safe）或者“将倒塌”（Collapse Prevention），但是无法回答整体结构的安全水平。同样，第一代性能化设计所依赖的重要分析手段——Pushover 分析，也存在着很多理论缺陷，特别是在结构接近倒塌时，Pushover 依赖的静力分析存在很多问题。因而性能化设计迫切需要一个更加可靠的“尺子”，用于评价结构的真实抗倒塌能力。

近年来，美国 ATC 委员会组织了一系列有关倒塌储备系数（Collapse Margin Ratio，简称 CMR）的研究（ATC，2008）。所谓倒塌储备系数，就是比较结构的实际抗地震倒塌能力和设防需求之间的储备关系。这一研究是借助于近年来更强的计算机和更精确的数值模型，基于增量动力分析（Incremental Dynamic Analysis，IDA）（详见本书第 3 章）的倒塌模拟来获得结构抗倒塌能力评价方法。其具体步骤是：通过输入逐步增大地面运动强度的 IDA 分析，直至结构计算模型发生倒塌破坏，由此得到结构在某个地震强度输入下的倒塌模式，并用该地震强度作为结构抗地震倒塌能力的评价指标。但一次 IDA 分析只针对某一个具体地震记录进行，所以地震记录的选取对计算结果至关重要。事实上，考虑到地震和结构的随机性，用确定性的分析结果来评价结构抗地震倒塌能力也有其缺陷。鉴于现在计算机强大的分析能力，ATC-63 计划建议通过大量地震记录（不少于 20 条）

计算，来考虑不同地震动输入的差异影响，用所有地震动输入下分析结果的平均值作为结构的抗倒塌能力评价标准。如果结构在某一地面运动强度下（ATC-63 建议以结构第一周期地震影响系数 S_a（T_1）作为地面运动强度指标），有 50%的地震波输入发生了倒塌，则该地面运动强度就是结构体系的平均抗倒塌能力。将此地面运动强度和结构的设计大震强度比较，就可以得到结构的倒塌储备系数 CMR，即

$$\mathrm{CMR}=S_a(T_1)_{50\%}/S_a(T_1)_{\text{大震}} \tag{7.2-1}$$

式中，$S_a(T_1)_{50\%}$为有 50%地震输入出现倒塌对应的地面运动强度 $S_a(T_1)$；$S_a(T_1)_{\text{大震}}$为规范建议罕遇地震下的 $S_a(T_1)$，对于我国结构，可以按下式计算：

$$S_a(T_1)_{\text{大震}}=\alpha_{(T1)\text{大震}}g \tag{7.2-2}$$

其中，$\alpha_{(T1),\text{大震}}$为规范规定对于周期 T_1 的罕遇地震下水平地震影响系数，可按《建筑抗震设计规范》（GB 50011—2001）表 5.1.4-1 取值；g 为重力加速度。

IDA 分析结果和所选取的地震动关系密切，FEMA-P695 建议了一个地震动数据库，包括远场的 22 条地震动和近场的 28 条地震动，参见本书 3.2.2.4 节。对于超过震源 10km 以上的结构，可采用远场地震动进行分析。对于距离震源 10km 以内的结构，可采用近场地震动进行分析。FEMA-P695 报告建议对于一般结构，可以只采用远场地震动分析即可。

7.2.2 CMR 分析在科研中的应用举例

尽管 CMR 分析还有着诸多问题，如地震动输入是否具有足够代表性、动力数值模型是否足够精确合理等，但是就目前而言，该方法是获得结构抗地震倒塌能力评价相对最为可靠的方法。它为分析整体结构行为，判断不同结构体系的优劣，提供了一个比较可靠的“尺子”。基于 CMR 分析，美国 ATC 委员会已经对现行结构抗震设计进行了大量分析研究并获得了很多有益成果。例如，美国原本根据长期抗震工程实践，对延性框架结构有一个最小地震水平力要求（ASCE7-02 及以前版本）。然而在 ASCE7-05 规范中，将这个最小地震水平力要求取消了。ATC 委员会通过 CMR 分析，发现取消最小地震水平力要求会导致 8 层以上延性框架的倒塌概率明显增大，传统的经验是有其内在合理性的，因而已经准备在新版的 ASCE7 规范中重新恢复最小地震水平力指标。并且，ATC 委员会正在准备启动 ATC-76 计划，计划利用 CMR 分析，对现行美国规范各类结构的抗震安全性能进行更加系统的评价。在美国新版的规范 ASCE 07-10（ASCE，2010）里面，更是把“50 年内倒塌率小于 1%”作为建筑抗震性能的基本标准。我国《建筑结构抗倒塌设计规范》（CECS 392：2014）也规定了结构可接受最大地震倒塌概率，如表 7.2-1 所示。

《建筑结构抗倒塌设计规范》规定的结构可接受最大地震倒塌概率（%）　　表 7.2-1

地震影响	丙类建筑	乙类建筑
罕遇地震	5	1
极罕遇地震	10	5

本书作者利用 CMR 方法，也开展了一些研究。相关倒塌计算模型参见 7.1 节，这些模型可以完成结构倒塌的全过程模拟，因此，可以直接以倒塌的真实物理定义“结构丧失竖向承载力而不能维持保障人员安全的生存空间”作为倒塌的判据，保证了分析结果的可靠性。

按上述方法对图 7.2-1（*a*）按我国规范 7 度设防设计的 3 层和 8 层框架结构进行了初步分析（层高首层 4.2m，其他各层层高 3.6m，跨度（6+2.7+6)m），得到在不同强度地面运动下的倒塌概率见图 7.2-1（*b*）。从图中可见，8 层框架的 CMR=1.9，而 3 层框架的 CMR=3.8。由此可见，虽然同样是按照现行规范设计的结构，由于结构体系安全性的差异，其抗地震倒塌能力有显著差别。需要说明的是，这两个框架在设计大震下，倒塌概率都小于 5%，可以认为能达到“大震不倒”的安全要求，但如果遭遇类似汶川地震的特大地震，则 8 层框架更容易倒塌。为此，用汶川地震中什邡—八角地震记录 NS 波也进行了分析，结果是，3 层框架的倒塌概率几乎为 0（图 7.2-1（*b*）中竖点画线），而 8 层框架的倒塌概率接近 50%（图 7.2-1（*b*）中竖虚线）。

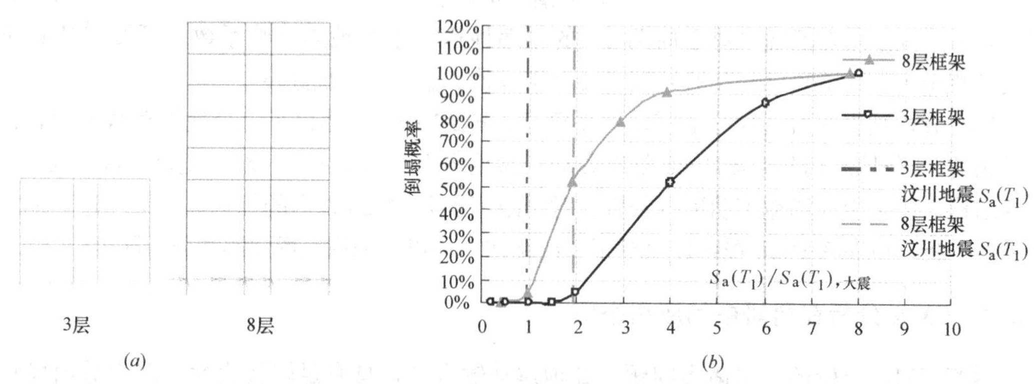

图 7.2-1　我国 7 度设防框架不同层数结构的倒塌概率

（*a*）结构模型；（*b*）倒塌概率曲线

又如，按同样方法对我国按照 7 度设防设计的 3 个不同跨度的 6 层钢筋混凝土框架结构进行抗倒塌能力分析。横向柱距为 4m、6m 和 8m，纵向柱距 6m，层高 3.6m，场地类别为Ⅱ类，设计地震分组为第二组，建筑类别为丙类。按照 PKPM 的 SATWE 模块给出的结果和三级框架构造措施进行配筋，梁、柱的混凝土强度等级均为 C30，梁、柱的纵向受力钢筋均为 HRB335 级，箍筋为 HPB235 级。楼面、屋面恒载均取为 7kN/m^2（含楼板自重），活载为 2kN/m^2。计算得到不同框架的倒塌率比较如图 7.2-2 所示。不同结构

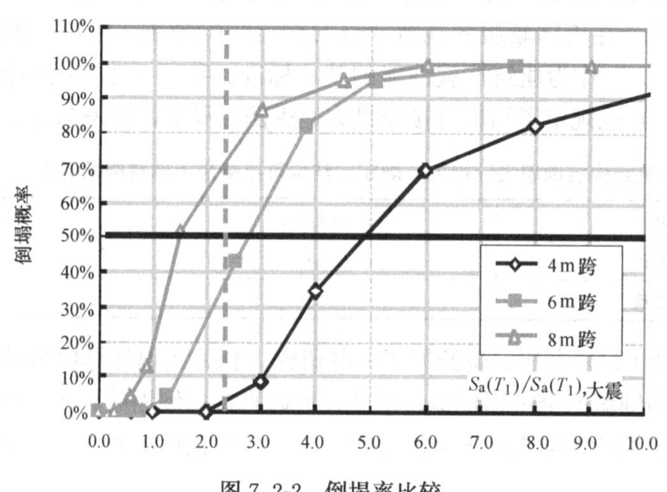

图 7.2-2　倒塌率比较

CMR 值如图 7.2-3 所示。根据图 7.2-2，可以得到不同跨度框架在设防大震和超设防大震一度的特大地震下的倒塌概率（图 7.2-4、图 7.2-5)。从图中可以看出，同样按照规范设计的结构，其抗倒塌能力还是有着明显的差别，特别是在遭遇到特大地震时，其倒塌概率差异更加显著。这个在汶川地震中也有所表现。

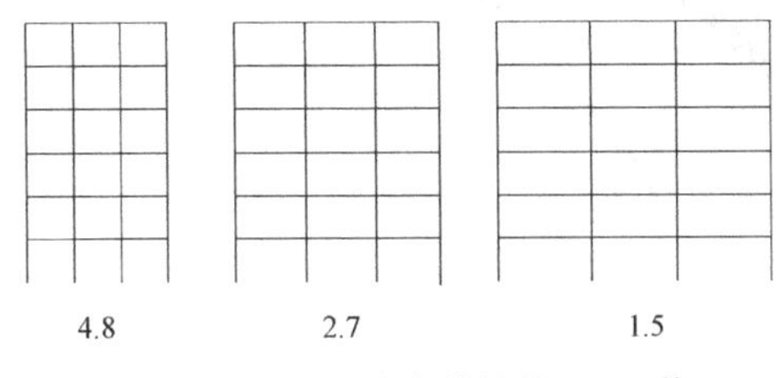

图 7.2-3 不同跨度结构的 CMR 值

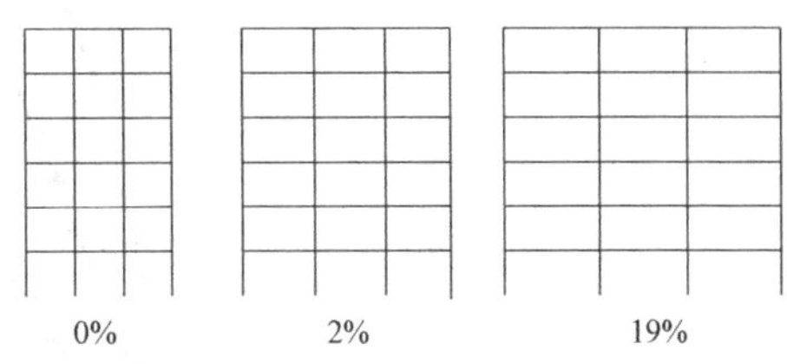

图 7.2-4 不同跨度结构的在设防大震下的倒塌概率

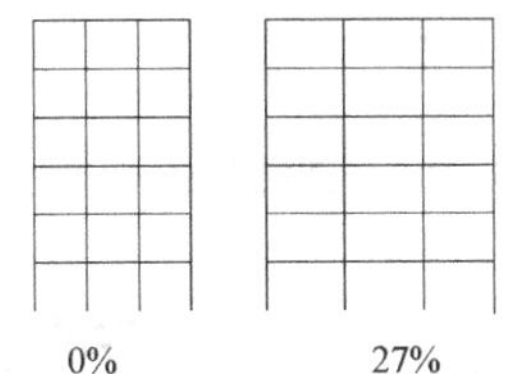

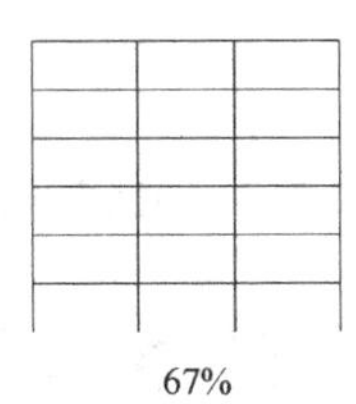

图 7.2-5 不同跨度结构的在烈度超设防大震 1 度时的倒塌概率

再如，本书作者设计了一组抗震设防烈度不同而其他设计条件均相同的钢筋混凝土框架结构。所有结构均按照Ⅱ类场地、第二设计地震分组的丙类结构进行设计，抗震设防烈度分别为 6 度（0.05g)、7 度（0.10g)、7.5 度（0.15g)、8 度（0.20g）和 8.5 度（0.30g）共 5 个结构模型，编号分别为 SF1-6、SF1-7、SF1-7.5、SF1-8 和 SF1-8.5。采用具有代表性的内廊式平面布置，常见于学校和医院。不同设防烈度框架结构的 CMR 比较如图 7.2-6。除 6 度设防的 SF1-6 外，其余结构的 CMR 指标随着抗震设防烈度的提高而增大。其中，7 度（0.10g）设防的 SF1-7 结构的 CMR 最低，仅为 1.6，在 SF1-7～SF1-8.5 四个结构中抗大震和特大地震的倒塌能力最低。造成这样差别的原因主要是柱截面尺寸是影响结构抗地震倒塌能力的重要因素。设防烈度低（6 度，7 度（0.10g））的结构往往柱截面尺寸较小，柱轴压比较大，底层柱脚缺乏足够的变形能力，是导致结构倒塌的薄弱部位，抗地震倒塌能力和抗倒塌安全储备相对较低。随着设防烈度的提高，柱截面尺寸相应增大，柱轴压比减小，底层柱脚变形能力增强，遭遇强震时结构中由更多的其他楼层构件参与抵抗地震作用、耗散地震能量的能力增大，抗地震倒塌能力的抗倒塌安全储备相对较高。另外 SF1-6 由于设计地震力很小，配筋主要由重力荷载或构造确定，实际抗侧承载力比设计地震力大很多，所以抗倒塌储备也较高。

用上述方法对汶川地震中遭受严重破坏的漩口中学建筑（图 7.2-7）进行了分析。图 7.2-8 为汶川地震什邡一八角波输入下漩口中学教学楼和办公楼的破坏情况对比，图7.2-9 为教学楼和办公楼的易损性比较。由图可见，教室楼的 CMR 约为 2.5，而办公楼的 CMR 达到了 5.3，超过教室楼的 CMR 达 2 倍以上，进一步说明了办公楼的抗倒塌能力显著高于教学楼 A，故而在汶川地震中，教学楼彻底倒塌而办公楼得以幸免。

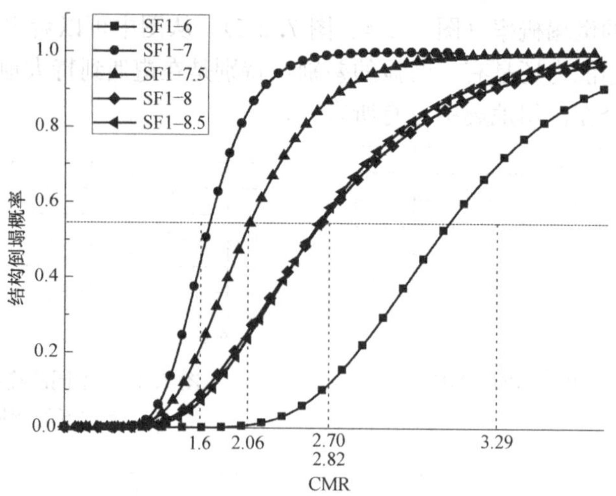

图 7.2-6　不同抗震设防烈度 RC 框架结构的 CMR 比较

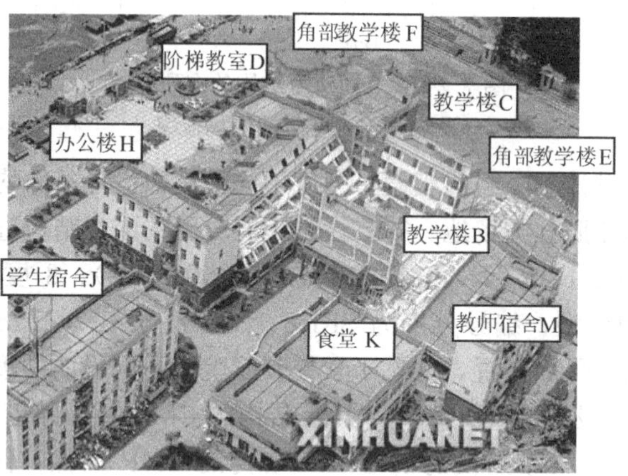

图 7.2-7　漩口中学总体震害情况（新华网陈树根摄）

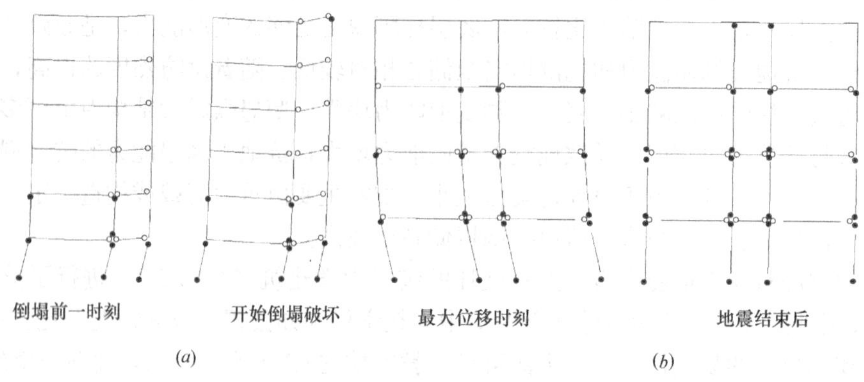

图 7.2-8　汶川地震什邡—八角波输入下教学楼和办公楼的破坏模式对比

（a）教学楼；（b）办公楼

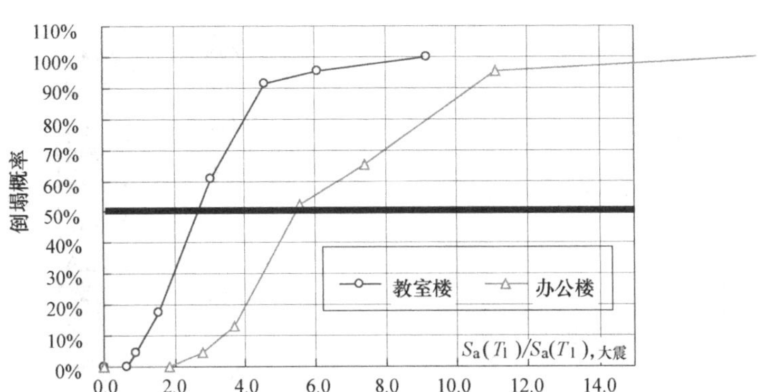

图 7.2-9　漩口中学教室楼与办公楼地震易损性比较

7.2.3　CMR 分析在工程中的应用举例

某 8 度区 500m 级超高层建筑在设计前期有两个典型设计方案，其中一个典型的方案是建筑的下半部分采用巨柱＋核心筒＋支撑抗侧力体系，而上半部分采用巨柱＋核心筒＋伸臂的抗侧力体系（简称为半高支撑方案）；另一个典型的方案则沿楼全高采用了巨柱＋核心筒＋支撑的抗侧力体系（简称为全高支撑方案）。本书作者与北京市建筑设计研究院杨蔚彪副总工程师等，以该超高层建筑的这两个前期方案为研究对象，建立了两个方案的有限元模型，通过两个方案工程量统计，对比分析了两个方案主体结构材料总用量以及各分类构件材料用量差异；通过弹塑性时程分析和倒塌分析，研究了两个方案在不同地震水准下的结构响应、抗地震倒塌能力，明确了结构的薄弱部位，为该超高层建筑选择合理、经济的结构体系提供参考。

7.2.3.1　结构基本信息和有限元模型

方案一，"半高支撑方案"：结构的主要抗侧力体系为下部四个节段采用"巨柱＋核心筒＋支撑"，上部四个节段采用"巨柱＋核心筒＋伸臂"，如图 7.2-10（*a*）所示。巨型框架柱采用方钢管混凝土柱，其尺寸沿建筑高度向上逐渐减小，从第 2 节段开始，每个角部的一根巨柱分叉为两根巨柱，并一直延伸至结构顶部；巨型支撑布置在第 1 至第 4 个节段，而第 5 节段以上不设置巨型支撑，采用密柱框架筒；腰桁架沿塔楼竖向约每隔 15 层设置一道，共九道（含底部与巨型支撑相交叉的一道）。伸臂桁架布置在第 5 至第 8 个节段；核心筒由钢筋混凝土剪力墙组成，部分节段在剪力墙中加入钢板进行增强。

方案二，"全高支撑方案"：采用的主要抗侧力体系为"巨柱＋核心筒＋支撑"，如图 7.2-10（*b*）所示。全高支撑方案中，巨型框架柱也采用方钢管混凝土柱，其布置方式与半高支撑方案基本相同，但有两点变化：①巨型柱在每个角部都布置两根，不再采用在第 2 节段分叉的方案；②巨型柱从结构底部一直延伸至结构第 7 节段顶部，观光层（第 8 节段）无巨柱。巨型支撑沿结构全高布置；腰桁架沿塔楼竖向建筑功能节间布置，共 8 组；核心筒采用含钢板的钢筋混凝土剪力墙组成。两个模型的主要差异如表 7.2-3 所示。

对于巨型钢管混凝土柱，采用纤维梁模型进行模拟，将外围的钢管和内部填充的混凝土离散成若干纤维，内部混凝土的本构模型采用韩林海等人（Han et al. 2001）提出的约束钢管混凝土模型；钢材采用基于 von Mises 屈服准则的弹塑性本构模型，应力-应变骨

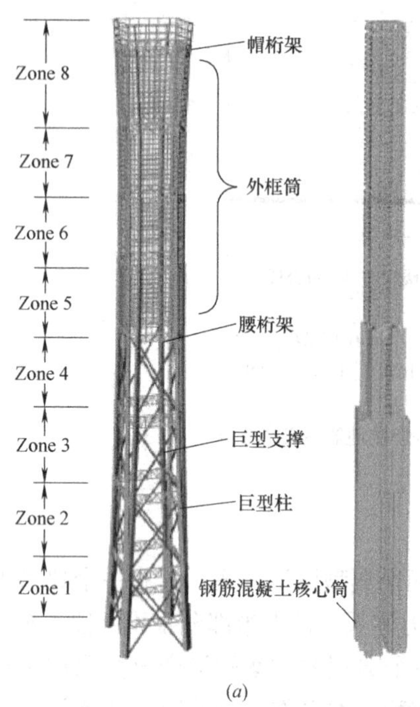

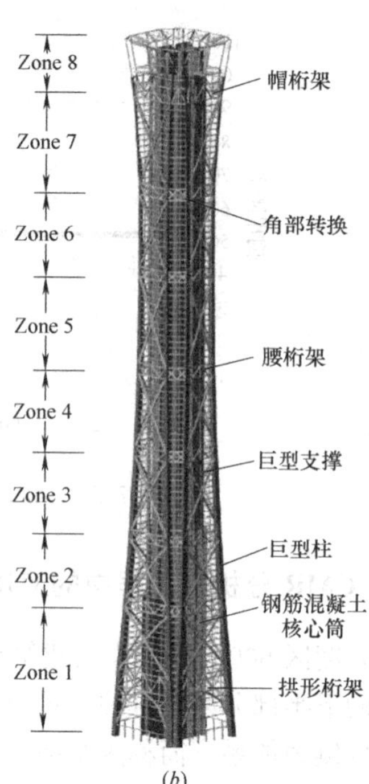

图 7.2-10　两种结构方案示意图

(*a*) 半支撑方案；(*b*) 全支撑方案

两个方案主要差异　　**表 7.2-2**

	半高支撑方案	全高支撑方案
结构高度	545.6m	536.7m
结构平面尺寸	顶部约为 60m×60m 收腰约为 50m×50m 底部约为 67m×67m	顶部约为 69m×69m 收腰约为 54m×54m 底部约为 71m×71m
收腰最小部位	H≈420m	H≈380m
巨型支撑布置	第 1 节段～第 4 节段	沿结构全高
腰桁架布置	共 9 道	共 8 道
伸臂桁架布置	第 5 节段～第 8 节段	未设置
巨柱最大尺寸	6.5m×6.5m	5.2m×5.2m

架曲线采用汪训流等（汪训流等，2007）提出的四段式（弹性段、屈服段、强化段以及软化段）模型。对于外围次框架、腰桁架、伸臂桁架和巨型支撑等工字型或箱型等型钢构件，同样也采用纤维梁模型进行模拟。对于核心筒中的剪力墙和连梁则采用分层壳模型进行模拟，根据实际配筋，沿墙厚度分层若干层，将纵、横钢筋网弥散成等效的钢筋层；对于边缘约束构件，直接采用梁单元进行模拟，并通过与墙体共节点的方式保证变形协调。两个方案最终的有限元模型示意图如图 7.2-11 所示。

7.2.3.2　设计结果比较

两个结构方案的基本动力特性比较如表 7.2-3 所示。对于半高支撑方案，结构 y 向和 x 方向的一阶平动周期分别为 7.69s 和 7.44s，y 向与 x 向的周期比为 1.034，说明结构平面布置较对称，两个主轴方向的刚度非常接近；结构扭转一阶周期与结构平动一阶周期的比值为 0.445，满足我国《高层建筑混凝土结构技术规程》(JGJ 3—2010) 中扭转周期比

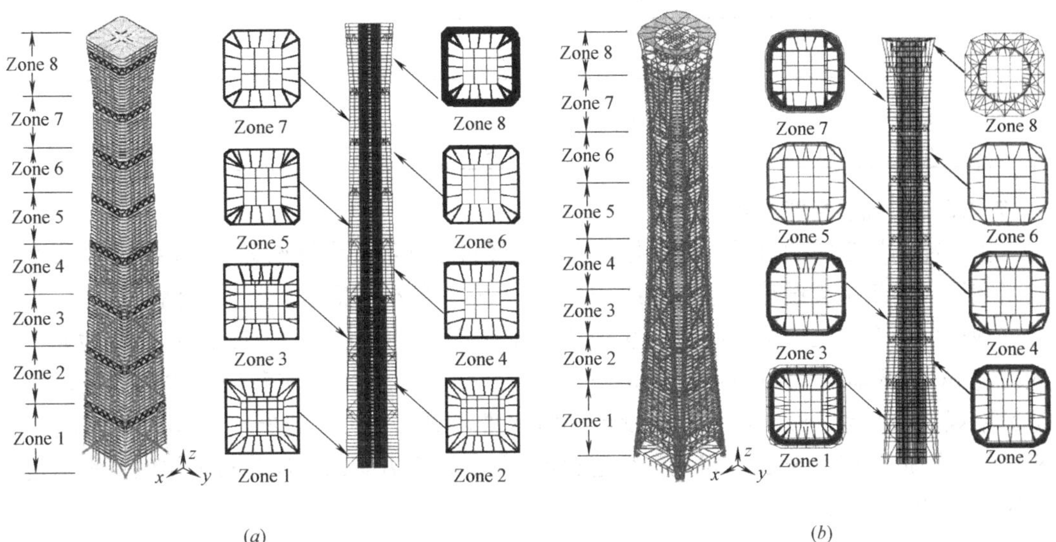

图 7.2-11 两个方案的有限元模型示意图
(a) 半支撑模型；(b) 全支撑模型

的限值，说明扭转效应不明显。对于全高支撑方案，结构整体侧向刚度大于半支撑方案，x 向和 y 向的一阶平动周期分别为 7.38s 和 7.33s，x 向与 y 向的周期比为 1.007，相比半支撑方案，全高支撑方案两个主轴方向的一阶周期更为接近，说明两个主轴方向的刚度更为接近，结构布置更加规则。

两个方案基本动力特性比较 **表 7.2-3**

	半支撑方案	全支撑方案
T_1(s)	7.69	7.38
T_2(s)	7.44	7.33
T_3(s)	3.42	2.77
T_4(s)	2.64	2.39
T_5(s)	2.57	2.38
T_6(s)	1.69	1.26

上述两个结构方案均为钢-混凝土混合结构，通过工程量统计比较两个方案主要结构构件的混凝土和钢材用量。其中钢材主要包括普通钢筋、钢框架、桁架、支撑和剪力墙内钢板等，对于结构中的构造钢筋和钢材，由于前期设计深度原因，暂不考虑在内。

两个结构方案的主要材料用量对比如表 7.2-4 所示，可见全高支撑方案的材料总用量（钢材和混凝土）比半支撑方案减小约 11.2%，这主要是由于全高支撑方案的巨柱截面以及剪力墙厚小（如表 1 所示），从而使得混凝土用量比半支撑方案有明显减少，减少幅度约为 13.44%；而两种结构方案的总用钢量大致相当，其中全高支撑方案的巨型钢管混凝土柱用钢量比半高支撑方案减小约 18%，全高支撑方案的钢构件用钢量（桁架、支撑以及剪力墙内置钢板和边缘构件）比半高支撑方案增加约 13%，从而两个结构方案建筑每平方米用钢量非常接近，仅相差 3.16%。可见，由于全高支撑方案结构刚度分布均匀，虽然支撑的用钢量大，但两者的总用钢量却相差不大，材料总用量甚至少于半高支撑方案。

两种结构方案材料总用量比较（单位：t）　　表 7.2-4

	结构总质量	混凝土总用量	巨型柱用钢量	钢构件用钢量	楼板用钢量	总用钢量
半高支撑结构	753720.3	652937.9	29074.4	65408.1	6300.0	100782.5
全高支撑结构	669381.6	565211.2	23934.7	73935.7	6093.0	103963.4
相对差值	−11.19%	−13.44%	−17.68%	13.04%	−3.29%	3.16%

7.2.3.3 抗震性能比较

由于超高层建筑的抗震性能目标较高，且经过了详细的设计论证，上述两个方案都能满足我国《建筑抗震设计规范》（GB 50011—2010）的抗震需求，且安全储备较高。为了更好地比较两个方案的抗震性能，本文以科研中广泛采用的 El-Centro EW 1940 为典型输入，将 PGA 调幅至 400cm/s^2、510cm/s^2 和 620cm/s^2，分别对应我国《建筑抗震设计规范》中规定的 8 度、8.5 度和 9 度设计大震水准，对两个方案进行了弹塑性地震响应分析。结构阻尼采用 Rayleigh 阻尼，阻尼比取 5%。两个方案的楼层位移和层间位移角包络如图 7.2-12 和图 7.2-13 所示。

图 7.2-12 表明，全高支撑方案的结构楼层位移包络值比半支撑方案小，且随着地震动强度的增大，差值也增大。两个结构方案的楼层位移包络曲线都在各自收腰位置出现了明显的内缩现象。图 7.2-13 表明，两个结构方案的层间位移角在结构的中下部节段（大致为第 1 节段至第 4 节段范围，两个模型均设有支撑）差异并不明显，且分布都较为均匀，而在结构中上节段（大致为第 5 节段至第 7 节段范围），全高支撑方案的层间位移角总体要小于半高支撑方案，这种趋势随着地震动强度增大而增大。但全高支撑方案顶部节段（大致为第 8 节段范围）的层间位移角均比半高支撑方案大，这是因为全高支撑方案的顶部节段为观光层，由于建筑功能要求不能布置过多抗侧力构件，因此该节段的刚度相比其他节段要偏小；而半高支撑方案在结构的中部以上节段（大致为第 5 节段至第 8 节段范围）相应于腰桁架部位的层间位移角分布呈现明显的内缩现象，这是因为半高支撑方案在结构第 5 节段至第 8 节段设置了伸臂桁架，增强了腰桁架部位的结构刚度，形成了环箍效应，对层间位移角的减小具有明显的作用。

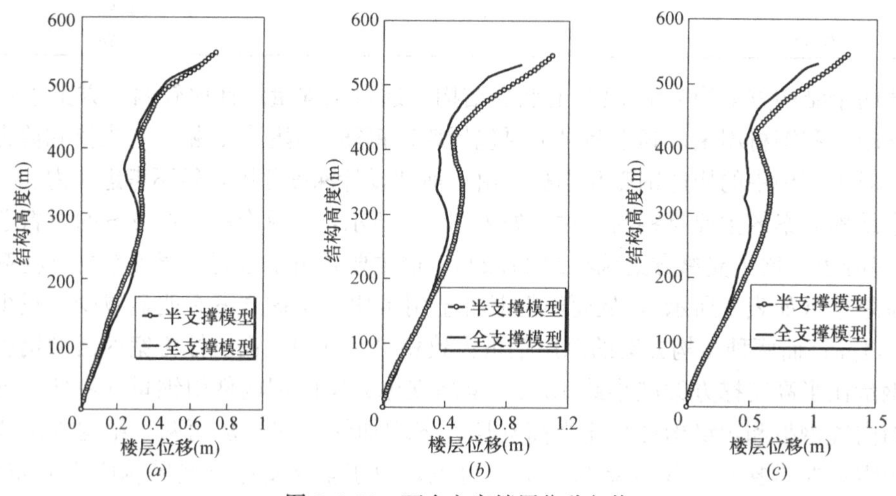

图 7.2-12　两个方案楼层位移包络

(a) PGA=400cm/s^2；(b) PGA=510cm/s^2；(c) PGA=620cm/s^2

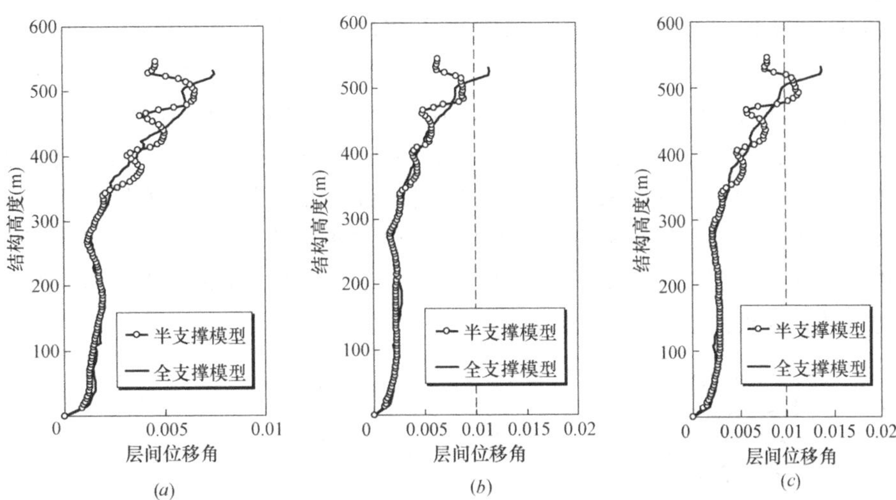

图 7.2-13　两个方案层间位移角包络

(a) PGA=400cm/s²；(b) PGA=510cm/s²；(c) PGA=620cm/s²

两个结构方案在典型地震动记录（El-Centro EW 1940）输入下的宏观塑性区分布如图 7.2-14 和图 7.2-15 所示。图 7.2-14 表明，半高支撑结构方案在 PGA=400cm/s² 时，结构第 2 和第 3 节段位置的钢框架的个别钢梁和钢柱发生屈服，结构其他部分基本保持弹性。在 PGA=510cm/s² 时，结构第 2 和第 3 节段的钢框架的塑性区相对 8 度设计大震有所扩展，但仍只是个别部位的钢梁和钢柱发生屈服，此时第 8 节段的钢框架也有部分钢梁和钢柱发生屈服，但结构整体基本保持弹性。在 PGA=620cm/s² 时，结构钢框架大部分都发生屈服，尤其是第 1 至第 3 节段的塑性区域发展显著，大部分支撑和钢梁、钢柱构件都已经屈服。

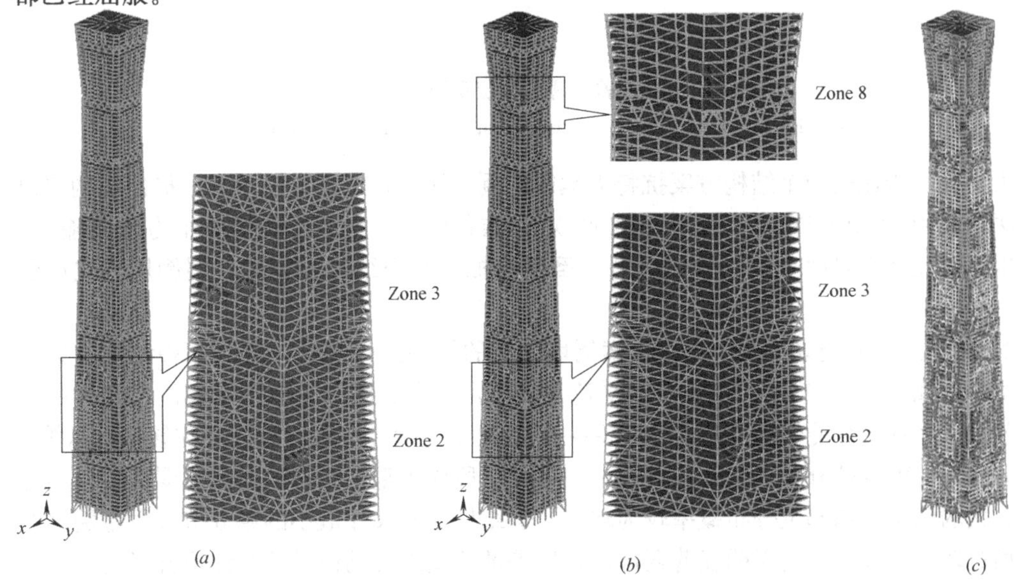

图 7.2-14　半高支撑方案宏观塑性区分布

(a) PGA=400cm/s²；(b) PGA=510cm/s²；(c) PGA=620cm/s²

同样，图 7.2-15 表明，全高支撑方案 PGA＝400cm/s^2 时，结构第 3 节段和顶部第 7、8 节段钢框架的一些钢梁和钢柱屈服进入塑性，结构其他部位基本保持弹性；在 PGA＝510cm/s^2 时，结构塑性区有所扩展，且主要集中在第 7 和第 8 节段，底部第 1 节段钢框架的一些梁柱构件屈服进入塑性，其他节段的塑性发展不明显；而在 PGA＝620cm/s^2 时，结构塑性区发展相比于 PGA＝510cm/s^2 时没有明显的扩展，仅在结构底部第 1 节段有轻微扩展。总的说来，由于结构设计较强，设计大震下核心筒、巨柱等主要构件基本保持弹性，可以很好地满足大震下的安全性要求，两个方案的塑性发展程度类似，抗震性能基本相当；随着地震动强度的继续增大，全高支撑方案的塑性发展程度明显低于半高支撑方案，表现出了更好的抗震性能。

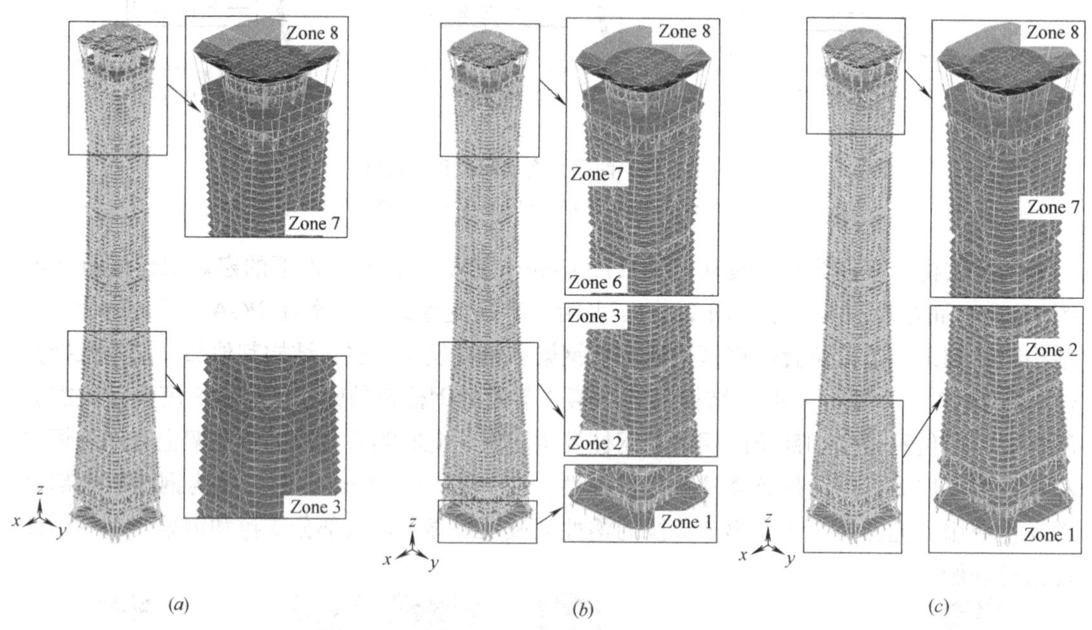

图 7.2-15　全高支撑方案宏观塑性区分布

(*a*) PGA＝400cm/s^2；(*b*) PGA＝510cm/s^2；(*c*) PGA＝620cm/s^2

为了进一步比较两个结构方案抗特大地震的倒塌能力，本小节以本书中提出的倒塌模拟方法，采用 FEMA-P695（FEMA，2009）中推荐的 22 组远场地震动作为基本输入，利用生死单元技术对两个结构方案进行了倒塌模拟。两个结构方案的典型倒塌模式如图 7.2-16 所示。

对 22 组地震动记录下两个结构方案倒塌分析的结果进行统计，得到两种结构方案倒塌部位对比如图 7.2-17 所示。图 7.2-17 清楚表明：半高支撑方案的倒塌部位主要集中于第 2 节段，占据了可能倒塌部位的 75％左右。这是由于第 2 节段巨型柱存在转换，从第 1 节段的一根完整巨柱分叉成为 2 根巨柱，使第 2 节段成为整个结构的典型薄弱部位；而全支撑方案的结构倒塌部位分布概率较为均匀，但结构平面尺寸最小的第 6 节段发生倒塌的概率相对较大，说明结构无明显薄弱部位，倒塌部位受地震动记录的频谱成分影响较大。

两个结构方案的倒塌易损性曲线对比如图 7.2-18 所示。当 PGA＜3g 时，两种结构方案的倒塌易损性曲线差别不大；当 PGA＞3g 时，半高支撑方案的倒塌概率略大于全高支

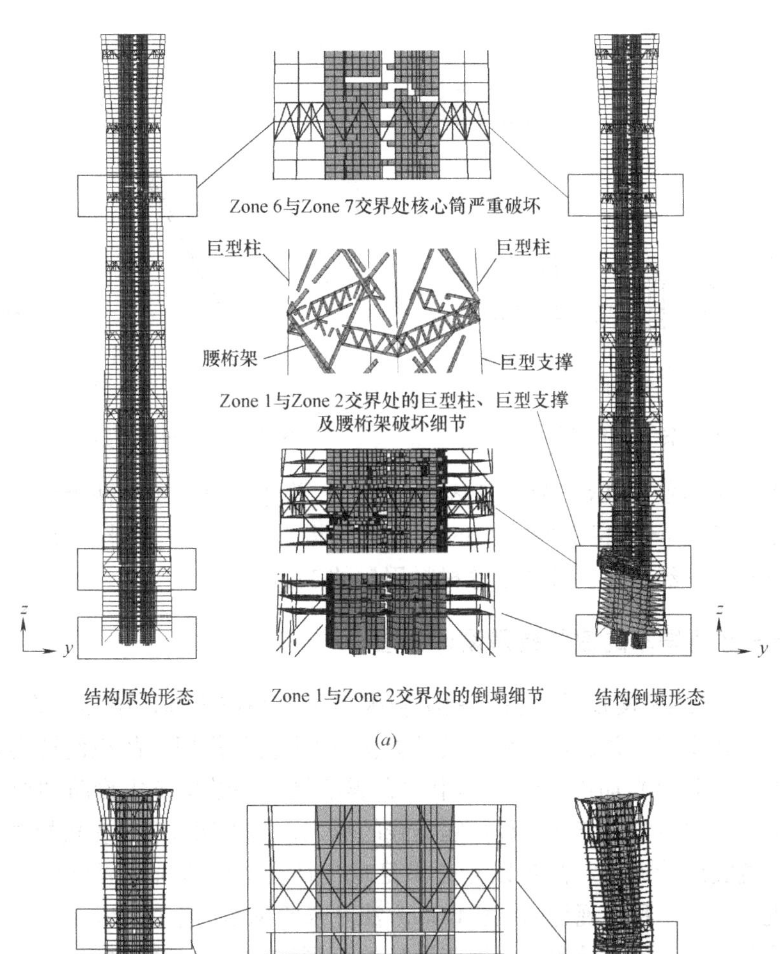

(a)

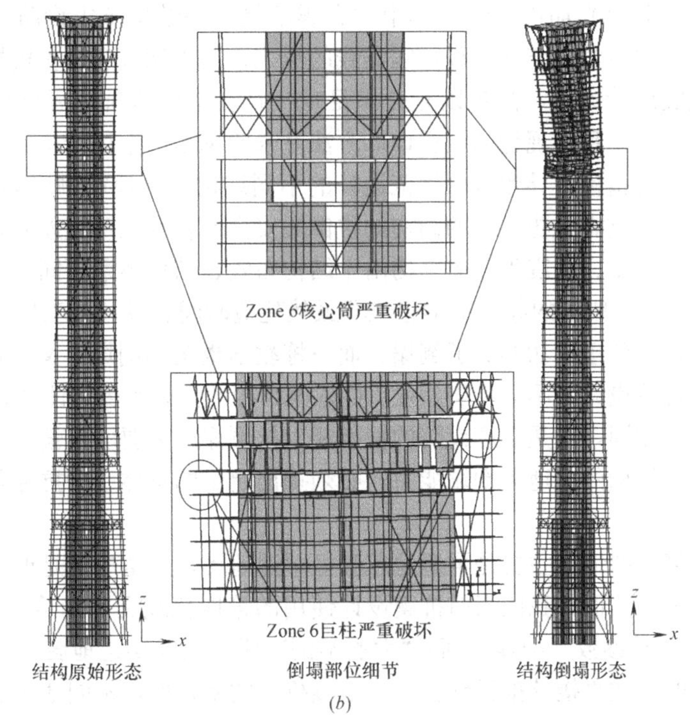

(b)

图 7.2-16　两个结构方案在特大地震下的典型倒塌模型

(a) 半高支撑方案典型倒塌模式；(b) 全高支撑方案典型倒塌模式

撑方案。由于两个结构方案抗震设防大震对应的 PGA 均为 0.4g，而半高支撑和全高支撑结构方案 50%倒塌概率所对应的 PGA 分别 2.35g 和 2.70g，从而可以确定两个结构方案

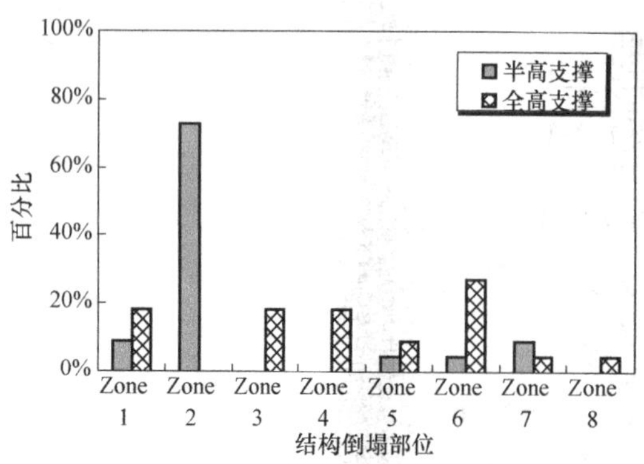

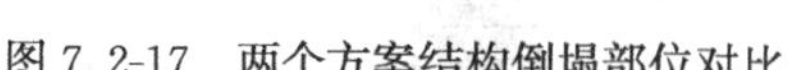
图 7.2-17　两个方案结构倒塌部位对比

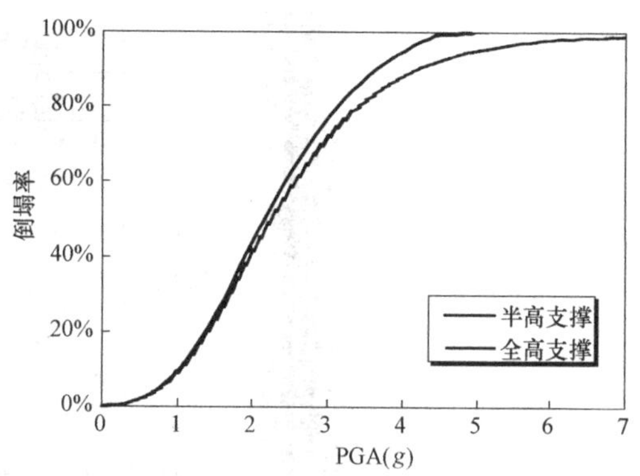

图 7.2-18　两个方案倒塌易损性对比

相应的抗倒塌安全储备 CMR 分别为 5.88 和 6.75。总体而言，虽然两个结构方案的抗地震倒塌能力都较高，但全高支撑方案的抗地震倒塌能力更高，比半高支撑方案提高了 14.8%，且具有更好经济性，节省了总材料用量的 11.2%。

7.2.4　基于一致倒塌率的建筑抗震设计方法

我国 89 版《建筑抗震设计规范》就明确提出了“小震不坏，中震可修，大震不倒”的三水准抗震设防要求，并通过二阶段设计方法（“小震”作用下的截面抗震计算和“大震”作用下的变形验算）加以保证，其中“大震不倒”是结构抗震设防的核心目标。然而，随着地震工程的科学研究和工程抗震实践的深入，震害调查和计算机模拟都发现，我国现行的建筑抗震设计方法，尚难以充分满足现代社会对结构抗地震倒塌能力的最新要求。突出表现在：由于我国现行的抗震设计方法并未明确给出整体结构抗地震倒塌能力的定量计算方法和评价指标，导致按照规范设计的不同结构的抗地震倒塌能力有显著差异。不仅不同地区、不同抗震设防烈度的结构的抗倒塌安全储备存在明显差异；在相同场地条件下相同抗震设防烈度、抗震等级的结构由于结构布置、结构体系不同，实际震害也存在差异。例如，图 7.2-7 所示的漩口中学建筑群虽然建造时间、设计施工质量、场地情况都基本完全相同，但办公楼成功避免了倒塌；而三栋教学楼全部倒塌。又如，图 7.2-6 对比了按照我国现行规范设计的不同设防烈度 RC 框架结构的抗地震倒塌能力，可见虽然结构布置、抗震等级都相同，但是 7 度设防的框架相对抗倒塌能力要明显偏低。因此，为更科学的保障我国建筑结构的抗地震倒塌能力，必须提出定量的整体结构抗地震倒塌能力的计算方法和评价指标。

导致结构物倒塌的地震主要是罕遇地震和极罕遇地震，这也应该是地震抗倒塌研究需要重点关注的问题。然而，我国当前抗震设计使用的第四代地震区划给出的是 50 年超越概率为 10%的地震动参数（中震），而“大震不倒”所对应的罕遇地震水平的地震动参数由中震乘以一定的系数直接外推得到。由于地震机制的复杂性，不同地区的罕遇地震（大震）与中震的关系十分复杂，由中震比例外推确定的大震没有统一的超越概率水平，导致很多地区达不到 50 年超越概率 2%的罕遇地震水平，因而难以保证不同地区结构在罕遇地震下的抗倒塌安全水平。目前，世界抗震先进国家已认识到这一问题，1997 年美国就以 50 年超越概率 2%的最大考虑地震（maximum consider earthquake，MCE）为基准编制抗震区划。我国正在编制中的第五代地震区划也考虑了这方面的因素（高孟潭，卢寿德，2006）。

另一方面，近年来我国发生的大地震中，极震区的实际地震烈度远超过《建筑抗震设计规范》规定的罕遇地震水平，这是导致大量结构倒塌和人员伤亡的一个重要原因。随着经济的发展，以及“以人为本”的社会理念的进步，除了罕遇地震外，还必须考虑并控制极罕遇地震（超过 50 年超越概率 2%的罕遇地震水平的地震）下的人员伤亡。美国、日本等抗震先进国家，在极罕遇地震抗倒塌方面都开展了很多研究，以 2010 版美国《Minimum Design Loads for Buildings and Other Structures ASCE07》为代表的新一代结构抗震设计规范，明确提出了要控制从小震到极罕遇地震的结构倒塌风险，代表了结构抗震的最新发展方向。而我国在这方面的研究和工程应用还落后于世界先进水平，进而导致我国结构设计使用期内的倒塌风险可能存在很大差异。本书作者比较了我国三个同为 7 度设防而场地实际地震危险性存在差异的地区（山西蒲县、山东日照和云南墨江）的 RC 框架结构在设计使用周期内的倒塌风险，发现存在明显的差异（图 7.2-19），可见我国现行抗震设计方法难以保证不同地区结构在强烈地震下具有相同的抗倒塌安全水平（施炜等，2012）。

美国与我国类似，国土广袤，不同地区的地震风险差异非常大。1997 年前，美国的抗震区划以 50 年超越概率 10%（中震）为基准编制。由于采用中震区划进行抗震设计对美国中部和东部地震危险性较低的地区抗震安全性不够，所以 1997 年后调整为以 50 年超越概率 2%的最大考虑地震（MCE）为基准编制抗震区划。但是，后续研究发现，50 年超越概率 2%的 MCE 地震动区划仍难以保障不同地区的地震倒塌风险（Luco et al. 2007）。因此，美国进一步开展了基于一致倒塌风险的抗震设计方法的研究，并率先在 2005 年颁布了核电抗震规范《Seismic Design Criteria for Structures，Systems，and Components in Nuclear Facilities，ASCE Standard 43-05》，对年均超越概率 10^{-4} 的设计地震进行修正，以实现核电设施年均倒塌概率 10^{-5} 的一致风险设计（SEI，2006）。而后，将一致倒塌风险设计引入一般民用建筑结构，在 2010 版美国《Minimum Design Loads for Buildings and Other Structures ASCE 07》规范中，明确了以 50 年倒塌概率小于 1%的目标倒塌风险作为一般民用建筑抗震设计的基准，这是对现有抗震设计方法的一个重要发展。

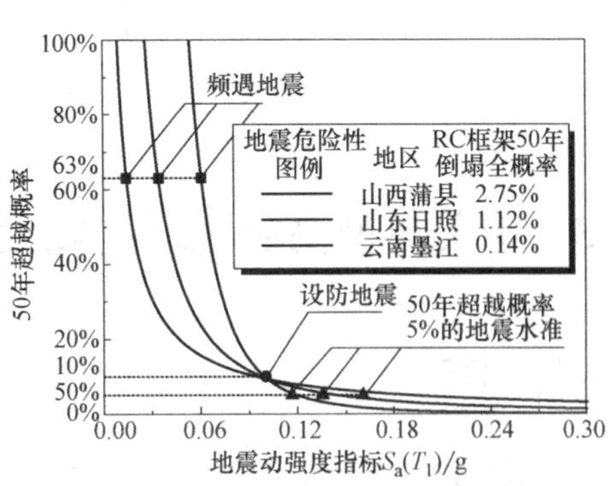

图 7.2-19　地震危险性对结构倒塌风险的影响

基于一致倒塌风险的抗震设计方法，其核心就是综合考虑结构所在场地的全概率地震危险性及建筑物自身的抗地震倒塌能力（图 7.2-20），保障不同设防等级、不同结构类型、不同地区的结构在其设计使用周期内具有相同的倒塌风险（即 50 年倒塌概率小于 1%）（Shi et al. 2012）。其创新在于首先明确了所设计结构的抗倒塌性能目标，其中包括罕遇地震下的安全水平需求。而后根据抗倒塌性能的安全水平需求来确定结构的设计地震作用大小。而我国现行的抗倒塌设计是完成“小震”作用下的截面抗震计算后，进行抗震构造措施设计，最后再进行“大震”作用下的变形验算。其抗倒塌验算是间接的，结构体系的抗倒塌安全储备并不明确，也没有考虑建筑所在场地极罕遇地震的危险性差异，导致按照规范设计的结构抗倒塌能力可能有显著差别。基于一致倒塌风险的抗震设计方法首次考虑了建筑所在场地的不同强度地震的危险性，将结构的抗震设计直接与结构目标倒塌风险相关联，从而直接并从全概率意义上科学定量地保证结构“大震不倒”的性能目标，是对当前抗震设计方法的重要丰富和发展，代表了未来结构抗震的最新发展方向。

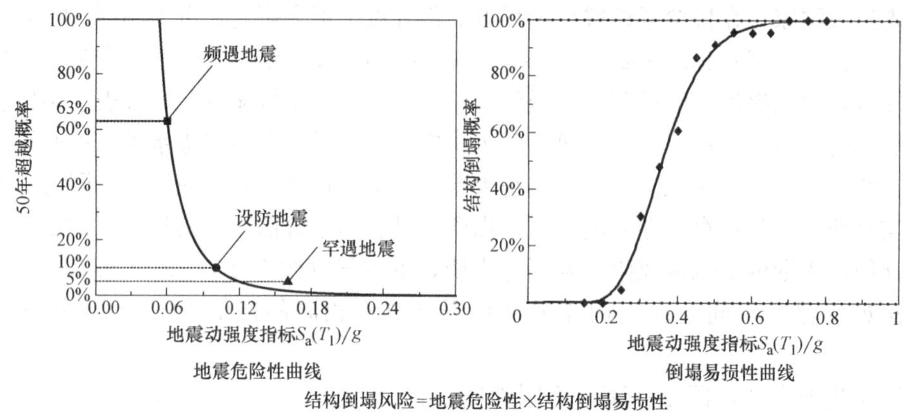

图 7.2-20　一致倒塌风险的度量指标和计算方法

7.3　中美典型高层建筑抗震设计及性能对比

7.3.1　引言

中国规范体系目前是以设防地震（50 年超越概率 10%）进行全国地震烈度区划。抗震设计采用三水准两阶段设计方法：第一阶段，多遇地震下的弹性设计，计算构件承载力和结构弹性变形。第二阶段，罕遇地震下的弹塑性变形验算。而美国以 International Building Code（IBC）为代表的主流抗震设计方法是采用设计地震作用（与我国中震水平相接近）下的弹塑性设计，允许结构在设计地震下进入弹塑性阶段，使用折减的弹性地震力进行设计，并保证结构具有较好延性。美国规范自 1997 年以后，已经发展到以最大考虑地震 MCE（50 年超越概率 2%）进行全国的地震烈度区划，设计地震作用相当于 MCE 地震作用的 2/3。抗震设计时，首先通过查找地震烈度区划图并考虑场地类别的影响得到 5%阻尼比的 MCE 加速度反应谱，再乘以 2/3 得到设计加速度反应谱。采用结构响应修正系数 R（Response Modification Coefficient）对设计反应谱进行折减计算设计地震荷载，然后对结构进行线弹性分析，从而得到设计内力进行强度设计；并考虑结构的弹塑性位移，采用位移放大系数（Deflection Amplification Factor）C_d 对线弹性分析得到的位移进行调整，进行变形验算。

上述分析可见中美抗震设计理论和方法存在一些差异。为了更全面地比较两种抗震设计体系对整体结构抗震性能的影响，本研究共选取两个高烈度区（以期望结构设计是以地震控制为主，而不是以风荷载控制为主）RC 框架-核心筒结构对比案例展开研究。案例一以美国太平洋地震工程研究中心（PEER）2011 年发布的一个典型高层 RC 框架-核心筒结构的工程案例为设计基础，保持相同的几何条件、设计附加荷载、场地条件和地震危险性水平，采用中国规范体系进行重新设计，从而得到案例一中的中国模型。案例二以一栋按照中国规范体系设计的 27 层钢筋-混凝土框架核心筒结构为设计基础，在结构布置和设计基底剪力基本不变的前提下，重新按照美国抗震设计方法进行设计，得到案例二中的美国模型。案例二中的两个方案均是由清华大学土木工程系研究生胡妤在其导师赵作周教授和美国斯坦福大学土木与环境工程系 Gregory G. Deierlein 教授共同指导下完成。在后续讨论中，为了描述方便，案例一的两栋结构统称为 Building 2，案例二的两栋结构统称为 HuYu 模型。

7.3.2 Building 2 抗震设计及结果对比

7.3.2.1 案例介绍

为推进高层建筑结构基于性能抗震设计方法的研究和实际应用，PEER 于 2006 年发起了 Tall Buildings Initiative（TBI）研究计划。其中 Task 12 作为 TBI 计划的一部分，开展了一系列工程案例研究，并发布了最终案例研究报告（Moehle et al.，2011）。在 Task 12 中，案例 Building 2A 是一栋钢筋-混凝土框架核心筒结构，Moehle 等（Moehle et al.，2011）给出了该结构的详细设计信息及设计结果，为开展中美设计研究对比提供了非常好的条件。

Building 2A 位于美国洛杉矶，是一栋 42 层住宅，地下 4 层停车场，楼顶有高 6.1m 的阁楼，地上总高度为 135.7＋6.1＝141.8m，其三维立面图和结构平面图如图 7.3-1（*a*）所示。Building 2A 设计主要依据 IBC 2006（ICC，2006）、ASCE 7-05（ASCE，2005）和 ACI 318-08（ACI，2008）等规范，其具体信息可参见案例研究报告（Moehle et al.，2011）附录 B 表 6。

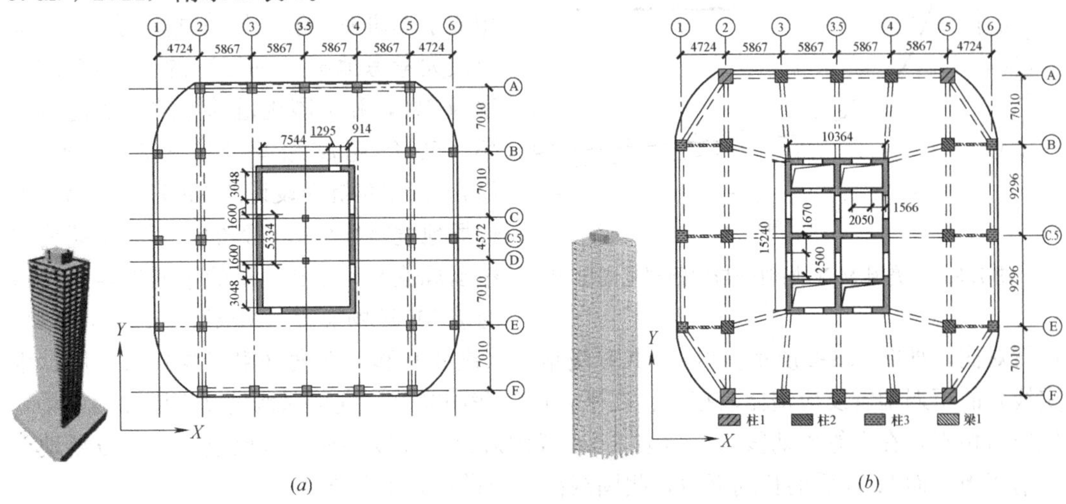

图 7.3-1 Building 2A 和 Building 2N 的三维立面图和结构平面图（单位：mm）
（*a*）Building 2A（Moehle te al，2001）；（*b*）Building 2N

根据 Building 2A 的设计要求，本研究按照中国规范体系（GB 50010—2010，GB 50011—2010，JGJ 3—2010）对其进行了重新设计，设计软件采用 PKPM 2010 软件。在后续的讨论中将按照中国规范重新设计的结构模型称为 Building 2N，其三维立面图和结构平面图如图 7.3-1（*b*）所示。按照中国规范进行重新设计时，保证两个结构的几何条件（即外形尺寸、层高、柱网布置、核心筒尺寸和位置）、设计附加荷载、场地条件和地震危险水平一致。且重新设计时认为上部结构嵌固于地下室顶板，不考虑地下室的影响。

为保持两个结构设计条件的一致性，按中国规范设计 Building 2N 时，除结构自重外，附加恒载和活载均按照案例研究报告（Moehle et al.，2011）给出的荷载取值（详见 Moehle 等（Moehle et al.，2011）附录 B 表 2）。Building 2N 的荷载组合按照中国规范 GB 50011—2010 5.6.1 条和 5.6.3 条的规定。Building 2A 采用美国规范 ASCE 7-05（ASCE，2005）规定的用于极限强度设计的荷载组合。管娜（管娜，2012）对中美规范的荷载组合进行了比较，比较表明中美两国设计规范荷载组合概念相似，具体荷载组合系数的数值略有差别，但是总体上看来基本相当。

7.3.2.2 设计地震作用

本研究重点关注按照中美规范设计出的结构，其设计结果及抗震性能有何差异，因此保证 Building 2A 和 Building 2N 的场地类别和地震危险性一致非常重要。

罗开海等（罗开海，王亚勇，2006）对中美抗震规范的场地类别和地震危险性特征等进行了综合对比，并建议了中美规范场地类别和地震动参数的换算关系。Building 2A 的场地属于 NEHRP 中 C 类场地，30m 土层剪切波速 $V_{S30}=360\text{m/s}$，特征周期 0.455s；根据罗开海等（罗开海，王亚勇，2006）的研究结果，该场地条件大致相当于中国规范 GB 50011—2010 中的Ⅱ类场地，设计地震分组为第三组。

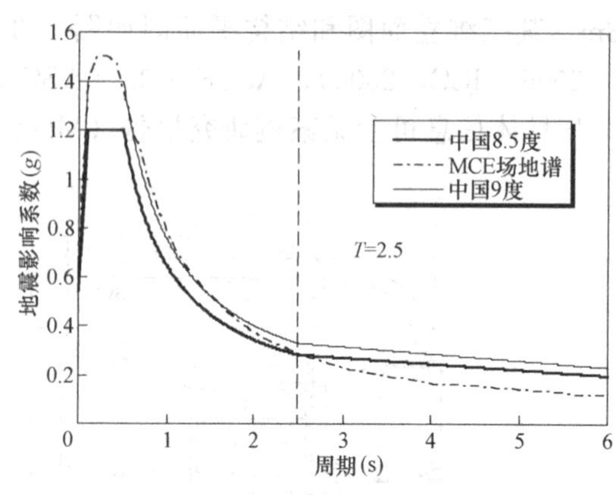

图 7.3-2　美国 MCE 场地谱与中国规范谱比较

中美规范在设计地震动的取值上有较大差异，因此，为确保 Building 2A 和 Building 2N 的地震危险性水平基本一致，如何合理确定 Building 2N 的设计地震作用成了本研究要解决的关键问题。美国规范最大考虑地震（MCE）的 50 年超越概率为 2%，和中国规范的罕遇地震超越概率（50 年超越概率 2%～3%）相当。Building 2A 抗震设计的 MCE 反应谱是通过场地危险性分析得到的，所以本研究将中国规范 8.5 度和 9 度的罕遇地震反应谱与该 MCE 场地谱（Moehle et al.，2011）进行对比，如图 7.3-2 所示。可见 MCE 场地谱（虚线）和 8.5 度（粗实线）及 9 度（细实线）的罕遇地震反应谱比较接近：在平台段，我国规范 9 度罕遇地震反应谱和美方场地反应谱相当，在中等周期段（2.5s 左右），我国规范 8.5 度罕遇地震反应谱和美方场地反应谱相当，而 2.5s 后的长周期段，我国规范反应谱都高于美方。

综合考虑以下两方面的因素，最终选取中国规范规定的 8.5 度作为 Building 2N 的设防烈度，用于 Building 2N 的抗震设计：1）按照中国规范（JGJ 3—2010）规定，Building 2 这种 RC 框架-核心筒结构类型在中国 9 度区限制非常严格（不超过 60m），所以不宜选择 9 度作为 Building 2N 的设防烈度；2）按照我国 RC 框架-核心筒结构的自振周期经验公

式 $T_1=(0.06\sim0.12)N$（李海涛，张富强，2003），估算 Building 2N 的基本周期约为 2.52～5.04s。在这一周期段，中国 8.5 度罕遇地震反应谱和美方 MCE 场地反应谱比较接近。此外，从后面的设计结果可以看出，结构两个主轴方向的基本自振周期分别为 2.56s 和 2.38s，在此范围中国 8.5 度罕遇地震反应谱与美方场地谱非常接近。

7.3.2.3 设计结果对比

Building 2N 和 Building 2A 的重力荷载代表值和设计周期见表 7.3-1。Building 2N 的重力荷载代表值是根据中国规范 GB 50011—2010 中 5.1.3 条规定，取结构和构件自重标准值和 0.5 倍按等效均布荷载计算的楼面活荷载之和。Building 2A 的重力荷载代表值（Effective Seismic Weight）根据美国规范 ASCE 7-05 的规定，除结构总的恒荷载外还包括：1）贮藏类建筑至少 25%的楼面活荷载；2）隔墙荷载；3）永久设备荷载；4）屋面雪荷载 P_f超过 1.44kN/m² 时，20%的雪荷载。

从表 7.3-1 可以看出，Moehle 等（Moehle et al.，2011）给出的 Building 2A 的周期显著比 Building 2N 的周期要长，除了结构布置和构件尺寸上的差异影响外，主要有以下两个原因：

1）由于中国规范采用多遇地震下的弹性设计，在建立设计分析模型时，中国的通常做法是采用弹性截面总刚度。而美国采用设计地震下的弹塑性设计，在建立设计分析模型时通常采用等效刚度（Effective Stiffness），以考虑结构在设计地震下进入弹塑性后的开裂和损伤，例如 RC 梁柱等效刚度的经验值分别为 $0.35EI_g$ 和 $0.7EI_g$，RC 剪力墙和连梁的等效刚度取为 $0.6EI_g$ 和 $0.2EI_g$，Moehle 等（Moehle et al.，2011）详细给出了 Building 2A 所采用的刚度假定。

2）案例研究报告（Moehle et al.，2011）中 Building 2A 的设计模型包含地下室，设计周期中包含地下室的影响，使得周期延长。但重力荷载代表值仅考虑地上部分。

如果去除以上两点影响，按照中国模型 Builing 2N 周期的计算方法重新计算 Building 2A 的周期，即采用构件弹性刚度且不考虑地下室，PKPM 软件得到 Building 2A 的一阶弹性周期约为 2.9s，明显小于表 7.3-1 中的周期，但仍然比中国模型的周期长 13%。

Building 2A 和 Building 2N 重力荷载代表值及设计周期　　表 7.3-1

		Building 2N	Building 2A
重力荷载代表值(ton)		57306.0	46267.2
结构设计周期(s)	X 向基本周期	2.565	4.456
	Y 向基本周期	2.383	4.026
	一阶扭转周期	1.992	2.478

Building 2A 和 Building 2N 主要构件材料、尺寸比较　　表 7.3-2

		Building 2A	Building 2N
梁	材料	$f'_c=5$ksi	C40
	尺寸(mm)	762×914	450×900,250×500
柱	材料	$f'_c=8,6,5$ksi	C60,C50,C40
	尺寸(mm)	1170×1170～915×915	1500×1500～800×800
剪力墙	材料	$f'_c=6,5$ksi	C60,C50,C40
	尺寸(mm)	610,460	600～400

Building 2A 和 Building 2N 的结构平面图如图 7.3-1 所示，两个结构主要构件的材料和尺寸比较见表 7.3-2。Building 2N 主要构件的材料强度和尺寸详见文献（Lu et al. 2015a），Building 2A 的详细设计信息参见案例研究报告（Moehle et al.，2011）。表 7.3-2 和图 7.3-1 的比较表明，Building 2N 的柱截面尺寸较大，且核心筒有较多内部墙体。这主要是因为我国规范反应谱的设计地震力较大，且对结构层间位移角的限制比较严格，因而需要通过增加内墙和增大构件截面以满足刚度和强度的要求，具体讨论参见 7.3.2.4 节。

由于中国规范采用小震弹性设计，Building 2N 的设计剪力是多遇地震（50 年超越概率 63%）下结构所受的地震力，用于结构强度设计和弹性变形验算。Building 2A 的设计地震力为在设计地震（大致相当于我国的中震）下结构所受的地震力除以结构响应修正系数 R，在设计地震力作用下对结构进行线弹性分析和构件强度设计；并采用位移放大系数 C_d 对线弹性分析得到的位移进行调整，进行弹塑性变形验算。

Building 2A 和 Building 2N 的设计层剪力分布如图 7.3-3（*a*）所示，Building 2N 的设计基底剪力约为 Building 2A 的 1.47 倍。中美规范的设计地震影响系数比较如图 7.3-3（*b*）所示。案例研究报告（Moehle et al.，2011）中 Building 2A 的设计信息表明，Building 2A 采用振型分解反应谱法计算的基底剪力设计值 V_t 小于采用基底剪力法计算的基底剪力设计值 V 的 0.85 倍。而美国规范 ASCE 7-05 第 12.9.4 规定，若采用振型分解反应谱法计算的基底剪力设计值 V_t 小于采用基底剪力法计算的基底剪力设计值 V 的 0.85 倍，则需要按比例将设计剪力调整至 $0.85V$。基底剪力法的地震影响系数由 ASCE 7-05 中式（12.8-2）、式（12.8-3）、式（12.8-5）确定，如图 7.3-3（*b*）所示。Building 2A 采用基底剪力法计算的基底剪力设计值 V 是由 ASCE 7-05 式（12.8-5）地震影响系数的下限所控制（图 7.3-3（*b*）点画线），与之相应的 $0.85V$ 为图 7.3-3（*b*）粗虚线。由图 7.3-3（*b*）的比较可知，中国规范 8.5 度小震的地震影响系数（图中粗实线）显著大于美国规范的地震影响系数（图中粗虚线）。此外，Building 2N 的重力荷载代表值大于 Building 2A，最终使得 Building 2N 的设计剪力显著高于 Building 2A。

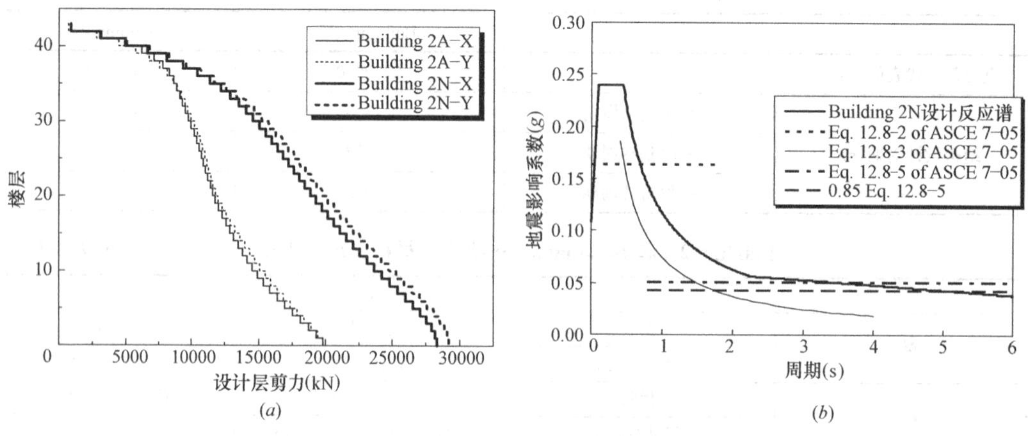

图 7.3-3　Building 2A 和 Building 2N 设计层剪力及设计地震影响系数

（*a*）设计层剪力；（*b*）设计地震影响系数

Building 2A 和 Building 2N 的设计层间位移角及相应限值如图 7.3-4 所示。Building 2N 的设计层间位移角最大值为 1/809，刚好满足中国规范小震弹性层间位移角不大于 1/800 的限值要求。而 Building 2A 的设计层间位移角最大值为 1/152，远小于 ASCE 7-05 对弹塑性层间位移角不大于 1/50 的限值要求。因此，中国规范层间位移角限值对 Building 2N 的设计起一定的控制作用；而 Building 2A 的设计并不受层间位移角限值的控制。

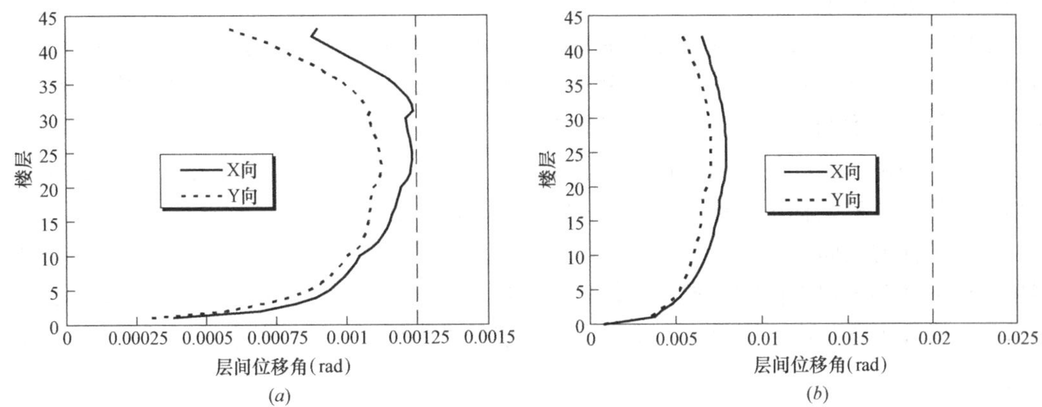

图 7.3-4　Building 2A 和 Building 2N 设计层间位移角

(*a*) Building 2N 设计层间位移角曲线；(*b*) Building 2A 设计层间位移角曲线

Building 2A 和 Building 2N 的材料用量对比如图 7.3-5 所示。其中，除剪力墙的钢筋用量外，Building2N 的材料用量根据 PKPM 设计的材料清单给出，Building2A 的材料用量按照文献（Langdon，2010）中的数据统计。剪力墙钢筋根据设计资料仅统计了水平和纵向分布筋、边缘约束构件的纵向受力筋以及连梁的受力钢筋。根据对比可知，虽然中美双方的混凝土总用量大体相当，但是主要抗侧力构件墙、柱、梁的混凝土用量对比表明，中方结构的抗侧力构件混凝土用量明显高于美方结构；由于美方方案采用后张预应力楼板，板厚较大，因此，楼板的混凝土用量高于中国方案，使得两个方案最终的混凝土用量差异不大。同样，Building 2N 的钢材用量也显著高于 Building 2A，而高出的部分主要集

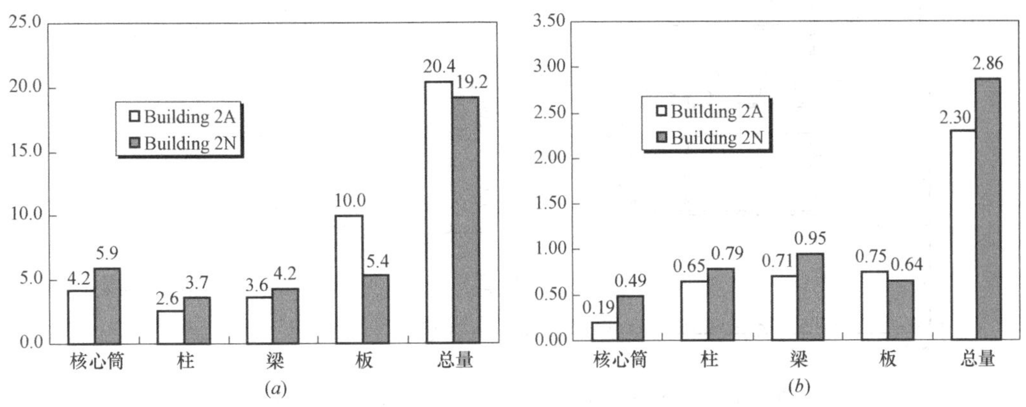

图 7.3-5　Building 2A 和 Building 2N 材料用量

(*a*) 混凝土用量比较($\times 10^3 m^3$)；(*b*) 钢筋用量比较($\times 10^3$ ton)

中在剪力墙的配筋。由于按照中国规范设计的结构地震力显著大于美方，且核心筒内部墙体较多，因而导致剪力墙钢筋用量较高。

7.3.2.4 设计结果讨论

以上比较表明，在相同地震危险性前提下，由中国规范反应谱计算的设计地震作用较大，且对结构层间位移角的限制比较严格，使得 Building 2N 的设计地震力以及材料用量均显著高于 Building 2A。

按中国规范设计时，控制设计的主要因素有设计地震作用、层间位移角限值要求、剪力墙和连梁的配筋以及柱的轴压比。初始设计时，Building 2N 梁柱和剪力墙的布置、截面尺寸、材料强度选取与 Building 2A 基本相同，但 X 方向的层间位移角约为 1/750，无法满足中国规范 1/800 的层间位移角限值要求。此外，结构的承载力不足，底部 10 层柱的轴压比超限，最大轴压比达 0.89；大量连梁和部分剪力墙的截面抗剪承载力不足。因此，增大了柱的截面，并在核心筒内部增加了内墙，使结构刚度增大，满足了规范层间位移角要求和柱轴压比限值的要求。但仍有很多连梁和部分剪力墙的截面抗剪承载力不足，于是采取增大连梁跨度，同时进一步增大剪力墙截面，以满足截面抗剪要求并保证结构的刚度。

7.3.3 HuYu 模型抗震设计及结果对比

7.3.3.1 案例介绍

案例二 HuYu 模型是一栋 27 层钢筋-混凝土框架核心筒结构，结构总高度 98.1 m，平面尺寸 40.8m×40.8m，其结构平面图及立面示意图如图 7.3-6 所示。中美方案均由清华大学研究生胡妤设计，两方案的成果发表于文献（胡妤，2014；胡妤 等，2015；赵作周 等，2015）。

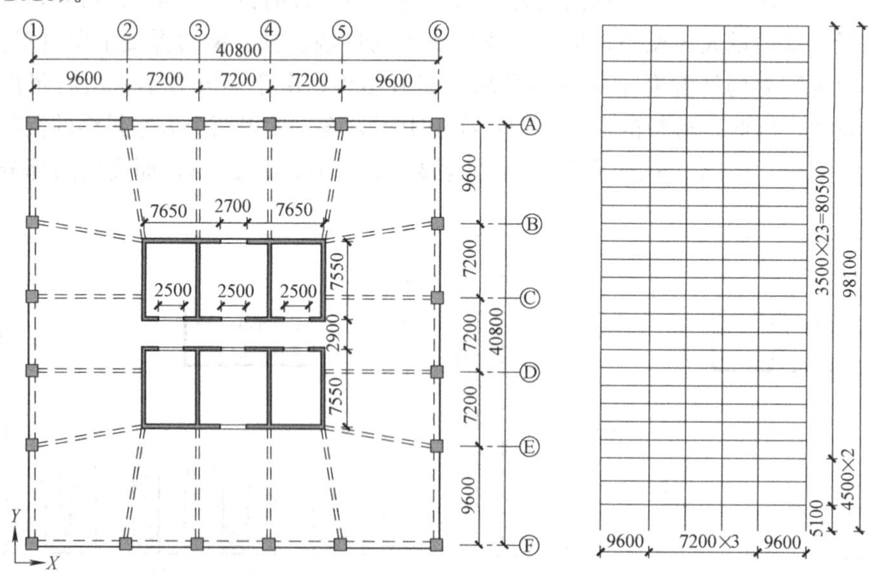

图 7.3-6 结构平立面图（单位：mm）（胡妤等，2015）

中国方案抗震设防烈度为 8 度，Ⅱ类场地，设计地震分组为第一组，场地特征周期为 0.35s，框架和剪力墙抗震等级均为一级，主要设计依据仍为中国规范 GB 50010—2010、

GB 50011—2010、JGJ 3—2010。楼面设计恒荷载取 7.5kN/m^2，活荷载取 3kN/m^2，框架梁上线荷载取 10kN/m（胡妤，2014）。按照美国规范重新进行设计时，保持结构布置和设计基底剪力一致，假定美国方案位于加利福尼亚旧金山地区，主要设计依据为美国规范 ASCE 7-10、ACI 318-11。楼面恒荷载和梁上线荷载与中国方案取值一致，楼面活荷载按照 ASCE 7-10 取为 2.4kN/m^2。虽然美国高层建筑常采用后张预应力平板体系，但为保证中美结构方案的高度一致，胡妤等（胡妤等，2015）在重新设计美国方案的过程中，楼盖仍采用梁板体系。在后续讨论中，HuYu 模型的中国设计方案称为 HuYu-CHN，美国设计方案称为 HuYu-US，两栋结构的详细设计信息可参见文献（胡妤，2014；胡妤 等，2015；赵作周 等，2015）。

HuYu-US 和 HuYu-CHN 重力荷载代表值及设计周期（胡妤等，2015）　　表 7.3-3

		HuYu-US	HuYu-CHN
重力荷载代表值(ton)		62727	67865
结构设计周期(s)	Y 向基本周期	3.00	2.24
	X 向基本周期	2.82	2.11

HuYu-CHN 和 HuYu-US 主要构件材料、尺寸比较（胡妤等，2015）　　表 7.3-4

	楼层	HuYu-CHN			HuYu-US		
		材料强度	截面(mm)		材料强度	截面(mm)	
柱	1～8	C50	1200×1200		5ksi	1200×1200	
	9～10	C50	1000×1000		5ksi	1000×1000	
	11～15	C40	1000×1000		4ksi	1000×1000	
	16～18	C40	800×800		4ksi	900×900	
	19～27	C30	800×800		3ksi	900×900	
框架梁	1～15	C30	600×900		3ksi	600×900	
	16～27	C30	500×900		3ksi	500×900	
楼面梁	1～27	C30	350×750		3ksi	350×750，350×800	
剪力墙			外墙	内墙		外墙	内墙
	1～10	C50	400	300	5ksi	400	300
	11～15	C40	400	200	4ksi	400	300(X 向) 200(Y 向)
	16～18	C40	300	200	4ksi	300	200
	19～27	C30	300	200	3ksi	300	200
连梁高度			外墙	内墙		外墙	内墙
	1～3	同剪力墙	1000	1000	同剪力墙	1000	600
	4～27		600	1000		600	600

7.3.3.2 设计结果对比

如 7.3.2.3 节所述，中国规范和美国规范重力荷载代表值计算的方法不同，HuYu-US 为 1.0 倍总恒荷载，HuYu-CHN 为 1.0 倍总恒荷载与 0.5 倍总活荷载之和，故 HuYu-US 重力荷载代表值稍小。由于 HuYu-US 在结构设计时采用截面等效刚度，故其设计周期显著长于 HuYu-CHN（如表 7.3-3 所示）。

HuYu-CHN 和 HuYu-US 主要构件的材料和尺寸如表 7.3-4 所示。胡妤（胡妤，2014）在 HuYu-US 设计过程中，由于 16 层以上框架柱截面无法满足 ACI 381-11 中最大轴力限值的要求，将框架柱截面增大到 900mm×900mm，并且存在个别连梁剪应力指标超限的现象，将不满足设计要求的连梁厚度进行了调整。胡妤（胡妤，2014）在设计美国方案时没有采用梁端弯矩塑性调幅，个别楼面梁截面调整为350mm×800mm（图7.3-6中C轴和D轴楼面梁）。

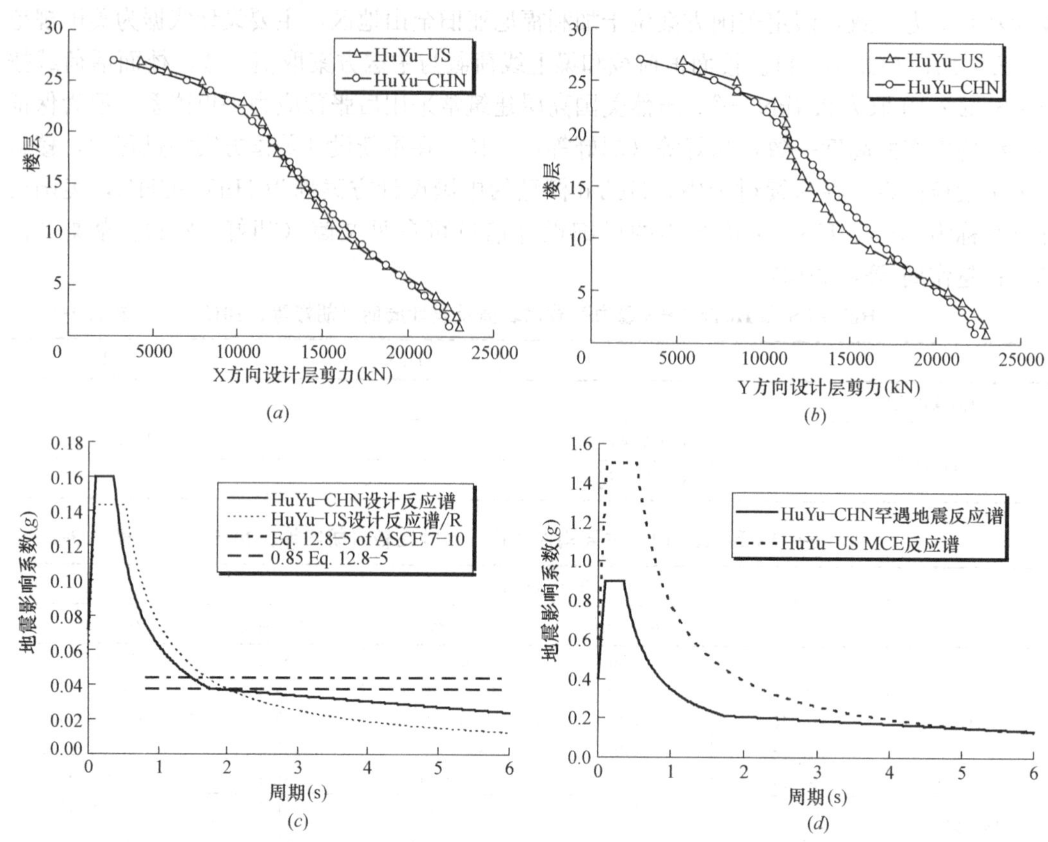

图7.3-7　HuYu-US和HuYu-CHN设计层剪力和反应谱比较

(*a*) X方向设计层剪力（胡妤 等，2015）；(*b*) Y方向设计层剪力（胡妤 等，2015）；
(*c*) 设计地震影响系数；(*d*) 中国罕遇地震反应谱与美国MCE反应谱比较

HuYu-US和HuYu-CHN的设计层剪力如图7.3-7（*a*）、（*b*）所示，二者设计基底剪力基本相同，这与本案例的相同基底剪力设计前提是一致的。中美方案的设计地震影响系数比较如图7.3-7（*c*）所示，中国方案罕遇地震反应谱与美国方案MCE反应谱比较如图7.3-7（*d*）所示。在确定设计基底剪力时，与7.3.2.3节Building 2A一样，HuYu-US的设计基底剪力由0.85V（图7.3-7（*c*）中粗虚线）所控制，HuYu-US地震影响系数（图7.3-7（*c*）中粗虚线）与HuYu-CHN地震影响系数（图7.3-7（*c*）中粗实线）在结构基本周期2 s附近是十分接近的，最终使得中美方案设计基底剪力基本相同。但从图7.3-7（*d*）可知，此时中国方案罕遇地震反应谱与美国方案MCE反应谱相差较大，意味着美国场地的地震危险性高于中国。

HuYu-US和HuYu-CHN的设计层间位移角及相应限值如图7.3-8所示。HuYu-CHN的设计层间位移角最大值为1/1105，满足中国规范小震弹性层间位移角不大于1/800的限值要求，还有较大富余度。HuYu-US的设计层间位移角最大值为1/107，远小于ASCE 7-10对弹塑性层间位移角不大于1/50的限值要求。因此，本案例中两栋结构的设计均不受相应规范中层间位移角限值的要求控制，而是由强度控制。

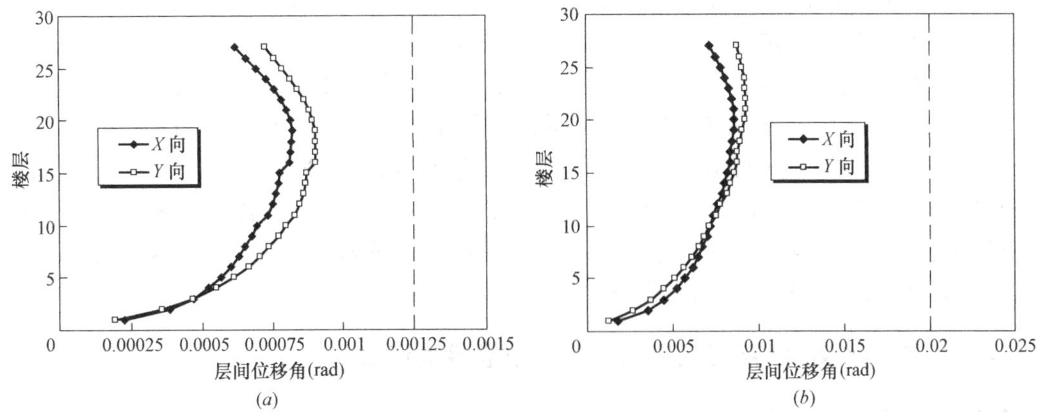

图 7.3-8 HuYu-US 和 HuYu-CHN 设计层剪力和反应谱比较

(a) HuYu-CHN 设计层间位移角曲线；(b) HuYu-US 设计层间位移角曲线

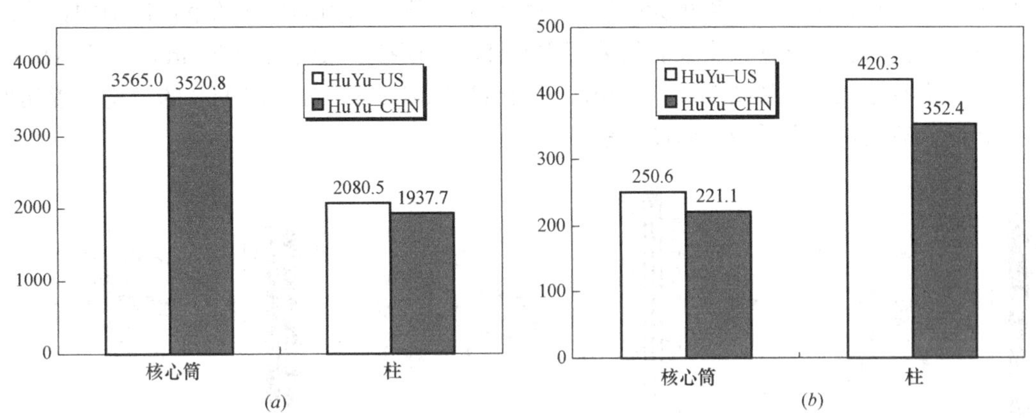

图 7.3-9 HuYu-US 和 HuYu-CHN 材料用量

(a) 混凝土用量比较（m^3）；(b) 钢筋用量比较（ton）

HuYu-US 和 HuYu-CHN 框架柱楼层总纵筋面积和体积配箍率（胡妤，2014） 表 7.3-5

楼层	HuYu-CHN			HuYu-US				
	边长(mm)	总纵筋(mm^2)	体积配箍率	边长(mm)	总纵筋(mm^2)	总纵筋偏差	体积配箍率	配箍率偏差
1～8	1200	285,120	1.38%	1200	295,560	3.70%	1.57%	14.06%
9～10	1000	198,000	1.44%	1000	205,260	3.70%	1.67%	15.74%
11～15	1000	198,000	1.44%	1000	205,260	3.70%	1.70%	18.31%
16～18	800	126,720	1.60%	900	162,000	27.80%	1.85%	15.74%
19～27	800	126,720	1.60%	900	162,000	27.80%	1.89%	18.06%

HuYu-US 和 HuYu-CHN 主要承重构件——核心筒和框架柱的材料用量对比如图 7.3-9 所示。其中，剪力墙钢筋根据文献（胡妤，2014）提供的设计资料统计了水平和纵向分布筋、边缘约束构件的纵向受力筋以及连梁的受力钢筋，框架柱钢筋统计了受力纵筋和箍筋用量。图 7.3-9（a）可知，HuYu-US 核心筒和框架柱的混凝土用量略高于 HuYu-

CHN，是由于 HuYu-US 部分核心筒内墙厚度略大，16 层以上框架柱截面加大导致。图 7.3-9（*b*）表明，HuYu-US 核心筒的钢筋用量略高于 HuYu-CHN，主要是由于美国规范边缘构件约束范围比中国规范大，总纵筋面积较大，并且文献（胡好 等，2015）表明边缘构件箍筋体积配箍率也比中国规范多。对于框架柱而言，HuYu-US 的钢筋用量也高于 HuYu-CHN，1～15 层各层框架柱纵筋面积之和 HuYu-US 比 HuYu-CHN 多 3.70%，16～27 层 HuYu-US 框架柱截面加大，使得总纵筋比 HuYu-CHN 多 27.80%，沿全楼高度 HuYu-US 框架柱的体积配箍率约比 HuYu-CHN 多 15%，具体比较如表 7.3-5 所示。但需要注意的是，根据文献（胡好 等，2015），HuYu-US 核心筒大部分连梁的承载力略低于 HuYu-CHN，其连梁钢筋用量也比 HuYu-CHN 略低。

7.3.4 中美典型 RC 框架-核心筒案例结构抗震性能评估

7.3.4.1 弹塑性建模

根据上述 Building 2 和 HuYu 模型中美方案的设计结果，以通用非线性有限元软件 MSC. Marc 为平台，建立了两个案例、四个结构的三维有限元模型。采用空间纤维梁单元模拟框架梁柱，采用分层壳单元来模拟剪力墙和连梁，剪力墙边缘约束构件中的钢筋以及连梁上下铁的纵向钢筋或交叉斜筋采用空间杆单元模拟。最终得到 Building 2 和 HuYu 模型的三维有限元模型如图 7.3-10 所示，由于 HuYu-US 和 HuYu-CHN 的结构布置几乎完全相同，故其示意图采用一张图表示。

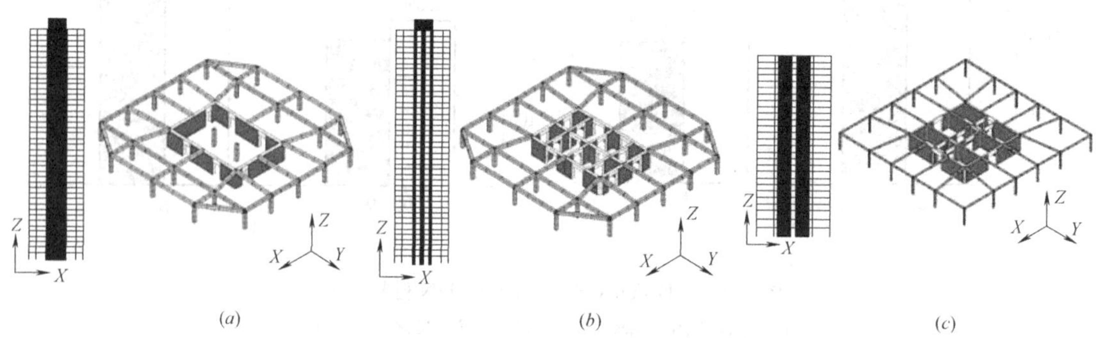

图 7.3-10 Building 2 和 HuYu 模型的有限元模型示意图

（*a*）Building 2A；（*b*）Building 2N；（*c*）HuYu-US 和 HuYu-CHN

7.3.4.2 Building 2 抗震性能评估

采用弹塑性时程分析方法对两栋结构在不同地震水准下的抗震性能进行评估和比较。地震输入选取 FEMA-P695（FEMA，2009）推荐的 22 条远场地震动记录，并分别将峰值地面加速度 PGA 调幅至 GB 50011—2010 的 8.5 度多遇地震、设防地震和罕遇地震水准，即 PGA＝110gal、300gal、510gal。调幅后的地震动记录沿结构弱轴方向，即 X 向（图 7.3-10（*a*）、（*b*））单向输入。分析采用经典的 Rayleigh 阻尼，阻尼比取 5%。在后续的讨论中，结构的地震响应均以 22 条地震动作用下统计特征值（均值和标准差）表征。

（1）结构整体层次的性能评估

在所选地震动集合作用下，Building 2A 和 Building 2N 的平均位移响应如图 7.3-11

所示。由图 7.3-11 可知，在各地震强度水平下，Building 2A 和 Building 2N 的正负楼层位移和层间位移角响应均相差较小。在结构底部楼层，Building 2A 的层间位移角小于 Building 2N，但在结构顶部楼层，Building 2A 的层间位移角大于 Building 2N，Building 2N 的层间位移角分布相对较为均匀。在各地震强度水平下，Building 2A 的最大层间位移角出现在第 34 层，其大小分别为多遇地震 1/859、设防地震 1/304、罕遇地震 1/170，Building 2N 的最大层间位移角出现在第 33 层，其大小分别为多遇地震 1/882、设防地震 1/316、罕遇地震 1/178，Building 2A 的最大层间位移角响应比 Building 2N 略大。此外，整体看来 Building 2N 位移响应的离散性较 Building 2A 要小。

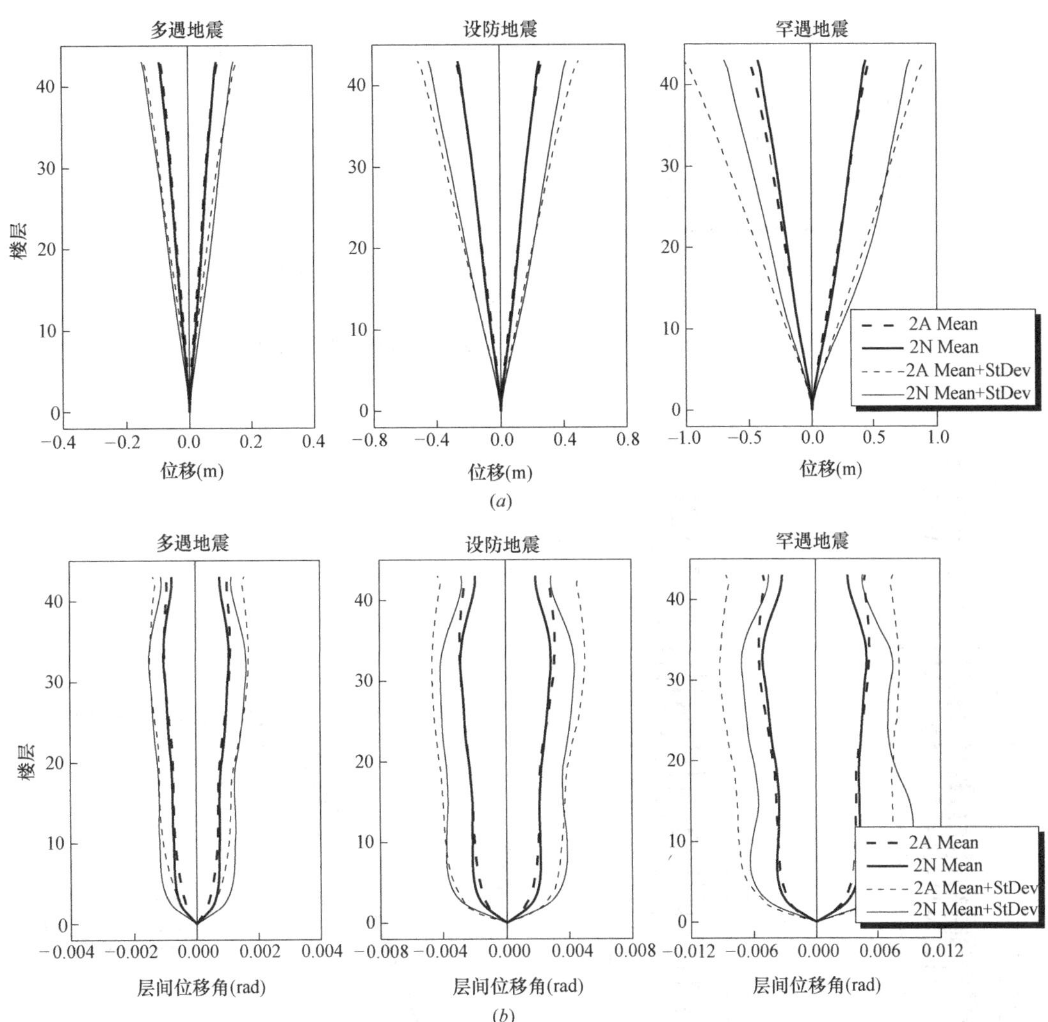

图 7.3-11 Building 2A 和 Building 2N 平均峰值位移响应比较

(a) 楼面位移；(b) 层间位移角

Building 2A 和 Building 2N 的平均楼面加速度响应如图 7.3-12 所示。由图 7.3-12 可知，在各地震强度水平下，除极少数楼层外，Building 2N 的楼面加速度响应均小于 Building 2A，并且两栋结构的最大加速度响应均出现在顶层。在结构顶层，加速度被放大，最大约 1.8 倍，在多遇地震下放大程度最大，设防地震次之，罕遇地震下放大程度最小。Building 2N 的顶层加速度放大程度小于 Building 2A。

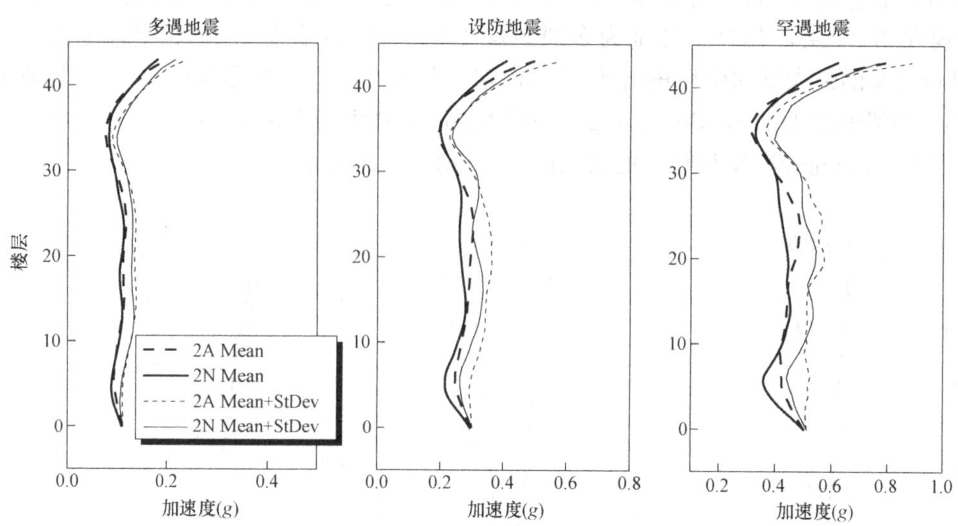

图 7.3-12　Building 2A 和 Building 2N 平均峰值加速度比较

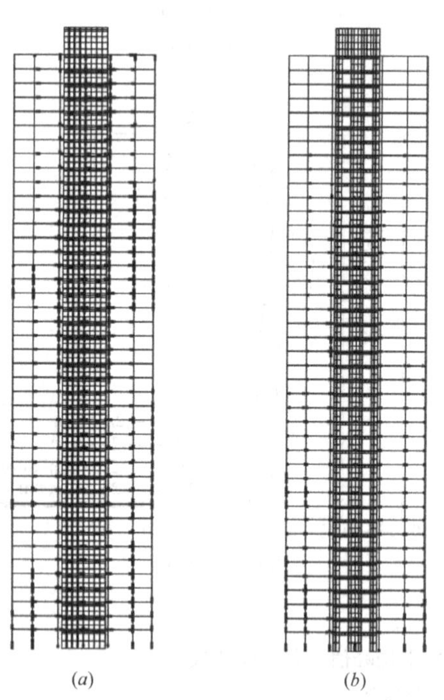

图 7.3-13　两栋结构在 CHICHI_CHY101-N 地震动输入下塑性铰分布（PGA=510 gal）
(a) Building 2A；(b) Building 2N

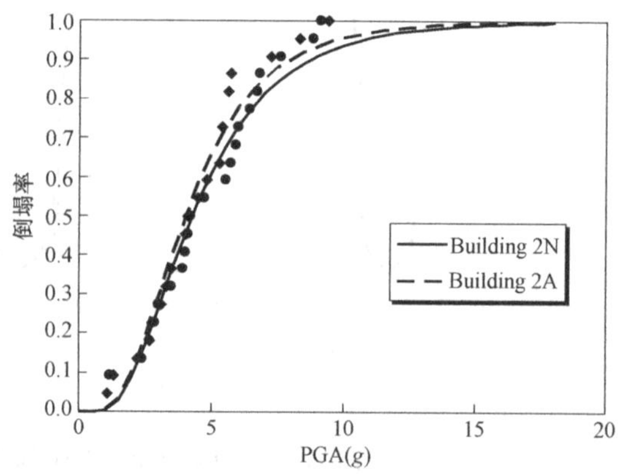

图 7.3-14　Building 2A 和 Building 2N 倒塌易损性曲线

以所选 22 条地震动记录中的 CHICHI_CHY101-N 为例，图 7.3-13 给出了 Building 2A 和 Building 2N 在该地震动输入罕遇地震情况下的塑性铰分布。由图 7.3-13 可知，Building 2A 的损伤程度略大于 Building 2N；两栋结构梁端塑性铰沿结构高度的分布比较均匀，在结构底部楼层均有较多柱端出现塑性铰，二者的差别在于 Building 2A 的中上部楼层也出现了较多的柱铰，而 Building 2N 的中上部则以梁铰为主并且梁铰数量少于 Building 2A。在其他罕遇地震强度地震动输入的情况下，两栋结构的损伤情况均比 CHICHI_CHY101-N 要轻。

（2）结构抗倒塌性能

逐步增量的时程分析方法（IDA）（Vamvatsikos & Cornell，2002）是评价结构抗震性能的有效方法。为了研究并比较 Building 2A 和 Building 2N 抗倒塌能力的差异，本研究采用 IDA 方法，对两栋结构在 22 条地震动沿 X 方向单向输入情况下进行了倒塌模拟分析。根据 22 条地震动记录临界地震动强度的统计结果，拟合出两栋结构的倒塌易损性曲线，如图 7.3-14 所示。Building 2A 的抗倒塌安全储备系数 CMR 为 7.86；Building 2N 的 CMR 为 8.35，两栋结构的抗倒塌能力相差不大，Building 2N 的抗倒塌能力略高于 Building 2A。

对 22 条地震动记录下两栋结构的初始倒塌部位的情况进行统计，其结果如图 7.3-15 所示。由图 7.3-15（*a*）可知，在绝大部分地震动作用下，Building 2A 的初始倒塌部位均位于结构底层，是主要的薄弱部位。而在 Building 2N（图 7.3-15（*b*））中，没有明显的特定薄弱部位，初始倒塌较多发生于结构第 6 层、7 层和 11 层，第 6 层为底部加强区结束部位，11 层为框架柱和核心筒截面发生变化的部位。Building 2N 结构底层的抗倒塌能力相对于其他部位较强，这是由于中国规范对剪力墙提出了底部加强区的规定，并且对于一级框架的底层，柱下端截面组合的设计弯矩值应乘以增大系数 1.7（GB 50011—2010 6.2.3 条规定）。

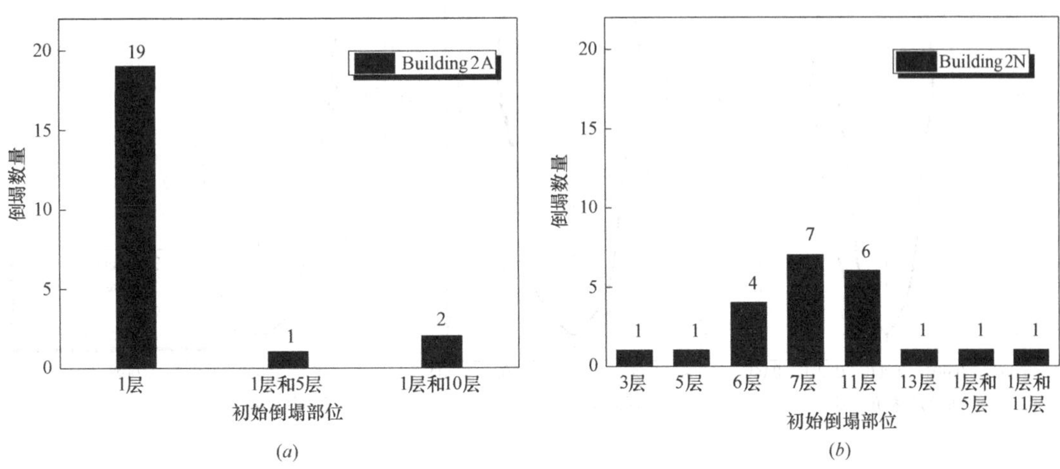

图 7.3-15　Building 2A 和 Building 2N 初始倒塌部位统计

（*a*）Building 2A；（*b*）Building 2N

7.3.4.3　HuYu 模型抗震性能评估

HuYu 模型弹塑性时程分析仍采用 FEMA-P695（FEMA，2009）推荐的 22 条远场地震动记录作为基本地震输入，分别将峰值地面加速度 PGA 调幅至我国 8 度多遇地震、设防地震和罕遇地震水准，即 PGA＝70gal、200gal、400gal。调幅后的地震动记录沿结构弱轴方向，即 Y 向（图 7.3-10（*c*））单向输入。分析采用经典的 Rayleigh 阻尼，阻尼比取 5%。

在所选地震动集合作用下，HuYu-US 和 HuYu-CHN 的平均位移响应如图 7.3-16 所示，HuYu-US 的楼层位移和层间位移角均略小于 HuYu-CHN，随地震强度增大二者的差异逐渐明显。在各地震强度水平下，HuYu-US 的最大层间位移角出现在第 23 层，其大小分别为多遇地震 1/1265、设防地震 1/411、罕遇地震 1/193，HuYu-CHN 的最大层间位移角也出现在第 23 层，其大小分别为多遇地震 1/1214、设防地震 1/404、罕遇地震 1/182。

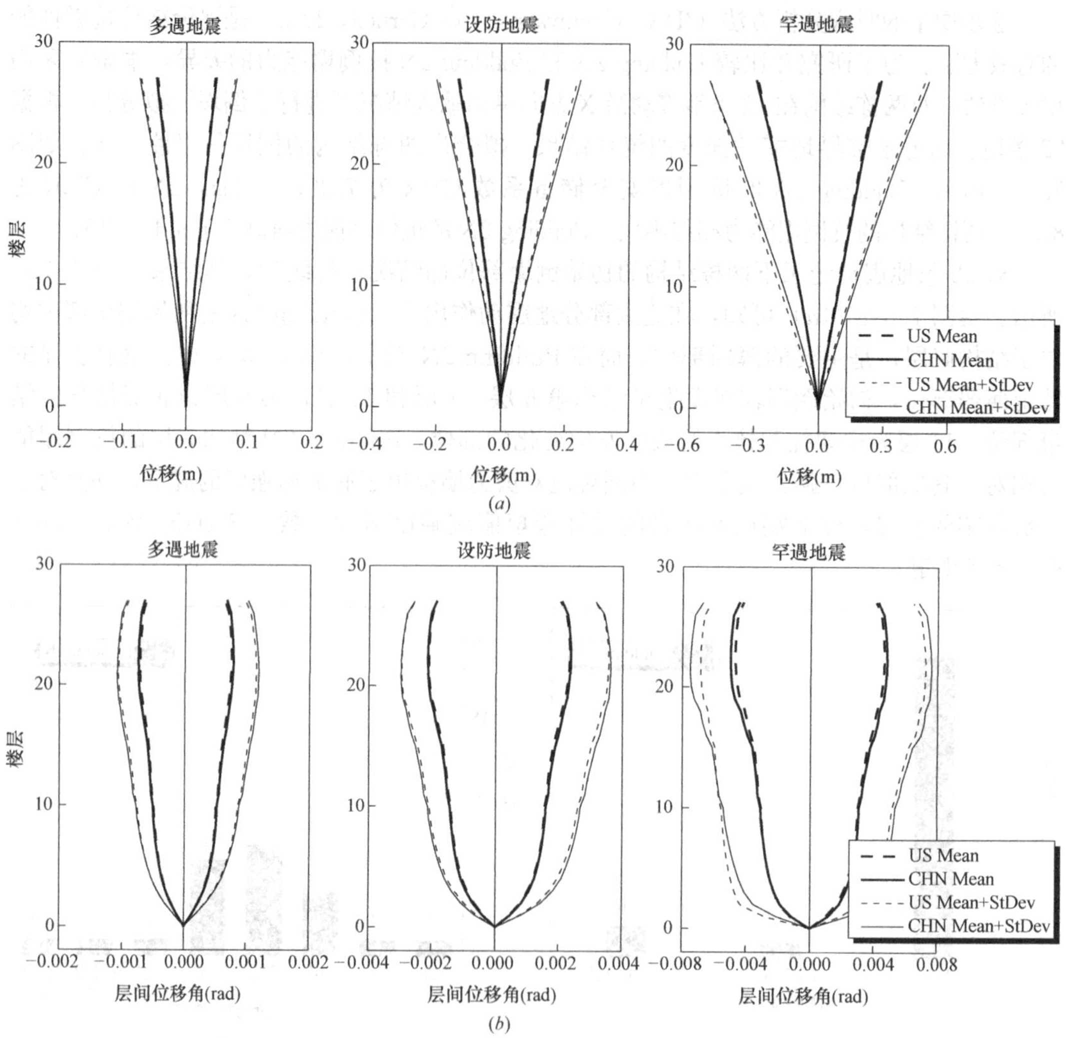

图 7.3-16　HuYu-US 和 HuYu-CHN 平均位移响应比较

（*a*）楼面位移；（*b*）层间位移角

HuYu-US 和 HuYu-CHN 的平均楼面加速度响应如图 7.3-17 所示。由图 7.3-17 可知，在各地震强度水平下，除极少数楼层外，HuYu-US 的楼面加速度响应均小于 HuYu-CHN，并且两栋结构的最大加速度响应均出现在顶层。

以所选 22 条地震动记录中的 CHICHI_CHY101-N 为例，图 7.3-18 给出了 HuYu-US 和 HuYu-CHN 在该地震动输入罕遇地震水准下的塑性铰分布。由图 7.3-18 可知，HuYu-CHN 的损伤程度略大于 HuYu-US；两栋结构梁端塑性铰沿结构高度的分布比较均匀，结构底层框架柱底端几乎全部出现塑性铰，二者的主要差别在于 HuYu-CHN 19 层以上楼层出现较多柱铰，而 HuYu-US 仅出现少量柱铰。在其他地震动输入的情况下，两栋结构的损伤情况均比 CHICHI_CHY101-N 要轻。

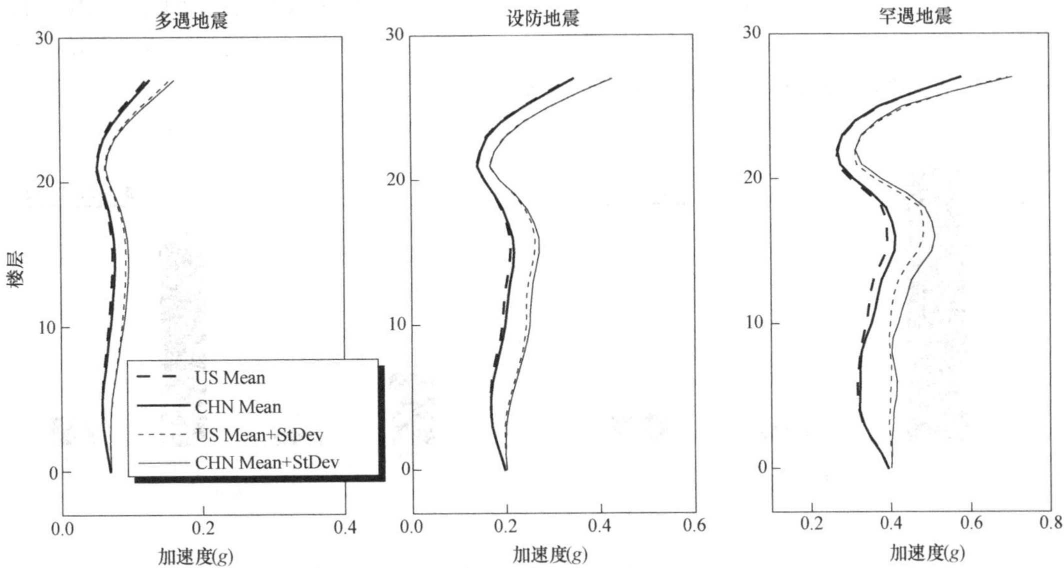

图 7.3-17　HuYu-US 和 HuYu-CHN 平均峰值加速度比较

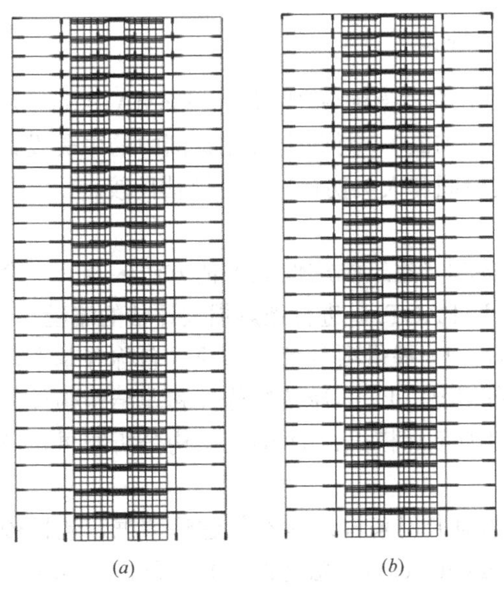

图 7.3-18　两栋结构在 CHICHI_CHY101-N 地震动输入下塑性铰分布（PGA=400 gal）

(a) Building 2A；(b) Building 2N

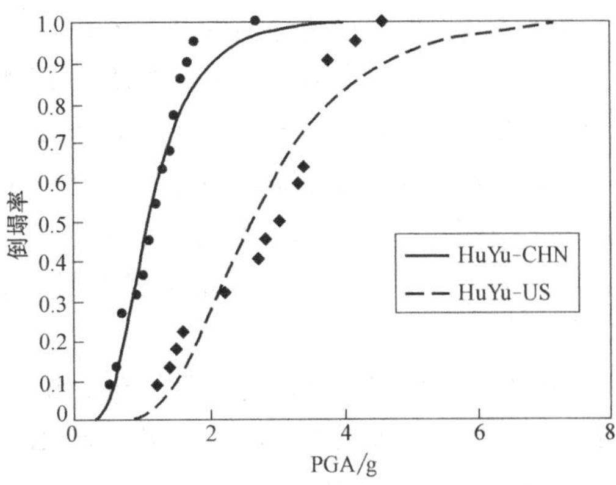

图 7.3-19　HuYu-US 和 HuYu-CHN 倒塌易损性曲线

采用的 IDA 方法对两栋结构在 22 条地震动沿 Y 方向单向输入情况下进行倒塌模拟分析。根据 22 条地震动记录临界地震动强度的统计结果，拟合出两栋结构的倒塌易损性曲线，如图 7.3-19 所示。HuYu-US 的抗倒塌安全储备系数 CMR 为 6.57；HuYu-CHN 的 CMR 为 2.70，HuYu-US 的抗倒塌能力明显高于 HuYu-CHN。

对 22 条地震动记录下两栋结构的初始倒塌部位的情况进行统计，其结果如图 7.3-20 所示。由图 7.3-20（*a*）可知，在绝大部分地震动作用下，HuYu-US 的初始倒塌部位均位于结构底层，是主要的薄弱部位。而 HuYu-CHN 在大部分地震动作用下临界倒塌部位位于 19 层附近（图 7.3-20（*b*）），是主要的薄弱部位。导致两栋结构抗倒塌能力和薄弱部位差异的主要原因可参见两栋结构材料用量对比部分讨论。

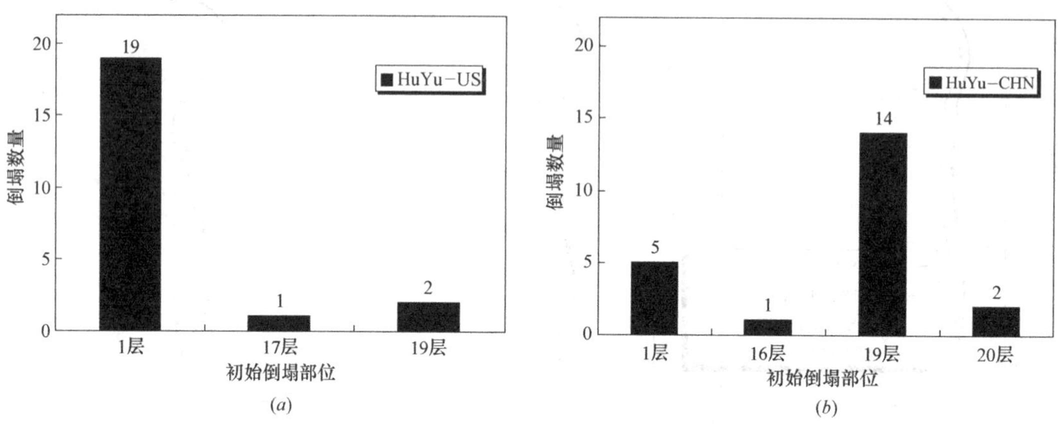

图 7.3-20　HuYu-US 和 HuYu-CHN 初始倒塌部位统计
（*a*）HuYu-US；（*b*）HuYu-CHN

7.3.5　中美典型 RC 框架-核心筒案例地震损失评估

本章将采用美国下一代基于性能抗震设计方法的最新研究成果——FEMA P-58《建筑抗震性能评估方法》（FEMA，2012a；FEMA，2012b），对两个研究案例中的中美设计方案在地震作用下的损失情况（修复费用、修复时间和人员伤亡）进行评估比较。

7.3.5.1　地震损失评估的基本流程

以 Building 2 为例，简单介绍使用 FEMA P-58《建筑抗震性能评估方法》及其配套软件《Performance Assessment Calculation Tool（PACT）》进行地震损失评估的流程。

基于地震强度的性能评估主要包括以下步骤：1）提供项目信息（项目名称等基本信息）；2）提供建筑信息；3）定义建筑中人口分布情况；4）选择结构构件和非结构构件的易损性规格和性能集合；5）定义建筑倒塌易损性及倒塌模式；6）输入结构分析结果；7）提供残余位移易损性。

PACT 软件“建筑信息（Building Info）”选项卡用来输入基本的建筑数据，包括楼层数量、基本重置成本（Core and Shell Replacement Cost）、总重置成本（Total Replacement Cost）、重置时间（Replacement Time）、每平方英尺最大的工人数量（Maximum Workers per Square Foot）、每层的面积和层高以及一些调整系数，如高度系数（Height Factor）、危险系数（Hazmat Factor）、占用系数（Occupancy Factor），还有总损失阈值

(Total Loss Threshold)。

人口模型是定义人员在建筑内不同时间的分布情况，用来进行人员伤亡评估。PACT 提供了典型商务办公、教育、医疗保健、住宅、零售等功能的人口模型。本研究即采用 PACT 内置的人口模型，根据建筑使用功能，第 1 层为零售人口模型，2～42 层为住宅人口模型。

Building 2A 结构构件易损性类别 **表 7.3-6**

构件类型	易损性类别编号	
	Building 2A	Building 2N
梁柱节点	B1041.002a，B1041.003b	B1041.001a，B1041.001b B1041.002a，B1041.002b
板柱节点	B1049.031	—
连梁	B1042.011a，B1042.011b	B1042.002b，B1042.012b
剪力墙	B1044.021，B1044.022，B1044.101	B1044.011，B1044.021 B1044.022，B1044.101

Building 2A 和 Balding 2N 非结构构件易损性类别 **表 7.3-7**

非结构构件类型		易损性类别编号	方向性
外立面	非结构墙	B2011.201a	D
	窗	B2022.001	D
内部设施	隔墙	C1011.001a	D
	楼梯	C2011.021b	D
	隔墙饰面	C3011.002a	D
	天花板及内嵌灯具	C3032.003b	N
运输	电梯和升降机	D1014.011	N
水管	冷水管道	D2021.013a	N
	热水管道	D2022.013a	N
	生活污水管道	D2031.013b	N
	冷却水管道	D2051.013a	N
采暖通风与空调(HVAC)	冷水机组(Chiller)	D3031.011c	N
	冷却塔	D3031.021c	N
	暖通空调管道	D3041.021c	N
	HVAC drops	D3041.032c	N
	变风量箱	D3041.041b	N
	空气处理机组	D3052.011c	N
防火装置	防火喷头	D4011.033a	N
电气服务和配电	电动机控制中心	D5012.013a	N
	低压成套开关设备	D5012.021a	N
	配电盘	D5012.031a	N
设备及家具		暂不考虑	

注："方向性"列中 D 表示性能组是方向性的 (directional)，N 表示性能组是非方向性的 (non-directional)。

FEMA P-58 将不同构件归入不同的易损性类别 (Fragility Specification)，PACT 软件提供了 700 多种常见的结构构件和非结构构件的易损性资料，通常使用峰值层间位移角或峰值加速度作为需求参数来判断构件的破坏情况。本案例中结构构件的数量根据建筑实际情况计算，非结构构件的数量采用 FEMA P-58 提供的标准数量估算工具 (Normative Quantity Estimation Tool) 进行估算。本研究选定的 Building 2A 和 Building 2N 结构构件易损性类别如表 7.3-6 所示，由于建筑布局和使用功能一致，假定两栋结构中非结构构件完全相同，则非结构构件类型如表 7.3-7 所示。

建筑的倒塌易损性通过 PACT“倒塌易损性（Collapse Fragility）”选项卡输入，需要输入定义该易损性曲线的倒塌地震强度中位值 θ、标准差 β、结构的最终倒塌模式以及倒塌区域内人员的伤亡比例。基于 IDA 方法，本文已经研究并给出了 Building 2A 和 Building 2N 的倒塌易损性曲线。参照文献（FEMA，2008），取倒塌区域内死亡率为 10%，受伤率为 90%，协方差（COV）取默认值 0.5。

性能评估所需的结构需求参数通过 PACT“结构分析结果（Structural Analysis Results）”选项卡输入。根据所选择的易损性规格，需要输入的结构响应需求参数主要包括峰值层间位移角向量、峰值加速度向量和峰值连梁转角向量。基于前一节非线性时程分析方法，已经得到了 22 条地震动记录这些需求参数的结果，将其依次输入到 PACT 程序中。

7.3.5.2 Building 2 地震损失评估结果比较

1. 修复费用

Building 2A 和 Building 2N 在三种地震强度下修复费用中位值的比较如图 7.3-21 所示。由于分别取总修复费用、结构构件修复费用和非结构构件修复费用的中位值进行统计比较，因此结构构件和非结构构件修复费用中位值之和与总修复费用中位值并不一定相等。

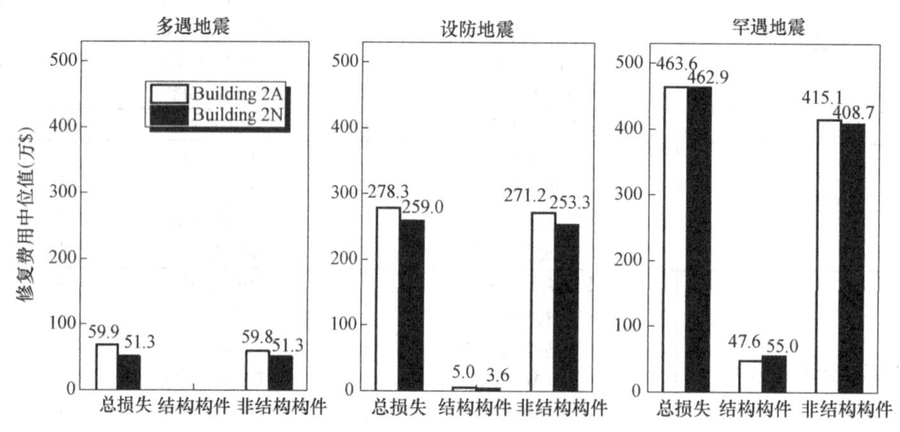

图 7.3-21 Building 2A 和 Building 2N 修复费用中位值比较

图 7.3-21 比较表明，在三种地震强度下非结构构件的修复费用均占总费用的绝大部分，在多遇地震和设防地震强度下，结构构件的损失均很小，在罕遇地震下结构构件的损失有所增大。此外，三种地震强度下 Building 2A 总修复费用中位值均大于 Building 2N，Building 2A 非结构构件的修复费用也比 Building 2N 大。由于多遇地震和设防地震下结构构件的修复费用很小，总修复费用由非结构构件主导，故 Building 2A 的总修复费用比 Building 2N 明显要大，而罕遇地震下结构构件损失增大，并且 Building 2N 结构构件数量多（较多内墙、连梁和楼面梁），使得其结构构件修复费用大于 Building 2A，总修复费用差距不再明显，Building 2N 略小于 Building 2A。

需要说明的是，PEER 的案例研究报告（Moehle et al.，2011）表明，TBI 项目组也

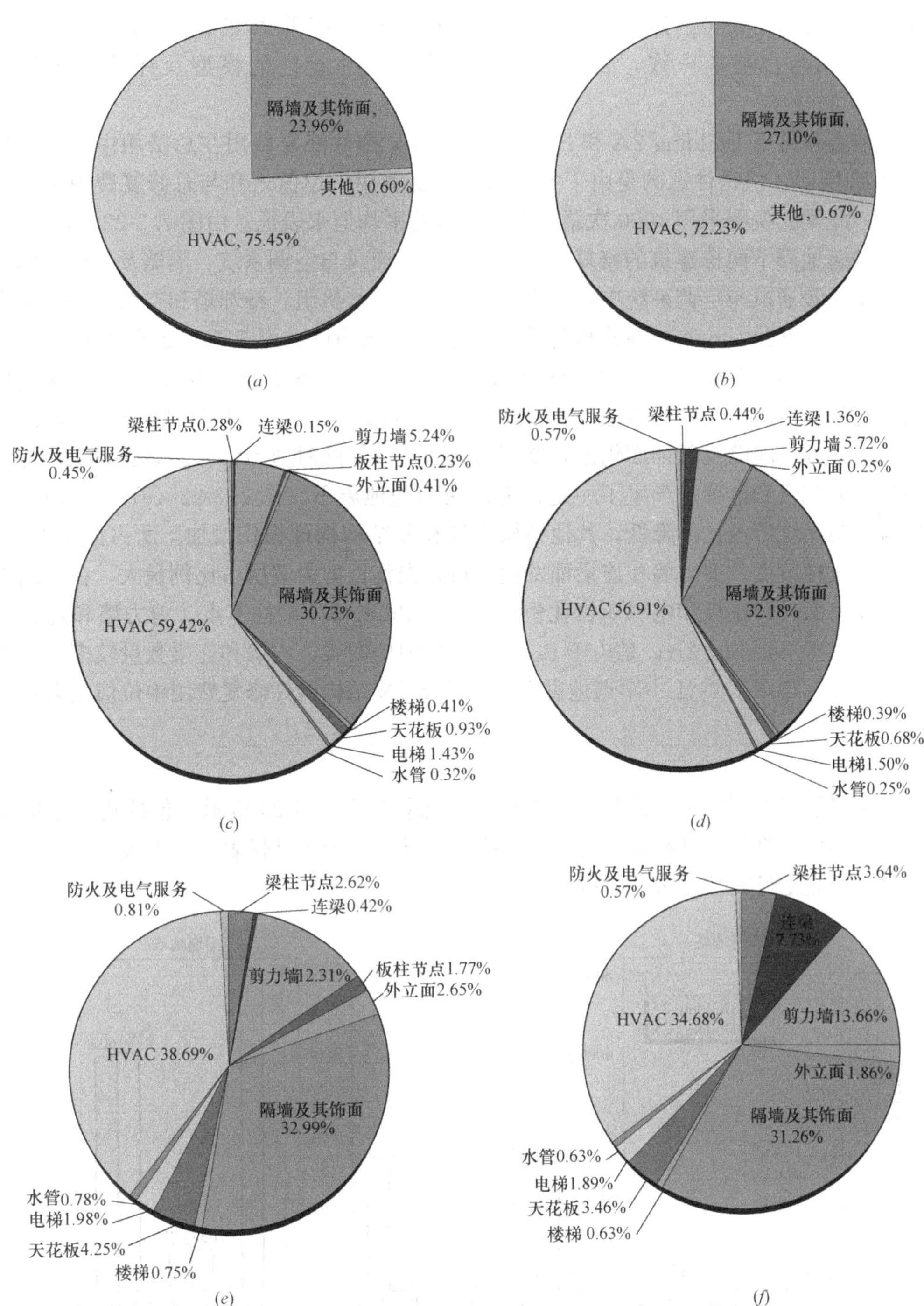

图 7.3-22 Building 2A 和 Building 2N 各类构件修复费用比例

(*a*) Building 2A 多遇地震修复费用比例；(*b*) Building 2N 多遇地震修复费用比例；

(*c*) Building 2A 设防地震修复费用比例；(*d*) Building 2N 设防地震修复费用比例；

(*e*) Building 2A 罕遇地震修复费用比例；(*f*) Building 2N 罕遇地震修复费用比例

采用 FEMA P-58 方法对 Building 2A 在地震作用下的修复费用进行了评估。由于本研究与 TBI 项目所选用的基本地震动输入不同，结构响应有一定差异，从而评估出的修复费用值并不相同。但经过验证，若直接采用 TBI 项目的结构响应，则评估出的修复费用与之基本一致，表明本研究所建立的建筑性能模型及评估方法是正确的。

三种地震强度下 Building 2A 和 Building 2N 各类构件修复费用在总费用中所占比例如图 7.3-22 所示，值得注意的是由于各类构件修复费用中位值之和与总修复费用中位值并不相等，此类比例图采用 1000 次蒙特卡罗模拟的平均值来表征。由图 7.3-22（*a*）、（*b*）可知，在多遇地震下两栋建筑的修复费用主要由采暖通风与空调系统、隔墙及其饰面的损伤导致，而采暖通风与空调系统中，位于建筑顶层的冷水机组、冷却塔和空气处理机组引起的损失占绝大部分，这些非结构构件均为加速度敏感构件。由 7.3.4.2 节图 7.3-12 可知，多遇地震下 Building 2A 顶层加速度较 Building 2N 大，因此 Building 2A 中采暖通风与空调系统占总修复费用的比例较大。由图 7.3-22（*c*）、（*d*）可知在设防地震下，采暖通风与空调系统、隔墙及其饰面仍占总费用的大部分，但此时剪力墙和连梁已发生不可忽视的损伤，天花板和电梯也产生了一定损失。在罕遇地震下（图 7.3-22（*e*）、（*f*）），采暖通风与空调系统所占比例降低，其他结构构件和非结构构件损伤增加，所占比例上升。梁柱节点、板柱节点、剪力墙和连梁都发生了较大损伤，剪力墙所占比例最大，在非结构构件中，外立面、天花板和电梯所占比例较大。Building 2N 梁柱节点、剪力墙和连梁的损失比例均大于 Building 2A，是由于 Building 2N 中楼面梁、内墙和连梁数量较多，且连梁跨高比大，这与图 7.3-21 中罕遇地震下 Building 2N 结构构件修复费用中位值较大是一致的。

2. 修复时间

三种地震强度下两栋建筑修复工日中位值的比较如图 7.3-23 所示，包括建筑总修复工日、结构构件的修复工日和非结构构件的修复工日。一个工日代表一个工人一个工作日的劳动量，修复工日表征建筑修复所需的工作量。

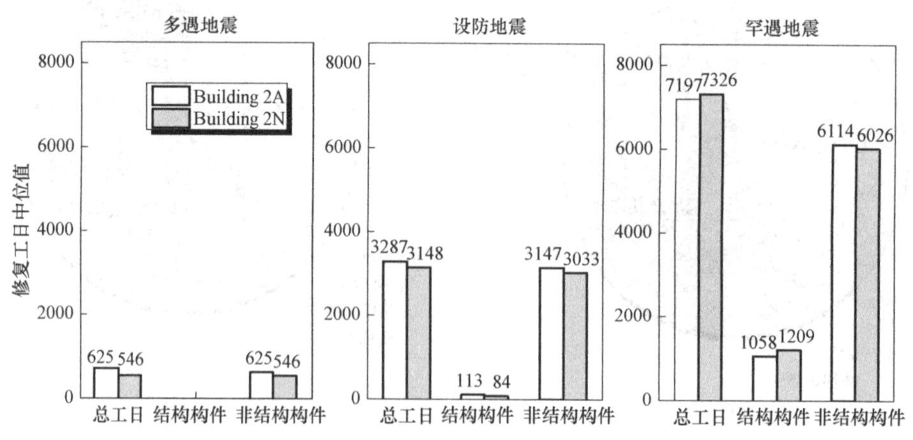

图 7.3-23　Building 2A 和 Building 2N 修复工日中位值比较

与修复费用类似，在三种地震强度下非结构构件的修复工日均占总修复工日的绝大部分，在多遇地震和设防地震下，结构构件的修复工日均很小，在罕遇地震下结构构件的修复工日有所增大。在多遇地震和设防地震下，Building 2A 的修复工日中位值大于 Building 2N，由非结构构件起主导作用；而在罕遇地震下 Building 2N 的修复工日中位值则较大，这是由于 Building 2N 中结构构件数量较多，罕遇地震下结构构件的损伤增加，且结构构件修复时间普遍比非结构构件要长，导致 Building 2N 修复所需工日略大于 Building 2A。

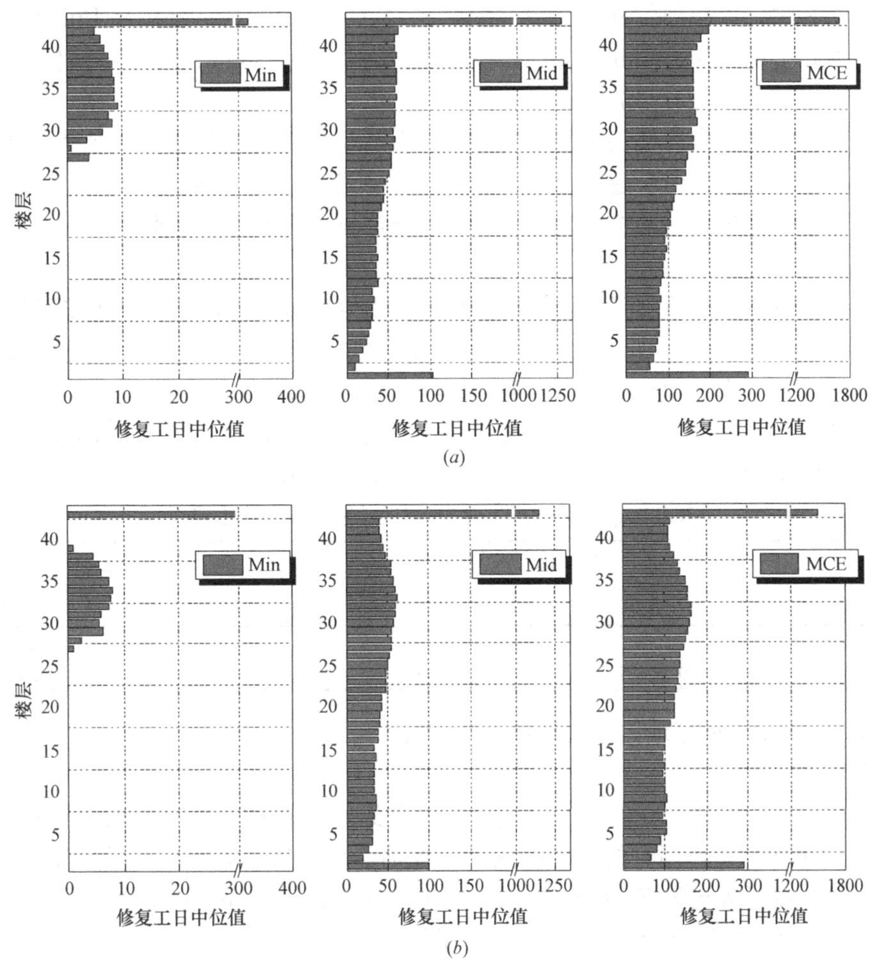

图 7.3-24 Building 2A 和 Building 2N 各楼层修复工日中位值分布

(a) Building 2A；(b) Building 2N

图 7.3-24 所示为 Building 2A 和 Building 2N 在三种地震强度下各楼层修复工日中位值的分布。在多遇地震下，下部楼层的层间位移角和加速度均很小，仅 27 层以上楼层需要一定量的修复工作，建筑顶层的修复工日中位值最长，由于顶层有较多易受地震损坏的设备仪器（冷水机组、冷却塔和空气处理机组），在实际修复时，业主可以据此对修复作业进行调整，增加建筑顶层工人数量，缩短建筑的修复时间。由于多遇地震下 Building 2N 上部多数楼层的层间位移角和加速度均小于 Building 2A，故修复工日中位值略小。

在设防地震下，全部楼层均发生损伤，需要一定量的修复工作，上部楼层的修复工日中位值大于下部楼层。建筑顶层修复工日中位值最长且 Building 2N 小于 Building 2A，除建筑顶层外，底层的修复工日中位值也明显较长，是由于在该地震强度下，电梯已发生损坏（本研究假设地震发生时电梯均位于建筑底层）。两栋结构相比，Building 2A 上部楼层修复时间中位值大于 Building 2N，而下部楼层修复时间中位值则是 Building 2N 较大，且 Building 2N 沿楼层分布较为均匀。在设防地震下，除顶层采暖通风与空调系统外，剪力墙、隔墙及其饰面占总修复工日的绝大部分，这两类构件均是位移敏感型，其损伤与层间位移角密切相关，而层间位移角比较（图 7.3-11（*b*））表明，下部楼层 Building 2N 层间位移角较大，上部楼层 Building 2A 层间位移角较大，且 Building 2N 层间位移角分布较为均匀，所以关于修复时间的结论是合理的。

在罕遇地震下，全部楼层损伤程度加大，上部楼层的修复工日中位值大于下部楼层。最大修复工日中位值仍位于建筑顶层，且 Building 2N 小于 Building 2A，此外底层的修复工日中位值也明显较长。两栋结构之间相比的结论与设防地震下基本相同。

3. 人员伤亡

在多遇地震和设防地震下，两栋结构均不会发生人员伤亡，在罕遇地震下两栋结构的人员伤亡统计情况如表 7.3-8 所示，伤亡人数仍然极小，90%分位值的伤亡人数不足 1 人。可能引起人员伤亡的易损集合主要是非结构构件天花板和电梯，因此，通过合理的抗震设计避免结构发生倒塌，并锚固好天花板等易损的非结构构件，采取可靠措施保障电梯在地震时的安全性，可有效地减少地震导致的直接人员伤亡。

Building 2A 和 Building 2N 罕遇地震下人员伤亡情况　　表 7.3-8

	Building 2A		Building 2N	
	中位值	90%分位值	中位值	90%分位值
受伤人数	0.0577	0.447	0.0285	0.418
死亡人数	0.00157	0.0253	0.00166	0.0249

7.3.5.3　HuYu 模型地震损失评估结果比较

1. 修复费用

对 HuYu-US 和 HuYu-CHN 在 8 度多遇地震、设防地震和罕遇地震三种地震强度下，受 Y 向单向地震作用时的地震损失进行评估，在多遇地震和设防地震下两栋建筑均未发生倒塌，在罕遇地震下 HuYu-US 未发生倒塌，而 HuYu-CHN 在 1000 个蒙特卡罗模拟中有 25 个实现发生倒塌，具体评估结果如下。

HuYu-US 和 HuYu-CHN 在三种地震强度下的修复费用概率分布曲线分别如图 7.3-25（*a*）、（*b*）所示，图 7.3-25（*b*）中罕遇地震下的修复费用概率分布曲线在末端有数据集结的现象，这是因为 1000 个蒙特卡罗模拟中有 25 个算例发生倒塌，这些算例的修复费用等于建筑的重置费用，因而集结在同一横坐标处。可以看出，部分算例发生倒塌会引起概率分布曲线一定的变化，但由于倒塌发生的比率很低，对统计结果中位值造成的影响非常小。

图 7.3-26 所示为三种地震强度下两栋建筑修复费用中位值的比较。由图 7.3-26 可知，在三种地震强度下非结构构件的修复费用均占总费用的绝大部分，在多遇地震和设防地震下，结构构件的损失均很小，在罕遇地震下结构构件的损失有所增大。此外，三种地震强度下 HuYu-US 总修复费用中位值、非结构构件修复费用中位值均小于 HuYu-CHN，由于多遇地震和设防地震下结构构件的损伤很小，两栋建筑结构构件修复费用没有差别，而罕遇地震下 HuYu-US 结构构件修复费用中位值也小于 HuYu-CHN。

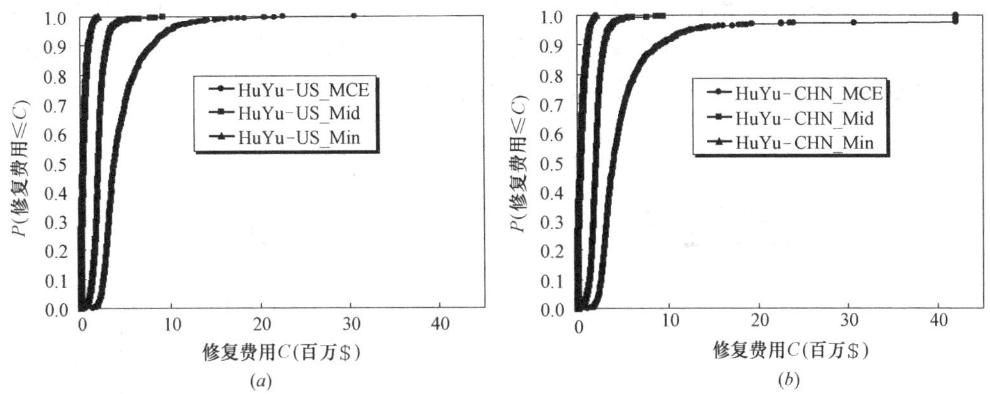

图 7.3-25 HuYu-US 和 HuYu-CHN 修复费用分布曲线

(*a*) HuYu-US 修复费用分布曲线；(*b*) HuYu-CHN 修复费用分布曲线

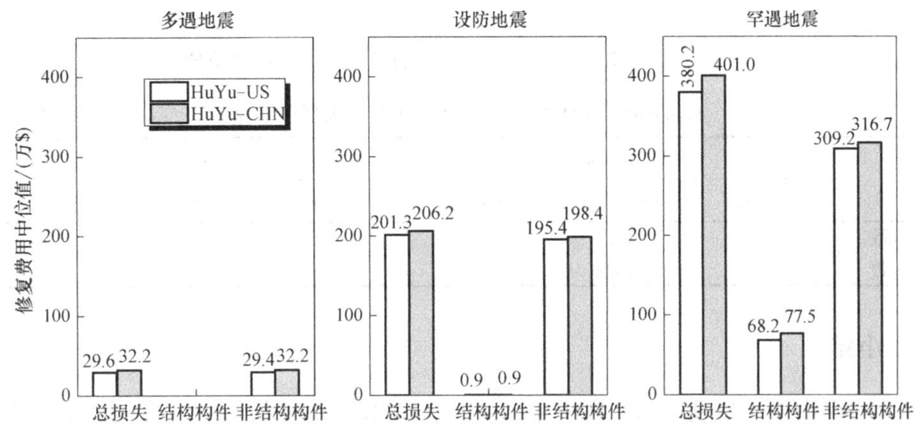

图 7.3-26 HuYu-US 和 HuYu-CHN 修复费用中位值比较

2. 修复时间

三种地震强度下两栋建筑修复工日中位值的比较分别如图 7.3-27 所示。与修复费用类似，在三种地震强度下非结构构件的修复工日均占总修复工日的绝大部分，在多遇地震和设防地震下，结构构件的修复工日均很小，在罕遇地震下结构构件的修复工日有所增大。此外，三种地震强度下 HuYu-US 总修复工日中位值、非结构构件修复工日中位值均小于 HuYu-CHN，多遇地震和设防地震下结构构件修复工日差别很小，而罕遇地震下 HuYu-US 结构构件修复工日中位值也小于 HuYu-CHN。

3. 人员伤亡

在多遇地震和设防地震下，两栋结构均不会发生人员伤亡，在罕遇地震下两栋结构的人员伤亡统计情况如表 7.3-9 所示。在罕遇地震下，HuYu-CHN 在部分实现中发生了倒塌（1000 个实现中 25 个实现发生倒塌），造成了一定的人员伤亡，由于倒塌概率较低，中位值和 90%分位值无法体现结构倒塌对伤亡人数造成的影响，而平均值可以体现这一影响。由平均值可知，HuYu-US 伤亡人数仍然极小，不足 1 人；而 HuYu-CHN 平均而言在罕遇地震下会造成约 8.2 人受伤，1.1 人死亡。

此外，同 Building 2 相似，可能引起人员伤亡的易损集合也主要是非结构构件天花板和电梯，因此，通过合理的抗震设计避免结构发生倒塌，并锚固好天花板等易损的非结构构件，采取可靠措施保障电梯在地震时的安全性，可有效地减少地震导致的直接人员伤亡。

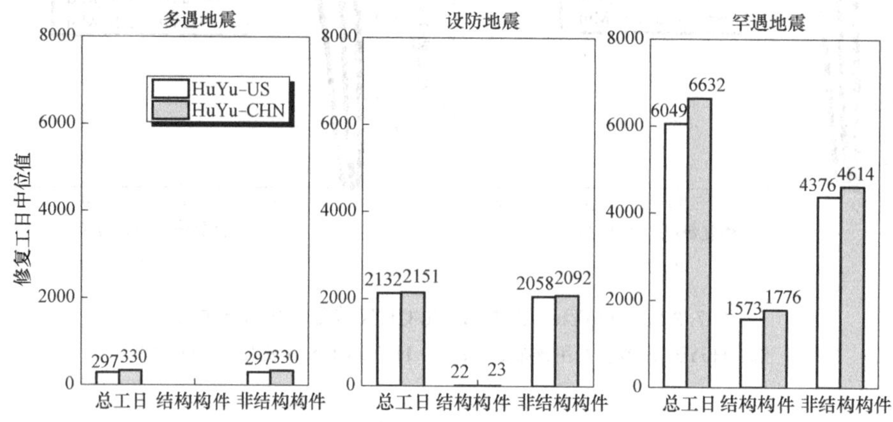

图 7.3-27　HuYu-US 和 HuYu-CHN 修复工日中位值比较

HuYu-US 和 HuYu-CHN 罕遇地震下人员伤亡情况　　**表 7.3-9**

	HuYu-US			HuYu-CHN		
	中位值	90%分位值	平均值	中位值	90%分位值	平均值
受伤人数	0	0.242	0.115	0	0.328	8.163
死亡人数	0	0.0118	0.0033	0	0.0135	1.135

7.3.6　小结

本节两组中美高烈度区 RC 框架-核心筒结构对比案例的设计及性能评估结果表明：

(1) 在相同地震危险性条件下（案例一），由中国规范反应谱计算的设计地震作用较大，且中国规范对结构层间位移角的限制比较严格，二者共同导致中国方案的材料用量显著高于美国方案；中国方案的抗震性能及抗倒塌能力略好于美国方案；三种地震强度下，中国方案的修复费用均小于美国方案；在多遇地震和设防地震下，中国方案的修复工日小于美国方案，而在罕遇地震下中国方案修复工日略大。

(2) 在相同设计基底剪力条件下（案例二），美国方案部分构件截面较大，剪力墙边缘构件约束范围比中国方案大，边缘构件总纵筋面积和箍筋体积配箍率均较大，并且框架柱的体积配箍率也比中国方案多，因而美国方案主要承重构件的材料用量略大于中国方案；美国方案的抗震性能及抗倒塌能力均好于中国方案；三种地震强度下，美国方案的修复费用和修复工日均小于中国方案。

7.4　基于开源有限元程序的弹塑性分析

7.4.1　引言

近年来，大量研究表明基于有限元的数值模拟已经成为研究建筑结构抗震性能的有效手段。目前设计和研究单位数值模拟主要采用通用商业有限元软件，这类软件具有友好的用户交互界面和较高的计算稳定性，但是也存在以下缺陷：首先，这类软件往往价格昂贵，设计或研究单位不太可能同时购买具有相似功能的不同软件，这使得不同通用商业有限元软件间无法进行对比；另外，这类软件源代码封闭，使得研究人员无法深入探究其内在机理，从而在一定程度上阻碍了教学和研究工作的开展；最后，这类软件的二次开发功能大都被严格限制，这使得一些最新的研究成果无法集成。

而开源有限元软件的出现，使得上述问题在一定程度上得到解决。不同于通用商业有限元软件，开源软件源代码开放，用户可以对软件自身的运作机制和计算原理进行较为深入的研究。此外，用户可以根据自身的研究需求在该类软件平台上进行二次开发，并且可以共享自己的模型，以方便其他研究人员重现和进一步深入开展相关研究。目前，在地震工程领域存在多种开源有限元软件，如 OOFEM、IDARC 和 OpenSees 等，而其中，OpenSees（Open System for Earthquake Engineering Simulation）作为一款面向对象的开源有限元软件，自面世以来，已经成为国际上最有影响力的结构计算分析平台之一。

7.4.2 OpenSees 软件简介

开源有限元软件 OpenSees 是一款大型有限元计算程序。它由美国国家自然科学基金（NSF）资助、西部大学联盟“太平洋地震工程研究中心”（PEER）主导、加州大学伯克利分校（UCB）为主研发而成。OpenSees 最早由当时的加州大学伯克利分校土木与环境工程系系主任 Gregory L. Fenves 教授主持，以 Frank McKenna 博士为主进行开发，于 1997 年推出第一个版本。在不到 20 年的时间内，OpenSees 集成了众多科研人员的优秀成果，已经逐渐成为学术界进行结构模拟分析的一个重要工具。

OpenSees 采用面向对象的程序设计方法，主体架构采用 C++语言编写，可以调用基于 Fortran 和 C 语言编写的函数库，源代码架构如图 7.4-1 所示。这种面向对象的程序架构使得 OpenSees 相比于其他有限元软件，具有很强的灵活性、扩展性和可移植性。同时，这些特性便于 OpenSees 集成多种先进的结构计算模型，并使其能够充分利用数据库、可视化和高性能计算等方面的最新技术成果，从而避免了研究开发人员的重复工作。例如，清华大学陆新征等在 OpenSees 开发并集成了用于模拟剪力墙构件的分层壳模型体系（其构架如图 7.4-2 所示）（解琳琳等，2014），并将一用于验证的 42 层框架剪力墙结构共享于网上（http：//www.luxinzheng.net/download/OpenSeesTHU.zip），方便了其他研究人员重现其研究工作；王丽莎等（王丽莎等，2015）在 OpenSees 开发了可用于几何非线性分析的四边形平板壳单元 NLDKGQ（其构架如图 7.4-3 所示），并验证了该壳单元的可靠性与准确性，为研究学者提供了更好的选择。另外，OpenSees 拥有突出的强非线性计算功能，以及针对非线性问题的求解算法等，因此可以方便研究人员进行相关的计算和验证等工作。凭借着软件自身开放的程序架构、丰富的单元库与材料库、强大的数值模拟功能与及时集成并更新最新研究成果的前沿理念，OpenSees 已经逐步成为地震工程领域最具影响力的开放科研平台之一。通过世界各地研究人员的共同开发，OpenSees 的功能得到不断完善，使得领域内的新技术、新成果能够得到很好的继承与应用。因此，基于开源有限元程序 OpenSees 的建筑结构弹塑性分析具有很高的科研价值与工程价值。

路径	最后修改				记录	RSS
branches/	4451	1513日	04小时	parduino	记录	RSS
tags/	4357	1647日	09小时	fmk	记录	RSS
trunk/	5974	1日	12小时	fmk	记录	RSS
DEVELOPER/	5855	142日	06小时	fmk	记录	RSS
EXAMPLES/	5922	84日	12小时	fmk	记录	RSS
MAKES/	5899	103日	05小时	fmk	记录	RSS
OTHER/	5783	275日	13小时	fmk	记录	RSS
SCRIPTS/	5936	65日	13小时	fmk	记录	RSS
SRC/	5974	1日	12小时	fmk	记录	RSS
Win32/	5964	13日	07小时	aschellenberg	记录	RSS
Win64/	5967	11日	00小时	aschellenberg	记录	RSS
Workshops/	5931	69日	05小时	fmk	记录	RSS
COPYRIGHT	2404	3278日	12小时	fmk	记录	RSS
Makefile	4303	1734日	09小时	fmk	记录	RSS
README	1791	3989日	10小时	fmk	记录	RSS

图 7.4-1　OpenSees 源代码架构图

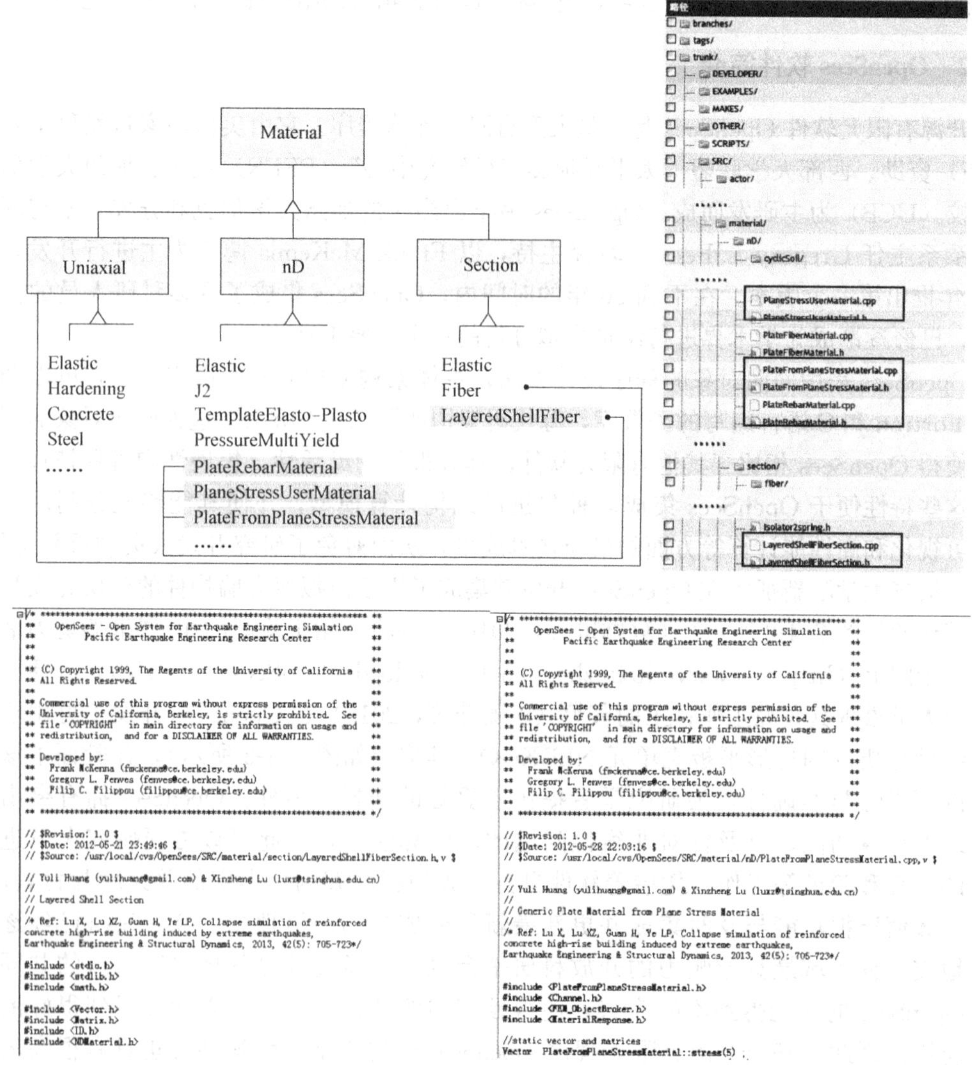

图 7.4-2　分层壳模型源代码架构图

OpenSees 是一个基于 tcl 脚本语言的窗口程序，本身并不提供较为友好的前后处理界面，对用户建模造成了一定程度的不便。目前，国内外已有很多研究人员对 OpenSees 进行了前处理功能的开发。例如，Andreas Schellenberg 和 Tony Yang 开发了基于 MATLAB 系统平台的 OpenSees Navigator（Schellenberg & Yang，2005），它是一款带有图形用户界面的程序，可以方便用户进行 OpenSees 二维和三维建模，并支持计算结果的后处理；陈学伟博士开发了 ETABS to OpenSees（ETO）程序（陈学伟，林哲，2014），通过将 ETABS 模型导出的 s2k 文件读入生成 OpenSees 程序需要的模型文件；清华大学土木工程系开发的 MSC. Marc to OpenSees（MTO）转换程序（陆新征，2013；Lu et al.，2015b），通过导入 MSC. Marc 的模型文件（包括 dat 文件和 matcode 文件）生成 OpenSees 所需的文件，该程序主要实现了纤维梁柱单元、分层壳单元、桁架单元及 Link 单元从 MSC. Marc 到 OpenSees 的一一对应的转换。一方面，MSC. Marc 具有友好的用户交互界面，可以有效地解决 OpenSees 的建模难题；另一方面，MSC. Marc 已被广泛应用于建筑结构和桥梁结构的弹塑性分析，其可靠性和准确性已得到充分验证，通过对比相同模型在 OpenSees 和 MSC. Marc 下的计算结果，可以为 OpenSees 分析结果的合理性提供保证。因此，在后面章节涉及的大型建筑结构建模计算，本书均采用清华大学的 MTO 转换程序进行建模。

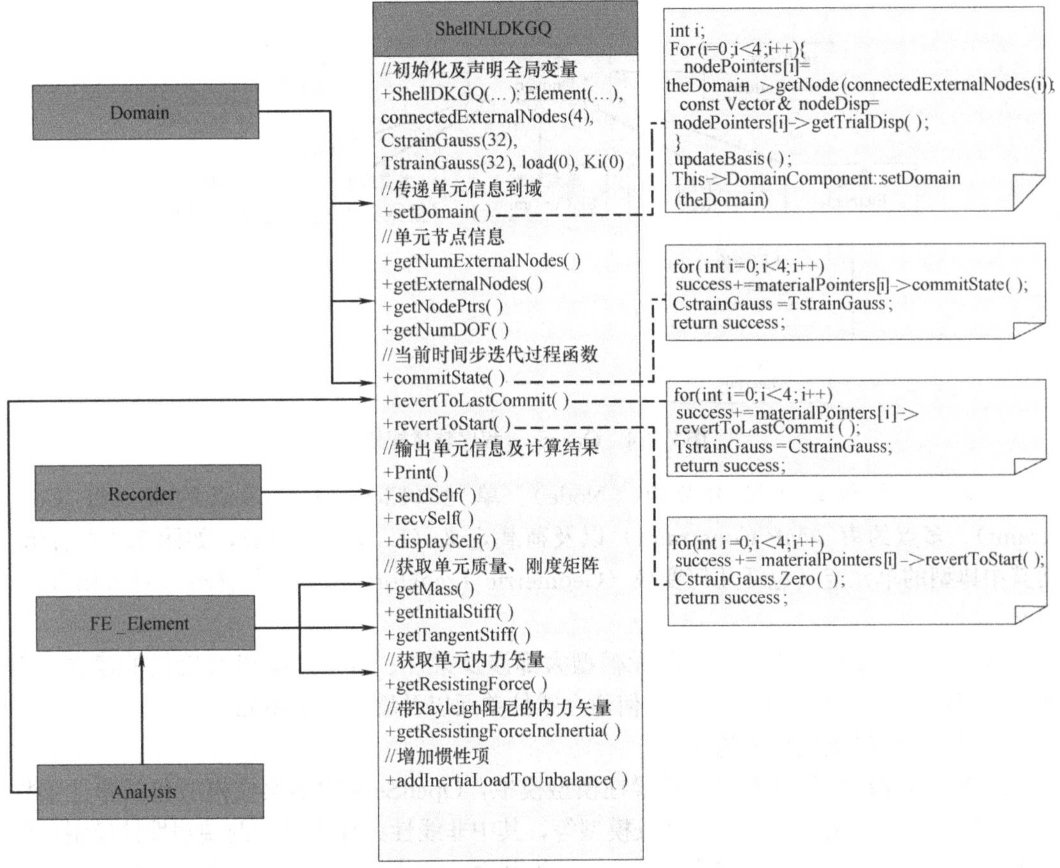

图 7.4-3 四边形平板单元 NLDKGQ 源代码架构图

7.4.3 建模方法

7.4.3.1 OpenSees 基本建模体系

OpenSees 可以通过直接在窗口下输入命令流或者调用符合指定语言标准的 tcl 文件来完成模型的读入、计算和结果输出。程序中每一种命令都有指定的输入格式，对于不符合格式的输入，程序会进行报错提醒。

OpenSees 主要包括四大模块：建模模块（Model Builder）、域模块（Domain）、分析模块（Analysis）以及记录模块（Recorder）。图 7.4-4 显示了这四大模块的相互关系。建模模块相当于前处理模块，通过 tcl 脚本语言建立模型的几何信息，并进行有限元离散，存储其节点、单元、材料和约束信息，并将模型信息传递给域模块进行调用。域模块代表每步迭代计算更新后的模型。分析模块用于进行有限元模型的分析与求解计算；除此之外，分析模块对有限元模型的求解信息（位移、应变和应力等）进行更新，供域模块调用。记录模块用于监测和记录模型的响应，包括位移、速度、加速度、应力、应变和内力等，根据需要输出相关数据，供后处理过程使用。

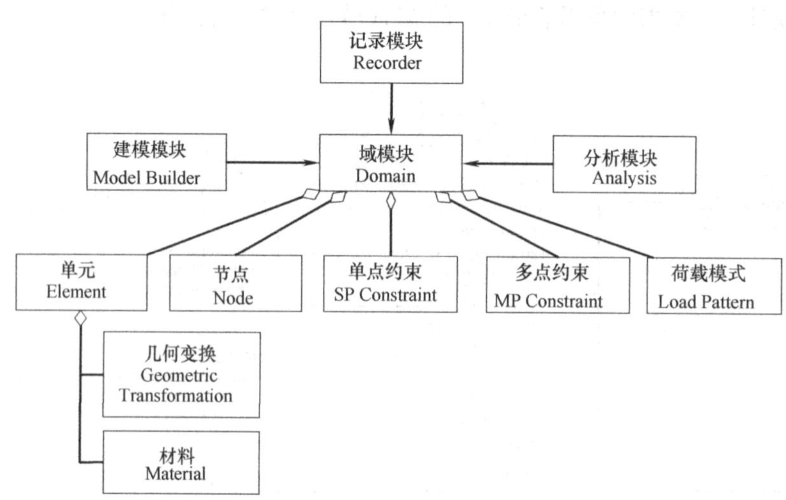

图 7.4-4　OpenSees 程序整体框架

OpenSees 域模块主要由节点（Node）、单元（Element）、单点约束（SP Constraint）、多点约束（MP Constraint）以及荷载定义（Load Pattern），如图 7.4-4 所示。而其中典型的单元定义包括几何变换（Geometric Transformation）与材料（Material）的定义。

由于在实际建筑工程中，有限元模型大都涉及梁柱、墙、连梁以及楼板的建立，因此，本节将重点介绍 OpenSees 下如何建立梁柱单元以及墙和连梁单元。

7.4.3.2 纤维梁柱单元的建立

结构中的梁柱构件常采用杆系梁柱模型模拟，OpenSees 中的梁柱模型包括弹性梁柱模型、非线性梁柱模型和两端塑性铰模型等，其中非线性梁柱模型和两端塑性铰模型主要采用纤维截面定义，大量研究均采用基于纤维截面的非线性梁柱单元模拟梁柱构件。下面通过一个简单算例来介绍如何采用 OpenSees 中的非线性纤维梁柱模型模拟钢筋混凝土框架结构。

所要分析的框架模型如图 7.4-5 所示，柱子间距为 X 方向 5m，Y 方向 4m，层高 3m，其截面信息为（注意，由于这里只是给出建模示例，所以梁柱细分程度并不一定合适，但并不影响建模工作，在实际分析时，读者应根据需求确定细分尺寸）：

梁：截面尺寸 0.2m×0.5m，保护层厚度 0.025m，混凝土抗压强度为 30MPa，上面两个角点各配置 300mm^2 的纵筋，下面两个角点各配置 500mm^2 的纵筋，钢筋屈服强度均为 300MPa。

柱：截面尺寸 0.4m×0.4m，保护层厚度 0.025m，混凝土抗压强度为 40MPa，四个角点各配置 600mm^2 的纵筋，钢筋屈服强度为 400MPa。

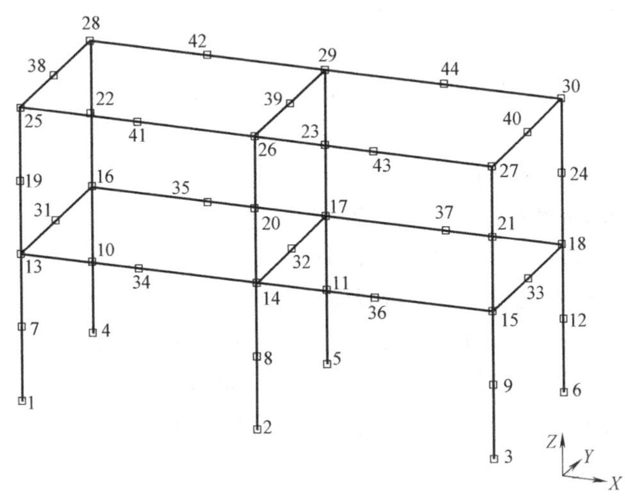

图 7.4-5 框架模型示意图

首先给出 OpenSees 整体框架模型的模型文件，命令流如下：

```
wipe
model BasicBuilder -ndm 3 -ndf 6
#define nodes 定义节点
node            1       0.0     0.0      0.0
……
node            44      7.5     4.0      6.0
#define concrete of fiber 定义纤维截面混凝土材料
uniaxialMaterial Concrete01   1   -30e6   -0.002   -15e6   -0.004
uniaxialMaterial Concrete01   2   -40e6   -0.002   -20e6   -0.004
#define steel of fiber 定义纤维截面钢筋材料
uniaxialMaterial Steel02   101  300e6  2e11  0.001  18.5  0.925  0.15
uniaxialMaterial Steel02   102  400e6  2e11  0.001  18.5  0.925  0.15
#define section 定义纤维截面
```

```
#定义 1 号纤维截面
section Fiber    1 {
fiber    -0.0875    -0.2375    6.25e-4    1
……
fiber    -0.0750    -0.2250    5.00e-4    101
fiber     0.0750    -0.2250    5.00e-4    101
fiber    -0.0750     0.2250    3.00e-4    101
fiber     0.0750     0.2250    3.00e-4    101
}
#定义 2 号纤维截面
section Fiber    2 {
fiber    -0.1875    -0.1875    6.25e-4    2
……
fiber    0.1750    0.1750    6.00e-4    102
}
#define section T 定义弹性材料
uniaxialMaterial Elastic    11    1.25e7
uniaxialMaterial Elastic    12    6.01e7
#define section aggregator 组装新截面
section Aggregator    1001    11    T    -section    1
section Aggregator    1002    12    T    -section    2
#define geometric transformation 定义截面几何变换
geomTransf PDelta    1    0    0    1
geomTransf PDelta    2    1    0    0
#define column element 定义梁柱单元
element dispBeamColumn    1    1    7    3    1002    2    -mass    400
……
element dispBeamColumn    52   40   30   3    1001    1    -mass    250
#define boundary condition 定义边界条件
fixZ    0    1    1    1    1    1    1
```

下面对上述命令流进行具体解释。

（1）模型基本信息：首先采用“wipe”命令清除之前各模块内包含的信息以开始重新建立模型。在 OpenSees 中建模时，首先需要给出模型的空间维数（ndm）和相应的自由度数（ndf），本算例为一三维框架模型，每个节点均具有 6 个自由度，所以命令为“model BasicBuilder -ndm 3 -ndf 6”。为了方便其他研究人员更好地了解模型信息，OpenSees 允许用户采用“#”对注释类语句进行标注，读取命令流时程序将自动忽略“#”后所标注的内容。

（2）节点定义：OpenSees 中用于指定节点的命令流为“node $nodeTag (ndm $coords) <-mass (ndf $massValues) >”，其中 $nodeTag 为节点编号，采用“()”标注的

内容等价于 ndm×1 的数组，其中第一个参数代表了参数的数目（即 ndm），$coords 为 ndm 个参数的物理意义——节点坐标，采用“＜＞”标注的内容为可选择性定义的内容。值得注意的是节点的参数数目与（1）中需要定义的维数（ndm）是直接相关的，本算例为一三维框架，所以对于每个节点，用户需要指定其在三维空间上的坐标，即 x，y 和 z 坐标。定义节点的命令流为：“node $nodeTag $xcoords $ycoords $zcoords”。示例命令流中的“node 1 0.0 0.0 0.0 0.0”即表示定义 1 号节点坐标为（0，0，0）。

（3）混凝土材料定义：OpenSees 中集成了多种混凝土单轴本构模型，本算例选用形式简单且不考虑混凝土受拉特性的“Concrete01”，其相应命令流为：“uniaxialMaterial Concrete01 $matTag $fpc $epsc0 $fpcu $epsU”，其中“$matTag”为材料编号，“$fpc”为混凝土峰值抗压强度，“$epsc0”为混凝土峰值压应变，“$fpcu”为混凝土的极限抗压强度，“$epsU”则为混凝土的极限压应变。本算例中混凝土材料定义为“uniaxialMaterial Concrete01 1 -30e6 -0.002 -15e6 -0.004”，其单轴本构关系曲线如图 7.4-6 所示。

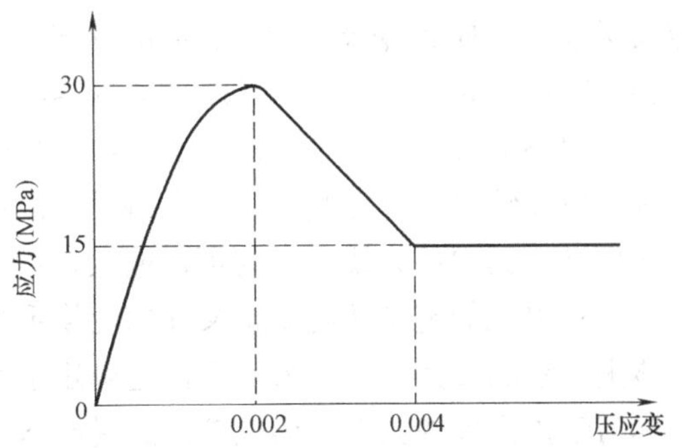

图 7.4-6 Concrete01 混凝土本构示意图

（4）钢筋材料定义：OpenSees 中集成了多种钢筋单轴本构模型，本算例选用能考虑混合硬化以及 Bauschinger 效应的 Giuffre-Menegotto-Pinto 钢材本构，即软件中的“Steel02”材料，其命令流为：“uniaxialMaterial Steel02 $matTag $Fy $E $b $R0 $cR1 $cR2”，其中“$matTag”为材料编号，“$Fy”、“$E”和“$b”分别为钢筋的屈服强度、初始弹性模量和硬化率，“$R0”、“$cR1”和“$cR2”为控制弹性到塑性过渡段的参数，$R0 一般推荐取 10 到 20 之间的数，$cR1 和 $cR2 则可取为 0.925 和 0.15。本算例中钢筋材料定义为“uniaxialMaterial Steel02 101 300e6 2e11 0.001 18.5 0.925 0.15”，其单轴本构关系如图 7.4-7 所示。

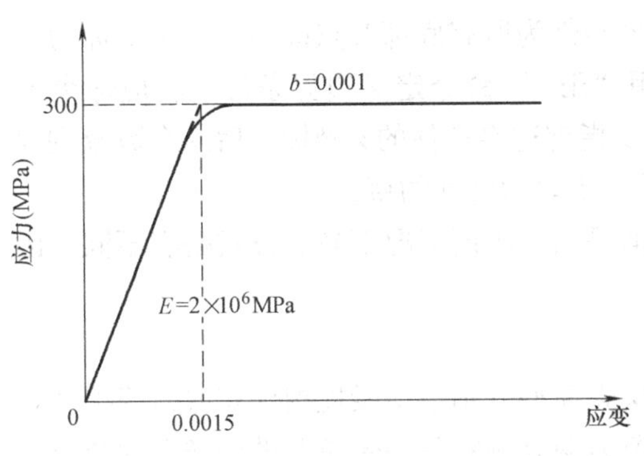

图 7.4-7 钢筋本构示意图

（5）纤维截面定义：采用“section Fiber”进行定义，以 1 号纤维截面为例，其由若干个纤维组成，每根纤维的定义为{}内的一行，其定义格式为：“fiber $yLoc $zLoc $A $matTag”。其中“$yLoc $zLoc”为每根纤维在截面局部坐标系下的 y 和 z 坐标，“$A”为每根纤维的面积，“$matTag”为定义该纤维所使用的材料编号，可以采用上文定义的钢筋或者混凝土材料。“fiber -0.0875 -0.2375 6.25e-4 1”则代表了一根采用 1 号材料定义的，局部坐标为（-0.0875，-0.2375），面积为 $6.25\times10^{-4}m^2$ 的纤维。

采用纤维截面定义的梁柱单元可以集成构件的轴向刚度和双向弯曲刚度，对于三维模型还需指定其截面的扭转刚度，所以需要人为指定截面的抗扭恢复力模型。本算例采用弹性材料定义，其相应命令流为“uniaxialMaterial Elastic 11 1.25e7”，其中“11”为材料编号，“1.25e7”表示截面弹性抗扭刚度为 $1.25\times10^7 N\cdot m^2$。通过 OpenSees 中的“section Aggregator”命令将之前定义的纤维截面（1 号纤维截面）与该抗扭恢复力模型组合形成最终用于定于梁柱的纤维截面，相应命令流为：“section Aggregator 1001 11 T -section 1”，其中“1001”为组合后形成的新截面编号，“11 T”表示采用 11 号材料表征截面的受扭（*T*）特性，“-section 1”表示参与组装的纤维截面为 1 号截面。此外，该条命令也可以组合截面抗剪特性，具体命令详见 OpenSees 官网相关命令的介绍。

（6）单元定义：本算例采用 OpenSees 中基于刚度法的梁柱单元“dispBeamColumn”定义梁柱，相应命令流为“element dispBeamColumn $eleTag $iNode $jNode $numIntgrPts $secTag $transfTag <-mass $massDens>”，其中“$eleTag”、“$iNode”、“$jNode”、“$numIntgrPts”、“$secTag”、“$transfTag”和“$massDens”分别为单元编号、起点编号、终点编号、高斯积分点数目、截面编号、几何变换编号和单元线质量，其中单元线质量为可选输入，用于形成集中质量阵。

另外单元的定义还需要定义几何变换形式。几何变换一方面指定了单元局部坐标系和整体坐标系的转换关系，另一方面也确定了大变形大应变算法。在此首先介绍一下其局部坐标与整体坐标的关系。梁柱单元的局部 X 轴方向 Vx 为单元起点指向终点的方向，在定义截面局部 Y 轴和局部 Z 轴时，用户需要定义一个定位向量 vecxz。通过对 vecxz 与 Vx 求向量积得到局部 Y 轴的方向向量 Vy，然后再通过对 Vx 与 Vy 求向量积得到局部 Z 轴的方向向量 Vz。从上述过程中可以看出，Vz 是 vecxz 的一种特殊取法，因此一般直接采用局部 Z 轴的方向向量 Vz 作为定位向量。需要注意的一点是该局部坐标系应与（5）中纤维截面的局部坐标系一致。对于柱构件需要考虑重力二阶效应（P-Δ 效应），因此选取能考虑该效应的 PDelta 几何变换。以柱为例，其几何变换命令流为“geomTransf PDelta 2 1 0 0”，其中 2 为几何变换的编号，“1 0 0”表示定位向量为 vecxz。

（7）边界条件的定义：由于该框架的边界条件为所有底部节点固结（即 z 坐标为 0 的点固结），所以可以对 z 坐标为 0 的结点采用“fixZ”命令定义边界条件，相应命令流为“fixZ 0 1 1 1 1 1 1”，其中第一个参数 0 为需要指定边界条件的 z 坐标，后六个数分别表示节点六个自由度的约束情况，0 表示释放约束，1 表示施加约束。

另外，建模的最后还包括荷载的施加，但是由于不同工况下施加方式略有不同，因此详细内容将在 7.4.4 节中介绍。

7.4.3.3　分层壳单元的建立

对于整体结构可分别采用纤维模型和分层壳模型分别模拟梁柱构件和剪力墙构件，上节已对纤维模型进行了介绍，本节将通过一剪力墙算例对分层壳模型进行详细的介绍。算例为一矩形剪力墙构件，墙体宽 1 m，高 2 m，厚度为 0.1 m，底部固结。混凝土峰值抗压强度为 20.1MPa，抗拉强度为 2.01MPa。墙体横、纵分布筋均采用 HRB335 级钢筋，配筋率均为 1%。首先给出剪力墙模型的模型文件，其命令流如下：

```
wipe
model BasicBuilder -ndm 3 -ndf 6
```

```
#define nodes 定义节点
node    1    0.0    0.0    0.0
……
node    66   1.0    0.0    2.0
#define multi-dimensional concrete model 建立多维混凝土本构
nDMaterial PlaneStressUserMaterial  1  40  7  20.1e6  2.01e6  -10.05e6 \
-0.002  -0.004  0.001  0.05
nDMaterial PlateFromPlaneStress   2   1  8.375e9
#define multi-dimensional reinforcement material 建立多维钢筋材料
uniaxialMaterial Steel02  3  335e6  2e11   0.001   18.5   0.925   0.15
nDMaterial PlateRebar    4    3    0
nDMaterial PlateRebar    5    3    90
#define section of the multi-layered shell element 定义分层壳单元截面
section LayeredShell   1   9  2  0.0196  4  5e-4  5  5e-4  2  0.0196  \
2  0.0196  2  0.0196  5  5e-4  4  5e-4  2  0.0196
#define element 定义单元
element ShellMITC4   1    1    2    8    7    1
……
element ShellMITC4   50   59   60   66   65   1
#define boundary condition 定义边界条件
fixZ   0   1   1   1   1   1   1
```

下面对上述命令流进行具体解释。首先开始建模、确定自由度数以及建立节点的规则与上一小节相同，在此不再赘述。下面主要介绍一下多维混凝土材料、多维钢筋材料、分层壳截面和分层壳单元的建立。

（1）多维混凝土材料的定义：清华大学陆新征等基于损伤力学和弥散裂缝模型在OpenSees中集成了平面应力多维混凝土本构PlatePlaneFromStress，该材料采用平面二维混凝土本构PlaneStressUserMaterial，结合混凝土材料弹性模量、泊松比等参数定义，相应命令流为："nDMaterial PlaneStressUserMaterial $matTag 40 7 $fc $ft $fcu $epsc0 $epscu $epstu $stc"和"nDMaterial PlateFromPlaneStress $newmatTag $matTag $OutofPlaneModulus"。

"$matTag"和"$newmatTag"分别为"PlaneStressUserMaterial"材料和"PlatePlaneFromStress"材料的编号，"$fc"、"$ft"、"$fcu"、"$epsc0"、"$epscu"、"$epstu"、"$stc"和"$OutofPlaneModulus"分别为混凝土抗压强度、抗拉强度、极限抗压强度、峰值压应变、极限压应变、极限拉应变、剪力传递系数和面外抗剪模量。

（2）多维钢筋材料：清华大学陆新征等基于OpenSees现有的单轴钢筋本构开发了一种用于模拟钢筋层的材料"PlateRebar"，相应命令流为"nDMaterial PlateRebar $newmatTag $matTag $sita"，首先需要定义一个单轴钢筋本构（如Steel01或Steel02等），本算例选用Steel02，命令与上一节相同。然后通过PlateRebar命令将其转化为多维材料，其中"$newmatTag"为PlateRebar材料的编号，"$matTag"为待转换的单轴材料编号，

“$sita”为分布钢筋方向与单元局部 1 方向的夹角。单元局部 1 方向的规定将在（4）中进一步介绍。

（3）分层壳截面定义：命令为“section LayeredShell $sectionTag $nLayers $matTag1 $thickness1... $matTagn $thicknessn”，其中“$sectionTag”为截面编号，“$nLayers”为分层壳的层数，“$matTagn $thicknessn”成对出现，分别为第 n 层所用材料的编号以及第 n 层材料的绝对厚度。在建模时，“$matTagn $thicknessn”成对出现的次数即为分层壳层数，也即其出现次数必须与“$nLayers”相等。分层壳每层的排列方式为：从第 n 层至第 1 层的方向与单元局部 3 方向相同，如图 7.4-8 所示。

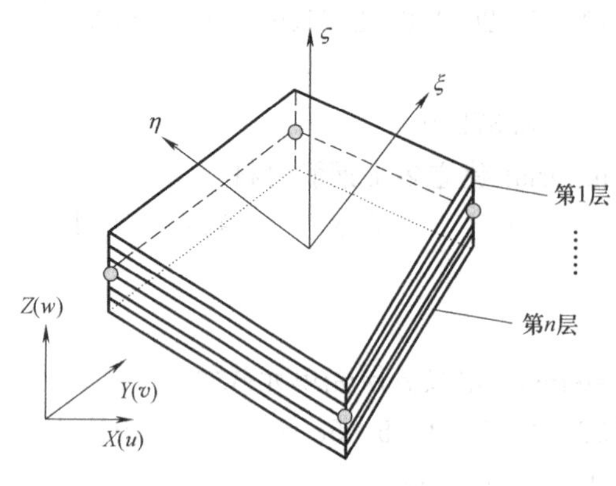

图 7.4-8　分层壳单元局部方向

（4）分层壳单元定义：本算例选用四节点壳单元 MITC4，其命令流为：“element ShellMITC4 $eleTag $iNode $jNode $kNode $lNode $secTag”，其中“$eleTag”为单元编号，“$iNode $jNode $kNode $lNode”为按逆时针方向输入的单元的四个节点，“$secTag”为单元所采用的分层壳截面编号。对于一般的四节点单元，其单元局部 1 方向为定义时第一个节点指向第二个节点的方向，局部 2 方向为定义时第二个节点指向第三个节点的方向，局部 3 方向为局部 1 方向与局部 2 方向的向量积方向。

7.4.4　分析方法

上一小节主要介绍了 OpenSees 的一些基本建模方法，本节将简单介绍 OpenSees 中的分析模块，并以 7.4.3.2 中的框架模型为例，分别演示如何进行模态分析、重力荷载分析、静力推覆分析以及动力时程分析。

7.4.4.1　分析模块框架

OpenSees 的分析模块主要包括控制器（Integrator）、方程组类型（System of Equation）、收敛标准（Convergence Test）、算法（Algorithm）、边界处理（Constraints Handler）以及自由度编号（Numberer），如图 7.4-9 所示。其中控制器决定了加载的方式（力和位移等控制加载）和相应的步长；方程组类型则决定了方程组的存储方式与相应的求解方式；收敛标准指定了容差的类型、大小、最大迭代次数和输出选项等；算法用来决定当前分析阶段的求解算法；边界处理用来决定约束方程在分析中的执行；自由度控制用

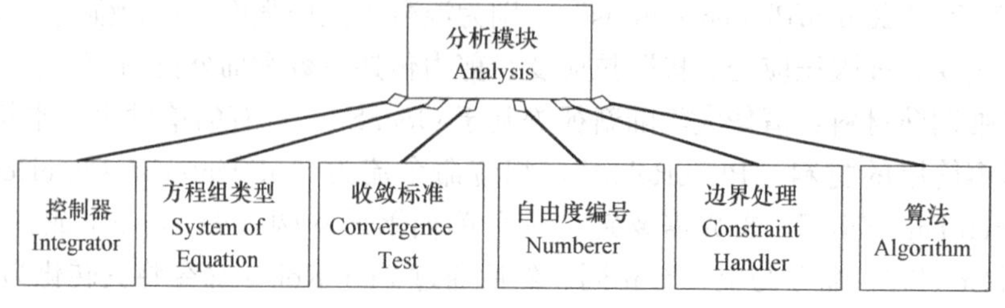

图 7.4-9　OpenSees 分析模块框架

来确定系统的自由度与方程数目之间的映射关系。

7.4.4.2 模态分析

在进行分析前，首先将7.4.3.2节中框架模型的命令流保存到一个文件frame.tcl中，以供后续各种分析工况使用。下面先给出用于模态分析的命令流：

```
#source model 调用建立好的模型
source frame.tcl
#define recorder 记录振型结果
recorder Node -file eigen1x.txt -time -nodeRange 1 44 -dof 1 "eigen1"
......
recorder Node -file eigen3z.txt -time -nodeRange 1 44 -dof 3 "eigen3"
#define analysis 定义分析工况
set lambda [eigen 10]
set period "Periods.txt"
set Periods [open $period "w"]
puts $Periods " $lambda"
close $Periods
record
```

（1）首先采用source命令调用模型信息（即source frame.tcl），对于模态分析往往需要记录结构的周期和模态，所以定义相应的记录器用于记录相关结果。相应于模态振型的命令流为“recorder Node -file eigen1x.txt-time -nodeRange 1 44 -dof 1 " eigen1"”。其中，“recorder”命令用于记录结果；“Node”表示记录的是节点的相关结果；“-file eigen1x.txt”表示新建一个名为eigen1x.txt的文件并将结果写入其中；“-time”表示的内容较为灵活，一般在模态分析中输出均为0，在静力分析时表示荷载加载的倍数，在动力时程分析时表示时间；“-nodeRange 1 44 -dof 1 " eigen1"”表示将一阶振型下1号节点到44号节点的x方向振型位移写入到前文定义的eigen1x.txt文件中。

（2）记录该框架的前10阶周期。首先求解前10个特征值，相应命令流为“set lambda [eigen 10]”表示将10阶振型的特征值存储到数组lambda中。“set period " Periods.txt"”表示将结果文件的名字定义为“Periods.txt”。“set Periods [open $period " w"]”表示打开变量“period”对应的文件进行记录。“puts $Periods " $lambda"”表示将特征值数组写入结果文件。“close $Periods”表示关闭结果文件。“record”表示使所有记录器记录当前模型状态。

（3）将上述命令流写入到modal.tcl文件中，并将其与OpenSees执行文件放在同一文件夹下，运行程序，输入“source modal.tcl”，回车，即可对该框架进行模态分析。

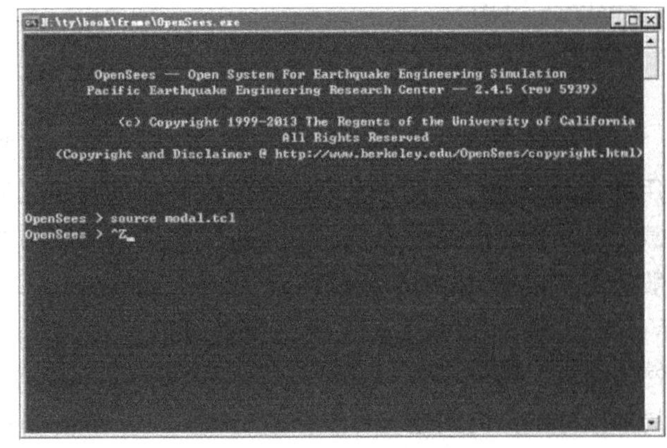

图7.4-10 OpenSees程序的运行与退出

运行结束后，同时按住"Ctrl"和"Z"，屏幕显示如图 7.4-10 所示，按回车即可退出程序。

（4）计算完毕后，用户可以打开 Periods. txt 文件，并从文件中获得前 10 阶振型求得的特征值 λ，其与周期的关系为：

$$T=\frac{2\pi}{\sqrt{\lambda}}$$

另外，查看振型一般有两种方法。一方面，用户可以在 OpenSees 中自编程序，在计算时，程序会生成窗口展示；另一方面也可以通过转换程序，将结果导入其他通用有限元中进行查看，这里不再赘述。

7.4.4.3 重力荷载分析

对结构进行静力分析或者动力时程分析前，均需要进行重力分析，相应的命令流如下：

```
source frame. tcl
#define load pattern 定义荷载工况
pattern Plain 1 Linear {
eleLoad  -ele  1  -type  -beamUniform 0     0  -4000
......
eleLoad  -range  25 52  -type  -beamUniform 0  -2500     0
}
#define recorder 记录结果
recorder Node  -file reaction. txt  -time  -nodeRange 1 6  -dof 3 reaction
#define analysis command 定义重力分析
constraints Transformation;
numberer RCM;
system SparseSYM
test NormDispIncr 1. 0e -6 2000 2 2;
algorithm Newton
integrator LoadControl 0. 1;
analysis Static
analyze 10
puts "gravity ok"
```

（1）荷载工况定义：在调用模型文件后，首先需要定义荷载工况，本算例对梁柱单元采用均布荷载进行定义（也可转换为点荷载进行定义）。"pattern Plain 1"表示定义静力荷载工况，且工况编号为 1；"Linear"定义了荷载的加载方式为线性加载。均布荷载命令一般使用"eleLoad -ele $eleTag1 < $eleTag2 .... >-type -beamUniform $Wy $Wz < $Wx>"。其中"$eleTag1"为施加荷载的单元编号；"-type -beamUniform"表示荷载为线性均布；"$Wy $Wz < $Wx>"分别表示沿局部坐标 Y，Z 和 X 方向的均布荷载。关于局部坐标的方向问题，可以回顾 7.4.3.2 小节的相关介绍。另外，当节点编号相连的单元采用的分布荷载相同时，就可以使用"eleLoad -range $eleTag1 $eleTag2 -type -

beamUniform $Wy $Wz <$Wx>”命令，该命令可以将同一均布荷载赋予从编号 $eleTag1 到编号 $eleTag2 的所有单元。

（2）记录器定义：记录 z 坐标为 0 的所有节点（1～6 号节点）的竖向反力（z 方向反力），并写入到 reaction. txt 文件中。

（3）分析模块选取：该算例选用 Lu 等（Lu et al.，2015b）建议的分析模块，对于约束处理器“Constraints”选用 Transformation 方法，自由度编号方法“numbered”则选用 RCM 方法，方程组存储和求解方法“system”选用对称稀疏矩阵方法“sparseSYM”。对于容差判断收敛准则“test”，该算例采用位移增量 2 范数作为收敛准则，相应命令流为“test NormDispIncr 1. 0e -6 2000 2 2”。其中“1. 0e -6”表示收敛容差；“2000”表示每步最大迭代次数；“2”为输出选项，表示在每一次迭代完成收敛时，输出达成收敛的迭代次数以及相应的容差。在算法“algorithm”方面，这里选取经典的 Newton-Raphson 法。“integrator LoadControl 0. 1”表示荷载采用力控制，对应于 Linear 的加载方式，力增量为 pattern 中定义的荷载的 0. 1 倍。“analysis Static”表示进行静力分析，“analyze 10”表示一共分析 10 步。

将上述命令流保存至 gravity. tcl 文件中，运行 OpenSees 程序并调用该文件即可进行重力分析算，通过查看 reaction. txt 文件可以获得结构总质量。

7.4.4.4 静力推覆分析

推覆分析是工程中十分常用的分析方法，它有助于研究结构的整体力学性能以及主要薄弱部位。下面给出在 OpenSees 中进行推覆分析的简单示例：

```
source gravity. tcl
loadConst -time 0. 0
#define pushover 定义推覆工况
pattern Plain 2 Linear {
load 13 1 0 0 0 0 0
load 16 1 0 0 0 0 0
load 25 2 0 0 0 0 0
load 28 2 0 0 0 0 0
}
#define recorder 记录结果
recorder Node -file reactionx. txt -time -nodeRange 1 6    -dof 1 reaction
recorder Node -file pushx. txt -time -node 13 16 25 28 -dof 1 disp
#define analysis command 定义推覆分析
constraints Transformation;
numberer RCM;
system SparseSYM
test NormDispIncr 1. 0e -6 2000 2;
algorithm Newton
integrator DisplacementControl 25 1 1e -3;
analysis Static
```

```
analyze 100
puts "push ok"
```

（1）荷载工况定义：由于推覆分析一般都是在重力分析之后，所以在最开始直接调用重力分析的命令流。重力分析完成后，采用“loadConst -time 0.0”命令，该命令的意思是保持当前所有的荷载不变，并将时间（time）置零。下面开始定义推覆荷载模式，这里仅以倒三角的分布模式作为示意。仍然先定义静力荷载工况“pattern Plain 2”，注意荷载工况编号在同一个模型中应唯一，因此不能与重力荷载编号相同。“load 13 1 0 0 0 0 0”表示对 13 号节点施加点荷载，其中 $F_x=1N$，$F_y=0$，$F_z=0$，$M_x=0$，$M_y=0$，$M_z=0$。需要注意的是，这里面荷载值的大小只是表征荷载模式的参考值，实际施加荷载的绝对值大小取决于所采用的控制方法以及分析步数。

（2）记录器定义：这里定义底部节点（1～6 号节点）沿推覆方向（X 方向）的反力，以及结构中几个特征点沿推覆方向的位移。

（3）分析模块：与重力分析不同的是，在本算例中采用位移控制分析，即“integrator DisplacementControl 25 1 1e -3”。该命令表示控制 25 号节点 1 自由度方向（X 方向）每步的位移为 1e -3m，具体施加荷载大小要根据计算得到，但是荷载模式与“pattern Plain 2 Linear”内定义的模式相同，也即将定义的荷载参考值进行等比例放大或缩小作用在结构上，使之满足位移控制要求。

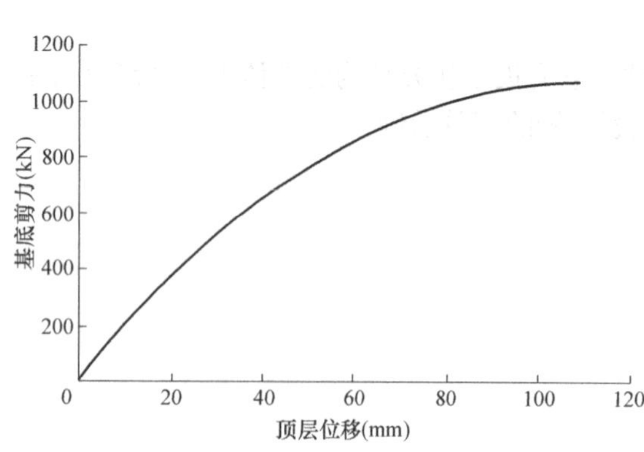

图 7.4-11　推覆分析的荷载-位移曲线

（4）查看结果：用户可以通过查看 reaction.txt 和 pushx.txt 文件结果并进行数据处理，得到结构的荷载-位移曲线，如图 7.4-11 所示。

7.4.4.5　动力时程分析

随着计算机运算能力的提高，动力时程分析已经得到了十分普遍的应用。下面仍然采用上述框架结构，在 OpenSees 下进行动力时程分析，具体命令流如下：

```
source gravity.tcl
loadConst -time 0.0;
#define damping ratio 定义阻尼比
set xDamp 0.05;
#define variables 定义变量
set lambdaI 3041.08
set lambdaJ 4113.72
set omegaI [expr pow( $lambdaI,0.5)];
set omegaJ [expr pow( $lambdaJ,0.5)];
set alphaM [expr $xDamp * (2 * $omegaI * $omegaJ)/( $omegaI+ $omegaJ)];
```

```
set betaKcurr [expr 2. * $xDamp/( $omegaI+ $omegaJ)];
# define damping 定义阻尼
rayleigh $alphaM $betaKcurr 0 0

# define time -history analysis 定义时程分析工况
set IDloadTag 101
set iGMfile "El. txt"
set iGMdirection "1"
set iGMfact "4"
set dt 0. 02
set GMfatt [expr $iGMfact]
set AccelSeries "Series -dt $dt -filePath $iGMfile -factor $GMfatt"
pattern UniformExcitation $IDloadTag $iGMdirection -accel $AccelSeries
#define recorder 记录结果
recorder Drift  -file  drift. txt   -iNode 1 13 -jNode 13 28 -dof 1 -perpDirn 3
recorder Node   -file  dispx. txt   -time  -nodeRange  1 44   -dof 1 disp
recorder Node   -file  dispy. txt   -time  -nodeRange  1 44   -dof 2 disp
recorder Node   -file  dispz. txt   -time  -nodeRange  1 44   -dof 3 disp
recorder Node   -file    32. txt    -time  -node 32   -dof 1 disp
recorder Node   -file    39. txt    -time  -node 39   -dof 1 disp
recorder Node   -file  reactionx. txt   -time   -nodeRange 1 6   -dof 1 reaction
constraints Transformation
numberer RCM
system SparseSYM
test NormDispIncr 1e -4 10 2
algorithm Newton
integrator Newmark 0. 5 0. 25
analysis Transient
puts "ok"
analyze 4000 0. 01
```

(1) 阻尼的定义：与推覆分析类似，动力时程分析也是在重力分析过程之后。设置好“loadConst-time 0. 0”，首先需要进行结构的阻尼的定义，这里面采用经典 Rayleigh 阻尼。其中自定义变量“xDamp”为阻尼比，“lambdaI”和“lambdaJ”分别为结构第 i 阶和第 j 阶振型的特征值，经过计算得到质量矩阵系数“$alphaM”与为刚度矩阵系数“$betaK”后使用命令“rayleigh $alphaM $betaK 0 0”完成阻尼的定义。

(2) 荷载工况定义：定义动力时程分析的荷载时，首先需要定义一个加速度序列，这里面采用等时间步长的序列进行示例。“set AccelSeries " Series -dt $dt -filePath $iGMfile -factor $GMfatt"”表示将一个序列赋值给变量“AccelSeries”。定义序列时，“-dt $dt”表示所给相邻序列点之间的时间间隔，“-filePath $iGMfile”表示从“$iGMfile”文件中读取序列，“-factor $GMfatt”表示将读取的序列值进行调幅的系数。根据前面变量的定义，本算例的命令表示以 0.02s 的时间间隔读入“El.txt”文件中的序列值，并将所有值同时乘以 4 作为实际所采用的序列值。定义序列后，采用“pattern UniformExcitation $IDloadTag $iGMdirection -accel $AccelSeries”对结构进行一致激励。其中，工况编号为“$IDloadTag”，即 101；激励方向为“$iGMdirection”，即 X 方向；加速度序列为“AccelSeries”对应的序列。

(3) 记录器定义：在动力时程分析中，一般需要记录顶点时程、层间位移角以及基底反力。命令“recorder Drift -file drift.txt -iNode 1 13 -jNode 13 28 -dof 1 -perpDirn 3”表示了一种记录层间角的方法。其中“iNode”后面指定的节点与“jNode”后面对应位置节点两两组合，用于计算每层的层间角。“-dof 1”表示计算每层两节点 1 自由度方向（X 方向）的层间角。“-perpDirn 3”表示计算层间角时，两节点之间“高度”的方向。具体解释即为，将“jNode”后面的第一个编号“13”节点与“iNode”后面第一个编号“1”节点在 1 方向的位移作差值，然后将差值除以两结点在 3 方向的距离，作为层间角的第一个输出值，然后再对“iNode”和“jNode”后面其余编号做同样计算并输出，最终得到各层的层间角。

(4) 分析模块：进行动力时程分析时，控制器采用 Newmark-β 法，即“integrator Newmark 0.5 0.25”。“analysis Transient”表示进行动力时程分析。“analyze 4000 0.01”表示等时间步长分析 4000 步，每步的时间步长为 0.01s。“puts"ok"”表示在程序运行窗口输出“ok”，该命令一般用于对程序读入模型的进程进行简单标记，在对模型差错时有较大用处。

(5) 结果查看：程序运行结束后，用户可查看各个结果文件，通过数据处理得到需要的时程曲线、层间位移角包络等相关分析信息。

7.4.5 验证算例

本节将在一些已有试验的基础上，对试验模型开展基于 OpenSees 的数值模拟。一方面，可以使读者了解 OpenSees 在实际工程研究中的具体应用；另一方面，也可以验证基于 OpenSees 模拟构件和结构的可行性与可靠性。

7.4.5.1 某钢筋混凝土框架柱倒塌试验模拟

为了深入了解汶川地震中框架结构的内在倒塌机理，清华大学陆新征等对一 3 层 3 跨框架和关键柱构件开展了拟静力倒塌试验研究（陆新征等，2012）。本节选取其中一根边柱和一根中柱进行模拟，其具体尺寸、配筋情况与加载机制如图 7.4-12 所示。

采用 OpenSees 中基于刚度法的纤维梁柱单元模拟上述柱构件；混凝土采用 Concrete01 模拟，对于核心区的混凝土采用 Mander 约束混凝土本构模型考虑箍筋约束效应；钢筋则采用 Steel02 模拟。此外，由于该柱构件处于临近倒塌状态，所以采用能考虑大变形的 P-Delta 几何变换。模拟结果与试验结果对比如图 7.4-13 所示，从图中可以看出基于 OpenSees 纤维模型模拟所得的滞回曲线与试验结果吻合良好，这表明纤维模型能够较好的模拟临近倒塌状态下的柱构件的受力特性。

7.4.5.2 多种剪力墙构件试验模拟

本节选取文献（解琳琳等，2014）中的 4 片剪力墙试件，包括两片一字形剪力墙（高

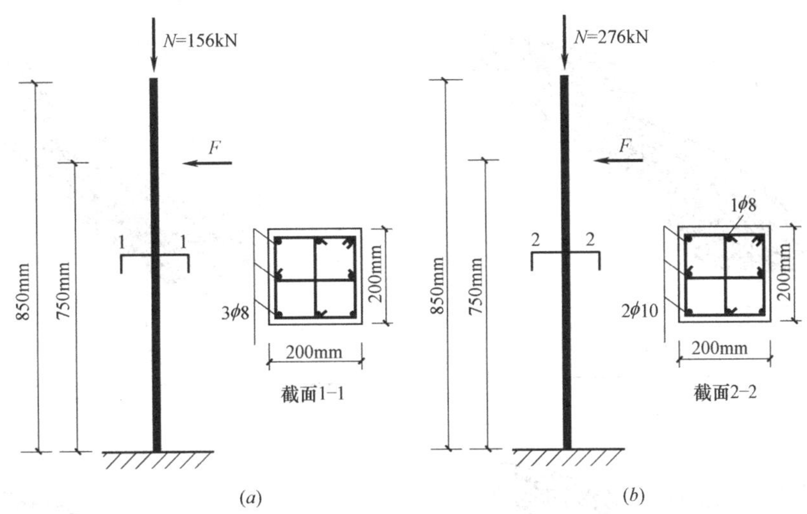

图 7.4-12 模型信息与加载机制

(*a*) 边柱尺寸信息与加载机制；(*b*) 中柱尺寸信息与加载机制

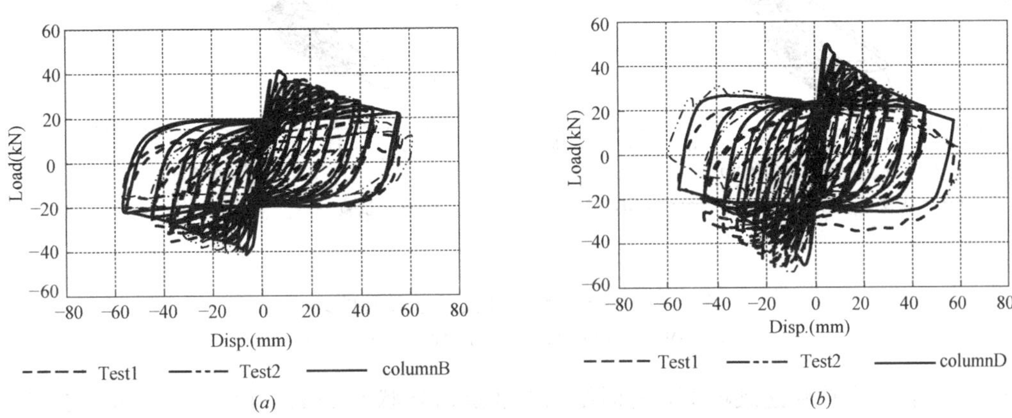

图 7.4-13 OpenSees 计算结果与试验结果对比

(*a*) 边柱试验结果对比；(*b*) 中柱试验结果对比

宽比分别为 2.0 和 1.0)，一片带翼缘剪力墙（章红梅，2007）以及一片联肢剪力墙（陈云涛，吕西林，2003）。分别采用 OpenSees 中的 MITC4 和 NLDKGQ 分层壳单元进行建模，采用 truss 单元模拟边缘约束构件中的配筋。对于带翼缘的剪力墙，采用纤维梁柱单元模拟翼缘处的墙体。将上述构件进行低周往复加载模拟，其模拟结果与试验结果对比如图 7.4-14 所示。从图中可以看出，两种分层壳单元均能较好地模拟剪力墙的滞回特性。

7.4.5.3 某振动台试验模拟

该试验为一 5 层剪力墙结构振动台试验。结构总高为 4.5 m，两个方向的跨度约为 1.6 m，主要截面尺寸如图 7.4-15 所示，结构配筋信息及钢筋混凝土材性详见文献（Lu et al.，2014）。试验采用三向地震动输入，在最后一个工况下底层剪力墙产生剪切破坏。

采用课题组开发的 NLDKGQ 单元模拟墙体与连梁，记录顶层 x 和 y 向的位移时程并与试验结果对比如图 7.4-16 所示，从图中可以看出模拟结果与试验结果吻合良好。在

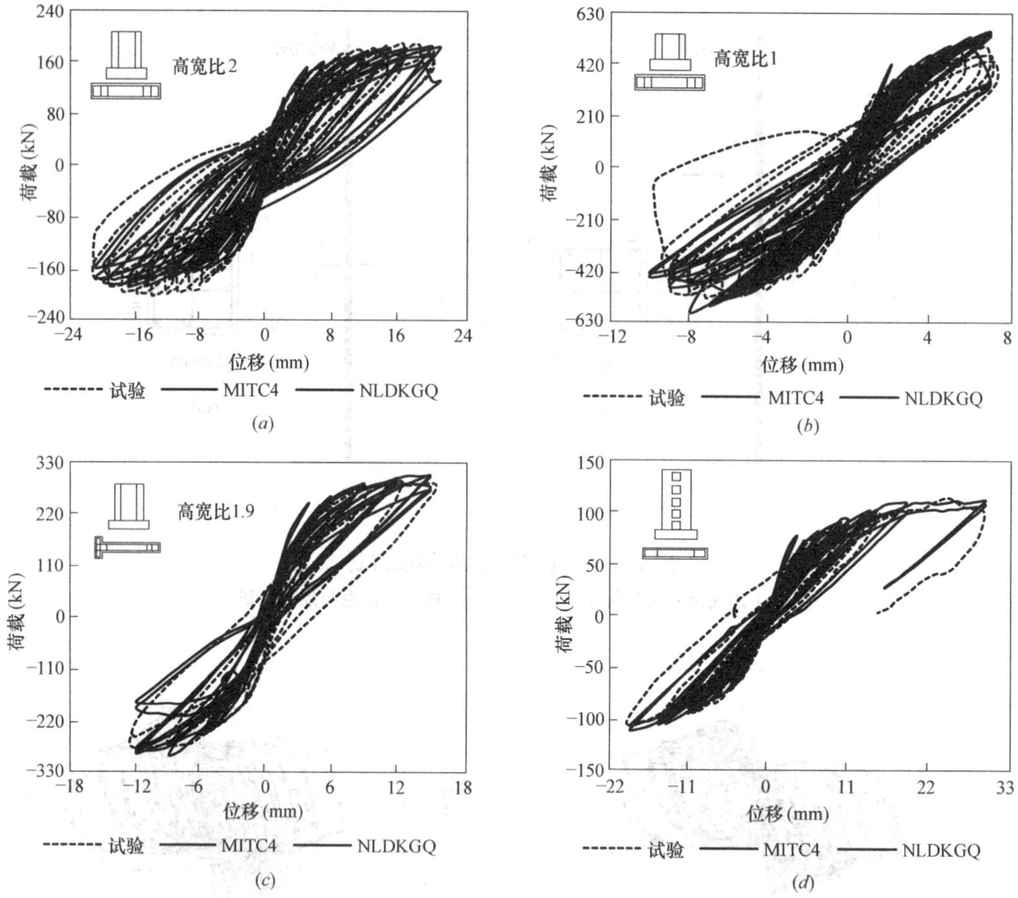

图 7.4-14　剪力墙构件顶点力-位移曲线

(*a*) SW1-1；(*b*) SW2-1；(*c*) SW-4；(*d*) CW-3

3.298 s 时，顶点位移达到峰值，此时结构的底层破坏状态如 7.4-17（*c*）所示，这与 Lu

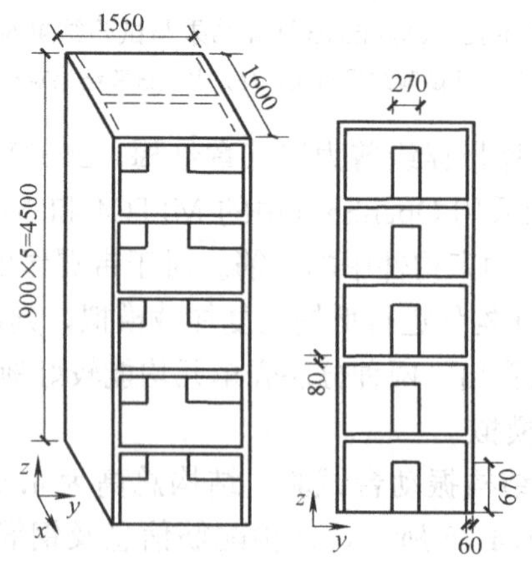

图 7.4-15　5 层剪力墙结构振动台试验的试件尺寸情况（单位：mm）

等（Lu et al.，2014）模拟的峰值响应时刻结构变形情况基本一致，也和图 7.4-17（*a*）中实验观察到的破坏位置基本一致，验证了 NLDKGQ 分层壳模型用于剪力墙结构抗震性能研究的可行性和可靠性。

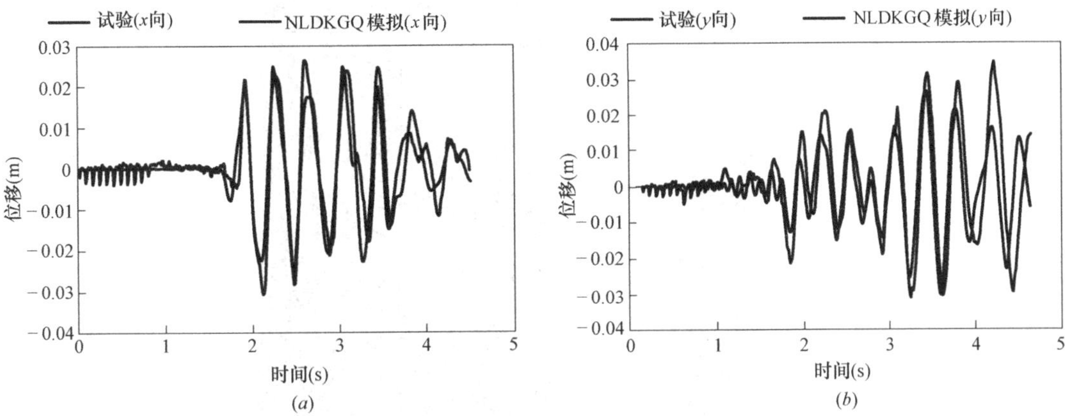

图 7.4-16　5 层剪力墙结构顶层位移时程曲线

（*a*）顶层 x 向位移时程曲线；（*b*）顶层 y 向位移时程曲线

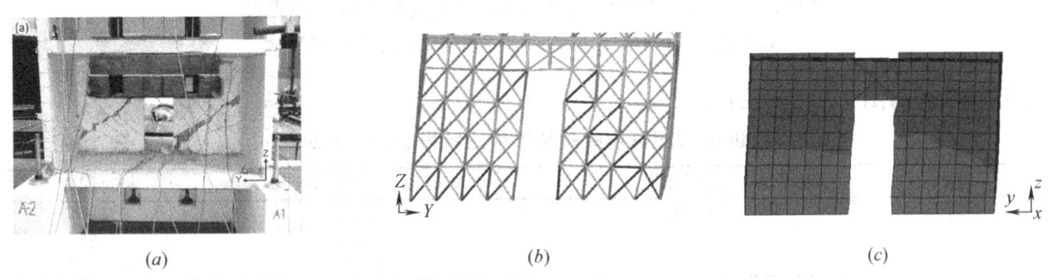

图 7.4-17　峰值响应时刻剪力墙结构的变形情况对比

（*a*）整体结构变形情况；（*b*）文献（Lu et al.，2014）模拟结果；（*c*）本文模拟结果

7.4.6　工程实例——某 500m 级超高层结构动力时程分析

该工程为一超高层建筑，位于我国建筑抗震设防 8 度区。该结构总高 528m，地上 108 层，地下 7 层，采用“巨型框架-支撑-核心筒”混合抗侧力结构体系。该结构塔楼底部平面尺寸约为 78m×78m；中上部略微减小，尺寸为 54m×54m；由中部向上至顶部尺寸约为 69m×69m。核心筒是边长约 38m 的方形筒体结构，外筒底部翼墙为 1.2m 厚，随着高度的增加核心筒墙厚逐渐减小至顶部 0.4m 厚。结构建模中，钢筋混凝土梁柱、型钢梁、钢管混凝土巨柱等均采用纤维梁柱单元进行建模，剪力墙与连梁采用分层壳单元建模，楼板采用刚性楼板假定。其有限元模型如图 7.4-18 所示。

为了保证有限元模型的准确性，首先进行了模态分析，并将前三阶周期计算结果与 MSC. Marc 的计算结果进行对比，如表 7.4-1 所示。可以看出两者的动力特性吻合良好，验证了该模型的可靠性。在此基础上进行动力时程分析，选用 El-Centro 地震波进行单向输入，地震峰值加速度调幅至 400gal，计算得到的顶点位移时程曲线以及层间位移角包络

图 7.4-18　某 500m 级超高层建筑结构有限元模型示意图

(a) 整体结构有限元模型；(b) 核心筒结构有限元模型

如图 7.4-19 与图 7.4-20 所示。

某 500m 级超高层建筑结构前三阶模态的周期对比　　表 7.4-1

周期	OpenSees 模拟周期(s)	MSC. Marc 模拟周期(s)	相对误差
T_1	7.482	7.471	0.15%
T_2	7.414	7.412	0.02%
T_3	2.604	2.579	0.97%

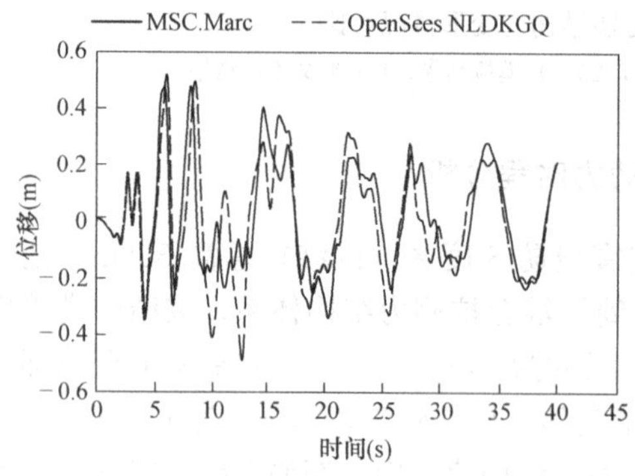

图 7.4-19　结构顶层位移时程曲线

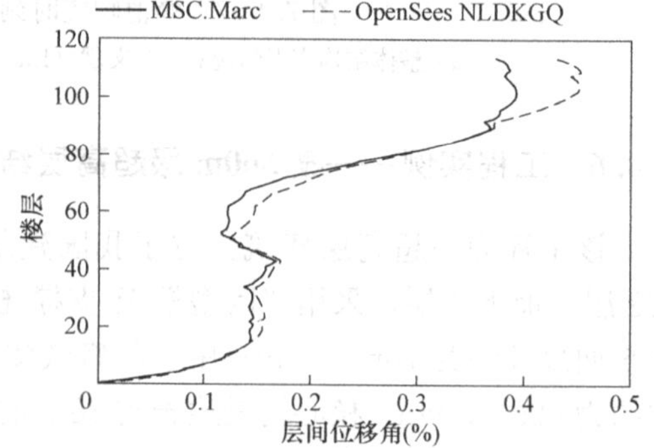

图 7.4-20　结构层间位移角包络曲线

从图中可以看出 OpenSees 与 MSC. Marc 的模拟结果整体吻合良好，该超高层建筑在大震作用下的最大顶点位移约为 0.5m，最大层间侧移角不超过 0.5%，满足规范要求，表明该建筑具有较好的抗震性能，验证了 NLDKGQ 分层壳模型用于研究超高层结构抗震性能的可行性与可靠性。

参考文献

[1] ACI, (2008). Building code requirements for structural concrete and commentary (ACI 318-08). American Concrete Institute, Farmington Hills, Michigan.

[2] ACI, (2011). Building code requirements for structural concrete and commentary (ACI 318-11). American Concrete Institute, Farmington Hills, Michigan.

[3] Arias A, (1970). A measure of earthquake intensity, in seismic design for nuclear power plants. MIT Press: Cambridge, Massachusetts.

[4] Arup, (2013). The resilience -based earthquake design initiative (REDi(TM)) rating system, Arup's Advanced Technology and Research, 2013.

[5] ASCE, (2005). Minimum design loads for buildings and other structures (ASCE/SEI 7-05), American Society of Civil Engineers, Reston, VA.

[6] ASCE, (2006). Seismic rehabilitation of existing buildings (ASCE 41-06). American Society of Civil Engineers, Reston, VA.

[7] ASCE, (2010). Minimum design loads for buildings and other structures (ASCE/SEI 7-10), American Society of Civil Engineers, Reston, VA.

[8] ATC, (1996). Seismic evaluation and retrofit of existing concrete buildings (ATC-40), Applied Technology Council, Redwood City, CA.

[9] ATC, (2008). Quantification of building seismic performance factors, ATC-63 Project Report (90% Draft), FEMA P695 / April 2008, Applied Technology Council, Redwood City, CA.

[10] ATC, (2010). Modeling and acceptance criteria for seismic design and analysis of tall buildings (PEER/ATC-72-1). Applied Technology Council, Redwood City, C. A.

[11] Baker JW, Cornell CA, (2005). A vector-valued ground motion intensity measure consisting of spectral acceleration and epsilon. Earthquake Engineering & Structural Dynamics, 34 (10): 1193-1217.

[12] Baker JW, Cornell CA, (2008). Vector-valued intensity measures for pulse -like near-fault ground motions. Engineering Structures, 30 (4): 1048-1057.

[13] Batoz JL, Tahar MB, (1982). Evaluation of a new quadrilateral thin plate bending element. International Journal for Numerical Methods in Engineering, 18 (11): 1655-1677.

[14] Bazzurro P, Cornell CA, Shome N, Carballo JE, (1998). Three proposals for characterizing MDOF non-linear seismic response. Journal of Structural Engineering-ASCE, 124 (11): 1281-1289.

[15] Benjamin JR, Associates, (1988). A criterion for determining exceedance of the operating basis earthquake. EPRI Report NP-5930, Electric Power Research Institute, CA.

[16] Bertero VV, (1977). Strength and deformation capacities of buildings under extreme environments. Structural Engineering and Structural Mechanics, Pister KS (ed); Prentice Hall: New Jersey, 211-215.

[17] Bouc R, (1967). Forced vibration of mechanical systems with hysteresis, Proceedings of the 4th Conference on Nonlinear Oscillations. Prague, Czechoslovakia.

[18] Bousalem B, Chikh N, (2007). Development of a confined model for rectangular ordinary reinforced concrete columns. Materials and Structures, 40 (6): 605-613.

[19] Bozorgnia Y, Bertero VV, (2004). Earthquake engineering: from engineering seismology to performance-based engineering, CRC Press.

[20] Broughton JQ, Abraham FF, Bernstein N, Kaxiras E, (1999). Concurrent coupling of length scales: methodology and application. Physical Review B, 60 (4): 2391.

[21] Bruneau M, Chang SE, Eguchi RT, Lee GC, O' Rourke TD, Reinhorn AM, Shinozuka M, Tierney K, Wallace WA, von Winterfeldt D, (2003). A framework to quantitatively assess and enhance the seismic resilience of communities. Earthquake Spectra, 19 (4): 733-752.

[22] BSL, (2000). Building Standard Law, 2000. Ministry of Land, Infrastructure and Transport, Japan.

[23] CECS 160：2004，(2004)，建筑工程抗震性态设计通则（试用），(CECS 160：2004). 北京：计划出版社.

[24] CECS 392：2014 (2014)，建筑结构抗倒塌设计规范 (CECS 392：2014). 北京，中国计划出版社.

[25] CEN, (2004). Eurocode 8: Design of structures for earthquake resistance. Part 1: General rules, seismic action and rules for buildings. Comite Europeen de Normalisation, Brussels.

[26] Chen WF, Lui EM, (2005). Handbook of structural engineering, CRC Press.

[27] Chen WF, Scawthorn C, (2002). Earthquake engineering handbook, CRC Press.

[28] Chopra AK, Goel RK, Chintanapakdee C. (2004). Evaluation of a modified MPA procedure assuming higher modes as elastic to estimate seismic demands. Earthquake Spectra, 20 (3): 757-778.

[29] Chopra AK, Goel RK. (2004). A modal pushover analysis procedure to estimate seismic demands for unsymmetric-plan buildings. Earthquake Engineering & Structural Dynamics, 33 (8): 903-927.

[30] Chopra AK, Goel RK, (2002). A modal pushover analysis procedure for estimating seismic demands for buildings. Earthquake Engineering & Structural Dynamics, 31 (3): 561-582.

[31] Clough RW, (1966). Effect of stiffness degradation on earthquake ductility requirements. Report No. UCB/SESM-1966/16. Berkely: UC Berkeley.

[32] CSI, (2007). CSI Analysis reference manual for SAP2000, ETABS, and SAFE. Berkeley: Computers and Structures, Inc.

[33] CSI, (2006). Perform components and elements for Perform-3D and Perform-Collapse. Berkeley: Computers and Structures, Inc.

[34] Eatherton MR, Ma X, Krawinkler H, Mar D, Billington S, Hajjar JF, Deierlein GG, (2014). Design concepts for controlled rocking of self-centering steel-braced frames, Journal of Structural Engineering-ASCE, 10. 1061/ (ASCE) ST. 1943-541X. 0001047.

[35] Esmaeily A, Xiao Y, (2005). Behavior of reinforced concrete columns under variable axial loads: analysis. ACI Structural Journal, 102 (5): 736-744

[36] Fajfar P, Gaspersic P, (1996). The N2 method for the seismic damage analysis of RC buildings. Earthquake Engineering & Structural Dynamics, 25 (1): 31-46.

[37] Fajfar P, Vidic T, Fischinger M, (1990). A measure Dynamics of earthquake motion capacity to damage medium-period structures. Soil Dynamics and Earthquake Engineering, 9 (5): 236-242.

[38] FEMA, (1997a). NEHRP Guidelines for the Seismic Rehabilitation of Buildings (FEMA-273), Federal Emergency Management Agency, Washington, DC.

[39] FEMA, (1997b). NEHRP Commentary on the Guidelines for the Seismic Rehabilitation of Buildings (FEMA-274). Federal Emergency Management Agency, Washington, DC.

[40] FEMA, (2000). Prestandard and commentary for the seismic rehabilitation of buildings (FEMA-356). Federal Emergency Management Agency, Washington, DC.

[41] FEMA, (2004). NEHRP recommended provisions and commentary for seismic regulations for new buildings and other structures (FEMA-450). Federal Emergency Management Agency, Washington, D. C.

[42] FEMA, (2006). Next-generation performance -based seismic design guidelines program plan for new and existing buildings (FEMA-445). Federal Emergency Management Agency, Washington, DC.

[43] FEMA, (2008). Casualty consequence function and building population model development (FEMA P-58/BD-3. 7. 8.). Federal Emergency Management Agency, Washington, DC.

[44] FEMA, (2009). Quantification of building seismic performance factors (FEMA-P695). Federal Emergency Management Agency, Washington DC.

[45] FEMA, (2012a), Seismic performance assessment of buildings: Volume 1 — Methodology (FEMA P-58-1). Federal Emergency Management Agency, Washington, DC.

[46] FEMA, (2012b), Seismic performance assessment of buildings: Volume 2- Implementation guide (FEMA P-58-2). Federal Emergency Management Agency, Washington, DC.

[47] Freeman SA, Nicoletti JP, Tyrell JV. (1975). Evaluation of existing buildings for seismic risk- A case study of Puget Sound Naval Shipyard, Bremerton, Washington, Proc. 1st U. S. National Conference on Earthquake Engineering. , EERI, Berkeley: 113-122.

[48] GB 20688. 3—2006, (2006). 建筑隔震橡胶支座. 北京：中国标准出版社.

[49] GB 50010—2010, (2010). 混凝土结构设计规范 (GB 50010—2010). 北京：中国建筑工业出版社

[50] GB 50011—2001, (2001). 建筑抗震设计规范 (GB 50011—2001), 北京：中国建筑工业出版社.

[51] GB 50011—2010, (2010). 建筑抗震设计规范 (GB 50011—2010). 北京：中国建筑工业出版社

[52] GBJ 11—89, (1989), 建筑抗震设计规范 (GBJ 11—89) 北京：中国建筑工业出版社.

[53] GB/T 20688. 1—2007, (2007). 橡胶支座 第 1 部分 隔震橡胶支座试验方法. 北京：中国标准出版社.

[54] Goggins JM, Broderick BM, Elghazouli AY, Lucas AS, (2005). Experimental cyclic response of cold-formed hollow steel bracing members. Engineering Structures, 27 (7): 977-989.

[55] Gupta A, Krawinkler H, (2000). Estimation of seismic drift demands for frame structures. Earthquake Engineering & Structural Dynamics, 29 (9): 1287-1305.

[56] Gupta B, Kunnath SK, (2000). Adaptive spectra-based pushover procedure for seismic evaluation of structures. Earthquake Spectra, 16 (2): 367-391.

[57] Han LH, Zhao XL, Tao Z, (2001). Tests and mechanics model for concrete -filled SHS stub columns, columns and beam-columns. Steel and Composite Structures, (1): 51-74.

[58] Hoshikuma J, Kawashima K, Nagaya K, Taylor AW, (1997). Stress-strain model for confined reinforced concrete in bridge piers. Journal of Structural Engineering-ASCE, 123 (5): 624-633.

[59] Housner GW, (1952). Spectrum intensities of strong motion earthquakes, Proceedings of the Symposium on Earthquake and Blast Effects on Structures, CA.

[60] Housner GW, (1975). Measures of severity of earthquake ground shaking, Proceedings of the U. S. National Conference on Earthquake Engineering, EERI, Ann Arbor.

[61] Housner GW, Jennings PC, (1964). Generation of artificial earthquakes. Journal of the Engineering Mechanics Division-ASCE, 90 (EM1): 113-150.

[62] Housner GW, Jennings PC. (1977). The capacity of extreme earthquake motions to damage structures. Structural and Geotechnical Mechanics, A volume honoring N M Newmark, Prentice Hall:

102-116.

[63] Huang Y，（2009）. Simulating the inelastic seismic behavior of steel braced frames including the effects of low-cycle fatigue. Berkeley：University of California at Berkeley.

[64] Ibarra LF，Krawinkler H，（2006）. Global collapse of frame structures under seismic excitations. PEER Report 2006/06：29-42.

[65] ICC (2006). International building code. Falls Church，Virginia：International Code Council.

[66] Inaudi JA，Makris N，(1996). Time-domain analysis of linear hysteretic damping. Earthquake Engineering & Structural Dynamic，25 (6)：529-545.

[67] JGJ 3-2010，(2011). 高层建筑混凝土结构技术规程（JGJ 3-2010）. 北京：中国建筑工业出版社.

[68] Kabeyasawa T，Shiohara T，Otani S，Aoyama H，（1982）. Analysis of the full-scale seven story reinforced concrete test structure：Test PSD3. Proc. 3rd JTCC，US-Japan Cooperative Earthquake Research Program，BRI，Tsukuba，Japan.

[69] Kasai K，Munshi JA，Lai ML，Maison BF，(1993). Viscoelastic damper hysteretic model：theory，experiment，and application. Proceedings of the ATC 17-1：Seminar on seismic isolation，passive energy dissipation，and active control，521-532.

[70] Kent DC，Park R，(1971). Flexural members with confined concrete. ASCE，97 (ST7)：1969-1990.

[71] Khandelwal K，(2008). Multi-scale computational simulation of progressive collapse of steel frames. Ph. D. Thesis，University of Michigan，MI.

[72] Kilar V，Fajfar P，（1997）. Simple push-over analysis of asymmetric buildings. Earthquake Engineering & Structural Dynamics，26 (2)：233-249.

[73] Kramer SL，(1996) Geotechnical earthquake engineering. U. S.：Prentice-Hall.

[74] Krawinkler H，Seneviratna GDPK，（1998）. Pros and cons of a pushover analysis of seismic performance evaluation. Engineering Structures，20 (4-6)：452-464.

[75] Lai SS，Will GT，Otani S，(1984)，Model for inelastic biaxial bending of concrete members，Journal of Structural Engineering-ASCE，110 (11)：2563-2584.

[76] Langdon D，(2010). Program cost model for PEER tall buildings study concrete dual system structural option. Pacific Earthquake Engineering Research Center，Los Angeles，CA.

[77] LATBSDC，(2011). An alternative procedure for seismic analysis and design of tall buildings located in the Los Angeles region (2011 edition including 2013 supplement). Los Angeles Tall Buildings Structural Design Council，Los Angeles，CA.

[78] Legeron F，Paultre P，（2003）. Uniaxial confinement model for normal-and high-strength concrete columns. Journal of Structural Engineering-ASCE，129 (2)，241-252.

[79] Légeron F，Paultre P，Mazar J，(2005). Damage mechanics modeling of nonlinear seismic behavior of concrete structures，Journal of Structural Engineering-ASCE，131 (6)：946-954.

[80] Lu XZ，Li MK，Guan H，Lu X，Ye LP，(2015a). A comparative case study on seismic design of tall RC frame-core tube structures in China and USA，The Structural Design of Tall and Special Buildings，24：687-702.

[81] Lu XZ，Lin XC，Ma YH，Li Y，Ye LP，（2008）. Numerical simulation for the progressive collapse of concrete building due to earthquake，Proc. the 14th World Conference on Earthquake Engineering，October 12-17，Beijing，China，CDROM.

[82] Lu XZ，Xie LL，Guan H，Huang YL，Lu X，(2015b). A shear wall element for nonlinear seismic analysis of super-tall buildings using OpenSees，Finite Elements in Analysis & Design，98：14-25.

[83] Lu Y，Panagiotou M，Koutromanos I，(2014). Three -dimensional beam-truss model for reinforced concrete walls and slabs subjected to cyclic static or dynamic loading. Pacific Earthquake Engineering Research Center Headquarters at the University of California，Berkeley，USA，November 2014.

[84] Luco N，Cornell CA，(2007). Structure -specific scalar intensity measures for near-source and ordinary earthquake motions. Earthquake Spectra，23 (2)：357- 391.

[85] Luco N，Ellingwood BR，Hamburger RO，et al. (2007). Risk-targeted versus current seismic design maps for the conterminous United States，Proceedings of the 2007 Structural Engineers Association of California Convention. California：Structural Engineering Association of California，2007：1-13.

[86] Lynn A，Moehle JP，Mahin SA，Holmes WT，(1996). Seismic evaluation of existing reinforced concrete building columns. Earthquake Spectra，12 (4)：715-739.

[87] Mander JB，Priestley MJN，Park R，(1988). Theoretical stress-strain model for confined concrete. Journal of Structural Engineering-ASCE，114 (8)：1804-1826.

[88] Miranda E，Aslani H，(2003). Probabilistic response assessment for building-specific loss estimation. PEER 2003/03，Pacific Earthquake Engineering Research Center，University of California at Berkeley，Berkeley，CA.

[89] Miranda E，Taghavi S，(2005). Approximate floor acceleration demands in multistory buildings. I：formulation. Journal of Structural Engineering-ASCE，131 (2)：203-211.

[90] Moehle J，Bozorgnia Y，Jayaram N，et al. (2011). Case studies of the seismic performance of tall buildings designed by alternative means. Pacific Earthquake Engineering Research Center，Berkeley，California.

[91] MSC. Software Corporation，(2005a). Marc User's Manual，Volume A：Theory and User. Information.

[92] MSC. Software Corporation，(2005b). Marc Volume D：User subroutines and special routines.

[93] National Research Council，(2011). Committee on National Earthquake Resilience Research，Implementation，and Outreach，Committee on Seismology and Geodynamics.

[94] Nau JM，Hall WJ，(1982). An evaluation of scaling methods for earthquake response spectra. Structural Research Series No. 499，Department of Civil Engineering，University of Illinois，Urbana.

[95] Nau JM，Hall WJ，(1984). Scaling methods for earthquake response spectra. Journal of Structure Engineering-ASCE，110 (7)：1533-1548.

[96] Padgett JE，Nielson BG，DesRoches R，(2008). Selection of optimal intensity measures in probabilistic seismic demand models of highway bridge portfolios. Earthquake Engineering & Structural Dynamics，37 (5)：711-725.

[97] Pall AS，Marsh C，(1982). Response of friction damped braced frames. Journal of Structural Engineering-ASCE，108 (9)：1313-1323.

[98] Park YJ，Ang AHS，Wen YK，(1985). Seismic damage analysis of reinforced concrete buildings. Journal of Structural Engineering-ASCE，111 (4)：740-757.

[99] Park YJ，Reinhorn AM，Kunnath SK，(1987). IDARC：Inelastic damage analysis of reinforced concrete frame -shear-wall structures，Technical Report NCEER-87-0008. State University of New York at Buffalo.

[100] PEER，(2010). Guidelines for performance -based seismic design of tall buildings，Report PEER-2010/05，Pacific Earthquake Engineering Research Center，University of California，

Berkeley，CA.

[101] Ponserre S，Guha-Sapir D，Vos F，Below R，(2011). Annual disaster statistical review 2011：the numbers and trends. Centre for Research on the Epidemiology of Disasters (CRED) working paper，Brussel.

[102] Riddell R，Garcia EJ，(2001)，Hysteretic energy spectrum and damage control. Earthquake Engineering & Structure Dynamics，30 (12)：1791-1816.

[103] Rudd RE，Broughton JQ，(2000). Concurrent coupling of length scales in solid state systems. Physica Status Solidi (B)，27 (1)：251-291.

[104] Saatcioglu M，Grira M，(1999). Confinement of reinforced concrete columns with welded reinforcement grids. ACI Structural Journal，96 (1)：29-39.

[105] Saatcioglu M，Razvi SR，(1992). Strength and ductility of confined concrete. Journal of Structural Engineering-ASCE，118 (6)：1590-1607.

[106] Saiidi M，Sozen MA，(1981) Simple non-linear seismic analysis of RC structures. Journal of Structural Division-ASCE，107 (ST5)：937-951

[107] Schellenberg A，Yang T，(2005). OpenSees navigator.

[108] SEAOC，(1995). Performance -based seismic engineering of buildings (Vision 2000). Structural Engineers Association of California，Sacramento，CA.

[109] SEAOC，(2007). Recommended administrative bulletin on the seismic design & review of tall buildings using non-prescriptive procedures (AB-083). Structural Engineers Association of Northern California，San Francisco，CA.

[110] SEI，(2006). Seismic design criteria for structures，systems，and components in nuclear facilities (43-05). American Society of Civil Engineers，Reston，VA.

[111] SFBC，(2001)，San Francisco building code (SFBC-2001). Department of Building Inspection City & County of San Francisco，San Francisco，CA.

[112] Shi W，Lu XZ，Ye LP，(2012). Uniform-risk-targeted seismic design for collapse safety of building structures. Science China-Technological Sciences，55 (6)：1481-1488.

[113] Sinha BP，Gerstle KH，Tulin LG，(1964). Stress-strain relations for concrete under cyclic loading. Journal of American Concrete Institute，62 (2)：195-210.

[114] Skinner RI，Robinson WH，McVerry GH，谢礼立，周雍年，赵兴权译. (1996). 工程隔震概论. 北京：地震出版社.

[115] SPUR，(2009). The resilient city：defining what San Francisco needs from its seismic mitigation policies，San Francisco Planning and Urban Research Association.

[116] Sucuoglu H，Nurtug A，(1995). Earthquake ground motion characteristics and seismic energy dissipation. Earthquake Engineering & Structural Dynamics，24 (9)：1195-1213.

[117] Takeda T，Sozen MA，Neilsen NN，(1970). Reinforced concrete response to simulated earthquakes. Journal of Structural Engineering Division-ASCE，96 (12)：2557-2573.

[118] Takemura H，Kawashima K，(1997). Effect of loading hysteresis on ductility capacity of reinforced concrete bridge pier. Journal of Structural Engineering，Japan，43A：849-858.

[119] TJ 11—78，(1979)，工业与民用建筑抗震设计规范 (TJ 11—78). 北京：中国建筑工业出版社.

[120] Trifunac MD，Brady AG，(1975). A study on the duration of strong earthquake ground motion. Bulletin of the Seismological Society of America，65 (3)：581-626.

[121] US Resilience Council，(2015). http：//usrc. org/.

[122] Vamvatsikos D，Cornell CA，(2002). Incremental dynamic analysis. Earthquake Engineering &

Structure Dynamics, 31 (3): 491-514.

[123] Wen YK, (1976). Method for random vibration of hysteretic systems. Journal of Engineering Mechanics-ASCE, 103 (2): 249-263.

[124] Wikipedia, (2012). List of tallest buildings in Christchurch, available from: http://en.wikipedia.org/wiki/List_of_tallest_buildings_in_Christchurch. Accessed on Jan 2015.

[125] Yi WJ, He QF, Xiao Y, Kunnath SK, (2008). Experimental study on progressive collapse-resistant behavior of reinforced concrete frame structures. ACI Structural Journal, 105 (4): 433-9.

[126] 北京金土木软件技术有限公司，中国标准设计研究院，(2012). SAP2000中文版使用指南（第二版）. 北京：人民交通出版社.

[127] 蔡钦佩，宋二祥，陆新征，刘华北，陈肇元，(2006). 核爆冲击波作用下高层框架结构附件人防地下室倾覆问题的有限元分析，防护工程，28 (5): 27-33.

[128] 曾德民，(2007). 橡胶隔震支座的刚度特征与隔震建筑的性能试验研究. 中国建筑科学研究院博士学位论文.

[129] 陈国兴，(2003). 中国建筑抗震设计规范的演变与展望，防灾减灾工程学报，23 (1): 102-113

[130] 陈火红，(2002). Marc有限元实例分析教程，北京：机械工业出版社.

[131] 陈火红，尹伟奇，薛小香，(2004). Marc二次开发指南，北京：科学出版社.

[132] 陈勤，(2002). 钢筋混凝土双肢剪力墙静力弹塑性分析. 北京：清华大学博士学位论文.

[133] 陈适才，(2007). 火灾下混凝土结构的数值计算模型及其软件开发，清华大学博士学位论文.

[134] 陈学伟，林哲，(2014). 结构弹塑性分析程序OpenSees原理与实例. 北京：中国建筑工业出版社.

[135] 陈云涛，吕西林，(2003). 联肢剪力墙抗震性能分析——试验和理论分析. 建筑结构学报，23 (4): 25-34.

[136] 杜修力，贾鹏，赵均，(2007). 钢筋混凝土核心筒不同轴压比作用下抗震性能试验研究. 哈尔滨工业大学学报，39 (S2): 567-572.

[137] 高孟潭，卢寿德，(2006). 关于下一代地震区划图编制原则与关键技术的初步探讨. 震灾防御技术，1 (1): 1-6.

[138] 顾祥林，孙飞飞，(2002). 混凝土结构的计算机仿真. 上海：同济大学出版社.

[139] 管娜，(2012). 中美规范荷载组合对比. 武汉大学学报：工学版，(S1): 343-346.

[140] 过镇海，(1999) 钢筋混凝土原理. 北京：清华大学出版社.

[141] 郝敏，谢礼立，徐龙军，(2005). 关于地震烈度物理标准研究的若干思考. 地震学报，27 (2): 230-234.

[142] 侯爽，欧进萍，(2004)，结构Pushover分析的侧向力分布及高阶振型影响. 地震工程与工程振动，24 (3): 89-97.

[143] 胡妤，(2014). 高烈度地区钢筋混凝土框架-核心筒结构抗震性能研究 [硕士学位论文]. 北京：清华大学.

[144] 胡妤，赵作周，钱稼茹，(2015). 高烈度地区框架-核心筒结构中美抗震设计方法对比. 建筑结构学报，36 (02): 1-9.

[145] 江见鲸，(2005). 防灾减灾工程学，北京：机械工业出版社.

[146] 江见鲸，陆新征，(2013). 混凝土结构有限元分析（第2版），北京：清华大学出版社，2013.

[147] 江见鲸，陆新征，江波，(2006). 钢筋混凝土基本构件设计（第2版），北京：清华大学出版社.

[148] 江见鲸，陆新征，叶列平，(2005). 混凝土结构有限元分析，北京：清华大学出版社.

[149] 蒋欢军，吕西林，(1998). 用一种墙体单元模型分析剪力墙结构. 地震工程与工程振动. 18 (3): 40-48.

[150] 解琳琳，黄羽立，陆新征，林楷奇，叶列平，(2014). 基于 OpenSees 的 RC 框架-核心筒超高层建筑抗震弹塑性分析. 工程力学，31 (1)：64-71.

[151] 匡文起，张玉良，辛克贵，(1993). 结构矩阵分析和程序设计. 北京：高等教育出版社.

[152] 李国强，周向明，丁翔，(2000). 钢筋混凝土剪力墙非线性地震分析模型. 世界地震工程，16 (2)：13-18.

[153] 李海涛，张富强，(2003). 高层建筑结构自振周期的计算方法探讨. 河北建筑工程学院学报，21 (1)：67-68.

[154] 李杰、李国强，(1992). 地震工程学导论，地震出版社.

[155] 李英民，丁文龙，黄宗明，(2001). 地震动幅值特性参数的工程适用性研究. 重庆建筑大学学报，23 (6)：16-21.

[156] 李兆霞，孙正华，郭力 等，(2007). 结构损伤一致多尺度模拟和分析方法. 东南大学学报：自然科学版，37 (2)：251-260.

[157] 林旭川，陆新征，缪志伟，叶列平，郁银泉，申林，(2009). 基于分层壳单元的 RC 核心筒结构有限元分析和工程应用. 土木工程学报，42 (3)：51-56.

[158] 林旭川，陆新征，叶列平，(2008). 砌体结构的地震倒塌模拟与分析. 汶川地震建筑震害调查与灾后重建分析报告，北京中国建筑工业出版社，2008. 6，北京，285-292.

[159] 林旭川，陆新征，叶列平，(2010). 钢-混凝土混合框架结构多尺度分析及其建模方法. 计算力学学报，27 (3)：469-475.

[160] 林旭川，(2009). 基于系统方法的 RC 框架结构抗震性能优化设计. 清华大学硕士学位论文.

[161] 刘晶波，杜修力，(2004). 结构动力学. 北京：机械工业出版社

[162] 陆新征，(2013). 转换程序 MTO 应用说明. http：//blog. sina. com. cn/s/blog _ 6cdd8dff0101mdle. html. 2013-09-10/2015-05-01.

[163] 陆新征，李易，叶列平，马一飞，梁益，(2008a). 钢筋混凝土框架结构抗连续倒塌设计方法的研究. 工程力学，25 (Sup. 2)：150-157.

[164] 陆新征，林旭川，叶列平，(2008b). 多尺度有限元建模方法及其应用. 华中科技大学学报（城市科学版），25 (4)：76-80.

[165] 陆新征，缪志伟，江见鲸，叶列平，(2006). 静力和动力荷载作用下混凝土高层结构的倒塌模拟. 山西地震，126 (2)：7-11

[166] 陆新征，叶列平，潘鹏，赵作周，纪晓东，钱稼茹，(2012). 钢筋混凝土框架结构拟静力倒塌试验研究及数值模拟竞赛Ⅰ：框架试验. 建筑结构，42 (11)：19-22+26.

[167] 罗开海，王亚勇，(2006). 中美欧抗震设计规范地震动参数换算关系的研究. 建筑结构，36 (8)：103-107.

[168] 罗开海，毋建平，(2014)，建筑工程常用抗震规范应用详解. 北京：中国建筑工业出版社.

[169] 马千里，叶列平，陆新征，马玉虎，(2008a). 现浇楼板对框架结构柱梁强度比的影响研究. 汶川地震建筑震害调查与灾后重建分析报告，北京中国建筑工业出版社，2008. 6，北京，263-271.

[170] 马千里，叶列平，陆新征，(2008b). MPA 与 Pushover 方法的准确性对比. 华南理工大学学报（自然科学版），36 (11)：1-8.

[171] 马千里，叶列平，陆新征，缪志伟，(2008c). 采用逐步增量弹塑性时程分析方法对 RC 框架结构推覆分析侧力模式的研究. 建筑结构学报，29 (2)：132-140.

[172] 门俊，陆新征，宋二祥，陈肇元，(2006). 分层壳模型在剪力墙结构计算中的应用. 防护工程，28 (3)：9-13.

[173] 缪志伟，马千里，叶列平，陆新征，(2008a). Pushover 方法的准确性和适用性研究. 工程抗震与加固改造，30 (1)：55-59.

[174] 缪志伟，陆新征，李易，叶列平，(2008b). 基于通用有限元程序和微平面模型分析复杂应力混凝土结构. 沈阳建筑大学学报（自然科学版），24 (1)，49-53.

[175] 欧进萍，侯钢领，吴斌，(2001). 概率 Pushover 分析方法及其在结构体系抗震可靠度评估中干的应用. 建筑结构学报，22 (6)：81-86.

[176] 钱稼茹，罗文斌，(2000). 静力弹塑性分析——基于性能/位移抗震设计的分析工具. 建筑结构，30 (6)：23-26.

[177] 钱稼茹，程丽荣，周栋梁，(2002). 普通箍筋约束混凝土柱的中心受压性能. 清华大学学报，42 (10)：1369-1373.

[178] 秦宝林，(2012). 在 Perform-3D 软件支持下对超高层结构实例抗震性能的初步评价. 重庆大学硕士学位论文.

[179] 清华大学，北京交通大学，西南交通大学，(2008)，汶川地震建筑震害分析. 建筑结构学报，29 (4)：1-9.

[180] 曲激婷，(2008). 位移型和速度型阻尼器减震对比研究及优化设计. 大连理工大学学位论文.

[181] 曲哲，叶列平，(2011). 基于有效累积滞回耗能的钢筋混凝土构件承载力退化模型. 工程力学，28 (6)：45-51.

[182] 施刚，石永久，李少甫，王元清，(2005). 多层钢框架半刚性端板连接的循环荷载试验研究. 建筑结构学报，25 (2)：74-80.

[183] 施炜，叶列平，陆新征，(2012). 基于一致倒塌风险的建筑抗震评价方法研究. 建筑结构学报，33 (6)：1-7.

[184] 史春芳，徐赵东，卢立恒，(2007). 摩擦阻尼器在工程结构中的研究与应用. 工程建设与设计，9：012.

[185] 苏键，(2012). 叠层橡胶支座力学性能和高架桥及高层隔震结构地震响应研究. 湖南大学博士学位论文.

[186] 苏志彬，李立，李楚舒，(2010). 结构非线性分析在 Perform-3D 中的实现方法. 2010 金土木结构软件全国用户大会.

[187] 孙正华，李兆霞，陈鸿天，殷爱国，(2007). 考虑局部细节特性的结构多尺度模拟方法研究. 特种结构，24 (1)：71-75.

[188] 汪梦甫，周锡元，(2003). 高层建筑结构抗震弹塑性分析方法及抗震性能评估的研究. 土木工程学报，36 (11)：44-49.

[189] 汪训流，陆新征，叶列平，(2007a). 往复荷载下钢筋混凝土柱受力性能的数值模拟. 工程力学，24 (12)：76-81

[190] 汪训流，叶列平，陆新征，(2006). 往复荷载下预应力混凝土结构的数值模拟. 工程抗震与加固改造，28 (6)：25-29

[191] 汪训流，(2007b). 配置高强钢绞线无粘结筋混凝土柱复位性能的研究. 清华大学博士学位论文，2007

[192] 王大庆，(1991). 砖填充钢筋混凝土框架结构的地震破坏分析. 清华大学硕士学位论文.

[193] 王金昌，陈页开，(2007). ABAQUS 在土木工程中的应用. 杭州：浙江大学出版社.

[194] 王丽莎，岑松，解琳琳，陆新征，(2015). 基于新型大变形平板壳单元的剪力墙模型及其在 OpenSees 中的应用. 工程力学，DOI：10.6052/j.issn.1000-4750.2015.03.0173.

[195] 魏巍，冯启民，(2002). 几种 Pushover 分析方法对比研究. 地震工程与工程振动，22 (4)：66-73.

[196] 熊向阳，戚震华.(2001)，侧向荷载分布方式对静力弹塑性分析结果的影响. 建筑科学，17 (5)：8-13.

[197] 胥建龙，唐志平，(2004). 离散元与有限元结合的多尺度方法及其应用. 计算物理，20（6）：477-482.

[198] 徐福江，(2006)，钢筋混凝土框架一核心筒结构基于位移抗震设计方法研究，清华大学博士学位论文.

[199] 须寅，龙驭球，(1993). 采用广义协调条件构造具有旋转自由度的四边形膜元. 工程力学，10（3）：27-36.

[200] 杨建宏，(2008). 基于小波理论的多尺度计算方法. 科技信息，36：15-16.

[201] 杨溥，李英民，王亚勇，(2002). 结构静力弹塑性分析（Pushover）方法的改进. 建筑结构学报，21（1）：44-51.

[202] 叶列平，陆新征，马千里，汪训流，缪志伟，(2006). 混凝土结构抗震非线性分析模型、方法及算例. 工程力学，2006，23（sup. II）：131-140.

[203] 叶列平，缪志伟，程光煜，马千里，陆新征，(2014). 建筑结构基于能量抗震设计方法研究. 工程力学，31（6）：1-12.

[204] 叶列平，(2004). 体系能力设计法与基于性态/位移抗震设计. 建筑结构，34（6）：10-14.

[205] 叶献国，(1998). 地震强度指标定义的客观评价. 合肥工业大学学报（自然科学版），21（6）：7-11.

[206] 张炎圣，杨晓蒙，陆新征，(2008). 钢板筒仓侧壁压力的非线性有限元分析. 工业建筑，38（sup.），447-451.

[207] 张正威，陆新征，宋二祥，陈肇元，(2006). 核爆冲击波作用下高层框架结构对附建式人防地下室的倾覆荷载分析. 防护工程，28（3）：1-8.

[208] 章红梅，(2007). 剪力墙结构基于性态的抗震设计方法研究. 上海：同济大学.

[209] 赵作周，胡妤，钱稼茹，(2015). 中美规范关于地震波的选择与框架-核心筒结构弹塑性时程分析. 建筑结构学报，36（02）：10-18.

[210] 周福霖，(1997). 工程结构减震控制. 北京：地震出版社.

[211] 朱杰江，吕西林，容柏生，(2003)，复杂体系高层结构的推覆分析方法和应用. 地震工程与工程振动，23（2）：26-36.

[212] 邹积麟，(2001). 空间RC框架结构全过程静力弹塑性分析. 北京：清华大学博士学位论文.